WAXING TREATMENT 제모관리

# 왁싱 트리트먼트

메디시인

# 머 리 말

제모는 인류의 역사가 시작되면서 더불어 시작되었습니다.

신분을 표시하기 위한 수단은 물론, 건강을 위한 위생적인 측면과 함께 아름다움을 표현하는 수단으로 활용되어 왔습니다. 왁싱의 역사는 시간의 흐름에 따라 조금씩 발전되어 일반화되면서 현재 미용산업 중에서도 주목받는 분야가 되었습니다.

이전에는 특정한 사람들 또는 수영복이나 비키니를 입어야 하는 운동 선수, 모델 등의 한정적인 고객들이 관리를 받았다면, 지금은 점점 대중화·보편화 되어가고 있습니다.

아름다움에 대한 관심이 증가하고 삶의 질과 생활 수준이 향상되면서 외모관리는 자기표현의 중요한 수단으로 발전하였습니다. 외모는 자기인식과 함께 인간관계에서도 중요한 요소입니다. 패션 산업의 발달로 옷이 더욱 화려해지고 디자인이 다양해졌을 뿐만 아니라, 신체 노출이 증가되었습니다. 노출이 증가되면서 모발 관리, 즉 털을 관리하고 제거하는 제모의 중요성이 더욱 중요한 사항으로 이슈화되고 있습니다. 제모관리는 미용분야의 떠오르는 새로운 관심의 대상이 되고 있음은 물론, 위생과 청결적인 측면에서도 당연히 중요시 하고 있습니다.

과거의 제모는 겨드랑이, 팔, 다리 등 단순 노출 때문에 국소적으로 행하였지만, 오늘날은 위생과 함께 외모관리와 얼굴의 이미지 변화를 위해 다양한 방법으로 적용되고 제모를 필요로 하는 대상과 연령층 또한 점차 확대되는 추세입니다.

제모, 즉 왁싱은 왁스를 녹여 신체의 불필요한 털의 모근까지 제거하는 것을 말하며, 이는 털만 제거하는 것이 아니라 피지, 묵은 각질 등을 함께 제거함으로써 피부가 아름다워지는 것은 물론, 간편하면서도 인체의 청결, 질병 예방, 외모 관리를 통하여 미적 아름다움을 표현하려는 미용행동의 한 부분으로 더욱 부각되고 있습니다. 자신의 신체에 만족하지 못하는 사람들의 욕구를 만족시켜 주기 위하여 개인의 취향에 따라 다양하게 왁싱을 디자인합니다.

일반적으로 왁싱은 여성들의 전유물처럼 여겨져 왔지만, 현대는 여러 방송 매체 등을 통해 브라질리언 왁싱이 알려지면서 남자들도 신체의 다양한 부위에 제모를 행하고 있습니다.

이처럼 왁싱이 일반화·대중화 되면서 셀프 왁싱에 대한 잘못된 정보와 시술 방법이 퍼져나가고 있어 이에 대한 올바른 정보를 제공하고 그릇된 셀프 왁싱 시술로 피부 질병 유발 및 스킨 탈락이 일어나지 않도록 왁싱 전문가와 일반인 모두에게 왁싱과 피부에 대한 기초이론과 함께 올바른 왁싱 방법을 위한 실기에 대한 내용도 함께 서술하였습니다.

전문적인 지식을 바탕으로 올바른 왁싱관리를 실시하는데 조금이나마 도움이 되기를 희망하며, 왁싱 분야에 지침서로 도움이 되는 교재가 되었으면 합니다.

흑호해 입추에

저자 일동

# 차례

Contents

# PART II 피부 총론

## Chapter 05 피부의 구조



## Chapter 06 피부의 기능



## Chapter 07 피부의 부속기관

# 차례

# PART III 미생물과 소독학

차례

# PART IV 왁싱 이론 및 실무

*Contents*

# 차례

Contents

# PART VI 고객 관리

## Chapter 17 고객 상담

# PART Ⅰ

## 제모의 이해

*Chapter 1*

# 제모(除毛)의 정의

제모除毛란 동물Fur, 사람 몸으로부터 털Hair을 제거하는 행위를 뜻한다.

주로 하는 부위는 다리와 겨드랑이, 얼굴이나 팔, 손등, 항문, 비키니 라인 등으로, 즉 전신이 대상이 된다. 넓은 면적의 제모가 가능하며 한순간에 뽑아내기 때문에 빠르고 편리하다.

털을 뽑는 자체가 피부에 자극이 되고 피부 표면의 각질까지 같이 제거되기 때문에 색소 침착의 가능성이 있으며 홍반이나 염증 등이 발생할 가능성도 있다.

제모 방법에는 일시적 제모인 면도, 제모 크림, 명주실, 족집게, 식초 & 쌀 뜨물, 왁싱 테이프, 소프트 왁싱, 하드 왁싱, 슈가링 왁싱 등이 있다.

영구적인 제모 방법으로 전기분해 요법, 전기응고 요법, 레이저 요법도 있다.

왁싱Waxing이란 제모의 방법 중 하나로 왁스를 발라 굳힌 다음 털까지 같이 떼어내는 제모법이다. 왁싱 후에는 피부를 세심하게 관리해야 한다.

*Chapter 2*

# 제모의 유형

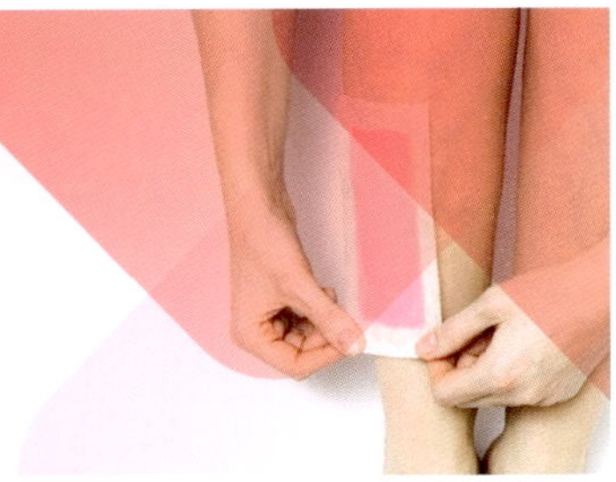

## 1. 일시적 제모 Temporary Hair Removal

커머셜 업스타일은 살롱에서 한복을 입을 때, 결혼식, 파티 등 경조사가 있을 때 머리를 위로 올려 볼륨감을 주거나 네이프에 볼륨감을 주어 입체감 있게 표현하여 화려함을 극대화 시키는 헤어스타일링이다.

### 1. 물리적 제모 Physical Hair Removal

물리적인 힘을 이용하여 모근이나 모간만을 제거하는 방법을 말한다.

#### (1) 면도 Shaving

가장 기본적이며, 보편적인 시술 방법으로 피부의 표면에서만 모발을 제거하는 방법이다. 통증이 없고, 비용이 저렴하며, 편리한 점 때문에 많이 사용하고 있지만, 피부 안쪽에 모가 남기 때문에 굵을 경우 점같이 보이기도 하며, 1~4일이 지나면 다시 자라며, 피부의 각질이 제거됨에 따라 색소 침착이 일어날 수 있다. 면도날이 무디면 피부를 베어 상처를 낼 수도 있다.

#### (2) 족집게 핀셋, Tweezers

모근 뿌리에서 모발을 하나씩 제거하는 방법으로, 다른 제모 방법과 병행하여 사용한다. 왁싱으로 뽑을 수 없는 짧은 길이의 털을 뽑을 수 있고, 족집게의 비용 외 다른 비용이 들지 않는다. 가장 간단하면서도 확실한 제모 방법이다. 다만, 하나하나 직접 뽑아야 하기 때문에 번거롭고, 시간이 오래 걸리며 통증이 동반된다. 또한 홍반, 통증을 동반하며, 모낭염과 같은 증상이 발생하기도 한다.

### (3) 실면도 Threading

명주실을 이용하여, 전문가가 손가락을 이용하여 실로 잡아 뜯는 원리를 이용한 제모방법이다. 가격이 저렴한 장점이 있다. 단, 굵은 털에는 큰 효과가 없기에 이 방식은 주로 얼굴의 솜털을 제거할 때 사용된다. 모낭염의 우려가 있다.

### (4) 셀프 왁싱 테이프 Self Waxing Tape

왁싱을 단순화시킨 테이프 형태로 만들어져 나오므로, 굳이 번거롭게 왁스를 쓸 필요 없이 테이프를 붙였다 떼기만 하면 되므로 편리하게 사용이 가능하다.

### (5) 왁스 Wax를 이용한 다양한 물리적 왁싱

① 왁싱 종류에 따른 분류

하드 왁싱과 소프트 왁싱, 슈가링 왁싱으로 분류된다.

- **하드 왁싱** Hard Waxing : 하드 왁스 Hardwax 를 이용하여 모발을 제거한다.
  모발이 굵고 양이 많은 모에 적합, 브라질리언 왁싱, 턱수염 관리 시 선호한다.
- **소프트 왁싱** Soft Waxing : 무슬린 천 부직포 을 이용하여 모발을 제거한다.
  모발이 넓은 다리, 팔, 가슴 관리 시 선호한다.
- **슈가링 왁싱** Sugarling Waxing : 설탕 등의 천연제품으로 손의 테크닉만을 이용해 모발을 제거한다.
  풀 페이스, 브라질리언 왁싱 사용한다. 모의 제거와 각질 제거, 솜털 등이 동시에 제거되기 때문에 피부가 매끄러워지고, 모근의 제거로 다음 모의 성장이 느려지고 모의 수가 감소된다. 빠른 시간 안에 넓은 부위까지 제거가 가능하다.

② 온도에 따른 분류

- **온왁스** Warm Wax : 열을 이용하여 왁스를 녹여 사용한다. 하드/소프트/슈가링 왁싱
- **냉왁스** Cold Wax : 실온에서 바로 사용이 가능하나 모의 제거가 잘 되지 않는다.

③ 제형에 따른 분류

- **지용성 왁스** : 송진 Rosin, 밀랍 蜜蠟, 고형 파라핀 Solid Paraffin 등을 이용하여 만들어진 왁스를 말하며, 냉·온 왁스 모두가 포함된다.
- **수용성 왁스** : 물에도 쉽게 제거되는 슈가링 왁스를 말한다.

## 2. 화학적 제모 Chemical Hair Removal

제품의 화학적 성분을 이용하여 제모 부위에 제품을 바른 뒤 일정 시간이 지난 다음 닦아내면 모간이 절단되어 제거된다. 화학적 성분으로 인해 피부 트러블을 유발할 수 있으므로 주의한다.

### (1) 식초 Vinegar & 쌀뜨물 Rice Water : Acid

식초와 쌀 뜨물을 이용하여 모발의 성장을 방해해서 제거하는 방법이 있다.

식초와 쌀 뜨물을 9:1로 섞은 용액과 물을 5:5로 섞어 한 달 정도 그 물로 세수를 하면 식초의 산 성분이 모근에 무리를 주고 쌀에 든 팝텔틸레노이드 Popteltilenoid 성분이 털의 성장에 장애를 준다고 한다. 하지만 이 방법은 영구적으로 없애기 위한 것은 아니고 모의 성장을 지연하는 것 뿐이다. 하지만 꾸준하게 케어해 주면 모근이 막혀 수염이 나지 않는다고도 한다. 남성 무당들에게 전통적으로 내려오는 비법이라고 한다.

### (2) 제모 크림 Hair Removal Cream

화학적 제모용 크림을 발라 모발을 제거하는 방법이다. 제모제 내의 화학 성분이 털의 수분을 증가시켜 털의 탄력을 없애고 비틀어 뜯어지기 쉽게 만들어서 털을 제거할 수 있다. 가장 간단한 방법이며, 고통도 없지만 면도와 마찬가지로 모가 피부 표면 위에서만 제거되기 때문에 임시방편이다. 제모 크림은 민감한 부위에는 사용하지 않는 것이 좋으며, 발진, 피부 손상, 농포나 감염의 징후가 있는 피부는 사용을 금지한다.

## 2. 영구적 제모Permanent Hair Removal

4~8주 간격으로 3~5회 관리 후 6개월 이상 모발이 자라지 않는 것을 말한다.

전기분해 요법, 전기응고 요법, 레이저 요법을 사용하는 제모 시스템을 말한다.

### (1) 전기분해 요법 Electrolysis Therapy

전기를 이용하여 전류가 통하는 부분을 모근에 꽂아 순간적으로 털을 모근까지 제거하는 방법이다.

### (2) 전기응고 요법 Electrocoagulation Therapy

높은 주파수를 발생시키는 전자기기의 열을 이용하여 모근의 세포를 가열하고 응고하여 제거시키는 방법이다.

### (3) 레이저 요법 Laser Therapy

멜라닌 색소에 반응하는 레이저를 이용해 털에 열을 가해 제거하는 방법이다. 일반적으로 의학적인 분야에서 사용하며, 반영구적인 제모 방법으로 성장기에 있는 털만 제거되어 모근이 완전히 제거되지 않으므로 5~10회 이상 주기적 시술이 필요하다.

*Chapter 3*

# 제모의 역사

## 1. 제모의 유래

### (1) 고대 이집트

이집트 시대기원전 3500년 전에는 신들은 몸에 모가 없다고 추측했기 때문에 인체의 모든 모가 불결하다고 생각하여 신을 모시는 제사 전 제모를 실시하였다.

고대 이집트에서는 남녀 모두 몸에 난 털을 말끔하게 다듬었으며 헤나를 이용하여 네일에 물을 들여 신분 표시, 제모의 여부로 신분을 표시하여 몸에 난 털을 그냥 방치 해두는 사람들은 노예나 이방인뿐이었다. 제모는 순결, 젊음, 신분, 지위의 상징이며, 매끈한 피부를 선호하는 이집트 사람들로부터 시작되었다.

장례를 지내면서 무덤에 함께 묻은 부장품들을 살펴보면 털을 없애기 위해 석회가루와 풀 찌꺼기를 뒤섞은 화장품 혼합물을 만들어 썼으며, 이런 조악한 화장품의 사용으로 인해 여성들의 평균수명이 매우 짧았다.

그림 3-1 이집트 시대의 제모

## (2) 고대 그리스와 로마 시대

제모는 고대 그리스와 로마 시대에도 널리 유행하였다. 피부에 난 잔털을 제거하기 위해 탈모제로 사용하는 비소의 화합물인 석황石黃을 주로 사용하였다. 석황의 성분인 비소 화합물은 살충제에도 사용되어 피부를 상하게 할 위험성이 매우 컸지만 매끄러운 피부를 위해 그러한 위험까지 감수하였다.

로마 시대에는 제모 크림을 발라 제거하는 방법이 유행하였고, 귀부인들은 온몸의 털, 콧구멍 속의 털까지도 모조리 뽑았고, 여자의 음모恥毛를 제거하는 것이 유행하여 불셀라Volsella라 불리는 특별한 집게를 사용해 털을 하나하나 뽑기도 했으나, 그리스 시대에는 털을 태우는 위험한 방법을 함께 사용하였다. 그 밖에 송진Rosin을 이용한 왁싱이 사용되었는데, 특히 패션에 민감한 로마의 어린 소녀들은 음모가 자라면 바로 제거를 했다. 특히 네로 황제의 두 번째 부인인 포페아 왕비의 가재도구 목록을 보면 매일 면도를 하는데 역청瀝靑, Bitumen, 송진Rosin, 염소 쓸개Goat Gallbladder, 말린 뱀Dried Snake을 빻은 가루, 말린 담쟁이 덩굴Dried Ivy 등을 사용했던 것을 확인할 수가 있다.

**그림 3-2 그리스·로마 시대의 제모와 기구**

## (3) 중세와 르네상스 시대

중세와 르네상스 시대는 미용에 관심이 많았던 부인들은 이마가 넓고 둥글수록 신분이 높고, 부를 상징하는 모습으로 여겨져 왔다. 고귀함의 상징이었던 넓은 이마를 만들기 위해 두개골 상부의 머리카락을 뽑아서 벗겨진 머리 위에 모가 다시는 자라지 못하도록 박쥐, 개구리의 피, 암모니아를 적신 붕대, 독한 당근즙, 양배추를 태운 재를 식초에 담근 것 등과 같은 이물질들을 발랐다. 중세시대 미용 유행의 대표 인물은 엘리자베스 1세 여왕이라고 할 수 있다.

당시 귀족뿐만 아니라 일반 평민층에서도 넓은 이마를 위해 제모를 시행하였고, 당시에 유행하던 가발과 화장을 돋보이게 하기 위해 눈썹을 뽑음으로써, 우아하고 고귀한 여성의 상징으로 나타냈다. 중동에서는 여성들이 결혼 후에 머리털을 제외한 몸의 모든 털을 족집게로 뽑음으로써, 신랑에 대한 존경의 의미를 나타내기도 했다.

그림 3-3 중세와 르네상스 시대의 제모

## (4) 이슬람 시대

이슬람 시대의 상류사회 여인들은 얼굴의 털이나 체모를 족집게로 전부 뽑고 온몸에 아르메니아 산 황토를 발라서 문대는 풍습이 있었다고 한다. 황토를 바르는 이유는 족집게로 뽑히지 않은 잔털을 정리하는 방법으로 사용된 것으로, 마른 진흙을 떼어 낼 때 잔모가 함께 뽑히도록 한 것이라고 한다. 온몸에 황토를 바른 다음 일정 시간이 흐른 뒤에 황토가 마르면 이를 비벼서 털어낼 때 남은 잔모가 함께 떨어져 나가도록 하였다.

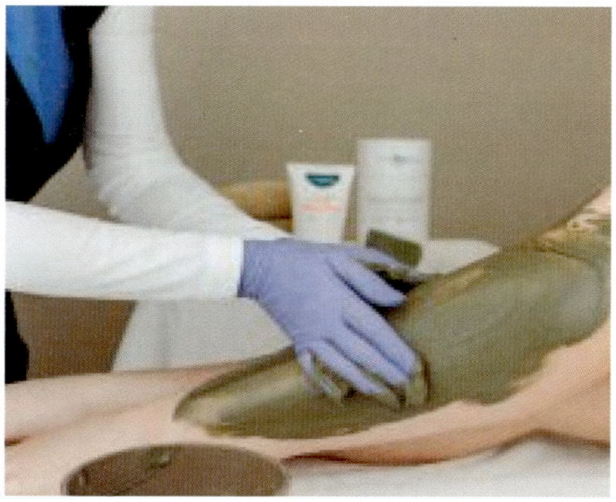

그림 3-4 황토를 이용한 제모

## (5) 16~19세기

- 16세기 프랑스에서는 몸에 난 털들을 없애기 위해 아몬드Almond와 비둘기 배설물Pigeon Excrement, 벌꿀Honey, 달걀 노른자Egg yolk를 섞어 반죽한 것을 사용하였다.
- 18세기 터키에서는 결혼 전 첫날밤을 앞둔 처녀들은 목욕탕에 친구들을 초대해서 파티를 열며, 이때 처음으로 자기 몸에 난 털을 전부 뽑고, 희생과 인내심으로 결혼 후에는 계속 제모를 했다.
- 1875년에는 안과 의사인 '찰스 미첼Charles.E.Michel'이 전기분해 요법을 발견하였고, 피부 속으로 자라는 속눈썹을 치료하기 위해서 사용하였으며, 미용계에서는 이 과학 기술을 높히 평가해서 기술의 완성도를 높혀 몸과 특히, 얼굴에 난 털 제거에 사용하였다.
- 19세기 후반으로 들어서면서 미국, 영국, 프랑스 등에서 다양한 방법의 제모 도구의 발명이 시도되었다.

**그림 3-5 16세기 제모 방법**

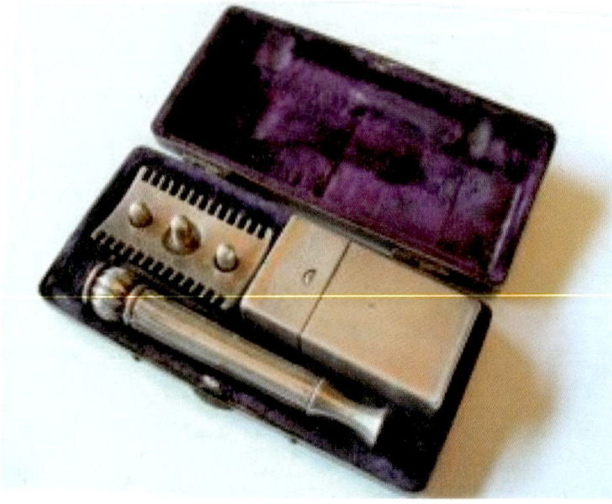

**그림 3-6 '찰스 미첼Charles.E.Michel' 전기분해 요법**

## (6) 20세기

- 1901년 '킹 캠프 질레트King Camp Gillette'가 첫 일회용 면도기의 특허를 받았다.
  첫 쌍날 면도기로써 각각의 날을 사용하는 것이 아니고 판에 박혀 있는 면도날이었다.
  최초의 질레트 면도기는 턱을 말끔하게 하여 남자들을 10년 이상 젊게 보이도록 만들었기 때문에 면도는 하나의 관행으로 정착되었다.
- 1915년 최초의 여성용 질레트 면도기가 개발되었으며, 유명 여성 패션잡지에 제모를 한 여성의 사진이 실리면서 많은 여성들이 제모를 하기 시작하였다.

최초의 질레트 면도기

최초의 질레트 여성 면도기

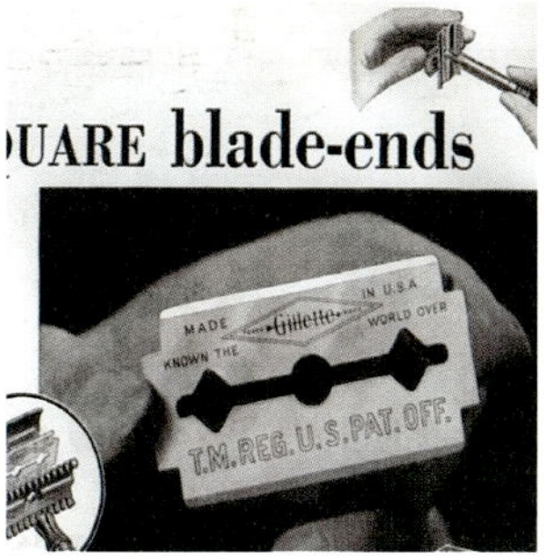


1930년경 질레트 면도날

**그림 3-7 최초의 질레트 면도기**

- 1922년 레이저를 이용한 모발 제거 방법이 개발되었다.
- 1995년도에 FDA에서 정식으로 승인받았다.
- 1935년에는 물에 젖지 않는 전기면도기가 최초 개발되었다.
- 1, 2차 세계 대전 말에는 남자들이 가정에서도 면도를 하기 시작하였다.
- 2차 세계 대전 무렵에는 안전면도기의 지속적인 개량과 대대적인 광고로 인해 남성의 면도는 완전히 일상화되었다.
- 1940년 최초의 여성 전기면도기가 출시되었다.
- 1960년 부직포를 사용하는 제모인 스트립 왁스 제모 제품이 대중화되었고, 수영복이 유행하면서 비키니 라인 제모에 많은 관심들을 갖기 시작하였다.

쉬크사의 전기면도기

수염을 제모하는 이발사

**그림 3-8 20세기 면도**

잘 알려지지 않은 이야기

**19세기 자가 제모제 제조법** 19th-Century Home-Recipe Depilatory

먼저 떡갈나무에서 털미역 고사리Polypody를 채취하여, 아주 잘게 썰어서 일정량을 유리 호리병에 넣은 다음, 여기에 리스본Lisbon산이나 프랑스산 화이트 와인을 유리병 속의 재료들 보다 1인치, 즉 2.5센티미터 정도 더 올라오도록 붓고, 24시간 동안 뜨거운 물이나 증기탕에서 쪄서 부드럽게 하면 자가 제모제가 완성되었다.

### (7) 20세기 후반

- 20세기 초반 질레트Gillette는 '겨드랑이에 모가 있는 여성은 여자답지 않다'는 마케팅 캠페인을 잡지에 선포하여 겨드랑이털을 면도하는 전통이 생겨났고, 지금까지 이어지고 있다.
- 20세기 후반에는 모근부터 털을 제거하는 제모 방법이 시작되었으며, 천연 재료의 버즈 왁스Bees Wax가 출시되었다.

1921~1928년 질레트 안전면도기 세트

질레트 창업주 킹 캠프 질레트King Camp Gillette

**그림 3-9 질레트의 역사**

### (8) 현대

물리적인 제모와 화학적인 제모 등을 통해 대중에게 미용 서비스의 하나로서 자리 잡고 있다. 모발 및 피부의 기능을 잘 이해하고 피부에 자극을 최소화하면서 안정되고 과학적인 방법으로 매끄럽고 부드럽게, 탄력 있고 건강한 피부를 가질 수 있다.

잘못된 제모는 피부에 자극을 주어 부작용이 생길 수 있기 때문에 제모 후 관리가 중요하므로 전문 왁싱샵 또는 전문가에게 안전하게 시술을 받아야 하며, 셀프 왁싱 시에는 철저한 사전 교육과 지식이 필요한 특수미용 분야이다.

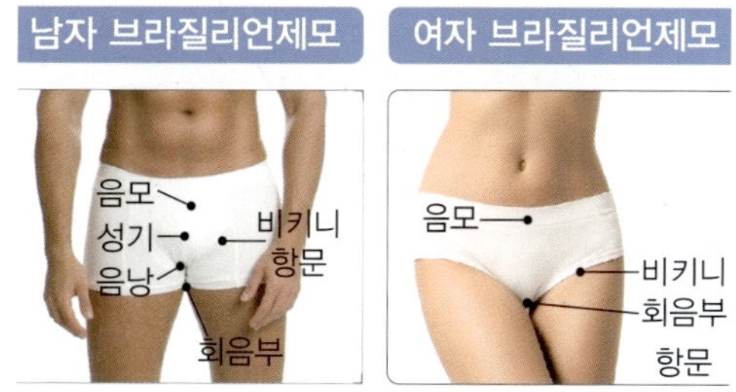


○ 시술 목적에 따라 부위 선택 가능

그림 3-10 제모 부위

## 2. 브라질리언Brazilian 왁싱의 유래

브라질리언의 최초 시작은 중동지역에서 혼인의식으로 신부들이 신체의 제모를 하는 것에서 시작되었다. 중동지역의 제모 형태와 비슷한 왁싱이 브라질로 넘어가 대중화되었고, 브라질리언 왁싱의 명칭은 브라질이라는 국가 이름에서 시작되었다. 브라질이라 하면 삼바의 나라, 비키니의 천국이라고 할 수 있다. 비키니를 착용하고 음부의 모발이 비키니 라인밖으로 노출되지 않도록 왁싱을 시행하게 되었다.

그림 3-11 브라질리언 왁싱Brazilian Waxing

1987년대 브라질 출신의 일곱 자매가 미국 뉴욕으로 진출해서 왁싱 전문샵을 시작하면서 '브라질리언 왁싱'이라는 이름이 붙게 되었다. 헐리우드 스타들이 브라질리언 왁싱을 받으면서 더욱더 활성화되었다. 또한, 유명한 미드 '섹스 앤더 시티'에서 주인공으로 출연한 '캐리Carry'가 브라질리언 왁싱을 받는 장면이 TV를 통해 소개되면서 일반인들 사이에서도 브라질리언 왁싱이 더욱더 유명해졌다.

## 3. 슈가링Sugar ring 왁싱의 유래

슈가링 왁싱의 역사는 고대 이집트 시대부터 시작되고 사용되어 왔으며 중동지역, 북부 아프리카, 지중해에서는 몇 백년 동안 사용되었다.

특히, 터키, 리비아 등의 아랍국가에서 수세기 동안 발전되어져 왔다.

슈가링은 고대에 설탕 페이스를 만들 때 상처 치료, 화상에 붕대를 감을 때 감염 예방 등 치료에 사용하다가 우연히 발견된 것으로 추정한다. 설탕, 물, 레몬즙, 소금 등을 사용하여 제조되며, 화학성분이 들어가지 않아 안전하다. 설탕 베이스를 제거하면서 털도 같이 제거되기 때문에 덜 자극적이어서 피부 통증이 거의 없다.

수용성이라 물에도 잘 씻기며, 날씨가 더울 경우 실온에서도 사용이 가능하며, 간단히 전자렌지에 예열해서도 사용이 가능한 장점이 있지만, 손목의 스냅이 바르게 작업되지 않으면 굉장한 견인통과 멍을 유발할 수 있으므로 숙련도가 필요하다.

밀랍에서 채취한 벌꿀

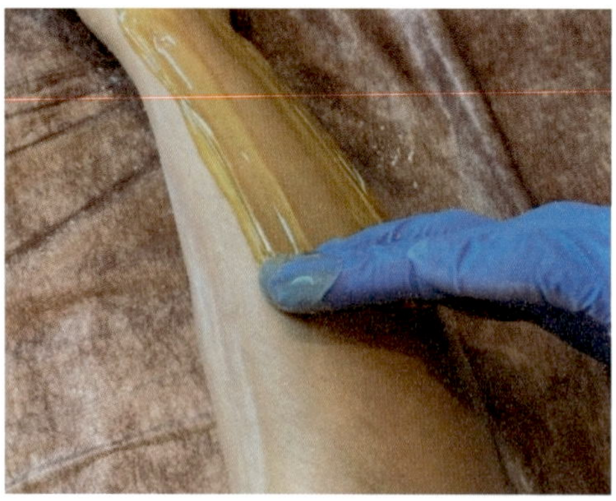

슈가링 왁싱

**그림 3-12 슈가링 왁싱**Sugar ring Waxing

Chapter 4

# 왁싱의 미래 전망

요즘 미용 분야의 대세는 바로 왁싱이다.

왁싱에 대한 소비자가 늘고 있는 가운데 왁싱 전문샵에 취업 또는 왁싱 샵 창업을 하려고 왁싱에 관심을 가지는 사람들이 많다.

다양한 제모 기법을 통칭하여 왁싱으로 불리우며, 왁싱은 털을 뿌리 모근, Hair root 까지 제거한다.

왁싱 Waxing 은 사람들의 불필요한 털을 제거하여 청결하게 할 뿐만 아니라 미적 효과를 극대화하여 아름다움을 연출한다. 미적인 부분과 더불어 피부의 각질을 제거하여 피부 미용에도 우수한 효과를 얻을 수 있다.

특히, 브라질리언 왁싱은 여성 질환인 질염의 예방에 도움이 되고 청결에도 많은 도움이 되므로 여성들이 선호한다. 최저임금이 올라가는 시대에 1인 창업으로 임금의 부담감도 덜고, 소자본 창업이 가능하며, 100% 예약제로 시간 활용을 할 수 있는 등의 많은 장점이 있다.

### (1) 왁싱 기술을 가진 인력충당이 절실하다

왁싱은 최근 방송과 SNS, 인터넷 등을 통해 알려지며 더욱 관심을 받고 인기가 점차 높아지고 있는 반면, 수요에 비해 공급이 충당되지 못하고 있는 것이 지금의 현실이다.

특히, 노출의 계절인 여름에는 남녀노소 불문하고 왁싱을 하려고 하는 분들이 많지만, 왁싱 전문 기술을 가진 인력의 부족으로 실제로 인력충당이 많이 필요한 상황이다.

헬스 트레이너, 수영강사 등의 특정 직업을 가진 소수의 분들이 선호하던 왁싱은 이제 실생활에서 필수적인 미용 분야로 자리잡고 있다.

앞으로 왁싱 분야는 다른 미용 분야보다 더 높은 수익을 가져올 것이다.

### (2) 성별과 나이, 그리고 학벌이 무관하다.

다른 미용 분야도 마찬가지지만 왁싱의 경우에도 성별이나 나이, 그리고 학벌이 중요하지 않다. 취업난으로 심각한 지금 시대에 기술자만이 살아남는다. 특히, 인간은 누구나 이성 또는 타인에게 아름답게 보이고자 하는 욕구가 있기 때문에 미용 국가 자격증을 취득하고 미용 기술을 습득하여 실전에서 경력을 쌓아 자신만의 노하우를 가지게 된다면 일자리에 대한 고민은 하지 않아도 될 것이다.

특히, 왁싱은 독립된 공간에서 시술이 이루워지므로 자신만의 기술력과 노하우로 승부를 할 수 있다. 추후 경력이나 기술력이 상승하면 이에 따른 매출의 증가로 더 큰 소득을 얻을 수 있다.

### (3) 토탈 에스테틱 샵을 창업할 수도 있다.

왁싱 전문샵의 창업이나 취업을 위해서는 미용사피부 국가 자격증을 취득해야 한 다. 그렇기 때문에 피부와 왁싱을 같이 케어를 해줄 수 있는 토탈 에스테틱Total Esthetic 샵의 창업이 가능하다. 왁싱만 전문으로 하는 전문샵을 운영하기보다 피부관리와 접목하여 왁싱 관리, 피부 진정 관리, 피부 케어가 함께 이루어진다면 소비자들도 한곳에서 다양한 관리를 받을 수 있으므로 매출의 증대로 이어질 것이다.

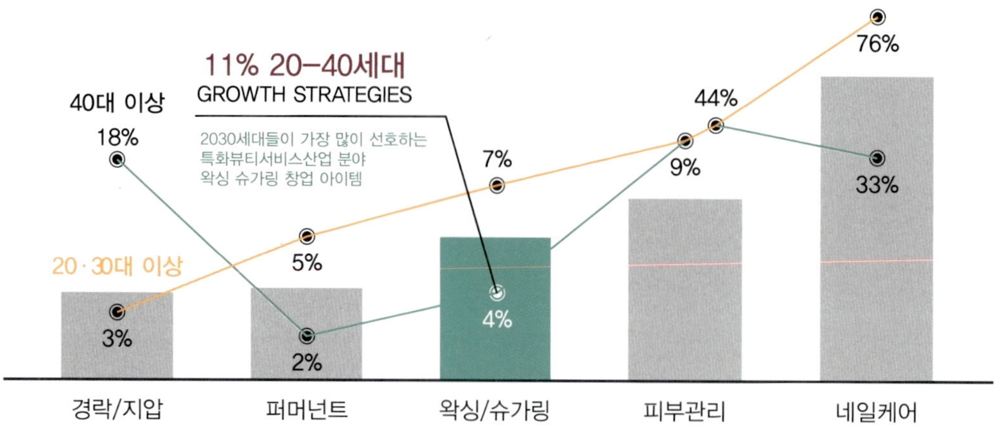


〈출처 : 네이버 블로그 '알료사의 소소한 일상'〉

**그림 4-1 창업 아이템 선호도 조사**

그림 4-2 왁싱의 미래 전망

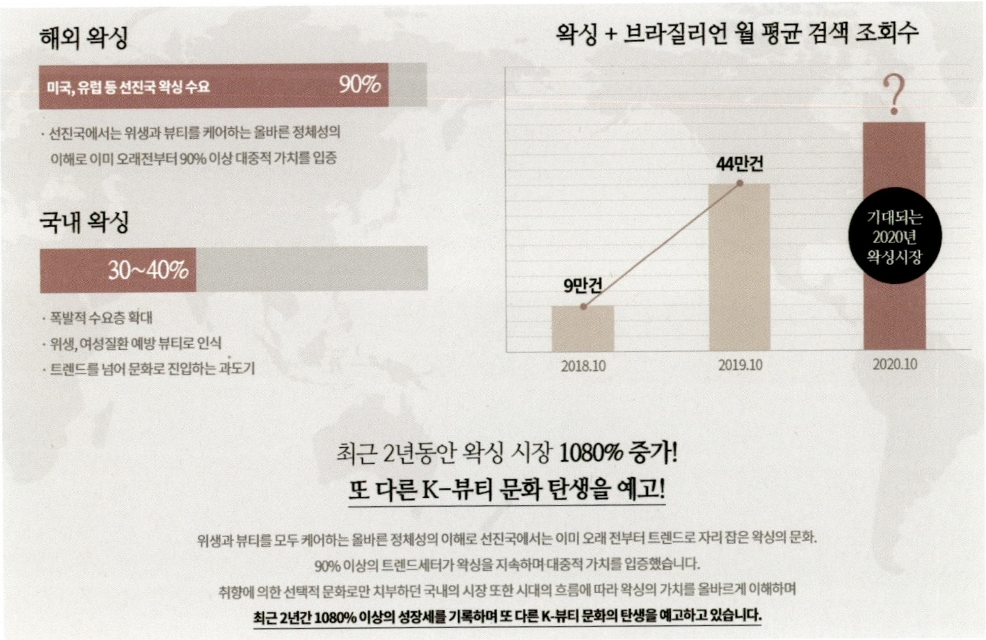


그림 4-3 왁싱의 인터넷 검색의 증가

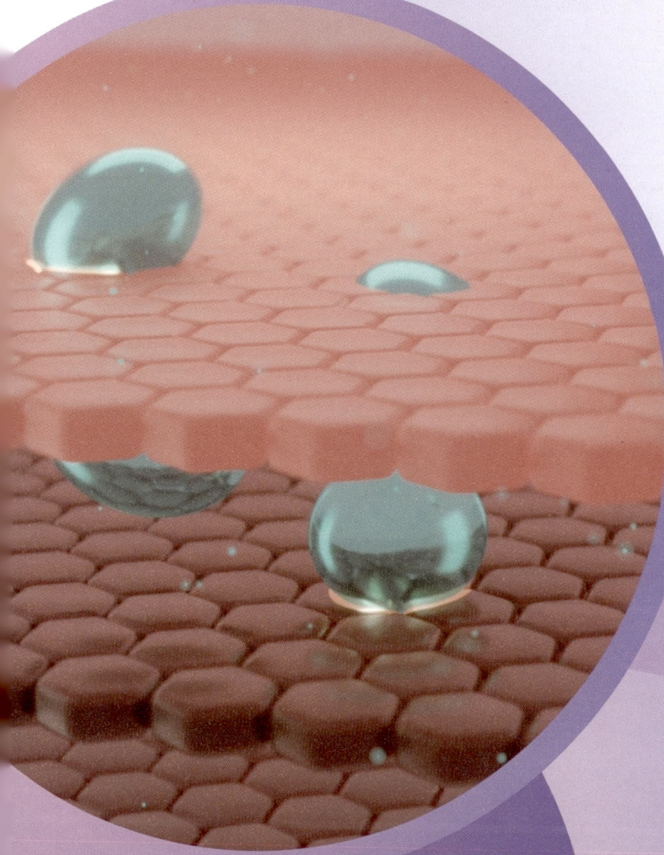

# PART Ⅱ

## 피부 총론

*Chapter 5*

# 피부의 구조

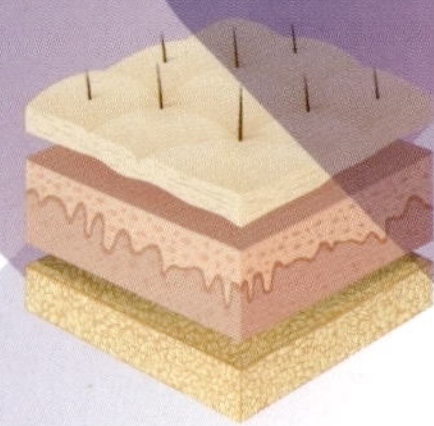

피부는 인체의 가장 바깥쪽에 위치하고 있으며, 표피, 진피, 피하조직으로 구성되어 있다. 외부의 이물질과 유해환경 등으로부터 몸을 보호하고, 인체는 피부, 지방, 근육으로 구성되어 뼈와 장기를 보호하고 있다.

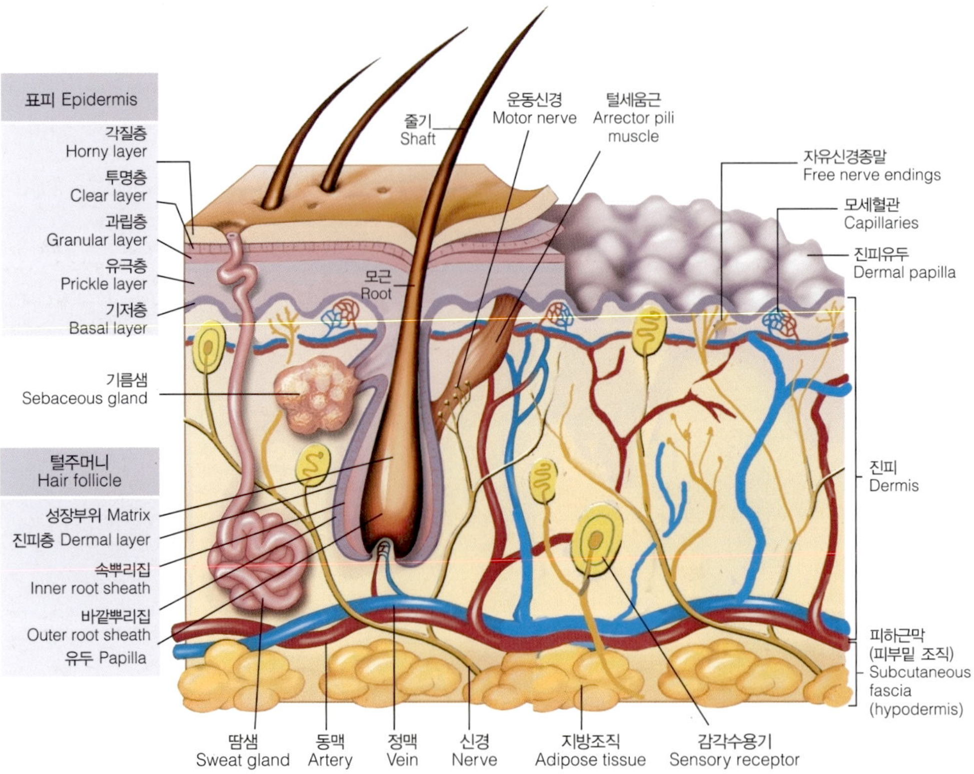


**그림 5-1 피부의 구조**

피부는 남자와 여자, 개인의 체격 차이는 있지만 일반적으로 면적은 약 1.6~1.8m²이며, 두께는 평균 2~2.2mm로 체중의 약 16~20%를 차지한다. 피부의 pH는 땀과 피지의 조합으로 pH 4.5~6.5의 약산성의 막을 형성한다.

피부가 올라와 있는 언덕 부분을 소릉, 피부가 낮은 부분을 소구라 하는데 소릉과 소구의 편차가 낮을수록 피부결이 고우며, 피부 소릉의 중심에는 한공이 있어 피부에 수분을 공급하고 땀을 분비하여 체온을 조절한다.

피부의 두께는 손바닥과 발바닥의 피부가 가장 두껍고, 눈꺼풀의 피부가 가장 얇으며, 피부의 부속기관으로는 한선, 피지선, 조갑, 모발 등이 있다.

## 1. 표피 Epidermis

표피는 각질층, 투명층, 과립층과 유극층가시층, 기저층배아층의 총 5개의 층으로 구성되어 있다.

표피는 피부의 가장 바깥층에 위치하여, 각질층의 각화 현상Turn-Over으로 외부의 이물질이 표피에 닿았을 경우 각질과 함께 떨어져 나가도록 하며, 투명층과 과립층이 레인 방어막의 보호막 형성으로 내부의 수분이 외부로 증발하는 것을 방지해 주고, 외부의 불필요한 수분이나 이물질, 유해물질 등이 체내로 침투하는 것을 방지해 준다.

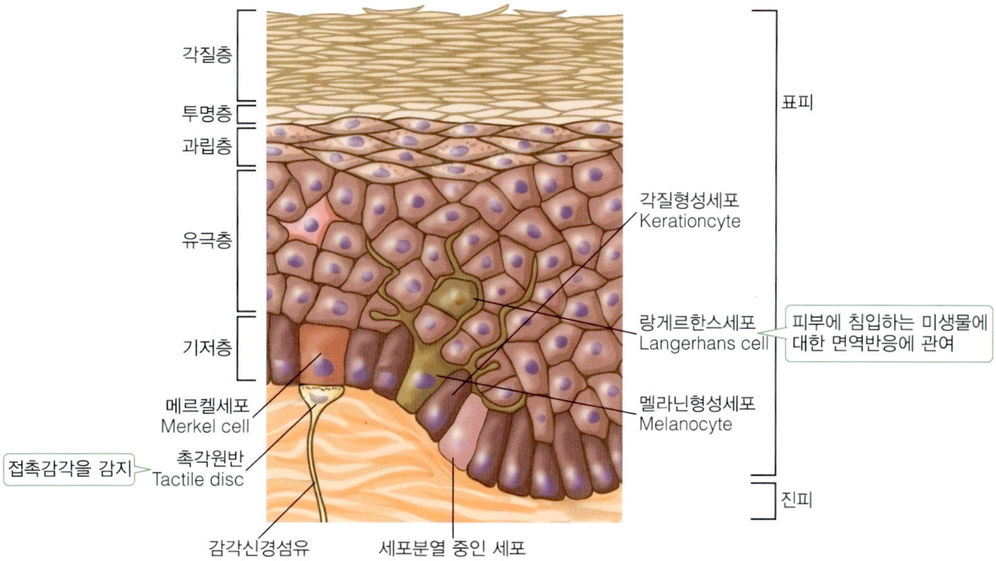


**그림 5-2 표피의 구조**

### (1) 각질층Stratum Corneum

각질층은 케라틴Keratin 단백질로 구성되어 있으며, 핵이 없는 죽은 단백질 세포로 비늘처럼 20~25개의 층으로 겹겹이 형성되어 있다. 각질세포들은 기저층에서 각질층까지 각질을 만들어 전달하며, 점점 수분을 잃어 세포가 탈수 현상을 일으키며 얇은 조각 상태로 전달되어 비듬의 형태로 떨어져 나간다. 케라티노사이트Keratinocyte 각질 형성 세포가 기저층에서 각질층까지 각질을 형성하여 올려 보내는데 14일, 각질층에서 각화되어 떨어져 나가는데 14일, 총 28일 주기로 턴-오버Turn-Over하며, 이 과정을 각화 현상Keratinization이라고 한다.

각화 현상이 제대로 이루어지지 않거나 신체의 기능저하로 과각화증Hyperkeratosis이 발생하면, 스크럽Scrub 등의 딥클렌징Deep Cleansing제나 다양한 물리적인 방법을 이용하여 묵은 각질Old Keratin을 제거한다.

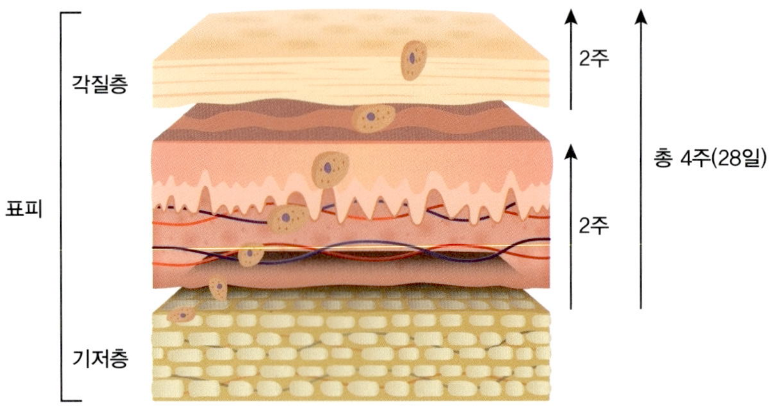


**그림 5-3 각화 현상**Keratinization

각질층의 각질세포의 구성은 케라틴 58%, NMF천연보습인자, Natural Moisturizing Factor 38%, 지질 11% 등으로 구성되어 있으며, 피부의 수분 함유량이 10~20%가 정상이며, 10~12% 이하면 수분이 부족한 건성 피부이다. 피부가 건조해지면 피부 결이 거칠어지고 피부의 노화가 촉진된다. 피부의 수분 보습력을 좌우하는 NMF는 피부노화의 주범이며, 유전적 소양으로 피부의 주름과 탄력을 결정하는 중요한 요소이다. 또한, 피부 건조를 방지하는 이상적인 천연 원료인 피지막과 함께 피부의 보호막을 형성하여 수분의 증발을 억제하고 각질층의 수분을 보유하는 능력이 있다.

각질층 사이에는 여러 층의 벽돌을 쌓아 올린 것처럼 라멜라 구조로 각질층을 결합시키고, 세포 사이를 결합시켜 수분손실을 막아준다. 세포간 지질 Intercellular lipid 성분은 주로 세라마이드 Ceramide 로 존재하며, 각질층 사이가 단단하게 결합될 수 있도록 접착제의 역할을 해주고 수분의 손실을 억제해 준다.

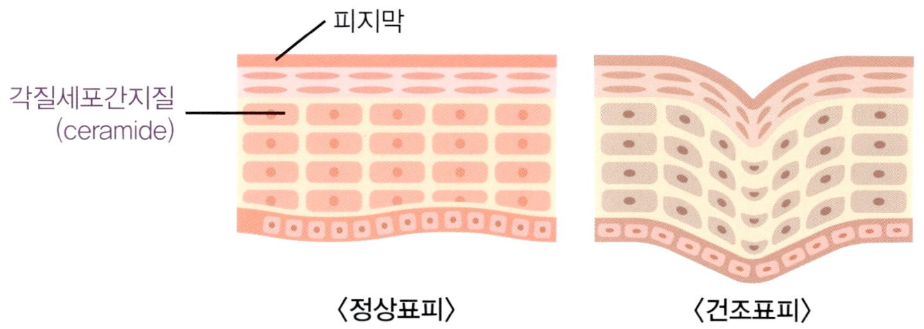


**그림 5-4 라멜라 구조** Lamellar structure

*Point*

케라티노사이트 Keratinocyte, 턴-오버 Turn-over, 각화 현상 Keratinization, NMF 천연보습인자, Natural Moisturizing Factor

### (2) 투명층 Transparent Layer, Clear Layer

2~3개의 무핵의 편평세포로 되어 있으며, 외부의 수분은 흡수되지 못하도록 하고 체내의 필요 물질은 빠져나가지 못하도록 비옷과 같은 보호막을 형성하는 레인 방어막 Rein membrane 역할을 하여 피부 건조를 방지한다. 피부에서 가장 두꺼운 피부인 손바닥과 발바닥에 존재하며, 엘라이딘 Elaidin 이라는 반유동성 단백질로 구성되어 빛을 굴절, 반사, 차단시켜 피부가 투명하게 보이도록 하는 역할을 한다.

오랫동안 목욕탕을 다녀오면 손이 쭈글쭈글해지는데 이러한 증상이 일어나는 원인은 투명층이 물을 싫어하는 성질을 가지고 있어 외부의 수분을 차단하여 팽창이 일어나지 않기 때문이다.

### (3) 과립층 Granular Layer

2~5개의 층으로 구성되어 있으며, 방추형의 무핵세포로 구성되어 있다. 피부 외부로부터 수분과 이물질 유입을 방지하며, 인체 내부의 수분이 유출되고 수분이 증발되는 것을 방지해 준다. 수분 저지막 Berrier Zone 이라고도 한다.

### (4) 유극층 가시층, Polar Layer, Stratum Spinosum

5~10개의 유핵세포로 되어있으며, 가시모양으로 서로 연결되어 있어 가시층이라고 도 부른다. 유극층에는 피부의 면역기능을 담당하는 랑게르한스세포 Langerhans Cell 가 존재하는데, 이 세포는 외부 물질의 침입에 대해 방어하는 역할을 한다.

면역학적 반응과 알레르기 반응, 바이러스 감염방지 등의 중요한 역할을 담당하고 있다. 외부의 이물질인 항원이 유입되면 피지선, 림프절, 진피, 흉선, 점막에 위치한 면역담당 세포인 림프구로 전달된다.

유극층에서 혈액순환과 영양공급에 관여하는 물질대사가 이루어진다.

*Point*

랑게르한스세포 Langerhans Cell

### (5) 기저층 배아층, Basal Layer

기저층은 단층의 원추상 유핵세포로 되어 있다. 진피의 유두층과 맞닿아 있으며, 유두층과 기저층의 경계선이 명확하지 않아 기저층 부터는 피부에 상처를 입으면 세포재생이 어려워 흉터가 남게 된다.

기저층에는 색소형성세포인 멜라닌세포 Melanocyte 가 있어 피부색, 머리카락, 눈동자 등 색을 결정짓는 모든 신체부위에 관여한다. 색은 멜라노좀의 숫자, 농도, 분비능력의 차이에 따라 결정된다. 종족에 따라 멜라닌의 활성도, 즉 색소의 양과 생성속도 및 분포상태가 다르기 때문에 색은 유전적, 환경적, 호르몬성 요인에 따라 결정되어진다.

멜라닌은 크게 유멜라닌과 페오멜라닌 2가지로 분류되는데, 첫 번째, 유멜라닌 Eu-melanin 은 갈색이나 검정색에 관여하며, 두 번째, 페오멜라닌 Pheomelanin 은 붉은색에 관여하여 대표적인 빨간머리를 연상하게 한다.

멜라닌세포는 색에 관여할 뿐만 아니라 피부가 자외선에 노출되어 호르몬의 불균형, 심리적 스트레스, 임신, 내장 장애, 경구 피임약 등에 의해 멜라닌 색소의 양이 일시적으로 증가하게 되는 것을 방지하기 위하여 자외선을 흡수하거나 산란하여 자외선이 피부의 기저층이나 진피층으로 흡수되는 것을 막아주어 피부와 신체를 보호한다.

메르켈세포 Merkel Cell 는 촉각인지세포로 신경자극을 뇌에 전달하며, 모발이 없는 손바닥과 발바닥, 입술, 구강 점막 등에 존재한다.

기저층은 물결모양이 깊고 많을수록 탄력성이 있는 피부이며, 이 물결모양은 사람마다 달라서 지문형성의 원인이 된다.

각질형성세포인 케라티노사이트Keratinocyte는 기처층에서부터 각질을 형성하여 각질층으로 전달한다.

*Point*

멜라닌세포Melanocyte, 메르켈세포Merkel Cell, 케라티노사이트Keratinocyte

## 2. 진피Dermis

진피는 피부의 90%를 차지하며, 표피에 비해 두께가 20~40배 정도 두껍다.

진피층은 유두층Papillary Layer과 망상층Reticulum Layer으로 구성되어 있으며, 유두층은 기저층과 맞닿아 표피층에 영양분을 전달하고, 망상층은 교원섬유Collagenous fiber, 탄성섬유Elastic Fiber, 기질로 구성되어 피부의 탄력과 균형을 조절한다.

섬유아세포Fibroblast, 비만세포Mastcell, 대식세포Macrophage가 추가적으로 피부층을 지지하고 모세혈관, 림프관, 신경, 피지선, 한선 등이 피부의 영양, 감각, 노폐물의 배설을 통해 외부로부터 몸을 보호하며, 수분저장, 체온조절, 피부재생의 기능을 가지고 있다.

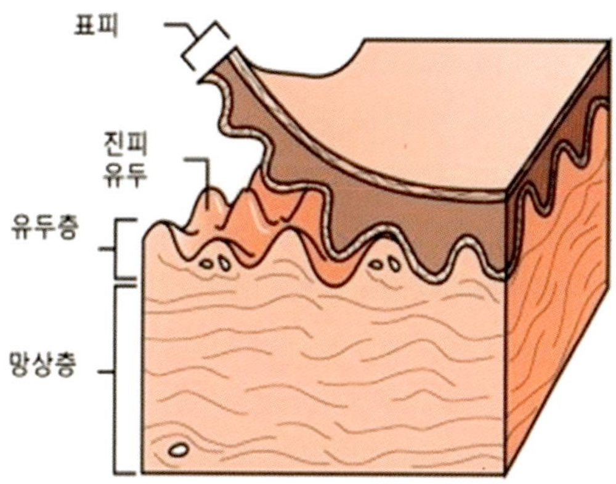


그림 5-5 진피의 구조

### (1) 유두층Papillary Layer

유두층은 진피의 10~20%를 차지하고 있으며, 표피의 기저층과 맞닿아 있어 경계가 확실하지 않아 기처층에서부터 유두층으로부터 외부의 손상을 받게 되면 흉터Scar가 남는다. 유두층은 기저층을 통해 표피에 산소와 영양분을 전달한다.

모세혈관, 림프관, 신경, 한선, 피지선 등이 분포되어 있으며, 통각과 촉각의 감각 수용체가 위치하고 있다.

## (2) 망상층 Reticulum Layer

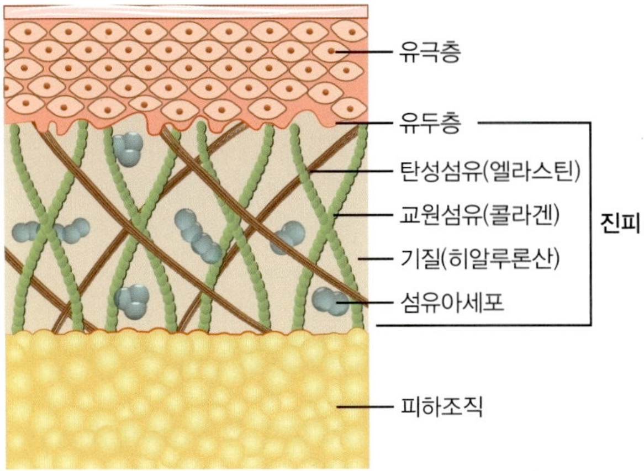


진피층의 구조

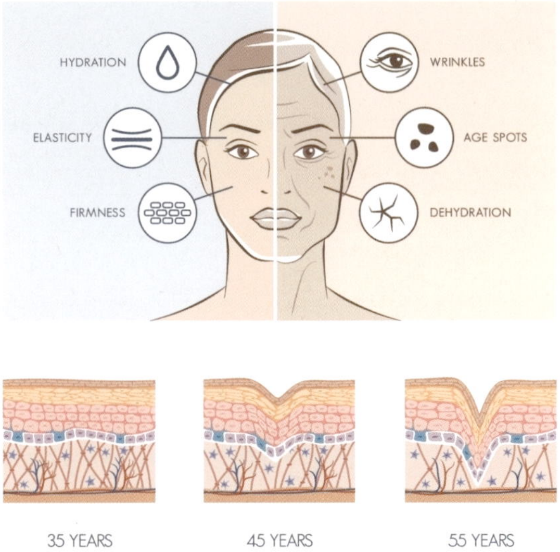


피부의 노화

**그림 5-6 망상층** 교원섬유 콜라겐 **과 탄성섬유** 엘라스틴

### ① 교원 섬유 콜라겐, Collagenous fiber

교원섬유는 진피의 85~90%를 차지하고, 피부의 탄력성을 조절하고 피부를 잡았다 놓았을 때 제자리로 돌아가는 복원력을 유지한다. 주름을 예방하고 수분 보유의 결합원으로 망상층의 기둥역할을 담당하고 있으며, 피부의 탄력이 감소하면 주름 형성의 원인이 된다. 인체의 뼈, 인대, 장기 등을 지탱하고 세포 성장과 기관의 형성 등 생리적인 기능을 수행한다.

### ② 탄성섬유 엘라스틴, Elastic Fiber

탄성섬유는 진피의 2~3%를 차지하고, 콜라겐인 교원섬유의 사이사이에 스프링을 걸어 잡아주는 역할을 하여 피부의 탄력을 결정짓는 기능을 한다. 연령이 많아지면 탄성섬유가 파괴되어 피부가 이완되고 주름이 발생한다. 엘라스틴은 화학물질에 대한 저항력이 강하므로 피부를 보호하는 역할을 한다.

### ③ 기질 Ground substance

기질은 점액질의 뮤코다당류 Mucopolysaccharide 로 되어 있으며, 친수성 다당체인 히알루론산 Hyaluronic Acid 과 콘드로이틴 황산 Chondroitin sulfate 으로 이루어져 있다. 기질은 수분성분의 겔 Gel 타입으로 콜라겐과 엘라스틴 세포의 사이사이를 채워 피부의 보습력과 탄력도를 조절하고 노화될수록 수분이 점점 감소되어 탄력도가 저하되며 주름이 발생한다.

자신의 무게보다 1000배의 수분을 흡수할 수 있으며, 진피의 보습인자로 영양과 신진대사, 수분 유지, 노화 방지, 호르몬을 혈관으로부터 조직 중의 세포까지 전달을 관장한다.

망상층의 구성세포

- **섬유아세포** Fibroblast : 콜라겐, 엘라스틴, 기질을 합성한다.
- **대식세포** Macrophage : 세균, 바이러스 등의 외부 이물질에 대해 식균작용을 한다.
- **비만세포** Mast cell : 알레르기를 유발하는 히스타민을 생성 및 분비하여 면역작용에 관여한다.

## 3. 피하조직 피하지방, Subcutaneous tissue

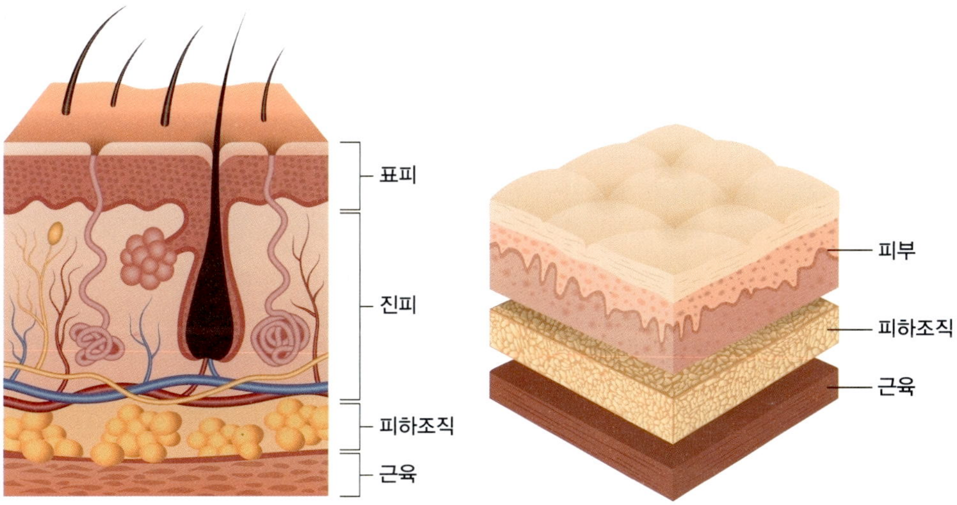


그림 5-7 피하조직

피하조직은 외부의 충격으로부터 완충작용을 하여 신체내부의 장기와 뼈의 손상을 막아 주고, 영양소와 에너지를 저장한다.

열의 발산을 막아 몸을 따뜻하게 보호하여 체온을 조절하고, 물을 저장하여 수분을 조절한다. 지방층의 두께에 따라 체형의 굴곡이나 몸매의 라인이 결정되며, 지방이 과잉축적되면 셀룰라이트Cellulite를 형성하여 피부표면이 울퉁불퉁해 진다.

지방은 성별, 연령, 신체부위, 개인의 영양상태에 따라 차이가 있으며, 여성이 남성보다 피하지방층이 두껍고, 성인보다는 소아가 더 발달되어 있다.

복부와 둔부, 가슴, 대퇴, 허리, 어깨 부위에 지방이 가장 많이 축적되며, 귀, 고환, 눈꺼풀, 입술에는 피하지방층이 없다.

적절한 운동과 식이요법, 스트레스 완화, 마사지, 림프 배농 등을 통해 지방이 축적되지 않도록 주의해야 한다.

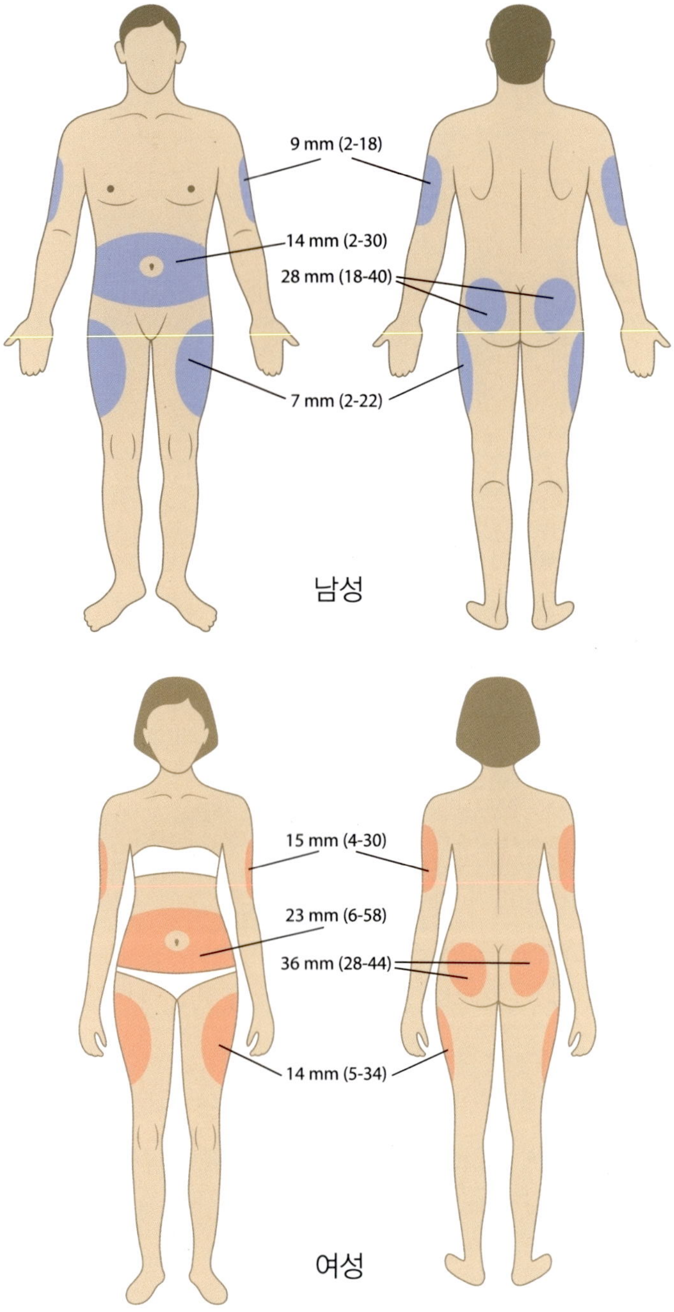


**그림 5-8 지방 축적 부위**

Chapter 6

# 피부의 기능

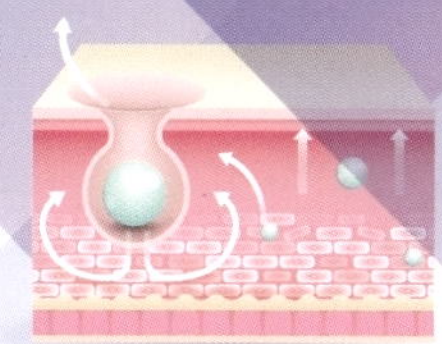

## 1. 보호기능Protection

### (1) 체온 조절 작용Body Temperature Regulation

① 열소실의 경우 70% 이상이 피부를 통해 이루어져 항상성을 유지한다. 나머지는 호흡기계와 분비물을 통해 이루어진다.

② 체온이 36℃ 이상 오르게 되면, 시상하부에서 모공과 한선땀구멍을 확장하여 발열과 함께 땀을 분비하여 체온을 내려주고 체온이 28℃ 이하로 내려가면 피부 표면, 혈관, 입모근, 모공, 한공을 수축하여 열의 발산을 막아 체온의 저하를 막아준다.

### (2) 화학적 자극의 보호 기능

① pH 4.5~6.5의 약산성 피지막을 형성하여 세균, 박테리아, 미생물 등 외부 이물질에 대해 살균작용을 실시하고 성장을 억제한다.

② 피부의 pH밸런스가 깨어졌을 경우 2시간 이내에 자연적으로 복원하여 항상성Homeostasis을 유지한다.

③ 기저층의 멜라닌 색소Melanin Pigment가 자외선을 흡수 또는 산란하여 피부를 보호하여 색소침착과 피부 손상을 예방한다.

④ 피지막Sebaceous Membrane을 형성하여 수분의 증발을 억제한다.

### (3) 물리적 자극의 보호 기능

① 각질층의 각화현상Turn-over에 의해 외부의 이물질이 각질과 함께 자연적으로 떨어져 나간다.

② 피하조직의 완충작용으로 외부의 충격이나 마찰로부터 몸을 보호한다.

### (4) 생물학적 자극의 보호 기능

① 랑게르한스세포Langerhans Cell가 면역력에 관여한다.

② 피지막의 살균작용Bactericidal Action으로 세균의 침입을 방어한다.

## 2. 감각작용Sensation

피부는 온각, 냉각, 촉각, 압각, 통각의 5가지의 감각을 가지고 있으며, 피부면적 1cm²당 통각점 100~200개, 온각 1~2개, 냉각 12개, 촉각 25개, 압각 6~8개를 통해 동통, 접촉, 온도, 압력 등의 자극을 느낄 수 있다.

## 3. 분비 및 배설작용Secretion and Excretion

### (1) 피지 Sebum

피지를 분비하여 피부와 모발의 광택을 부여하고 피지의 분비량에 따라 피부의 타입이 결정된다.

### (2) 땀 Sweat

대부분의 노폐물이 호흡과 대, 소변을 통해 배출되고, 일부 찌꺼기들이 피부를 통해 땀으로 체외 배출된다.

## 4. 흡수작용Absorption

### (1) 표피를 통한 흡수 : 각질층을 통한 흡수

### (2) 피부 부속기를 통한 흡수 : 피지선, 모공, 한선을 통한 흡수

### (3) 피부내의 침투와 흡수

① **경피흡수** Percutaneous Absorption

표피와 피부의 부속기관을 통해 흡수되어 진피까지 도달하는 것을 말한다.

피부의 성분과 흡사한 지용성 성분이 수용성에 비해 흡수가 빠르며, 입자가 작을수록 흡수가 용이하다.

② **강제흡수** Forced Absorption

기기와 손을 이용한 물리적인 힘을 이용하여 흡수시키는 것을 말한다.

이온토포레제 Iontophorease 나 피부의 온도를 상승시켜 모공을 열어주어 화장품의 흡수를 돕는다.

## 5. 비타민 D 합성작용 Vitamin D Synthesis

프로비타민 D는 반드시 자외선 UV-B 이 있어야 합성이 이루어지며, 자외선 조사 시 생 체 표피의 과립층 에서 7-디하이드로콜레스테롤 Dihydrocholesterol 에 의해 만들어진다.

뼈의 성장과 발육 및 피부 재생에 영향을 미친다.

## 6. 저장작용 Preservation

에너지원으로 사용하고 남은 잔여분의 영양물질을 피하조직에 저장한다.

## 7. 재생 작용 Regenerative

표피는 세포의 분열에 의해 자연적으로 세포 재생 작용이 이루어져 상처가 나도 피부가 재생되지만, 기저층 이하부터 진피층이 손상되었을 경우 피부의 재생이 이루어지지 않아 흉터를 남길 수 있다.

## 8. 표정작용Facial Expression

30개의 얼굴 근육을 이용하여 다양한 표정으로 기쁨과 슬픔의 감정을 표현한다. 피부의 혈색을 통해서도 감정을 표현할 수 있으며, 화가 났을 때는 붉은 혈색으로 놀랐을 때는 푸른색의 피부색으로 감정을 표시한다.

반복적으로 자주 사용되는 피부 근육 부위는 주름이 형성되고 인상을 결정짓는다.

Chapter 7

# 피부의 부속기관

## 1. 한선 땀샘, Sweat Gland

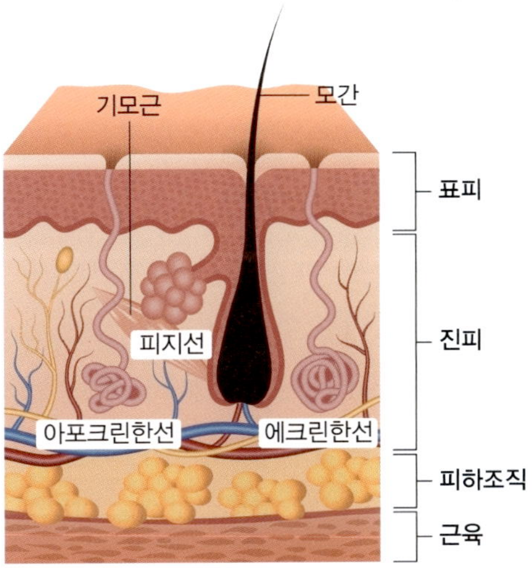


그림 7–1　한선

피지선 1개에 약 6~8개의 한선이 존재하며, 전신에 약 200만 개의 한선이 분포되어 있다. 부위별로 한선의 개수는 차이가 있으며, 특히 손바닥과 발바닥, 이마와 겨드랑이 부위에 많이 존재한다. 한선을 통하여 땀이 분비되고, 일반적으로 땀은 하루에 0.6~1.2L 정도 배출된다. 땀은 피지와 중화되어 피부의 보습력을 유지하고 보호막을 형성한다.

### (1) 대한선 아포크린한선, Apocrine Sweat Gland

대한선은 pH 5.5~6.5 정도로 약산성이다. 하지만 세균의 증식으로 pH 8 알칼리로 증가하게 되면 심한 악취를 유발한다.

대한선은 체취선 또는 호르몬선이라고 하며, 개인의 향취, 개인 특유의 체취를 유발한다. 포유류의 성적역할을 하는 페로몬의 화학성분과 비슷하며, 남성 호르몬 Androgen의 분비가 왕성한 사춘기 때 가장 활성화된다.

박테리아 Bacterium 균의 부패에 의해 악취가 발생하며, 암내와 액취증 취한증, Osmidrosis을 유발하는데 심하면 옷이나 이불의 변색을 유발한다.

겨드랑이, 외음부, 항문주위, 대음순, 유두, 배꼽 등에 존재하며, 흑인>백인>동양인 순으로 체취가 강하고 남성보다는 여성의 분비량이 많으며, 월경 중에는 많이 분비되고 임신 중에는 적게 분비된다.

### (2) 소한선 에크린한선, Eccrine Sweat Gland

소한선은 피부 1cm²당 대퇴부 부위에 100개, 가장 많은 조적 부위에 620개 정도 분포되어 있으며, 몸 전체에는 200~400만 개가 분포되어 있다. 입술, 음부, 손톱을 제외한 전신의 모든 부위에 분포되어 있으며, 손바닥과 발바닥, 뒷목, 앞가슴 부위에 가장 많이 분포되어 있다. 소한선은 pH 4.5~5.5 약산성으로 세균의 번식을 억제하고, 대한선과 반대로 무색무취이다. 독립된 땀구멍으로 체온조절과 노폐물을 배설하는 데 소한선에서 배출되는 땀에 함유된 우로카닌산 Urocanic Acid 성분이 자외선으로부터 피부를 보호한다.

### (3) 땀의 성분

**표 7-1 피지의 구성성분**

| 1 | 물 Water | 99.02% | 6 | 젖산 Lactic acid | 0.1% |
|---|---|---|---|---|---|
| 2 | 염화나트륨 Sodium chloride | 0.7% | 7 | 카르리산 Caric acid | 0.0046% |
| 3 | 식초산 Vinegar acid | 0.096% | 8 | 카프론 Capron | |
| 4 | 프로피온산 Propionic acid | 0.0062% | 9 | 시트르산 Citric acid | 0.2% |
| 5 | 아스코르브산 Ascorbic acid | 0.01% | 10 | 요소 Urea 및 요산 Uric acid | 미량 |

### (4) 한선의 역할

① **체온조절기능** : 체온이 상승하면 모공과 한선을 열어 열과 땀을 체외로 배출하여 체온을 내려준다.

② **피부의 보호막 형성** : 땀의 산도를 이용하여 산성막을 형성, 세균의 번식을 억제하고, 비누 세안 후 피부의 알칼리 중화기능을 하여 피부의 항상성을 유지한다.

③ **신장의 보조기능** : 대부분의 수분 노폐물은 대·소변을 통해 배출하고, 일부 남은 수분은 피부를 통해 체외로 배출한다.성분 : 수분99%, 요소, 요산, 유산, 크레아틴, 나트륨, 암모니아 등

④ **자외선 흡수기능** : 땀 속 우로카닌산Urocanic acid성분이 자외선을 흡수하여 피부를 보호한다.

⑤ **천연보습인자기능** : NMF천연보습인자의 역할로 피부를 부드럽게 한다.

⑥ **한선에 자극을 주는 요인** : 신경 자극, 더위, 음식물, 움직임, 의약품 등

### (5) 한선의 이상증상

① **다한증**Hyperidrosis : 땀이 과다하게 배출되는 증상이다.

- **국한적 다한증**국소적 다한증 : 긴장, 불안감, 공포 등의 정서적인 문제로 인하여 발생한다. 특정 부위에 땀이 난다.
- **전신적 다한증** : 주변의 높은 온도나 외부적인 원인, 운동 후, 갑상선 기능 이상, 독감, 뇌하수체 기능 이상, 말라리아 등의 질병에 의해 발생하며, 온몸에 땀이 난다.
- **미각 다한증** : 특정 음식물을 섭취 시 땀이 난다.
- **후각 다한증** : 특정한 냄새를 맡을 경우 땀이 발생한다.

② **소한증**Hypohyidrosis : 갑상선 기능의 저하나 신경계통의 이상 증상, 금속성 중독 등으로 땀이 적게 배출되는 증상이다. 수분의 배출이 부족하여 피부노화를 초래한다.

③ **무한증**Sweatlessness : 유전적인 영향에 의해 선천적으로 땀이 나지 않거나 외상, 피부병, 정신적 질환, 약물의 부작용 등으로 인해 땀이 나지 않는 증상을 말한다.

④ **액취증**취한증, Osmidrosis : 일명 암내, 취한증이라고 하며, 땀이 배출된 후 산화되거나, 세균이나 박테리아의 부패로 악취를 유발한다. 심하면 옷이나 침구류까지 변색된다.

⑤ **한진**땀띠, Miliaria : 한선이 폐쇄되어 땀이 배출되지 못해 발생하고 소양감이 있다. 소아에게 잘 발생하며, 잘 씻고 공기가 잘 통하도록 하고 피부 사이사이에 습이 차지 않도록 관리한다. 긁어서 염증이 생기지 않도록 주의한다.

*Point*

- **대한선**아포크린한선, Apocrine sweat gland : 액취증
- **소한선**에크린한선, Eccrine sweat gland : 전신에 분포, 무색, 무취

## 2. 피지선Sebaceous gland

모낭선에서 개구하고 있어 모낭샘이라고도 하며, 피부 1cm²당 평균 100개 정도가 분포되어 있으며, 3~5개의 작은 피지 주머니가 털을 중심으로 위치하여 모낭으로 연결되어 모공을 통해 피지를 배출한다.

피지는 성인의 피부에서 하루에 약 1~2g 정도 분비된다.

피지선은 남성 호르몬인 안드로겐Androgen 중 특히, 테스토스테론Testosterone의 영향을 받는다. 피지선은 살균효과를 가지고 있어 피부 표면의 박테리아, 세균 등의 외부 이물질로 인한 감염이나 피부 트러블, 피부 자극을 억제한다.

손바닥과 발바닥을 제외한 거의 모든 전신에 분포되어 있고, 두피, 이마, 코, 가슴 부위에 가장 많이 분포되어 있다. 사지말단 부위로 갈수록 적어지며, 독립 피지선인 입술, 성기, 유두, 점막, 눈 등은 모낭으로 연결되지 않고 피부를 통해 바로 피지를 배출한다.

피지선은 성호르몬, 성별, 나이, 질병, 신체 기관의 장애, 호르몬, 정신적 영향, 계절의 영향을 받는다.

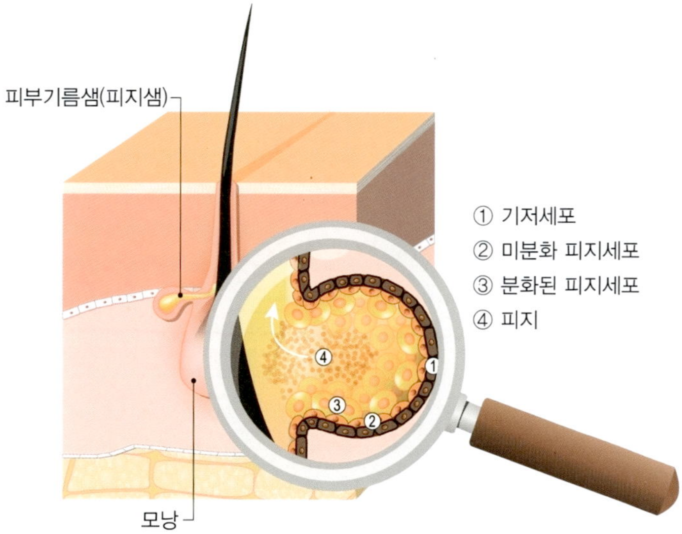


그림 7-2 피지선

### (1) 피지선의 종류

① **큰 피지선** : 얼굴의 T-Zone, 목, 등, 가슴 부위 등

② **작은 피지선** : 손바닥과 발바닥을 제외한 거의 모든 부위

③ **독립 피지선** : 입술, 대음순, 소음순, 성기, 유두, 귀두, 눈의 점막 부위 등

④ **무 피지선** : 손바닥과 발바닥

### (2) 피지선의 기능

① **유화작용** : 모발, 두피 및 피부에 윤기를 준다.

② **보호작용** : 피부의 보호막을 형성하여 외부의 이물질이나 불필요한 수분의 침투를 막아주고 피부 수분의 증발을 억제해 피부의 보습력을 유지해 준다.

③ **살균작용** : 약산성의 피지가 항균작용을 하여 외부 세균의 성장을 억제 및 살균한다.

④ **체온조절작용** : 피부에 전체적으로 피지를 이용한 보호막을 형성하여 체온을 조절한다.

⑤ **여드름 유발** : 남성 호르몬인 테스토스테론과 여드름 발생균 p.acne균과 트리글리세라이드Triglyceride 중 디글리세라이드Diglyceride 또는 모노글리세라이드Monoglyceride의 가수분해로 여드름이 유발된다.

### (3) 피지선의 성분

표 7-2 피지의 구성성분

| | | | | | |
|---|---|---|---|---|---|
| 1 | 트리글리세라이드 Triglyceride | 43% | 4 | 스쿠알렌 Squalene | 12% |
| 2 | 자유 지방산 Free fatty Acid | 16% | 5 | 콜레스테롤 에스테르 Cholesterol ester | 4% |
| 3 | 왁스에스테르 Wax ester | 25% | 6 | 콜레스테롤 Cholesterol | |

### (4) 피지선과 여드름

유리지방산 Free fatty acid 이 모낭을 자극하여 염증을 일으키고, 염증으로 인해 발생한 피지와 노폐물, 고름 등이 외부로 배출되지 못하고 모공을 막아 부패 및 산화되면 세균이 번식하여 여드름이 발생하게 된다. 하지만 피지분비가 많아도 위생적인 피부관리로 배출이 원활하여 모공의 막힘이 없으면 여드름이 발생하지 않는다.

일반적으로 피지선은 3~5개의 주머니가 모낭과 연결되어, 모공을 통하여 피지를 배출하게 되는데, 신체부위에 따라 크기와 형태, 분포되어 있는 밀도가 차이 난다.

피지의 분비는 온도나 기온, 연령, 성별, 건강, 영양 상태의 영향을 받으며, 피지는 특히 남성 호르몬인 테스토스테론 Testosterone 의 영향을 받으므로 여성보다 남성의 피지 분비가 더 활성화되고 지성 피부가 많이 나타난다. 단, 임산부는 임신기간 동안 호르몬의 변화를 일으켜 일시적으로 피지선의 분비가 증가될 수 있다.

*Point*

남성 호르몬인 테스토스테론과 여드름 발생균 p.acne균과 트리글리세라이드 Triglyceride 로 여드름을 발생시킨다.

## 3. 모발 Hair

모발 Hair 은 신체의 털을 말한다. 손바닥, 발바닥, 점막과 피부의 경계 부위, 귀두 부위를 제외한 피부 어디에나 모발은 존재한다. 모발은 피부 겉으로 자라게 되며 케라틴 Keratin 이라는 단백질로 구성되어 있다. 이러한 모발은 표피의 상피세포로 이루어지며 생명과 직접적인 관련은 없지만, 외부로부터 우리의 몸을 보호하는 기능 이외에 마찰 감소, 성적 매력을 제공하는 등의 역할을 한다.

모발은 종류에 따라 배냇 솜털, 솜털연모, 종말털성모로 나눌 수 있다. 모발은 주기적으로 성장 후 빠지고 다시 자라나는 과정Hair growth cycle을 반복하며 생장기, 휴지기, 퇴행기, 탈모기와 발생기를 거치게 된다.

## 1. 모발의 구조Structure of Hair

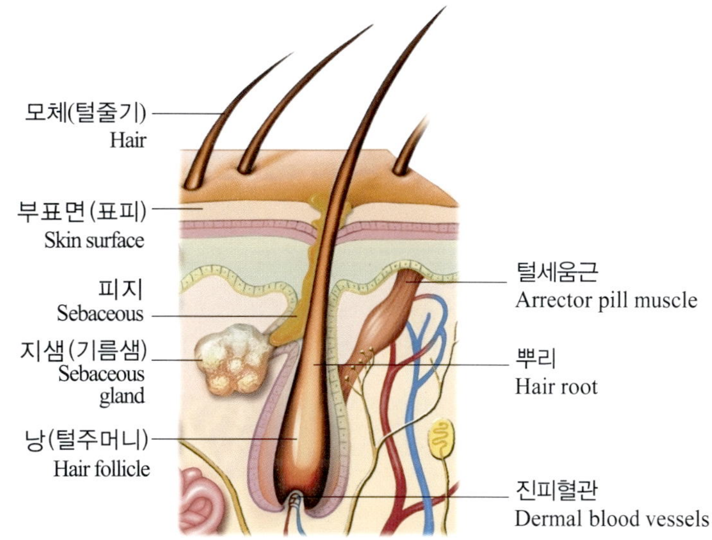


그림 7-3 모발의 구조Hair structure

### (1) 모근부의 구조Structure of hair root

모근부는 모발의 생장과 연관되어 모낭, 모구, 모유두, 모모세포로 구성되어 있다.

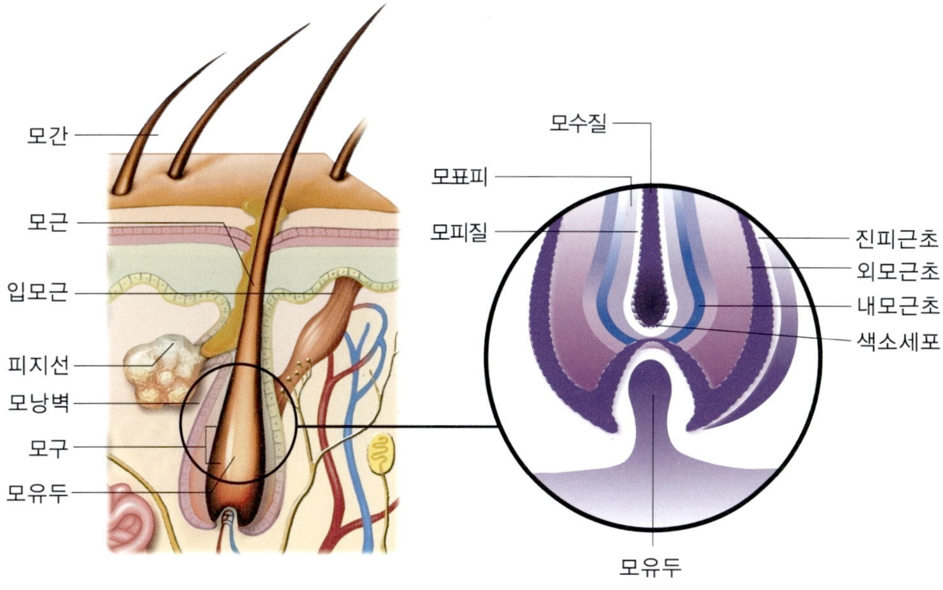


그림 7-4 모근의 구조Hair root structure

① **모낭** Hair Follicle

세 부분으로 구분되어 있으며, 모근을 둘러싸고 영양분을 전달한다.

② **모구** Hair Bulb

모근부의 아랫부분은 구근 모양의 팽창을 가지고 있는데, 이 부분을 모구라 부르며 모발을 생장시키는 데 있어 중요한 부분이다. 모구부의 아래 부분은 오목하게 진피의 결합 조직 Connective tissue 에 묻혀 있고 이 움푹 패인 부분에는 진피세포층에서 나온 모유두가 들어있다.

③ **모유두** Hair Papilla

모유두에는 한 줄로 된 모기질 Hair matrix 이 감싸고 털을 만드는 케라틴형성세포 Keratinocyte 인 피부세포와 같은 이 모기질은 모구부 바로 위 1mm 지점에 위치하며, 세포분열이 시작되는 표피의 기저층 Basal layer 에 해당된다.

세포가 빈틈없이 짜여있는 모유두는 모세혈관이 엉켜 있으며, 이로부터 모발을 성장시키는 영양분과 산소를 운반한다. 이 영양분을 받아 분열하고 있는 세포가 모모세포로서 이는 모유두와 접하고 있는 부분을 둘러싸고 있듯이 존재하고 있다.

여기서 분열된 세포 Cell division 가 각화하면서 위쪽으로 모발을 만들면서 두피 밖으로 밀려나오고 있다.

④ **내모근초** Inner root sheath **와 외모근초** Outer root sheath

내모근초는 내측의 모발 주머니로서 외피에 접하고 있는 표피의 각질층인 초표피 Sheath cuticle 와 과립층의 헉슬리층 Huxley's layer , 유극층의 헨레층 Henle's layer 으로 구성되고 외모근초는 표피층의 가장 안쪽인 기저층에 접하고 있다.

즉, 내모근초와 외모근초는 모구부에서 발생한 모발을 완전히 각화가 종결될 때까지 보호하고 표피까지 운송하는 역할을 하고 있다.

내모근초와 외모근초도 모구부 부근에서 세포분열에 의해 만들어지고 모발의 육성과 함께 모유두와 분리된 휴지기 상태가 되면 외모근초소는 입모근 근처 모구의 1/3 지점 까지 위로 밀려 올라간다. 내모근초는 모발을 표피까지 운송하여 역할을 다한 후에는 비듬이 되어 두피에서 떨어진다.

⑤ **모모세포** Germinal matrix

모구부를 확대하면 오목한 부분과 모유부가 접한 부분에 모모세포가 모유두를 덮고 있다. 이 세포는 형체를 만들고 있는 세포 가운데에서도 특히 세포분열이 왕성하여 끊임없이 분열, 증식을 되풀이하고 있다.

이 모모세포가 모유두에서 영양을 받아 분열되어 모발의 형상을 갖추어 성장해 오고 있는 것이다. 모모세포는 모유두에 접하고 있는 부분으로서 이미 모발을 구성하는 역할이 결정된다. 결국 모유두의 정점 부분에서는 모수질이 된 세포가 분열하고 그 아래 부분으로부터는 모피질이 된 세포가 가장 아래 외측으로는 모표피가 된 세포가 분열하여 위로 밀리고 있다.

⑥ **색소세포** Melanocyte

모발의 색을 결정하는 멜라닌Melanin 색소는 모피질을 만드는 모모세포로부터 별도의 색소세포인 멜라노사이트Melanocyte에 의해 생성된다. 이 멜라노사이트에서 멜라닌 색소를 분비하는데, 이 색소의 양과 특성에 따라서 모발의 색이 결정된다.

### (2) 모간부의 구조 Structure of Hair shaft

모간부Hair shaft는 일반적으로 말하는 모발로서 수없이 이어지는 층으로 구성되어 있다. 모발은 모표피Cuticle, 모피질Cortex, 모수질Medulla의 3개의 층으로 구성되어 있는데, 이는 모발의 형태와 강도, 모발의 색 그리고 자연 상태의 모양을 형성하는 중요한 역할을 한다.

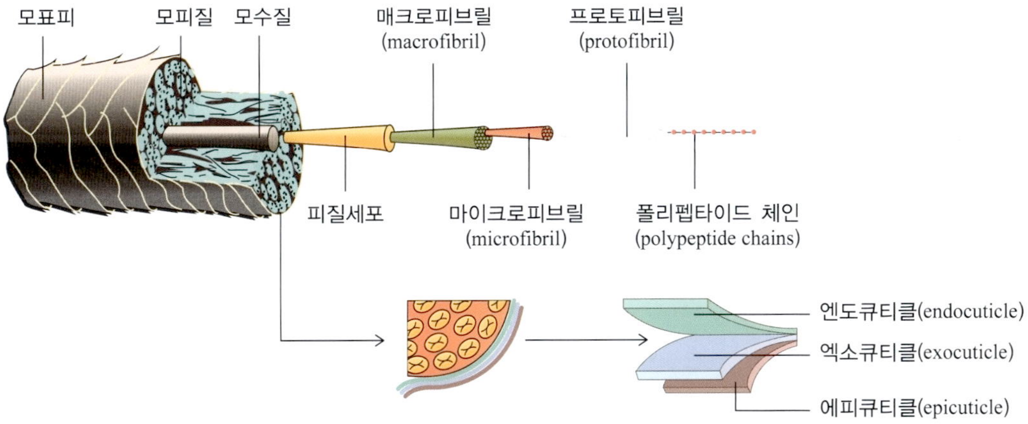


**그림 7-5 모발의 구조**

① **모표피** Cuticle

모표피는 모발의 가장 바깥 부분으로 5~18개의 층으로 겹쳐져 있는 비늘 모양으로서 모발 내부의 모피질을 감싸고 있는 화학적 저항성이 강한 층이다. 모표피는 판상으로 둘러싸인 형태의 세포로 되어있으며, 이 세포는 두께 약 0.5~1.0μm, 길이 80~100μm이다.

외부 자극으로부터 피질을 보호하고 수분 증발을 억제하며, 일반적으로 모발이 손상되었다고 하면 이 표피층Cuticle이 손상된 것을 말한다. 표피층의 반투명의 세포막은 빛을 통과시키므로 모발이 상했거나 갈라졌을 경우 빛을 불규칙적으로 통과시키고 반사되므로 고친 느낌을 준다. 표피층의 세포를 살펴보면 3개의 층으로 보이며 다음과 같이 구성되어 있다.

- **에피큐티클** Epicuticle

가장 바깥층이며 두께 100Å 정도의 얇은 막으로 수증기는 통하지만 물은 통과하지 못하는 소수성이라 물을 튕겨내는 구조로 딱딱하고 부서지기 쉽기 때문에 물리적인 자극에 약하다. 또한, 이 층은 아미노산Amino acid 중 시스틴Sistine의 함유량이 많으며, 각질 용해성 또는 단백질 용해성의 약품친유성,알칼리 용액에 대한 저항성이 가장 강한 성질을 나타낸다.

- **엑소큐티클** Exocuticle

모발의 가운데 위치한 층으로 친수성으로 연한 케라틴이며, 시스틴Sistine이 많이 함유되어 있다. 퍼머넌트 웨이브나 염색이나 탈색 시 약품의 작용을 받아 시스틴 결합에 영향을 받는다.

- **엔도큐티클** Endoicuticle

가장 안쪽에 위치한 층으로 시스틴Sistine 함유량이 적으며, 친수성이고 알칼리에 약하다. 이 층의 내측면은 양면 테이프와 같은 세포막 복합체CMC, Cell Membriane Complex로 인접한 모표피Cuticle를 밀착시키고 있다.

② **모피질** Cortex

모발의 80~90%를 차지하는 부분으로 모발의 질과 색을 결정하는 중요한 부분이다. 각화섬유 세포가 종으로 연결되어 있고 그 주변에는 간충물질이 메워져 있어 모발이 뿔뿔이 흩어지는 것을 막아준다.

종으로 연결된 이 단백질 사슬들은 서로 휘감아 원섬유Proto fibril가 되며 이 섬유들은 서로 α-helix상으로 꼬여서 미세섬유Micro fibril가 된다. 미세섬유는 동일한 과정으로 거대섬유Macro fibri가 되는데, 이 거대섬유도 나선형으로 결합된다.

이 과정이 완성되면 모발의 피질이 형성되며 이 케라틴 체인은 모발을 팽팽하게 잡아 늘릴 때 스프링처럼 끊어지지 않고 늘어나는 성질을 갖게 한다. 특히 모발이 젖어 있을 때 잡아 당길 경우 마른 모발보다 더 약해져서 손상이 발생할 수 있다.

피질에는 모발의 응집력과 모발 색상을 결정하는 멜라닌세포Kelanocyte, 색소형성세포가 존재하며 이 멜라닌 색소에 의해 머리카락의 색상을 결정하고, 친수성이며 펌제나 염모제 등 화학약품에 의해 손상받기 쉬우며, 피질세포 사이에 간층물질Matrix로 채워져 있는 구조이다.

- **피질세포**Cortical cells

피질세포는 두께가 1~6μm, 길이가 약 100μm이며 오소코텍스Orthocortex, 파라코텍스Paracortex, 메조코덱스Mesocortex의 3종류이다.

피질세포는 큐티클에 인접해 있으며 큐티클보다 더 평평하고 황Sulfur 함량이 훨씬 적어 색소과립Pigmentgranules과 핵잔조물Nuclear remnants을 가지고 있다. 시스틴Cystine, 라이신Lysine, 히스티틴Histidine이 큐티클보다 풍부하다.

- **오소코텍스**Orthocortex : 중간섬유Intermediate filaments 사이에 간충물질이 별로 없으며 3% 이하의 낮은 황 함량을 가진다.
- **파라코텍스**Paracortex : 두께가 지름과 거의 유사하다. 부드럽고 둥글게 경계가 되어 있으며, 황 함량은 최대 5%까지이다.
- **메조코텍스**Mesocortex : 중간 시스테인과 황 함량이 높다.

- **거대섬유**Macrofibrils

직경이 약 0.1~ 0.4㎛이고, 피질세포 중 중요한 하나의 부분을 차지하고 있다. 거대섬유는 다시 미세섬유Microfibrils와 원섬유Protofibril로 구성되어 있고, 중간섬유Intermediate filaments와 간충물질Matrix이 있다.

- **중간섬유**Intermediate filaments

황S 함량이 적은 저황 단백질low-sulfur proteins로 코일처럼 꼬여 있는 형태를 한 알파-헬릭스 단백질α-helical proteins이다.

- **모수질**Medulla

모수질은 모발의 중심부로 속이 비어있는 상태이며, 죽은 세포들이 모발의 길이 방향으로 불연속적으로 다각형의 세포들의 형상으로 존재한다. 모수질Medulla은 가는 모발 염모에서는 발견되지 않으며 굵은 모발에서만 발견된다. 수분은 10~15% 정도이며, 또한 틈이 있어 탈수화의 과정에서 수축하여 모발에 따라 크기가 작은 공동을 남긴다. 이 공동은 한랭지에 서식하는 동물에게서 털의 약 50%를 차지하여 보온공기를 함유의 역할을 한다.

*Point*

공동 : 물체 속에 아무것도 없이 비어 있는 것을 말한다.

③ **지질** Lipids

모발은 지질을 1~9% 정도 가지고 있다. 피지선에서 분비되며, 피지Sebum 생산은 남성 호르몬인 안드로겐Androgen 중에 특히 테스토스테론의 영향을 받는다. 아이들은 피지 생산이 적고, 성인이 되면서 생산량이 증가한다.

④ **수분** Moisture

모발은 물을 흡수하는 성질을 가지고 있으며, 주변 환경의 습도에 따라 달라진다. 상대습도Relative Humidity와 건조 상태에 따라서 케라틴 섬유Keratin fiber의 수분 함량이 결정이 된다. 보통 모발은 상대습도 65%, 온도 25℃에서 약 12~13%의 수분을 함유하고 있다.

샴푸 후에는 30%의 수분을, 드라이 건조 시에는 10%의 수분을 함유하게 된다. 수분은 온도와 습도에 영향을 받는다.

⑤ 모발의 결합

- **폴리펩티드 결합** Polypeptide bond

케라틴 단백질의 주사슬을 이루기 위해서 수백에서 수천 개의 아미노산이 모여서 세로로 연결되어 있는 주쇄 결합은 폴리펩티드 결합Polypeptide bond을 이루고 있으며, 가로로 연결되어 있는 측쇄 결합에 비하여 결합력이 더 강하기 때문에 모발이 가로보다 세로로 쉽게 끊어진다.

- **이온 결합** Ionic bond

아미노기는 +전하를 띠는 양이온cation으로, 카르복실기는 -전하를 띠는 음이온Negative ion으로 작용하여, 이들 사이의 상호 결합으로 일어나는 정전기적 결합이다. 모발의 강도는 제공하는 결합이나 등전점을 벗어난 pH가 되면 결합력이 약해진다. 따라서 케라틴Keratin 강도에 영향을 미치고 산과 알칼리에 약한 특징을 갖는다.

- **시스틴 결합** Cystine bond

황S을 함유하고 있으며 아미노산인 시스테인 두 개가 황을 사이로 측쇄 결합한 상태로 케라틴의 특징이며, 시스틴의 황과의 결합은 가로결합인 측쇄 결합 중에서 가장 강한 결합이다. 기계적인 힘으로는 간단히 끊어지지 않지만 화학적 약품인 환원제나 산화제에 의해 절단 및 연결이 쉽게 이루어진다.

• **수소 결합** Hydrogen bond

가로 결합을 하고 있는 폴리펩티드Polypeptide 사슬에 있는 산소O와 수소H의 인장력에 의한 결합으로 산소와 수소간의 거리가 먼 경우 결합은 약하고 물에 쉽게 절단된다. 하지만, 건조한 상태에서는 어느 정도 결합력을 가지고 있고 그 수도 다른 결합보다 많아서 모발의 강도를 유지하는데 상당히 중요한 역할을 한다.

## 2. 모발의 성장주기 Hair cycle

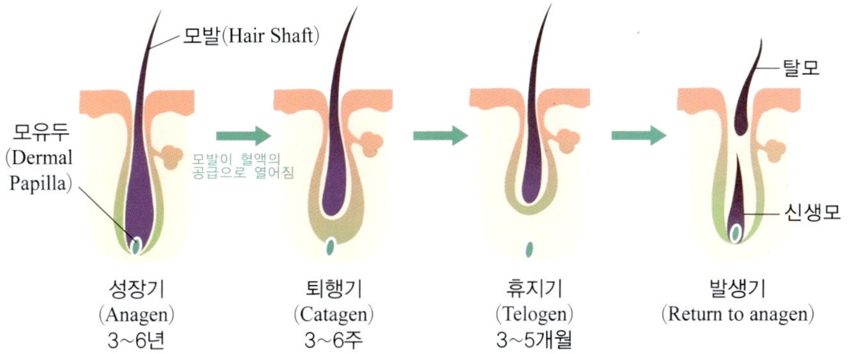


**그림 7-6 모발의 성장주기**

① **성장기**Anagen stage : 모발의 80~90%를 차지하며 모발을 만들고 성장하는 시기이며, 개인차는 있지만 평균적으로 3~6년 정도 지속된다.

② **퇴행기**퇴화기, Catagen stage : 모발의 1%를 차지하며 성장이 종료되는 시기이며, 3~6주 정도 지속되다 휴지기로 이동한다. 퇴행기의 모발은 모낭의 모양이 곤봉처럼 되기 때문에 퇴행기의 모를 곤모라고도 한다.

③ **휴지기**Telogen stage : 모발의 13~15%를 차지하며, 모낭과 모유두가 분리되어 모유두가 동그랗게 변하고 멈춘다. 3~5개월 지나 자연 탈모되며 휴지기의 마지막이 되면 새로운 모발이 생성되는 발생기가 시작된다.

④ **탈모기**Dehairer : 모발이 빠진 뒤 10주가 지나도 재생이 이루어지지 않으면 탈모로 인한 대머리가 된다.

⑤ **발생기**New anagen Stage : 새로운 모발이 자라면서 휴지기의 노화된 모발을 밀어내 빠지게 한다. 이와 같이 모발은 한 가닥 한 가닥이 성장기, 퇴행기, 휴지기, 발생기의 4기를 약 10~15회를 거듭한다.

*Point*

생장기의 모발을 뽑게 되면 뿌리 쪽에 투명한 주머니 구조가 붙어 있는 것을 관찰할 수 있는데 이것이 모낭 하부와 협부에 해당하는 부위이다. 협부 이상에서는 모근초와 모간이 더 이상 붙어 있지 않아서 공간이 형성되는데, 피지선에서 생성되는 피지가 여기로 분비되어 피부 표면으로 나가게 된다.

**표 7-3 모발의 성장** 모의 성장 속도

| 부위 | 주기 | 1일 성장mm | 1개월 성장mm |
|---|---|---|---|
| 모발Hair | 여성 4~6년<br>남성 3~5년 | 0.35 ~ 0.40 | 약 1~1.2cm |
| 눈썹Eye brows | 4~6개월 | 0.18 | 5.4 |
| 속눈썹Eyelash | 3~4개월 | 0.18 | 5.4 |
| 수염Beard | 2~3년 | 0.27~0.38 | 11.4 |
| 액와모Underarm | 1~2년 | 0.23~0.3 | 6.9 |
| 음모Pubic | 1~2년 | 0.20 | 6.0 |
| 솜털 | 2~4개월 | 0.05 | |

## 3. 모발의 기능Hair function

① 모발Hair과 피부Skin는 개인의 전반적인 건강상태의 좋은 지표이다. 활기 없고 시들한 모발과 누렇고 힘없는 피부 색깔은 건강위험의 신호이다. 강하고 건강한 모발과 좋은 피부색은 건강이 좋다는 뜻이다.

② 털은 노폐물을 배출하는 기능을 한다. 특히 인체에 유해한 수은, 비소, 아연 등 중금속을 배출한다.

③ 외부로부터 충격을 받았을 때 모발은 쿠션역할을 해줌으로써 뇌를 보호해주며 몸에서 나는 열의 발산을 억제 또는 증가시킨다.

④ 장식적 기능 및 시대에 따라서는 남, 녀의 특징을 나타내는 기능과 개인의 개성을 나타내는 상징적 기능도 가지고 있다.

## 4. 모발의 분류 Hair classification

### (1) 모발의 형태 Shape of hair 별 분류

① 직모 Straight hair

직모는 동양인에게 90% 정도의 많은 형태로 직선상이고 모낭 follicle 이 피부 표면으로부터 일직선으로 세워져 있으며 세포분열의 속도가 동일한 속도로 진행되어 나타나기 때문에 모발의 단면이 둥근형이다. 아시아 황인종, 에스키모, 아메리카 인디언, 폴리네시아인 등에 나타나는 모발 형태이다.

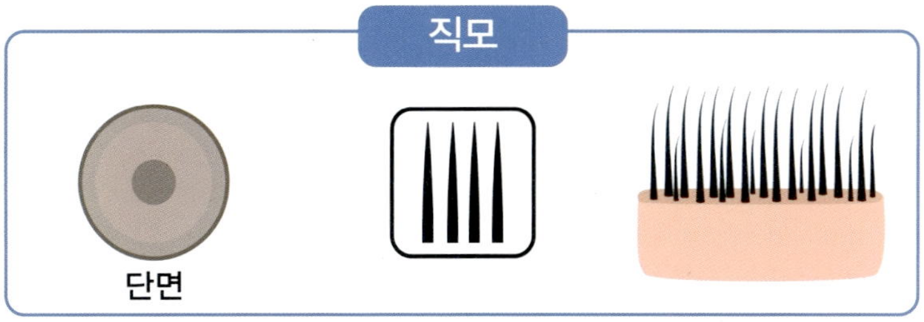


그림 7-7 모발의 형태 직모

② 파상모 Wavy hair

파상모는 웨이브가 있는 모발로 모낭 follicle 이 피부 표면으로부터 비스듬히 누워있고 모발 단면은 타원형이다. 이런 현상은 유전적 체질에 의해 나타나는 것으로 알려져 있는데 이 경우 모발에 어떤 시술을 하더라도 영구적으로 변형시킬 수 없다. 정도가 강한 것은 굵은 코일 모양으로 감겨 있는 경우도 있다. 백인, 오스트레일리아 원주민, 인도네시아인, 에티오피아인 등에서 볼 수 있다.

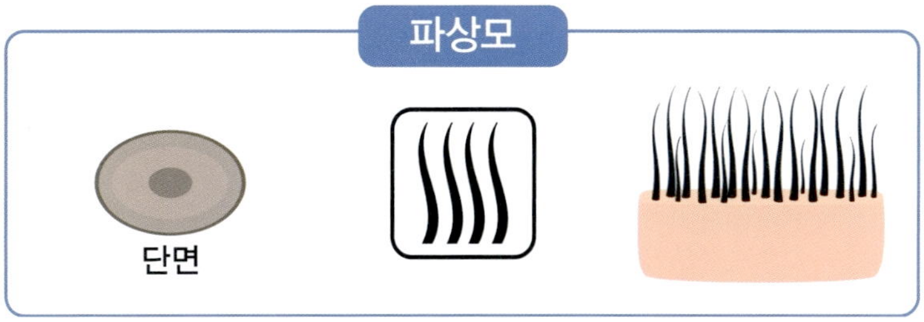


그림 7-8 모발의 형태 파상모

③ **축모** Curly hair

축모는 매우 작게 오그라진 모발로서 오그라진 것과 나선모가 있다. 단면이 하상모에 비해 웨이브가 심하고, 흑인종에게서 주로 볼 수 있다. 나선모는 머리카락이 나선상螺旋狀으로 오그라들어 큰 콩알만한 크기로 조금씩 모여서 나 있는 것으로 머리카락이 아주 강하다. 주로 아프리카 흑인, 코이산인종, 멜라네시아제족, 파푸아제족, 안다만인 등에서 볼 수 있다.

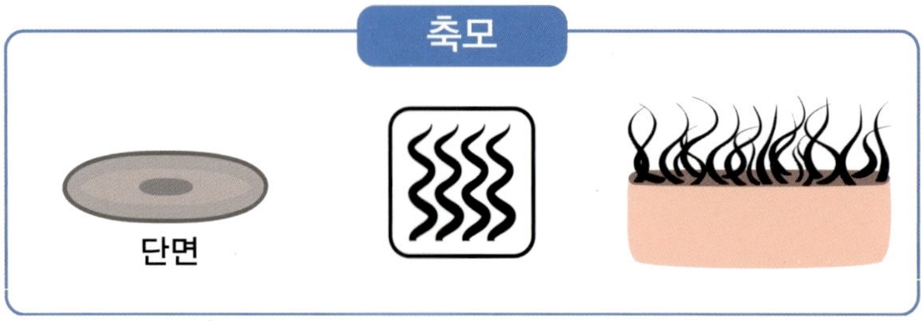


**그림 7-9 모발의 형태** 축모

## (2) 모발의 종류Hair species별 분류

모발의 굵기에 따라 취모, 연모, 경모로 분류할 수 있다.

① **취모** Lanugo

태아 때부터 온몸에 나 있는 섬세하고 부드러운 엷은 색의 털로 생모生毛 또는 취모毳毛라고도 한다. 출생 무렵 탈락되고 연모로 대체된다.

② **연모** Vellus hair

피부의 대부분을 덮고 있는 부드러운 털로 출생 직후 성장함에 따라 부위별로 성모길고 굵은 털로 머리카락, 눈썹, 속눈썹, 수염, 겨드랑이를 구성하고 있는 털로 바뀐다. 갈색을 띠고 있으며 모수질이 존재하지 않는다.

③ **중모** Indeterminate hair

연모와 성모의 중간 굵기의 털을 말한다.

④ **성모** 종모 Terminal hair

성인의 눈썹, 속눈썹, 머리카락, 수염, 음부, 겨드랑이 등의 털을 말하며, 연모가 종모성모로 바뀌는 정도는 내분비계의 영향이나 유전적 영향을 받는다. 일반적으로 굵기는 0.15~0.20mm 정도의 굵은 털로 모수질과 멜라닌 색소를 지니고 있다.

*Point*

- **배냇솜털** : 태아 피부를 덮고 있는 모발로 부드럽고 엷은 색의 털로 대개 태어난 뒤에 탈락된다.
- **솜털** : 성인 피부의 대부분을 덮고 있는 섬세한 모발이다.
- **종말털** : 성인의 머리카락, 눈썹, 속눈썹, 수염, 겨드랑이 및 생식기 주변에 위치한 굵은 모발이다.

## 5. 모발의 물리적 특징 Physical features of Hair

### (1) 모발의 강도 Hair strength 와 모발의 신장도 Hair expansion

건강한 모발을 한 가닥, 양쪽을 손가락으로 잡아당겨 보면 비교적 저항력이 있는 것을 알 수 있다. 모발에 힘을 강하게 주어 당기면 모발은 점차 늘어나면서 가늘어지다가 결국 끊어지게 된다. 모발을 절단할 때 신장의 정도를 원래 길이의 몇 %까지 늘어나는지를 신장도로 나타내는데, 이때 모발에 걸린 무게를 인장 강도g라고 하고, 신장률을 신장도%라 한다. 모발의 강도와 신장은 측정할 때의 온도와 습도에 따라 그 수치가 매우 다르기 때문에 일반적으로 온도 25℃, 습도 65%를 표준으로 한다. 또 한 개인의 체질과 건강 상태, 모발의 손상 정도, 당긴 속도 등에 따라서 크게 다르기 때문에 측정은 측정자에 의해 다양하다.

보통 상온, 상습에서는 모발이 50% 전후, 즉 원래 길이의 1.5배 정도까지 늘어난다.

### (2) 모발의 흡수성 Hair hygroscopic

모발은 수분을 흡수하는 성질을 가진다. 모발을 물에 담가두면 길이 1~2%, 직경 15%, 무게 30% 정도 증가하는데 길이의 변화보다는 직경의 변화가 더 크다. 그 이유는 모발 단백질의 그물망 구조에 의해 침투한 수분이 망 속으로 들어가 안에서 밀어 넓히기 때문이다.

### (3) 모발의 팽윤성 Hair swelling

모발의 탄력성은 모발에 어떤 힘을 작용하여 형태를 변형시킨 다음 그 힘을 제거하였을 때 모발 본래의 모양과 크기로 되돌아가려고 하는 성질이 있다. 이러한 탄력성은 모발내의 케라틴의 측쇄 결합과 입체 구조에서 유래한다.

모발은 코일 모양의 케라틴이 스피링 구조로 이루어져 있기 때문에 탄력성을 갖고 있으며, 습윤모의 경우 탄력성이 매우 크다.

## 6. 모발의 이상 현상Hair abnormality

### (1) 염전모파상모, Pill tort

두발의 장축에 따라 나사모양으로 꼬인 모발을 말하며, 소아기의 두피, 눈썹, 속눈썹 등에서도 발생된다.

### (2) 연주모Moniletheix

선천성 질환으로 모발이 연주상으로 변하는 이상 현상으로 팽대된 부분과 잘록한 부분이 연속되어 있는 털로 목걸이 모양의 염주 모양 모발이라고도 한다. 결절부위에 모발이 잘 부서진다.

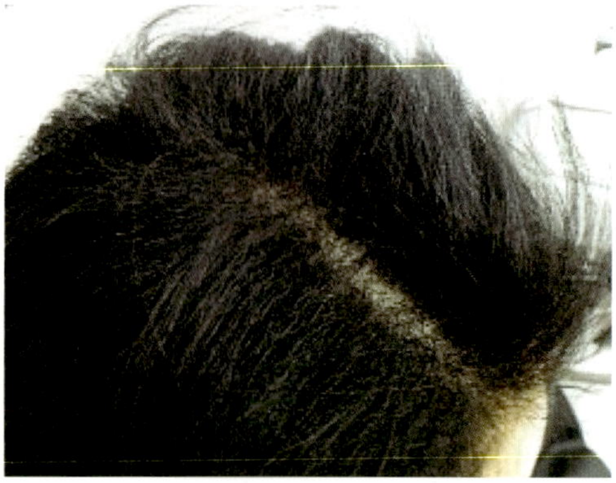

그림 7-10 연주모Moniletheix

### (3) 결절성 열모증Trichorrhexis nodosa

털 몸통의 약한 부분이 두꺼워지고 결절이 형성되어 쉽게 부러지는 질환으로, 환경적인 요인이나 여러 다른 질환과 연결되어 발생한다. 비슷한 말로는 결절성 털 찢김증이라고도 한다.

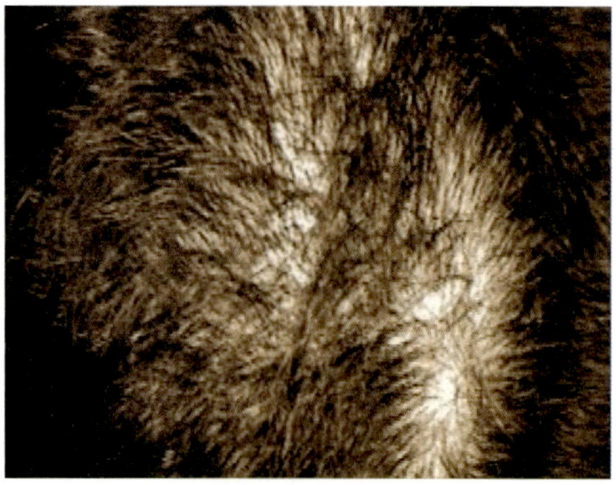

그림 7-11 결절성 열모증Trichorrhexis nodosa

### (4) 합입성 열모증 네테르톤병, Trichorrhexis invaginata

대나무처럼 보이며, 모피질의 황화수소-SH가 황결합S-S으로 치환되지 않아 연한 모피질이 말려 들어가면서 생기는 증상이다.

### (5) 백륜모 Pill annulati

검은 모발에 일정한 간격으로 색소가 소실한 부분이 있는 모발로 유전적 인자로 발생하는 것을 말하며, 모피질 내에 빈공간이 생겨 빛의 차이에 의해 흑색과 백색 띠가 교대로 나타난다. 멜라닌의 이상 증상으로 특별한 원인이나 치료방법이 없다.

### (6) 백모증 흰머리, Poliosis

멜라닌 색소의 이상증상으로 부분 또는 전체적으로 흰머리가 생기는 증상을 말한다.

늙기도 전에 머리가 세는 병으로, 전체 모발이 하얗게 변하는 것은 나이에 맞지 않게 흰머리가 생기는 증상이다.

**그림 7-12 백모증** Poliosis

### (7) 조모증 Hirsutism

모발이 비정상적으로 과도하게 성장하는 증세로 모발의 분포는 인종적인 특징이 중요한 요인이 된다. 원인 불명의 조모증 Idiopathic hirsutism은 내분비 인자와 관계없이 생긴 조모증을 말하며, 유전적인 성향이 있다. 아버지의 유전인자가 딸에게 유전된다.

조모증粗毛症, hirsutism 또는 남성형털과다증男性形-過多症이라고 하며, 일반적으로 내분비계 이상으로 발생하고, 턱, 가슴, 몸에 여성이 남성과 같이 털이 나거나 털이 거의 없어야 하는 것이 정상인 부위에 털이 과다하게 자라는 증상을 말한다. 호르몬의 장애, 안드로겐의 증가, 부신피질로 인한 이상 증상, 난소에 종양이 생겼을 경우 발생한다.

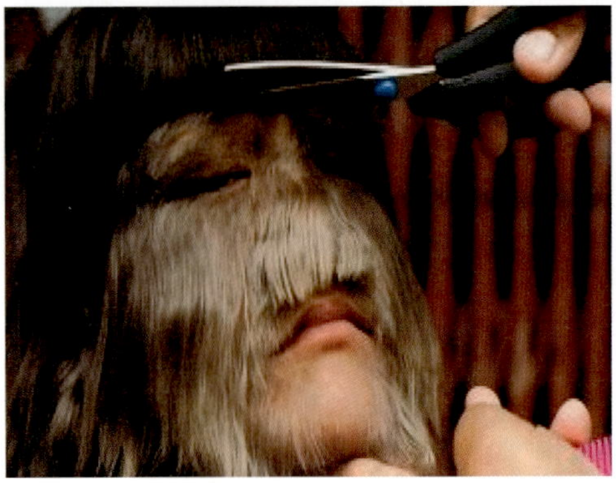

그림 7-13 **조모증**Hirsutism

### (8) 다모증Excessive hair growth

남성보다 여성에게 많이 발생하며, 내분비계, 부신, 난소의 종양 등에 이상증상이 발생하게 되면 남성 호르몬을 과도하게 생성하여 남자처럼 털이 자라게 된다. 폐경기가 되면 증상이 현저하게 줄어든다.

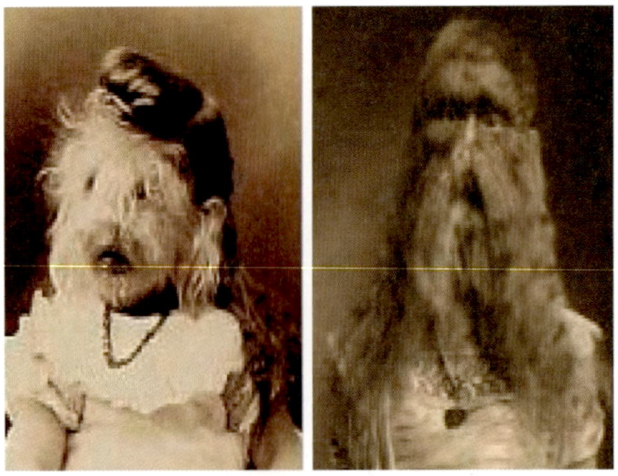

그림 7-14 **다모증**Excessive hair growth

### (9) 탈모증Alopecia

머리카락과 전신의 털이 다양한 원인으로 빠지는 증상을 말한다. 남성 호르몬은 탈모를 유발시키므로 청소년 시기부터 관리를 해주어야 하며, 정기적인 순환 마사지와 샴푸 시 깨끗하게 헹구는 습관으로 탈모를 예방한다.

유전, 매독, 호르몬의 변화, 화학제, 의약품, 영양 결핍, 물리적 자극과 마찰, 신경 질환 등으로 유발된다.

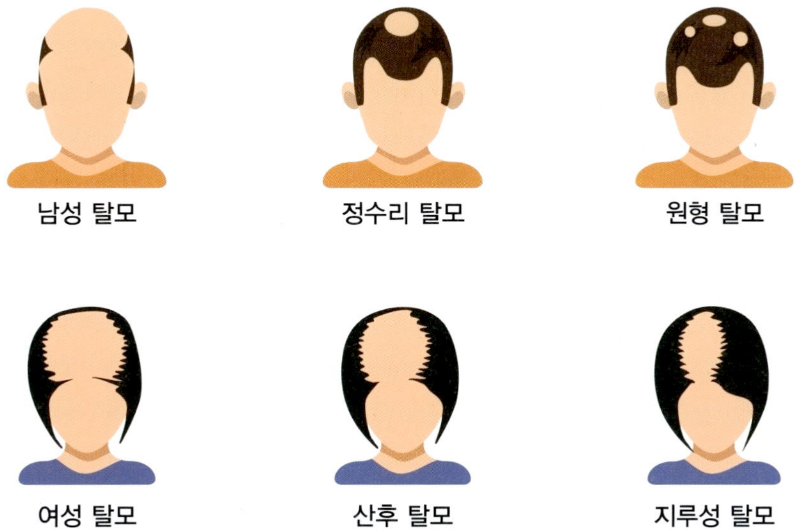


**그림 7-15 탈모의 종류** Hair loss specie

① 생리적 탈모 Physiological hair loss

내분비계의 변화로 산모에게서 급격히 머리카락이 빠지거나 신생아의 배냇머리가 빠지는 증상이 이에 포함된다.

② 원형 탈모 Alopecia areata

머리카락, 수염, 눈썹, 속눈썹에 발생되며, 심한 경우 머리털 전체가 빠지거나 전두 탈모증, Alopecia totalis , 전신의 털이 모두 빠지는 경우 전신 탈모증, Alopecia universalis 도 발생한다. 스트레스, 자가 면역, 내분비 장애, 피로, 국소 감염 등으로 발생되므로 안정적인 생활 리듬을 유지하는 것이 중요하다.

③ 남성 탈모 Male pattern baldness

남성 호르몬의 과다분비로 발생되며, 유전적인 성향이 매우 강하다.

④ 견인성 탈모 Traction alopecia

머리를 묶거나 당기거나, 땋거나 하는 동작을 오랜 기간 동안 반복하면 발생하게 된다.

⑤ 발모벽 Trichotillomania

정신적인 문제로 발생하게 되며, 손톱을 물어뜯는 행동처럼 습관적으로 머리카락이나 속눈썹 등을 반복적으로 잡아 뽑는 습관적 행동이다.

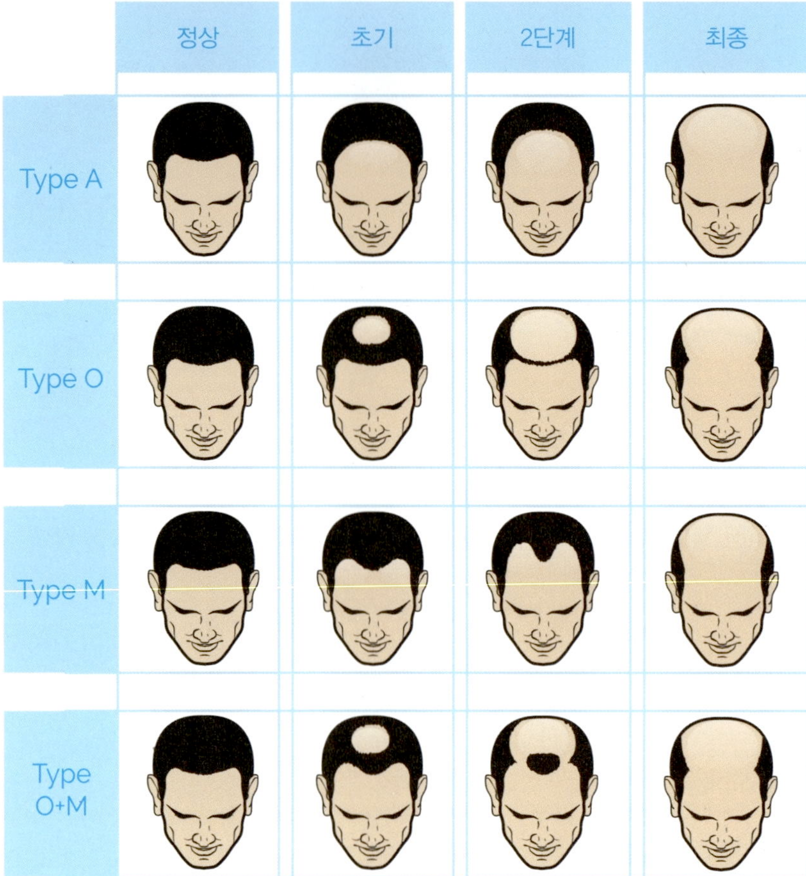


그림 7-16 남성형 탈모

그림 7-17 여성형 탈모

### (10) 무모증 Atrichia pubis

유전이나 내분비계 장애로 인해 털이 아예 자라지 않거나 아주 적게 발모되는 증상을 말한다.

# 4. 조갑의 구조Nail structure

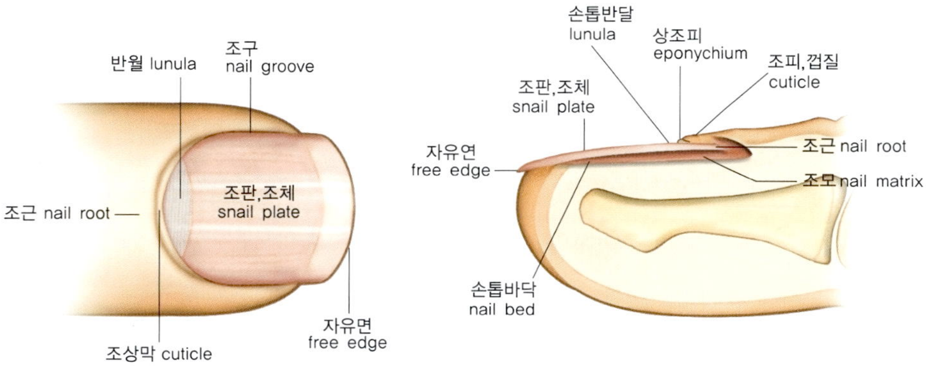


그림 7-18　조갑의 구조

## (1) 조갑Nail의 성장과 구성 성분

① **구성 성분** : 케라틴Keratin이라는 경단백질로 구성되어 있다.

② 15～18%의 수분을 함유하고 있다.

③ **형성 과정** : 임신 8～9주경 형성되어 임신 12～13주경 완성된다. 임신 17～20주경 완전한 손톱이 형성된다.

④ **성장** : 1일 약 0.1～0.15mm, 한 달에 약 3～5mm 정도 자란다.

## (2) 조갑Nail의 구조

① **조체**Nail body : 케라틴 단백질 덩어리로 되어 있는 손톱 전체를 말한다.

② **조근**Nail root : 피부아래 박혀 손톱이 자라기 시작하는 뿌리를 말한다.

③ **자유연**Free edge : 손톱의 끝부분으로 길이와 모양이 자유롭게 자라나는 부분이다.

④ **조상**Nail bed : 네일 바디를 받치고 있는 부분이며, 모세혈관이 있어 손톱이 색을 내도록 하는 부분이다. 신진대사와 수분공급을 조절한다.

⑤ **조모**Nail matrix : 네일 루트를 감싸고 있으며, 손상을 입으면 조갑의 변형을 초래한다.

⑥ **조반월**Lunulla : 유백색의 반달모양으로 연케라틴 부분이다.

⑦ **조소피**Cuticle : 손톱 주위를 감싸고 있는 신경이 없는 각질막 조직이다.

⑧ **상조피**Eponychium : 조소피를 제거하고 나면 나오는 부분이며, 루눌라와 네일 매트릭스를 보호한다.

⑨ **하조피**Hyponichium : 외부의 이물질과 세균의 침입을 막아주는 방어막 역할을 하며, 자유연 아래 옐로우 라인에 위치해 있다.

*Chapter 8*

# 피부 질환

피부의 장애는 소양감, 작열감, 바늘로 찌르는 느낌, 물어뜯는 느낌, 벌레가 기어다니는 느낌, 쓰라림, 동통, 무감각증 등의 증상으로 나타나는데, 육안으로는 구별하기 어려운 경우가 대부분이다. 이런 증상들은 가볍게 나타나기도 하고 때로는 매우 견디기 힘든 통증으로 나타나기도 한다.

수초 만에 통증이나 증상이 사라지기도 하고, 장시간 반복되거나 장기간 유지되기도 한다. 피부질환을 크게 2가지로 분류하면 1차적 발진을 원발진이라고 하고, 이 증상이 계속적으로 진행되어 악화 발전되는 2차적 발진을 속발진이라고 한다.

1차적 발진인 원발진의 종류에는 여드름, 종양, 대수포, 소수포, 반점, 팽진, 홍반 등이 있고, 2차적 발진인 속발진의 종류로는 인설비듬, 미란, 찰상, 가피, 반흔상흔, 균열, 궤양, 위축, 색소 침착, 켈로이드해족증, 변지, 태선화 등이 있다.

피부질환을 발생 원인별로 세분화하여 분류하면 열에 의한 피부질환, 기계적 손상에 의한 피부질환, 피부의 염증성 질환, 알레르기성 피부질환, 감염성 피부질환, 각화이상에 의한 피부질환, 색소성 피부질환, 안검 주위의 피부질환, 결합조직 및 피하조직의 피부질환 등으로 분류할 수 있다.

## 1. 원발진Primary lesions의 종류

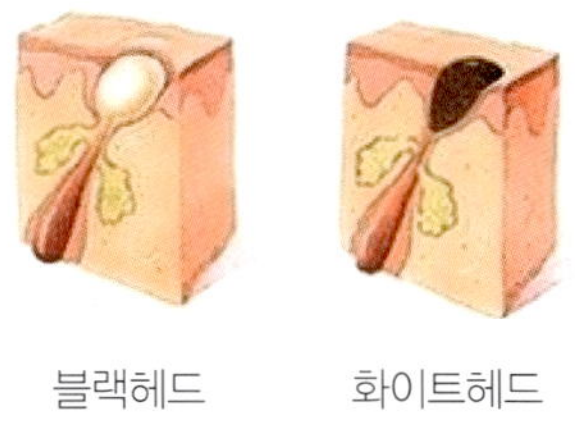


면포 비염증성 여드름
① 개방면포 White head
② 폐쇄면포 Black head

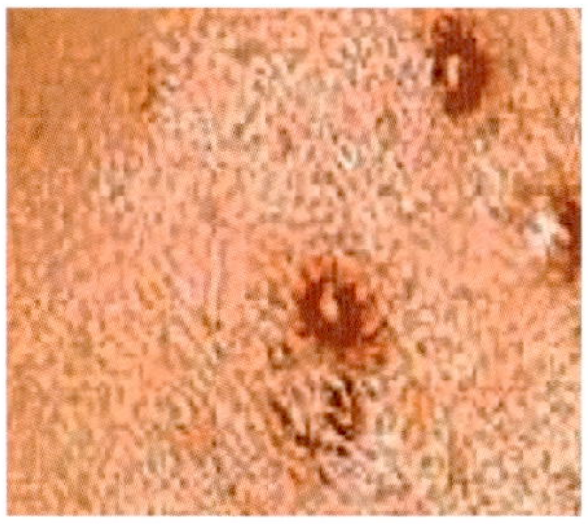

구진 Papule
* 여드름 2단계

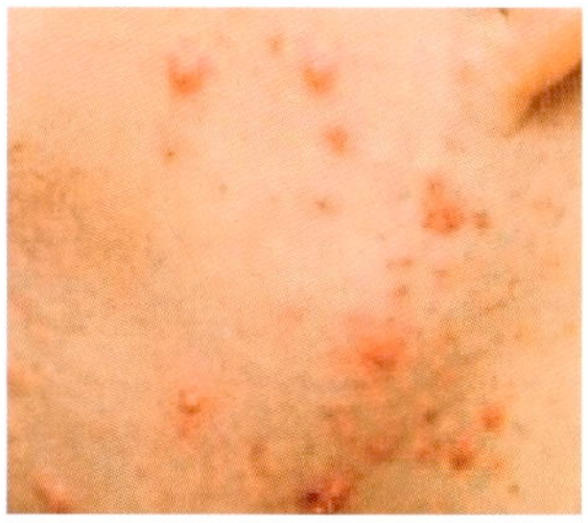

농포 화농성 여드름, Pustule
* 여드름 3단계

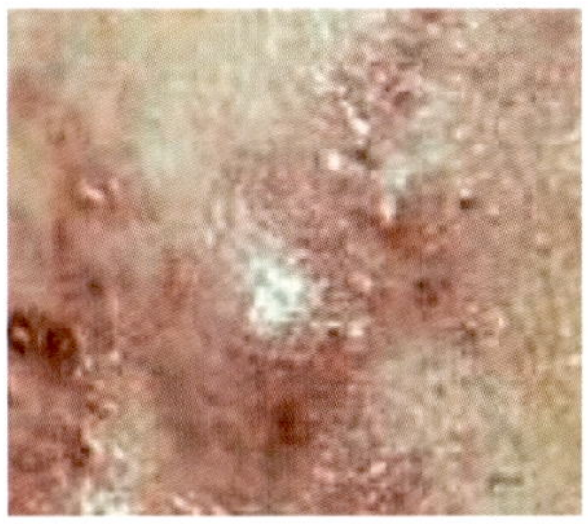

결절 Nodule, 낭종 Cyst
* 여드름 4단계

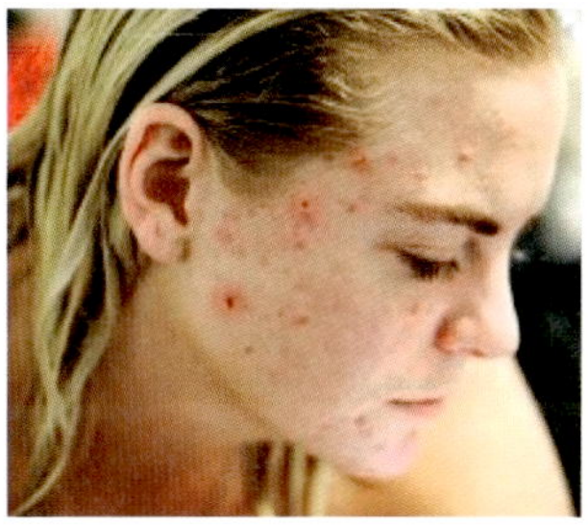

종양 Tumors

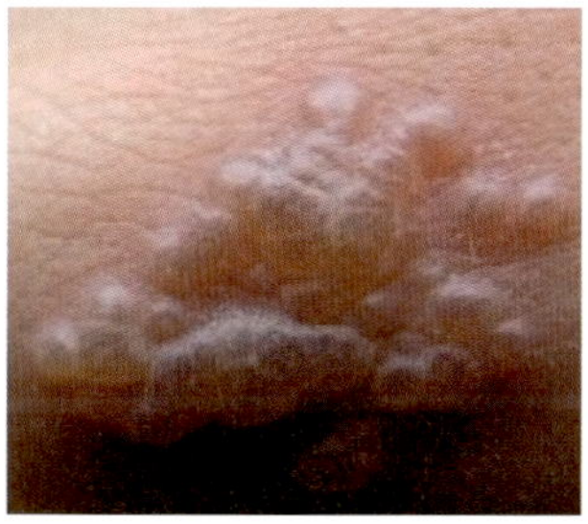

대수포 Bullae
큰 물집

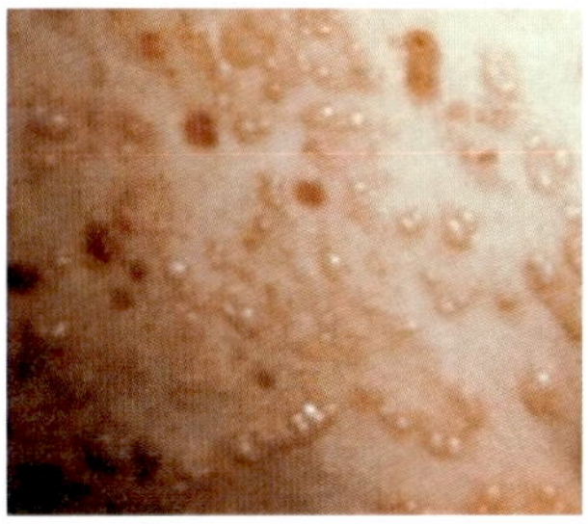

소수포 Vesicles
작은 물집

반점 Spot

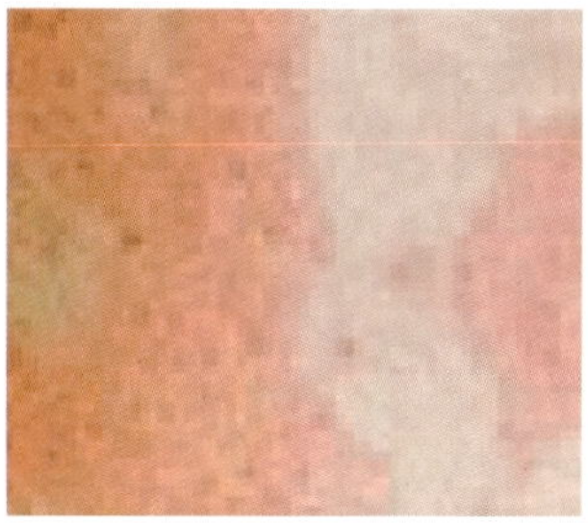

팽진 두드러기, Wheal

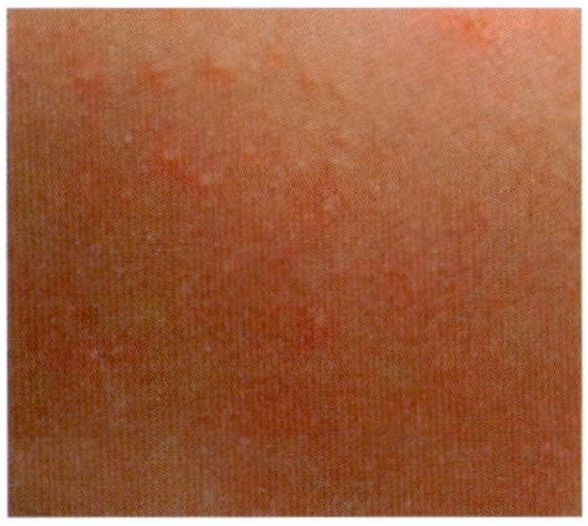

홍반 Erythema

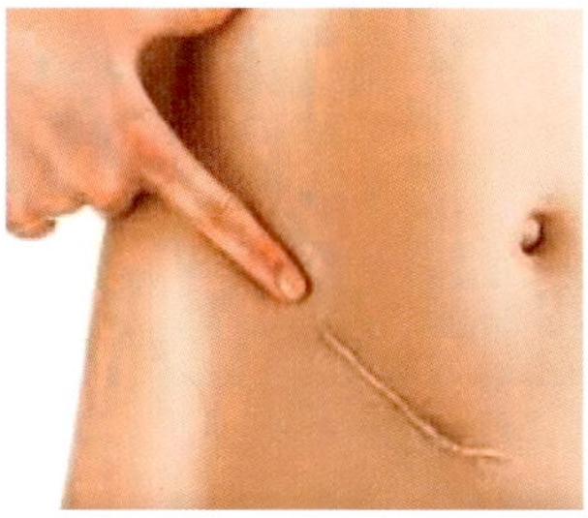

흉터 Scar

## 2. 속발진Secondary lesion의 종류

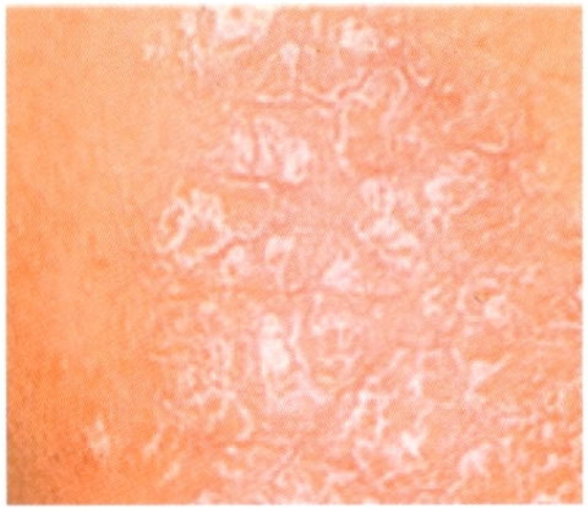

인설 비듬, Scales

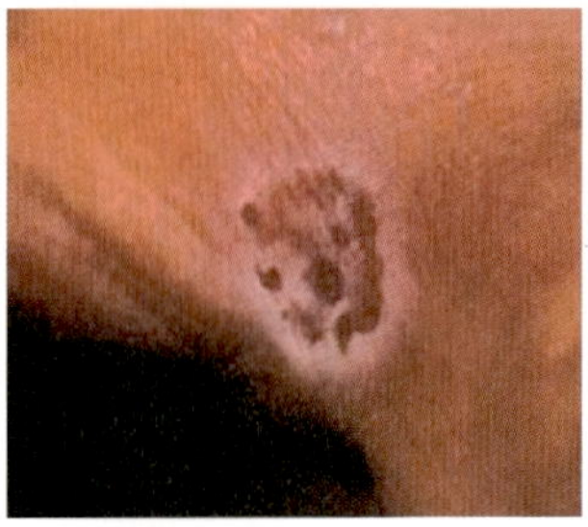

미란 Erosions

딱지 떨어진 흉터

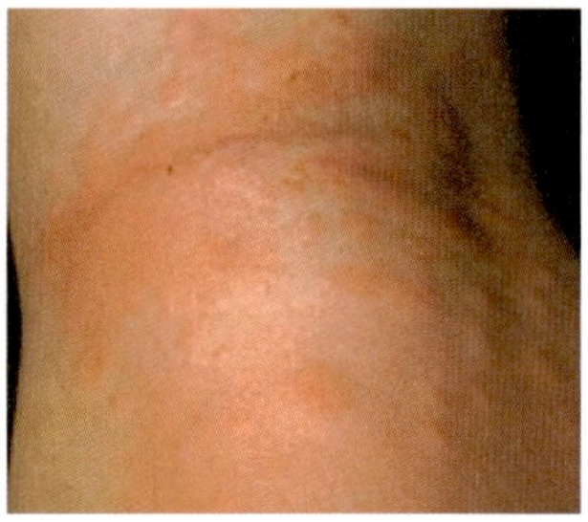

찰상 Excoriations

반복하여 긁힌 상처

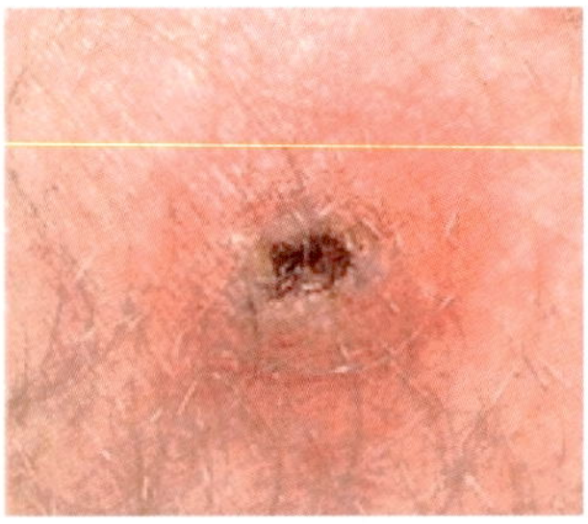

가피 딱지, Crusts

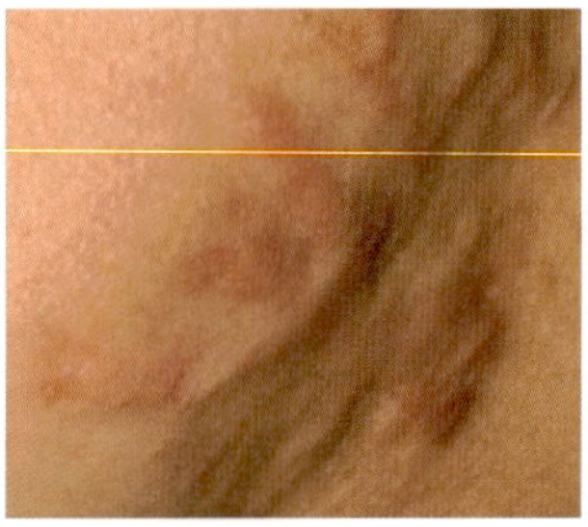

반흔 흉터, Scars

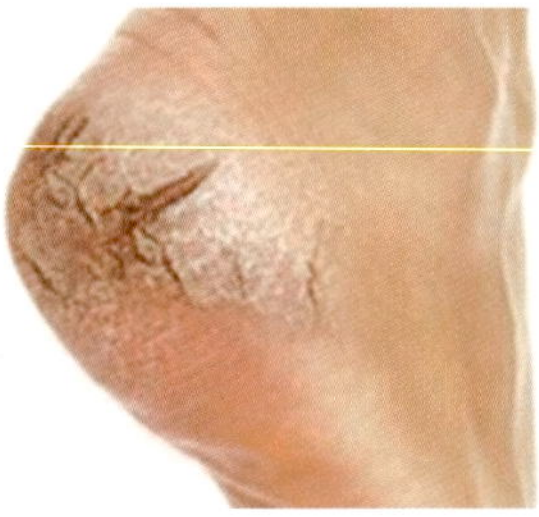

균열 Fissures

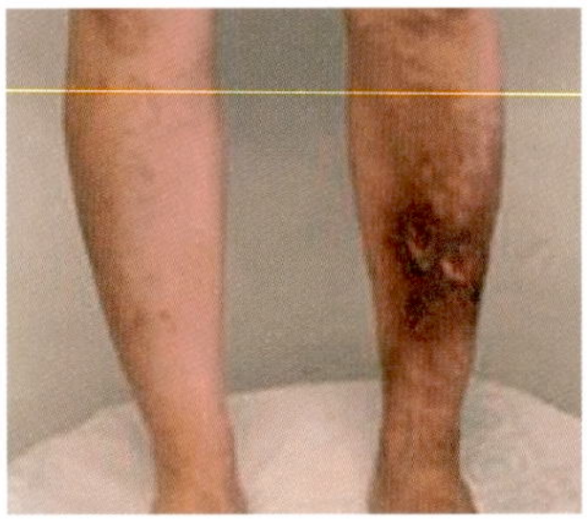

궤양 Ulcers

진피까지 떨어져 나가고 남은 상처

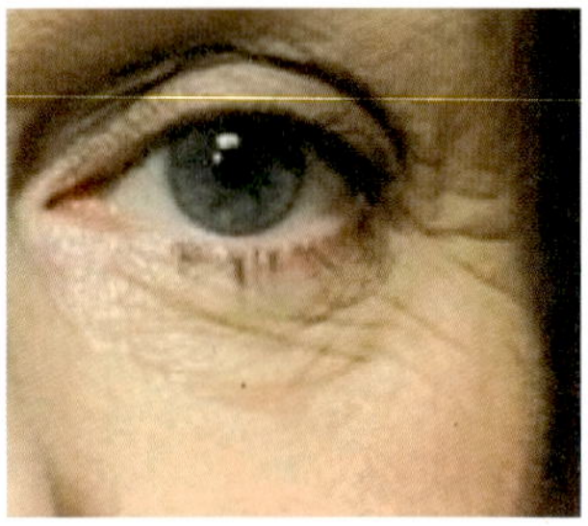

위축 주름, Atrophy

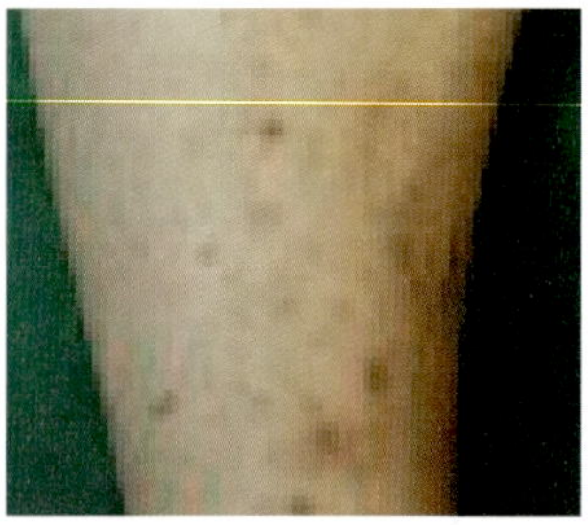

색소 침착 Pigmentation

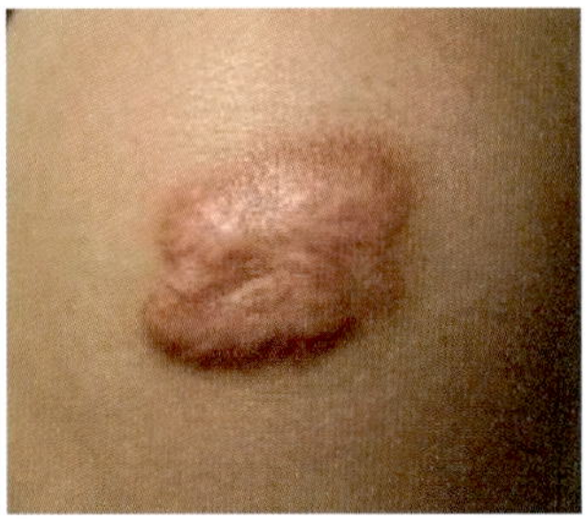

켈로이드 해족증, Keloid

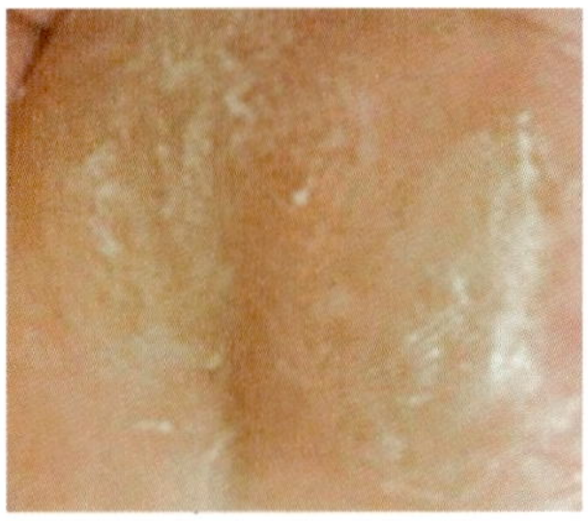

변지 굳은살, Callus

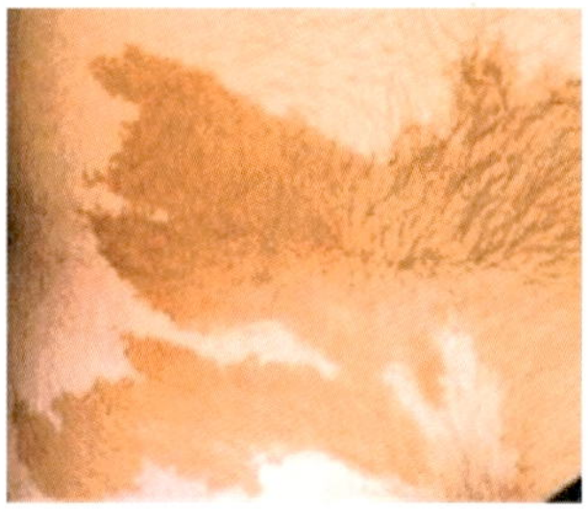

태선화 Lichenification

## 3. 열에 의한 피부 질환 Heat-induced skin disease

| | | |
|---|---|---|
| 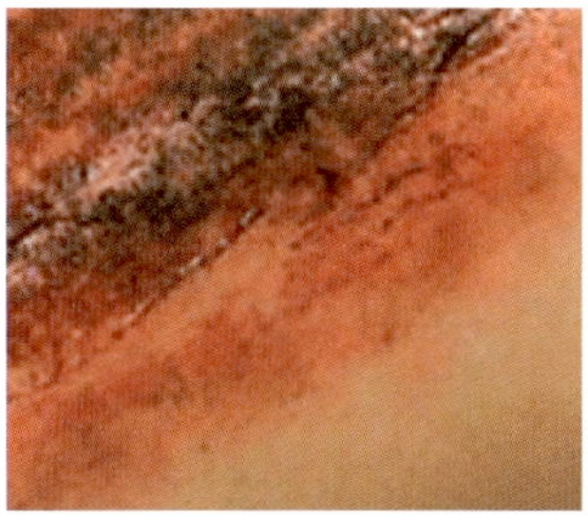 | 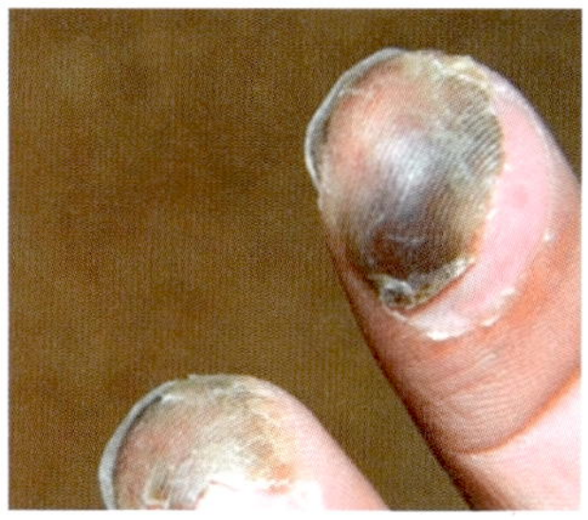 | 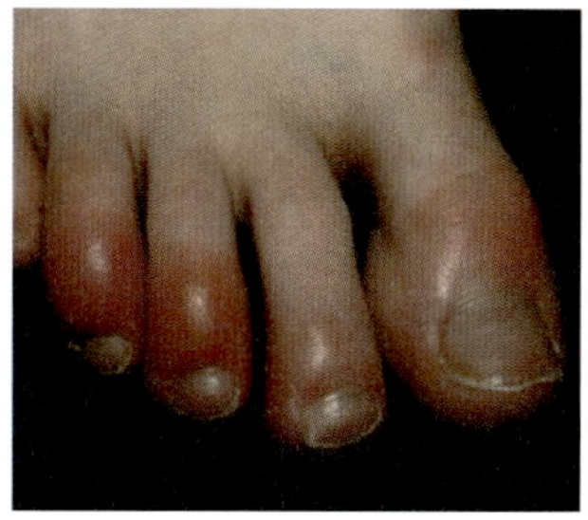 |
| 열44℃ 이상에 의한 화상 Burn | 한랭에 의한 국소성 염증 동창 Chilblain, Pernio | 영하 2~10℃ 동상 Frostbite |
| 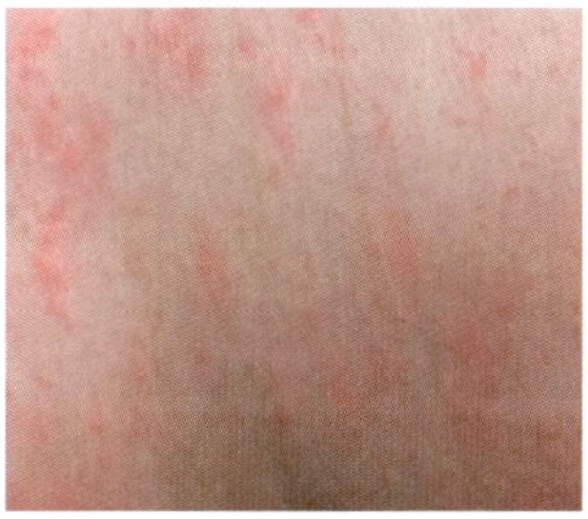 | 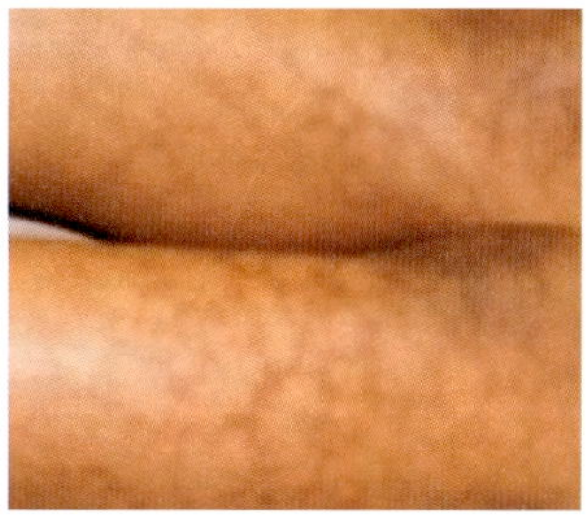 | 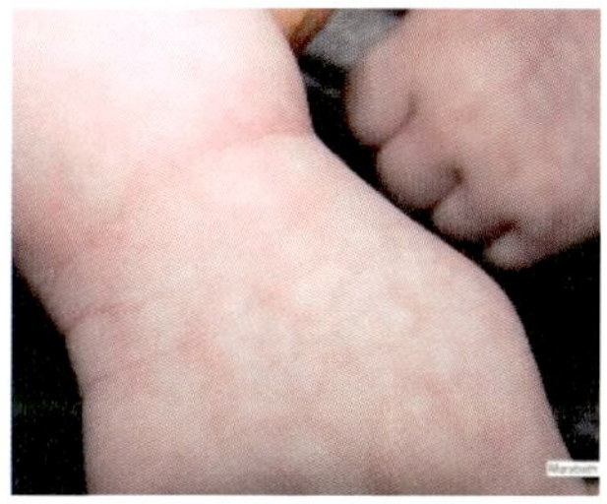 |
| 한진 땀띠, Miliaria | 자외선 열 손상 열성홍반 Toasted Skin Syndrome, Erythema abigne | 한랭에 노출 대리석 피부 Cutis marmorata |

## 4. 피부염 Skin inflammation

외부의 화학물질, 약물, 식물의 독성 등의 다양한 외부 물질의 접촉에 의해 발생한다. 피부가 건조해지고 거칠어지며, 각질층이 떨어져 나간다. 스테로이드제나 경구, 주사 등을 이용하여 치료한다.

| | | |
|---|---|---|
| 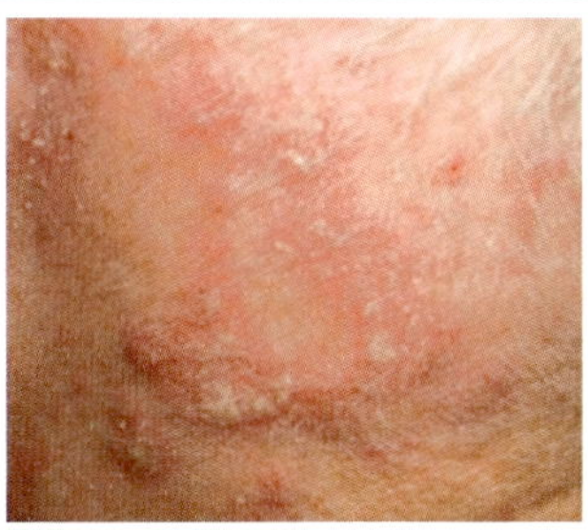 | 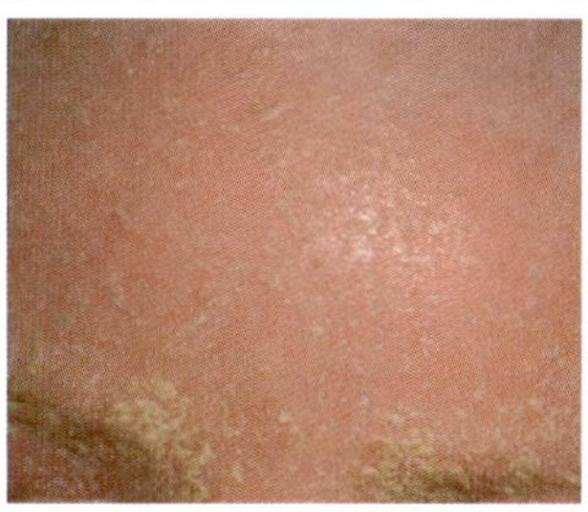 | 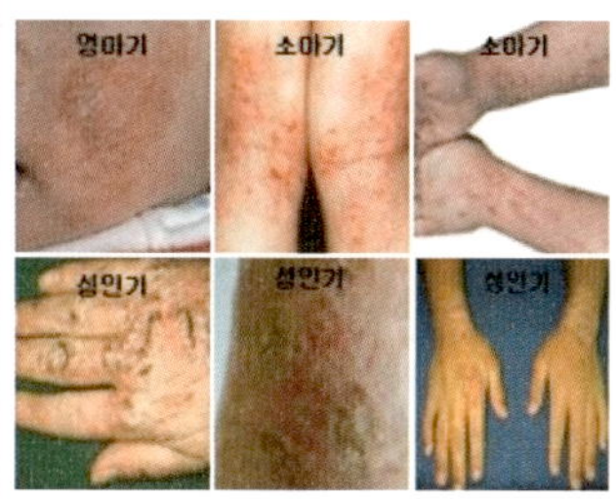  |
| 접촉성 피부염 Contact dermatitis | 지루성 피부염 Seborrheric dermatitis | 아토피성 피부염 Atopic dermatitis |

## 5. 감염성 피부질환 세균, 박테리아에 의한 피부질환, Infectious skin disease

화농성 염증으로 면도기, 수염, 눈썹, 액와모, 치골부 부위에 제모 시 소독하지 않은 불결한 도구의 사용으로 인해 발생하는 염증들이다. 세균, 바이러스, 곰팡이균에 의해 발생하며, 항생제나 외용 연고로 치료가 가능하고, 도구 사용 시 반드시 소독을 실시하도록 한다.

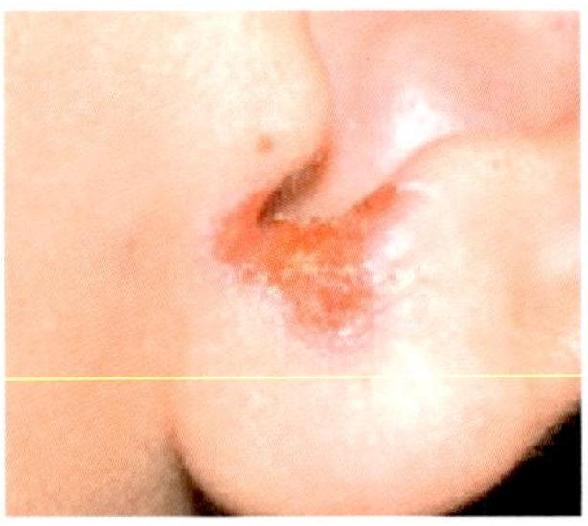

농가진 Impetigo

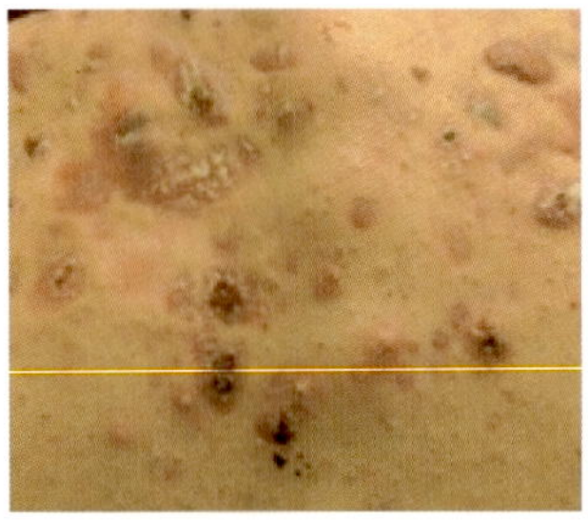

절종 Furuncle

황색포도상 구균에 의한 감염

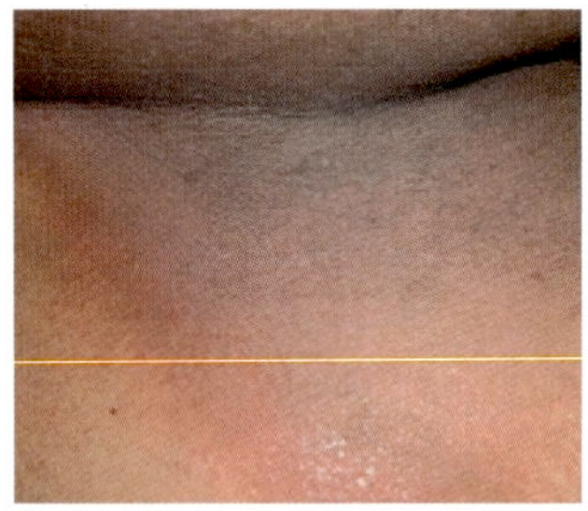

간찰진 Intertrigo

피부면의 마찰로 발생

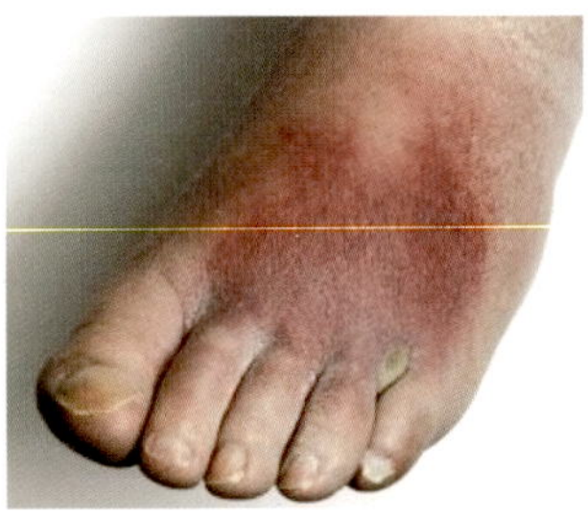

봉소염 봉와직염, Cellulitis

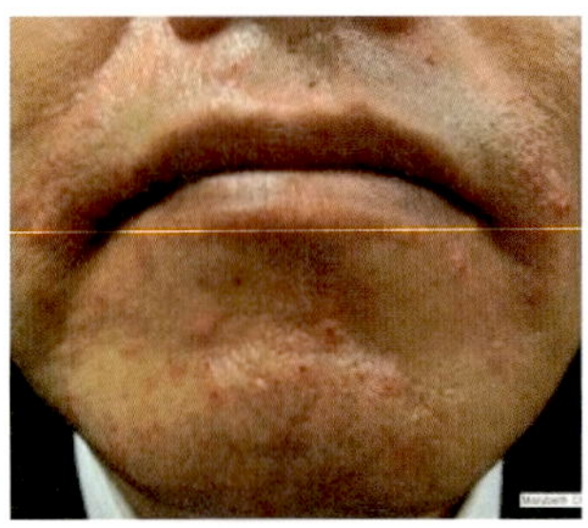

모창 심상성 모창, Sycosis vulgris, Unusual hair sore

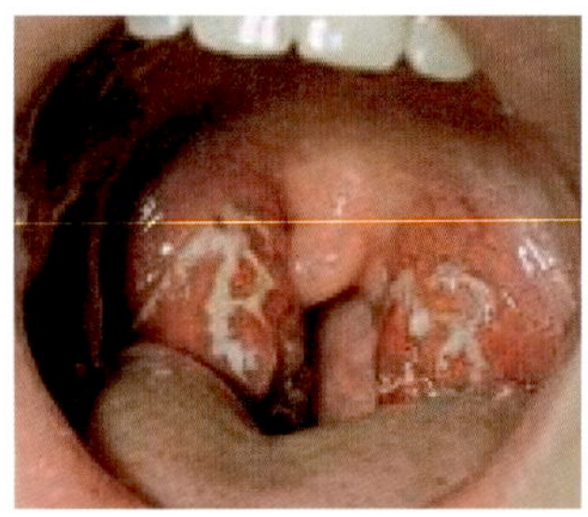

농양 Abscess

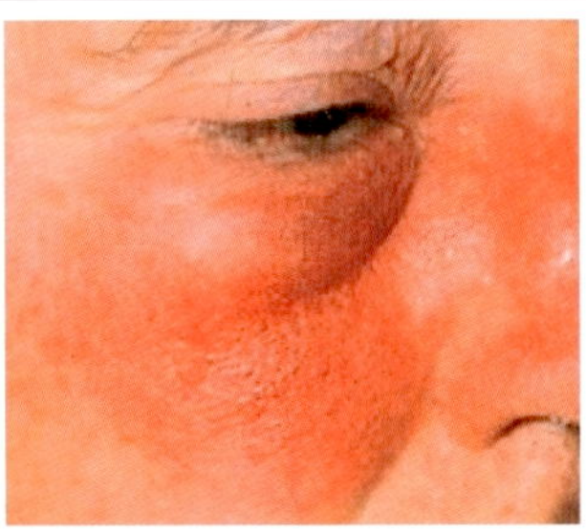

단독 Erysipelas

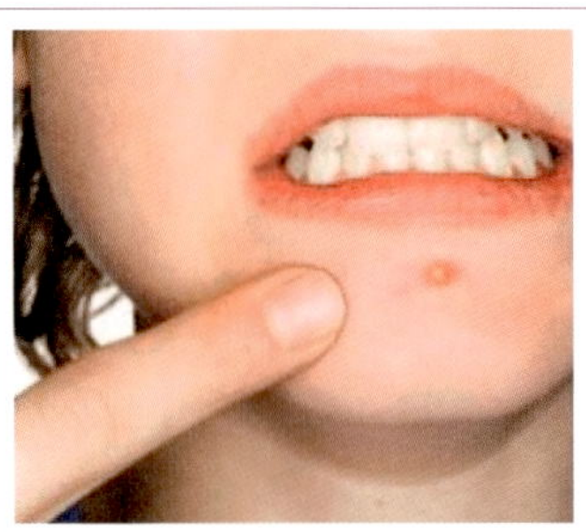

종기 Abscess

## 6. 감염성 피부질환 바이러스에 의한 피부질환, Viral skin disease

| | | |
|---|---|---|
| 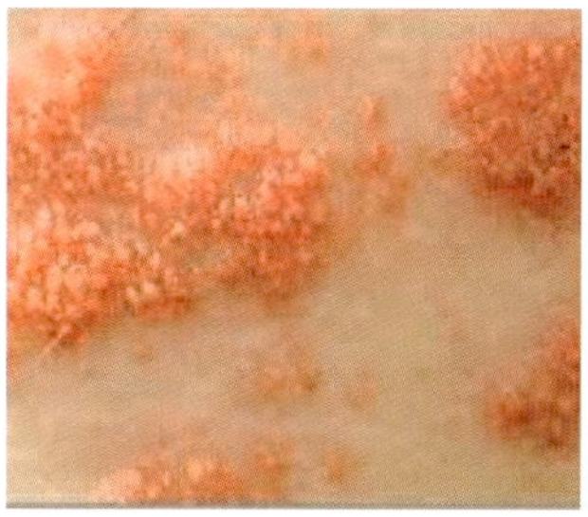 | 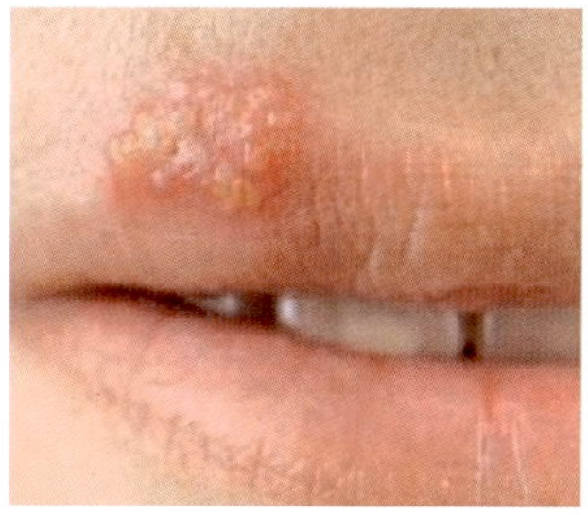 | 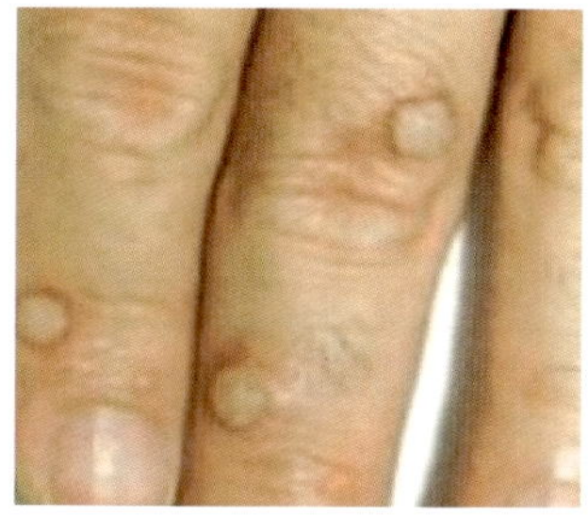 |
| 대상포진 Herpes zoster | 단순포진 Herpes Simplex | 사마귀 Wart |
| 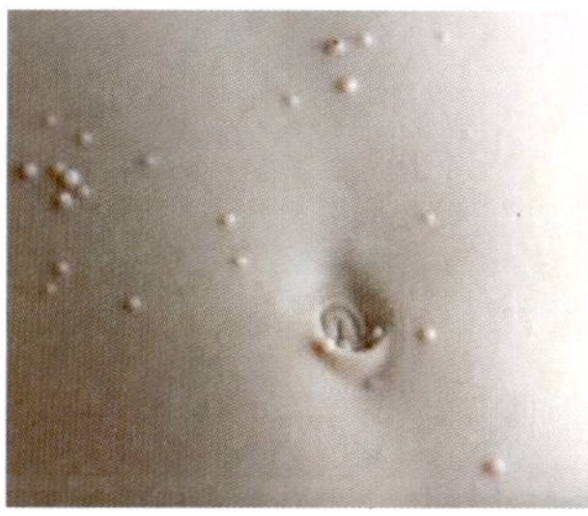 | 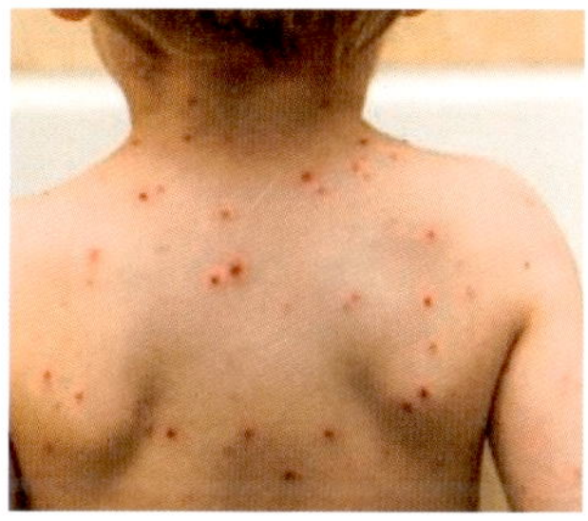 | 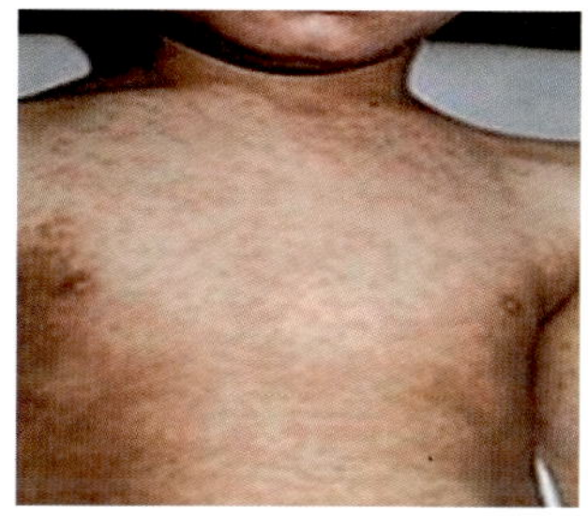 |
| 전염성 연속종 물사마귀, Molluscum contagiosum | 수두 Varicella | 홍역 Measles |
| 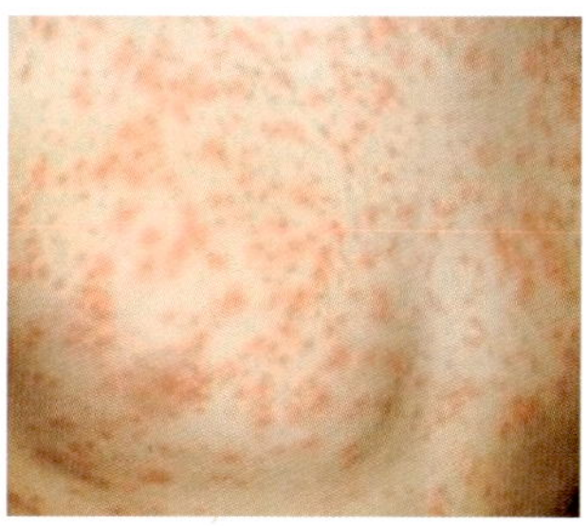 | 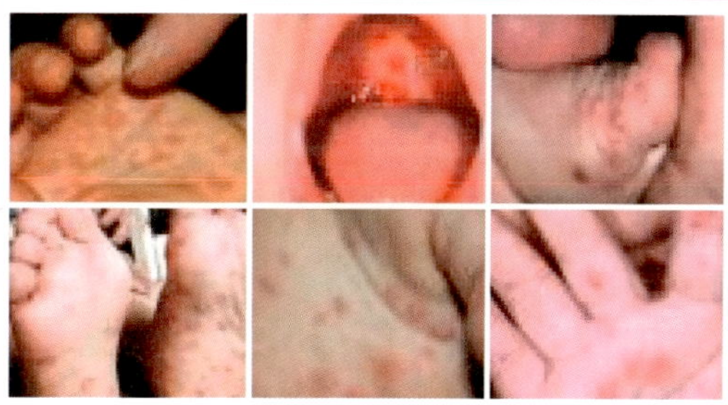 | |
| 풍진 Rubella German measles | 수족구병 Hand, Foot and Mout disease | |

## 7. 각화 이상에 의한 피부질환Skin Diseases due to Keratosis

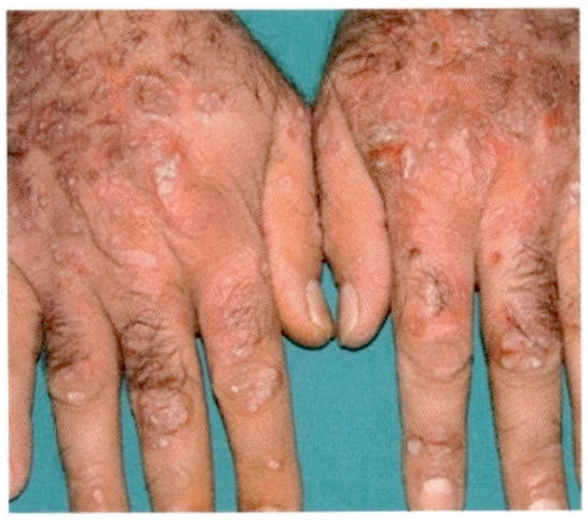

건선건조증. Psoriasis

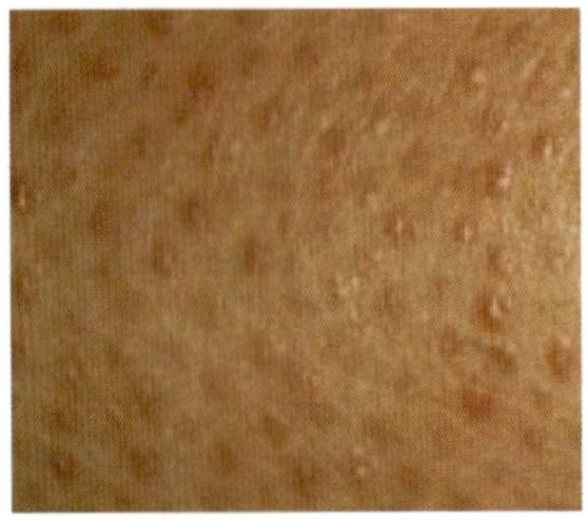

모낭 각화증Keratosis follicularis
면역력 저하로 구진 발생

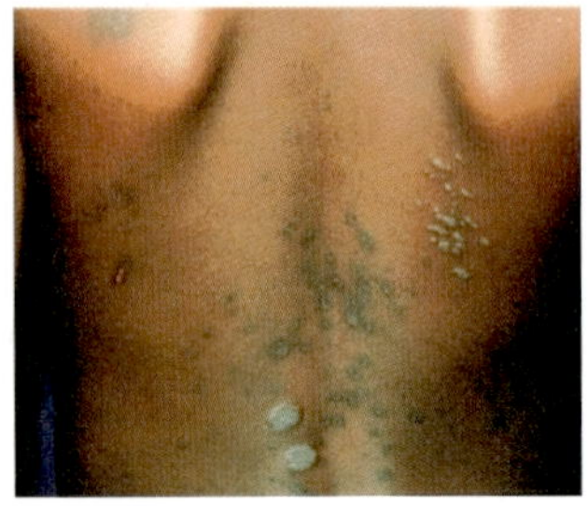

편평태선Lichen planus
염증과 과각화

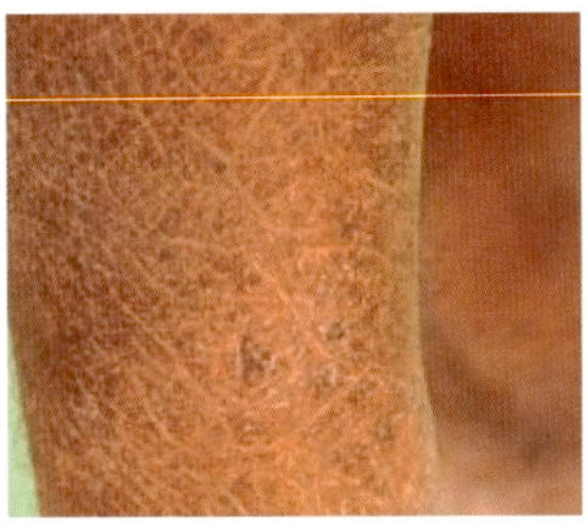

심상성 어린선Ichthyosis vulgaris

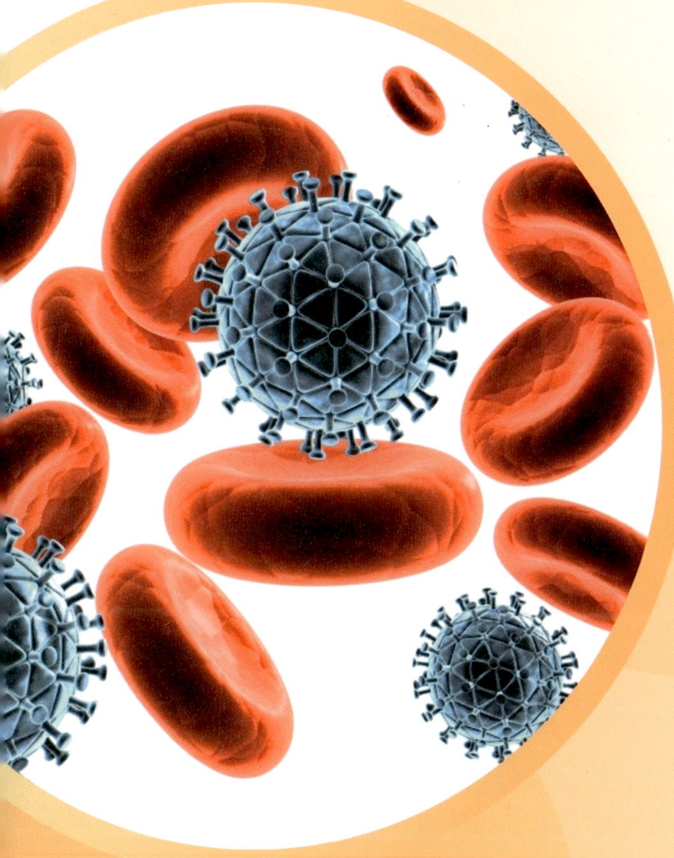

# PART Ⅲ

## 미생물과 소독학

*Chapter 9*

# 미생물과 소독학

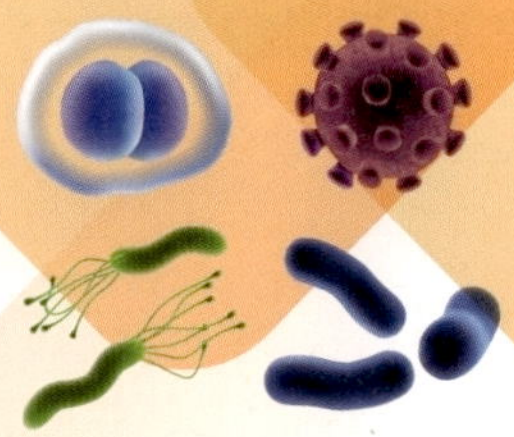

## 1. 미생물학Microbiology, 微生物學

### 1. 미생물微生物의 정의

미생물Microorganism이란 육안으로는 볼 수 없는 아주 작은 생물로서, 크기가 0.1㎛ 이하의 아주 미세한 생물군을 칭하는 것이다. 미생물의 분류, 증식, 사멸 등을 연구하는 학문을 미생물학이라고 한다. 미생물은 인간에게 유익하게 작용하기도 하지만 질병과 감염병을 일으키는 원인이 되기도 한다.

*Point*

**미생물의 크기별 비교** : 곰팡이 〉 효모 〉 세균 〉 리케차 〉 바이러스

### 2. 미생물의 분류

미생물은 크게 비병원성 미생물, 병원성 미생물로 나눌 수 있다.

#### (1) 비병원성 미생물Nonpathogenic microorganism

사람·동물·식물에 감염되지 않는다. 혹, 감염되어도 발병까지에 이르지 않는다.

**① 유산균**Lactic acid bacteria, 乳酸菌

발효에 의해 생장하는 세균 중 유산을 주된 산물로 생산하는 세균들이다. 유산균은 창자 속에 살면서 해로운 세균을 물리치는 성질이 있어 우리 몸에 유익한 세균이며, 유산균은 음식물의 소화를 도와주고 변비를 예방하는 역할을 한다. 몸을 건강하게 유지하고 질병을 예방하는 효과가 있다.

② 발효균 Fermentation fungi, 醱酵菌

발효작용을 일으키는 미생물로 인간생활에 유용하게 이용되고 있다. 가장 오래전부터 인간이 사용한 것은 알코올 발효에 관한 균류로 맥주 양조 시 사용하는 맥주 효모균 Saccharomyces cerevisiae 이나 포도주에 사용하는 포도주 효모균 S. ellipsoides 등이 있다. 된장·간장도 발효에 의하여 제조되는데, 이 때에는 누룩곰팡이뿐만 아니라 효모균류, 세균류가 함께 작용하여 복잡한 변화를 거친 결과 목적물이 생긴다.

③ 효모균 Yeast, 酵母菌

술, 된장, 간장 또는 빵을 만드는데 이용되며, 자낭균류에 딸린 미생물로 효모라고도 한다. 대장균이나 고초균과는 다른 고등 미생물의 진균류에 속한다.

### (2) 병원성 미생물 Disease bacteria

인체에 침입하거나 기생하여 질병을 일으킨다.

① 세균 Bacteria

세균은 육안으로 관찰할 수 없는 미세한 생물로서 인간에게 기생하여 병을 발생시키고, 부패나 발효 작용을 통해 생태계 물질 순환에 중요한 역할을 한다. 세포막과 원형질만으로 간단한 구조로 구성되어 생명을 유지한다. 세균을 형태학적으로 분류하면 크게 구균, 간균, 나선균으로 나눌 수 있다.

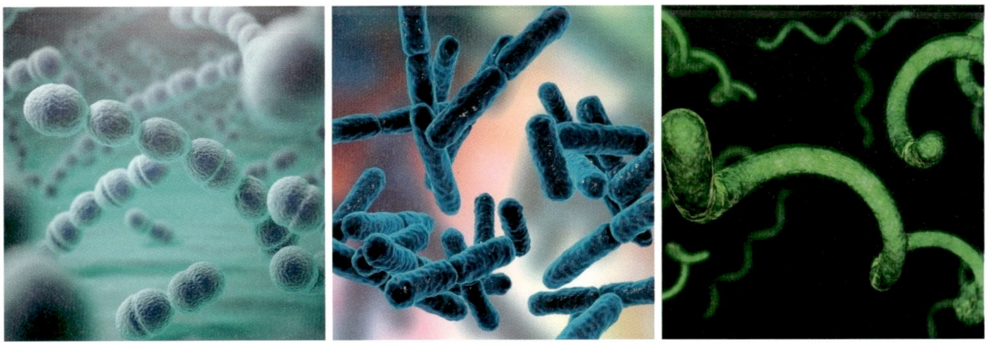

구균 식중독균, 폐렴균　　간균 결핵균, 이질균　　나선균 헬리코박터파일로리균

**그림 9-1 세균의 형태**

• **구균** Micrococcus : 둥근 모양의 형태를 하고 있다.

연쇄상으로 존재하는 연쇄상구균에는 성홍열을 일으키는 화농성 연쇄상구균 Streptococcus, 포도송이 모양으로 존재하는 포도상구균 Staphylococcus 에는 농양이나 창상감염 등이 원인이 되어 피부 감염, 골관절염, 폐렴 등의 원인균이 되는 황색포도상구균, 두 개가 붙어 존재하는 쌍구균에는 폐렴을 일으키는 폐렴구균 Pneumococcus 이 있다.

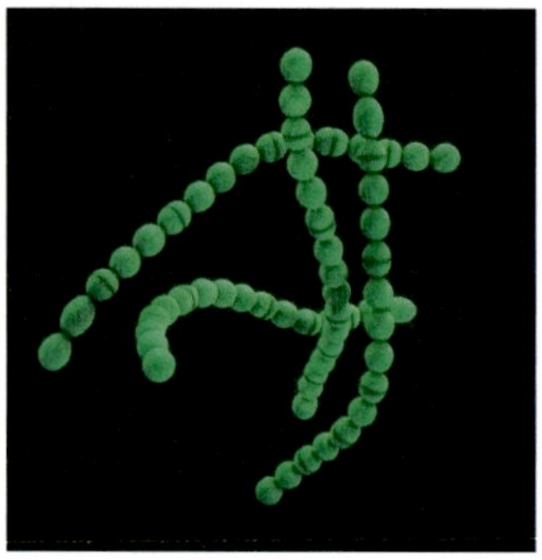

연쇄상구균 Streptococcus

포도상구균 Staphylococcus

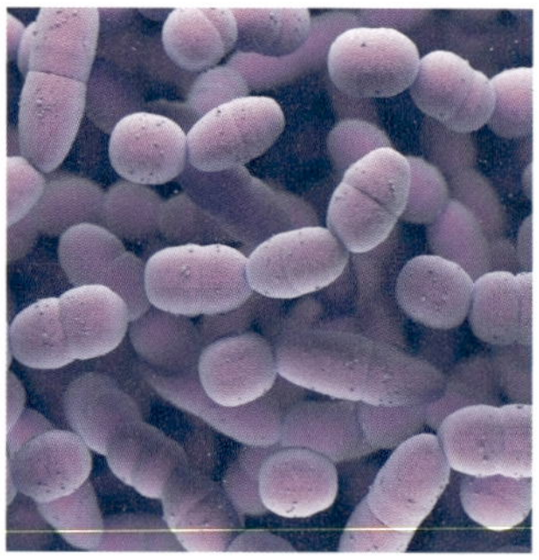

폐렴구균 Pneumococcus

**그림 9-2 구균**

• **간균** Bacillus : 막대모양의 형태를 하고 있다.

길이가 극히 짧아 구균과 구별하기 어려운 구간균, 콤마형의 비브리오 Vibrio, 양쪽 끝이 뾰족한 방추형 균 등 양 끝의 모양도 일치하지 않고 다양한 크기와 길이의 디프테리아 Diphtheritia, 장티푸스 Typhoid fever, 결핵균 MTB, Mycobacterium Tuberculosis 등이 간균에 속한다.

• **나선균** Spirillum : 입체적으로 S형 또는 가늘고 긴 나선형 모양의 형태를 하고 있다. 헬리코박터 파일로리 Helicobacter pylori, 콜레라균 Cholera spirillum, 매독균 T.P. Treponema Pallidum 등이 나선균에 속한다.

② 바이러스 Virus

바이러스는 병원체 미생물 중에서 가장 작아서 세균 여과기로도 분리가 안되며, 전자 현미경으로만 볼 수 있는 작은 입자의 생물 형태를 말한다. 살아 있는 세포 내에 기생하여 감염을 유발시킨다. 바이러스는 인플루엔자, 홍역, 급성이하선염, 뇌염, 폴리오, 광견병, 간염, 헤르페스, AIDS 등의 질환을 유발하며, 바이러스 질환은 항생제 등의 약물 복용으로는 효과가 없으며, 반드시 예방접종이나 감염원을 예방하는 것이 최선의 방법이다.

③ 진균류 Fungus

- 핵막을 가진 아포를 형성하여 식물로서 포자의 형태로 증식하며, 곰팡이, 버섯, 효모 등이 있다. 버섯은 진균의 포자가 비대해져서 생긴 식물이며, 진균류는 그 종류도 다양하다.
- 사람에게 질병을 일으키는 병원성 진균의 종류로는 백선 Tinea, 白癬, 칸디다증 Candidiasis, 무좀 Athlete's foot, 진균증 Mycosis, 眞菌症 등이 피부병을 유발한다.
- 생활에 유용한 병원성 진균의 종류로는 곰팡이, 빵이나 맥주 등의 발효에 이용되는 효모 Yeast, 酵母 등이 있다.

④ 리케차 Rickettsia

이, 진드기, 벼룩 등의 흡혈 절지동물에 기생해서 살며, 인간에게 감염되면 발진성, 열성 질환을 일으킨다. 세균 Bacteria 과 바이러스 Virus 의 중간에 속하는 미생물로, 사람이나 동물의 병에 원인이 되는 미생물 병원체이다. 리케차 Rickettsia 로 인한 질환은 유행성 발진티푸스 Epidemic typhus, 발진열 Murine typhus, 로키산홍반열 Rocky Mountain spotted fever, 쯔쯔가무시병 유행성출혈열, Scrub typhus, 큐열 Q Fever 등이 있다.

⑤ 원생동물 Protozoan

아프리카수면병 African trypanosomiasis, 이질 Shigellosis, 말라리아 Malaria, 트리코모나스 Trichomonad 등을 일으키는 병원체가 여기에 속한다. 단세포로 이루어진 하등한 원시적인 동물로써 기생충학에서는 원충 圓蟲 이라고도 한다. 유기물이나 식물에서 살며 동물에 기생하며, 몸은 1개의 세포로 되어 단체나 군체를 이루고 자유 유영 또는 고착생활을 한다. 세포기관에는 운동용인 섬모 纖毛 · 편모 鞭毛 · 위족 僞足, 먹이를 집어 넣는 세포구 細胞口, Cytostome, 배설이나 체내의 수분조절을 하는 수축포, 소화작용을 하는 식포 등이 있다.

*Point*

- **섬모** Cilium, 纖毛 : 조직세포의 짧고 가는 털
- **편모** Flagellum, 鞭毛 : 세균의 운동기관
- **위족** Pseudopodium, 僞足 : 아메바가 먹이를 먹을 때 또는 운동을 할 때 뻗어서 사용한다.
- **세포구** Cytostome, 細胞口 : 원생동물의 섭식을 위한 개구부

## 3. 미생물의 증식

미생물의 증식에 가장 중요한 환경은 환경조건에 따라 큰 차이가 있다. 여러 가지 증식 요소 중 어느 하나의 조건도 맞지 않으면 증식 억제, 생장 저해, 사멸되기도 한다. 이러한 물리적. 화학적 환경인자 중 미생물의 증식에 영향을 주는 환경은 온도, 습도물, 영양원, 유해 물질의 존재, 유리산소Free oxygen의 존재, pH 등이 있다.

### (1) 온도 Temperature

온도는 미생물의 세포 대사, 생장 및 분열, 그리고 나아가서 생존에까지 지대한 영향을 끼친다. 미생물의 종류에 따라 이러한 온도에 대한 반응이 차이가 나서, 최적 생장온도에 따라 미생물을 크게 저온균Psychrophile, 중온균Mesophile, 고온균 Thermophile, 그리고 초고온균Hyperthermophile으로 분류한다.

① **저온성균** : 0℃ 에서도 생육이 가능하며, 최적 생장 온도가 15℃ 이하이다. 지구상 해수의 90% 이상이 5℃ 이하의 저온이어서, 해양은 저온균의 생육에 중요한 서식 장소를 제공한다.

② **중온성균** : 25~45℃에서 발육이 잘 된다. 인간의 체온인 약 37℃에서 최적온도를 갖는다. 따라서 인체의 비병원성 미생물의 대부분은 중온성균으로 인체 내에 감염을 일으키며, 대표적으로 대장균이 있다.

③ **고온성균** : 50~65℃에서 가장 왕성하게 발육된다. 온천지역, 자동 세탁기 배수구에서 발견된다. 80~113℃에서 최적의 생장을 보이는 미생물을 초고온균으로 지칭한다.

### (2) 습도 Water

물 없이는 미생물은 증식하지 못한다. 미생물 균체도 약 90%가 수분으로 이루어져 있고, 각종 영양소 또한 수용액 상태로 균체 내로 흡수되므로 모든 세균의 생명과 증식을 보전하기 위해서 수분이 필수적이다. 물이 없으면 미생물은 생장 및 증식을 하지 못한다.

① **건조에 민감한 세균** : 임질균Gonococcus, 수막염균Meningococcus 등이 있다.

② **건조에 내성을 가지는 세균** : 호급기계의 결핵균이 대표적이다.

### (3) 산소Oxygen

세균이 생장율에 있어서 유리산소가 필요로 하는 존재이다. 유리산소 요구량에 따라 구분할 수 있다.

① **호기성균**Aerobe, Aerobic bacteria, 好氣性菌

유리 상태의 산소가 있는 곳에서 생육하는 균. 결핵균, 백일해균, 디프테리아균, 녹농균 등이 있다.

② **혐기성균**Anaerobic bacteria, 嫌氣性菌

유리 산소 분자 없이도 생장할 수 있는 균이다.

- **약혐기균** : 유산균
- **편성혐기균** : 파상균, 가스괴저균

③ **통성혐기성균**Facultative anaerobic bacteria, 通性嫌氣性菌

유리 산소의 존재 유무에 관계 없이 증식이 가능한 균. 산소가 존재하는 경우에는 더욱 증식이 잘 된다. 포도상구균, 여시니아균, 병원성 대장균, 장염 비브리오균, 살모넬라균 등이 이에 속한다.

## 4. 수소 이온 농도pH 산도 측정

병원 미생물은 중성 또는 약염기성pH 6.8~7.4에서 증식이 가장 잘 된다. pH 5.0 이하의 산성과 pH 8.5 이상의 염기성에서는 파괴된다. 그러나 유산 생산균유산균, Lactic acid bacteria과 항산성균Acid fast bacteria은 비교적 산성 pH에서 잘 자란다.

# 2. 소독학Disinfection

## 1. 소독의 정의

병원균의 감염이 전파되어 오염된 세균과 미생물의 증식력과 저항력, 감염력을 제거하기 위하여 소독과 멸균의 예방이 필요하다. 소독은 병원균만을 제거하는 것을 의미하고, 멸균은 모든 미생물을 제거하는 것을 의미한다.

*Point*

무균 〉 멸균 〉 살균 〉 소독 〉 방부

① **무균** Asepsis

미생물이 전혀 없는 상태를 말한다.

② **살균** Sterilization

미생물을 물리적 · 화학적 작용에 의해 사멸시키는 것이다. 살균의 방법에는 멸균과 소독이 있다.

③ **멸균** Sterilization

병원성 또는 비병원성 미생물 및 포자를 완전히 살균 또는 사멸시키는 것이다. 소독의 가장 안전한 형태라고 할 수 있다. 주로 열을 이용하여 병원균의 감염을 제거하는 것을 말한다.

④ **소독** Disinfection

병원성균의 감염원인 미생물을 죽이거나 약화시켜 감염력의 위험성을 잃게 하는 것이다. 미생물은 사멸되나 포자는 사멸되지 않는다.

⑤ **방부** Preservative

병원성 미생물의 발육과 그 생활작용을 제거 또는 정지시켜서 부패나 발효를 방지하는 것이다.

## 2. 소독 인자

### (1) 물리적 소독 인자

열이나 수분 적외선 여과 등의 물리적인 방법을 이용한 소독법을 말한다.

① **가열처리법** : 건열멸균법 화염멸균법, 건열멸균법, 소각소독법, 습열멸균법자비소독법, 고압증기멸균법, 유통증기멸균법, 저온살균법 등

② **무가열 멸균법** : 자외선 멸균법, 초음파 멸균법, 세균여과기법

### (2) 화학적 소독 인자

① **물** : 살균작용은 일종의 화학 반응으로 건조된 상태에서 반응이 진행되기 어렵다. 즉, 소독제가 물에 젖은 균체와 접촉하여야 사멸작용을 한다.

② **농도** : 소독하고자 하는 대상물에 따라 적당한 농도가 정해져 있고, 소독제의 농도가 높을수록 소독작용이 강해진다.

③ **시간** : 소독법마다 일정한 시간의 작용이 있어야 한다.

## 3. 소독법의 종류와 특성

소독방법으로는 물리적 소독법과 화학적 소독법이 있다.

### (1) 물리적 소독방법

① 건열에 의한 방법

표 9-1 건열 소독법

| 구분 | 내용 |
|---|---|
| 화염 멸균법<br>Flaming sterilization | • 멸균하려는 물체를 알코올 버너나 램프를 사용하여 소독 대상 물품을 불꽃에 최소 20초 이상 가열하는 방법이다.<br>• 유리제품, 금속제품, 도자기 등 불연성 물질에 적합하다. |
| 건열 멸균법<br>Dry heat sterilization | • 건열 멸균기를 사용하여 140℃에서 4시간, 160~180℃에서 1시간 30분 동안 소독한다.<br>• 유리기구와 시험관, 금속, 주사기, 수증기 침투가 어려운 분말, 파라핀, 거즈, 오일 종류 등에 적합하다. |
| 소각 멸균법<br>Incineration disinfection | • 불에 태워 없애는 방법을 말한다.<br>• 최근에는 대기오염을 유발시키기 때문에 함부로 사용해서는 안된다. |

② 습열에 의한 방법

표 9-2 습열 소독법

| 구분 | 내용 |
|---|---|
| 자비 소독법<br>Boiling water | • 100℃의 끓는 물 속에 15~20분 이상 소독 물품을 끓이는 방법을 말한다. |
| 고압 증기 멸균법<br>High-pressure steam sterilization | • 121℃ 고온의 수증기에 가열하는 방법을 말한다.<br>• 주사기, 주사침, 수술 기구, 수술 포, 생리 식염수, 거즈, 의류 등의 멸균에 활용한다. |
| 유통 증기 소독법<br>Sterilization of distributed | • 뚜껑 달린 용기의 밑바닥에 물을 넣어 100℃의 유통 증기 시키는 것을 말한다.<br>• 30~60분간 끓인 후 발생하는 증기로 살균하는 일이다.<br>• 고압 증기 멸균법에 적절하지 않은 소독 물품을 소독할 때 활용한다. |

<table>
<tr><td>간헐 멸균법<br>Intermittent sterilization</td><td>• 유통 증기 소독법에 의해 살아남은 균들을 멸균하는 방법을 말한다.<br>• 유통 증기를 15~30분간씩 24시간 간격으로 3회 가열하는데, 가열 사이의 시간은 실내온도를 20℃ 이상의 온도를 유지해 주어 아포가 영양형이 될 수 있게 해야 한다.</td></tr>
<tr><td>저온 살균법<br>Pasteurization</td><td>• 파스퇴르에 의해 고안된 방법을 말한다.<br>• 61~63℃에서 30분간 가열하여 아포를 형성하지 않는 세균을 사멸시킨다.<br>• 우유의 소독에 응용되며 영양분의 파괴를 고려해서 62℃의 온탕중에서 30분간 처리하는 방법으로 이용한다.</td></tr>
</table>

③ 기계적 방법

**표 9-3 기계적 소독법**

<table>
<tr><td>자외선 멸균법<br>Ultraviolet Sterilization</td><td>• 자외선 등에 포함되어 있는 2,400~2,800 Å의 파장을 지닌 자외선을 강하게 쪼여 멸균하는 방법을 말한다.<br>• 자외선 소독기에 넣고 20분 이상 조사하면 멸균된다.<br>• 플라스틱제의 브러시, 빗 소독에 이용한다.
<table>
<tr><th>자외선 종류</th><th>피부 침투</th><th>영향</th></tr>
<tr><td>장파장 UVA<br>320mm~400mm</td><td>진피 모세혈관까지<br>침투 망상층</td><td>썬탠기/색소 침착</td></tr>
<tr><td>중파장 UVB<br>290mm~490mm</td><td>표피 기저층까지<br>침투 기저층</td><td>홍반, 일광화상</td></tr>
<tr><td>단파장 UVC<br>200mm~290mm</td><td>각질층에서 흡수 각질층</td><td>자외선 소독기브러시,<br>빗 소독에 이용/피부암</td></tr>
</table>
</td></tr>
<tr><td>세균 여과 멸균법<br>Bacterial filtration</td><td>• 특수한 약품이나 혈청 등과 같이 가열할 수 없는 것을 세균 여과기를 통해서 세균을 제거하는 방법을 말한다.<br>• 규토 또는 규조토 등 여러 가지 재료로 된 여과기가 있는데, 미생물을 파괴하지 못하나 미생물을 제거할 수 있다.</td></tr>
</table>

### (2) 화학적 소독 방법

**표 9-4 화학적 소독법**

| 구분 | 내용 |
|---|---|
| 승홍수<br>Deluge of success | • 강력한 살균력이 있어 기물의 살균이나 피부 소독에는 0.1% 용액을 사용한다.<br>• 맹독성이므로 취급이나 보존에 주의해야 한다.<br>• 살균력이 강하여 1000~3000배 희석용액으로 대장균, 포도상구균을 5분~10분 이내로 사멸시킨다.<br>• 살균력은 좋으나 금속을 부식시키고, 피부 점막에 자극을 주어 인체에 축적되면 수은 중독을 일으킬 수 있다. |
| 표백분 Bleach | • 물에 가하면 강한 살균력을 나타낸다.<br>• 수영장, 목욕탕, 하수 등의 소독에 이용한다. |
| 과산화수소<br>Hydrogen peroxide | • 2.5%~3.5% 수용액으로 상처 소독에 사용한다.<br>• 무포자균을 효과적으로 살균한다.<br>• 오존과 같은 냄새가 나는 액체로 병원체를 산하시켜 살균한다.<br>• 자극이 적어 화농성 창상, 구내염, 인두염이나 구강 세척제로 이용한다. |
| 알코올 Alcohol | • 사용하는 농도는 70~75% 70% 알코올을 만들려면 원액의 70%, 증류수 30%<br>• 에틸알코올이 사용되며 무포자 형성균에 유효하다.<br>• 결핵균 등 많은 종류의 균에 효과가 있으며, 아포가 있는 균에는 효력이 없다.<br>• 사용함이 간편하여 기구의 표면이나 피부 소독에 적당하나, 눈이나 구강·비강 점막에는 사용하지 않는 것이 좋다. |
| 역성 비누<br>Invert soap | • 식기, 기구 등의 소독에는 0.5%~0.25%의 수용액을 사용하여 30분 이상 담가둔다.<br>• 양이온 활성제와 동일. 보통 비누가 음이온 활성인 것에 대해 양이온 활성제가 양이온 활성인 것에서 이와 같이 말한다.<br>• 비누에 여러 가지 살균제를 첨가하여 살균과 세정 효과가 있다.<br>• 실험 기구와 손, 피부 소독에 이용한다. |
| 생석회 Quicklime | • 산화칼슘을 98% 이상 포함한다.<br>• 분말, 냄새가 없고, 가격이 저렴하다.<br>• 물이나 습기가 찬 장소를 소독할 때 가루를 직접 뿌려서 사용한다.<br>• 분뇨, 토사물, 쓰레기통, 하수도 주위 등의 소독에 적합하다. |

| | |
|---|---|
| 석탄산 Carbolic acid, 페놀 phenol | • 사용하는 농도는 3~5% 수용액 3% 수용액을 만들려면 원액 3%, 증류수 97%<br>• 산성도가 높고 고온일수록 소독 효과가 커서 열탕수로 사용하는 것이 좋다.<br>• 환자의 의류, 고무, 목재, 용기, 실내소독, 오물, 배설물 등과 이·미용 분야에서 위생과 소독에 이용한다.<br>• 소독방법으로는 석탄산수에 10분 동안 담가 둔다.<br>• 소독력의 살균력을 비교하는 지표이다.<br>페놀계수 석탄산계수 $= \frac{\text{소독제의 희석 배수}}{\text{석탄산의 희석 배수}}$<br>• 석탄산을 기준으로 어떤 소독약이 몇 배의 효력을 갖는가를 나타내는 수치이다. |
| 과망간산칼륨 Potassium permanganate | • 0.1%~0.5% 수용액으로 소독에 사용한다.<br>• 요도 소독, 기타 창상 세척제로 사용한다. |
| 크레졸 Cresol | • 수지, 피부 등에는 1%~2% 크레졸수를 사용한다.<br>• 천, 객담, 가위, 가구, 고무, 화장실, 배설물 등에는 2%~3% 크레졸수를 사용한다.<br>• 석탄산보다 2~3배 높은 살균력을 가지고 있지만, 바이러스에는 효과가 약하다. |
| 포르말린 Formalin | • 온도가 높을수록 소독력이 상승한다.<br>• 사용하는 농도는 1~1.5% 원액:증류수의 비율이 1:34 사용한다.<br>• 용도는 무균실, 병실, 금속, 목재, 플라스틱 등에 사용한다. |
| 계면활성제 Surfactant | • 서로 섞이지 않는 물질 사이에서 녹아 있는 물질이 계면에 모여 계면장력을 현저하게 저하시키는 화학물을 말한다.<br>• 머큐로크롬 Mercurochrome<br>국소적 항감염제 소독약. 수은에 에오딘색소를 결합시킨 분말로, 녹아서 선홍색이 된다. 2% 수용액은 「빨간약」이라고 속칭되고 있다. 국소자극작용이 약하고 독성도 약하며 살균작용도 별로 강하지 않다.<br>• 표백분 Bleaching powder<br>소석회에 염소가스를 흡수시켜서 채취하는 백색 분말로 수용액으로 만들어 살균이나 표백에 사용한다.<br>• 염소 Chlorine<br>살충제, 제초제, 냉매, 분사제, 가정용 및 상업용 표백제, 식기 세척기의 세제, 부동액, 제폭제, 플라스틱, 합성고무, 접착제, 의약품 제조, 식수 및 수영장 물 정화와 산업폐수 및 하수의 정화, 알루미늄 금속의 가스제거에 널리 쓰인다. |

*Chapter 10*

# 피부 면역

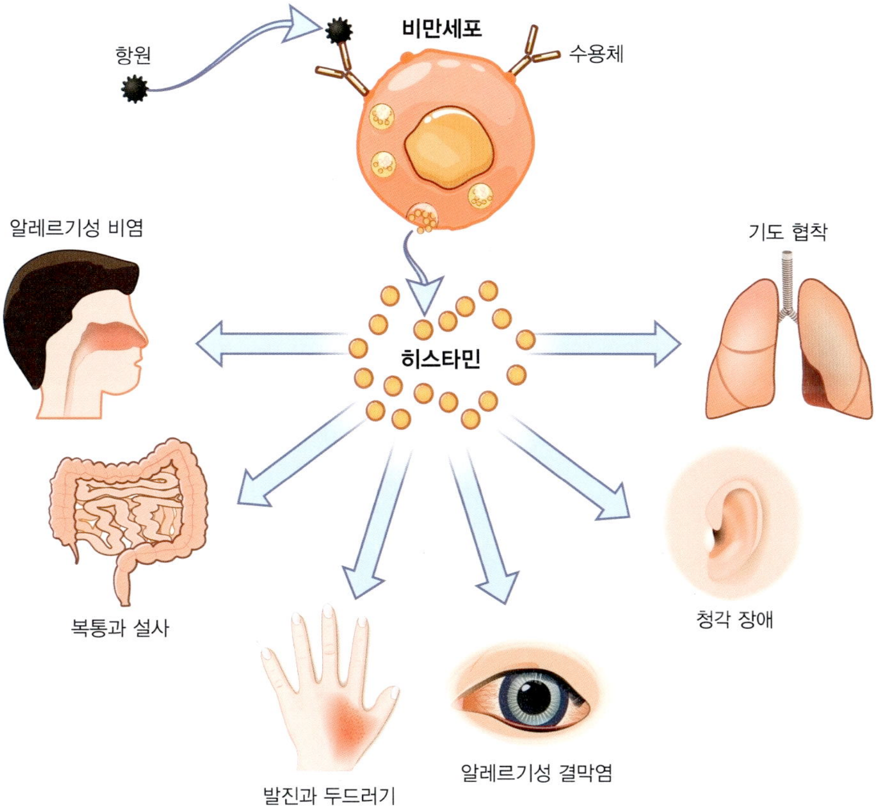


**그림 10-1 면역체계**

## 1. 면역Immunity의 정의

면역Immunity은 세균이나 바이러스, 유해한 미생물들이 인체에 침입하여 감염이나 질병을 일으키지 못하도록 방어 및 저항하여 병원균을 사멸 또는 무력화하는 능력을 의미한다. 면역은 인체의 항상성Homeostasis 유지를 위해 비자기Non-self물질로부터 몸을 방어하는 방어기작Defense mechanism을 말한다.

비자기 물질이란 세균, 바이러스, 균류, 기생충 및 다당류, 단백질 등 외인성 요인과 자신의 노화 세포군 및 암세포와 같은 변형 세포군 등의 내인성 요인을 말한다.

피부의 면역기전은 여러 층으로 구성된 피부구조와 각화현상이 일어나는 피부의 각질층, 살균력을 가진 피지막과 랑게르한스세포Langerhans cell의 항원인식기능을 총 동원하여 세포성 면역력을 유발시킨다. 또한, 투명층과 과립층의 레인방어막으로 외부의 이물질의 체내 유입을 방지하고 체내의 수분과 유익 물질은 빠져나가지 못하도록 방어막을 형성한다.

## 2. 항원Antigen과 항체Antibody의 정의

① **항원** : 외부 이물질로 면역계를 자극하여 항체형성을 유도한다.

② **항체** : 항원을 인식하여 세균이나 바이러스로부터 몸을 보호하기 위해 항체를 형성한다. 항체는 5개의 면역글로불린Immunoglobulin으로 구성되어 있다.

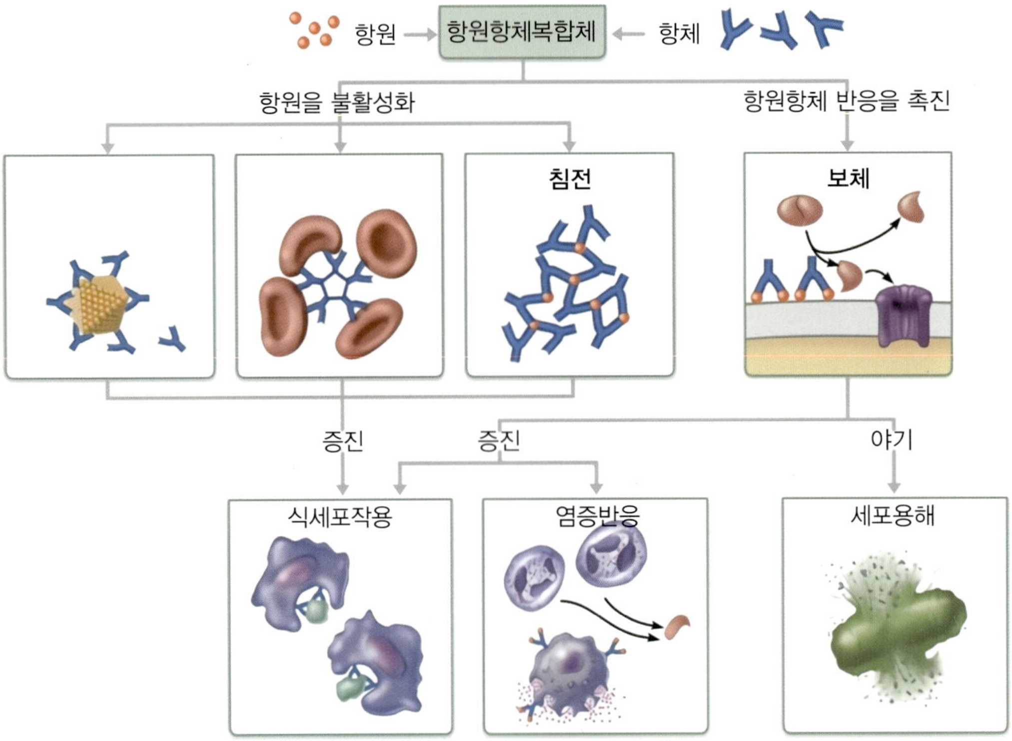


그림 10-2 항원과 항체

표 10-1 면역글로불린Immunoglobulin의 종류

| 종류 | 위치 | 작용 |
|---|---|---|
| Ig G | 혈장, 조직액, 간질액 | • 세균과 바이러스, 독소 등을 방어<br>• 태반을 통과하는 유일한 글로불린 |
| Ig M | 혈장 | • 수혈 시 혈액항원에 대한 항체를 형성<br>• IgG와 결합 시 항독소 작용 |
| Ig A | 혈장, 외분비물<br>체액:눈물, 모유 등 | • 혈액항원에 대한 항체를 형성 |
| Ig D | 혈장, B세포의 표면 | • B세포의 활성화 |
| Ig E | 혈장, 간질액, 내분비액 | • 염증과 알레르기 반응<br>• 기생충 감염에 대한 방어 |

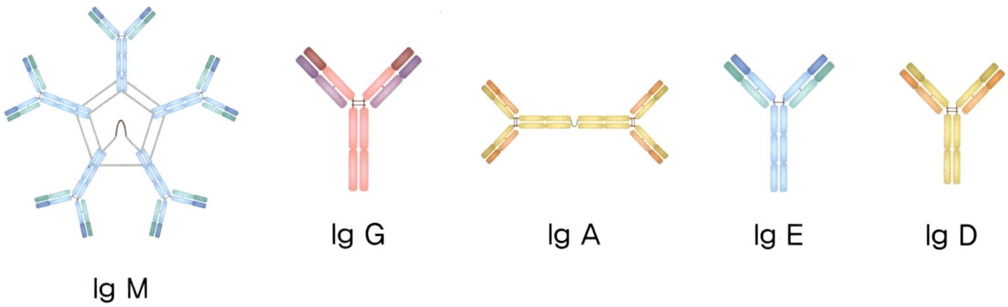


그림 10-3 면역글로불린Immunoglobulin의 5종류

## 3. 알레르기Allergy의 정의

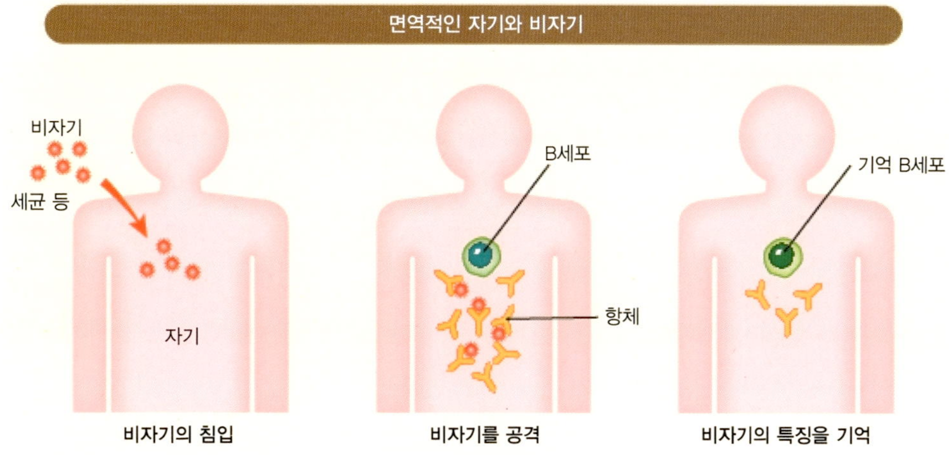


그림 10-4 알레르기Allergy

우리 몸의 면역체계는 외부의 침입에 대해 방어한다. 하지만 침입 물질 중 특정 물질에 대해 우리 몸이 과하게 반응하는 경우가 있는데 이것을 알레르기 Allergy 라고 한다. 알레르기 반응을 유발하는 항원 물질을 알레르겐 Allergen 이라고 하고, 전형적인 알레르겐 물질은 꽃가루, 약물, 식물성 섬유, 세균, 음식물, 염색약, 화학물질 등이 있으며, 피부접촉, 흡입 또는 섭취 등을 통해 우리 몸으로 들어온다. 알레르기는 Ⅰ형, Ⅱ형, Ⅲ형, Ⅳ형, Ⅴ형 등 5가지로 분류되고, 알레르기 반응은 비만세포 Mast cell 의 반응으로 1시간 안에 최대치의 알레르기 반응을 보이는 즉시형 알레르기 반응과 T세포의 영향을 받는 접촉성 피부염인 지연형 알레르기 반응으로 나타난다.

## 4. 면역 Immunity 의 분류

면역은 태어날 때부터 지니고 있는 선천적 면역 Innate immunity 인 자연 면역과 감염이나 예방 접종을 통해 후천적으로 획득되는 후천적 면역 Acquired immunity 의 2가지로 분류된다.

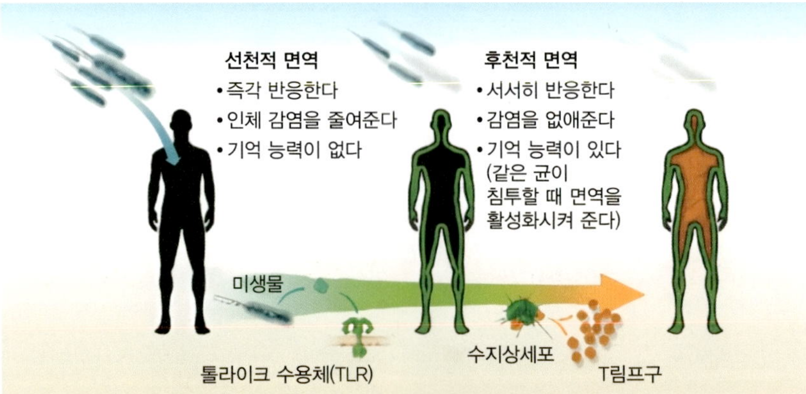


**그림 10-5 선천적 면역과 후천적 면역**

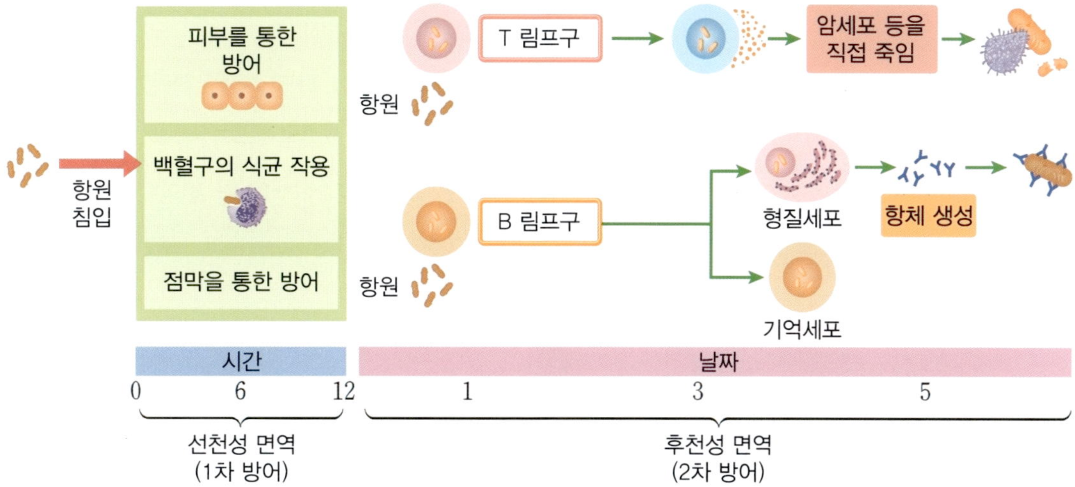


그림 10-6 특이적 면역과 비특이적 면역

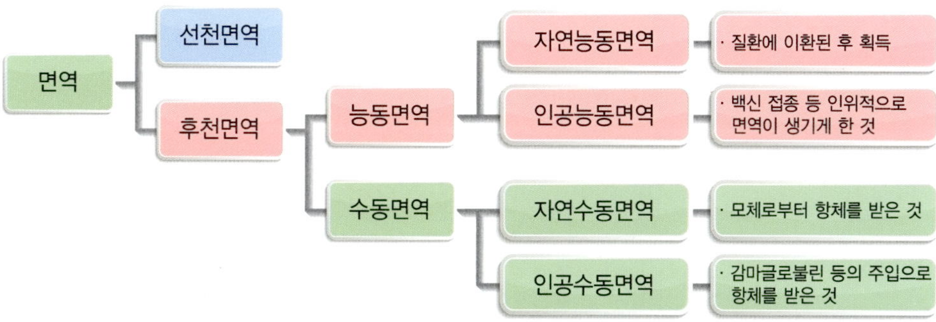


그림 10-7 면역의 분류

## 1. 선천적 면역 Innate immunity : 자연면역 Natural immunity

선천적 면역은 비특이적 면역으로, 우리는 태어날 때부터 체내에 바이러스나 세균 등이 침입하면 스스로를 보호하고 회복할 수 있도록 자연방어체제가 구축되어 있다. 외부 침입에 부모님이 유전적으로 물려주신 면역의 재능으로 비만세포 Mast cell, 백혈구 White blood cell, 마크로파지 대식세포, Macrophage 등이 출동하여 이물질을 제거한다.

### (1) 신체적 방어벽

① 여러 개의 피부층과 산성의 피지막, 20겹 이상의 표피의 각질층이 이물질을 차단한다.

② 호흡기의 섬모와 기침, 재채기 반사 등을 통해 침투하려는 세균을 체외로 분출시킨다.

### (2) 화학적 방어벽

① 1차적 방어막을 뚫고 침투한 세균들은 입, 코, 목구멍, 위의 점액질 성분 등의 화학적 장벽이 2차적 방어막 역할을 한다.

② 파손된 곳은 복구를 위해 해독시키고 감염에 대응하기 위하여 면역 시스템을 가동하여 인체를 보호한다.

### (3) 식균작용과 염증반응

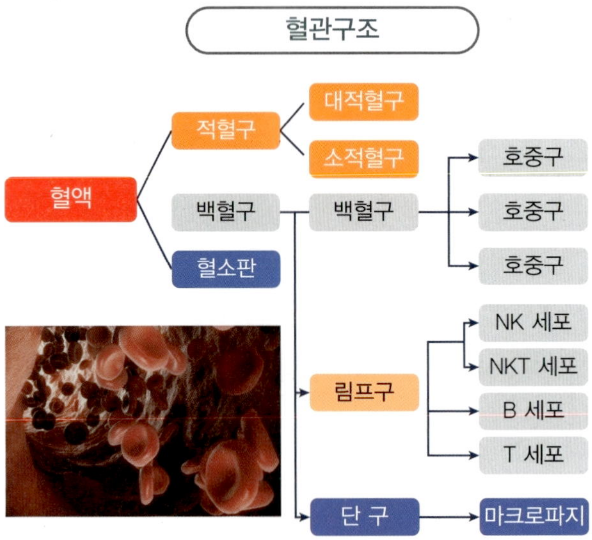


그림 10-8 식균작용

① 1차로 입과 호흡기를 통하여 세균과 바이러스가 침입하면 혈액의 백혈구가 가장 먼저 식균작용을 실시한다.

② 1차 방어막을 뚫고 더 깊숙이 침투한 세균과 바이러스는 림프절Lymph node에서 배출된 림프구Lymphocyte의 2차 공격을 받아 90% 가까이 사멸된다.

③ B림프구가 특정항원을 처리, T림프구가 나머지 항원을 모두 처리한다.

④ 항원 처리 과정에서 염증이나 알레르기 반응이 발생한다.

⑤ 항원을 모두 처리하지 못하면 남아있는 항원이 질병을 발생시킨다.

## 2. 후천적 면역 획득면역, Acquired immunity : 노력

후천적 면역은 특이적 면역으로 태어날 때는 없었던 면역력이 살아가면서 스스로의 노력에 의해 얻어진 획득면역이다.

### (1) 능동면역 Active Immunity

세포가 스스로 활동하여 생기는 면역으로 특정 항원에 의해 항체가 형성된다.

#### ① 자연능동면역 Natural active Immunity

세균이나 바이러스의 침입으로 인해 경험한 뒤 획득하게 되며, 질병을 앓았거나, 질병을 겪었던 기억에 대한 면역 시스템 후 면역을 획득하게 된다. 체내에 침입한 항원만을 인식하는 림프구가 체내에 있는 항체에 의해 특이적으로 면역반응을 일으킨다.

#### ② 인공능동면역 Artificial active Immunity

예방접종을 통해 얻어지는 인공면역이므로, 항원을 주입하여 항체를 형성하도록 한다. 적절한 시기에 예방접종을 실시하는 것이 중요하다.

### (2) 수동면역 Passive Immunity

이미 면역력을 가지고 있는 개체의 항체를 물려받아 가지게 되는 면역이다. 지속기간이 짧은 단점이 있다. 이미 형성된 항체를 주입하므로 신체에서 따로 만들 필요가 없다.

#### ① 자연수동면역 Natural passive Immunity

어머니의 모유와 태반을 통해 획득되는 면역력이다.

#### ② 인공수동면역 Artificial passive Immunity

인공적으로 항체를 투여하여 면역력을 획득한다.

*Chapter 11*

# 왁싱 살롱의 위생

## 1. 왁싱 살롱의 실내 위생

① 1회용 제품은 손님 1인에 한해서 사용한다.

② 영업장 조명도는 75룩스 이상 되어야 한다.

③ 왁싱기구와 도구는 매번 사용할 때마다 적절한 소독을 한다.

④ 소독한 기구와 소독하지 않은 기구를 분리하여 보관한다.

⑤ 베드 커버나 고객용 가운은 세탁, 소독 후 사용하며, 고객용 롤페이퍼 시트는 1회용으로 사용한다.

⑥ 실내 적정온도는 18~20℃, 실내 적정 습도 40~60%를 유지하며, 환기를 수시로 하며,냉·난방 환기구를 자주 청소한다.

⑦ 우드 스파츌라는 1회용을 사용하며, 더블디핑을 하지 않는다.

*Point*

**더블디핑** Double-dipping

시술자가 통에서 스파츌라로 왁스를 퍼내 그것을 고객에게 바르고 다시 더 많은 왁스를 퍼내기 위해 또다시 통에 스파츌라를 담그는 것을 말한다.

## 2. 왁서Waxer의 위생

① 항상 전신을 청결하고 단정하게 자세를 갖춘다.

② 왁싱 관리시 1회용 장갑을 반드시 착용한다.

③ 고객 관리 시 소독되지 않은 물건을 만지지 않고, 만졌을 시 장갑을 교체한다.

④ 고객을 맞이하기 전 반드시 손을 씻는다.

⑤ 청결한 유니폼을 입고, 마스크를 착용한다.

⑥ 장갑 착용 시 장갑이 뚫어지지 않게 손톱은 항상 단정하게 관리한다.

*Point*

**왁서** Waxer

신체의 불필요한 털을 위생이나 미용의 목적으로 일시적으로 왁스를 사용해 제모하는 전문적인 자격을 갖춘 사람을 칭한다.

## 3. 왁싱 도구와 소독

작업대는 시술 전에는 70% 알코올이나 소독제로 깨끗하게 닦고, 물품을 준비할 때는 제품의 용기 외부를 깨끗하게 닦는다.

① 모든 도구는 사용 전, 후에 매번 소독 처리한다.

② 1회용 도구는 1회로 사용한다.

③ 온장고나 자외선 소독기, 확대경은 사용하지 않을 때 전기 코드를 뺀 후 내부 및 자외선 전구를 깨끗이 닦고 문을 열어 환기시킨다.

④ 실내 소독 시 크레졸2~3% 크레졸수과 포르말린농도 1~1.5%을 사용하여 소독한다.

⑤ 기구 소독 시 크레졸2~3% 크레졸수과 석탄산농도 3~5%을 이용하여 소독한다.

⑥ 폐기 용품은 뚜껑이 있는 쓰레기통을 사용한다.

⑦ 가위, 족집게는 70% 알코올에 20분간 담갔다가 자외선 소독기에 넣어 두었다가 사용한다.

⑧ 스파츌라 보관 바트, 멸균거즈 보관 바트는 초음파 세척기에 소독한다.

## 4. 소독의 구비조건

① 인체에 독성이 없고 안전해야 한다.

② 융해성이 높고 안정성이 있어야 한다.

③ 환경이 오염되지 않는 제품을 사용한다.

④ 사용법이 쉽고, 가격이 경제적이어야 한다.

⑤ 살균 효과가 우수하며, 부식 및 표백이 되지 않아야 한다.

※ 법정감염병

2020년 1월부터 감염병 분류체계가 '군群'에서 '급級'으로 개편됐다.

이전까지 감염병은 1~5군 지정감염병으로 분류됐지만, 2020년부터는 1~4급으로 분류되어 구분한다.

**표 11-1 감염병의 분류**

| 분류 | 특징 | 질환 |
|---|---|---|
| 제 1급17종 | 발생즉시 신고 | 에볼라바이러스병, 마버그열, 라싸열, 크리미안콩고출혈열, 남아메리카출혈열, 리프트밸리열, 두창, 페스트, 탄저, 보툴리눔독소증, 야토병, 신종감염병증후군, 중증급성호흡기증후군SARS, 중동호흡기증후군MERS, 동물인플루엔자 인체감염증, 신종인플루엔자, 디프테리아 |
| 제 2급22종 | 24시간 이내 신고/격리필요 | 결핵, 수두, 홍역, 콜레라, 장티푸스, 파라티푸스, 세균성이질, 장출혈성대장균감염증, A형간염, 백일해百日咳, 유행성이하선염流行性耳下腺炎, 풍진風疹, 폴리오, 수막구균 감염증, b형헤모필루스인플루엔자, 폐렴구균 감염증, 한센병, 성홍열, 반코마이신내성황색포도알균VRSA 감염증, 카바페넴내성장내세균속균종CRE 감염증, E형간염 |
| 제 3급26종 | 24시간 이내 신고 | 파상풍, B형간염, 일본뇌염, C형간염, 말라리아, 레지오넬라증, 비브리오패혈증, 발진티푸스, 발진열, 쯔쯔가무시증, 렙토스피라증, 브루셀라증, 공수병, 신증후군출혈열, 후천성면역결핍증AIDS, 크로이츠펠트-야콥병CJD 및 변종크로이츠펠트-야콥병vCJD, 황열, 뎅기열, 큐열Q熱, 웨스트나일열, 라임병, 진드기매개뇌염, 유비저類鼻疽, 치쿤구니야열, 중증열성혈소판감소증후군SFTS, 지카바이러스 감염증 |
| 제 4급24종 | 7일 이내 신고/표본감시 | 인플루엔자, 매독梅毒, 회충증, 편충증, 요충증, 간흡충증, 폐흡충증, 장흡충증, 수족구병, 임질, 클라미디아감염증, 연성하감, 성기단순포진, 첨규콘딜롬, 반코마이신내성장알균VRE 감염증, 메티실린내성황색포도알균MRSA 감염증, 다제내성녹농균MRPA 감염증, 다제내성아시네토박터바우마니균MRAB 감염증, 장관감염증, 급성호흡기감염증, 해외유입기생충감염증, 엔테로바이러스감염증, 사람유두종바이러스 감염증 |

# PART Ⅳ

## 왁싱(Waxing) 이론 및 실무

*Chapter 12*

# 왁싱의 정의

왁싱이란 신체의 위생 또는 미용상의 목적으로 불필요한 부위의 모 를 일시적으로 제거하는 방법 중의 하나이다. 불필요한 신체 부위의 모를 빠른 시간내에 제거할 수 있는 것이 특징이며, 왁싱은 단순히 모를 제거하는 것을 떠나 건강한 피부 상태와 위생적인 관리를 위해 현대 문화생활에 대중화가 되어가고 있다.

지속적으로 모를 제거함으로써 모毛량이 감소되고 모질 개선의 효과를 볼 수 있으며, 왁싱으로 인해 피부 표면의 각질까지도 제거되어 건강하고 매끄러운 피부를 만드는 데 도움이 된다.

문명의 발달로 이어진 왁싱은 제모의 방법과 제모 도구도 함께 성장해왔다. 고대 이집트 시대에는 석회가루, 조개껍데기, 돌가루 등의 사용에서 밀랍이나 설탕으로 발전해왔고 그리스, 로마시대에는 송진으로 왁싱을 하기 시작하였다.

문명과 함께 성장한 왁싱은 여러 종류의 방법으로 나뉘기 시작하면서 현대 왁싱 시장의 큰 변화를 가지고 왔다. 왁싱은 문화적인 정서와 사회적인 편견으로 여러 나라의 왁싱 제품들이 도입되었지만 국내에서 대중에게 큰 인기를 끌기 시작한 건 불과 얼마 되지 않았다.

동서양의 문화생활과 풍습의 격차가 컸으나 외국인을 위한 왁싱의 시작으로 국내에서 서구적인 왁싱 시장이 자연스럽게 대중화되며 미적인 왁싱의 개념을 떠나 위생적인 관리를 위해 퓨빅 왁싱Pubic Waxing의 관심이 커지고 왁싱의 꽃이라 불리울 정도로 많은 남녀 모두에게 각광받고 있다.

퓨빅 왁싱은 브라질리언 왁싱Brazilian Waxing이라고도 하 는데 브라질리언 왁싱은 여성 질염 예방과 분비물로 인한 냄새 제거에도 탁월하며 모가 많은 남성들의 경우 마찰과 땀으로 인한 질병을 예방할 수 있다.

브라질리언 왁싱은 브라질에서 삼바 축제 복장을 위해 모를 제거하면서 유행이 되었고 영화 섹스 앤 더 시티의 할리우드 스타가 왁싱을 하면서 대중들에게 알려지며 더욱더 대중화가 되었다. 또한, 페이스 왁싱은 솜털과 각질을 제거함으로써 제품의 흡수율을 도와 미백과 트러블 개선에 도움을 준다.

특히 페이스 왁싱은 헤어라인, 이마, 눈썹 등 포인트 부분의 왁싱을 하면 시각적인 측면에서 아름다움의 효과를 더해준다.

3자 이마, 좁은 이마 왁싱으로 이마라인을 돋보이게 연출하고, 눈썹도 각 개인의 얼굴형에 맞는 디자인으로 왁싱하여, 현대에서는 단지 유행이 아닌 개인 맞춤 왁싱이 선호되고 있다.

Chapter 13

# 왁스 타입별 분류

왁싱은 왁스를 이용해 피부 모공에 박혀있는 모근의 모발을 일시적으로 제거하는 물리적인 형태의 왁싱 방법이다. 온도나 쓰임새에 따라 왁스 종류가 나누어진다. 피부의 모량, 모질의 상태, 부위별 피부타입에 따라 적합한 왁스를 선택하여 사용한다.

## 1. 소프트 왁스Soft wax

소프트 왁싱은 지용성인 묽은 제형의 왁스를 워머기에 데워 스파츌라를 이용해 도포하여 왁스와 무슬린 천부직포을 밀착시켜 떼어내 모毛를 제거하는 방법이다. 모의 방향으로 왁스를 바르고 무슬린 천부직포을 이용하여 모의 반대 방향으로 떼어내는 방법이다.

소프트 왁스의 제형

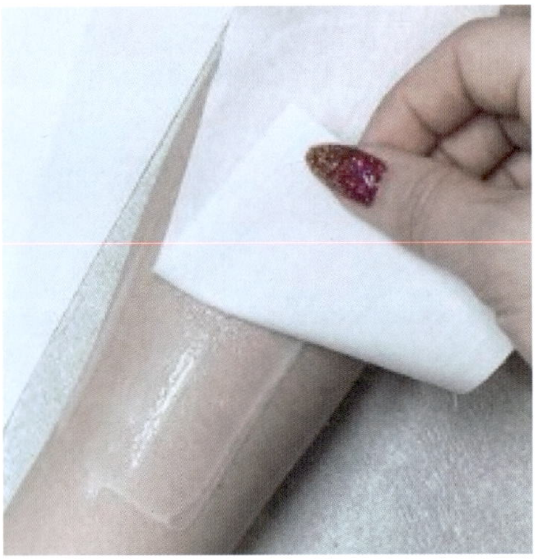

소프트 왁스의 발림성

그림 13-1 소프트 왁스Soft wax

### (1) 장점

소프트 왁스는 피부의 밀착력이 우수해 부드럽고 얇게 발리면서 피부 당김 현상이 적고, 잔털 제거에 용이하다. 빠른 시간대에 팔, 다리 등 바디의 넓은 부위 관리에 효과적이며, 묵은 각질과 함께 관리가 가능해 제품과 시간이 경제적으로 적게 든다.

### (2) 단점

소프트 왁스는 녹는 온도점이 높아 피부 상태나 시술자의 테크닉에 따라 스킨 탈락이나 화상의 위험이 높다. 소프트 왁스가 피부의 밀착력이 좋아 관리 중 또는 관리 후 끈적임이나 잔여물이 많이 남을 수 있어 후처리 시간이 길어질 수 있다.

### (3) 주의점

피부 상태에 따라 왁싱 전용 오일이나 파우더를 사용한다.

땀이 많은 피부는 고른 밀착력을 위해 충분히 건조한 후 왁스를 바른다.

소프트 왁스를 바를 땐 피부가 늘어지지 않도록 텐션을 잘 주어야 왁스가 고르게 발라지고 주름 사이의 솜털까지도 제거가 용이하다. 텐션이 제대로 지지되지 않을 경우 피부 멍, 피부 늘어짐, 스킨 탈락의 주요 원인이 될 수 있다.

## 2. 하드 왁스Hard wax

하드 왁스는 고체 제형으로 된 왁스를 워머기에 데워 스파츌라를 이용해 발라주고, 왁스가 굳으면 무슬린 천부직포을 이용하지 않고, 모를 잡아주는 힘에 의해 왁스만 잡고 제거되는 왁싱 방법이다. 브랜드별로 비즈 왁스, 통 왁스, 캔 왁스로 나뉘고 쓰임새에 맞게 피부의 모량, 모질의 상태, 부위별 피부 타입에 따라 적합한 왁스를 선택해 사용한다.

하드 왁스의 제형

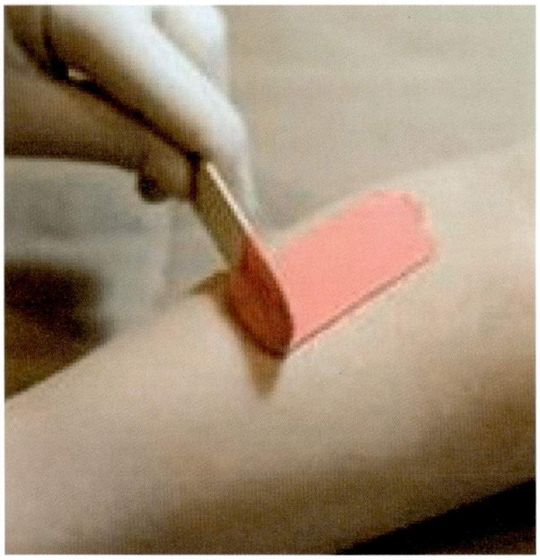

하드 왁스의 발림성

**그림 13-2 하드 왁스**Hard wax

### (1) 장점

하드 왁스는 예열하는 온도가 낮아 저온 왁스가 많이 사용되며, 예민한 부위에 사용한다. 소프트 왁스보다는 온도나 피부의 자극이 강하지 않아 피부 표면을 보호하는 왁싱 전용 오일을 사용하면 같은 부위에 여러 번 왁싱을 할 수 있으며, 피부에 손상Damage이 적어 소프트 왁스에 비해 통증이 약하다. 페이스, 겨드랑이, 브라질리언 왁싱 부위의 짧고 굵은 모의 제거가 쉽고 서로 다른 방향의 모도 한 번에 뽑을 수 있다. 여러 왁싱 회사의 브랜드마다 제품들의 특성이 다르지만 넓은 부위에도 부드럽게 왁스를 한 번에 발라 떼어내는 하드 왁스도 있다.

### (2) 단점

솜털과 잔털의 제거가 용이하지 않아 여러 번 사용해야 하는 번거로움이 있다. 넓은 부위의 시술은 소프트 왁스에 비해 시간과 제품의 소모량이 많아 비경제적이다. 왁스가 굳는 시간을 초과하면 왁스가 깨지면서 제모력이 떨어지고 통증이 높아진다.

### (3) 주의점

왁스의 굳는 정도에 따라 빨리 떼어내면 왁스가 늘어질 수 있으니 왁스 패치의 굳는 정도를 잘 확인해야 한다. 왁스 분포량에 따라 한자리에 왁스가 뭉치면 열감에 의해 화상을 입을 수도 있으며, 물집이나 스킨 탈락의 위험이 있을 수 있으므로 주의해야 한다.

## 3. 슈가링 왁스Sugar ring Wax

이집트 시대 대표 미인 클레오파트라가 사용하기도 했던 제모 제품인 슈가링 왁스는 국내에 도입된 지 얼마 되지 않았으며 100% 천연성분의 수용성 왁스이다. 설탕과 옥수수전분, 물, 레몬 등 100% 순수 자연성분으로 만들어져 사람이 먹어도 될 만큼 안전하다. 소프트 왁스, 하드 왁스와는 다르게 도포 방향과 제거되는 방향이 반대로 다르고, 시술자의 테크닉이 가장 중요한 제모 방법이다.

슈가링의 제형

슈가링의 발림성

**그림 13-3 슈가링 왁스**Sugar ring Wax

### (1) 장점

주성분이 천연성분이기 때문에 화학성분에 의한 알레르기 반응이 적고 녹는점이37.5℃ 낮아 열화상에 안전하다. 스파츌라를 사용하지 않고 손을 이용하여 낮은 온도에서 왁싱을 하므로 자극, 화상 등 피부 손상에 대한 위험도가 낮다. 잘못 적용할 경우 물 로 쉽게 제거가 용이하다. 한 번 볼링한 슈가링으로 어느 부위든 사용이 가능하고 제품 소모량이나 부자재가 거의 들지 않아 아주 경제적이다.

### (2) 단점

한 번의 슈가링 볼링으로 관리를 다하기 때문에 시각적으로 비위생적일 수 있다. 시술자의 테크닉에 따라 제모의 효과나 견인통명의 격차가 심하다.

온도에 의한 열 전도가 중요하기 때문에 계절에 따라 여름철에는 예열을 하지 않아도 사용이 가능하지만 슈가가 녹아 제모가 안 될 수 있다. 겨울철에는 슈가 왁스가 금방 굳어 사용량이 늘 수도 있다. 시술자의 손목 테크닉 만으로 왁싱이 되기 때문에 글러브가 왁싱하는 힘에 딸려오지 않는 니트릴 글러브를 사용하고 손에 맞는 사이즈를 선택한다. 모의 길이가 길고 가는 경우 슈가 왁스를 바를 때 통증 끊김 현상이 있다. 길이를 커팅 해야만 하는 번거로움과 세밀한 디자인이 어렵다.

### (3) 주의점

슈가링은 시술자의 숙련된 테크닉을 요구하는 시술 방법이므로 관리자의 기술 습득의 시간과 경험이 매우 중요하다.

**표 13-1 브랜드별 왁스 & 전후처리제 비교** 2021년 현재

| 구분 | 제품 종류 | 제품별 | 특징 | 비고 |
|---|---|---|---|---|
| L사 |  | 왁스 | 통 왁스로 필요한 양만큼 덜어 사용하는 것이 가능해 경제적이다. | 전문 살롱에서 교육 후 제품 구매가 용이하다.<br>제품의 종류가 다양해 선택의 폭이 넓다. |
| | | 전후 처리제 | 하드 왁싱 시 피부를 보호해 주는 프리 왁싱 오일이 있다. | |
| J사 |  | 왁스 | 캔 왁스로 통째로 녹여 사용하기 때문에 쉽다. | 거의 모든 재료상에 입점해 있어 쉽게 구매가 용이하다. |
| | | 전후 처리제 | 전처리제 성분이 알코올 함유로 수분 증발이나 소독에 용이하다. | |

| 구분 | 제품 종류 | 제품별 | 특징 | 비고 |
|---|---|---|---|---|
| S사 |  | 왁스 | 넓은 부위에 한 번에 왁싱이 가능하고 모 방향에 전혀 상관없이 사용 가능하며 하드 왁스의 깨짐 현상이 없다. | 온도가 120℃까지 올라가기 때문에 살균, 소독에 용이하며 향이 좋다. |
| | | 전후 처리제 | 시술 전 열차단의 효과가 있는 수프림 파우더가 있다. | |
| 슈가링 |  | 왁스 | 저온에서 가능하고 화학적인 알레르기 반응에서 안전하다. | 기술 숙련도에 따라 손목 테크닉이 많이 필요하다. |
| | | 전후 처리제 | 왁싱 전 파우더를 사용한다. | |

*Chapter 14*

# 왁싱 기구, 도구 및 재료

## 1. 기구

① 웨건 Wagon

왁싱에 필요한 장비나 재료 및 도구 등을 정리하여 필요에 의해 편리하게 사용할 수 있도록 정리하는 기구이다. 관리 시 이동이 편리하고, 왁서 Waxer의 관리 높낮이에 적합한 제품을 선택하는 것이 좋다.

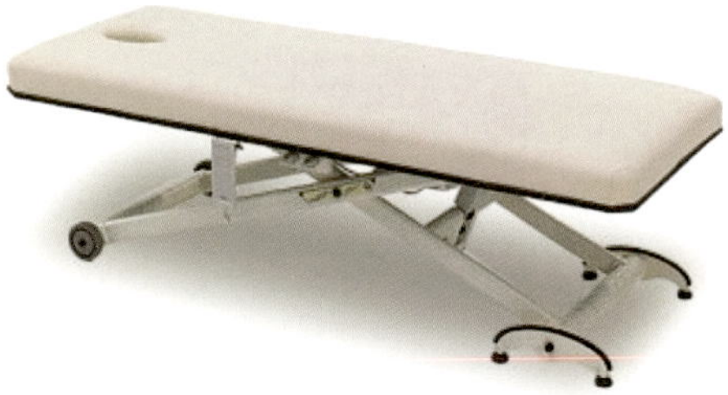

② 침대 Bed

고객이 편하게 누워서 관리를 받을 수 있도록 도와주는 기구이다. 높이 조절이 가능하여 왁서에게 편리한 시술 환경을 제공한다.

③ 미용 의자 Beauty chair

눈썹이나 헤어라인 왁싱 시 고객이 앉은 자세에서 관리를 받을 수 있게 하는 기구이다. 왁서의 자세가 편리하도록 높낮이를 조정할 수 있다.

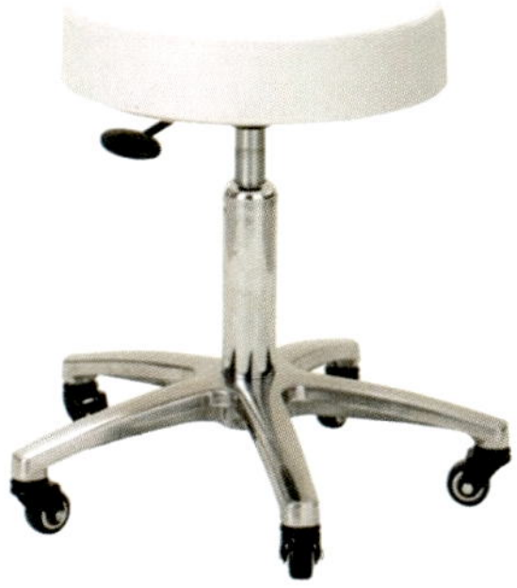

④ 의자Chair

침대에 누워 있는 고객의 관리를 위해 관리사가 앉아서 작업할 수 있는 기구이다. 의자에 바퀴가 달려 이동이 용이한 것을 선택하는 것이 좋다.

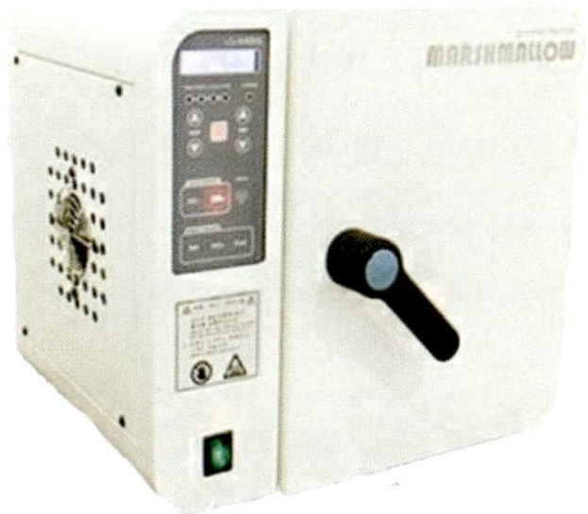


⑤ 고압 증기 멸균기Autoclave

가압 증기를 사용하는 고압 멸균 장치이다.
도구에 따라 다르지만 120℃, 20분에 멸균이 완료된다.
일회용품을 제외한 스테인리스 도구들을 재사용하기 전 멸균을 거친 후 재 사용한다.

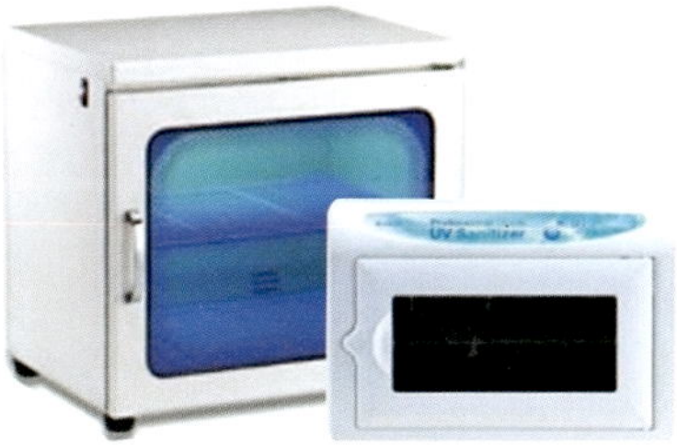

⑥ 자외선 살균소독기Ultravioletsterilizer

UV−C라는 살균력이 우수한 파장이 짧은 자외선으로 족집게트위져, Tweezers, 가위 등 왁싱에 이용하는 도구들을 살균 소독하는데 사용한다.

⑦ 냉장고Refrigerator

왁싱 후 피부 진정에 쓰이는 아이스 쿨러Ice Cooler, 마스크 시트팩 등의 제품을 차갑게 보관하는 기구이다.

⑧ **온장고**Heating cabinet

고객의 피부를 관리하기 전 모공을 열어주는 온습포를 준비하기 위해 사용하는 기구이다. 피부관리 전 물을 적당히 적신 타올을 미리 넣어 따뜻하게 준비한다.

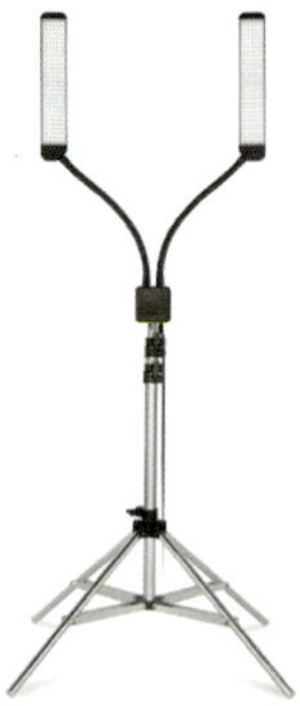

⑨ **램프**스텐드, Lamp

왁싱 시 피부 상태나 잔모 유, 무 및 관리를 위해 용이하게 사용한다. 관리실 안의 조명보다 밝게 비추어 그림자가 지지 않도록 관리 공간의 주변 시야를 조절한다. 관리 전 알맞은 부위에 배치해둔다. 자유롭게 이동이 가능해야 한다.

⑩ **확대경**Magnifying glass

왁싱 후 잔모와 잔여물의 유·무를 확인하기 위해 피부를 확대해 편리하게 확인하는 기구이다.

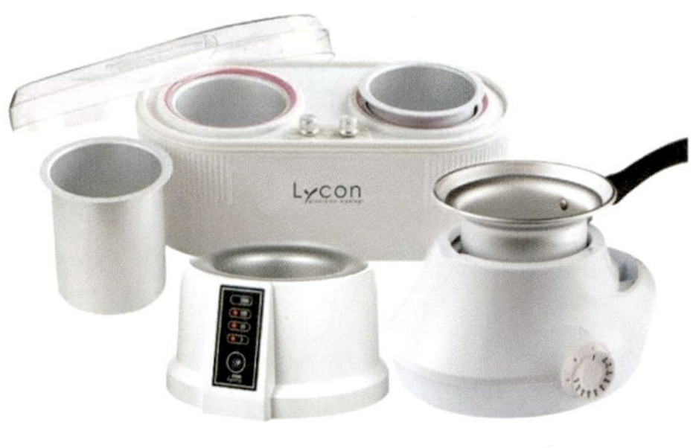


⑪ **워머기**Wax heaters

왁스를 녹이는 기구이다. 제조 회사에 따라 온도 조절 기능이 다르며 자동 온도 조절, 수동 온도 조절 워머기가 있다.

워머기의 적정온도는 제조 회사나 왁스 형태에 따라 다를 수 있으므로 제품 사용 전 사용 설명서를 숙지한다.

미니 워머기, 1구 워머기, 2구 워머기 등 여러 종류의 워머기가 있다.

⑫ **면도기**Razor

왁싱 부위에 긴 모를 왁싱할 수 있는 정도의 적당한 길이로 자르거나 정리할 때 사용한다. 왁싱 부위에 완전히 면도가 되지 않도록 주의한다.

## 2. 재료

① **안티셉틱**Anti-septic

소독용 에탄올 70% 이상의 알코올을 사용 용도에 따라 편리하게 사용할 수 있도록 제품들이 다양하다.

A. 젤 타입
B. 스프레이 타입
C. 튜브 타입
D. 솜 타입

② **포인트 리무버**Point Remover

왁싱 전 포인트 메이크업을 제거하기 위해 사용한다.

③ **클렌징 밀크**Cleansing milk

관리 전 1차 클렌징Cleansing으로 피부 메이크업을 자극 없이 녹여 2차 클렌징 전에 사용한다.

④ **클렌징 폼**Cleansing form

관리 전 2차 클렌징으로 피부 표면의 메이크업이나 불순물을 깨끗이 제거하기 위해 사용한다.

⑤ **소프트 왁스**Soft wax

왁스를 녹여 액체 상태가 되면 스파츌라를 이용해 피부에 얇게 펴 바른 후 무슬린 천부직포을 붙여 모와 함께 제거하는 왁싱 방법이다. 넓은 부위를 빠르고, 경제적으로 관리할 수 있다.

⑥ **하드 왁스**Hard wax

무슬린 천부직포 없이 왁스 자체를 굳혀 떼어내는 왁싱 방법이다. 페이스나 브라질리언같이 민감하고 굵은 털은 하드 왁스를 이용한 왁싱을 하는 것이 좋다. 구슬 타입, 크리미 타입, 투명 타입, 신축성 타입, 빠른 시술 타입 등 다양하게 나온다.

**⑦ 슈가링 왁스** Sugaring Wax

피부에 최적의 온도인 36.5℃에 맞춘 제품이다. 설탕에 함유된 글리콜산 성분이 피부에 좋은 영양분을 공급하여 제모를 하는 동시에 미백, 보습에 도움을 준다. 왁서의 스킬에 따라 선택해서 사용하면 된다.

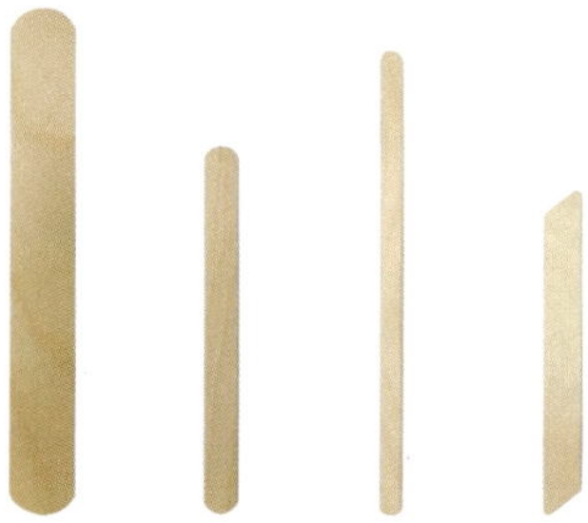

A B C D

**⑧ 우드 스파츌라** Wood spatula

우드 스파츌라는 왁스를 덜어 왁싱할 부위에 바를 때 사용한다. 일회용으로 사용하며, 왁스 오염이나 감염 예방을 위해 재사용Double Dipping하지 않는다.

A. 대형 – 넓은 부위 볼, 바디 등
B. 중형 – 헤어라인, 인중 등
C. 소형 – 좁은 눈썹 등
D. 사선형 – 라인 등

**⑨ 메탈 스파츌라** Metal spatula

소프트 왁싱 시 피부에 얇고 고르게 왁스를 도포할 때 사용한다. 메탈 스파츌라는 영구적으로 사용함으로 재료비를 절약할 수 있는 것이 장점이지만, 열전도율이 높아 피부 화상의 위험이 있기 때문에 사용 시 주의를 요한다. 사용 후 메탈 스파츌라에 묻은 왁스는 오일이나 왁스 크리너로 깨끗이 제거하고 살균, 소독해서 재사용한다.

A B

**⑩ 부직포** Waxing strips

소프트 왁스를 도포한 피부에 부착하여 모를 제거할 때 사용한다. 두께감이 있어 무슬린 천보다 초보자들이 핸들링하기 쉽다.

A. 롤 타입 – 경제적으로 사용할 수 있다.
B. 커팅 타입 – 간편하게 사용할 수 있다.

A B

⑪ **무슬린 천** Muslin

소프트 왁싱을 할 때 왁스를 바르고 왁스 위에 붙여서 모를 제거할 때 사용되는 천이다. 부직포보다 피부 자극이 없고 가볍지만 핸들링이 어려워 연습을 필요로 한다.

A. 롤 타입 – 경제적으로 사용할 수 있다.

B. 커팅 타입 – 간편하게 사용할 수 있다.

⑫ **피부 전 처리제** Pre–treatment

- **왁싱 전** : 피부 표면의 노폐물이나 불순물을 제거하기 위해 사용한다.
- **왁싱 후** : 왁스 잔여물이나 오일, 파우더를 제거하고, 진정감을 준다.

왁싱 전, 후로 사용하는 제품이다.

⑬ **왁싱 전 처리 파우더** Powder

왁싱 시 피부 표면의 유·수분을 잡아주고 피부 스킨 탈락을 방지한다. 땀을 제거하여 왁스를 피부 표면에 밀착감을 줄 수 있도록 도와주는 역할을 한다.

⑭ **왁싱 전 처리 오일** Pre–Waxing oil

왁스가 피부에 달라붙지 않도록 하며 피부 자극을 최소화하기 위해 왁싱 전에 도포하는 오일이다.

⑮ **왁싱 후 처리 오일** After Waxing oil

왁싱 후 피부 자극을 줄여주며, 영양 공급 및 잔여물을 제거하기 위해 사용하는 오일이다.

⑯ **왁스 클리너** Wax Cleaner

왁싱 전, 후 기구나 옷 등에 묻은 왁스 잔여물을 제거할 때 사용한다.

⑰ **왁싱 후 진정젤** Soothing gel

왁싱 후 자극받은 피부를 진정시켜주고 수분을 채워 피부 표면을 보호한다. 왁싱 후 진정이 필요한 부위에 도포하여 준다.

⑱ **진정 관리 제품** Moisturizing Soothing Pack

부위별로 다양한 제품이 있고 피부 진정에 도움을 준다.

A. 모델링 팩

B. 페이스 진정팩

C. 브라질리언 진정팩

⑲ **일회용 시트** Disposable sheet

왁싱 전 베드 위에 코팅이 된 시트를 사용하면 커팅된 장모 또는 왁스가 베드에 묻는 것을 쉽게 제거할 수 있고, 위생과 청결을 위해 사용한다. 매회 교체해야 한다.

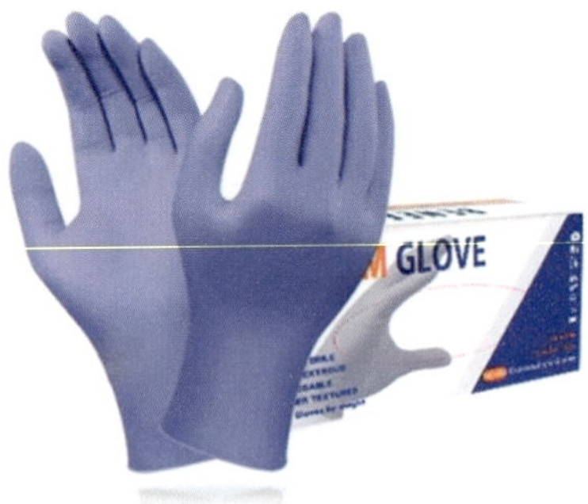


⑳ **일회용 장갑** Disposable gloves

모든 관리에 위생과 감염을 예방하기 위해 사용한다. 매회 교체해 사용한다.

- **니트릴** Nitrile : 합성 고무 재질로 얇으면서도 잘 늘어난다. 부드럽고 잘 미끄러지지 않는다. 슈가링 왁스 사용 시 안정적이다.
- **라텍스** Latex : 천연 고무 재질로 신축성이 뛰어나 착용감이 매우 우수하다. 하드 왁스, 소프트 왁스에 사용 시 안정적이다.

## 3. 도구

① **눈썹용 펜슬** Eyebrow pencil

눈썹 디자인이나 셀프 메이크업용으로 사용한다.

- **브라운 또는 다크 브라운 펜슬** : 눈썹 디자인을 하면서 채우는 용도로 사용한다.
- **흰색 또는 스킨색 펜슬** : 라인을 잡아줌으로써 모를 제거해야 하는 부분을 정확히 파악할 수 있다.

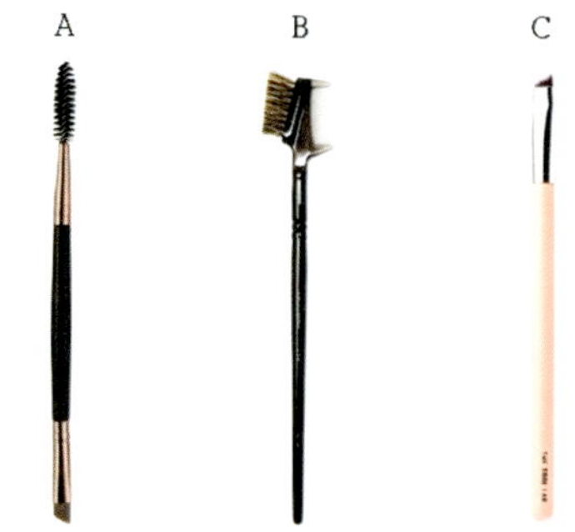


② **눈썹 빗**Eyebrow comb

A. **스크류 브러쉬**Screw Brush : 양쪽을 사용할 수 있는 브러쉬로 뭉친 부분을 빗어주어 자연스럽게 만들어준다.

B. **콤보 브러쉬**Combo Brush : 눈썹결을 정리하거나 뭉친 색을 풀어 자연스럽게 표현해준다.

C. **사선 브러쉬**Diagonal Brush : 눈썹끝을 세밀하게 디자인 할 수 있다.

③ **족집게**트위져 Tweezers

A. 왁싱 후 남아있는 잔털을 제거하거나 눈썹 왁싱 시 디자인이 들어가는 섬세한 작업에 사용한다.

B. 앞이 뾰족한 족집게는 인그로운 헤어 ingrown hair 제거 시 용이하다.

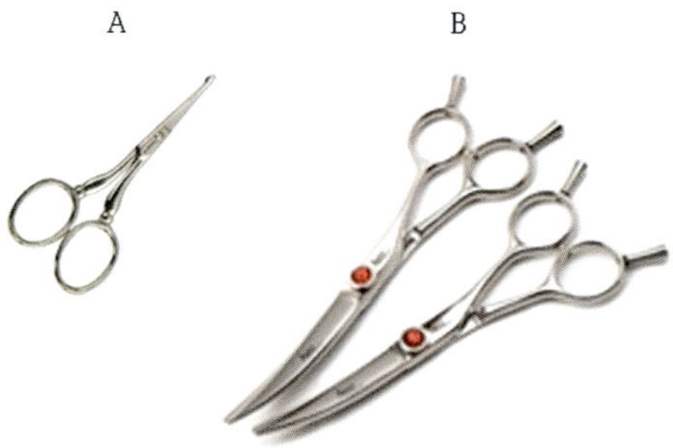


④ **모 제거용 가위**Hair removal scissors

모의 길이를 조절할 때 사용한다.

A. 눈썹 정리용 가위Eyebrow trimming scissors

B. 긴 모 제거용 가위Long Hair Removal Scissors

⑤ **손거울**Hand mirror

왁싱 전 고객과 디자인을 정하거나, 왁싱 후 디자인의 완성도를 확인할 때 사용한다.

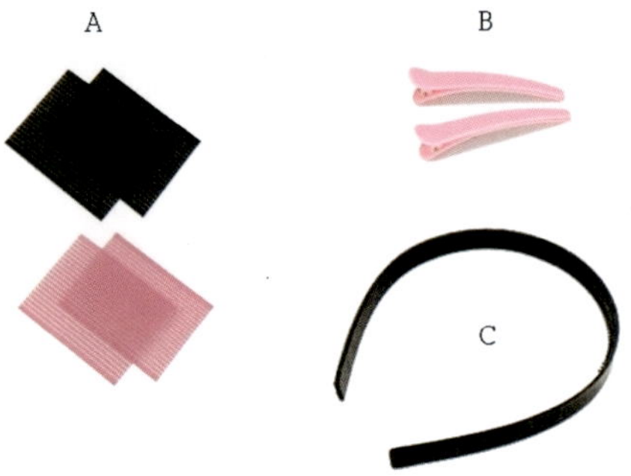


⑥ **헤어 고정용** Hair retention

왁싱 시 불필요한 모가 제거되는 것을 방지하기 위해 고정한다.

A. 찍찍이 Velcro

B. 집게 Pincers

C. 머리띠 Headband

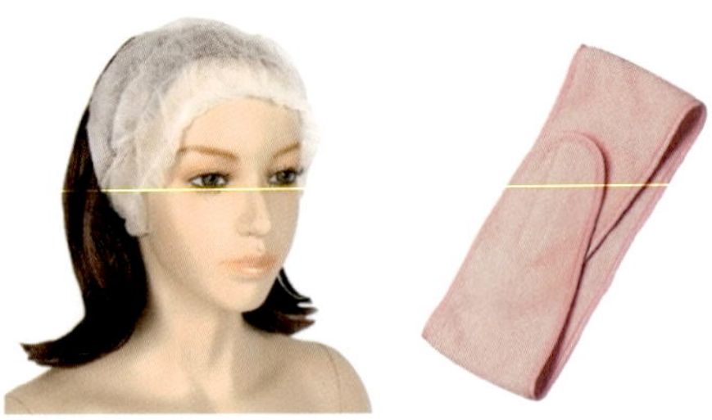

⑦ **헤어밴드** Hairband & Hair Turban

왁싱 시 고객의 불필요한 모를 정리하는 데 사용한다.

⑧ **시술자용 헤어캡** Disposable hair cap

왁서 Waxer 의 청결을 유지하기 위해 사용한다.

⑨ 거즈 Gauze

거즈는 모델링 팩을 올리기 전 젖은 거즈를 왁싱한 부위에 올린 후 모델링 팩을 사용한다. 넓은 부위를 소독할 때 사용한다.

⑩ 가위 Scissors

스트립 천이나 필요한 부자재 등을 자를 때 사용한다.

⑪ 화장솜 Cosmetic cottons

화장솜은 피부 전용 소독제나 후처리 시 제품을 묻혀 피부 소독에 사용한다.
메이크업 리무버나 왁스 잔여물 제거 등 왁싱 시 다양하게 사용한다.

⑫ 솜통 Cotton barrel



사용하지 않은 화장솜이 오염되지 않도록 항상 뚜껑을 덮어둔다.

⑬ 사각 바트 & 솜통 Square Baht & Cotton barrel

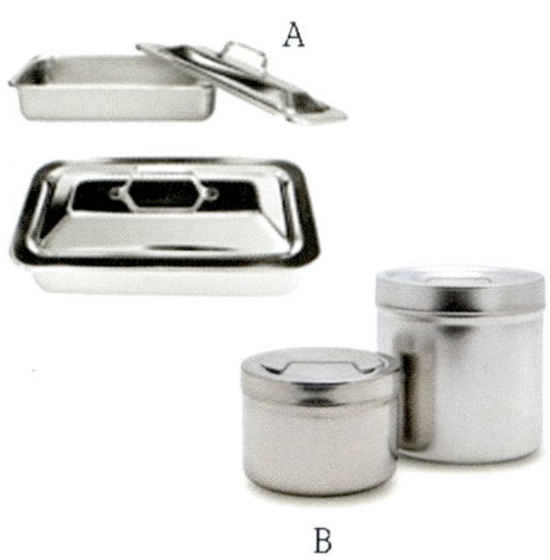


A. 사용한 스파츌라, 핀셋, 족집게 등을 보관하는 용도로 사용한다.
B. 솜 또는 거즈를 보관한다.

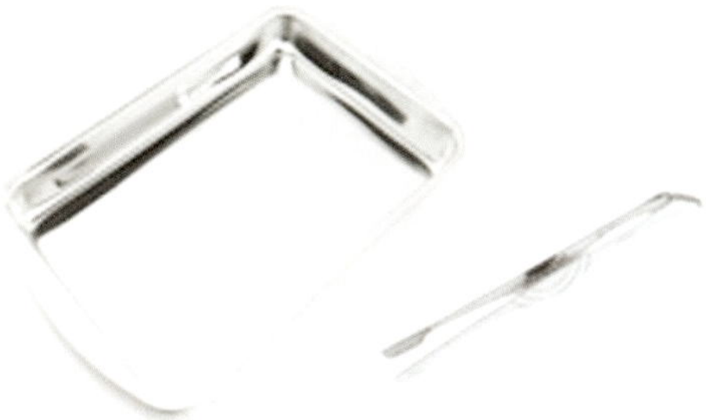

⑭ 쟁반 & 집게 Tray & Tongs

온장고에서 온습포를 꺼내거나 소독, 멸균된 도구를 꺼낼 때 집게를 사용한다.

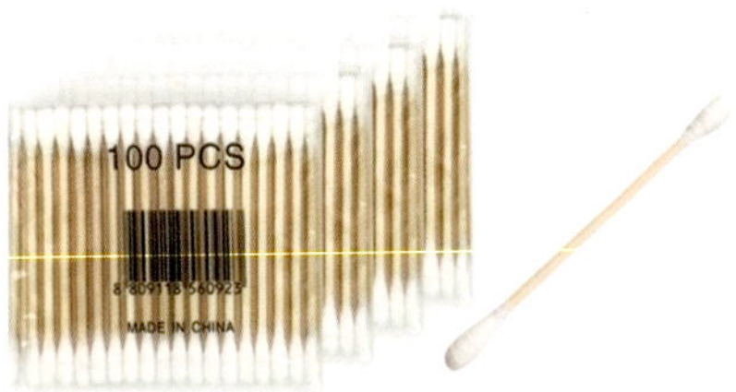


⑮ 면봉 Cotton swab

포인트 메이크업을 깔끔하게 제거하거나 이물질을 제거할 때 사용한다.

⑯ 티슈 Tissue

전 처리 후 수분을 없애기 위해 사용한다. 클렌징 밀크 사용 후 잔여물을 제거할 때 사용한다. 브라질리언 왁싱 시 길이가 긴 모를 커팅할 때 티슈 위에 커팅을 하면 수거가 쉬워진다.

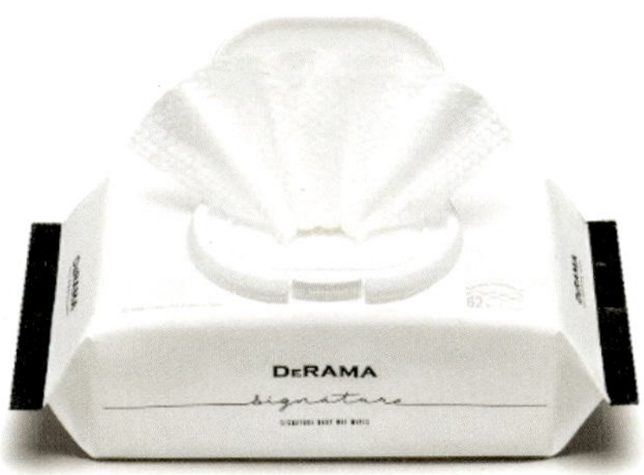


⑰ 물티슈 Wet tissue

주위를 청결하게 하거나 잔여물 제거 시 사용한다.

⑱ **키친타올** Kitchen towel

주위를 청결하게 하거나 잔여물 제거 시 사용한다. 브라질리언 왁싱 시 길이가 긴 모를 커팅할 때 티슈 위에 커팅을 하면 수거가 쉬워진다. 왁스가 묻지 않아야 할 곳에 흘리지 않도록 왁싱하는 부위 근처에 미리 깔아둔다.

⑲ **고무볼** Rubber balls

모델링 팩 사용 시 필요한 도구이다.

볼에 가루를 부어 차가운 물을 함께 플라스틱 스파츌라로 믹싱할 때 사용한다. 다양한 사이즈로 사용자에 맞게 선택이 가능하며 잔여물 제거가 편리하다

A. – L　　B. – M

C. – S　　D. – XS

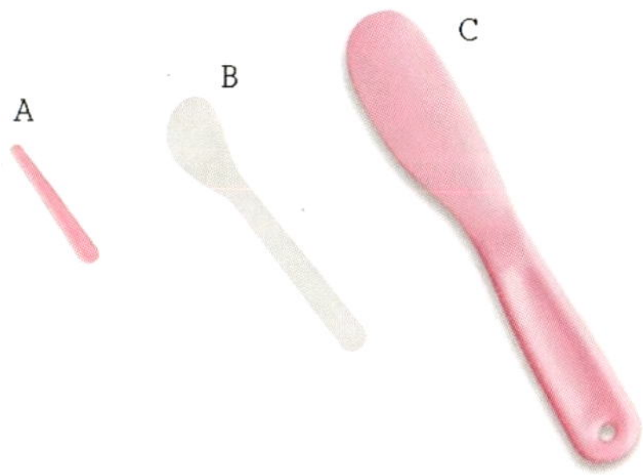


⑳ **스파츌라** Spatula

A. 소 – 화장품을 덜어 쓸 때 사용한다.

B. 중 – 진정젤 등 도포할 때 사용한다.

C. 모델링 팩을 믹싱하여 도포할 때 사용한다.

㉑ **붓꽂이** Brush holder

왁싱 시 사용하는 브러쉬, 빗, 가위 등을 보관할 때 사용한다.

사용한 도구들을 분리해서 보관할 수 있다.

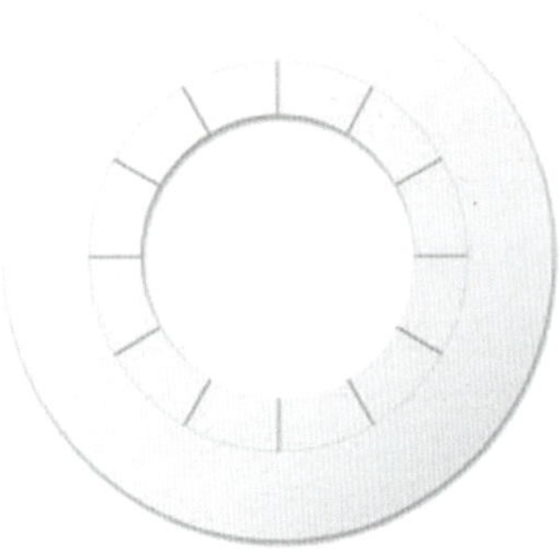

㉒ **왁스 카라** Wax cara

왁스 사용 중 스파츌라에서 흐르는 왁스를 카라가 받쳐주어 워머기 및 왁스 캔 주변을 깨끗하게 사용할 수 있다. 사용한 카라는 주기적으로 교체해서 사용한다.

㉓ **아이스 쿨러** Ice cooler

냉장실에 보관해 두었다 왁싱 후 열감이 있는 부위에 롤링해 준다.

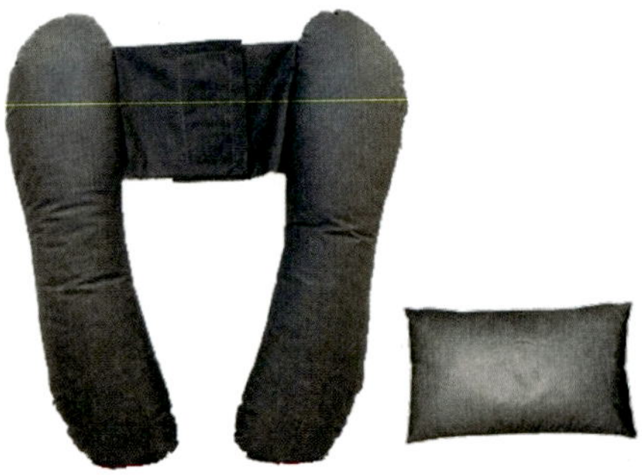

㉔ **필로우 & 베개** Pillow

브라질리언 왁싱, 바디 왁싱 시 고객의 자세를 편하게 받쳐준다. 관리사도 편하게 관리할 수 있게 도와준다. 임산부 왁싱에도 임산부가 편한 자세로 받을 수 있게 도와준다.

인조 가죽으로 고객의 땀이나 왁스가 묻어도 쉽게 제거가 용이해서 위생적이다.

다리 왁싱 시에는 허리 부분의 부직포를 분리해 받침대로 사용 가능하다.

㉕ **일회용 비닐** Dust bag

왁싱 시 제거한 모나 사용한 왁스, 스파츌라, 이물질 쓰레기 등을 버리는 용도로 사용한다.

㉖ 관리사 가운 & 앞치마

Custodian Gowns & Aprons

왁서의 청결함은 고객에게 신뢰감을 주는 또 하나의 요소이다. 의류는 항상 청결함을 유지하며, 오염이 되었을 경우 세탁하고 깨끗한 옷으로 갈아입는다.

㉗ 고객용 가운 Customer robe

왁싱하기 전에 왁싱할 부위를 깨끗이 씻은 후 편리하게 왁싱을 하기 위해 고객용 가운으로 갈아입을 수 있도록 안내한다. 전신 왁싱, 겨드랑이 등 탈의가 필요할 때 사용한다.

㉘ 고객용 치마 Customer Skirts

왁싱 전 왁싱할 부위를 깨끗이 씻은 후 고객용 치마로 갈아입을 수 있도록 안내한다. 뒷목, 겨드랑이, 어깨 등 왁싱 시 옷에 이물질이 묻는 것을 예방하고 편리하게 사용한다.

㉙ 고객용 치마 Customer Skirts

앞 부분이 절개되어 있는 치마는 브라질리언 왁싱, 배렛나루, 허벅지 안쪽 왁싱 시 편하게 사용한다.

㉚ 고객용 바지 Customer Pants

왁싱하기 전에 왁싱할 부위를 깨끗이 씻은 후 고객용 바지로 갈아입을 수 있도록 안내한다. 다리 왁싱 시 편리하다.

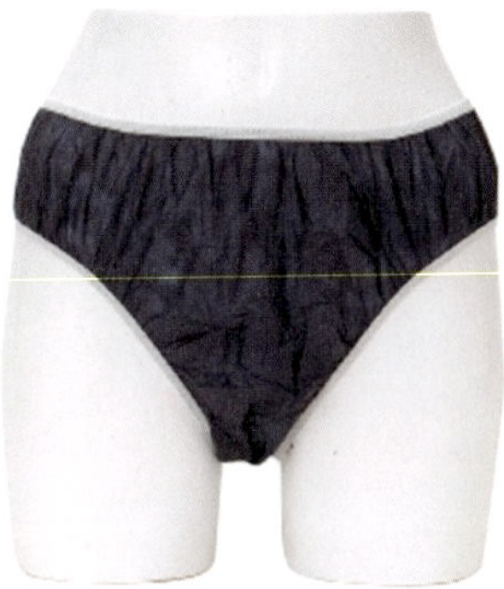

㉛ 고객용 팬티 Customer Panties

왁싱 전 왁싱 할 부위를 깨끗이 씻은 후 고객용 팬티로 갈아입을 수 있도록 안내한다. 전신 왁싱 또는 비키니 왁싱 시 편리하다.

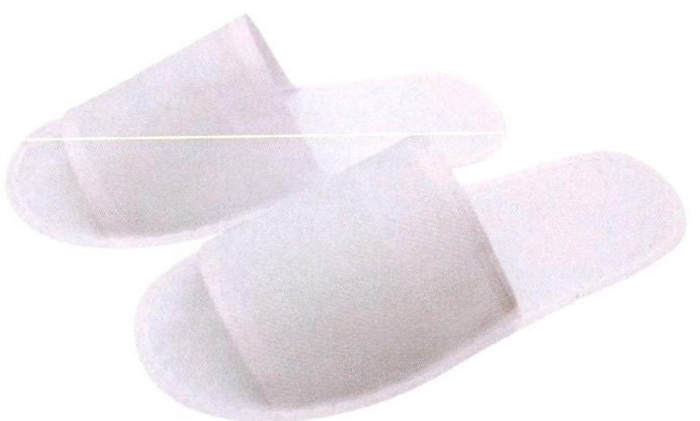

㉜ 고객용 슬리퍼 Customer slippers

왁싱 시 고객의 신발이 오염되지 않도록 고객에게 슬리퍼를 제공한다.

㉝ 대형 타올 Large Towel

대형 타올은 베드 커버나 전신을 덮을 때 사용한다.

㉞ **중형 타올** Medium Towel

중형 타올은 왁싱하지 않는 부위나 고객의 몸 일부분을 가릴 때 사용한다.

㉟ **소형 타올** Small Towel

소형 타올은 고객이 사용할 수 있도록 샤워실이나 세면대 주변에 미리 비치해 둔다. 온·냉 습포를 준비할 때 사용한다.

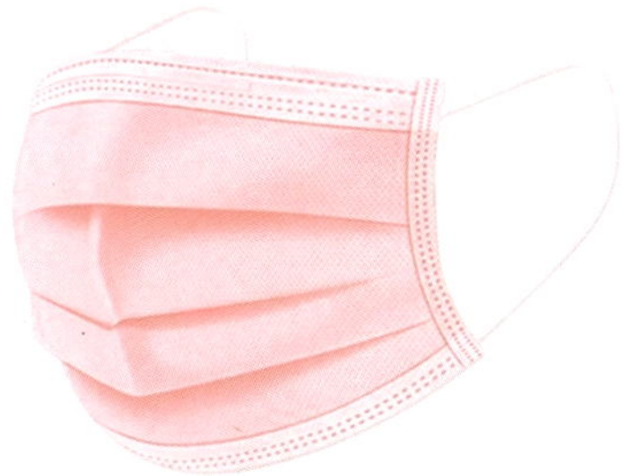

㊱ **마스크** Mask

위생과 청결을 위해 왁싱 전 마스크를 착용한다.

*Chapter 15*

# 왁스 종류 및 부위별 왁싱 방법

## 1. 소프트 왁싱Soft Waxing, Strip Waxing

소프트 왁싱Soft Waxing은 모 제거 부위에 왁스를 도포한 뒤, 무슬린 천부직포을 밀착하여 제모하는 방법이다. 모가 많은 고객이나 넓은 부위를 빠르게 왁싱할 때 효과적인 방법이며, 모와 각질을 제거하고, 솜털과 잔털도 함께 제거된다. 왁싱 시 잘못된 각도와 힘의 조절로 스킨 탈락이 일어날 수 있으므로 주의하여야 하며, 뜨거운 왁스로 인하여 화상을 입을 수 있으므로 반드시 왁스 도포 직전 왁서Waxer의 손목 안쪽으로 온도를 체크한 뒤 왁스를 도포한다.

### 1. 소프트 왁싱Soft Waxing 관리 자세

① **왁서**Waxer : 복장을 위생적으로 청결히 하고 고객이 불편하지 않게 응대하며 고객이 편하게 탈의할 수 있도록 안내하고 상담을 통해 고객의 피부 상태를 파악한다.

② **고객**Client : 고객이 편하게 관리를 받을 수 있도록 자세를 취하고, 고객의 자세를 편안하게 바디 필로우Body Pillow로 자세를 잡아줄 수도 있다.

### 2. 소프트 왁싱Soft Waxing을 위한 관리 준비물

왁스 워머기, 소프트 왁스캔, 왁스 카라, 스파츌라메탈 또는 우드 소, 중, 대, 무슬린 천부직포, 기구 소독제, 손 소독제, 사각 바트, 쟁반, 솜 통, 화장 솜, 전 처리제, 후 처리제, 왁싱 전용 오일, 파우더, 왁스 크리너, 진정 젤알로에 젤, 유·수분 공급재, 모델링 팩, 시트 마스크 팩, 아이스 쿨러, 족집게트위져, 콤보 브러쉬, 스크류 브러쉬, 눈썹 가위, 디자인 펜슬, 브로우 펜슬, 손 거울, 헤어 밴드, 헤어 캡, 헤어 고정 집게 또는 찍찍이, 머리띠, 가운, 앞치마, 일회용 시트지, 일회용 비닐, 일회용 가운, 일회용 치마, 일회용 바지, 일회용 팬티, 일회용 장갑라텍스 또는 니트릴 장갑, 일회용 봉투더스트 팩, 바디 필로우 등 필요 물품 일체

## 3. 소프트 왁싱Soft Waxing 주의사항

### (1) 관리 전 주의사항

① 청결과 감염 예방을 위해 항상 주위를 정돈하고 수시로 환기한다.

② 고객 관리 전·후 쓰레기는 즉시 처리하고, 주위를 정리한다.

③ 왁서Waxer는 항상 복장과 머리, 손톱을 단정히 하고, 언행에 주의한다.

### (2) 관리 시 주의 사항

① 일회용 재료와 도구들은 매회 새것으로 교체한다.

② 도구는 사용 전 자외선 소독기와 기구 소독기를 이용하여 소독 또는 멸균 처리하여 준비하고, 왁스 워머기의 온도와 준비물의 세팅 상태를 확인한다.

③ 일회용 스파츌라Spatula는 절대 재사용하지 않으며, 원 디핑One-dipping을 철저히 지킨다.

④ 더블 디핑Double-dipping 하지 않는다. 메탈 스파츌라는 예외

⑤ 관리 전 반드시 손 소독70% 이상의 알코올을 실시하고, 고객의 관리 부위도 소독전 처리제 또는 스킨한다.

⑥ 고객의 왁싱 부위 전 처리 시 피부 상태와 모의 방향을 반드시 확인하고, 피부 표면의 불순물, 메이크업 잔여물 등을 깨끗이 제거한다.

### (3) 관리 후 주의사항

① 침대에 깔아놓은 일회용 시트지를 제거한다.

② 웨건 주변을 정리하고 항상 청결하게 유지한다.

③ 도구는 깨끗이 소독하고 자외선 소독기에 한 번 더 멸균 처리한다.

④ 쓰레기는 미생물 번식 방지를 위해 바로바로 처리한다.

⑤ 왁스 워머기 주변의 지저분한 이물질을 닦아준다.

⑥ 주변을 깨끗이 정리하고 마무리한다.

## 4. 소프트 왁싱 Soft Waxing의 준비

### (1) 재료와 웨건 준비

① 왁스 워머기를 준비한다.

② 웨건의 사용이 편리하도록 칸별로 정리한다.

③ 사용 전·후의 스파츌라를 별도로 보관한다.

④ 웨건에 일회용 봉투 더스트 백 를 부착한다.

⑤ 무슬린 천 부직포 을 사용 부위에 따라 사이즈 별로 절단하여 준비한다.

⑥ 솜과 거즈를 준비한다.

⑦ 쟁반에 소독된 도구와 족집게 트위져, Tweezers 를 준비한다.

### (2) 왁서 Waxer 복장 준비

① 왁서 가운 위생복 을 착용한다.

② 왁서의 바지는 흰 바지를 착용한다.

③ 잔여물과 머리카락이 떨어지지 않도록 머리를 단정히 하고 헤어 캡을 착용한다.

④ 위생을 위해 마스크를 착용한다.

⑤ 위생을 위해 일회용 장갑 라텍스 또는 니트릴 장갑 을 착용한다.

⑥ 위생을 위해 신발에 일회용 캡을 착용한다.

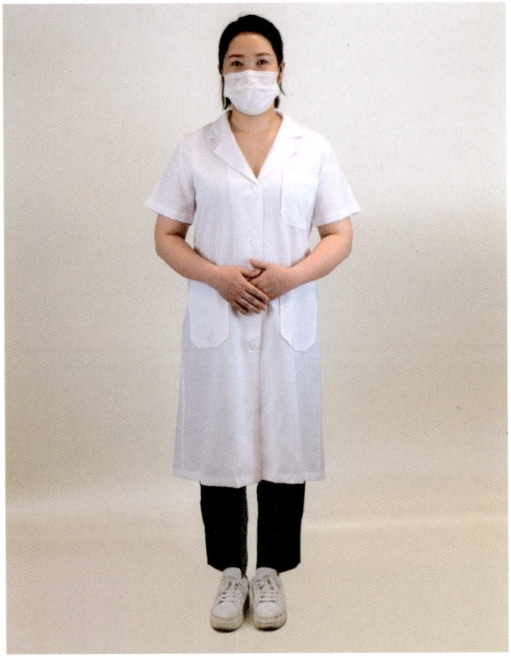

### (3) 고객 준비 및 침대 세팅

① 왁싱 부위에 따라 모델 가운, 반바지, 일회용 팬티, 겉 가운, 헤어 밴드 등을 착용한다.

② 왁스와 이물질이 떨어지는 것을 방지하기 위해 침대에 일회용 시트지를 깔아둔다.

③ 고객이 왁싱을 받는 동안 최대한 편안할 수 있도록 최선을 다해 자세를 잡아준다. 바디 필로우 등

④ 왁싱 받지 않는 부위는 노출되지 않게 타올로 고객의 몸을 보호해준다.

⑤ 왁서는 왁싱하는 공간을 확보해 작업의 효율성을 극대화한다.

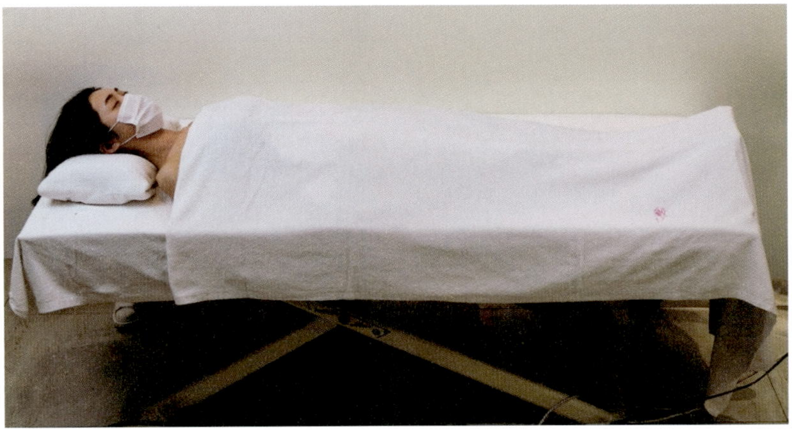

## 5. 소프트 왁싱 Soft Waxing 실기 : 다리와 발 Leg & Foot Waxing

외관상이나 미용적으로 매끈하고 아름다운 다리를 만들고, 특히, 땀이 많은 분들은 왁싱을 함으로써 위생과 청결을 유지하며, 각질 제거 시 모가 엉키는 불편함을 해소하고, 피부질환에 도움을 준다.

**관리 순서**

소독 → 종아리 → 무릎 → 허벅지 → 발등 → 발가락 → 마무리

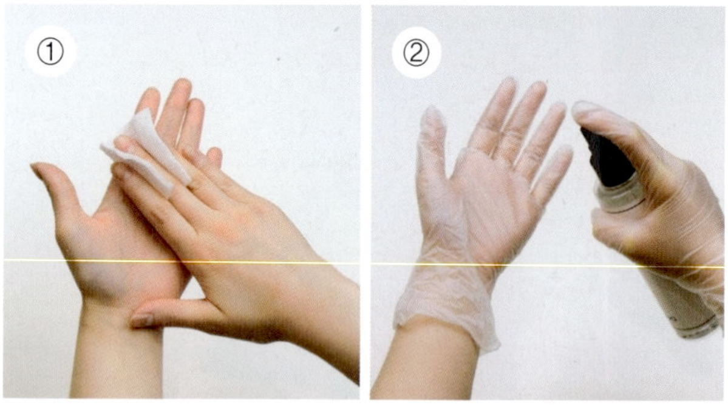


### (1) 손 소독 왁서

70%의 안티셉틱 Antiseptic 을 이용하여 왁서 Waxer 의 손을 소독한다.

① 1차 소독 : 화장솜에 소독제를 묻혀 왁서의 손을 꼼꼼히 닦는다.

② 2차 소독 : 일회용 위생 장갑 라텍스 또는 니트릴 장갑 착용 후 2차 손 소독을 실시한다.

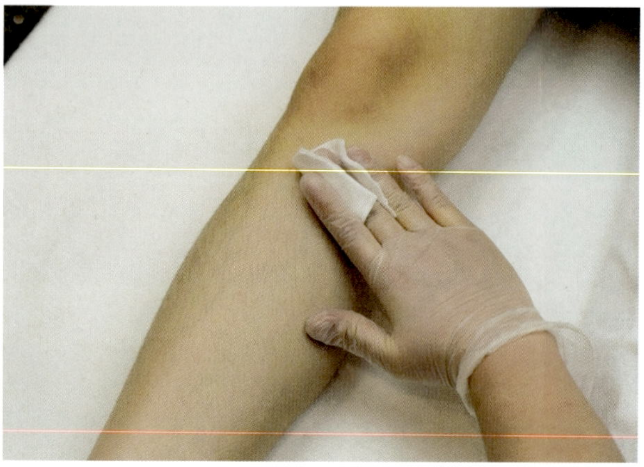

### (2) 왁싱 부위 소독 고객

① 전 처리제나 스킨을 이용하여 고객의 왁싱부위를 소독한다.

② 소독 전에 모가 길 경우 컷팅을 한다. 슈가링 커팅 사진 참고

③ 관리의 효율성을 위해 왁싱 부위의 넓이에 따라 거즈와 솜을 이용하여 소독한다. 넓은 부위는 넓은 거즈를 이용하고 좁은 부위는 화장솜을 이용하여 소독한다.

④ 피부 표면의 불순물과 노폐물 및 유분기를 깨끗이 제거한다.

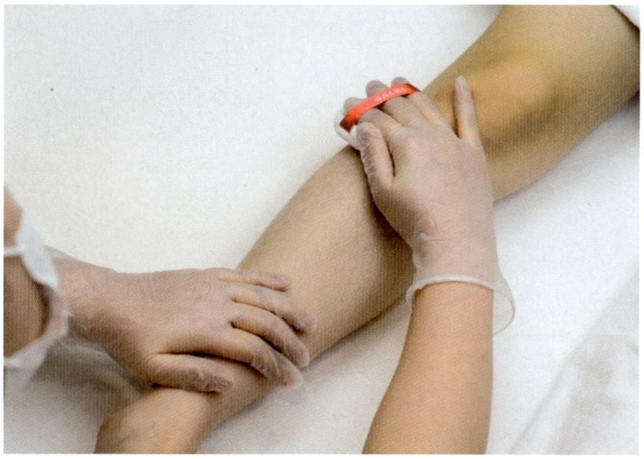

### (3) 유·수분 제거 파우더, Body Powder

① 왁스의 피부 밀착력을 높여주기 위해 전 처리제의 수분을 제거한다.
② 모의 사이사이에 파우더를 분첩이나 솜을 이용하여 꼼꼼하게 펴 바른다.
③ 모의 성장 반대 방향으로 먼저 펴 바른 다음 → 모의 성장 방향으로 결을 정리한다.

### (4) 왁스 양 조절

왁싱 부위에 맞는 우드 스파츌라Spatula나 메탈 스파츌라Metal Spatula를 사용한다.

① 스파츌라를 이용하여 왁스 양을 조절한다.
② 이동하면서 흐르지 않도록 주의하고, 스파츌라의 앞면, 뒷면, 측면을 긁어내어 양을 조절한다.

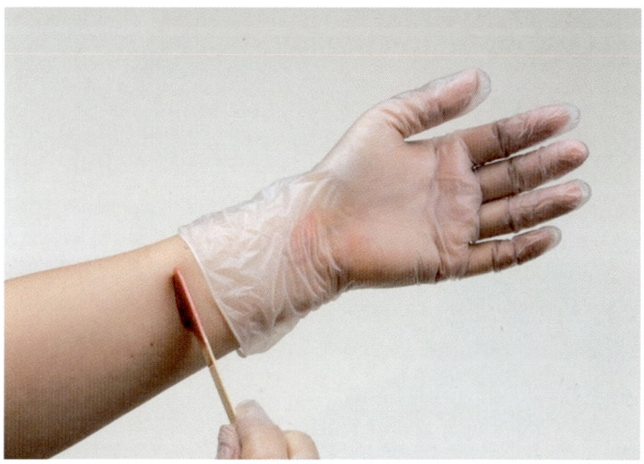

### (5) 온도 체크

① 안전한 왁싱을 위해 왁스 도포 전 반드시 왁서Waxer의 손목 안쪽에 온도를 확인한다. 화상 주의
② 소프트 왁스는 발림성이 중요하기 때문에 온도 조절이 중요하다.
③ 온도는 제품마다 차이가 있지만, 평균 75℃를 유지하여 농도를 조절한다.

*Point*

- 사용하는 제품의 적정 온도를 미리 숙지하여 예열 후 사용한다.
- 왁스 온도 체크는 고객 입장 30분 전 미리 확인한다.

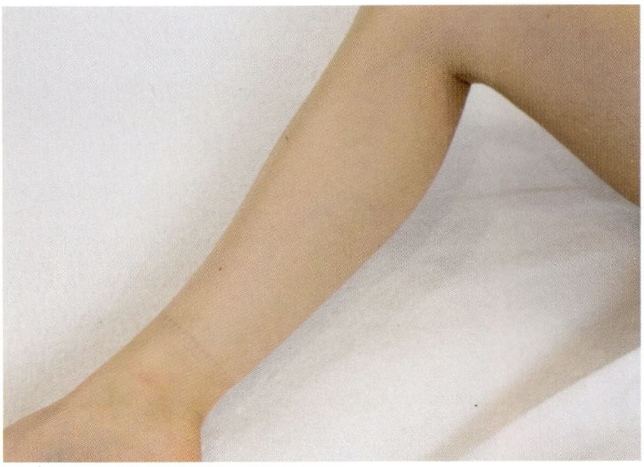

### (6) 종아리 섹션

① 정강이Shin 또는 복사뼈Radiated bone를 중심으로 종아리 바깥쪽부터 시작해서 순서를 정한다.
② 모가 나는 방향이 각기 다를 수 있으므로 모의 성장 방향을 확인하며 유동적으로 섹션을 나눈다.

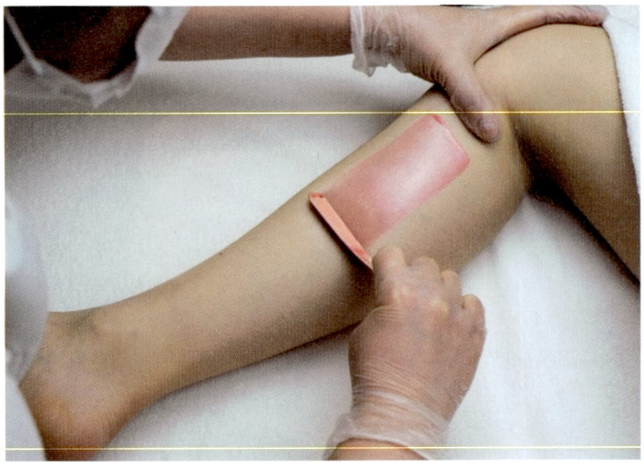

### (7) 왁스 도포

① 왁스 도포 시작점에 한 손은 피부를 지지하여 텐션을 주어 고정한다.
② 반대손은 45°로 스파츌라를 잡고 밀착감을 주면서 최대한 얇게 펴 바른다.
③ 왁스가 굳지 않도록 한 부위에 오래 머무르지 않고 스피디하게 작업한다.

*Point*

메탈 스파츌라를 사용하면 소프트 왁스를 얇고 고르게 도포할 수 있다. 하지만, 열전도율이 높아서 화상의 위험이 높아 주의해야 한다.

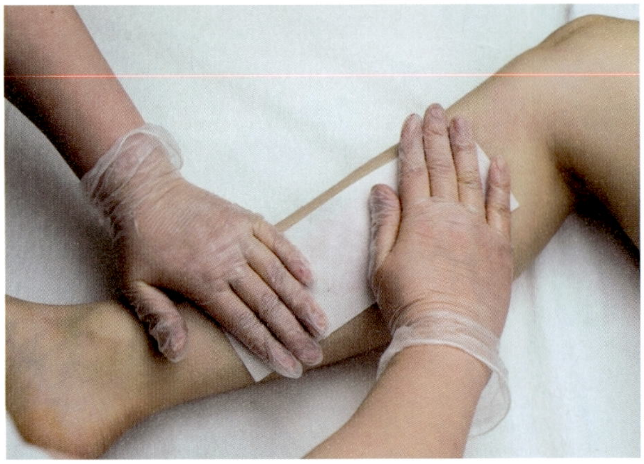

### (8) 무슬린 천부직포 밀착하기

① 왁싱 부위에 맞게 절단한 무슬린 천부직포을 선택한다. 긴사이즈: 7~20cm , 중간사이즈: 7~15cm
② 중앙에서 양쪽 끝 방향으로 밀어주며 왁스가 굳기 전에 재빠르게 완전히 밀착시킨다.
③ 손바닥으로 최대한 넓게 밀착시켜 불필요한 동작을 줄여주고 무슬린 천부직포이 접히지 않도록 텐션을 주어 고르게 밀착시킨다.
④ 무슬린 천부직포의 끝부분은 제거 시 손잡이를 위해 여유있게2~3cm 남기고 밀착시킨다.
⑤ 피부가 많이 건조하거나 예민한 피부는 조금씩 밀착시킨다.

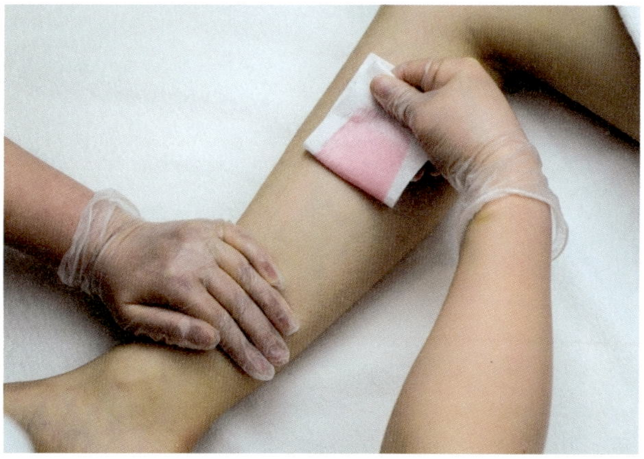

### (9) 무슬린 천부직포 제거

모의 성장 반대 방향으로 제거한다.

① 왁스와 모를 밀착시킨 무슬린 천부직포 제거 시 모가 없는 부위에 손잡이를 만들고 왁스가 도포된 1~2cm 정도 떨어진 곳에서 손잡이를 만들어 제거한다.

② 무슬린 천부직포을 제거하는 손끝이 들리지 않도록 유의하며, 피부와 평행하게 재빠르게 떼어낸다. 45° 유지 : 스킨 탈락주의

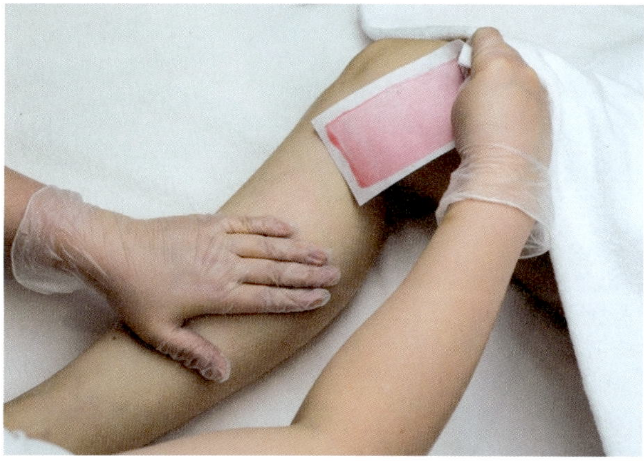

### (10) 진정하기

텐션을 주는 손은 왁스가 제거되는 동시에 왁싱된 부위를 눌러주어 피부를 진정시켜준다.

*Point*

왁싱 후 2차 감염 예방을 위해 불필요한 터치는 하지 않는다.

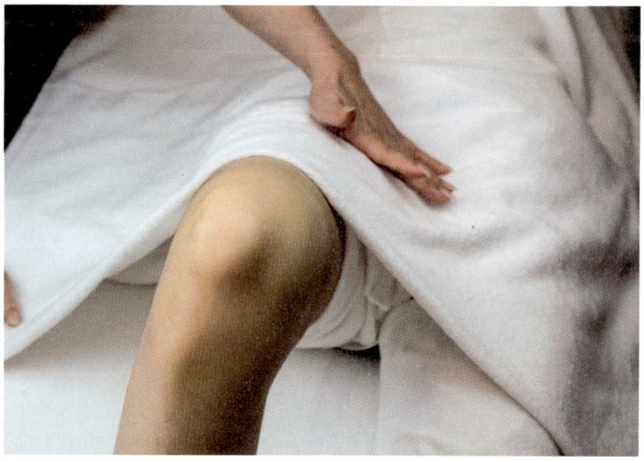

### (11) 무릎 섹션

① 무릎을 세워서 무릎 중앙에서 아래로 향한다.

② 무릎 위에서 아래로 향한다.

③ 좌·우의 방향은 왁서가 편한 자세로 유동적으로 정한다.

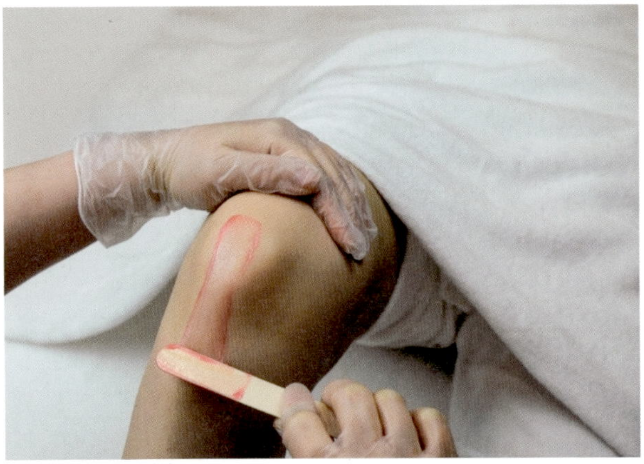

### (12) 왁스 도포

① 무릎처럼 접히는 부분은 각질이 많고 건조하므로 왁스가 빨리 마른다.
② 왁스 도포 시작점에 왁스 도포하는 반대손으로 텐션을 주고, 스파츌라를 고정한다.
③ 45°로 스파츌라를 잡고 밀착감을 주면서 최대한 얇게 펴 바른다.
④ 한 부위에 오래 머무르지 않고 매끄럽게 빨리 바른다.

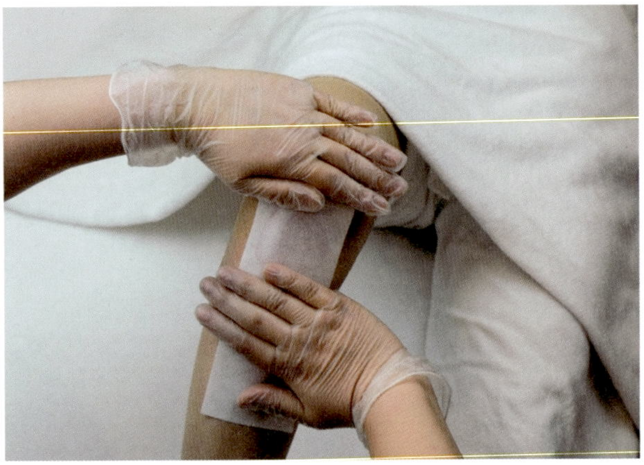

### (13) 무슬린 천 밀착하기

① 무릎과 같이 돌출되고 굴곡이 있는 부위를 왁싱할 때에는 뻣뻣한 부직포보다 얇은 무슬린 천을 사용하여 왁싱하는 것을 추천한다.
② 왁싱 부위에 적당한 크기로 절단한 무슬린 천을 선택한다. 중간 크기: 7~15cm
③ 위에서 아래 방향으로 쓸어주어 왁스가 굳기 전에 재빠르게 완전히 밀착시킨다.

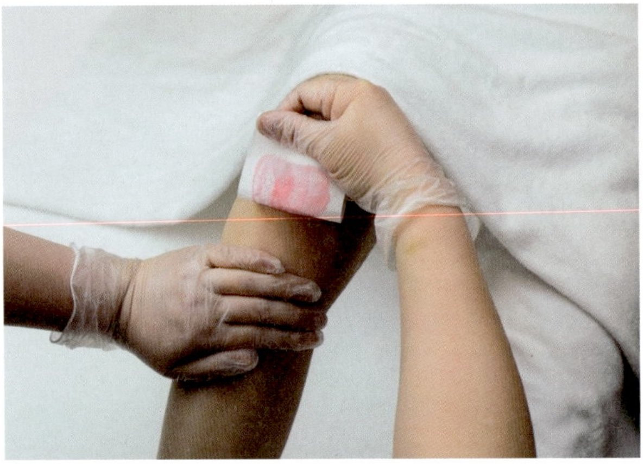

### (14) 무슬린 천 제거

① **왼손** : 텐션 주며 피부를 고정한다.
② **오른손** : 모의 성장 반대 방향으로 제거한다.
③ 무슬린 천을 왁스보다 1~2cm 정도 길게 밀착시켜 손잡이를 만들고, 무슬린 천을 제거하는 손끝이 들리지 않도록 유의하며 피부와 평행하게 재빠르게 왁스를 제거한다.

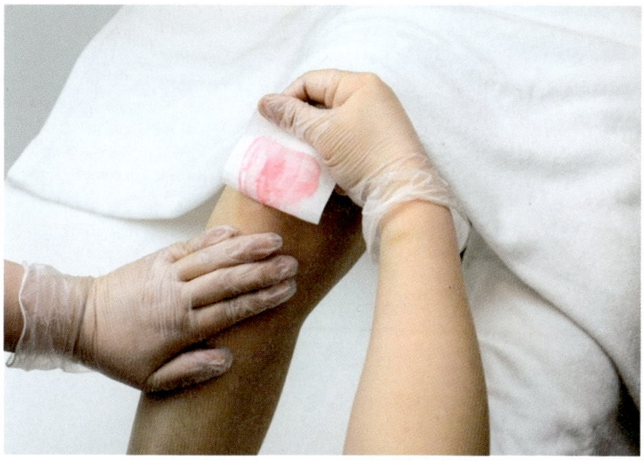

### (15) 진정하기

텐션을 주는 손은 왁스가 제거되는 동시에 왁싱된 부위를 눌러주어 피부를 진정시켜준다.

*Point*

왁싱 후 2차 감염 예방을 위해 불필요한 터치는 하지 않는다.

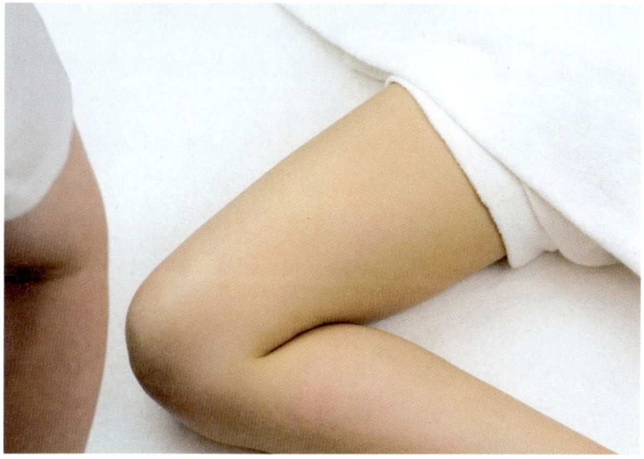

### (16) 허벅지 섹션 나누기

① 정자세로 누워 무릎을 굽히고 다리를 바깥쪽으로 벌린다.

② 고객이 편한 자세를 취할 수 있도록 무릎 아래에 바디 필로우를 받쳐준다.

③ 왁서가 편한 자세를 취할 수 있도록 좌우의 방향을 유동적으로 정한다.

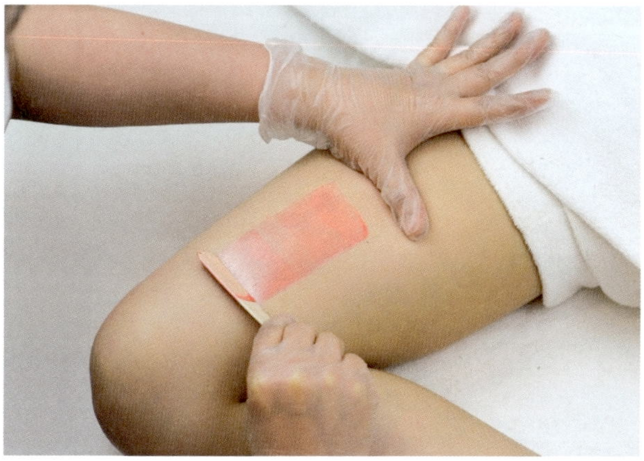

### (17) 왁스 도포

① 왁스 도포 시작점에 왁스 도포하는 반대손으로 텐션을 주고, 스파츌라를 고정한다.

② 45°로 스파츌라를 잡고 밀착감을 주면서 최대한 얇게 펴 바른다.

③ 한 부위에 오래 머무르지 않고 왁스가 굳기 전에, 매끄럽고 빠르게 왁스를 바른다.

*Point*

왁스가 두껍게 도포되거나 한 부위에 집중이 되어 두껍게 도포되면 열감이 높아져 화상이나 스킨 탈락의 위험이 높아진다.

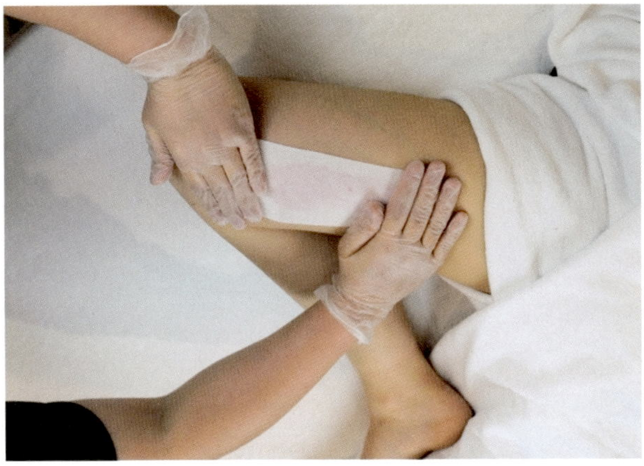

### (18) 무슬린 천부직포 밀착하기

① 왁싱 부위에 맞게 절단한 무슬린 천부직포을 선택한다. 긴사이즈: 7~20cm / 중간사이즈: 7~15cm

② 무슬린 천부직포 밀착 시에도 텐션을 주어 꼼꼼히 부착되도록 한다.

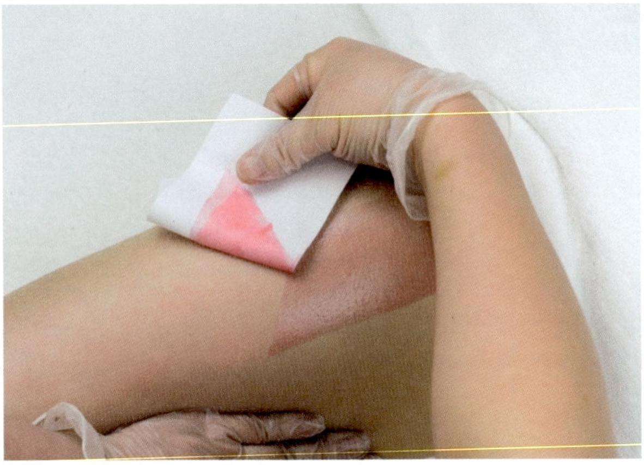

### (19) 무슬린 천부직포 제거

① 모의 성장 반대 방향으로 제거한다.

② 무슬린 천의 끝부분에 2~3cm 정도의 여유를 두어 천 제거 시 손잡이로 사용한다.

③ 효과적인 모의 제거를 위해 마지막까지 텐션을 주어 왁스가 깔끔하게 제거될 수 있도록 하며, 스킨 탈락이 일어나지 않도록 주의한다.

④ 피부와 평행을 유지하고, 재빠르게 왁스를 제거한다.

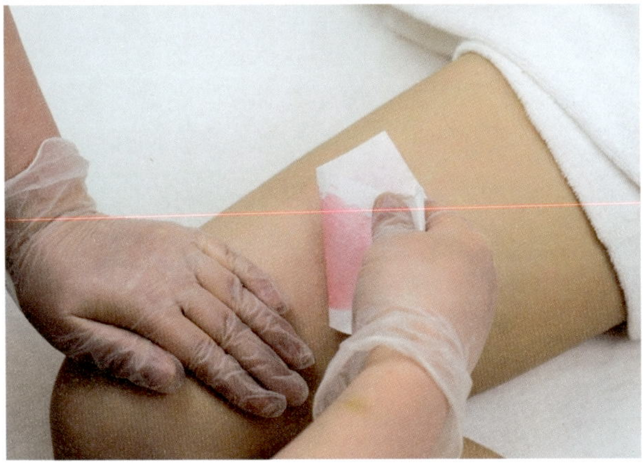

### (20) 진정하기

텐션을 주는 손은 왁스가 제거되는 동시에 왁싱된 부위를 눌러주어 피부를 진정시켜준다.

*Point*

왁싱 후 2차 감염 예방을 위해 불필요한 터치는 하지 않는다.

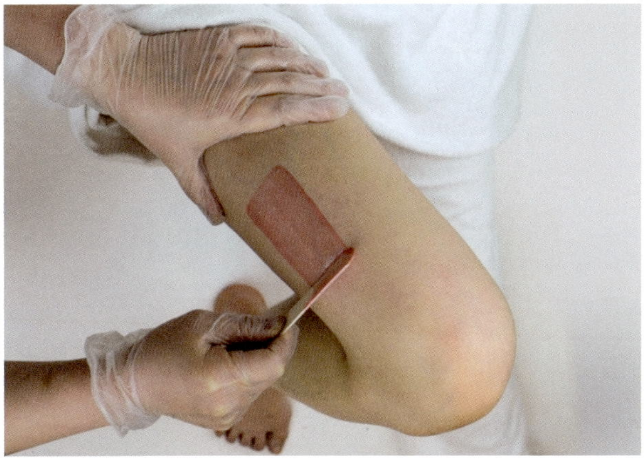

### (21) 왁스 도포

① 왁스 도포 시작점에 한손은 텐션을 주고, 반대 손은 스파츌라를 고정한다.
② 45°로 스파츌라를 잡고 밀착감을 주면서 최대한 얇게 펴 바른다.
③ 한 부위에 오래 머무르지 않고 매끄럽게 빨리 바른다.

*Point*

왁스가 두껍게 도포되거나 한 부위에 집중이 되어 두껍게 도포되면 열감이 높아져 화상이나 스킨 탈락의 위험이 높아진다.

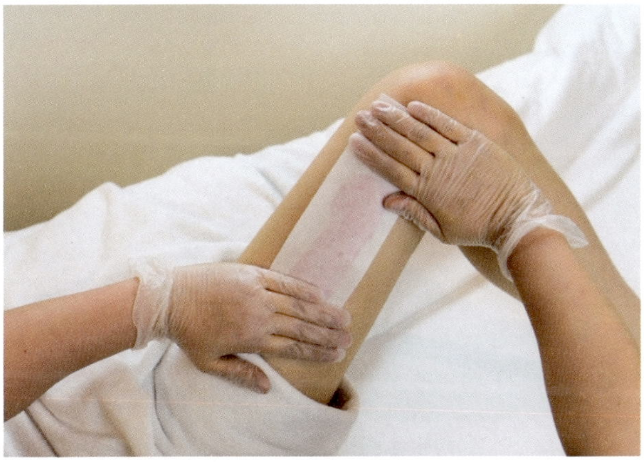

### (22) 무슬린 천부직포 밀착하기

① 왁싱 부위에 맞게 절단한 무슬린 천부직포을 선택한다. 긴사이즈: 7~20cm / 중간사이즈: 7~15cm
② 무슬린 천부직포 밀착 시에도 텐션을 놓지 않아야 놓치는 부분 없이 왁싱을 할 수 있다.

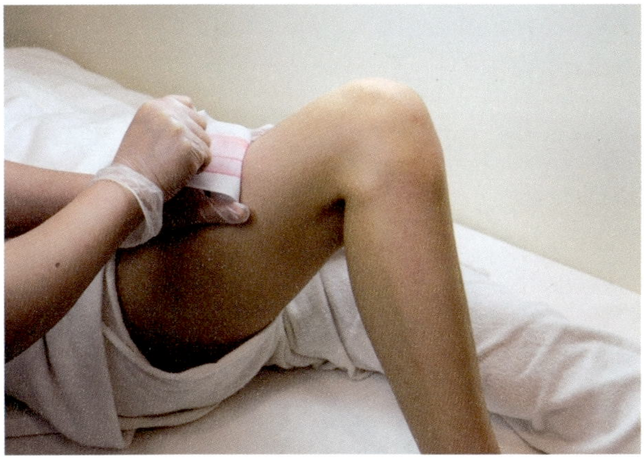

### (23) 무슬린 천부직포 제거

① 모의 성장 반대 방향으로 제거한다.
② 무슬린 천을 왁스보다 1~2cm 정도 길게 밀착시켜 손잡이를 만들고, 무슬린 천을 제거하는 손끝이 들리지 않아야 피부가 들리면서 왁싱 안되는 부분은 방지하고 스킨 탈락의 위험이 낮아지며 피부와 평행하게 재빠르게 왁스를 제거한다.

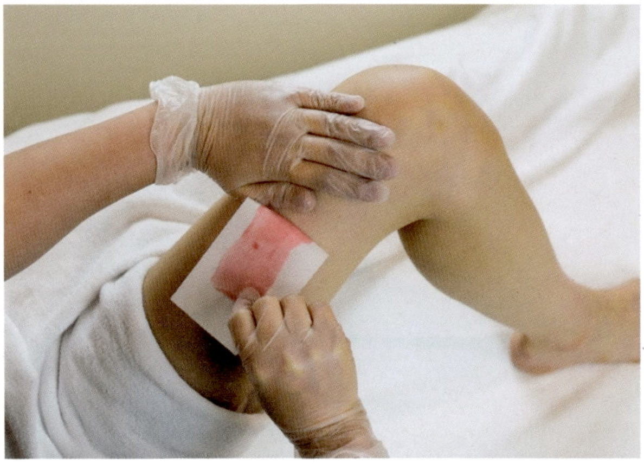

## (24) 진정하기

텐션을 주는 손은 왁스가 제거되는 동시에 왁싱된 부위를 눌러주어 피부를 진정시켜준다.

*Point*

왁싱 후 2차 감염 예방을 위해 불필요한 터치는 하지 않는다.

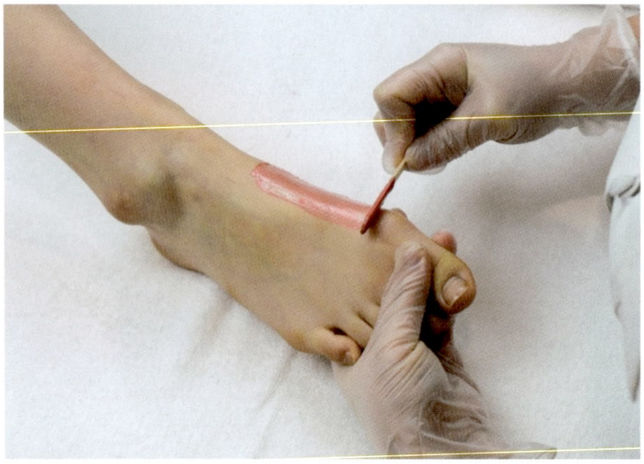

## (25) 발 섹션 나누기

① 발등 안쪽부터 발등 바깥쪽 순서로 한다.
② 엄지발가락에서 새끼발가락 순서로 한다.

## (26) 발등 왁스 도포

① 왁스 도포 시작점에 왁스 도포하는 반대손으로 텐션을 주고, 스파츌라를 고정한다.
② 45°로 스파츌라를 잡고 밀착감을 주면서 최대한 얇게 펴 바른다.
③ 한곳에 오래 머무르지 않고 매끄럽게 빨리 바른다.

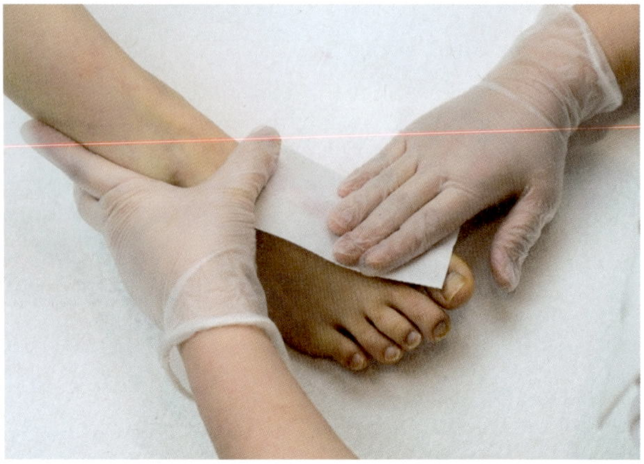

## (27) 무슬린 천 밀착하기

① 발등은 피부가 얇고 굴곡이 있기 때문에 무슬린 천의 사용을 추천한다.
② 왁싱 부위에 적당한 크기로 절단한 무슬린 천을 선택한다. 짧은사이즈 : 2~7cm
③ 위에서 아래 방향으로 쓸어주어 왁스가 굳기 전에 재빠르게 완전히 밀착시킨다.

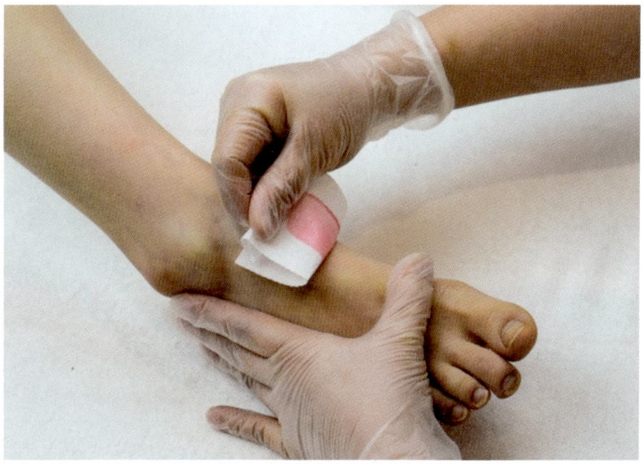

## (28) 무슬린 천 제거

① 모의 성장 반대 방향으로 제거한다.

② 무슬린 천을 왁스보다 1~2cm 정도 길게 밀착시켜 손잡이를 만들고, 무슬린 천을 제거하는 손끝이 들리지 않도록 유의하며 피부와 평행하게 재빠르게 왁스를 제거한다.

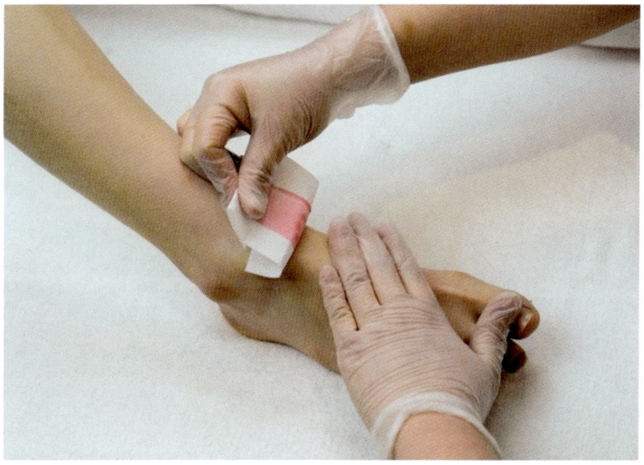

## (29) 진정하기

텐션을 주는 손은 왁스가 제거되는 동시에 왁싱된 부위를 눌러주어 피부를 진정시켜준다.

*Point*

왁싱 후 2차 감염 예방을 위해 불필요한 터치는 하지 않는다.

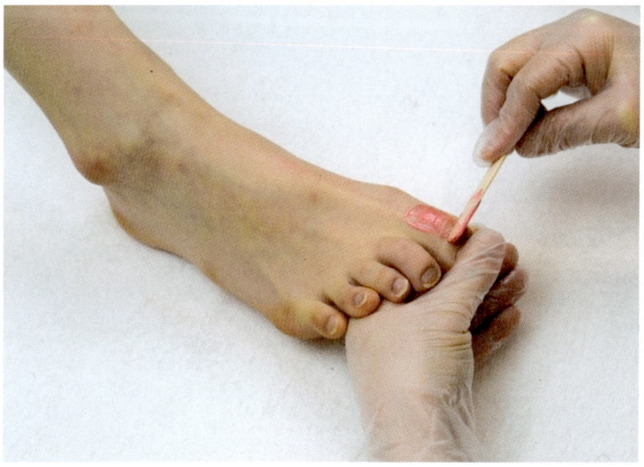

## (30) 발가락 왁스 도포

① 손으로 고객의 발가락을 지그시 눌러 발가락 마디의 주름을 펴는 것이 중요하다.

② 왁스 도포는 엄지 발가락에서 새끼 발가락 순으로 정해 도포한다.

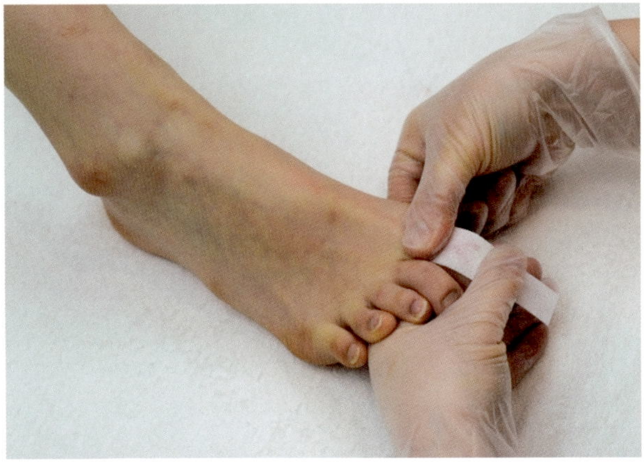

### (31) 무슬린 천 밀착하기

① 발가락은 피부가 얇고 굴곡이 있기 때문에 무슬린 천의 사용을 추천한다.
② 발가락 마디의 주름이 접히지 않도록 텐션을 유지하는 것이 중요하다.

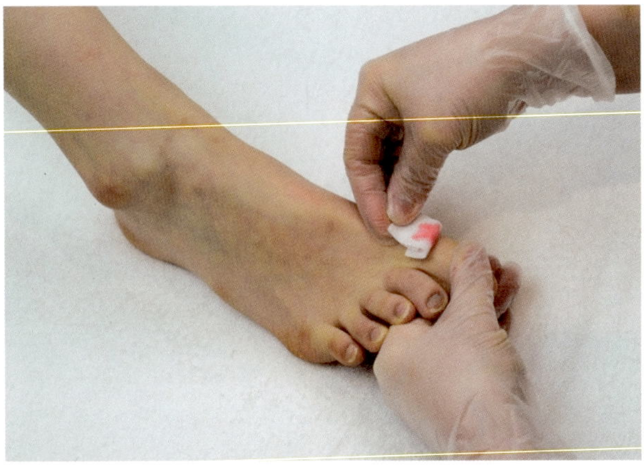

### (32) 무슬린 천 제거

① 모의 성장 반대 방향으로 제거한다.
② 무슬린 천을 왁스보다 1~2cm 정도 길게 밀착시켜 손잡이를 만들고, 무슬린 천을 제거하는 손끝이 들리지 않도록 유의하며 피부와 평행하게 재빠르게 왁스를 제거한다.

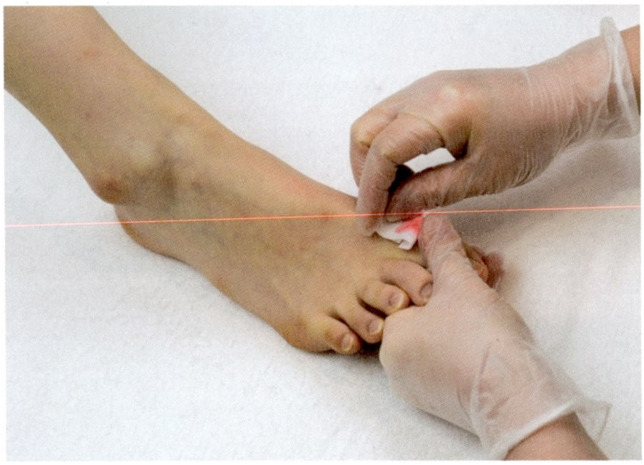

### (33) 진정하기

텐션을 주는 손은 왁스가 제거되는 동시에 왁싱된 부위를 눌러주어 피부를 진정시켜준다.

*Point*

왁싱 후 2차 감염 예방을 위해 불필요한 터치는 하지 않는다.

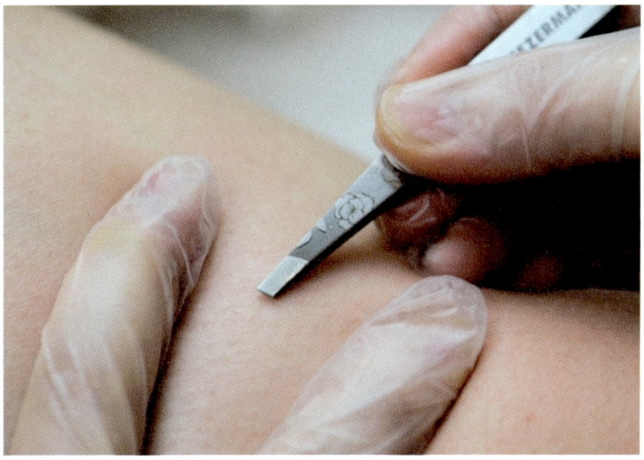

### (34) 잔모 처리

① 왁싱 후 남은 잔모를 제거한다.
② 왁싱으로 뽑히지 않은 짧은 모들은 족집게트위저, Tweezers를 이용해 제거한다.
③ 족집게 사용 시 모의 성장방향과 성장 반대방향을 동시에 손가락으로 벌려 텐션을 주며 족집게를 눕혀 잡아당기듯이 사용하면 모가 끊기지 않고 제거가 수월해지며 통증도 감소된다. 45° 유지

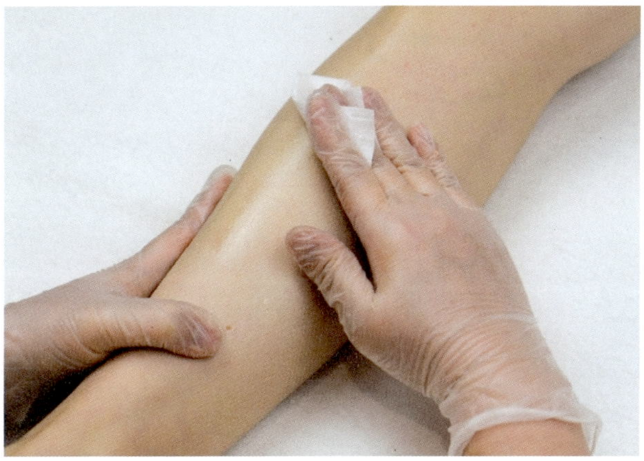

### (35) 잔여물 제거

① 오일을 전체적으로 도포해 진정감을 주면서 손의 열감으로 인해 왁스의 잔여물을 녹여 제거한다.
② 후처리제를 거즈나 솜에 적셔 오일과 피부표면의 남은 이물질을 깨끗이 제거한다.
③ 왁싱 부위의 피부 상태를 체크한다.
④ 잔모가 남았는지 양손으로 피부에 텐션을 주어 확인한다.

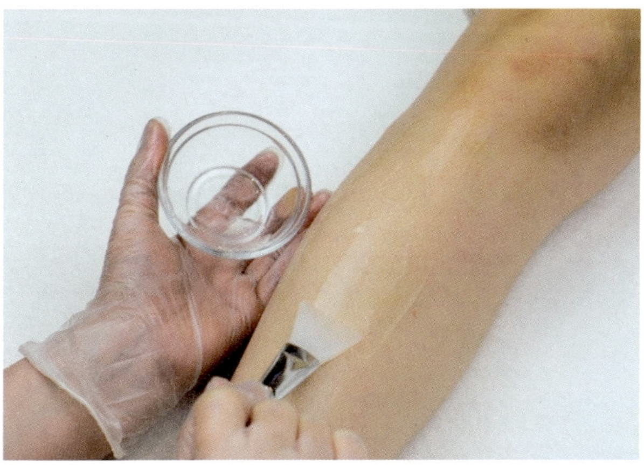

### (36) 피부 진정

① 왁싱으로 인해 자극받은 피부 표면에 진정젤알로에 젤을 도포한다.
② 제품 도포 시에는 유리볼 또는 스파츌라에 제품을 덜어 팩붓 또는 솜, 실리콘 스파츌라를 이용해 도포한다.

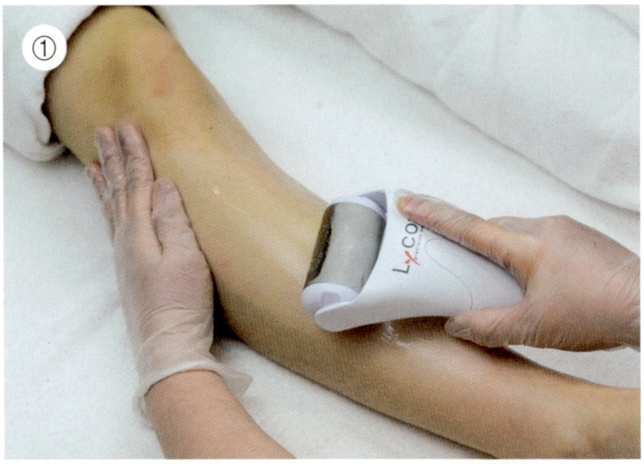

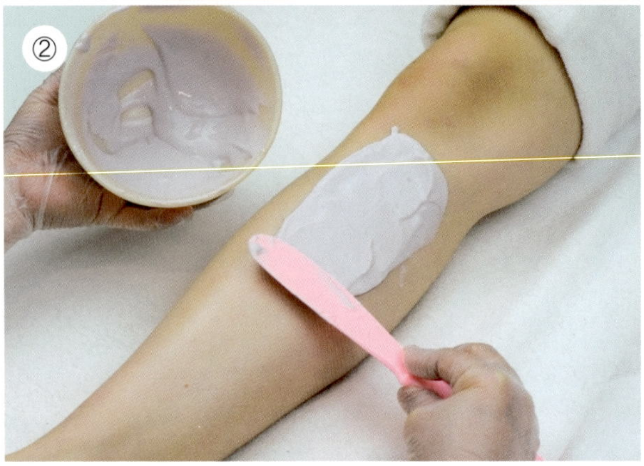

## (37) 팩 및 마무리

① 아이스 쿨러를 이용한 진정

- 시험에는 사용하지 않지만, 샵에서는 빠른 진정감을 주기 위해 사용한다.
- 쿨러는 사용 전 진정부위의 크기에 맞는 크기바디용, 페이스용를 선택해 냉장고에 위생적으로 보관한 뒤 사용한다.
- 냉동 시에는 피부에 붙어 스킨 탈락을 유발할 수 있다.

② 모델링 팩을 이용한 진정

- 모델링 팩은 왁싱 후 비어있는 모공에 알로에 젤을 깊숙이 침투시키기 위해 사용한다.
- 유·수분 공급제를 발라 왁싱 후 비어있는 공간을 보호해주어 2차 감염을 예방한다.

## 6. 소프트 왁싱 Soft Waxing 실기 : 팔과 손 Arm & Hand Waxing

외관상이나 미용적으로 매끈하고 아름다운 팔을 만들고, 특히 땀이 많은 분들은 왁싱을 함으로써 위생과 청결을 유지하며, 각질제거 시 모가 엉키는 불편함을 해소하고, 피부질환에 도움을 준다.

관리 순서

소독 → 하완 → 팔꿈치 → 상완 → 어깨 → 손등 → 손가락 → 마무리

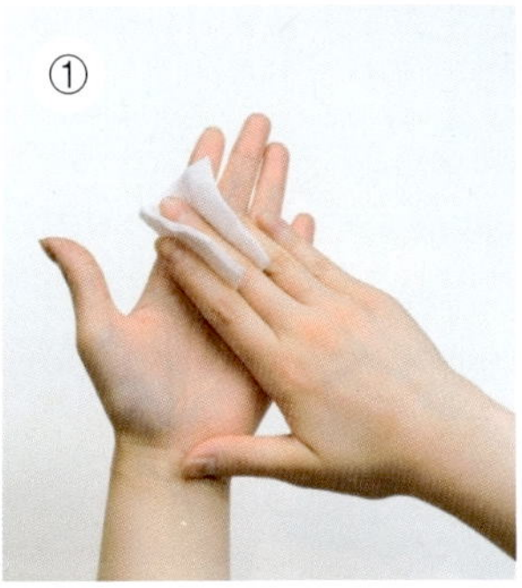


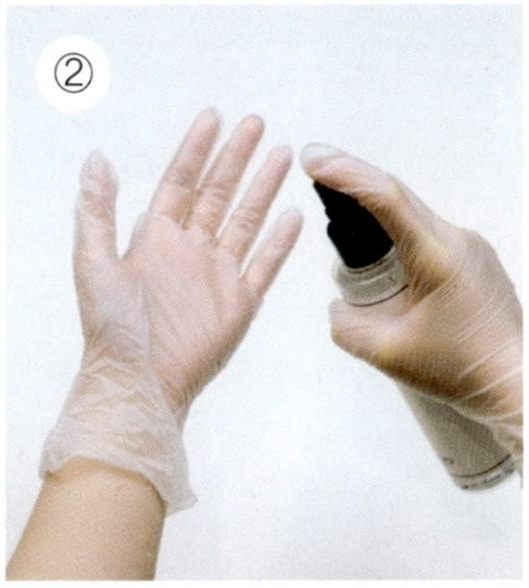


### (1) 손 소독 왁서

70%의 안티셉틱 Antiseptic 을 이용하여 왁서 Waxer 의 손을 소독한다.

① 1차 소독 : 화장솜에 소독제를 묻혀 왁서의 손을 꼼꼼히 닦는다.

② 2차 소독 : 일회용 장갑 라텍스 또는 니트릴 장갑을 끼고 스프레이를 뿌려 2차 소독을 한다.

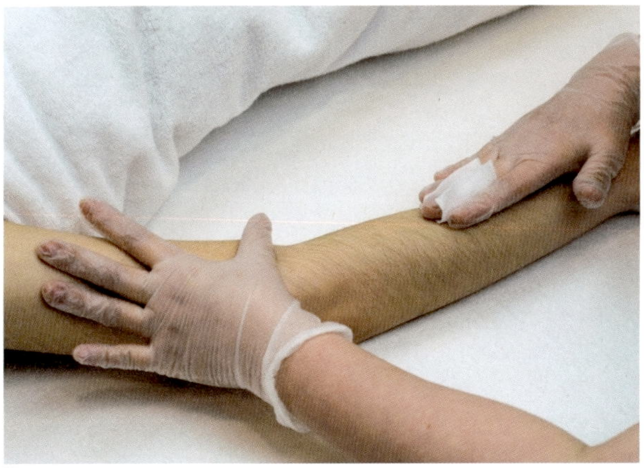

### (2) 고객의 왁싱 부위 소독

① 전 처리제나 스킨을 이용하여 고객의 왁싱 부위를 소독한다.

② 왁싱의 부위에 따라 왁싱의 효율을 위해 넓은 부위는 넓은 거즈를 이용하고 좁은 부위는 화장솜을 이용하여 소독한다.

③ 피부 표면의 불순물과 노폐물을 깨끗이 제거한다.

| | |
|---|---|
| 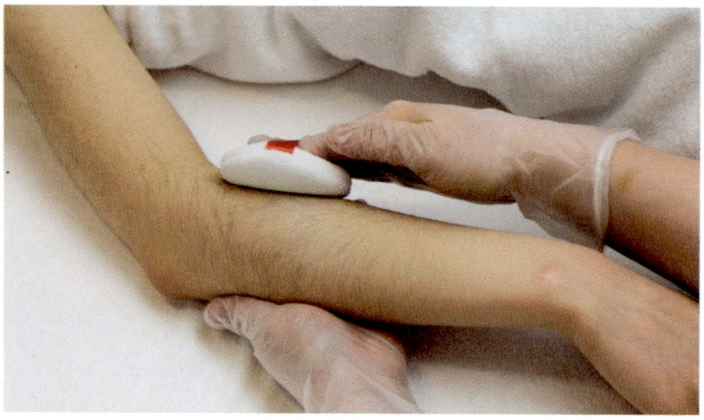 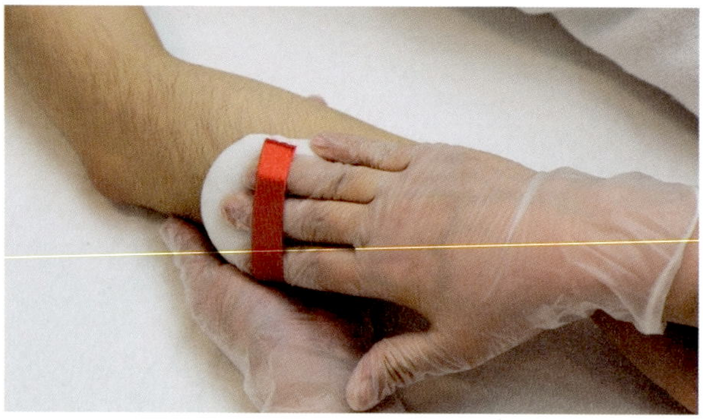 | **(3) 유·수분 제거** 파우더, Body Powder<br>① 왁스의 피부 밀착력을 높여주기 위해 전 처리제의 수분을 제거한다.<br>② 모의 사이사이에 파우더를 분첩이나 솜을 이용하여 꼼꼼하게 펴 바른다.<br>③ 모의 성장 반대 방향으로 먼저 펴 바른 다음 → 모의 성장 방향으로 결을 정리한다. |
| 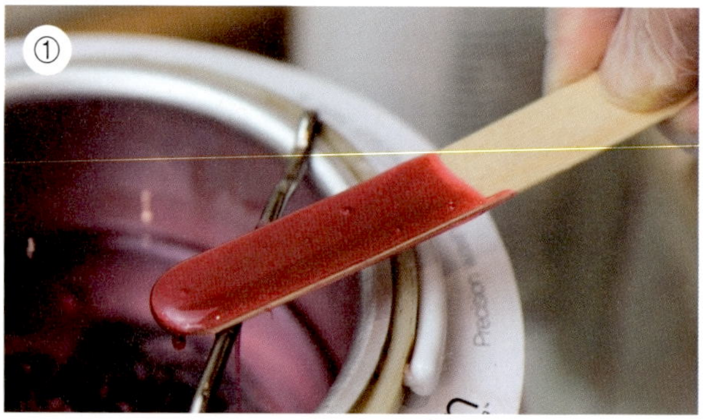    | **(4) 왁스 양 조절**<br>왁싱 부위에 맞는 우드 스파츌라Spatula나 메탈 스파츌라Metal Spatula를 사용한다.<br>① 제거할 부위에 따라 스파츌라를 이용하여 왁스의 양을 조절한다.<br>② 이동하면서 흐르지 않도록 주의하고, 스파츌라의 앞면, 뒷면, 측면을 긁어내어 양을 조절한다. |

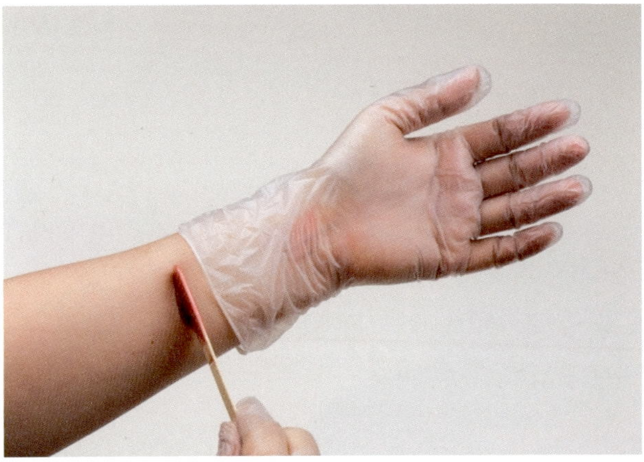

## (5) 온도 체크

① 안전한 왁싱을 위해 왁스 도포 전 반드시 왁서Waxer의 손목 안쪽으로 온도를 확인한다.
② 소프트 왁스는 발림성이 중요하기 때문에 제품마다 차이가 있지만 평균 75℃를 유지하며 너무 묽지 않아야 한다.

*Point*

- 사용하는 제품의 적정 온도를 미리 숙지하여 예열한 후 사용한다.
- 왁스 온도 체크는 고객 입장 30분 전에는 미리 확인을 해야 한다.

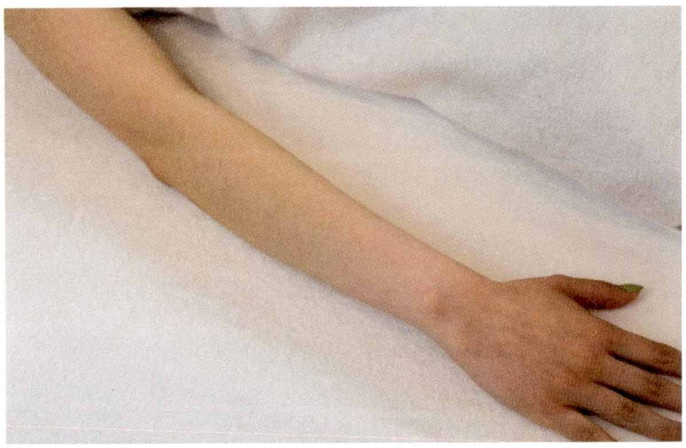

## (6) 하완 섹션

① 하완 바깥에서 안쪽 방향으로 순서를 정한다.
② 모가 나는 방향이 각기 다를 수 있으므로 모의 성장 방향을 확인하며 유동적으로 섹션을 나눈다.

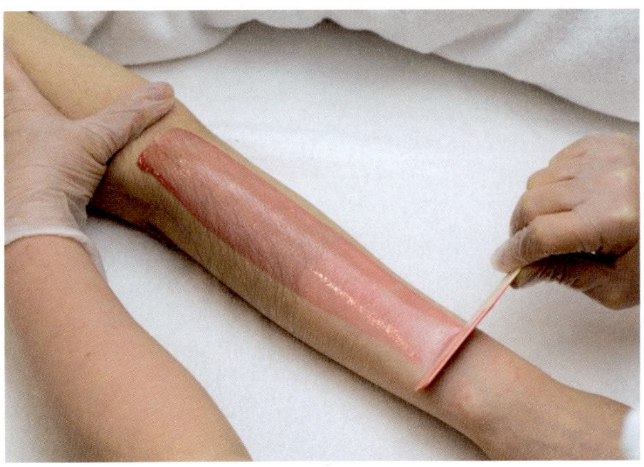

## (7) 왁스 도포

① 왁스 도포 시작점에 한손은 피부의 텐션을 주고, 반대손은 스파츌라를 고정한다.
② 45°로 스파츌라를 잡고 밀착감을 주면서 최대한 얇게 펴 바른다.
③ 왁스가 굳지 않도록 매끄럽고 스피디하게 작업한다.

*Point*

메탈 스파츌라를 사용하면 소프트 왁스를 얇고 고르게 도포할 수 있지만, 열전도율이 높아서 화상의 위험률이 높으므로 주의해야 한다.

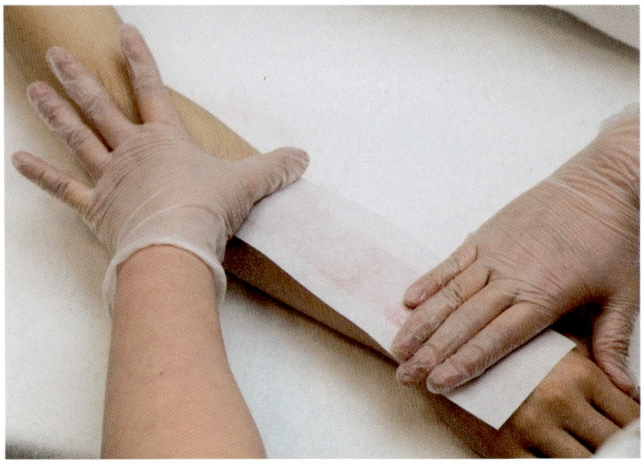

### (8) 무슬린 천부직포 밀착하기

① 왁싱 부위에 따라 적당한 크기로 절단한 무슬린 천부직포을 선택하여 사용한다. 긴사이즈: 7~20cm / 중간사이즈: 7~15cm

② 중앙에서 양쪽 끝 방향으로 밀어주며 왁스가 굳기 전에 재빠르게 완전히 밀착시킨다.

③ 손바닥으로 최대한 넓게 밀착시켜 불필요한 동작을 줄여주고 무슬린 천부직포이 접히지 않도록 고르게 밀착시킨다.

④ 무슬린 천부직포의 손잡이는 왁스 도포 끝 부분보다 2~3cm 남기고 밀착시킨다.

⑤ 피부가 많이 건조하거나 예민한 피부는 조금씩 밀착시킨다.

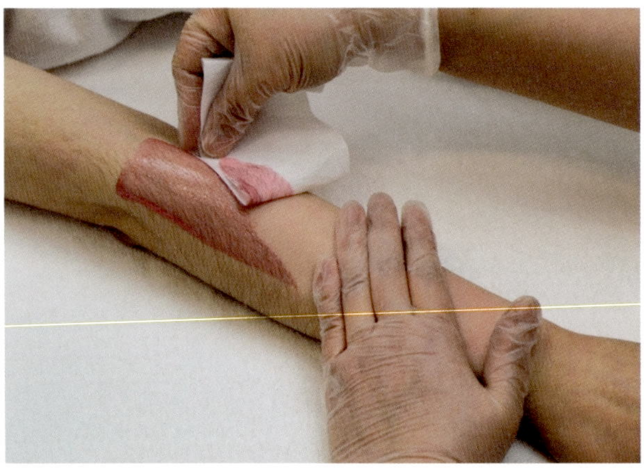

### (9) 무슬린 천부직포 제거

① 모의 성장 반대 방향으로 제거한다.

② 제거 시 무슬린 천부직포을 제거하는 손끝이 들리지 않도록 유의하며, 피부와 평행하게 재빠르게 떼어낸다. 45° 유지

*Point*

무슬린 천부직포 제거 시 불필요한 동작으로 인해 제모력이 떨어지고 스킨 탈락의 위험이 높아질 수 있다.

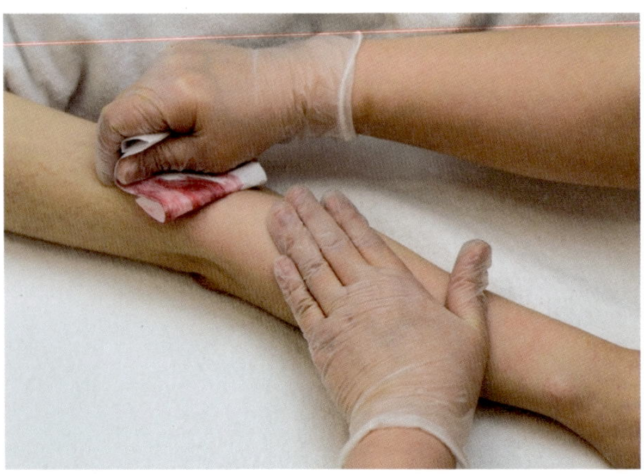

### (10) 진정하기

텐션을 주는 손은 왁스가 제거되는 동시에 왁싱된 부위를 눌러주어 피부를 진정시켜준다.

*Point*

왁싱 후 2차 감염 예방을 위해 불필요한 터치는 하지 않는다.

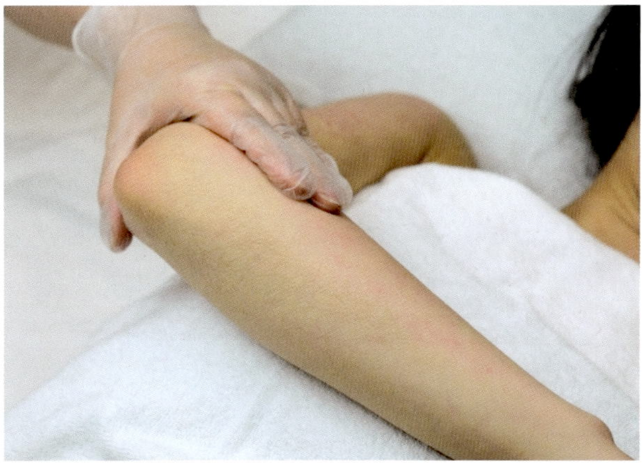

### (11) 팔꿈치 섹션

① 팔꿈치를 가슴 방향으로 접은 자세를 취한다.
② 왁서가 편한 자세를 취할 수 있도록 좌우의 방향을 유동적으로 정한다.

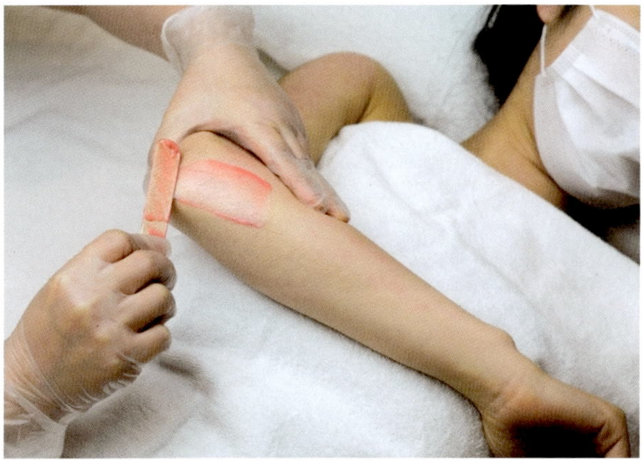

### (12) 팔꿈치 왁스 도포

① 팔꿈치처럼 접히는 부분은 각질이 많고 건조해서 왁스를 한 번에 바르면 왁스가 빠르게 마른다.
② 왁스 도포 시작점에 왁스 도포하는 반대손으로 텐션을 주고, 스파츌라를 고정한다.
③ 45°로 스파츌라를 잡고 밀착감을 주면서 최대한 얇게 펴 바른다.
④ 한곳에 오래 머무르지 않고 매끄럽게 빨리 바른다.

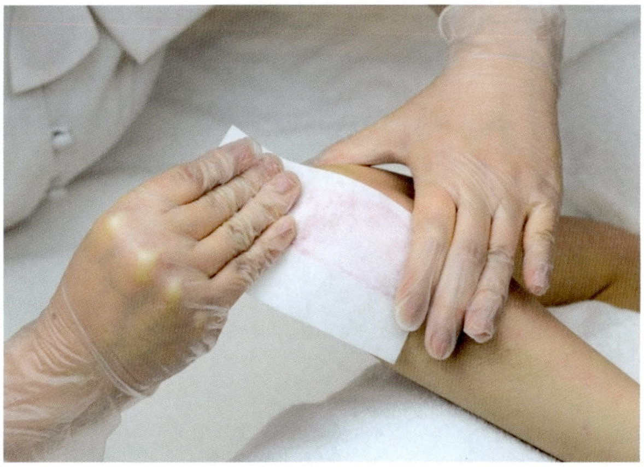

### (13) 무슬린 천 밀착하기

① 팔꿈치와 같이 돌출되고 굴곡이 있는 부위를 왁싱할 때에는 뻣뻣한 부직포보다 얇은 무슬린 천을 사용하여 왁싱하는 것을 추천한다.
② 왁싱 부위에 적당한 크기로 절단한 무슬린 천을 선택한다. 중간 크기: 7~15cm
③ 위에서 아래 방향으로 쓸어주어 왁스가 굳기 전에 재빠르게 완전히 밀착시킨다.

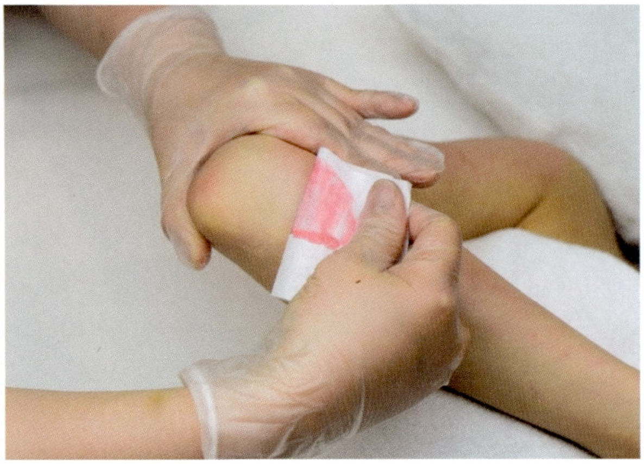

### (14) 무슬린 천 제거

① 모의 성장 반대 방향으로 제거한다.

② 무슬린 천을 왁스보다 1~2cm 정도 길게 밀착시켜 손잡이를 만들고, 무슬린 천을 제거하는 손끝이 들리지 않도록 유의하며 피부와 평행하게 재빠르게 왁스를 제거한다.

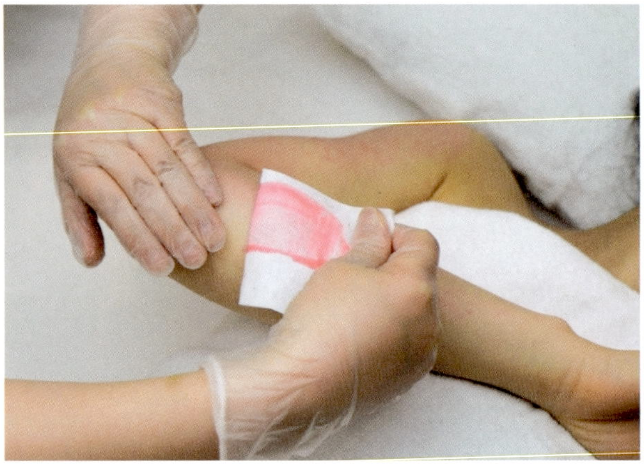

### (15) 진정하기

텐션을 주는 손은 왁스가 제거되는 동시에 왁싱된 부위를 눌러주어 피부를 진정시켜준다.

*Point*

왁싱 후 2차 감염 예방을 위해 불필요한 터치는 하지 않는다.

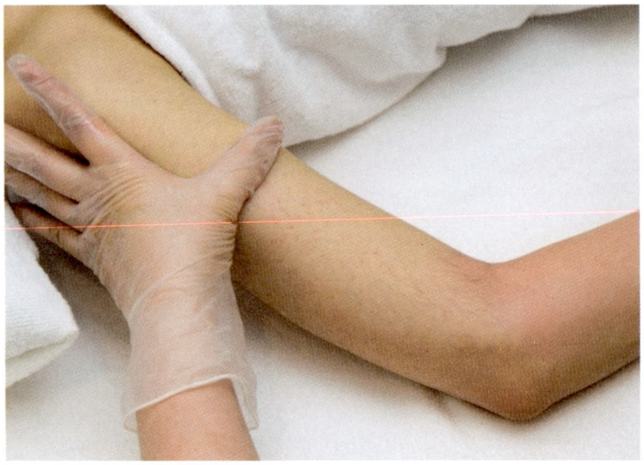

### (16) 상완 섹션 나누기

① 상완의 바깥에서 안쪽 방향으로 순서를 정한다.

② 왁서가 편한 자세를 취할 수 있도록 좌우의 방향을 유동적으로 정한다.

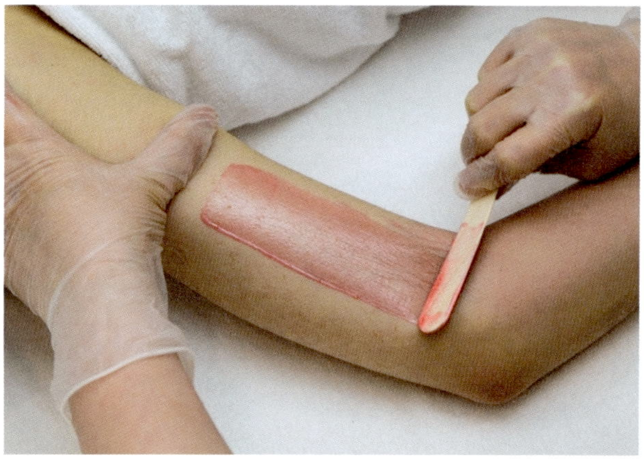

### (17) 상완 왁스 도포

① 한 손은 피부에 텐션을 주고, 반대 손은 왁스 도포 시작점에 스파츌라를 고정한다.
② 45°로 스파츌라를 잡고 밀착감을 주면서 최대한 얇게 펴 바른다.
③ 한곳에 오래 머무르지 않고 매끄럽게 빨리 펴 바른다.

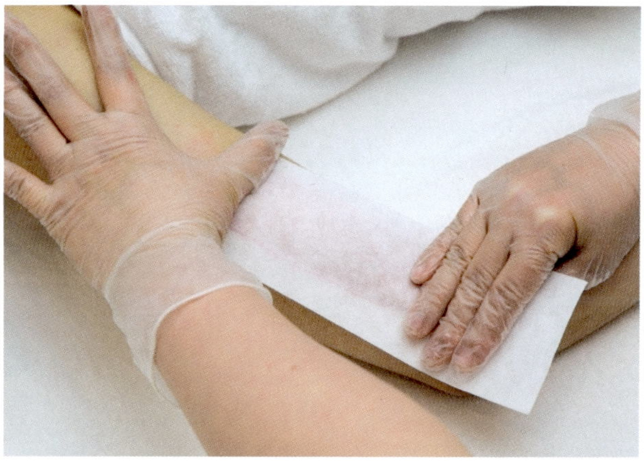

### (18) 무슬린 천 부직포 밀착하기

① 왁싱 부위에 적당한 크기로 절단한 무슬린 천 부직포를 선택한다. 긴사이즈:7~20cm / 중간사이즈: 7~15cm
② 위에서 아래 방향으로 쓸어주어 왁스가 굳기 전에 재빠르게 완전히 밀착시킨다.

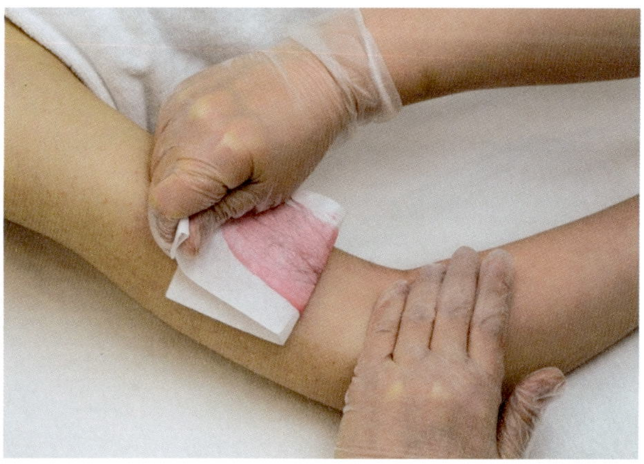

### (19) 무슬린 천 부직포 제거

① 모의 성장 반대 방향으로 제거한다.
② 무슬린 천을 왁스보다 1~2cm 정도 길게 밀착시켜 손잡이를 만들고, 무슬린 천을 제거하는 손끝이 들리지 않도록 유의하며 피부와 평행하게 재빠르게 왁스를 제거한다.

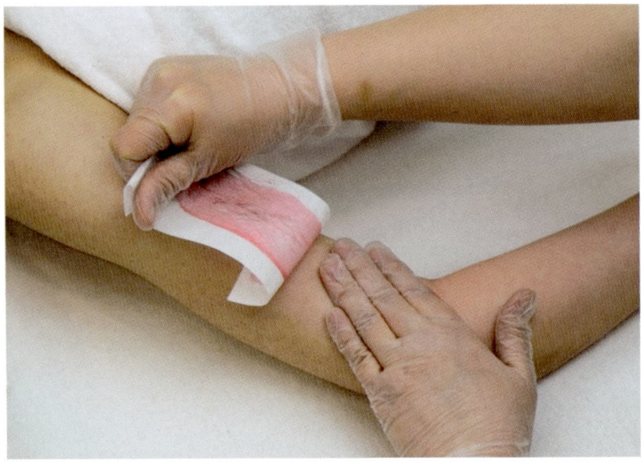

## (20) 진정하기

① 텐션을 주는 손은 왁스가 제거되는 동시에 왁싱된 부위를 눌러주어 신경 통증을 진정시킨다.

② 왁싱 후 2차 감염 예방을 위해 불필요한 터치는 하지 않는다.

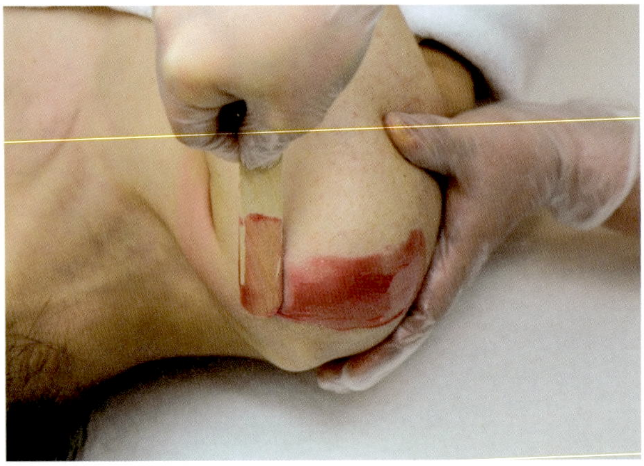

## (21) 어깨 왁스 도포

① 한 손은 피부에 텐션을 주고, 반대 손은 왁스 도포 시작점에 스파츌라를 고정한다.

② 45°로 스파츌라를 잡고 밀착감을 주면서 최대한 얇게 펴 바른다.

③ 도포 중 응고될 수 있으므로, 한곳에 오래 머무르지 않고 매끄럽게 빨리 바른다.

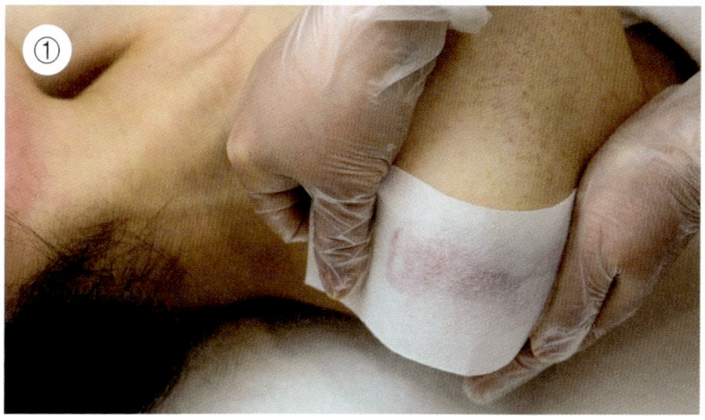


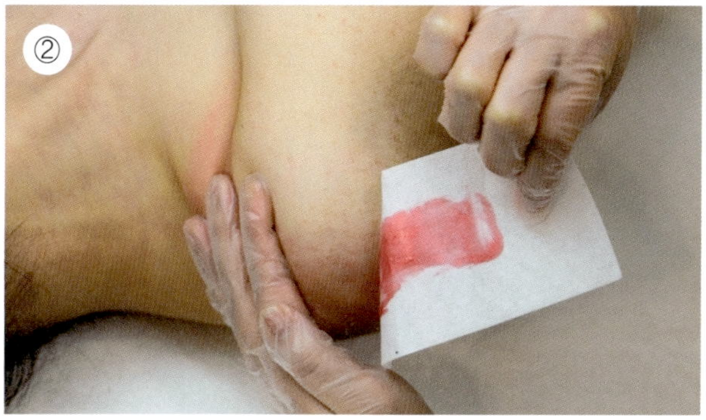


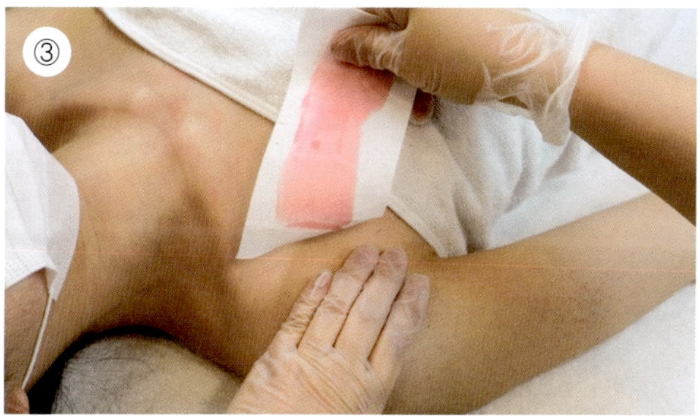


## (22) 어깨 왁싱

① 무슬린 천부직포 밀착하기
- 왁싱 부위에 적당한 크기로 절단한 무슬린 천부직포을 이용하여 왁스가 굳기 전에 재빠르게 완전히 밀착시킨다.

② 무슬린 천부직포 제거
- 1~2cm 정도의 손잡이를 잡고, 모의 성장 반대 방향으로 천을 제거한다.
- 스킨 탈락이 일어나지 않도록 주의하여 관리한다.

③ 피부 진정하기
- 텐션을 주는 손은 왁스가 제거되는 동시에 왁싱된 부위를 눌러주어 신경 통증을 진정시킨다.

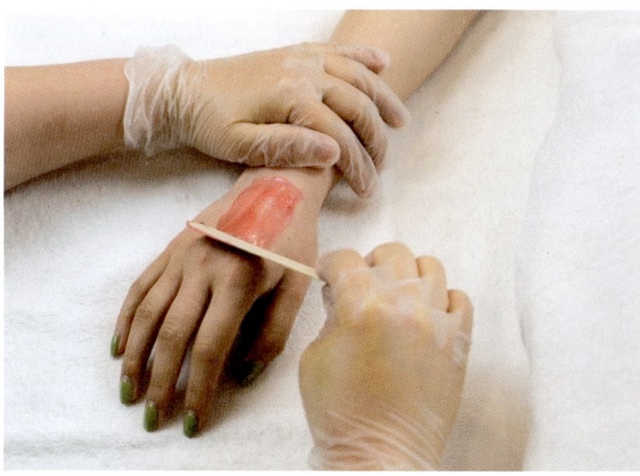

## (23) 손 섹션 나누기

① 손등 안쪽부터 손등 바깥쪽 순서로 한다.
② 엄지손가락에서 새끼손가락 순서로 한다.

## (24) 손등 왁스 도포

① 왁스 도포 시작점에 왁스 도포하는 반대손으로 텐션을 주고, 스파츌라를 고정한다.
② 주름이 많은 부위이기 때문에 주름이 접히지 않도록 손목을 아래로 잡고 주름이 완전히 펴진 상태로 텐션을 준 다음 45°로 스파츌라를 잡고 밀착감을 주면서 최대한 얇게 펴 바른다.

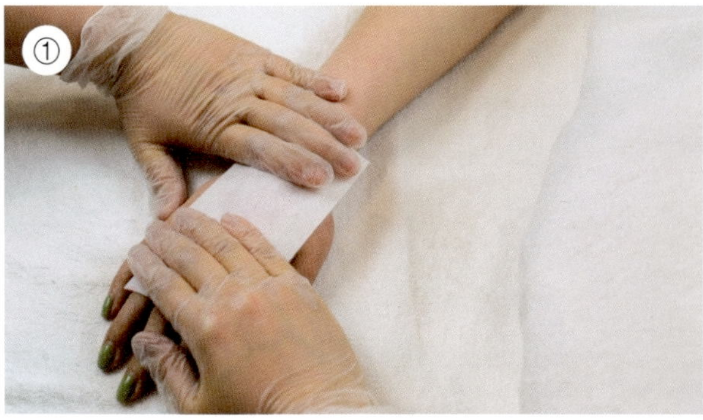



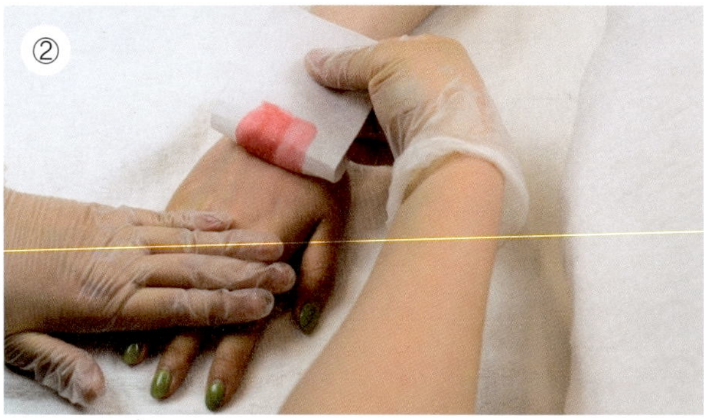



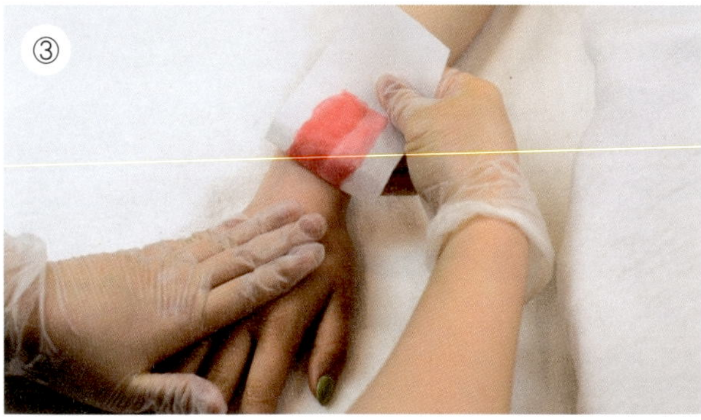



## (25) 손등 왁싱

① **무슬린 천 밀착하기**

- 손등은 피부가 얇고 굴곡이 있기 때문에 무슬린 천의 사용을 추천한다.
- 왁싱 부위에 적당한 크기의 천을 선택하여, 완전히 밀착시킨다.

② **무슬린 천 제거**

- 모의 성장 반대 방향으로 제거한다.
- 무슬린 천을 제거하는 손끝이 들리지 않도록 유의하며 피부와 평행하게 재빠르게 왁스를 제거한다.

③ **진정하기**

- 왁스가 제거되는 동시에 왁싱된 부위를 눌러 주어 피부를 진정시켜준다.

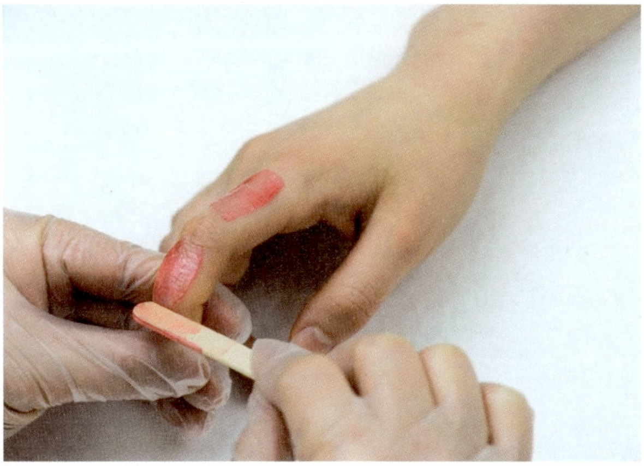

## (26) 손가락 왁스 도포

① 손으로 고객의 손가락을 지그시 눌러 손가락 마디의 주름을 펴는 것이 중요하다.

② 손가락 마디별로 나눠 관리한다.

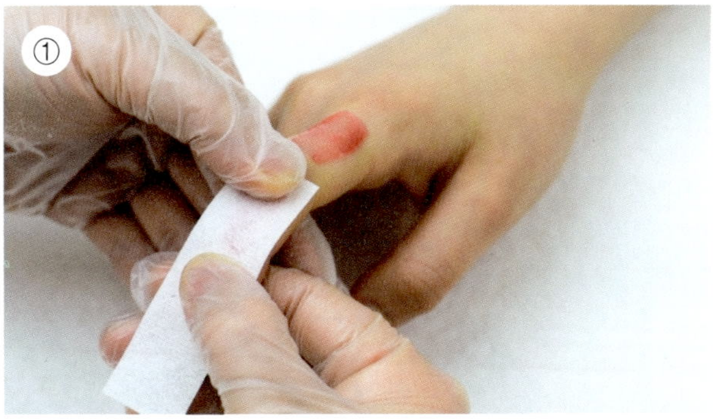


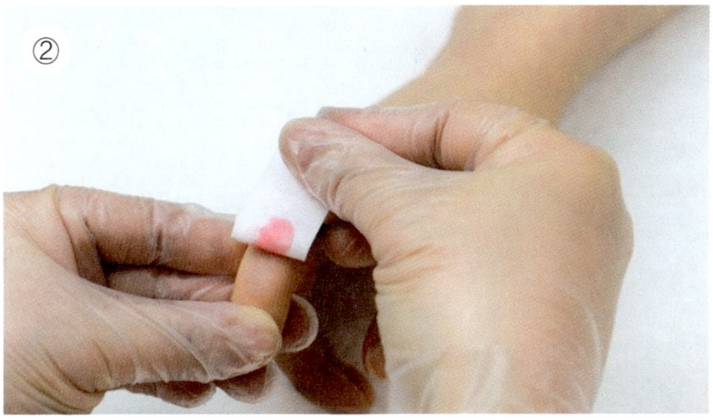


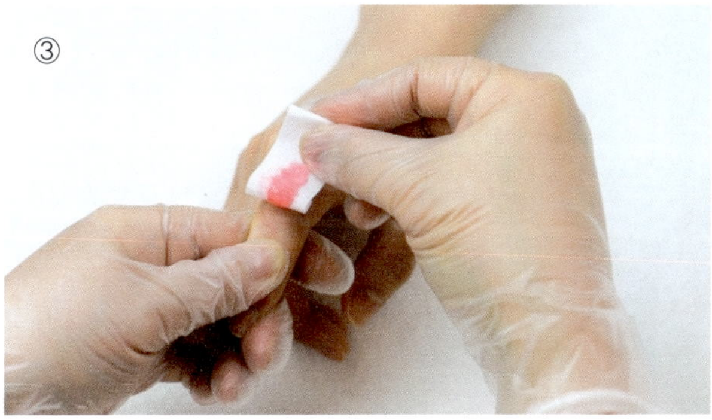


## (27) 손가락 왁싱

① 무슬린 천 밀착하기
- 손가락은 피부가 얇고 굴곡이 있기 때문에 무슬린 천의 사용을 추천한다.
- 손가락 마디의 주름이 접히지 않도록 텐션을 유지하는 것이 중요하다.

② 무슬린 천 제거
- 모의 성장 반대 방향으로 제거한다.
- 무슬린 천을 제거하는 손끝이 들리지 않도록 유의하며 피부와 평행하게 재빠르게 왁스를 제거한다.

③ 진정하기
- 왁스가 제거되는 동시에 왁싱된 부위를 눌러 주어 피부를 진정시켜준다.

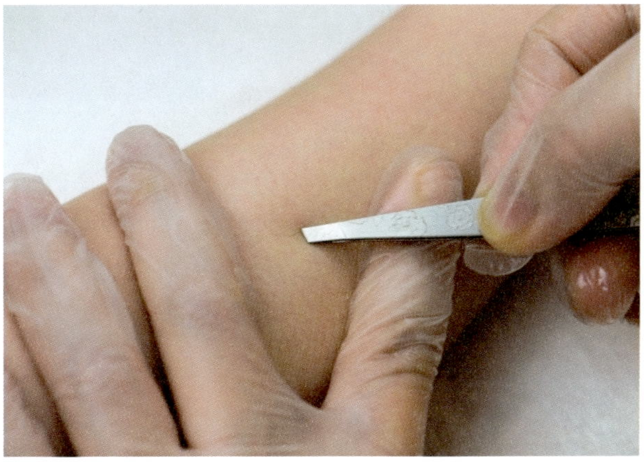

## (28) 잔모 처리

① 왁싱 후 남은 잔모를 제거한다.
② 왁싱으로 뽑히지 않은 짧은 모나 끊긴 모를 족집게 트위저, Tweezers를 이용해 제거한다.
③ 족집게 사용 시 모의 성장방향으로 텐션을 주며 족집게를 눕혀 잡아당기듯이 사용하면 모가 끊기지 않고 제거가 수월해지며 통증도 감소된다. 45° 유지

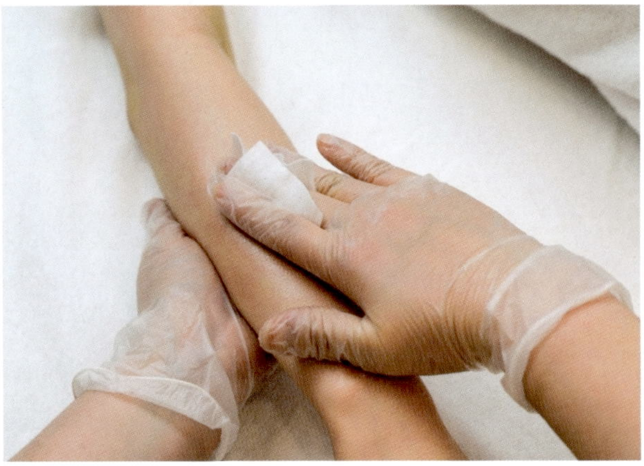

## (29) 잔여물 제거

① 오일을 전체적으로 도포해 진정감을 주면서 손의 열감으로 인해 왁스의 잔여물을 녹여 제거한다.
② 후 처리제를 거즈나 솜에 적셔 오일과 피부 표면의 남은 이물질을 깨끗이 제거한다.
③ 왁싱 부위의 피부 상태를 체크한다.
④ 잔모가 남았는지 양손으로 피부에 텐션을 주어 확인한다.

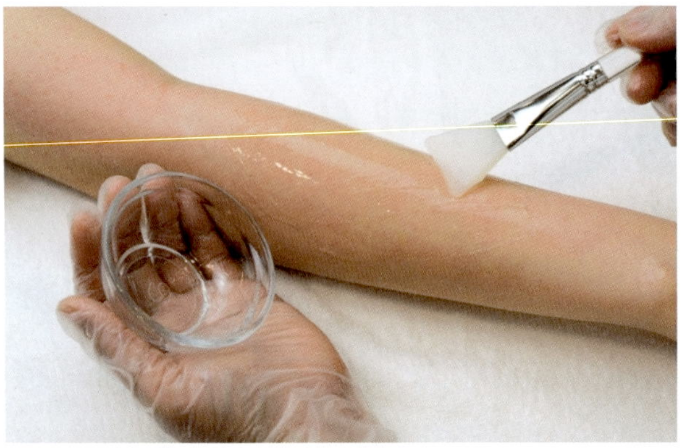

## (30) 피부 진정

① 왁싱으로 인해 자극받은 피부 표면에 진정 젤 알로에 젤을 도포한다.
② 제품 도포 시에는 유리볼 또는 스파츌라에 제품을 덜어 팩붓 또는 솜, 실리콘 스파츌라를 이용해 도포한다.

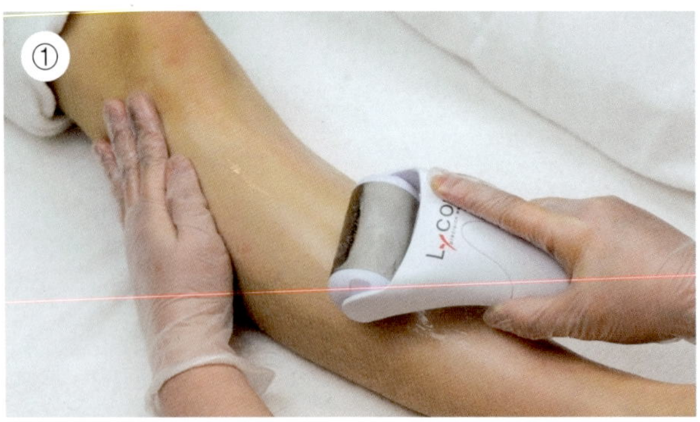


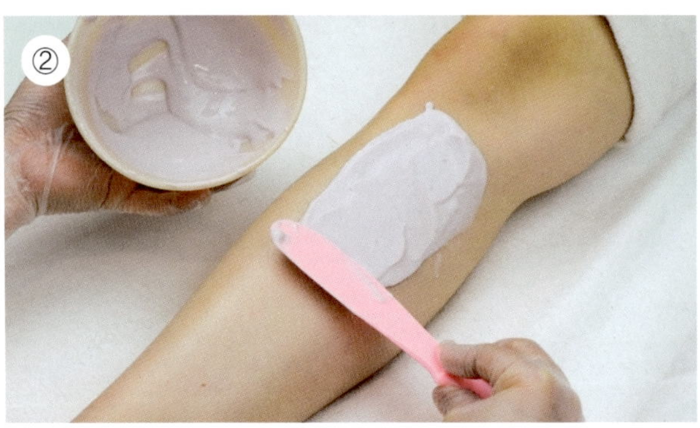


## (31) 팩 및 마무리

① 아이스 쿨러를 이용한 진정
- 시험에는 사용하지 않지만, 샵에서는 빠른 진정감을 주기 위해 사용한다.
- 쿨러는 사용 전 진정부위의 크기에 맞는 크기바디용, 페이스용를 선택해 냉장고에 위생적으로 보관한 뒤 사용한다.
- 냉동 시에는 피부에 붙어 스킨 탈락을 유발할 수 있다.

② 모델링 팩을 이용한 진정
- 모델링 팩은 왁싱 후 비어있는 모공에 알로에 젤을 깊숙이 침투시키기 위해 사용한다.
- 유·수분 공급제를 발라 왁싱 후 비어있는 공간을 보호해주어 2차 감염을 예방한다.

## 7. 소프트 왁싱 Soft Waxing 실기 : 겨드랑이 Armpit Waxing

외관상이나 미용적으로 매끈하고 아름다운 겨드랑이를 만들고, 특히 땀이 많은 분들은 왁싱을 함으로써 위생과 청결을 유지하며, 각질 제거 시 모가 엉키는 불편함을 해소하고, 피부질환에 도움을 준다.

관리 순서

소독 → 전처리 → 겨드랑이 왁싱 → 진정 및 마무리

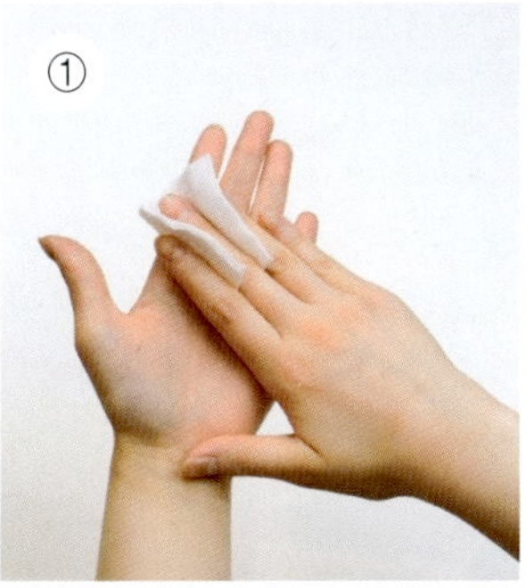


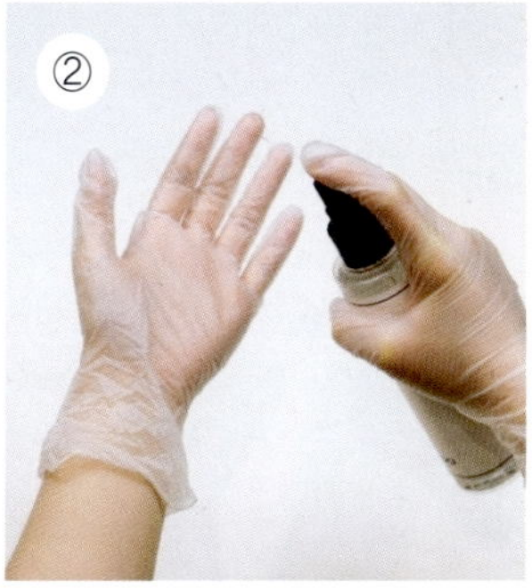


### (1) 손 소독

70% 이상의 안티셉틱 Antiseptic 을 이용하여 왁서 Waxer 의 손을 소독한다.

① 화장솜에 소독제를 묻혀 왁서의 손을 꼼꼼히 닦는다.

② 일회용 장갑 라텍스 또는 니트릴 장갑 을 끼고 스프레이를 뿌려 2차 소독을 한다.

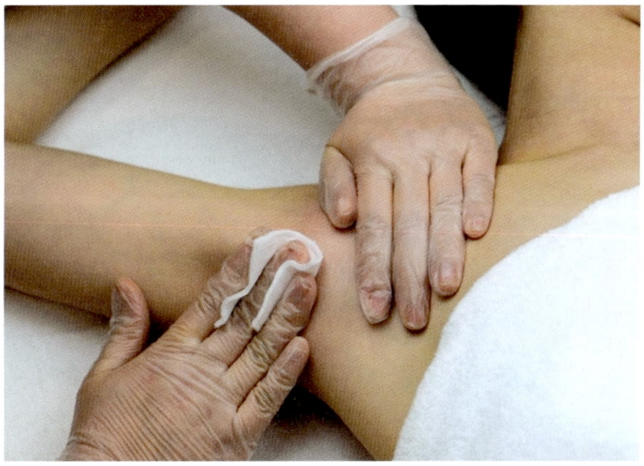

### (2) 고객의 왁싱 부위 소독

① 전 처리제나 스킨을 이용하여 고객의 왁싱 부위를 소독한다.

② 왁싱의 부위에 따라 왁싱의 효율을 위해 넓은 부위는 넓은 거즈를 이용하고 좁은 부위는 화장솜을 이용하여 소독한다.

③ 피부 표면의 불순물과 노폐물을 깨끗이 제거한다.

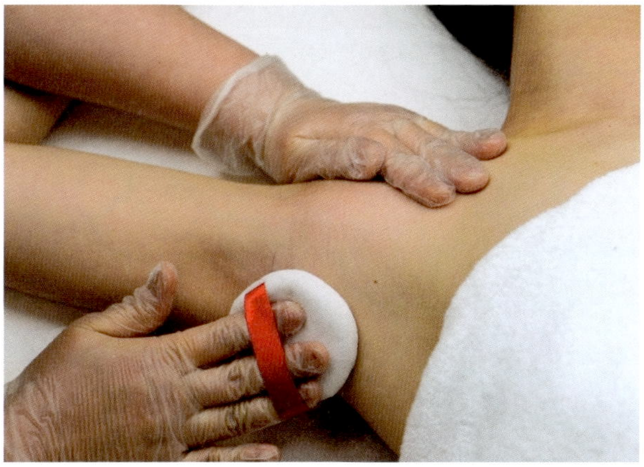

### (3) 유·수분 제거 파우더, Body Powder

① 왁스의 피부 밀착력을 높여주기 위해 모의 사이사이에 파우더를 분첩이나 솜을 이용하여 꼼꼼하게 펴 바른다.

② 모의 성장 반대 방향으로 먼저 펴 바른 다음 → 모의 성장 방향으로 결을 정리한다.

## (4) 왁스 양 조절

왁싱 부위에 맞는 우드 스파츌라Spatula를 선택한다.
메탈 스파츌라Metal Spatula도 사용이 가능하다.
왁스를 뜨기 전 왁싱 부위의 양을 미리 생각한다.

① 왁싱 부위에 제거할 부위만큼 스파츌라에서 양을 조절한다.
② 이동하면서 흐르지 않도록 스파츌라의 앞면, 뒷면, 측면을 긁어내면 이동 시 흐르지 않고 왁스 도포 시 일정하게 발린다.

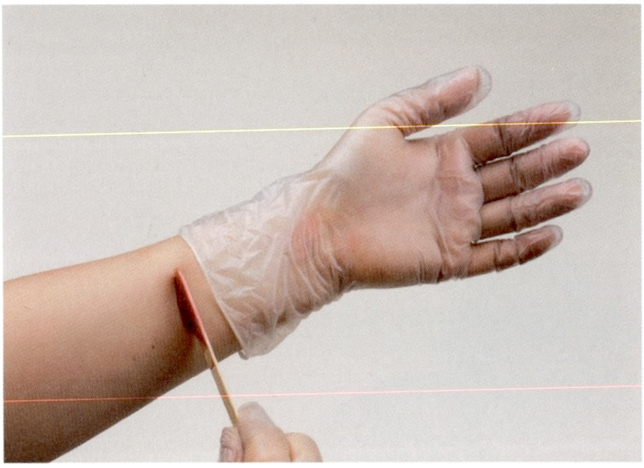

## (5) 온도 체크

① 소프트 왁스는 발림성이 중요하기 때문에 제품마다 차이가 있지만 평균 75℃를 유지하며 너무 묽지 않아야 한다.
② 왁스 온도 체크는 고객 입장 30분 전에는 미리 확인을 해야 한다.
③ 안전한 왁싱을 위해 왁스 도포 전 반드시 왁서Waxer의 손목 안쪽으로 온도를 확인한다.

*Point*

사용하는 제품의 적정 온도를 미리 숙지하여 예열 사용한다.

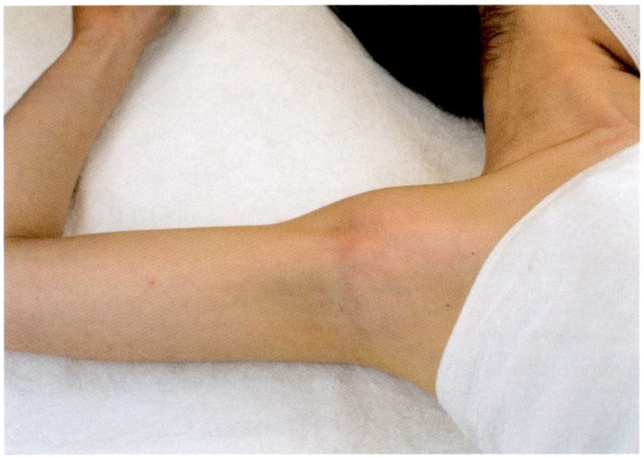

## (6) 겨드랑이 섹션

겨드랑이 중간부터 아래로, 중간에서 위로 모의 성장 방향에 따라 결을 정리하고 유동적으로 섹션을 나눈다.

*Point*

- 겨드랑이 모의 길이가 긴 경우 헤어 제거용 가위로 길이를 컷팅 후 관리한다.
- 견인통과 다른 부위 제모 시 모가 엉켜 붙지 않도록 주의하여 관리한다.

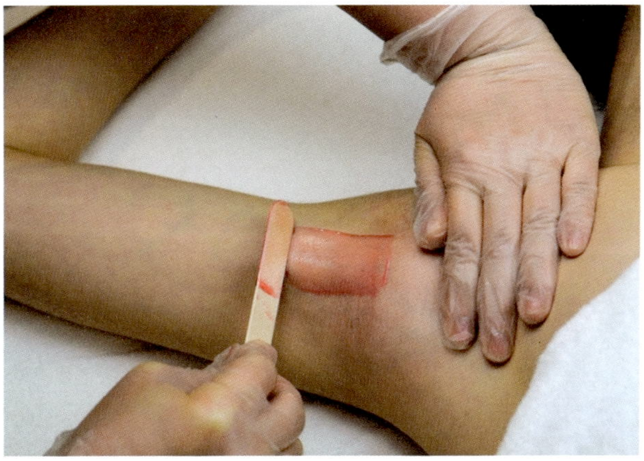

## (7) 왁스 도포

① 한 손은 피부에 텐션Tension을 주고, 반대 손은 왁스 도포 시작점에 스파츌라를 고정한다.

② 45°로 스파츌라를 잡고 밀착감을 주면서 최대한 얇게 펴 바른다.

③ 한곳에 오래 머무르면 왁스가 굳어지므로, 빠르고 매끄럽게 바른다.

*Point*

- 메탈 스파츌라를 사용하면 소프트 왁스를 얇고 고르게 도포할 수 있다.
- 하지만 열전도율이 높아서 화상의 위험이 높으므로 주의해야 한다.

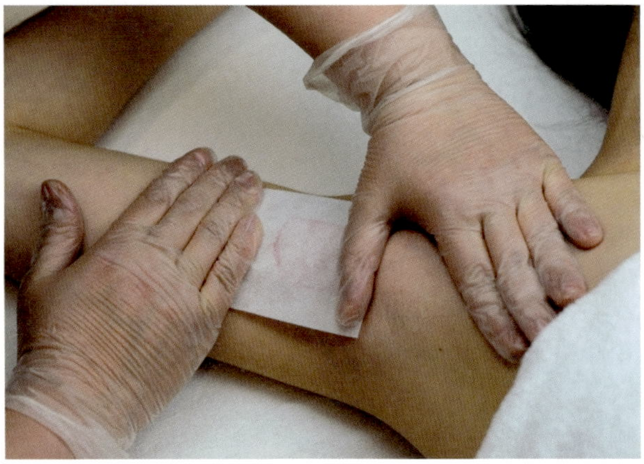

### (8) 무슬린 천부직포 밀착하기

① 왁싱 부위에 적당한 크기로 절단한 무슬린 천부직포을 선택한다. 중간사이즈: 7~15cm / 짧은사이즈: 2~7cm

② 중앙에서 양쪽 끝 방향으로 밀어주며 왁스가 굳기 전에 재빠르게 완전히 밀착시킨다.

③ 손바닥으로 최대한 넓게 밀착시켜 불필요한 동작을 줄여주고 무슬린 천부직포이 접히지 않도록 고르게 밀착시킨다.

④ 무슬린 천부직포의 손잡이는 왁스 도포 끝부분보다 여유있게 남기고 밀착시킨다.

⑤ 피부가 많이 건조하거나 예민한 피부는 피부자극 예방을 위해 조금씩 밀착시킨다.

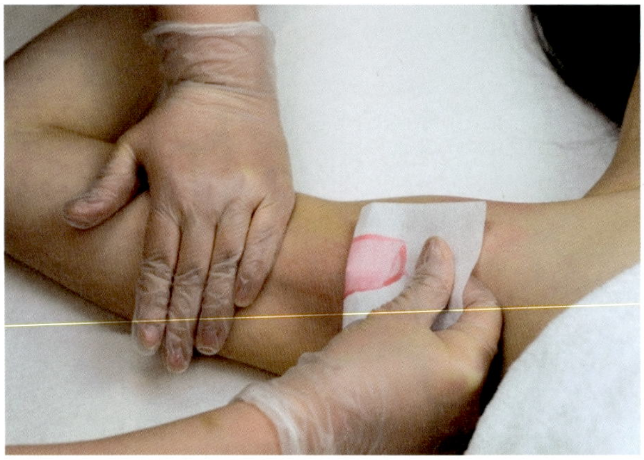

### (9) 무슬린 천부직포 제거

① 모의 성장 반대 방향으로 제거한다.

② 왁스와 모를 밀착시킨 무슬린 천부직포 제거 시 모가 없는 부위에 손잡이를 만들고 왁스가 도포된 1~2cm 정도 떨어진 곳에서 손잡이를 만들어 제거한다.

③ 무슬린 천부직포을 제거하는 손끝이 들리지 않도록 유의하며, 피부와 평행하게 재빠르게 떼어낸다. 45° 유지

*Point*

불필요한 동작으로 인한 열감으로 제모력 저하와 스킨 탈락의 위험이 높아질 수 있다.

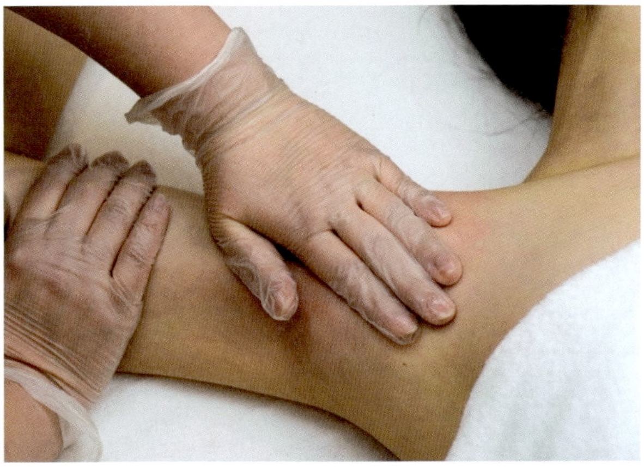

### (10) 진정하기

① 텐션을 주는 손은 왁스가 제거되는 동시에 왁싱된 부위를 눌러주어 신경 통증을 진정시킨다.

② 왁싱 후 2차 감염 예방을 위해 불필요한 터치는 하지 않는다.

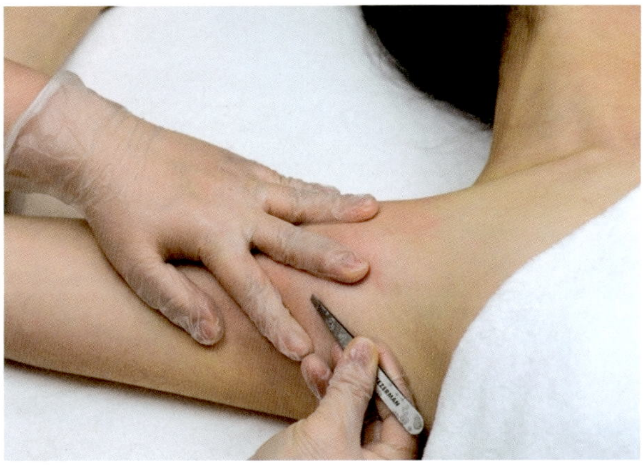

### (11) 잔모 처리

① 왁싱 후 남은 잔모를 제거한다.

② 왁싱으로 뽑히지 않은 짧은 모들은 족집게트위저, Tweezers를 이용해 제거한다.

③ 족집게 사용 시 모의 성장 방향으로 텐션을 주며 족집게를 눕혀 잡아당기듯이 사용하면 모가 끊기지 않고 제거가 수월해지며 통증도 감소된다. 45° 유지

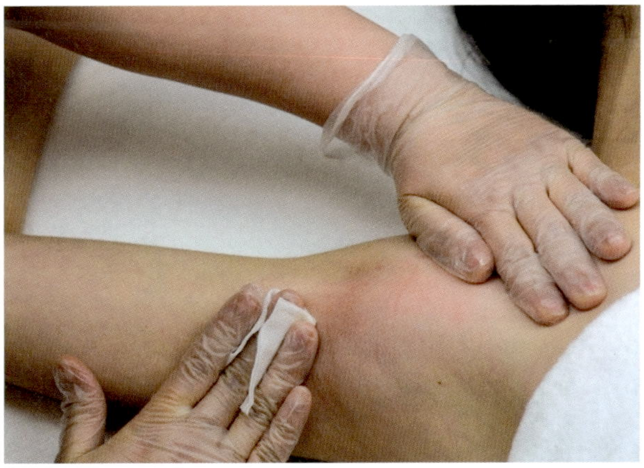

### (12) 잔여물 제거

① 오일을 전체적으로 도포해 진정감을 주면서 손의 열감으로 인해 왁스의 잔여물을 녹여 제거한다.

② 후 처리제를 거즈나 솜에 적셔 오일과 피부 표면의 남은 이물질을 깨끗이 제거한다.

③ 왁싱 부위의 피부 상태를 체크한다.

④ 잔모가 남았는지 양손으로 피부에 텐션을 주어 확인한다.

| | |
|---|---|
| 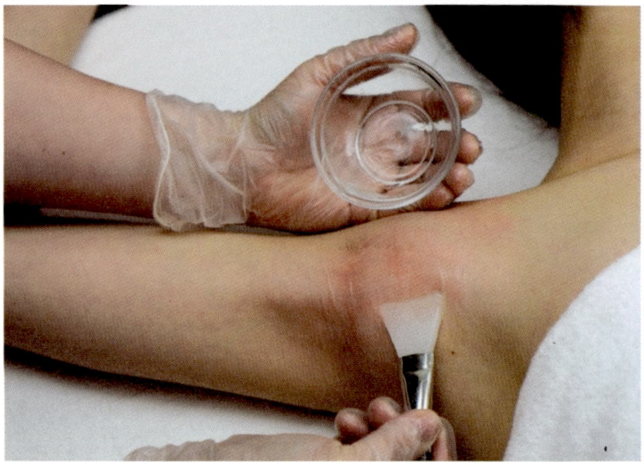 | ### (13) 피부 진정<br>① 왁싱으로 인해 자극받은 피부 표면에 진정젤 알로에 젤을 도포한다.<br>② 제품 도포 시에는 유리볼 또는 스파츌라에 덜어 팩붓 또는 솜, 실리콘 스파츌라를 이용해 도포한다. |
| 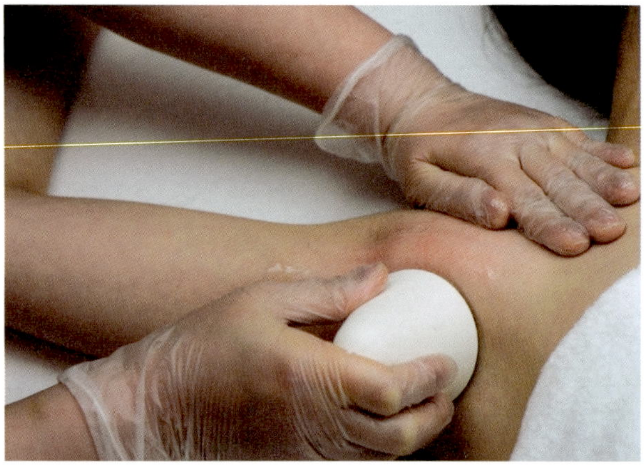 | ### (14) 아이스 쿨러를 이용한 진정<br>① 빠른 진정감을 주기 위해 사용한다.<br>② 쿨러는 사용 전 냉장고에 위생적으로 보관한 뒤 사용한다. 냉동 시에는 피부에 붙어 스킨 탈락을 유발할 수 있다. |
| 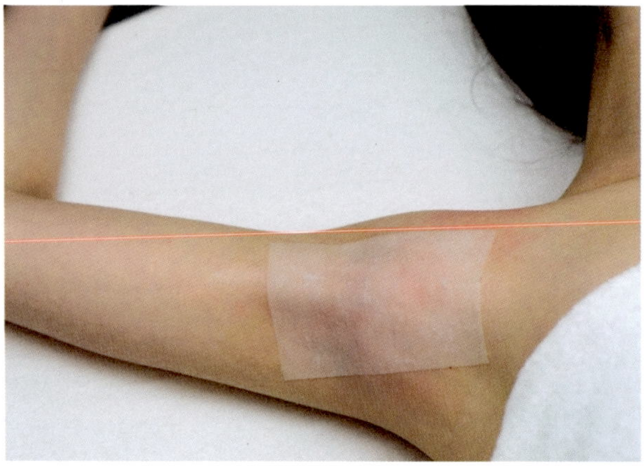 | ### (15) 팩 및 마무리<br>① 시트팩은 왁싱 후 비어있는 모공에 알로에 젤을 깊숙이 침투시켜 2차 진정 관리를 하기 위해 사용한다.<br>② 유·수분 공급제를 발라 왁싱 후 비어있는 공간을 보호해주어 2차 감염을 예방한다. |

## 8. 소프트 왁싱 Soft Waxing 실기 : 상반신 전면 가슴 & 배 Waxing

외관상이나 미용적으로 매끈하고, 특히 땀이 많은 분들은 왁싱을 함으로써 위생과 청결을 유지하며, 각질 제거 시 모가 엉키는 불편함을 해소하고, 피부질환에 도움을 준다.

관리 순서

소독 → 전처리 → 가슴 → 배 → 진정 및 마무리

| | |
|---|---|
| 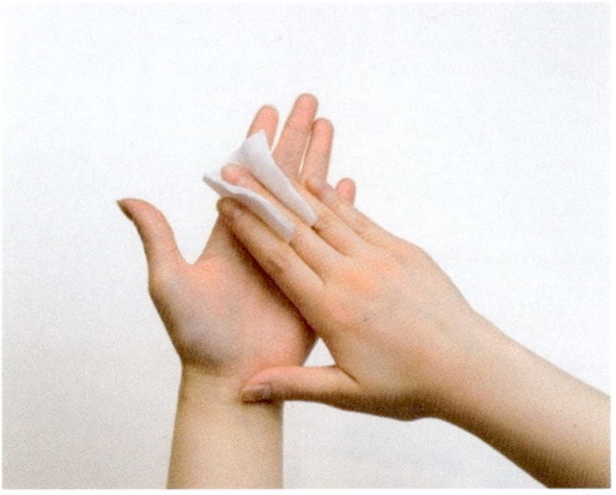 | **(1) 손 소독**<br>70% 이상의 안티셉틱 Antiseptic 을 이용하여 왁서 Waxer 의 손을 소독한다.<br>① **1차 소독** : 화장솜에 소독제를 묻혀 왁서의 손을 꼼꼼히 닦는다.<br>② **2차 소독** : 일회용 장갑 라텍스 또는 니트릴 장갑 착용 후 한 번 더 소독을 한다. |
| 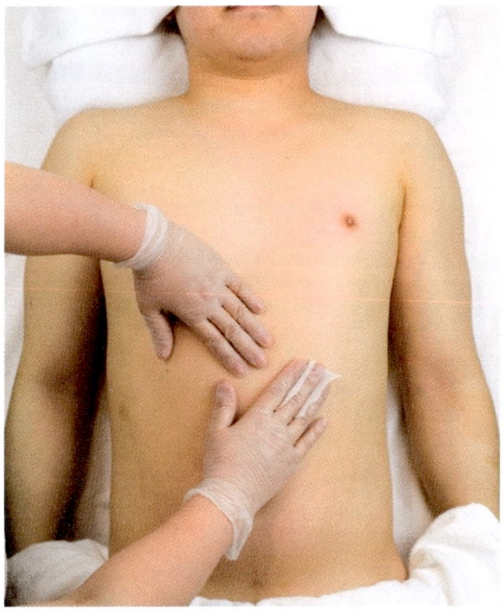 | **(2) 고객의 왁싱 부위 소독**<br>① 전 처리제나 스킨을 이용하여 고객의 왁싱 부위를 소독한다.<br>② 소독 전에 모가 길 경우 커팅을 한다.<br>③ 왁싱의 부위에 따라 왁싱의 효율을 위해 넓은 부위는 넓은 거즈를 이용하고 좁은 부위는 화장솜을 이용하여 소독한다.<br>④ 피부 표면의 불순물과 노폐물을 깨끗이 제거한다. |

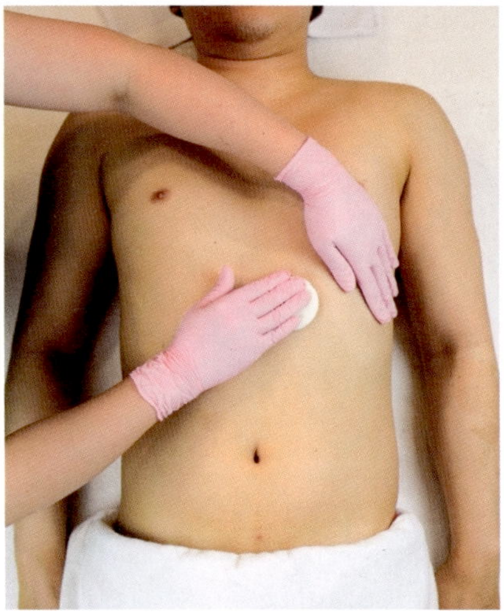

### (3) 유·수분 제거 파우더, Body Powder

① 왁스의 피부 밀착력을 높여주기 위해 모의 사이사이에 파우더를 분첩이나 솜을 이용하여 꼼꼼하게 펴 바른다.

② 모의 성장 반대 방향으로 먼저 펴 바른 다음 → 모의 성장 방향으로 결을 정리한다.

### (4) 왁스 양 조절

왁싱 부위에 맞는 우드 스파츌라Spatula를 선택한다.
메탈 스파츌라Metal Spatula도 사용이 가능하다.
왁스를 뜨기 전 왁싱 부위의 양을 미리 생각한다.

① 왁싱 부위에 제거할 부위만큼 스파츌라에서 양을 조절한다.

② 이동하면서 흐르지 않도록 스파츌라의 앞면, 뒷면, 측면을 긁어내면 이동 시 흐르지 않고 왁스 도포 시 일정하게 발린다.

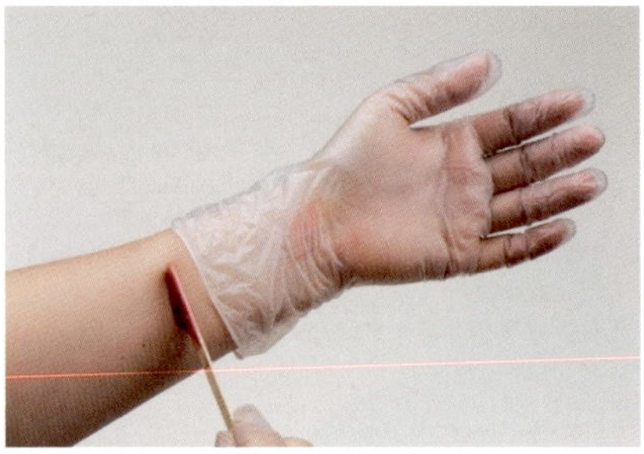

### (5) 온도 체크

① 소프트 왁스는 발림성이 중요하기 때문에 제품마다 차이가 있지만, 평균 75℃를 유지하며 너무 묽지 않아야 한다.

② 왁스 온도 체크는 고객 입장 30분 전에는 미리 확인을 해야 한다.

③ 안전한 왁싱을 위해 왁스 도포 전 반드시 왁서Waxer의 손목 안쪽으로 온도를 확인한다.

*Point*

각 제품의 적정 온도를 미리 숙지하여 예열 후 사용한다.

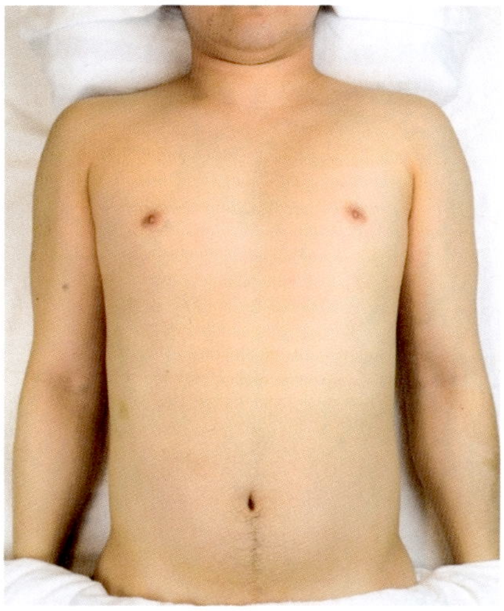

### (6) 가슴 섹션 나누기

① 목 아래에서 가슴 중앙으로 향한다.

② 쇄골 라인에서 가슴 중앙으로 바깥쪽에서 안쪽으로 향하게 나눈다.

③ 모가 나는 방향이 개인마다 다를 수 있으므로 모의 성장 방향을 확인하며 유동적으로 섹션을 나눈다.

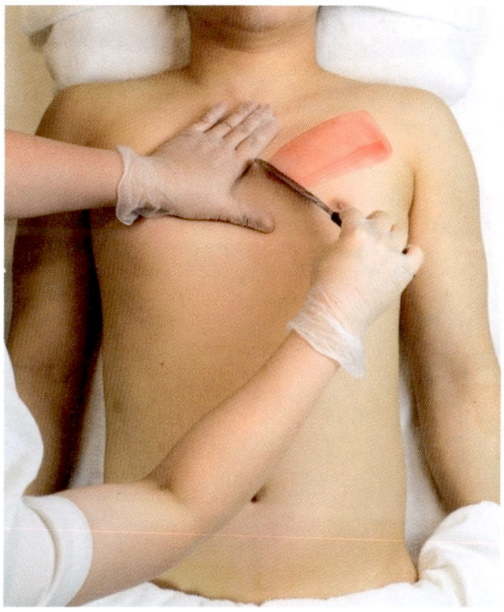

### (7) 왁스 도포

① 왁스 도포 시작점에 왁스 도포하는 반대 손으로 텐션을 주고, 스파츌라를 고정한다.

② 45°로 스파츌라를 잡고 밀착감을 주면서 최대한 얇게 펴 바른다.

③ 관리 중 왁스가 응고되지 않도록, 매끄럽고 스피디 하게 작업한다.

*Point*

메탈 스파츌라를 사용하면 소프트 왁스를 얇고 고르게 도포할 수 있지만, 열전도율이 높아 화상의 위험이 있으므로 주의한다.

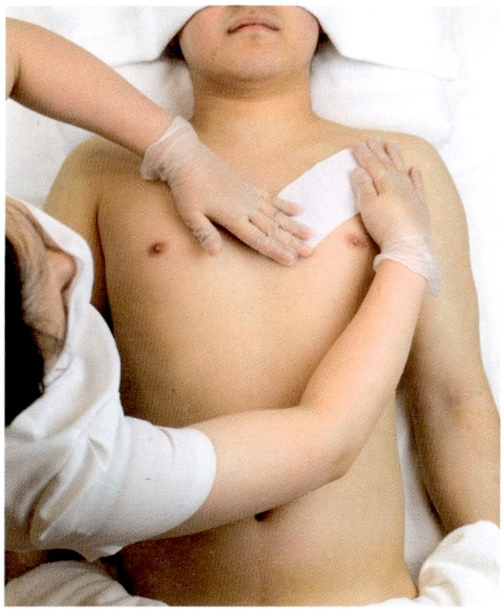

### (8) 무슬린 천부직포 밀착하기

① 각 부위에 맞게 절단된 천을 사용하여 관리한다. 긴 사이즈: 7~20cm, 중간 사이즈: 7~15cm

② 중앙에서 양쪽 끝 방향으로 밀착하며, 왁스가 굳기 전 빠르게 작업한다.

③ 손바닥으로 최대한 넓게 밀착시켜 불필요한 동작을 줄여주고 무슬린 천부직포이 접히지 않도록 고르게 밀착시킨다.

④ 무슬린 천부직포의 손잡이는 왁스 도포 끝부분보다 여유있게 남기고 밀착시킨다.

⑤ 피부가 많이 건조하거나 예민한 피부는 최소한의 자극을 위해 조금씩 밀착시킨다.

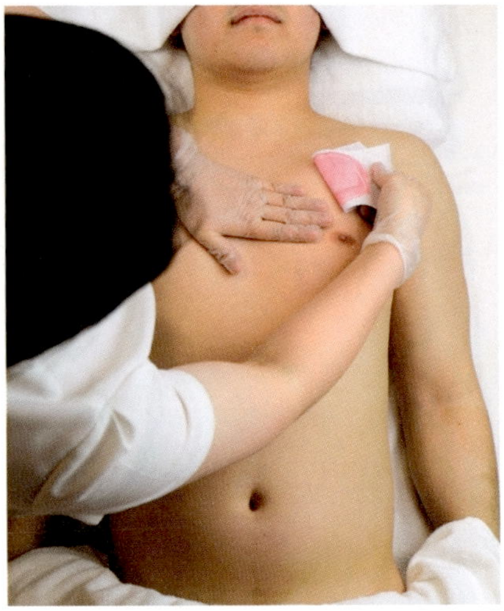

### (9) 무슬린 천부직포 제거

① 모의 성장 반대 방향으로 제거한다.

② 왁스와 모를 밀착시킨 무슬린 천부직포 제거 시 모가 없는 부위에 손잡이를 만들고 왁스가 도포된 1~2cm 정도 떨어진 곳에서 손잡이를 만들어 제거한다.

③ 무슬린 천부직포을 제거하는 손끝이 들리지 않도록 유의하며, 피부와 평행하게 재빠르게 떼어낸다. 45° 유지

*Point*

불필요한 동작으로 인해 열감이 생겨 왁스가 녹아 제모력이 떨어지고, 스킨 탈락의 위험이 높아질 수 있다.

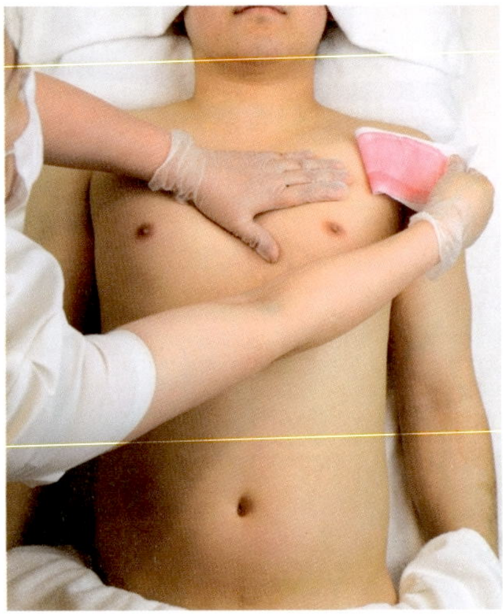

### (10) 진정하기

① 텐션을 주는 손은 왁스가 제거되는 동시에 왁싱된 부위를 눌러 주어 신경 통증을 진정시킨다.

② 왁싱 후 2차 감염 예방을 위해 불필요한 터치는 하지 않는다.

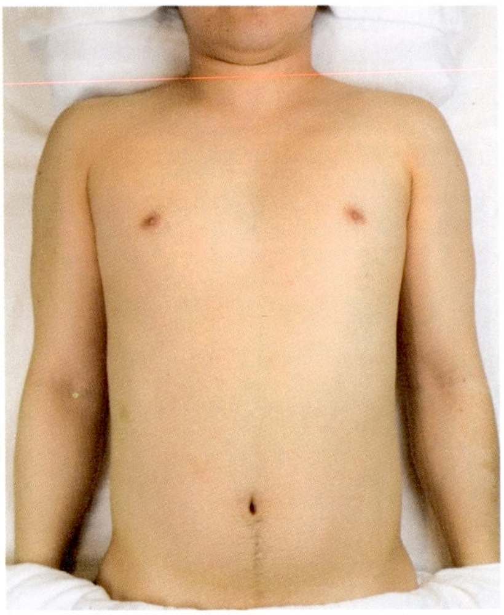

### (11) 유륜 섹션 나누기

모의 성장 방향대로 원을 그리듯이 섹션을 3등분으로 나눈다.

| | |
|---|---|
| 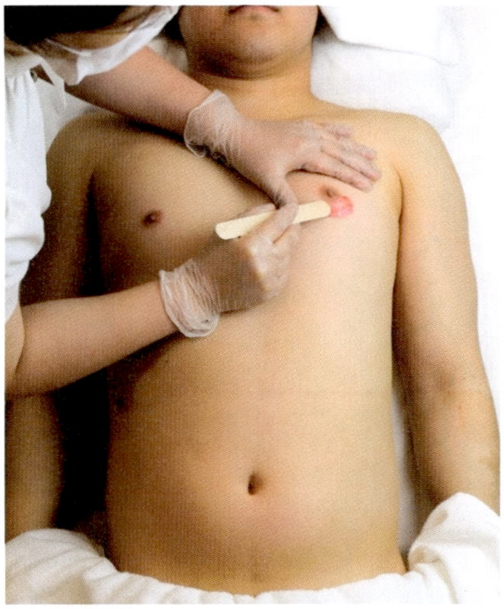 | **(12) 왁스 도포**<br>유륜은 피부가 약하고 민감한 부위이므로 자극을 최소한으로 한다. |
| 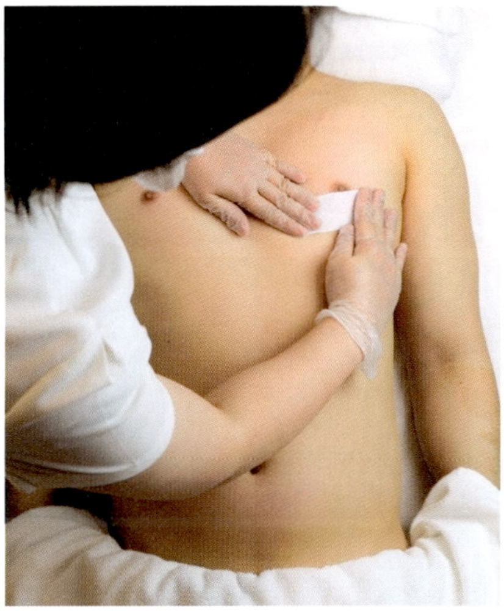 | **(13) 무슬린 천 밀착하기**<br>왁싱 부위에 적당한 크기로 절단한 무슬린 천부직포을 선택한다. 짧은 사이즈 : 2~7cm |
| 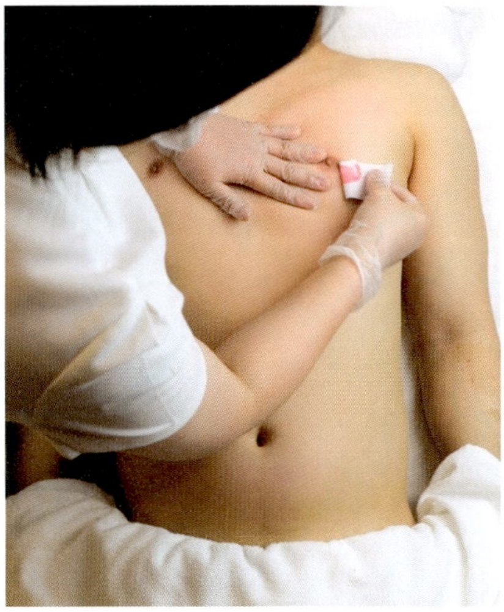 | **(14) 무슬린 천부직포 제거**<br>① 모의 성장 반대 방향으로 제거한다.<br>② 무슬린 천부직포 하단에 1~2cm 정도를 남겨 손잡이를 만들고, 무슬린 천부직포을 제거하는 손끝이 들리지 않도록 유의하며 피부와 평행하게 재빠르게 왁스를 제거한다. |

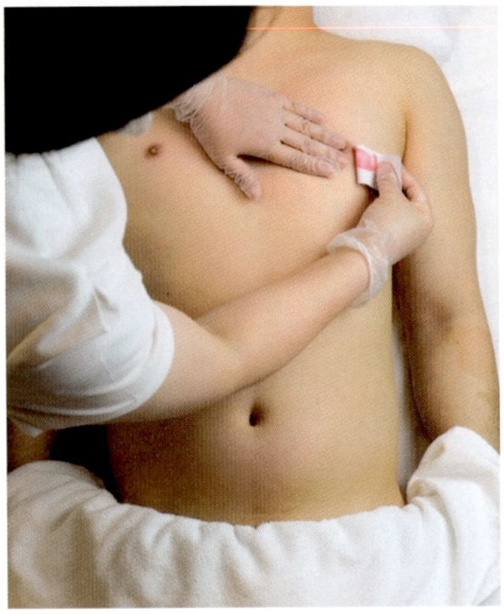

### (15) 진정하기

① 텐션을 주는 손은 왁스가 제거되는 동시에 왁싱된 부위를 눌러 주어 신경 통증을 진정시킨다.
② 왁싱 후 2차 감염 예방을 위해 불필요한 터치는 하지 않는다.

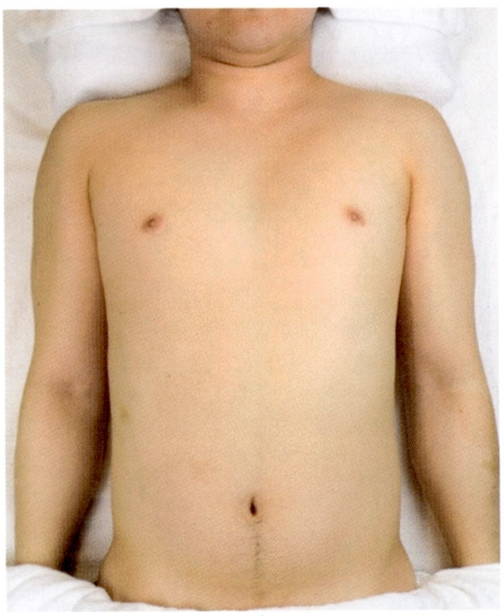

### (16) 배 섹션 나누기

① 골반 아래에서 배꼽 위 방향으로 섹션을 나눈다.
② 바깥에서 안쪽으로 섹션을 나눈다.
③ 왁서가 편한 자세를 취할 수 있도록 좌우의 방향을 유동적으로 정한다.

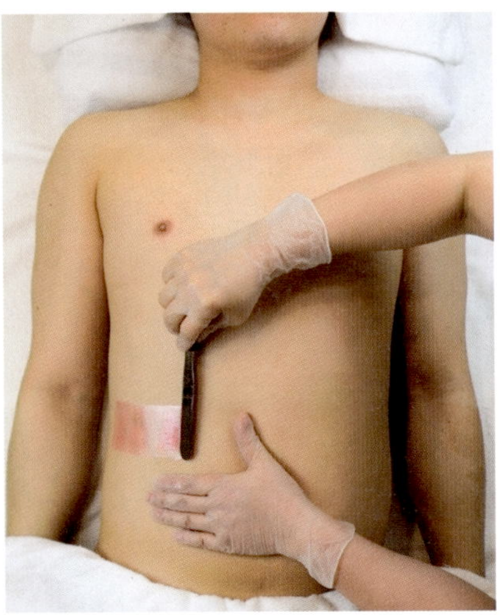

### (17) 왁스 도포

① 왁스 도포 시작점에 왁스 도포하는 반대 손으로 텐션을 주고, 스파츌라를 고정한다.
② 45°로 스파츌라를 잡고 밀착감을 주면서 최대한 얇게 펴 바른다.
③ 적정한 온도로 왁스를 부드럽게 도포하기 위해 빠르게 작업한다.

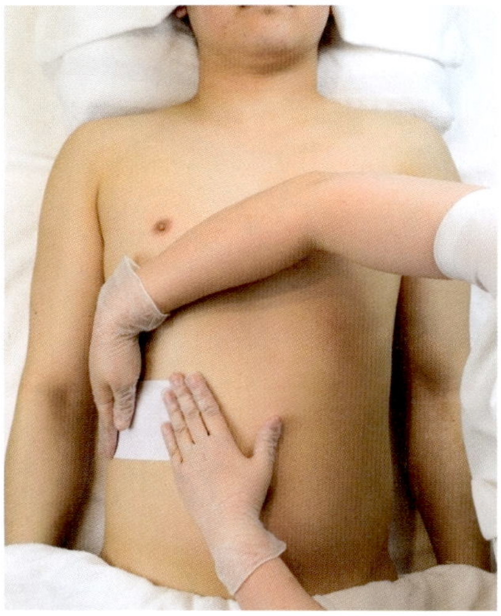

### (18) 무슬린 천부직포 밀착하기

① 왁싱 부위에 적당한 크기로 절단한 무슬린 천부직포을 선택한다. 긴 사이즈 : 7~20cm, 중간 사이즈 : 7~15cm

② 위에서 아래 방향으로 쓸어주어 왁스가 굳기 전에 재빠르게 완전히 밀착시킨다.

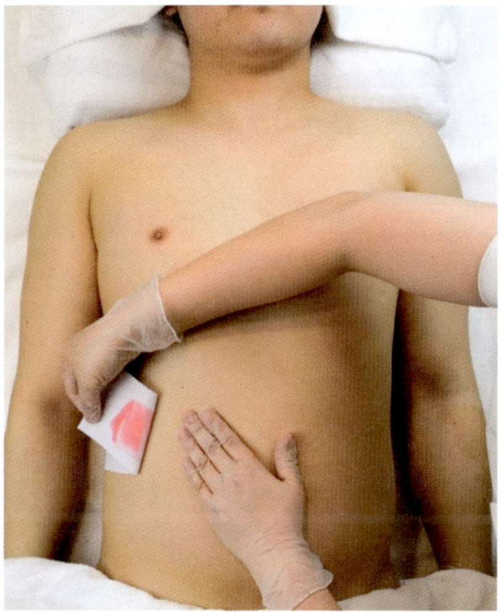

### (19) 무슬린 천부직포 제거

① 모의 성장 반대 방향으로 제거한다.

② 무슬린 천을 왁스보다 1~2cm 정도 길게 밀착시켜 손잡이를 만들고, 무슬린 천을 제거하는 손끝이 들리지 않도록 유의하며 피부와 평행하게 재빠르게 왁스를 제거한다.

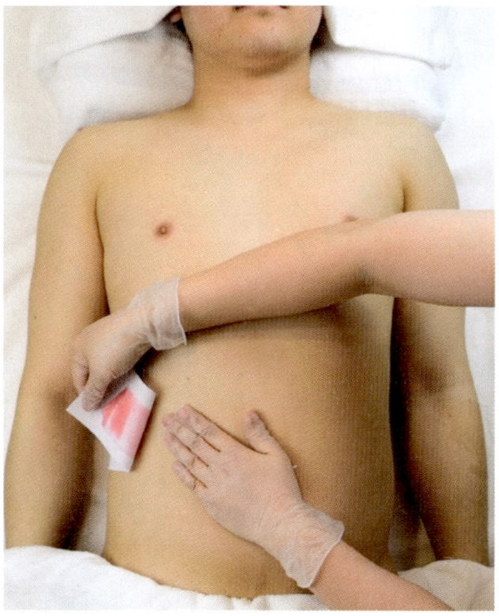

### (20) 진정하기

① 텐션을 주는 손은 왁스가 제거되는 동시에 왁싱된 부위를 눌러주어 신경 통증을 진정시킨다.

② 왁싱 후 2차 감염 예방을 위해 불필요한 터치는 하지 않는다.

| | |
|---|---|
| 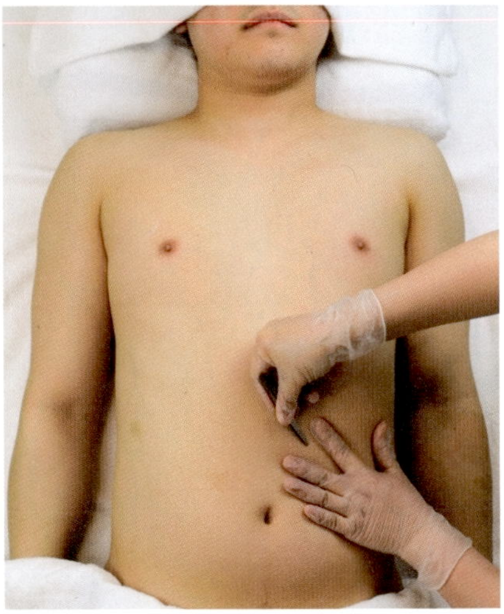 | **(21) 잔모 처리**<br>① 왁싱 후 남은 잔모를 제거한다.<br>② 왁싱으로 뽑히지 않은 짧은 모들은 족집게트위저, Tweezers를 이용해 제거한다.<br>③ 족집게 사용 시 모의 성장 방향으로 텐션을 주며 족집게를 눕혀 잡아당기듯이 사용하면 모가 끊기지 않고 제거가 수월해지며 통증도 감소된다. 45° 유지 |
| 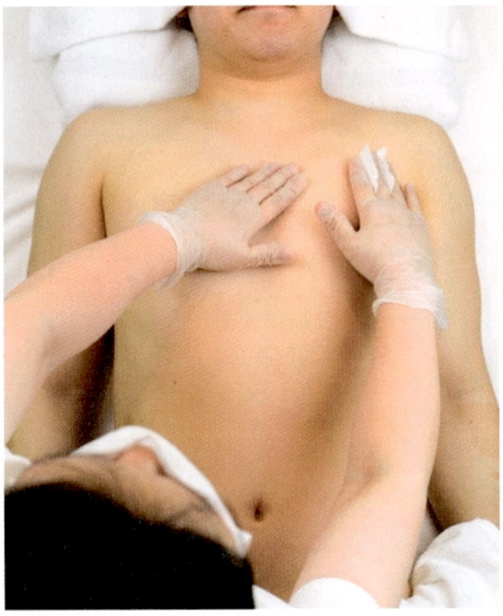 | **(22) 잔여물 제거**<br>① 오일을 전체적으로 도포해 진정감을 주면서 손의 열감으로 인해 왁스의 잔여물을 녹여 제거한다.<br>② 후 처리제를 거즈나 솜에 적셔 오일과 피부 표면의 남은 이물질을 깨끗이 제거한다.<br>③ 왁싱 부위의 피부 상태를 체크한다.<br>④ 잔모가 남았는지 양손으로 피부에 텐션을 주어 확인한다. |

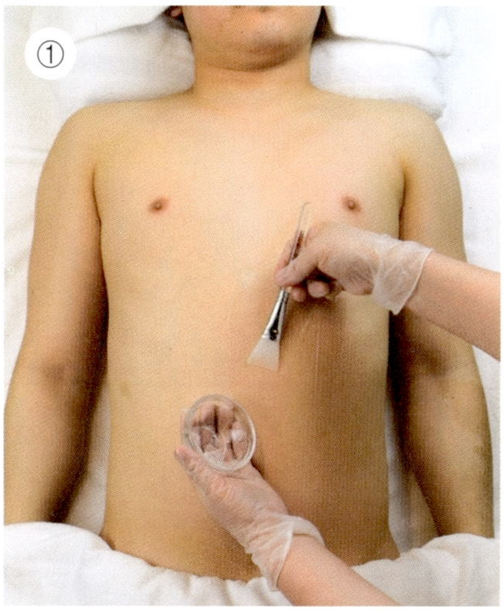


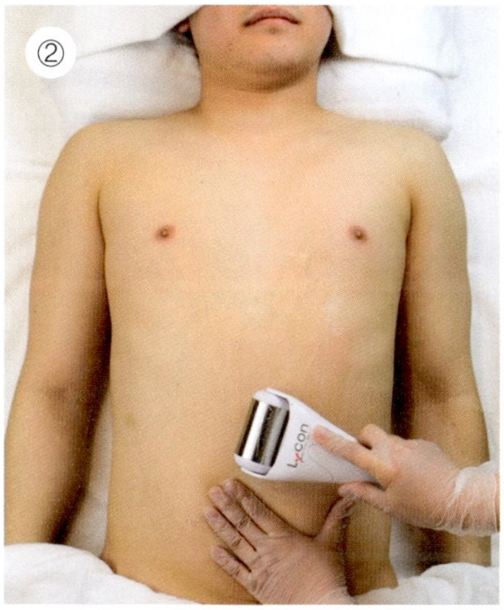


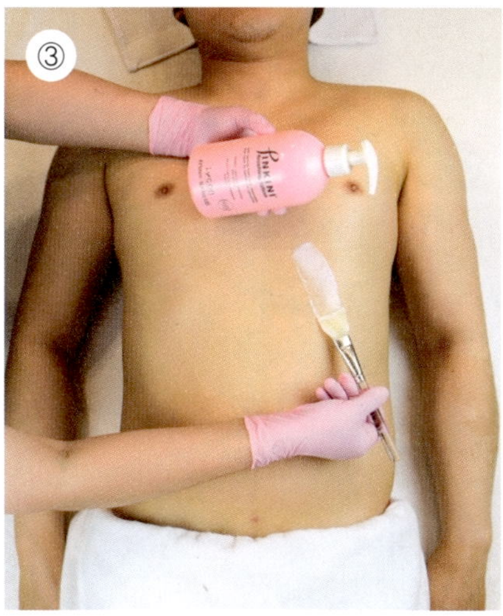


## (23) 진정 및 마무리

**① 피부 진정**

진정젤알로에 젤을 유리볼 또는 스파츌라에 덜어 팩 붓 또는 솜, 실리콘 스파츌라를 이용해 도포한다.

**② 아이스 쿨러를 이용한 진정**

빠른 진정감을 주기 위해 쿨러를 냉장고에 위생적으로 보관한 뒤 사용한다. 냉동 시에는 피부에 붙어 스킨 탈락을 유발할 수 있다.

**③ 피니시 로션Finish Lotion 마무리**

로션을 발라 왁싱 후 비어있는 공간을 보호해줌으로써 2차 감염을 예방한다.

## 9. 소프트 왁싱 Soft Waxing 실기 : 상반신 후면 등 & 허리 Waxing

외관상이나 미용적으로 매끈하고, 위생과 청결을 유지하며, 각질 제거 시 모가 엉키는 불편함을 해소하고, 피부질환에 도움을 준다.

관리 순서

소독 → 전처리 → 등 → 허리 → 진정 및 마무리

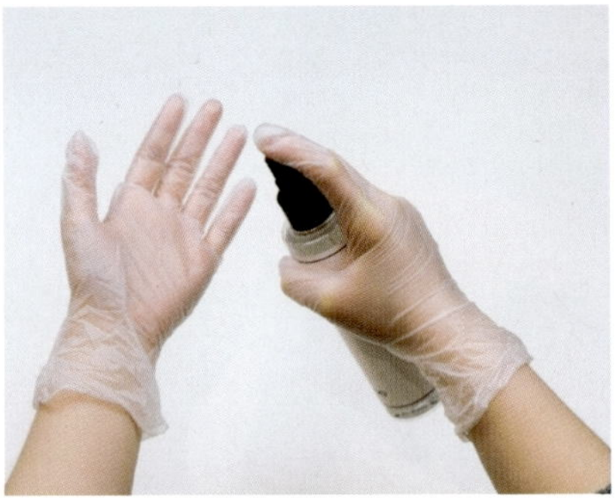

### (1) 손 소독

70% 이상의 안티셉틱 Antiseptic 을 이용하여 왁서 Waxer 의 손을 소독한다.

① 1차 소독 : 화장솜에 소독제를 묻혀 왁서의 손을 꼼꼼히 닦는다.
② 2차 소독 : 일회용 장갑 라텍스 또는 니트릴 장갑을 착용 후, 한 번 더 손을 소독 한다.

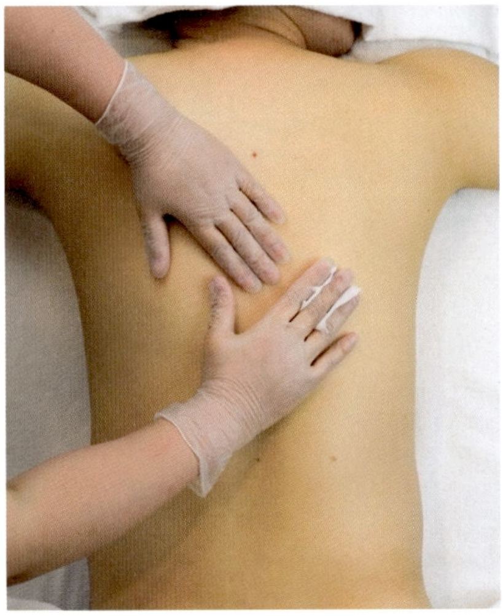

### (2) 고객의 왁싱 부위 소독

① 전 처리제나 스킨을 이용하여 고객의 왁싱 부위를 소독한다.
② 소독 전에 모가 길 경우 컷팅을 한다.
③ 왁싱의 부위에 따라 왁싱의 효율을 위해 넓은 부위는 넓은 거즈를 이용하고 좁은 부위는 화장솜을 이용하여 소독한다.
④ 피부 표면의 불순물과 노폐물을 깨끗이 제거한다.

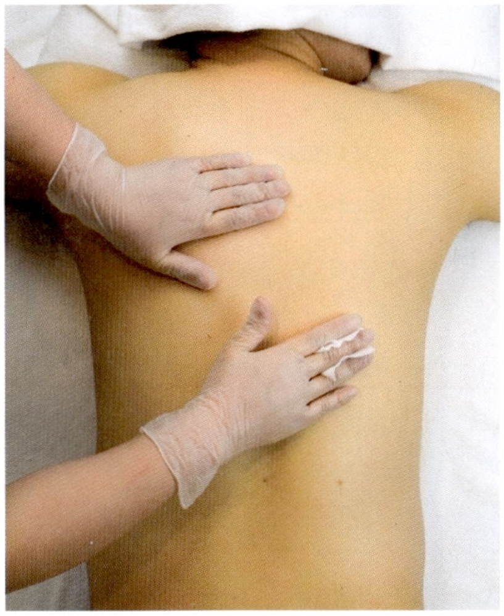

### (3) 유·수분 제거 파우더, Body Powder

① 왁스의 피부 밀착력을 높여주기 위해 모의 사이사이에 파우더를 분첩이나 솜을 이용하여 꼼꼼하게 펴 바른다.

② 모의 성장 반대 방향으로 먼저 펴 바른 다음 → 모의 성장 방향으로 결을 정리한다.

### (4) 왁스 양 조절

왁싱 부위에 맞는 우드 스파츌라 Spatula를 선택한다.
메탈 스파츌라 Metal Spatula도 사용이 가능하다.
왁스를 뜨기 전 왁싱 부위의 양을 미리 생각한다.

① 왁싱 부위에 제거할 부위만큼 스파츌라에서 양을 조절한다.

② 이동하면서 흐르지 않도록 주의하고, 스파츌라의 앞면, 뒷면, 측면을 긁어내 왁스의 양을 조절하고, 왁스 도포 시 일정하게 발리도록 45° 각도를 유지한다.

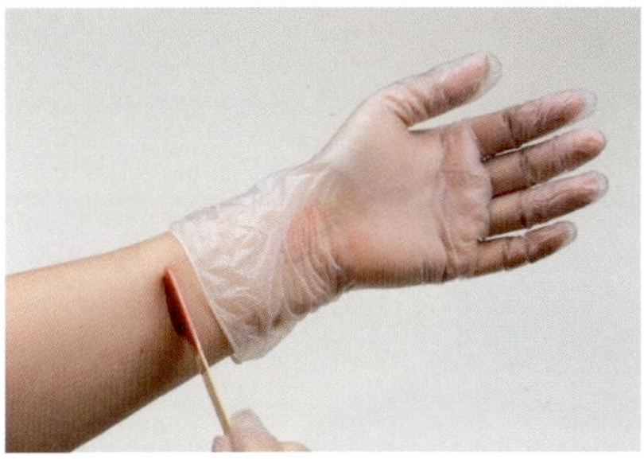

### (5) 온도 체크

① 소프트 왁스는 발림성이 중요하기 때문에 제품마다 차이가 있지만 평균 75℃를 유지하며 너무 묽지 않아야 한다.

② 왁스 온도 체크는 고객 입장 30분 전 미리 확인한다.

③ 안전한 왁싱을 위해 왁스 도포 전 반드시 왁서 Waxer의 손목 안쪽으로 온도를 확인한다.

*Point*

사용하는 제품의 적정 온도를 미리 숙지하여 예열 후 사용한다.

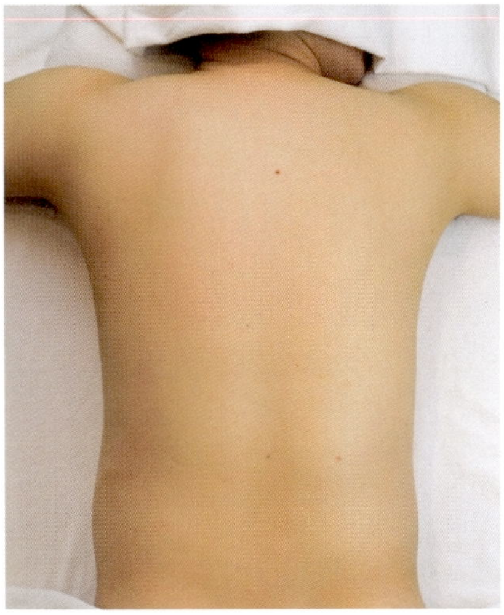

## (6) 등 섹션

① 목 아래에서 등 중앙으로 향한다.
② 어깨 라인에서 등 중앙으로 바깥쪽에서 안쪽으로 향하게 나눈다.
③ 모가 나는 방향이 각기 다를 수 있으므로 모의 성장 방향을 확인하며, 유동적으로 섹션을 나눈다.

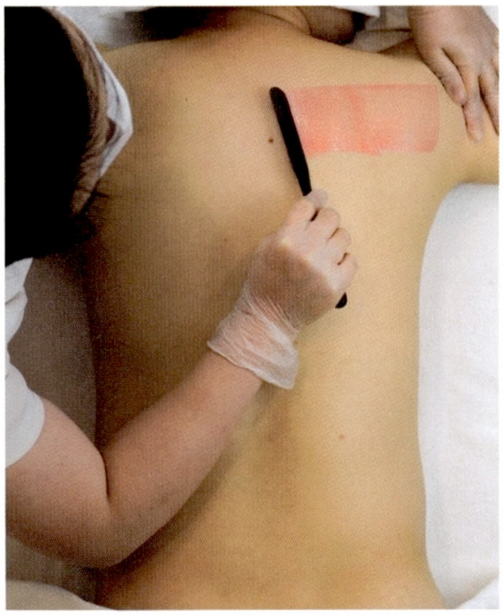

## (7) 왁스 도포

① 한 손은 피부에 텐션을 주어 고정하고, 반대 손은 왁스 도포 시작점에 스파츌라를 고정한다.
② 45°로 스파츌라를 잡고 밀착감을 주면서 최대한 얇게 펴 바른다.
③ 왁스가 부드럽고 매끈하게 도포될 수 있도록 한곳에 오래 머무르지 않고 스피디하게 작업한다.

*Point*

메탈 스파츌라를 사용하면 소프트 왁스를 얇고 고르게 도포할 수 있지만, 열전도율이 높아서 화상의 위험이 높으므로 주의해야한다.

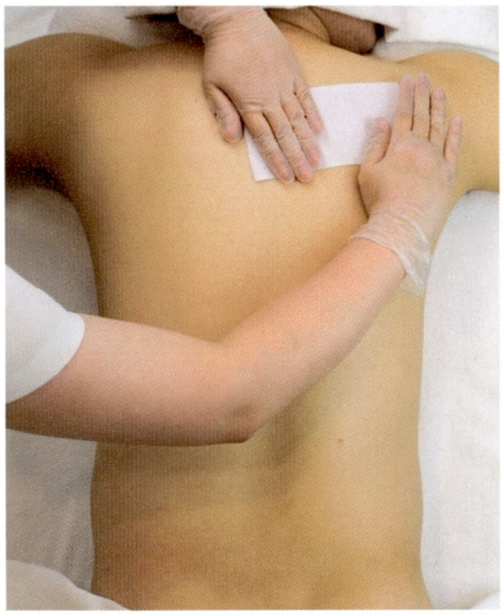

## (8) 무슬린 천부직포 밀착하기

① 왁싱 부위에 적당한 크기로 절단한 무슬린 천부직포을 선택한다.
긴 사이즈: 7~20cm, 중간 사이즈: 7~15cm
② 중앙에서 양쪽 끝 방향으로 밀어주며 왁스가 굳기 전에 재빠르게 완전히 밀착시킨다.
③ 손바닥으로 최대한 넓게 밀착시켜 불필요한 동작을 줄여주고 무슬린 천부직포이 뜨거나 접히지 않도록 고르게 밀착시킨다.
④ 피부가 많이 건조하거나 예민한 피부는 조금씩 밀착시킨다.

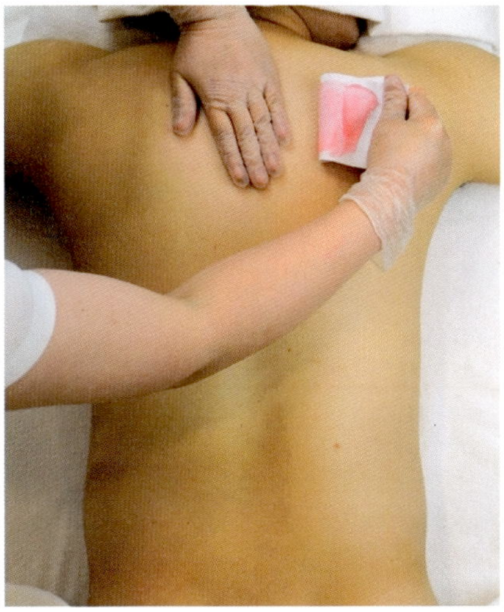

## (9) 무슬린 천부직포 제거

① 모의 성장 반대 방향으로 제거한다.
② 왁스와 모를 밀착시킨 무슬린 천부직포 제거 시 모가 없는 부위에 손잡이를 만들고 왁스가 도포된 1~2cm 정도 떨어진 곳에서 손잡이를 만들어 제거한다.
③ 무슬린 천부직포을 제거하는 손끝이 들리지 않도록 유의하며, 피부와 평행하게 재빠르게 떼어낸다. 45° 유지

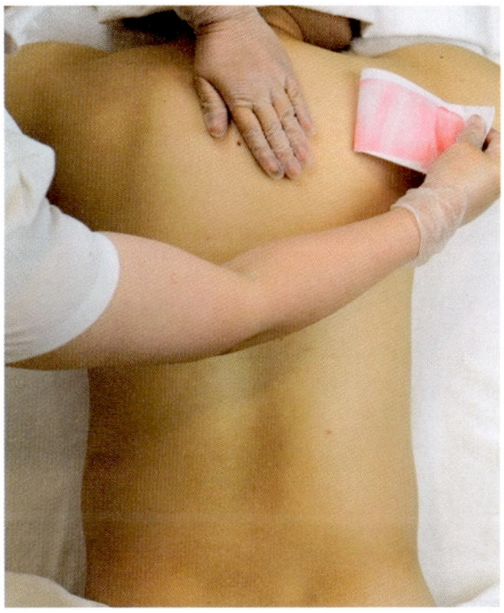

## (10) 진정하기

① 무슬린 천의 왁스가 제거되는 동시에 텐션을 주던 손을 이동하여 왁싱 된 부위를 눌러주어 신경 통증을 진정시킨다.
② 왁싱 후 2차 감염 예방을 위해 불필요한 터치는 하지 않는다.

### (11) 허리 섹션

모가 나는 방향이 각기 다를 수 있으므로 모의 성장 방향을 확인하며 유동적으로 섹션을 나눈다.

### (12) 허리 왁싱하기

① 왁스를 도포한다.
② 무슬린 천부직포 밀착하기
③ 무슬린 천부직포 제거하기
④ 진정하기

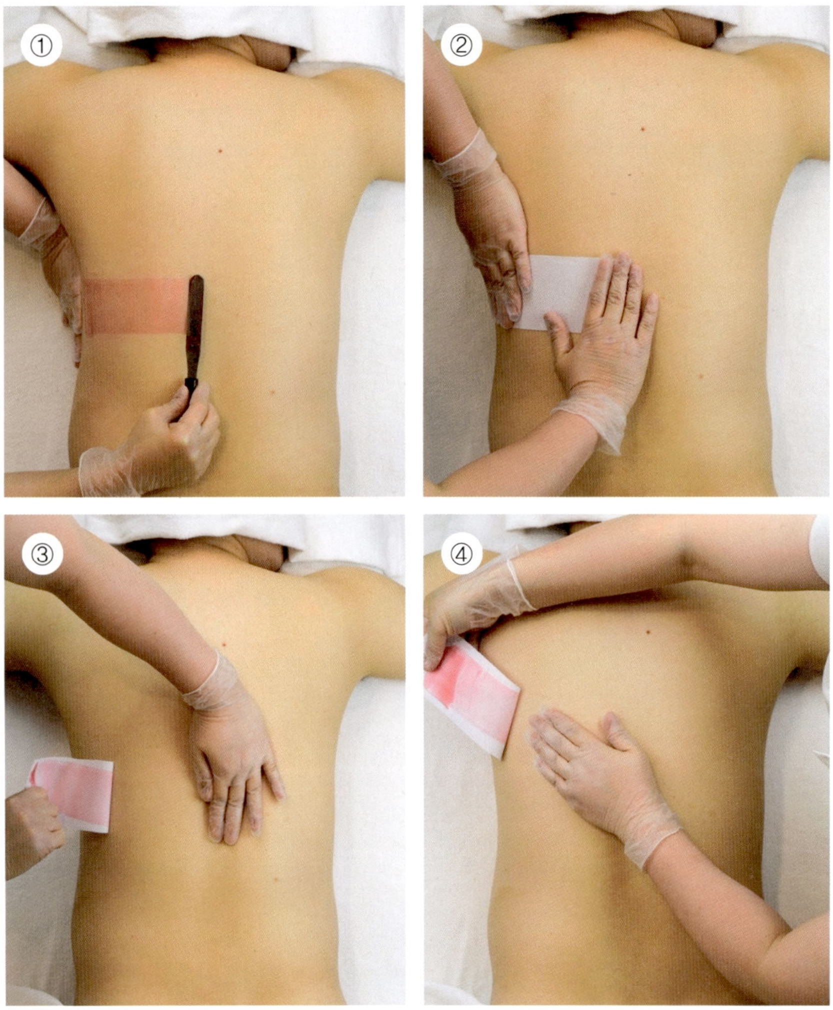

### (13) 척추라인 왁싱하기

① 왁스를 도포한다 : 체형에 따라 2~3회 또는 원하는 단계를 나눠 왁싱한다.

② 무슬린 천부직포 밀착하기

③ 무슬린 천부직포 제거

④ 진정하기

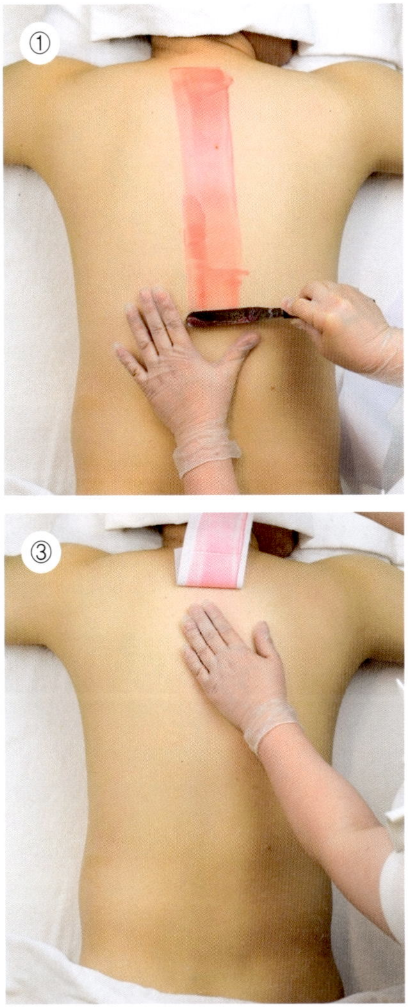

| | |
|---|---|
| 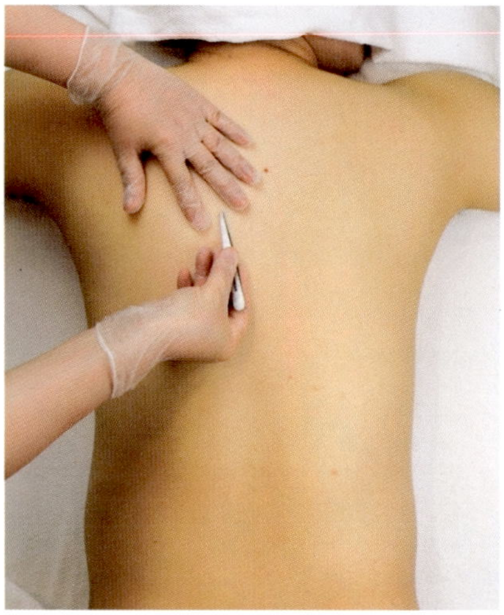 | **(14) 잔모 처리**<br>① 왁싱 후 남은 잔모를 제거한다.<br>② 왁싱으로 뽑히지 않은 짧은 모들은 족집게 트위저, Tweezers를 이용해 제거한다.<br>③ 족집게 사용 시 모의 성장 방향으로 텐션을 주며 족집게를 눕혀 잡아당기듯이 사용하면 모가 끊기지 않고 제거가 수월해지며 통증도 감소된다. 45° 유지 |
| 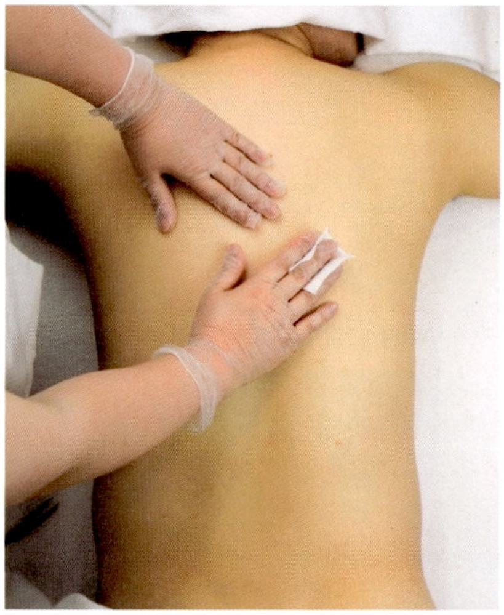 | **(15) 잔여물 제거**<br>① 오일을 전체적으로 도포해 진정감을 주면서 손의 열감으로 인해 왁스의 잔여물을 녹여 제거한다.<br>② 후 처리제를 거즈나 솜에 적셔 오일과 피부 표면의 남은 이물질을 깨끗이 제거한다.<br>③ 왁싱 부위의 피부 상태를 체크한다.<br>④ 잔모가 남았는지 양손으로 피부에 텐션을 주어 확인한다. |

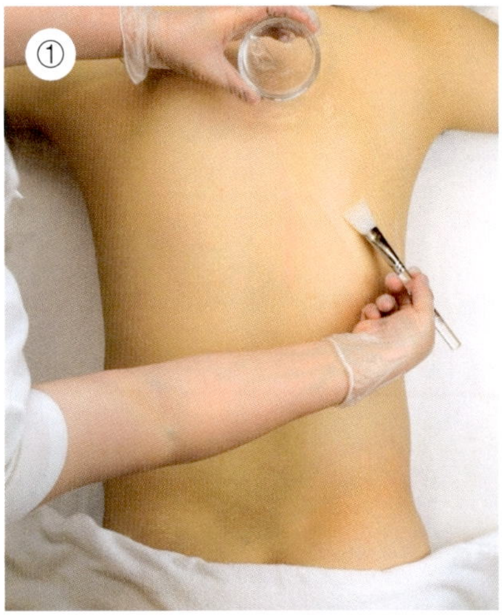

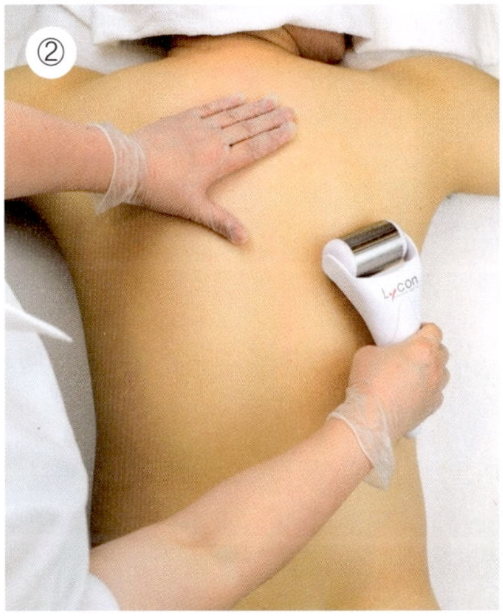

## (16) 피부 진정

① 제품을 이용한 진정

- 왁싱으로 인해 자극받은 피부 표면에 진정 젤알로에 젤을 도포한다.
- 제품 도포 시에는 유리볼 또는 스파츌라에 덜어 팩붓 또는 솜, 실리콘 스파츌라를 이용해 도포한다.

② 아이스 쿨러를 이용한 진정

- 빠른 진정감을 주기 위해 사용한다.
- 쿨러는 사용 전 냉장고에 위생적으로 보관한 뒤 사용한다. 냉동 시에는 피부에 붙어 스킨 탈락을 유발할 수 있다.

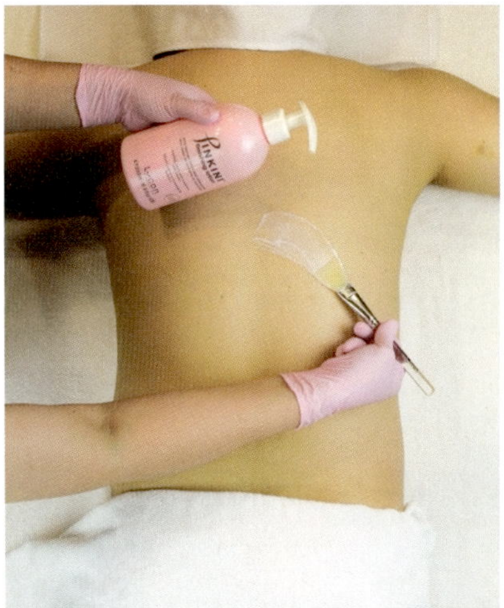

## (17) 마무리

피니시 로션Finish Lotion을 발라 왁싱 후 비어있는 공간을 보호해줌으로 2차 감염을 예방한다.

## 10. 소프트 왁싱 Soft Waxing 실기 : 헤어라인과 이마 Hair line & Forehead Waxing

헤어라인은 3자 이마, 좁은 이마, 비대칭 이마 등 라인을 교정해 의학적인 시술을 한 듯 봉긋한 이마를 연출해 줄 수 있고 좁은 이마를 넓혀주면서 심리적으로 낮은 자존감을 올려줄 수 있는 심리 효과도 줄 수 있다.

이마는 헤어라인 왁싱 관리 후 안쪽 부위에 경계 부위가 생기기 때문에 헤어라인과 이마는 함께 관리하는 것이 효과적이다. 이마의 모발을 함께 제거하면 피부조직의 빛 반사율이 높아져 이마가 입체적이고 시원해 보일 수 있기 때문이다.

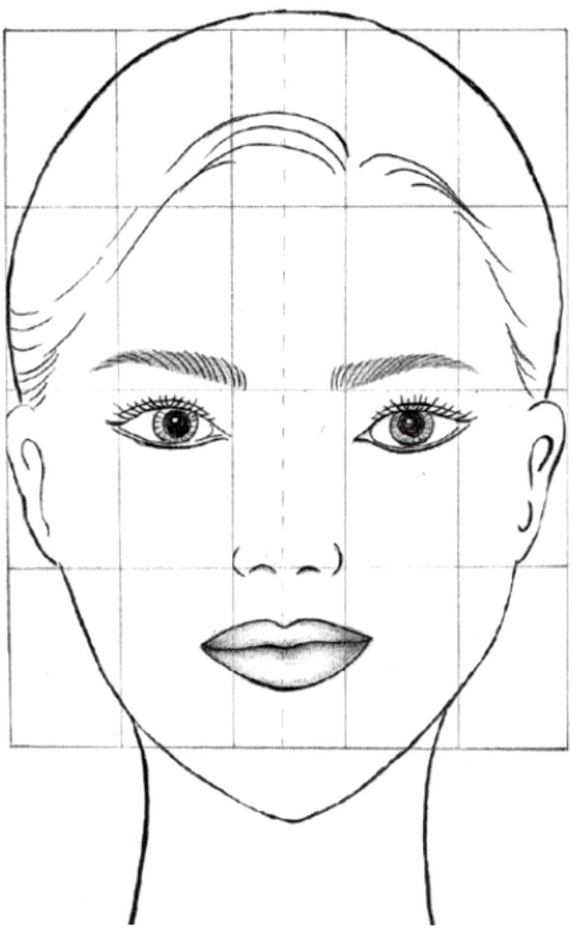

그림 15-1 얼굴 프로포션

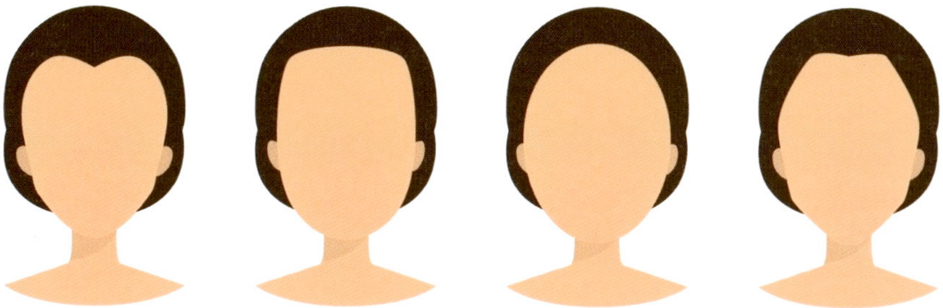


**그림 15-2 이마의 형태**

관리 순서

소독 → 전처리 → 헤어라인 디자인 → 헤어라인 → 이마 → 진정 및 마무리

소프트 왁스Soft Wax로 얼굴Face을 할 경우 왁스가 흘러 불필요한 부위에 흐르므로 누워서 왁싱을 실행한다.

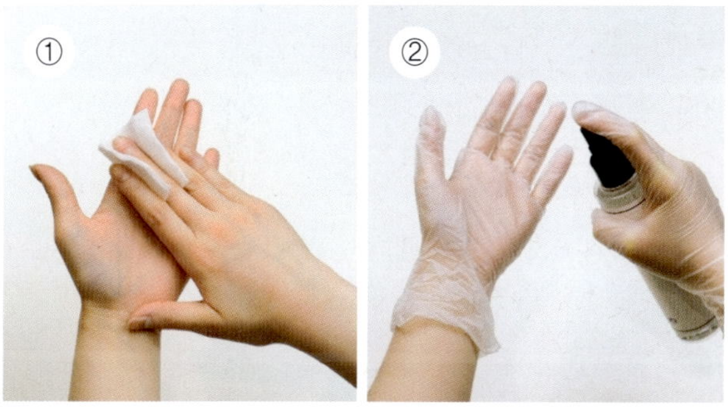

### (1) 손 소독

70% 이상의 안티셉틱Antiseptic을 이용하여 왁서Waxer의 손을 소독한다.

① 화장솜에 소독제를 묻혀 왁서의 손을 꼼꼼히 닦는다.

② 일회용 장갑라텍스 또는 니트릴 장갑을 끼고 스프레이를 뿌려 2차 소독을 한다.

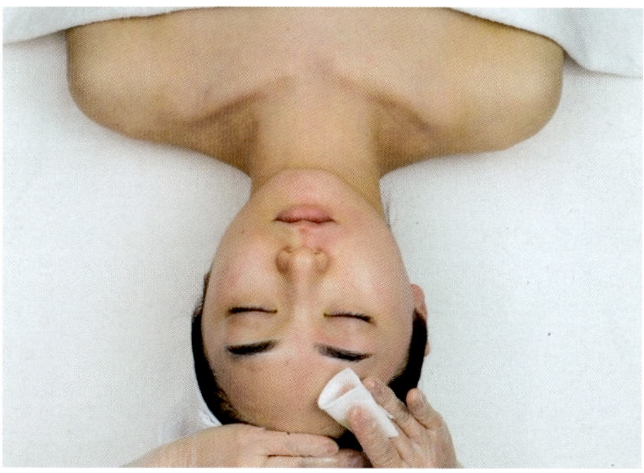

### (2) 고객의 왁싱 부위 소독

① 전 처리제나 스킨을 이용하여 고객의 왁싱 부위를 소독한다.

② 왁싱 부위의 넓이에 따라 솜이나 거즈를 이용하여 소독한다.

③ 피부의 유분기와 노폐물을 제거한다.

## (3) 헤어라인 + 이마 디자인

불필요한 헤어들이 왁싱되지 않게 헤어밴드나 헤어고정집게로 긴 헤어를 정리한다.
고객과 거울을 보며 확인하면서 고객이 원하는 디자인, 왁서가 추천할 수 있는 디자인 등을 고려하며 충분한 상담을 한다.
디자인용 화이트 펜슬을 이용해 상담을 통해 정한 디자인을 그려 재차 확인한다.

① 헤어라인 중심부와 수평 맞추기
② 상하 좌우 대칭을 맞춘 뒤, 화이트 펜슬을 이용해 라인 그리기
③ 고객에게 손거울을 드리고 왁서와 함께 디자인 확인하기
④ 왁싱이 될 헤어의 길이가 긴 경우에는 눈썹용 가위를 이용해 컷팅한다.

- 스크류 브러쉬로 라인 잡기
- 브러쉬로 헤어 잡기
- 꼬리빗으로 머리정리하기
- 컷팅될 헤어를 잡고 가위로 컷팅하기

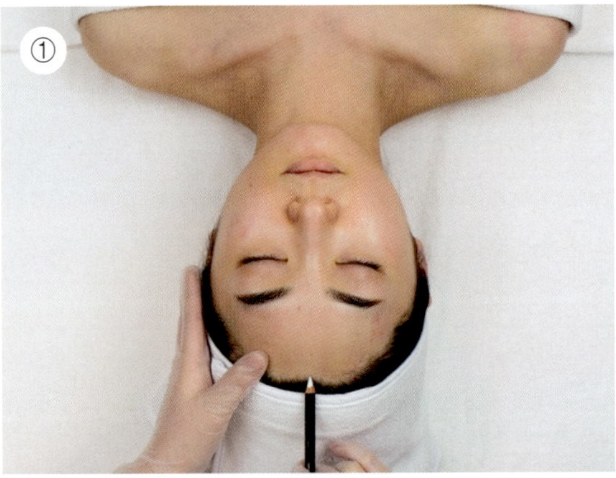

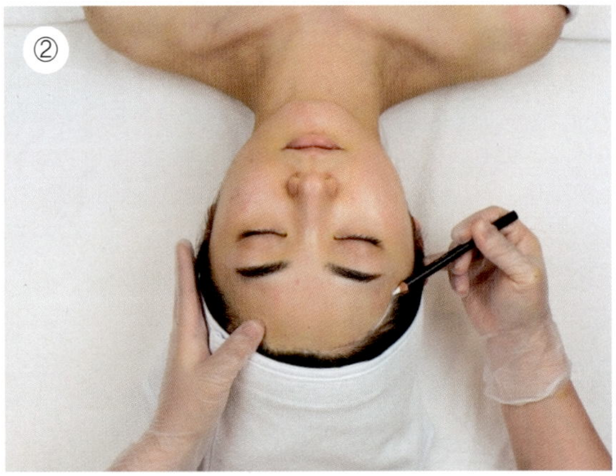

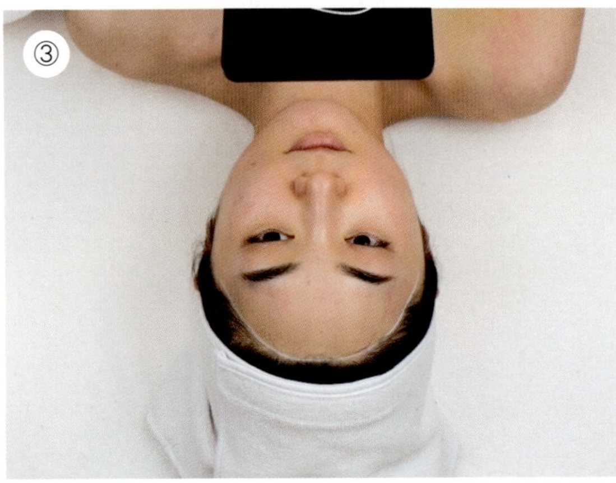

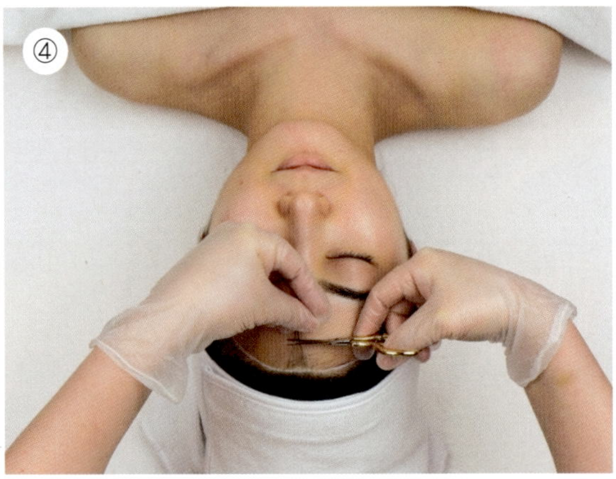

### (4) 수분 제거 파우더, Powder

① 왁스의 밀착력을 돕기 위해 모의 사이사이에 파우더를 분첩이나 솜을 이용하여 꼼꼼하게 펴 바른다.
② 유분과 수분을 제거한다.
③ 모의 성장 반대 방향으로 먼저 펴 바른 다음 → 모의 성장 방향으로 결을 정리한다.

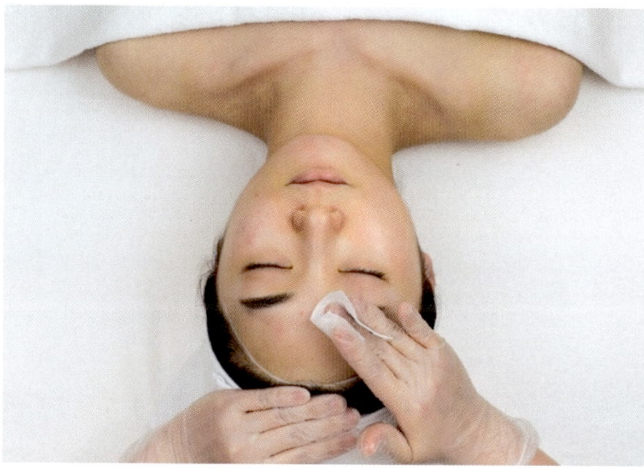

### (5) 오일 도포

① 피부의 손상이나 스킨 탈락 예방을 위해 오일을 도포한다.
② 왁스 브랜드별 특징에 따라 왁싱 전용 오일을 이용해 피부 표면의 유·수분 밸런스에 맞게 왁싱할 부위에 펴 발라준다.
③ 오일 사용 시 왁스의 밀착력이 떨어질 수 있으므로 제품 사용 설명서를 반드시 숙지한 후 사용한다.

*Point*

많은 양 도포 시 왁스의 밀착력을 방해할 수 있고 적은 양 도포 시 스킨 탈락의 위험성이 높아질 수 있다.

### (6) 왁스 양 조절

① 왁싱 부위에 맞는 스파츌라Spatula를 선택한다.
② 왁스를 뜨기 전 관리 부위의 양을 미리 생각한다.
③ 헤어라인 부위에는 스파츌라Spatula의 뒷면은 왁스가 흐르지 않도록 완전히 긁어내고, 앞면의 끝은 긁어내지 않는다.
④ 스파츌라Spatula 끝면에 있는 왁스로 부위에 라인을 잡는다.

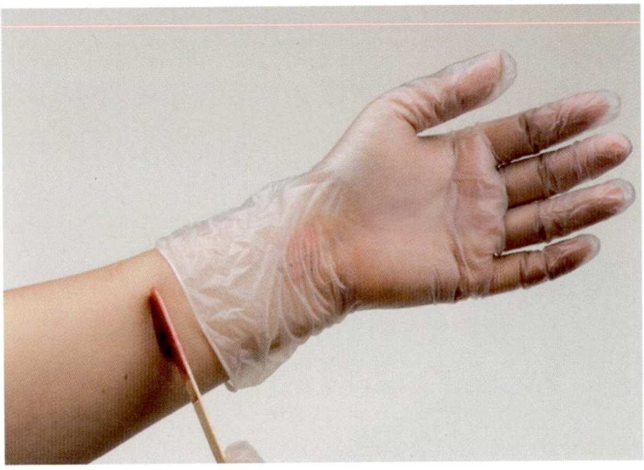

## (7) 온도 체크

① 소프트 왁스는 제품마다 다르긴 하지만 평균 75℃를 유지하며 너무 묽지 않아야 한다.
② 왁스의 온도가 낮을 시 왁스가 고르게 펴지지 않을 수 있기 때문에 왁스 온도 체크는 왁싱하기 30분 전에는 미리 확인을 해야 한다.
③ 화상을 예방하기 위해 왁스 도포 전 반드시 왁서Waxer 의 손목 안쪽에 온도를 확인한다.

*Point*

사용하는 제품의 적정 온도를 미리 숙지하여 예열 후 사용한다.

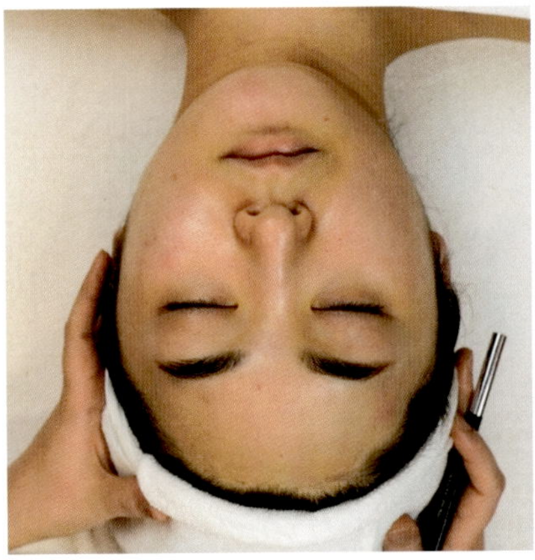

## (8) 헤어라인 섹션

① 고객의 헤어가 방해되지 않게 고객을 눕힌 뒤 터번이나 헤어밴드로 헤어를 고정시킨다.
② 미리 디자인을 잡은 선을 따라 헤어라인의 센터부터 시작한다.
③ 섹션을 나누어 숙지를 하고 부위에 맞게끔 왁싱을 하면 시간이 절약되고 왁싱의 효율성이 높아진다.

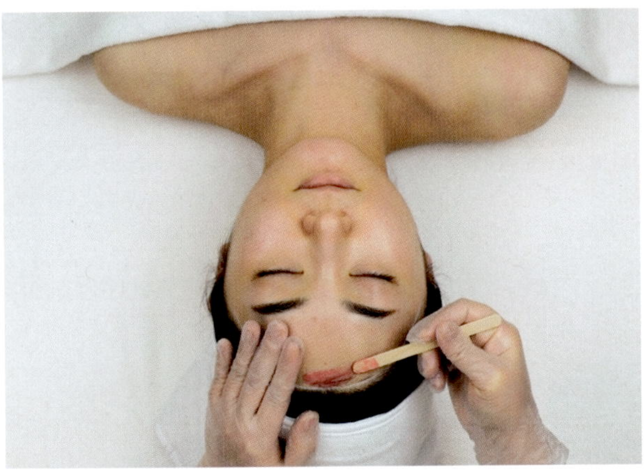

## (9) 왁스 도포 헤어라인 중앙

① 왁스 도포 전에는 항상 모의 성장 방향을 확인하고, 성장 방향으로 도포한다.
② 왁스 도포 시작점에 왁스를 도포하는 반대 손으로 텐션을 주고, 스파츌라를 고정한다.
③ 45°로 스파츌라를 잡고 밀착감을 주면서 최대한 얇게 펴 바른다.
④ 한곳에 오래 머무르지 않고 매끄럽게 빨리 바른다.
⑤ 얼굴 부위는 예민하고 스킨 탈락의 위험이 높으므로 소량씩 도포한다.

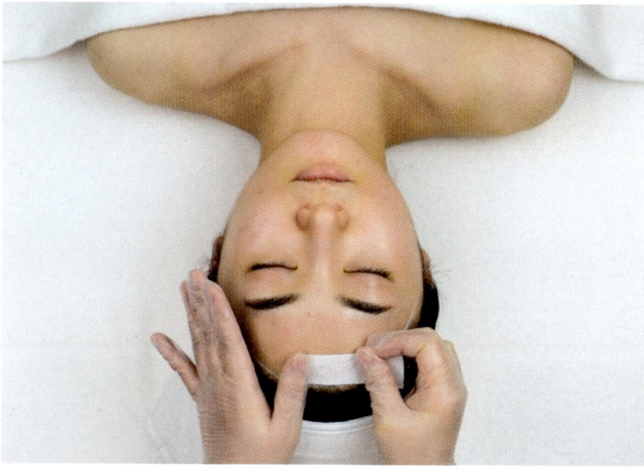

### (10) 무슬린 천부직포 밀착하기

헤어라인 중앙

① 왁싱 부위에 적당한 크기2~3cm로 절단한 무슬린 천부직포을 선택한다.

② 왁스가 굳지 않도록 빠르게 무슬린 천부직포을 밀착시킨다.

③ 손바닥으로 최대한 넓게 밀착시켜 불필요한 동작을 줄여주고 무슬린 천부직포이 접히지 않도록 고르게 완전히 밀착시킨다.

④ 피부가 많이 건조하거나 예민한 피부는 조금씩 밀착시킨다.

⑤ 한 번에 넓은 부위가 왁싱되지 않도록 주의한다.

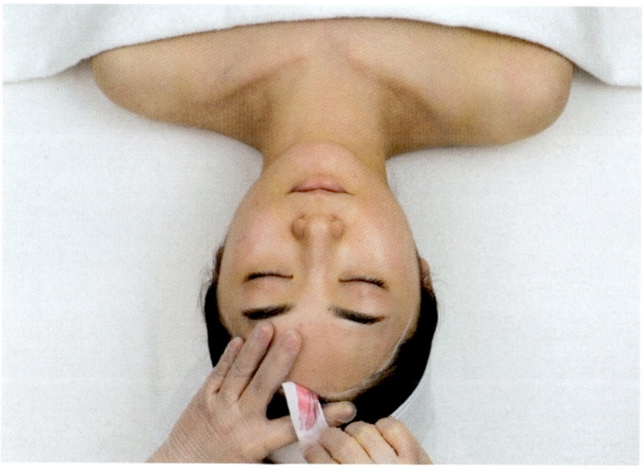

### (11) 무슬린 천부직포 제거

헤어라인 중앙

① 모의 성장 반대 방향으로 제거한다.

② 왁스와 모를 밀착시킨 무슬린 천부직포 제거 시 모가 없는 부위에 손잡이를 만들고 왁스가 도포된 1~2cm 정도 떨어진 곳에서 손잡이를 만들어 제거한다.

③ 무슬린 천부직포을 제거하는 손끝이 들리지 않도록 유의하며, 피부와 평행하게 재빠르게 떼어낸다. 45° 유지

*Point*

도포된 부위에 손잡이가 되면 피부가 들리고 왁싱이 되지 않는다.

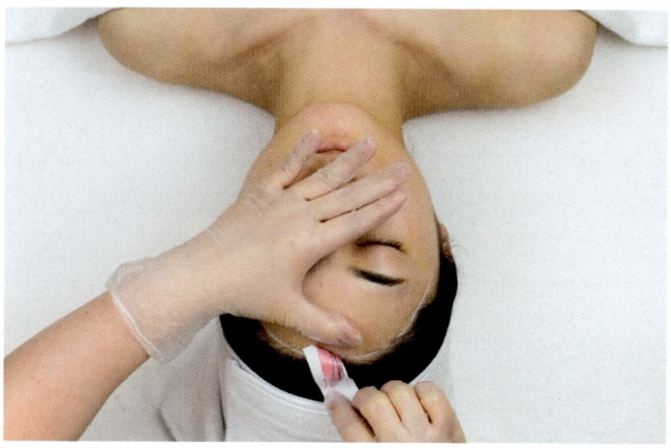

### (12) 진정하기 헤어라인 중앙

① 텐션을 주는 손은 왁스가 제거되는 동시에 왁싱된 부위를 눌러주어 신경 통증을 진정시킨다.

② 왁싱 후 2차 감염 예방을 위해 불필요한 터치는 하지 않는다.

### (13) 헤어라인 양쪽 측면 왁싱 헤어라인 측면

① 왁스를 도포한다
② 무슬린 천부직포 밀착하기
③ 무슬린 천부직포 제거
④ 피부 진정하기

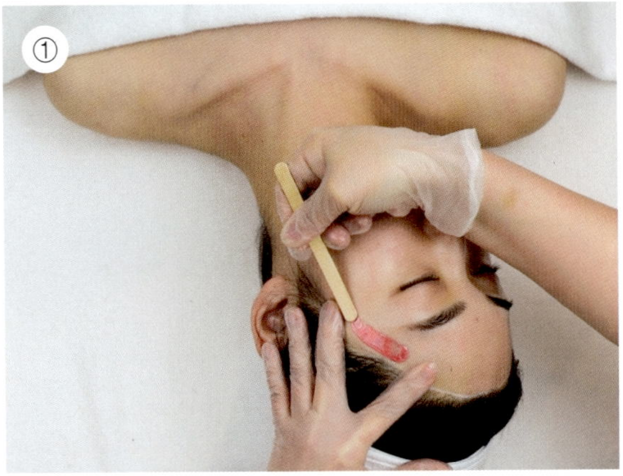
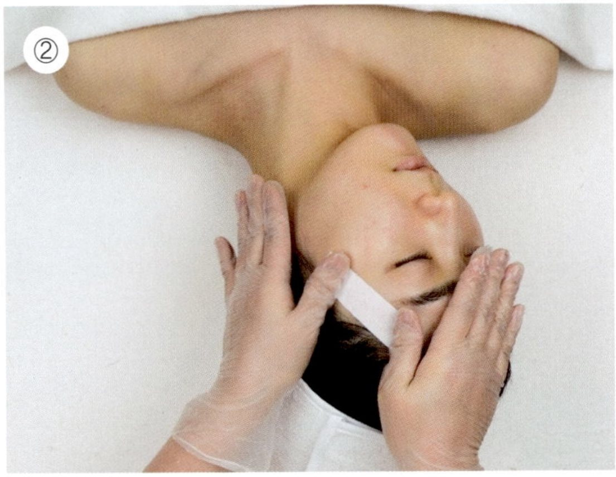
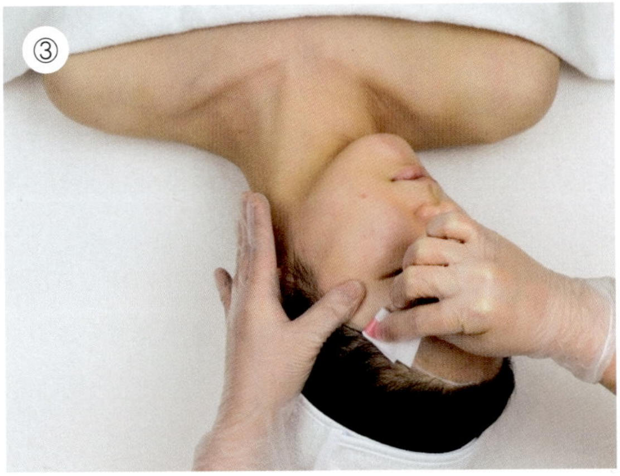
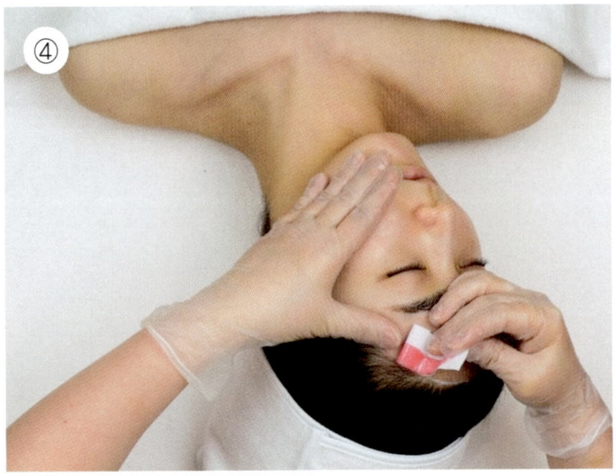

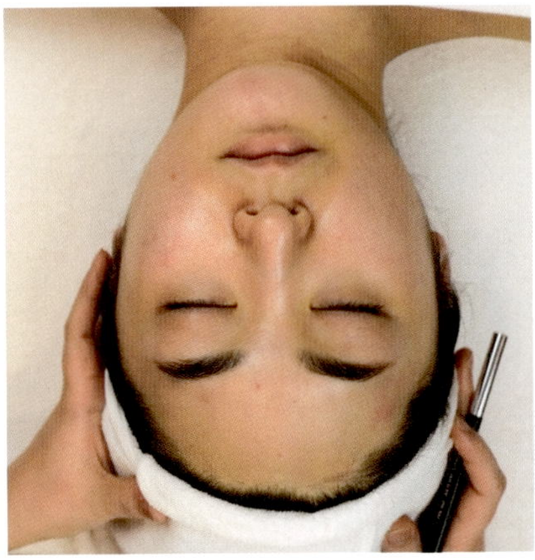

### (14) 이마 섹션 이마

헤어라인 아래에서 눈썹 위 부위를 모의 성장 방향을 고려하여 섹션을 나눈다.

| | |
|---|---|
| 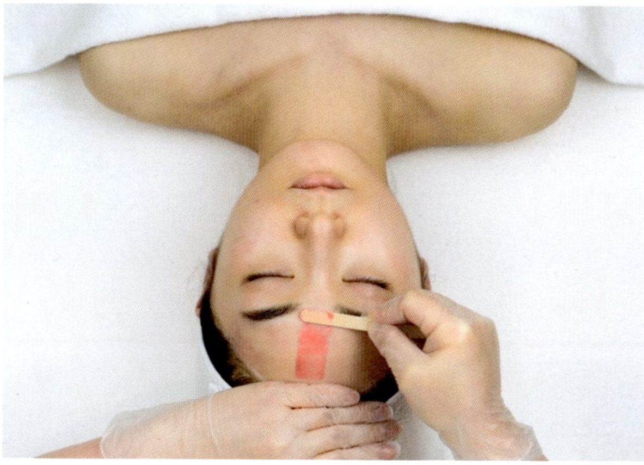 | **(15) 왁스 도포** 이마<br>① 왁스 도포 전에는 항상 모의 성장 방향을 확인하고, 성장 방향으로 도포한다.<br>② 한 손은 피부를 고정하고, 반대 손은 스파츌라를 고정한다.<br>③ 45°로 스파츌라를 잡고 밀착감을 주면서 최대한 얇게 펴 바른다.<br>④ 왁스가 굳지 않도록 매끄럽고 빠르게 왁스를 도포한다.<br>⑤ 얼굴 부위는 예민하고 스킨 탈락의 위험이 높으므로 소량씩 도포한다. |
| 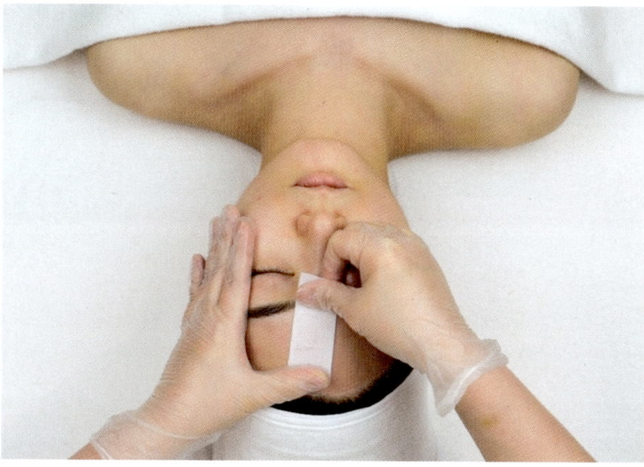 | **(16) 무슬린 천** 부직포 **밀착하기** 이마<br>① 왁싱 부위에 적당한 크기2~3cm로 절단한 무슬린 천부직포을 선택한다.<br>② 왁스가 굳지 않도록 빠르게 무슬린 천부직포을 밀착시킨다.<br>③ 무슬린 천부직포의 손잡이는 왁스 도포 끝부분보다 여유있게 남기고, 무슬린 천부직포이 접히지 않도록 고르게 밀착시킨다.<br>④ 무슬린 천의 시작되는 점에서 끝 방향으로 밀어주며 완전히 밀착시킨다.<br>⑤ 피부가 많이 건조하거나 예민한 피부는 조금씩 밀착시킨다.<br>⑥ 한 번에 넓은 부위가 왁싱되지 않도록 주의한다. |
| 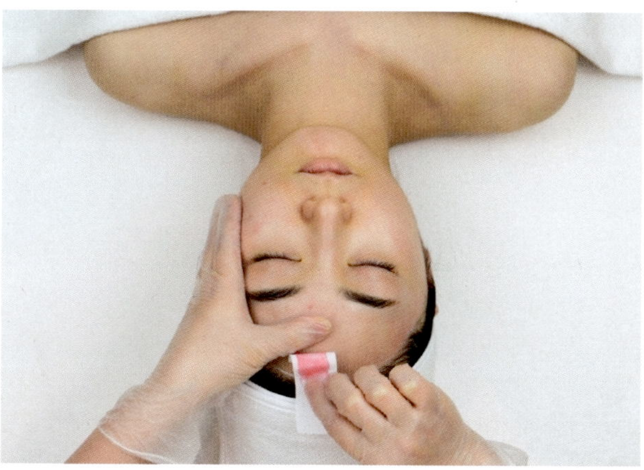 | **(17) 무슬린 천** 부직포 **제거** 이마<br>① 모의 성장 반대 방향으로 제거한다.<br>② 왁스와 모를 밀착시킨 무슬린 천부직포 제거 시 모가 없는 부위에 손잡이를 만들고 왁스가 도포된 1~2cm 정도 떨어진 곳에서 손잡이를 만들어 제거한다.<br>③ 도포된 부위에 손잡이가 되면 피부가 들리고 왁싱이 되지 않는다.<br>④ 무슬린 천부직포을 제거하는 손끝이 들리지 않도록 유의하며, 피부와 평행하게 재빠르게 떼어낸다. 45° 유지 |

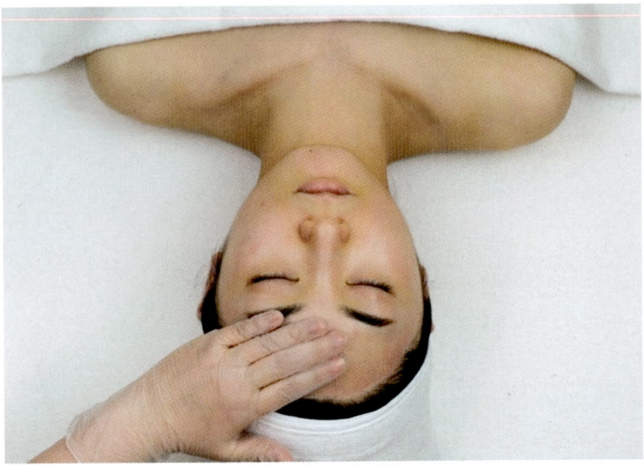

### (18) 진정하기 이마

① 텐션을 주는 손은 왁스가 제거되는 동시에 왁싱된 부위를 눌러주어 신경 통증을 진정시킨다.

② 왁싱 후 2차 감염 예방을 위해 불필요한 터치는 하지 않는다.

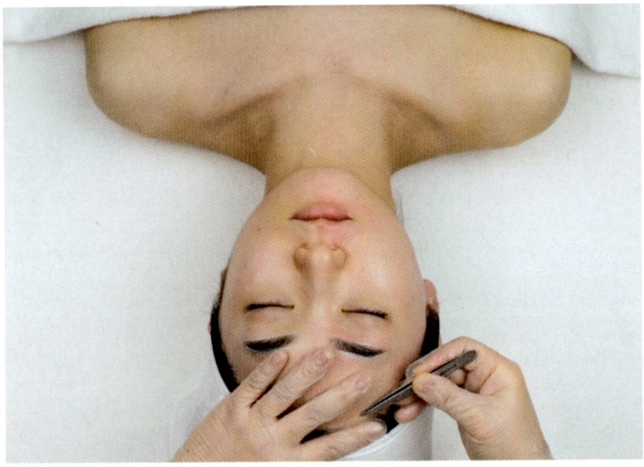

### (19) 잔모 처리 이마

① 왁싱 후 남은 잔모를 제거한다.

② 왁싱으로 뽑히지 않은 짧은 모들은 족집게트위져, Tweezers를 이용해 제거한다.

③ 족집게 사용 시 모의 성장 방향으로 텐션을 주며 족집게를 눕혀 잡아당기듯이 사용하면 모가 끊기지 않고 제거가 수월해지며 통증도 감소된다. 45° 유지

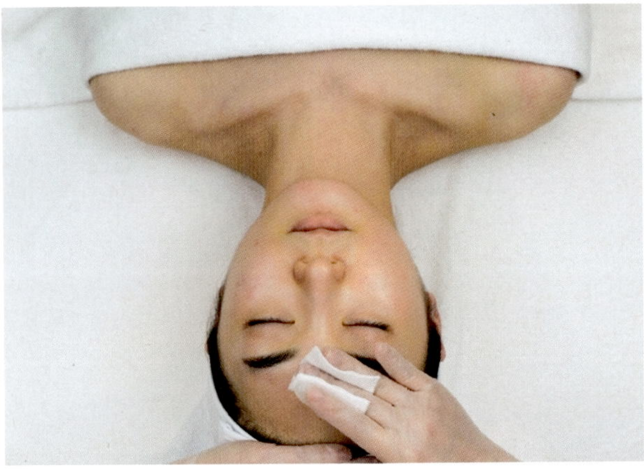

### (20) 잔여물 제거 이마

① 오일을 이용하여 왁싱 부위의 왁스 잔여물을 녹여 제거한다.

② 후 처리제를 거즈나 솜에 적셔 오일과 피부 표면의 남은 이물질을 깨끗이 제거한다.

③ 왁싱 부위의 피부 상태를 체크한다.

### (21) 피부 진정 이마

① 제품을 이용한 진정

- 왁싱으로 인해 자극받은 피부 표면에 진정 젤알로에 젤을 도포한다.
- 제품 도포 시에는 유리볼 또는 스파츌라에 덜어 팩붓 또는 솜, 실리콘 스파츌라를 이용해 도포한다.

② 아이스 쿨러를 이용한 진정

- 빠른 진정감을 주기 위해 사용한다.
- 쿨러는 사용 전 냉장고에 위생적으로 보관한 뒤 사용한다. 냉동 시에는 피부에 붙어 스킨 탈락을 유발할 수 있다.

③ 팩 후 마무리

- 시트팩은 진정 성분이 함유된 스킨팩을 부위에 맞게 절단해서 사용한다. 냉장고에 두어 시원하게 관리하면 진정에 더욱 효과적이다.
- 팩 제거 후 유수분 공급제를 도포하여 2차 감염을 예방한다.

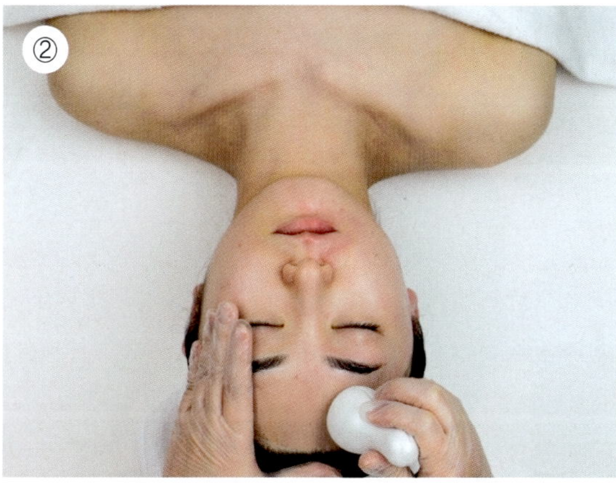


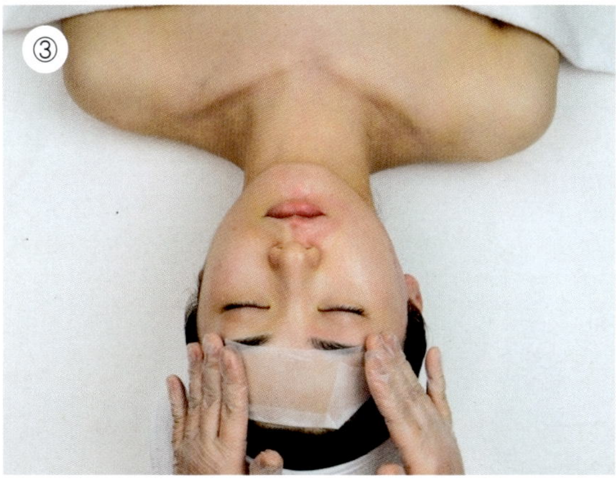

## 11. 소프트 왁싱 Soft Waxing 실기 : 눈썹 디자인 Eyebrow Design Waxing

눈썹 왁싱은 사람의 첫인상을 좌우할 만큼 우리 얼굴에서 제일 먼저 띄는 게 눈썹이다. 따라서 눈썹 하나로 사람의 이미지가 많은 비중을 차지한다. 얼굴형에 맞도록 눈썹의 디자인을 만들어주면 메이크업 시 시간 단축이 되고 세련된 이미지로 개선시킬 수 있다.

| | | |
|---|---|---|
| 표준형 눈썹 |  | • 누구에게나 잘 어울리는 기본적인 눈썹의 형태이다. |
| 직선형 눈썹 |  | • 활동적인 이미지를 주며, 긴 얼굴형에 잘 어울리는 눈썹의 형태이다. |
| 각진형 눈썹 |  | • 지적이며, 세련된 느낌을 준다.<br>• 둥근 얼굴형에 잘 어울리는 눈썹의 형태이다. |
| 아치형 눈썹 |  | • 우아하고 여성적인 이미지를 연출하며, 넓은 이마를 가진 얼굴형에 잘 어울리는 눈썹의 형태이다. |
| 상승형 눈썹 |  | • 둥근 얼굴형이나 개성적 이미지 연출에 적당한 눈썹의 형태이다.<br>• 자칫 강한 이미지로 비춰질 수 있다. |
| 둥근형 눈썹 |  | • 귀여운 이미지와 슬픈 이미지를 연출한다. |

그림 15-3 눈썹의 형태

관리 순서

소독 → 전처리 → 디자인 → 눈썹 → 진정 및 마무리

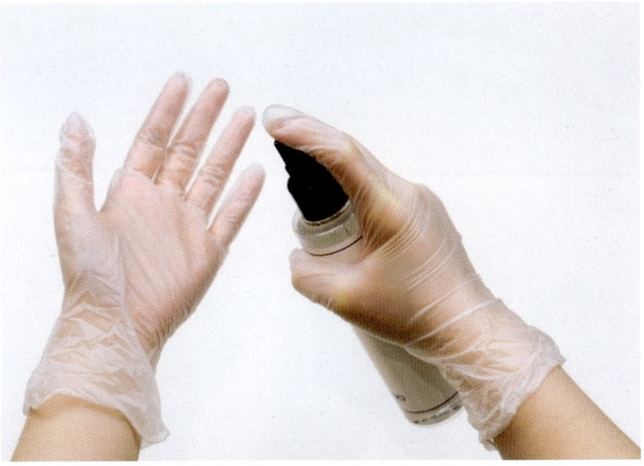

## (1) 손 소독

70% 이상의 안티셉틱 Antiseptic 을 이용하여 왁서 Waxer 의 손을 소독한다.

① 화장솜에 소독제를 묻혀 왁서의 손을 꼼꼼히 닦는다.

② 일회용 장갑 라텍스 또는 니트릴 장갑을 끼고 스프레이를 뿌려 한 번 더 소독을 한다.

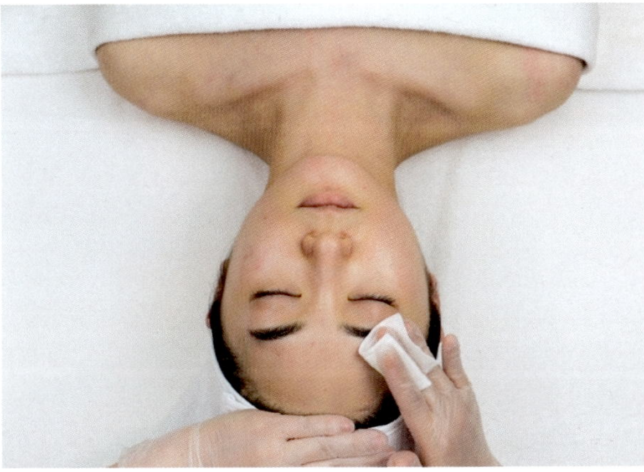

## (2) 고객의 왁싱 부위 소독

① 전 처리제나 스킨을 이용하여 고객의 왁싱 부위를 소독한다.

② 왁싱 부위의 넓이에 따라 솜이나 거즈를 이용하여 소독한다.

③ 피부의 유분기와 노폐물을 제거한다.

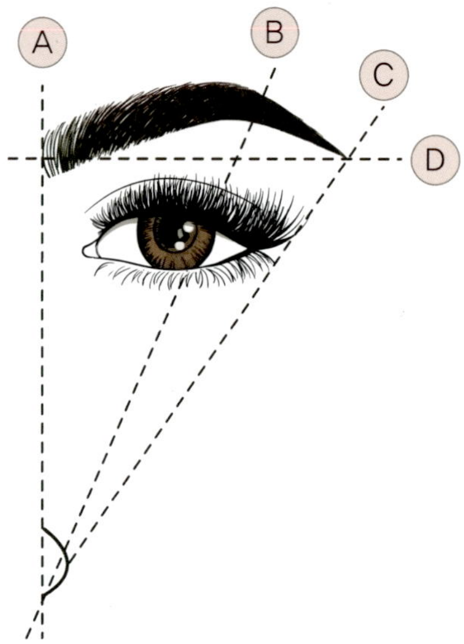


## (3) 눈썹 왁싱 준비

불필요한 헤어들이 방해되지 않도록 헤어밴드나 헤어고정집게로 긴 헤어를 정리한다.

①, ② 고객의 얼굴형에 따라 눈썹의 구도에 맞춰 눈썹을 디자인한다.

③ 고객과 거울을 보며 확인하면서 고객이 원하는 디자인, 왁서가 추천할 수 있는 디자인을 고려하며 충분한 상담을 한다.

④ 디자인용 화이트 펜슬을 이용해 디자인한 뒤 눈썹의 길이가 긴 경우에는 스크류 브러쉬로 눈썹을 정리해서 모의 결 방향에 따라 빗질 후 눈썹용 가위를 이용해 컷팅한다.

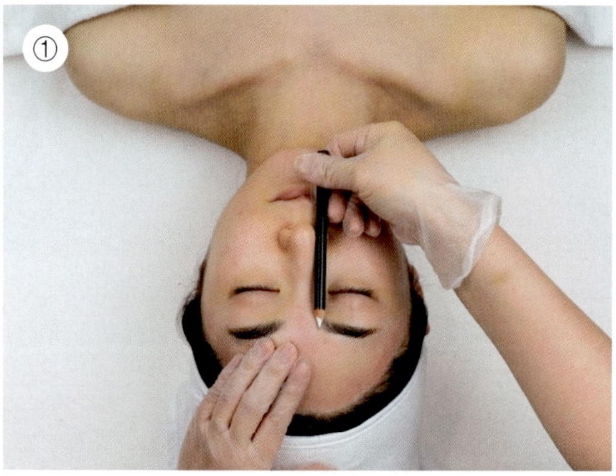


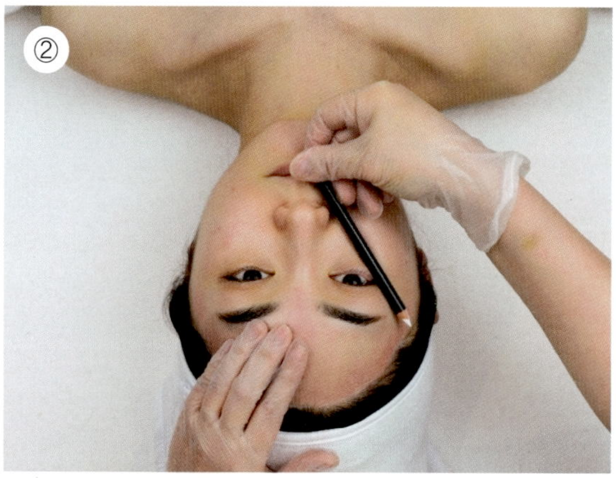


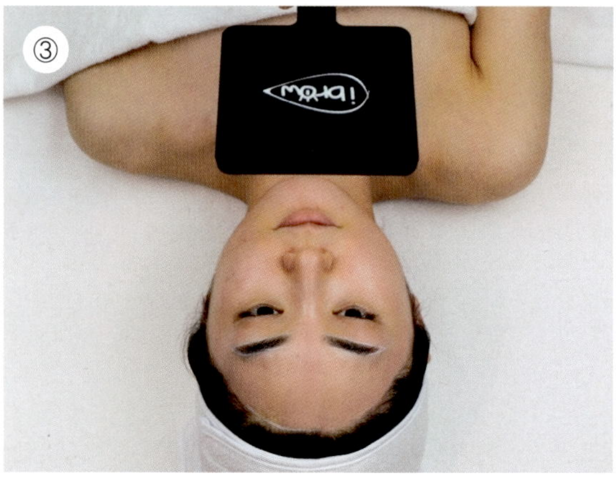


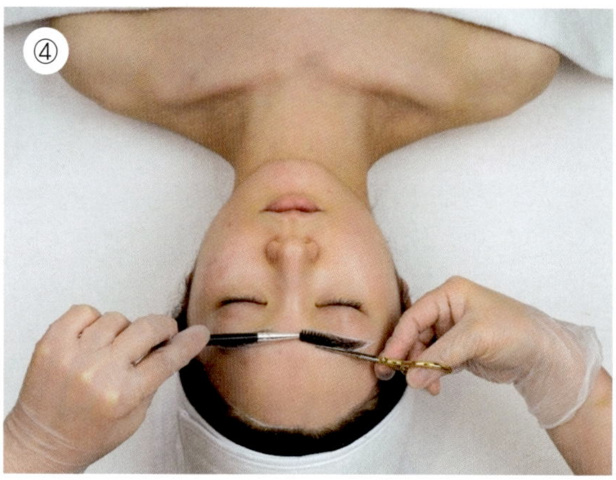

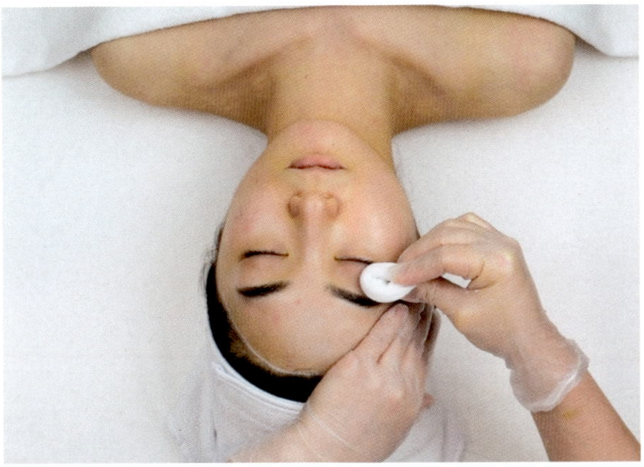

### (4) 수분 제거 파우더, Powder

① 왁스의 밀착력을 돕기 위해 모의 사이사이에 파우더를 분첩이나 솜을 이용하여 꼼꼼하게 펴 바른다.
② 유분과 수분을 제거한다.
③ 모의 성장 반대 방향으로 먼저 펴 바른 다음 → 모의 성장 방향으로 결을 정리한다.

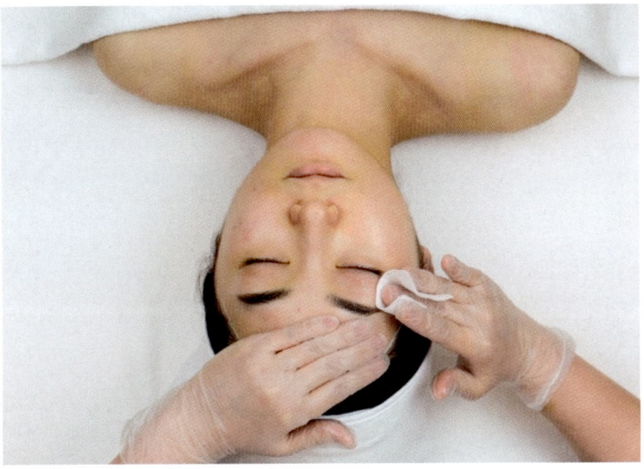

### (5) 오일 도포

① 피부의 손상이나 스킨 탈락 예방을 위해 오일을 도포한다.
② 왁스 브랜드별 특징에 따라 왁싱 전용 오일을 이용해 피부 표면의 유·수분 밸런스에 맞게 왁싱할 부위에 펴 발라준다.
③ 오일 사용 시 왁스의 밀착력이 떨어질 수 있으므로 제품 사용 설명서를 반드시 숙지한 후 사용한다.

*Point*

오일을 너무 많이 도포할 경우 왁스의 밀착력을 방해할 수 있고, 적은 양 도포 시 스킨 탈락의 위험성이 높아질 수 있으므로 주의하여 사용한다.

### (6) 왁스 양 조절

① 왁싱 부위에 맞는 스파츌라Spatula를 선택한다.
② 왁스를 뜨기 전 관리 부위의 양을 미리 생각한다.
③ 헤어라인 부위에는 스파츌라Spatula의 뒷면은 왁스가 흐르지 않도록 완전히 긁어내고, 앞면의 끝은 긁어내지 않는다.
④ 스파츌라Spatula 끝면에 있는 왁스로 왁싱 부위에 라인을 잡는다.

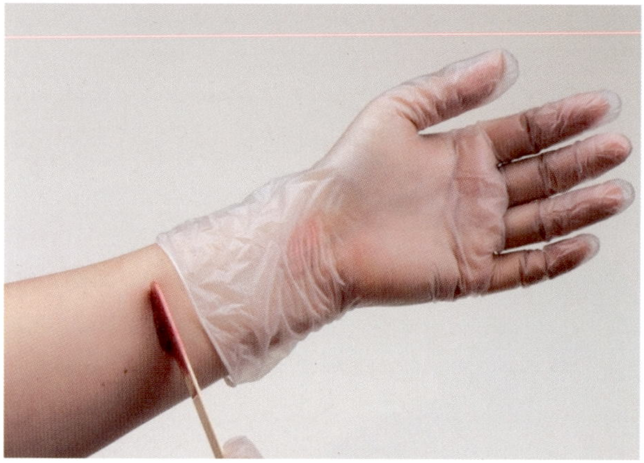

## (7) 온도 체크

① 왁스의 예열점을 확인하여 사용하고, 왁싱하기 30분 전 농도를 미리 확인한다.

② 화상을 예방하기 위해 왁스 도포 전 반드시 왁서Waxer의 손목 안쪽으로 온도를 확인한다.

*Point*

사용하는 제품의 적정 온도를 미리 숙지하여 예열 후 사용한다.

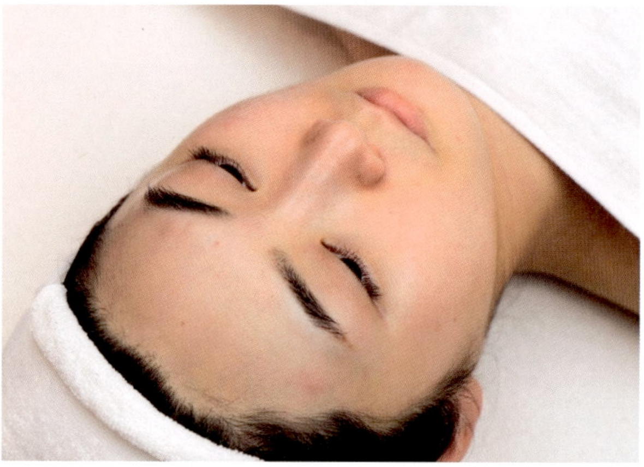

## (8) 섹션Section 나누기

① 미리 디자인을 잡은 선을 따라 미간부터 왁싱을 시작한다.

② 소프트 왁스는 얇게 발라야 하는 특성상 한 번에 많은 부위를 왁싱하지 못한다.

③ 눈두덩이는 피부가 약한 부위이기 때문에 스킨 탈락의 위험이 높은 부위이다.

④ ㉠ 미간 → ㉡ 눈썹 아래 → ㉢ 눈썹 위 → ㉣ 눈썹 꼬리 순으로 왁싱을 실시한다.

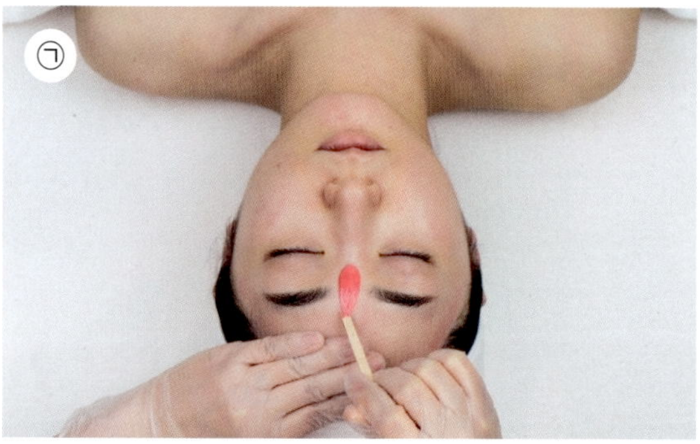


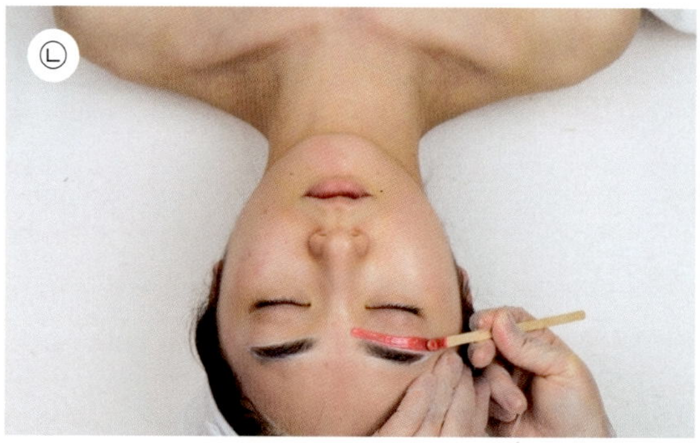


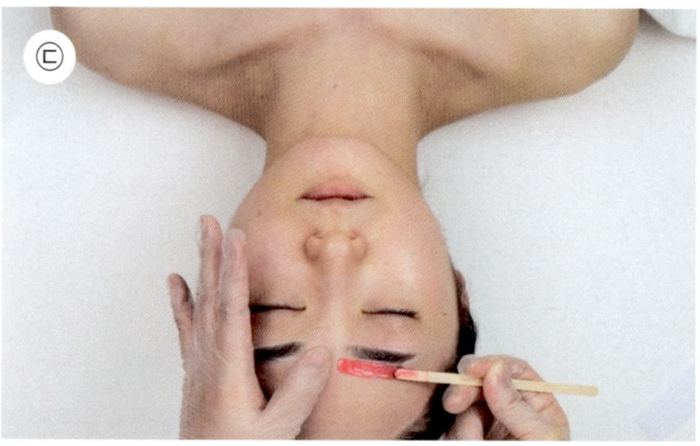


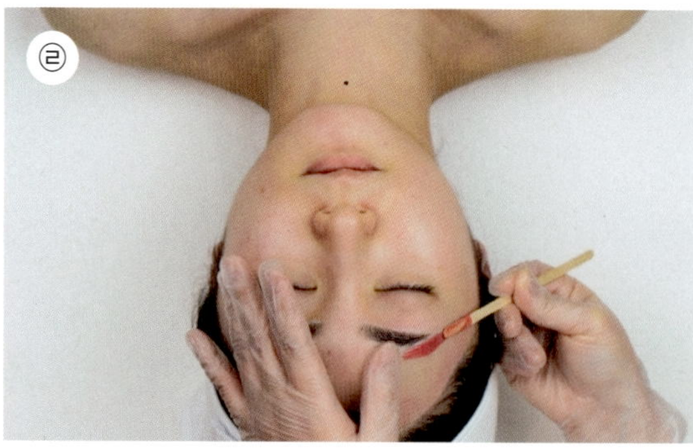

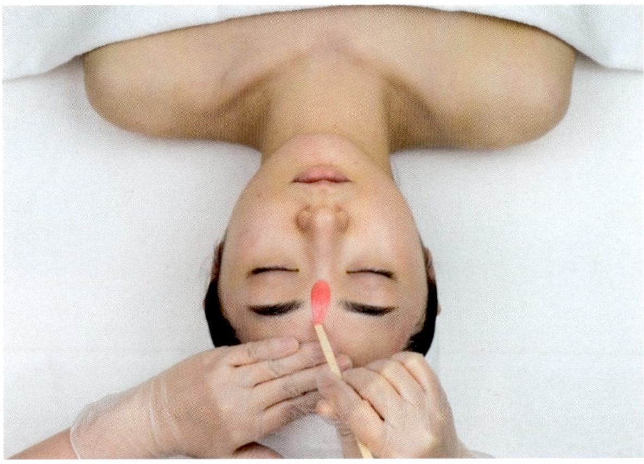

### (9) 왁스 도포 미간

① 왁스 도포 전에는 항상 모의 성장 방향을 확인하고, 성장 방향으로 도포한다.
② 한 손은 피부를 고정하고 반대 손은 왁스 도포 시작점에 스파츌라를 고정한다.
③ 45°로 스파츌라를 잡고 밀착감을 주면서 최대한 얇게 펴 바른다.
④ 왁스가 굳지 않도록 한곳에 오래 머무르지 않고 매끄럽게 빨리 바른다.
⑤ 얼굴 부위는 예민하고 스킨 탈락의 위험이 높으므로 소량씩 도포한다.

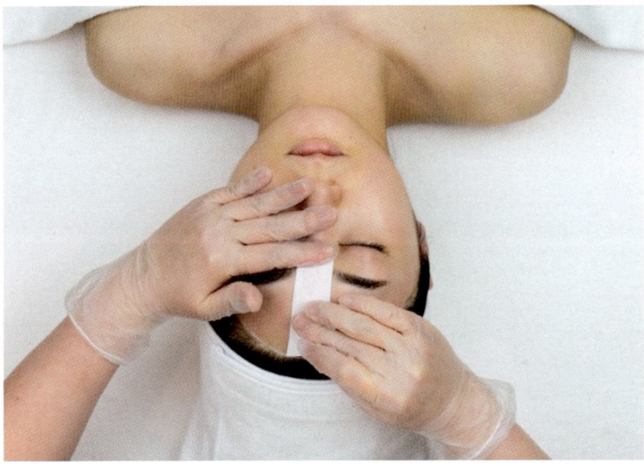

### (10) 무슬린 천 부직포 밀착하기 미간

① 왁싱 부위에 적당한 크기 2~3cm로 절단한 무슬린 천 부직포을 선택한다.
② 왁스가 굳지 않도록 빠르게 밀착시켜 불필요한 동작을 줄여주고 무슬린 천 부직포이 접히지 않도록 고르게 밀착시킨다.
③ 무슬린 천의 시작되는 점에서 끝 방향으로 밀어주며 완전히 밀착시킨다.
④ 무슬린 천 부직포의 손잡이는 왁스 도포 끝부분보다 여유있게 남기고 밀착시킨다.
⑤ 한 번에 넓은 부위가 왁싱되어 다른 모가 제모되지 않도록 주의한다.

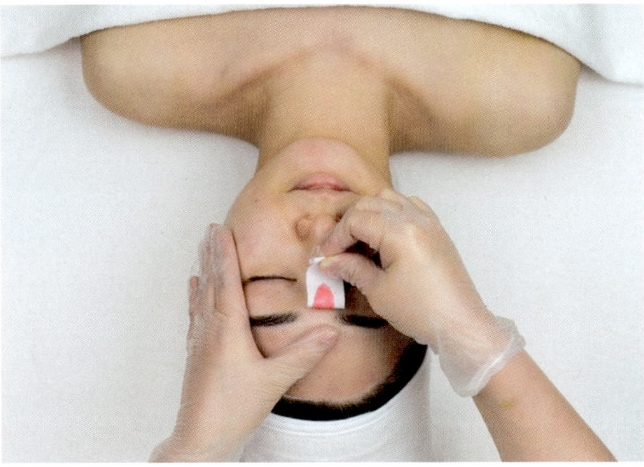

### (11) 무슬린 천 부직포 제거 미간

① 모의 성장 반대 방향으로 제거한다.
② 왁스와 모를 밀착시킨 무슬린 천 부직포 제거 시 모가 없는 부위에 손잡이를 만들고 왁스가 도포된 부위에서 1~2cm 정도 떨어진 곳에서 손잡이를 만들어 제거한다.
③ 무슬린 천 부직포을 제거하는 손끝이 들리지 않도록 유의하며, 피부와 평행하게 재빠르게 떼어낸다. 45° 유지

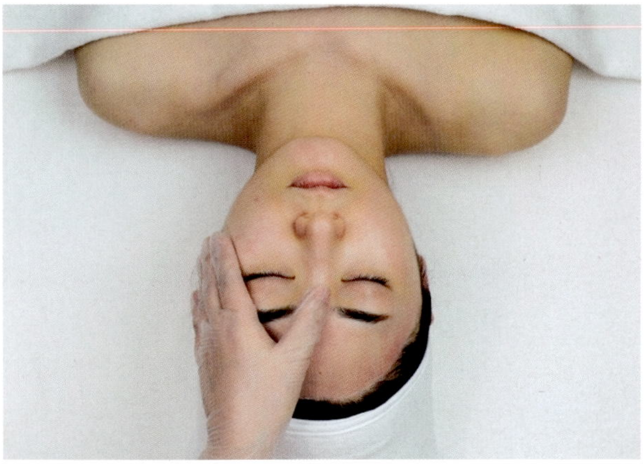

### (12) 진정하기 미간

① 텐션을 주는 손은 왁스가 제거되는 동시에 왁싱된 부위를 눌러주어 신경 통증을 진정시킨다.

② 왁싱 후 2차 감염 예방을 위해 불필요한 터치는 하지 않는다.

[눈썹 아래 부분 왁싱하기]

① 왁스를 도포한다.
② 무슬린 천부직포 밀착하기
③ 무슬린 천부직포 제거하기
④ 진정하기

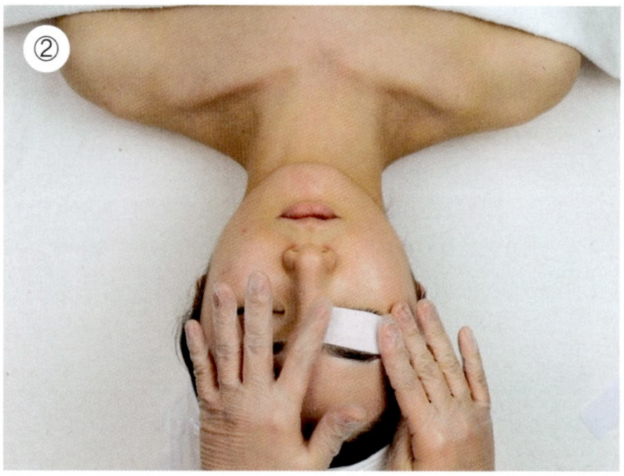


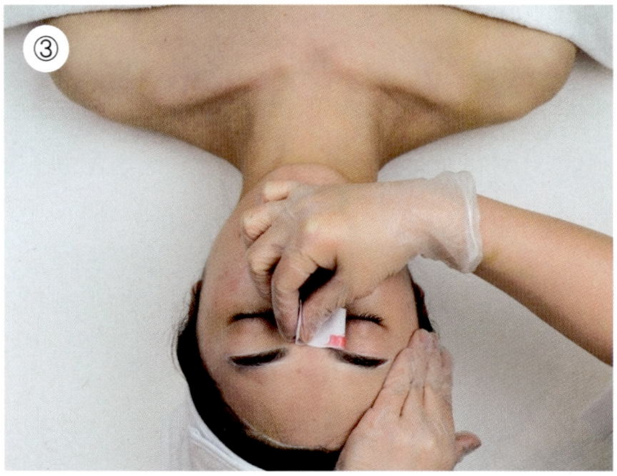


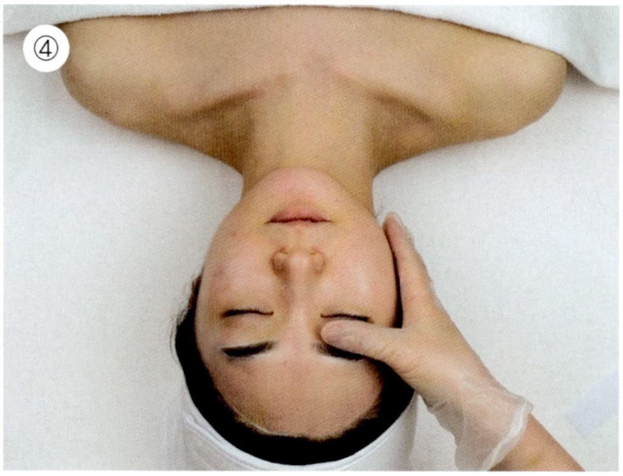

### [ 눈썹 윗 부분 왁싱하기]

① 왁스를 도포한다.
② 무슬린 천부직포 밀착하기
③ 무슬린 천부직포 제거하기
④ 진정하기

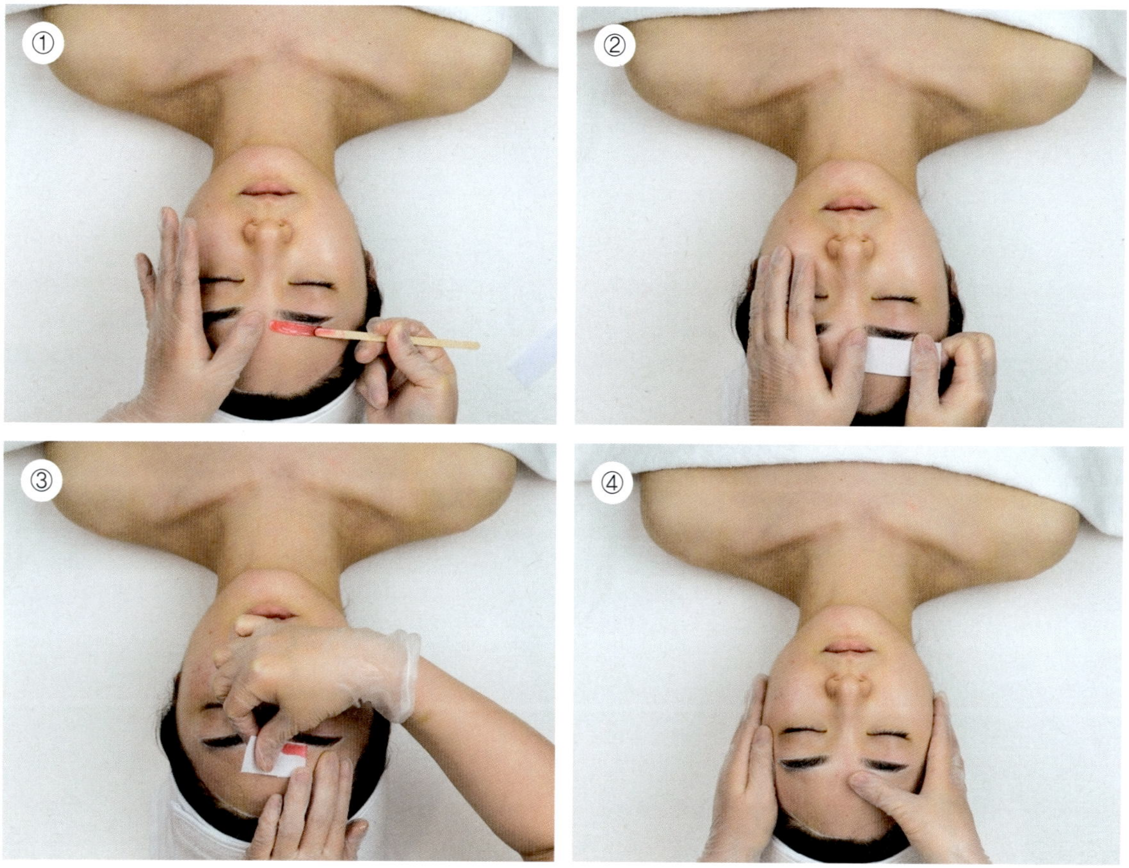

[눈썹 꼬리 부분 왁싱하기]

① 왁스를 도포한다.
② 무슬린 천부직포 밀착하기
③ 무슬린 천부직포 제거하기
④ 진정하기

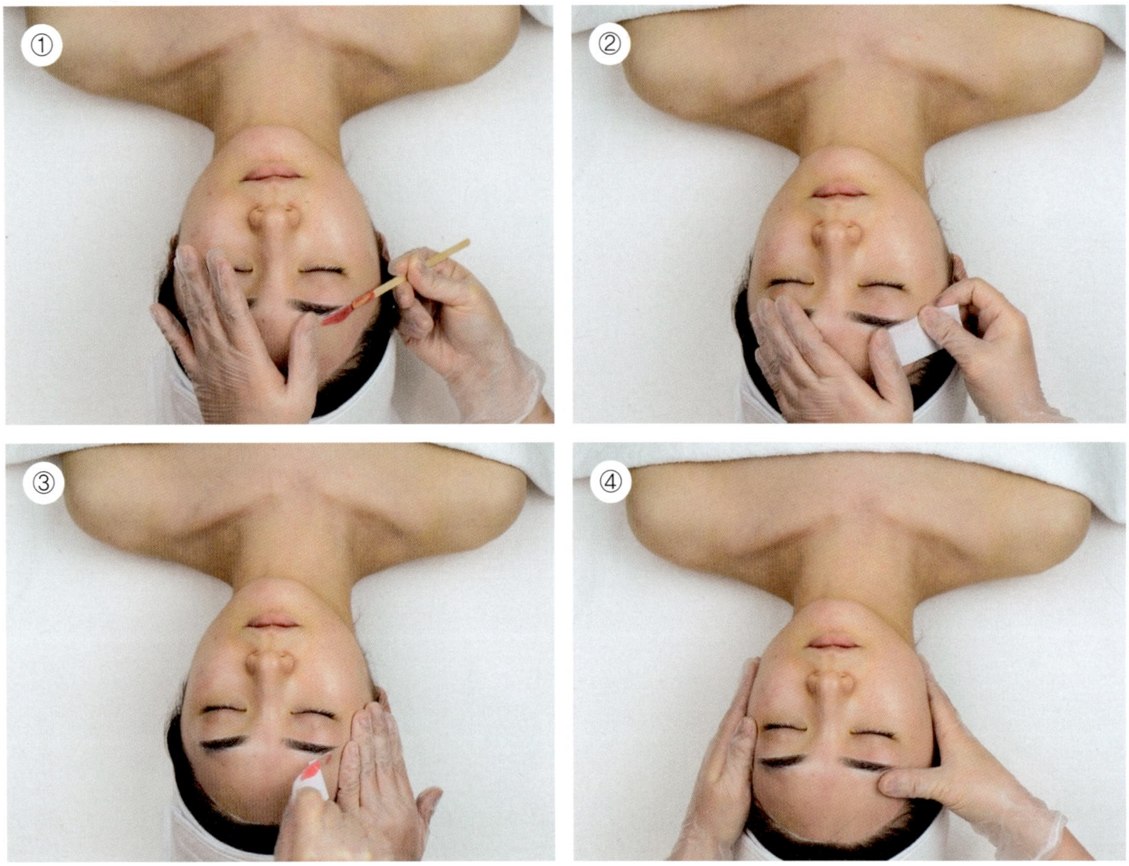

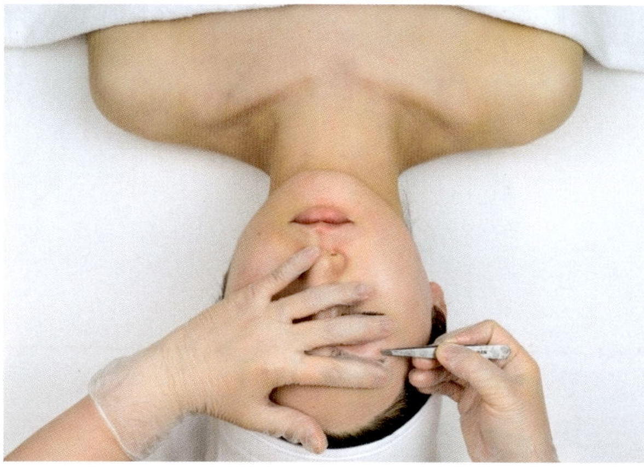

### (13) 잔모 처리

① 왁싱 후 남은 잔모를 제거한다.

② 왁싱으로 뽑히지 않은 짧은 모들은 족집게트위저, Tweezers를 이용해 제거한다.

③ 족집게 사용 시 모의 성장 방향으로 텐션을 주며 족집게를 눕혀 잡아당기듯이 사용하면 모가 끊어지지 않고 제거가 수월해지며 통증도 감소된다. 45° 유지

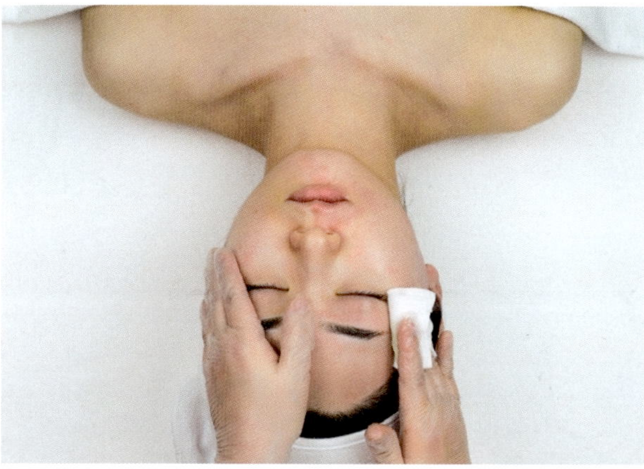

### (14) 잔여물 제거

① 오일을 이용하여 왁싱 부위의 왁스 잔여물을 녹여 제거한다.

② 후 처리제를 거즈나 솜에 적셔 오일과 피부 표면의 남은 이물질을 깨끗이 제거한다.

③ 왁싱 부위의 피부 상태를 체크한다.

### (15) 피부 진정

① 왁싱으로 인해 자극받은 피부 표면에 진정 젤알로에 젤을 도포한다.

② 제품 도포 시에는 유리볼 또는 스파츌라에 덜어 팩붓 또는 솜, 실리콘 스파츌라를 이용해 도포한다.

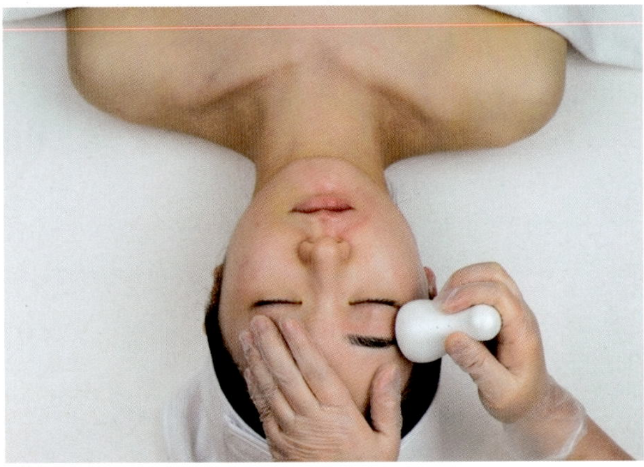

### (16) 아이스 쿨러를 이용한 진정

① 왁싱 후 피부의 빠른 진정감을 주기 위해 사용한다.

② 쿨러는 사용 전 냉장고에 위생적으로 보관한 뒤 사용한다. 냉동 시에는 피부에 붙어 스킨 탈락을 유발할 수 있다.

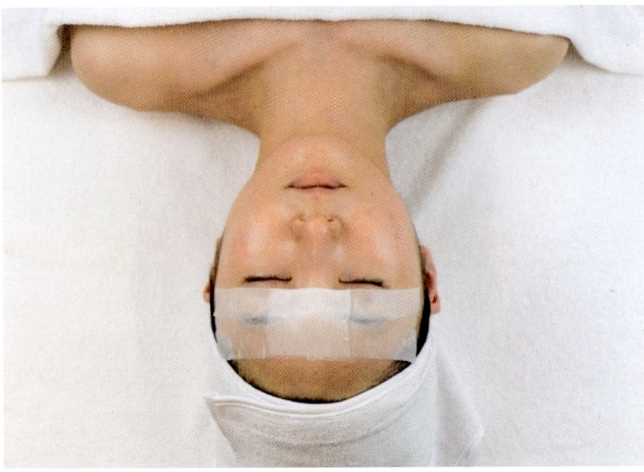

### (17) 팩 후 마무리

① 시트팩은 진정 성분이 함유되어 있는 스킨팩을 부위에 맞게 절단해서 사용한다. 냉장고에 두어 시원하게 관리하면 진정 효과에 더욱 효과적이다.

② 팩 제거 후 유수분 공급제를 도포하여 2차 감염을 예방한다.

## 12. 소프트 왁싱 Soft Waxing 실기 : 구레나룻 Sideburns Waxing

구레나룻 왁싱은 볼과 귀사이의 잔털을 제거함으로써 깨끗한 이미지를 연출할 수 있다.

관리 순서

소독 → 전처리 → 디자인 → 구레나룻 → 진정 및 마무리

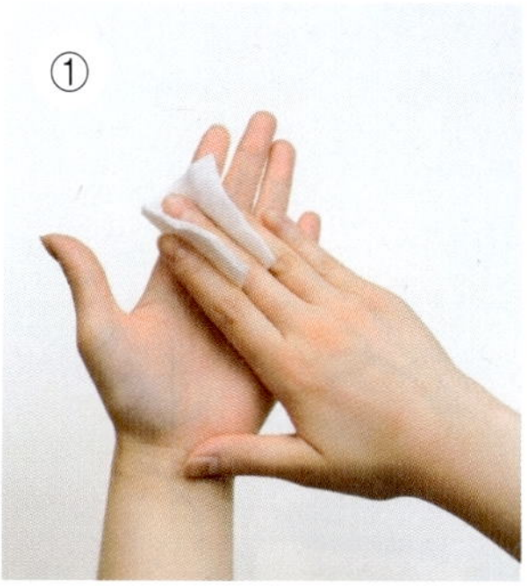


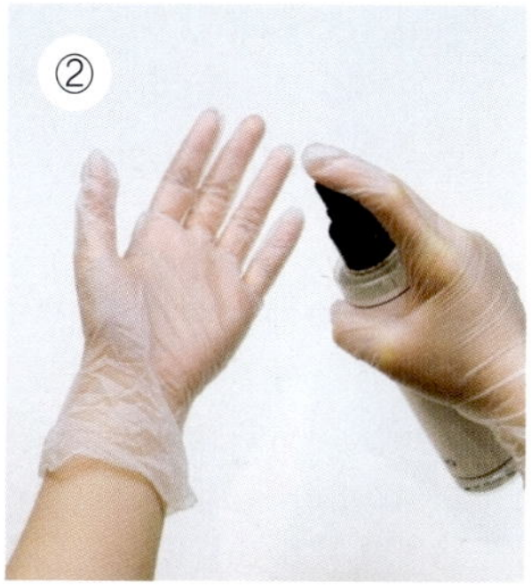


### (1) 손 소독

70% 이상의 안티셉틱 Antiseptic 을 이용하여 왁서 Waxer 의 손을 소독한다.

① 1차 소독 : 화장솜에 소독제를 묻혀 왁서의 손을 꼼꼼히 닦는다.

② 2차 소독 : 일회용 장갑 라텍스 또는 니트릴 장갑 을 착용 후 한 번 더 소독한다.

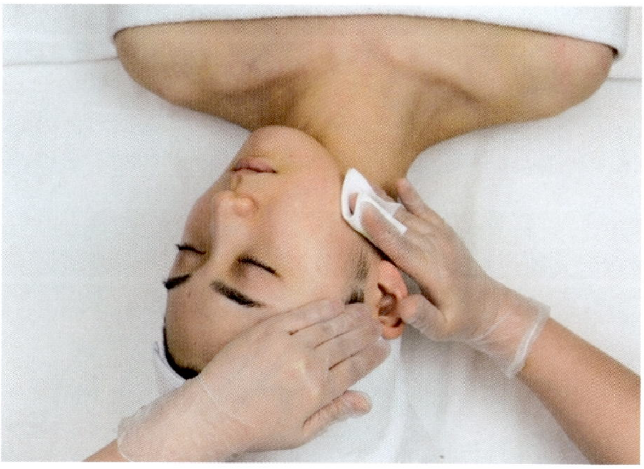

### (2) 고객의 왁싱 부위 소독

① 전 처리제나 스킨을 이용하여 고객의 왁싱 부위를 소독한다.

② 솜이나 거즈를 이용하여 관리부위를 소독한다.

③ 피부의 유분기와 노폐물을 제거한다.

| 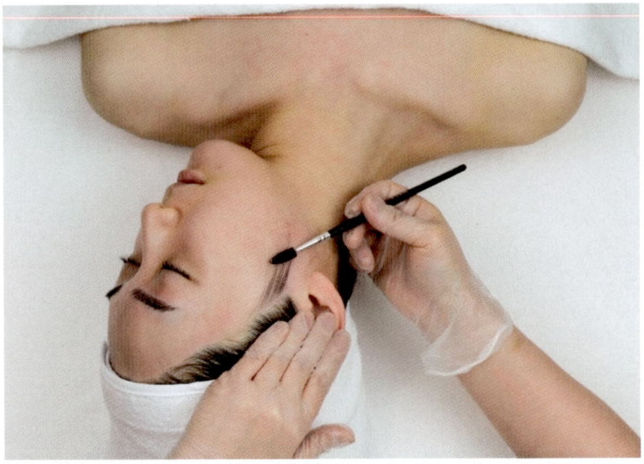 | ### (3) 구레나룻 왁싱 준비<br>① 불필요한 헤어들이 방해되지 않도록 헤어밴드나 헤어 고정집게로 긴 헤어를 정리한다.<br>② 고객과 거울을 보며 디자인을 의논하여 결정한다.<br>③ 고객이 원하는 디자인과 왁서가 추천할 수 있는 디자인, 얼굴형에 따른 디자인을 고려하며 충분한 상담 후 관리한다.<br>④ 디자인용 화이트 펜슬을 이용해 상담을 통해 정한 디자인을 그려 재차 확인한다.<br>⑤ 왁싱이 될 눈썹의 길이가 긴 경우에는 스크류 브러쉬로 눈썹을 정리해서 모의 결 방향에 따라 빗질 후 눈썹용 가위를 이용해 컷팅한다. 모가 길면 견인통을 느낄 수 있으므로 미리 조절하여 관리한다. |
|---|---|
| 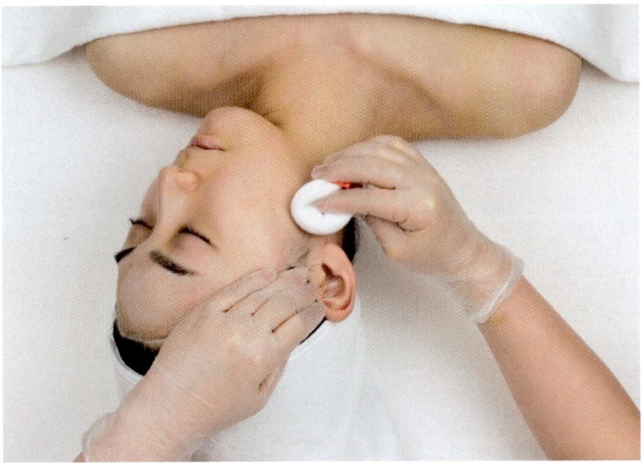 | ### (4) 수분 제거 파우더, Powder<br>① 왁스의 밀착력을 위해 모의 사이사이에 분첩이나 솜을 이용하여 파우더를 꼼꼼하게 펴 바른다.<br>② 유분과 수분을 제거한다.<br>③ 모의 성장 반대 방향으로 먼저 펴 바른 다음 → 모의 성장 방향으로 결을 정리한다. |

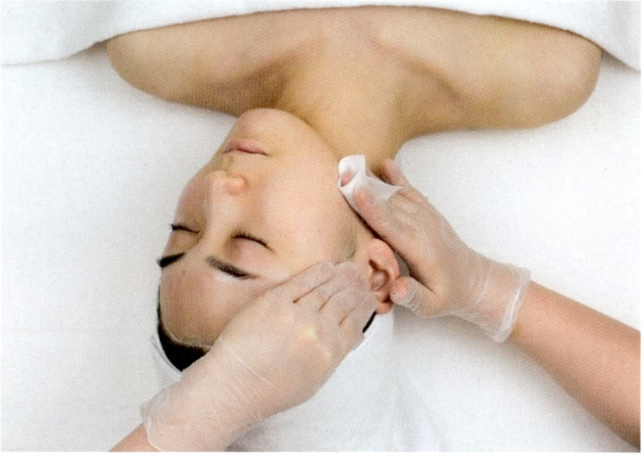

### (5) 오일 도포

① 피부의 손상이나 스킨 탈락 예방을 위해 오일을 도포한다.
② 왁스 브랜드별 특징에 따라 왁싱 전용 오일을 이용해 피부 표면의 유·수분 밸런스를 조절한다.
③ 오일 사용 시 왁스의 밀착력이 떨어질 수 있으므로 제품 사용 설명서를 반드시 숙지한 후 사용한다.

*Point*

- 오일이 과도하게 도포되면 왁스의 밀착력이 떨어질 수 있으므로 주의한다.
- 오일양이 적을 경우 스킨 탈락의 위험성이 높아질 수 있으므로 주의하여 관리한다.

### (6) 왁스 양 조절

① 왁싱 부위에 맞는 스파츌라Spatula를 선택한다.
② 왁스를 뜨기 전 관리 부위의 왁스 도포 양을 미리 생각한다.
③ 스파츌라Spatula의 뒷면은 왁스가 흐르지 않도록 완전히 긁어내고, 앞면의 끝은 긁어내지 않는다.
④ 스파츌라Spatula 끝면에 있는 왁스로 부위에 라인을 잡는다.

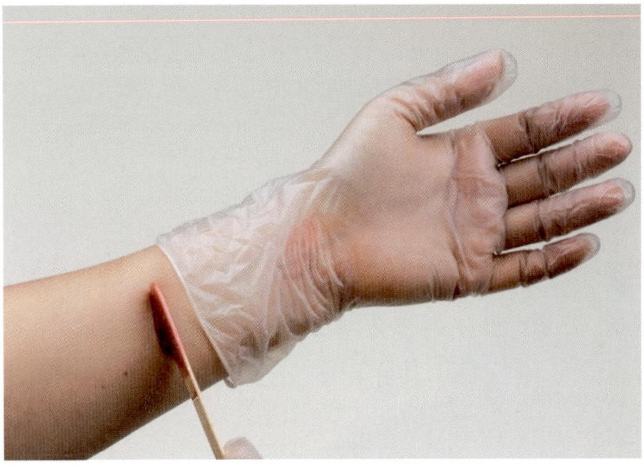

## (7) 온도 체크

① 소프트 왁스의 사용 온도는 제품마다 다르긴 하지만 평균 75℃ 정도이다.

② **워머기의 온도가 높을 경우** : 농도가 묽어질 수 있다.

③ **워머기의 온도가 낮을 경우** : 왁스가 응고굳어서되어 고른 도포가 어렵다.

④ 왁싱 30분 전 온도를 미리 체크한다.

⑤ 화상을 예방하기 위해 왁스 도포 전 반드시 왁서Waxer 의 손목 안쪽으로 온도를 확인 후 도포한다.

*Point*

사용하는 제품의 적정 온도를 미리 숙지하여 예열한 후 사용한다.

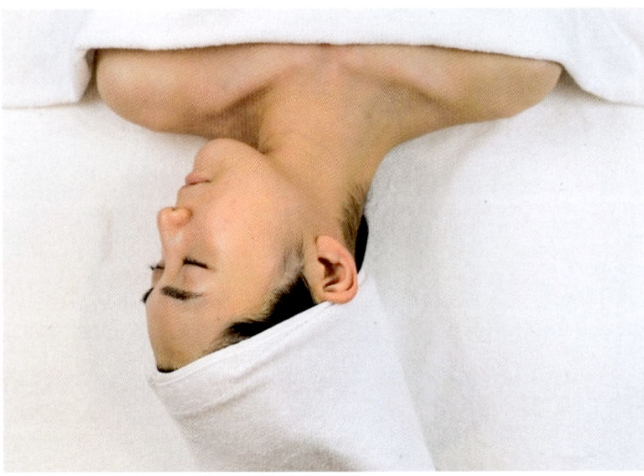

## (8) 구레나룻 섹션

① 고객의 고개를 조정하여 왁싱이 편리하도록 자세를 잡는다.

② 귓바퀴를 중심으로 먼저 왁싱하고 길이가 긴 헤어들은 자연스럽게 연출할 수 있도록 잔털을 전부 제거하지 않도록 유의한다. 지그재그로 섹션을 잡는다.

③ 헤어라인에서 내려오는 지점에서 귓바퀴앞까지 대각선으로 디자인을 잡는다.

④ 소프트 왁스는 얇게 발라야 하는 특성상 한 번에 많은 부위를 왁싱하지 못한다.

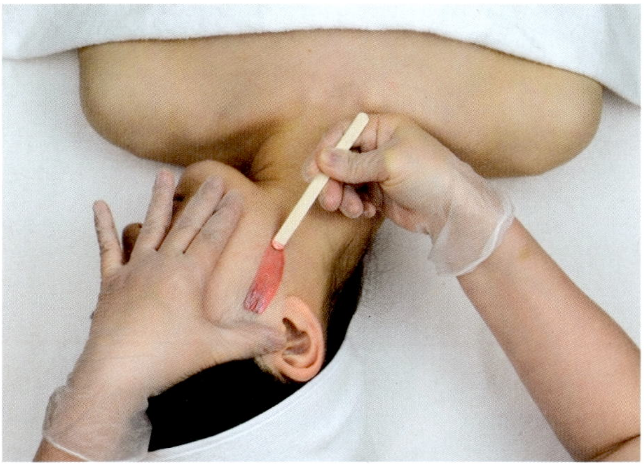

### (9) 왁스 도포

① 왁스 도포 전에는 항상 모의 성장 방향을 확인하고, 성장 방향으로 도포한다.
② 왁스 도포 시작점에 텐션을 주고, 반대 손은 스파츌라를 고정한다.
③ 45°로 스파츌라를 잡고 밀착감을 주면서 최대한 얇게 펴 바른다.
④ 한곳에 오래 머무르지 않고 매끄럽게 빨리 바른다.
⑤ 얼굴 부위는 예민하고 스킨 탈락의 위험이 높으므로 소량씩 도포한다.

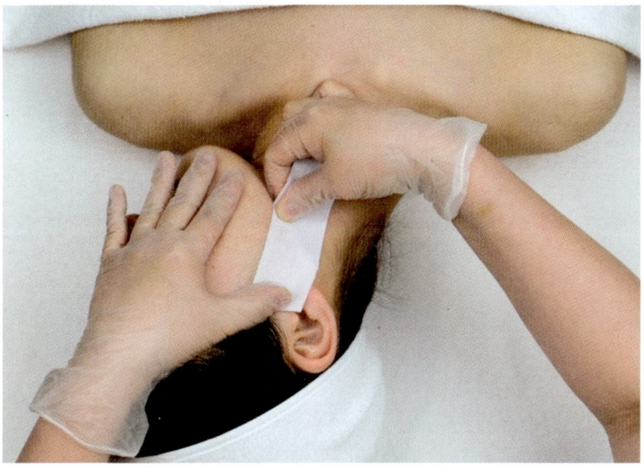

### (10) 무슬린 천부직포 밀착하기

① 왁싱 부위에 맞게 절단한 무슬린 천부직포을 선택한다.
② 왁스가 굳지 않도록 빠르게 무슬린 천부직포을 밀착시킨다.
③ 무슬린 천부직포이 접히지 않도록 고르게 밀착시킨다.
④ 뜨는 부분이 없도록 완전히 밀착시킨다.
⑤ 무슬린 천부직포의 손잡이는 왁스 도포 끝부분보다 여유있게 남기고 밀착시킨다.

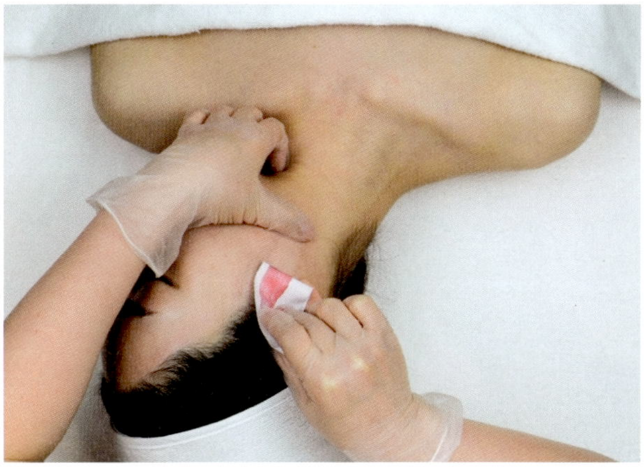

### (11) 무슬린 천부직포 제거

① 모의 성장 반대 방향으로 제거한다.
② 왁스와 모를 밀착시킨 무슬린 천부직포 제거 시 모가 없는 부위에 손잡이를 만들고 왁스가 도포된 1~2cm 정도 떨어진 곳에서 손잡이를 만들어 제거한다.
③ 도포된 부위에 손잡이가 되면 피부가 들리고 왁싱이 되지 않는다.
④ 무슬린 천부직포을 제거하는 손끝이 들리지 않도록 유의하며, 피부와 평행하게 재빠르게 떼어낸다. 45° 유지

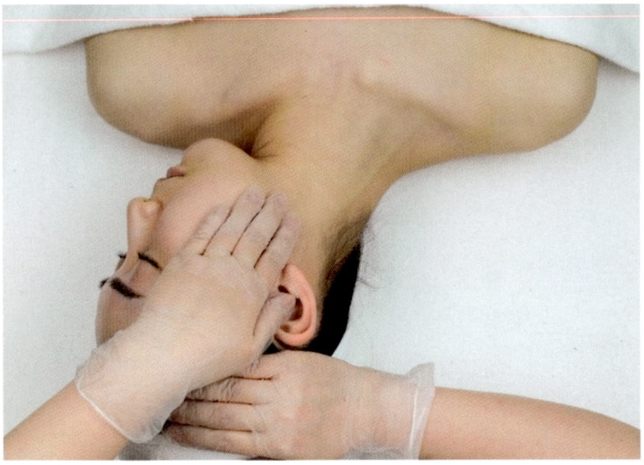

### (12) 진정하기

① 텐션을 주는 손은 왁스가 제거되는 동시에 왁싱된 부위를 눌러주어 신경 통증을 진정시킨다.

② 왁싱 후 2차 감염 예방을 위해 불필요한 터치는 하지 않는다.

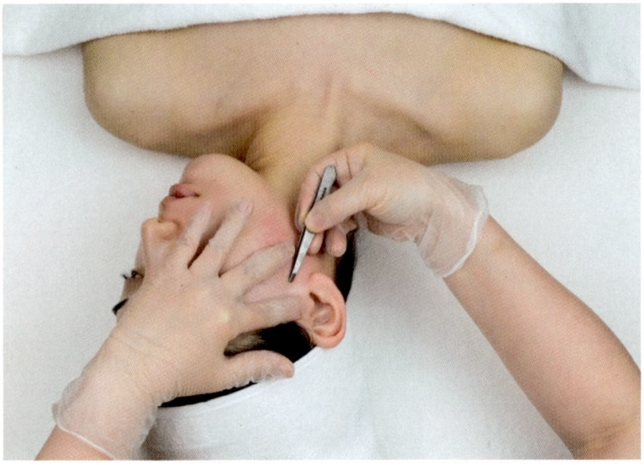

### (13) 잔모 처리

① 왁싱 후 남은 잔모를 제거한다.

② 왁싱으로 뽑히지 않은 짧은 모들은 족집게트위저, Tweezers를 이용해 제거한다.

③ 족집게 사용 시 모의 성장 방향으로 텐션을 주며 족집게를 눕혀 잡아당기듯이 사용하면 모가 끊기지 않고 제거가 수월해지며 통증도 감소된다. 45° 유지

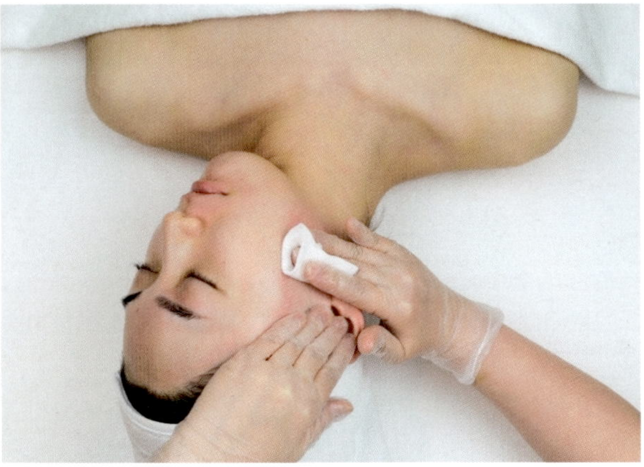

### (14) 잔여물 제거

① 오일을 이용하여 왁싱 부위의 왁스 잔여물을 녹여 제거한다.

② 후 처리제를 거즈나 솜에 적셔 오일과 피부 표면의 남은 이물질을 깨끗이 제거한다.

③ 왁싱 부위의 피부 상태를 체크한다.

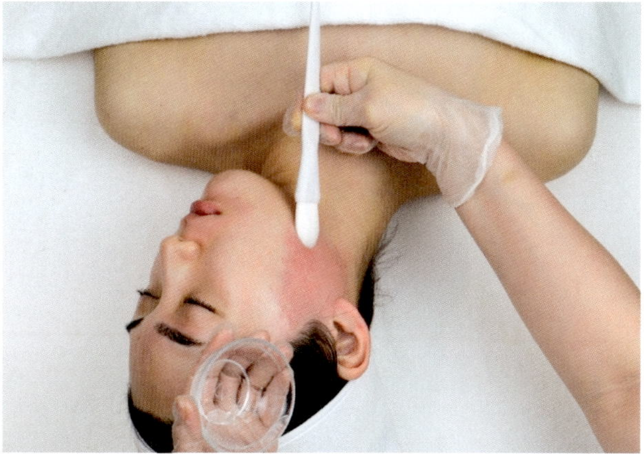

### (15) 피부 진정

① 왁싱으로 인해 자극받은 피부 표면에 진정 젤 알로에 젤을 도포한다.
② 제품은 유리볼 또는 스파츌라에 덜어 팩 붓 또는 솜, 실리콘 스파츌라를 이용해 도포한다.

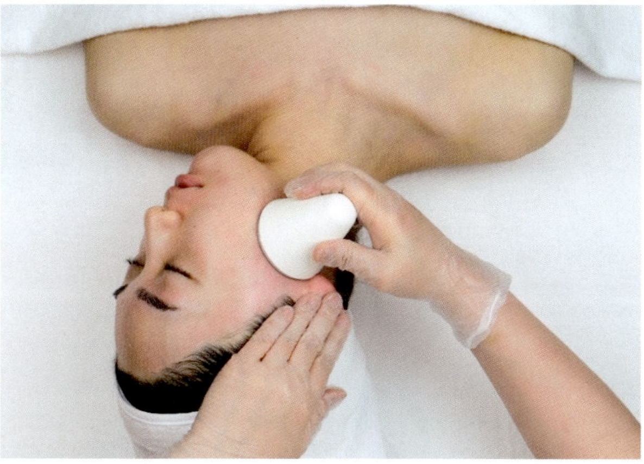

### (16) 아이스 쿨러를 이용한 진정

① 빠른 진정감을 주기 위해 사용한다.
② 쿨러는 사용 전 냉장고에 위생적으로 보관한 뒤 사용한다.
③ 냉동 시에는 피부에 붙어 스킨 탈락을 유발할 수 있다.

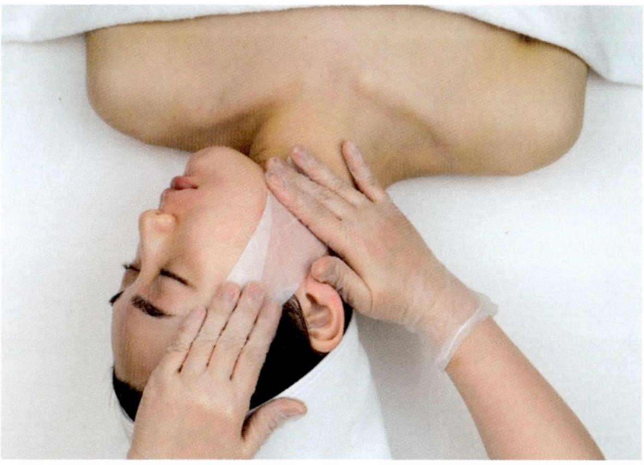

### (17) 팩 후 마무리

① 시트팩은 진정 성분이 함유되어 있는 스킨팩을 부위에 맞게 절단해서 사용한다. 냉장고에 두어 시원하게 관리하면 진정 효과에 더욱 효과적이다.
② 팩 제거 후 유수분 공급제를 도포하여 2차 감염을 예방한다.

## 13. 소프트 왁싱 Soft Waxing 실기 : 인중 Philtrum Waxing

인중 왁싱은 거뭇하게 보이는 털을 제거함으로서 메이크업 시에 아름답게 연출할 수 있다.

관리 순서

소독 → 전처리 → 인중 → 진정 및 마무리

| | |
|---|---|
| 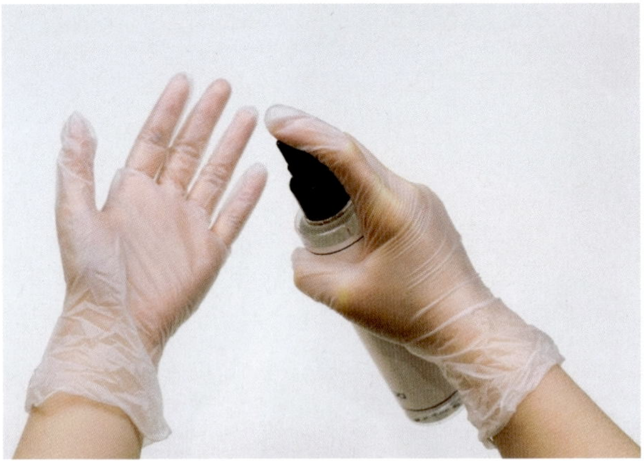 | **(1) 손 소독**<br>70% 이상의 안티셉틱 Antiseptic 을 이용하여 왁서 Waxer 의 손을 소독한다.<br>① 1차 소독 : 화장솜에 소독제를 묻혀 왁서의 손을 꼼꼼히 닦는다.<br>② 2차 소독 : 일회용 장갑 라텍스 또는 니트릴 장갑을 끼고 한 번 더 소독을 실시한다. |
| 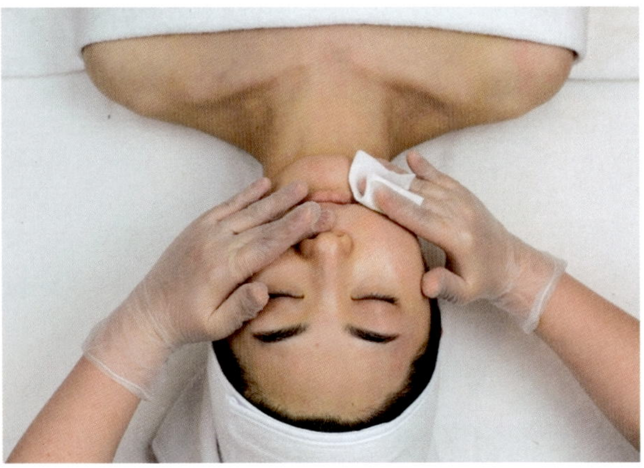 | **(2) 고객의 왁싱 부위 소독**<br>① 전 처리제나 스킨을 이용하여 고객의 왁싱 부위를 소독한다.<br>② 피부의 유분기와 노폐물을 제거한다. |

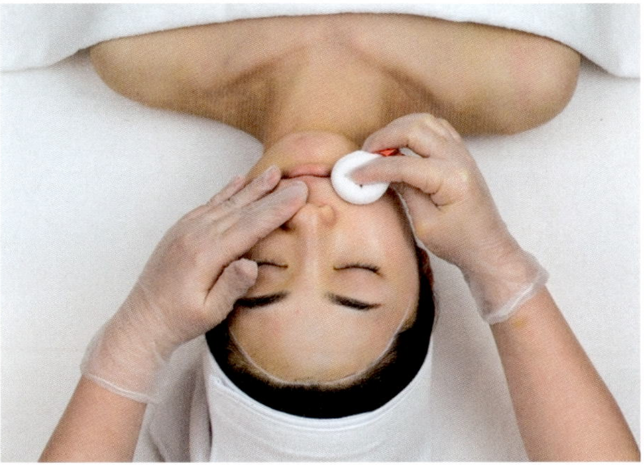

### (3) 수분 제거 파우더, Powder

① 왁스의 밀착력을 위해 모의 사이사이에 파우더를 분첩이나 솜을 이용하여 꼼꼼하게 펴 바른다.

② 유분과 수분을 제거한다.

③ 모의 성장 반대 방향으로 먼저 펴 바른 다음 → 모의 성장 방향으로 결을 정리한다.

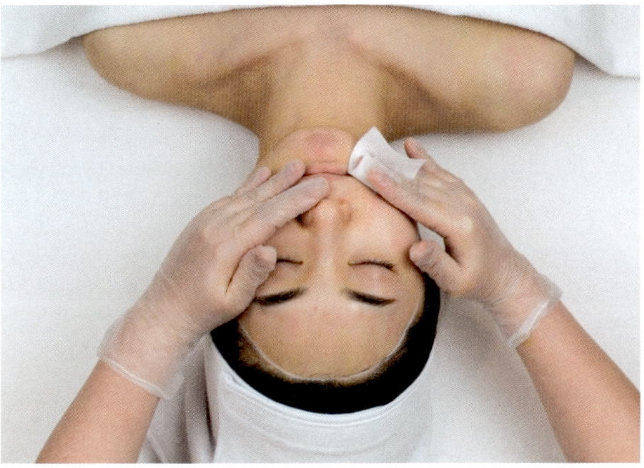

### (4) 오일 도포

① 피부의 손상이나 스킨 탈락 예방을 위해 솜이나 거즈에 오일을 묻혀 피부에 도포한다.

② 왁스 브랜드별 특징에 따라 왁싱 전용 오일을 이용해 피부 표면의 유·수분 밸런스에 맞게 왁싱할 부위에 펴 발라준다.

③ 오일 사용 시 왁스의 밀착력이 떨어질 수 있으므로 제품 사용 설명서를 반드시 숙지한 후 사용한다. 너무 많은 양이 도포되지 않도록 주의한다.

*Point*

많은 양 도포 시 왁스의 밀착력을 방해할 수 있고, 적은 양 도포 시 스킨 탈락의 위험성이 높아질 수 있다.

### (5) 왁스 양 조절

① 왁싱 부위에 맞는 스파츌라Spatula를 선택한다. 좁은 부위는 작은 사이즈의 스파츌라를 이용한다.

② 왁스를 뜨기 전 관리 부위의 양을 미리 생각한다.

③ 왁스가 흐르지 않도록 완전히 긁어내고, 앞면의 끝은 긁어내지 않는다.

④ 스파츌라Spatula 끝면에 있는 왁스를 이용하여 주의하여 도포한다.

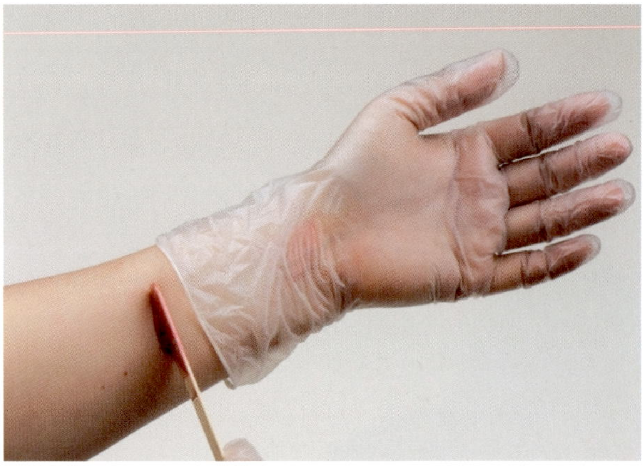

## (6) 온도 체크

① 화상 예방을 위해 반드시 왁스 도포 전 손목 안쪽으로 온도를 확인한다.

② 왁스의 온도가 낮을 시 왁스가 고르게 펴지지 않을 수 있기 때문에 온도가 높으면 흐르고, 낮으면 응고된다. 왁싱하기 30분 전 온도를 미리 확인을 해야 한다.

*Point*

사용하는 제품의 적정 온도를 미리 숙지하여 예열 후 사용한다.

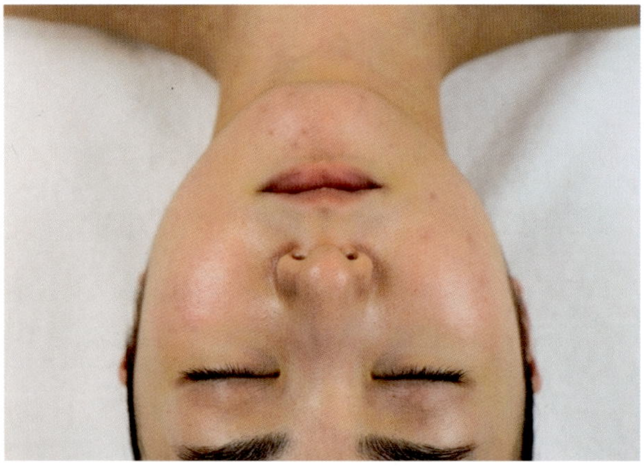

## (7) 인중 섹션

① 좌우 상관 없이 왁서가 정한 순서대로 입꼬리 옆부터 시작해 중간 부분은 마지막에 왁싱한다.

② 소프트 왁스는 얇게 발라야 하는 특성상 한 번에 많은 부위를 왁싱하지 못한다.

③ 너무 넓은 부위를 한 번에 제거하면 스킨 탈락을 유발할 수 있다.

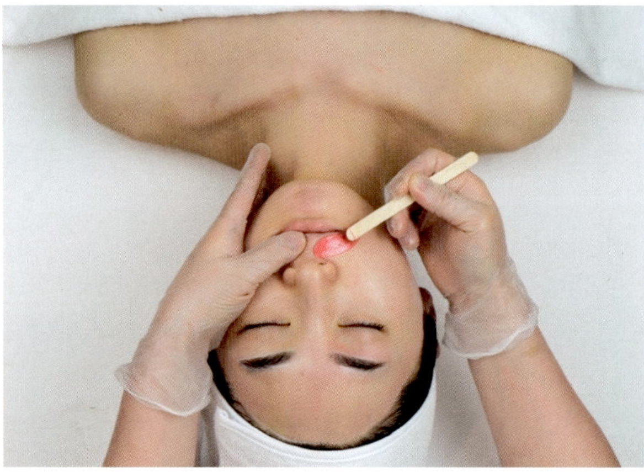

## (8) 왁스 도포

① 왁스 도포 전에는 항상 모의 성장 방향을 확인하고, 성장 방향으로 도포한다.

② 왁스 도포 시작점에 한 손으로 텐션을 주고, 반대 손은 스파츌라를 고정한다.

③ 45°로 스파츌라를 잡고 밀착감을 주면서 최대한 얇게 펴 바른다.

④ 한곳에 오래 머무르지 않고 굳지 않도록 매끄럽게 빨리 바른다.

⑤ 얼굴 부위는 예민하고 스킨 탈락의 위험이 높으므로 소량씩 도포한다.

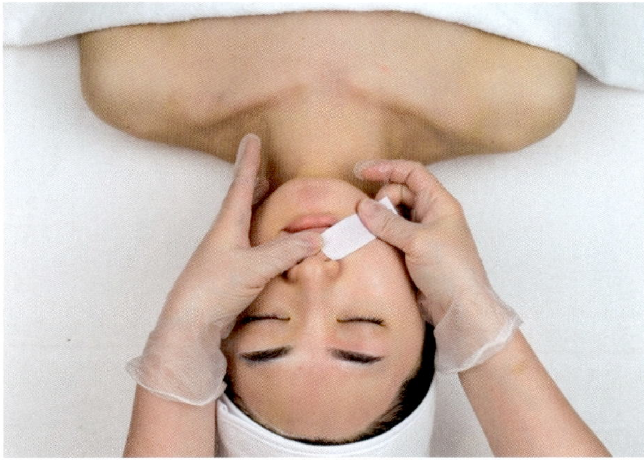

### (9) 무슬린 천부직포 밀착하기

① 왁싱 부위에 적당한 크기2~3cm로 절단한 무슬린 천부직포을 선택한다.
② 왁스가 굳지 않도록 빠르게 무슬린 천부직포을 밀착시킨다.
③ 무슬린 천부직포이 접히지 않도록 고르게 밀착시킨다.
④ 무슬린 천의 시작되는 점에서 끝 방향으로 밀어주며 완전히 밀착시킨다.
⑤ 무슬린 천부직포의 손잡이는 왁스 도포 끝부분보다 여유있게 남기고 밀착시킨다.

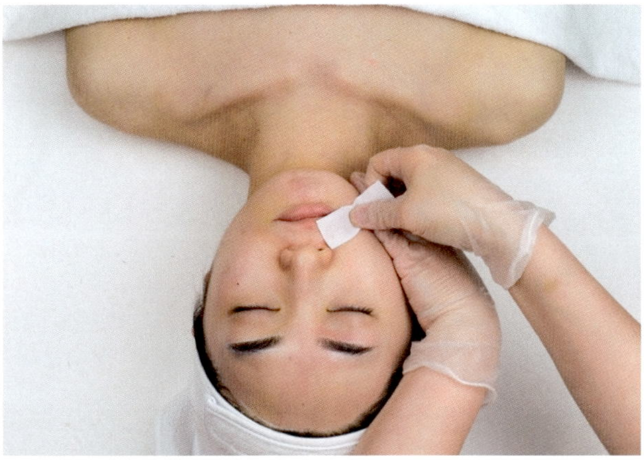

### (10) 무슬린 천부직포 제거

① 모의 성장 반대 방향으로 제거한다.
② 제거 시작점에 텐션을 주어 피부를 고정한다.
③ 무슬린 천부직포 제거 시 모가 없는 부위에 손잡이를 만들고 왁스가 도포된 1~2cm 정도 떨어진 곳에서 손잡이를 만들어 제거한다.
④ 도포된 부위에 손잡이가 되면 피부가 들리고 왁싱이 되지 않는다.
⑤ 무슬린 천부직포을 제거하는 손끝이 들리지 않도록 유의하며, 피부와 평행하게 재빠르게 떼어낸다. 45° 유지

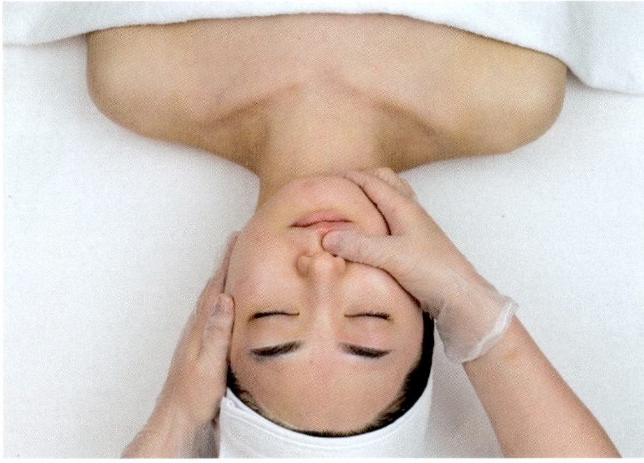

### (11) 진정하기

① 텐션을 주는 손은 왁스가 제거되는 동시에 왁싱된 부위를 눌러주어 신경 통증을 진정시킨다.
② 왁싱 후 2차 감염 예방을 위해 불필요한 터치는 하지 않는다.

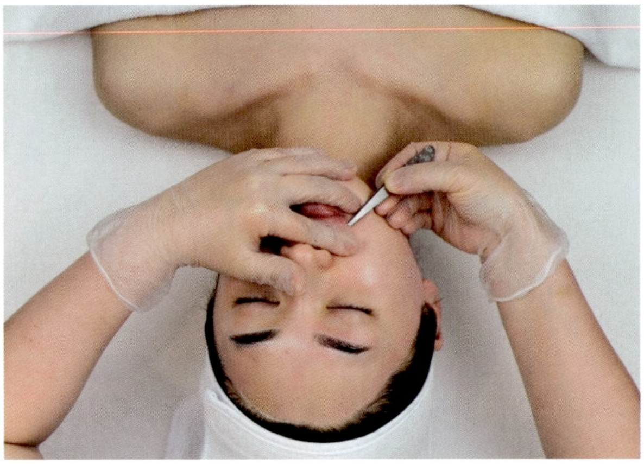

### (12) 잔모 처리

① 왁싱 후 남은 잔모를 제거한다.

② 왁싱으로 뽑히지 않은 짧은 모들은 족집게트위저, Tweezers를 이용해 제거한다.

③ 족집게 사용 시 모의 성장 방향으로 텐션을 주며 족집게를 눕혀 잡아당기듯이 사용하면 모가 끊기지 않고 제거가 수월해지며 통증도 감소된다. 45° 유지

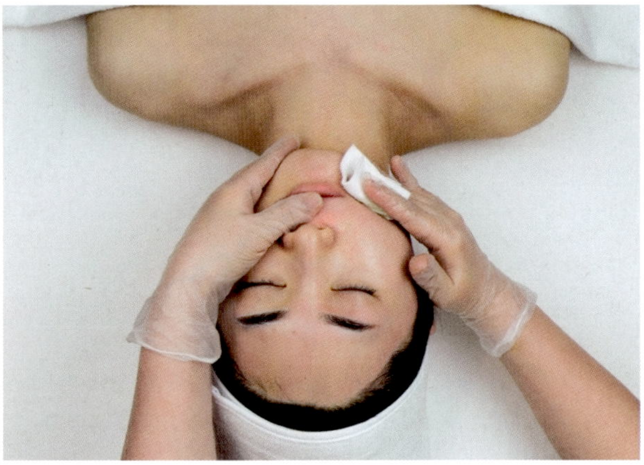

### (13) 잔여물 제거

① 오일을 이용하여 왁싱 부위의 왁스 잔여물을 녹여 제거한다.

② 후 처리제를 거즈나 솜에 적셔 오일과 피부 표면의 남은 이물질을 깨끗이 제거한다.

③ 왁싱 부위의 피부 상태를 체크한다.

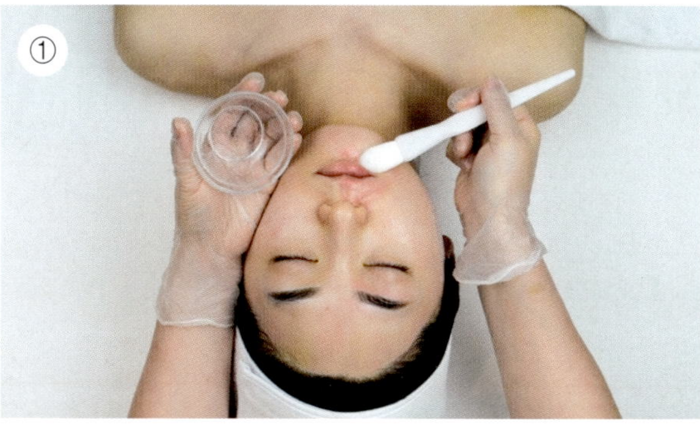

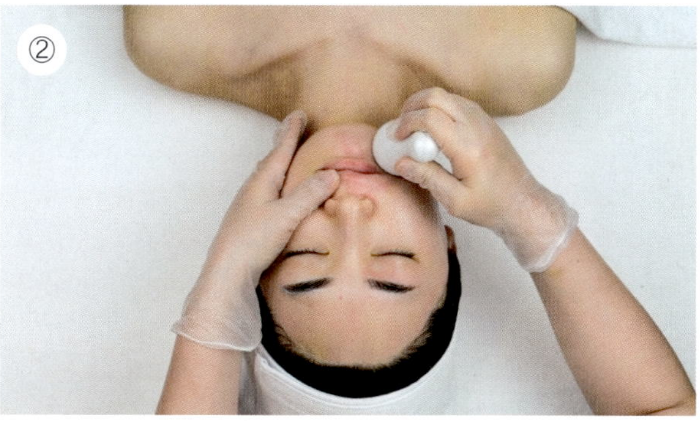

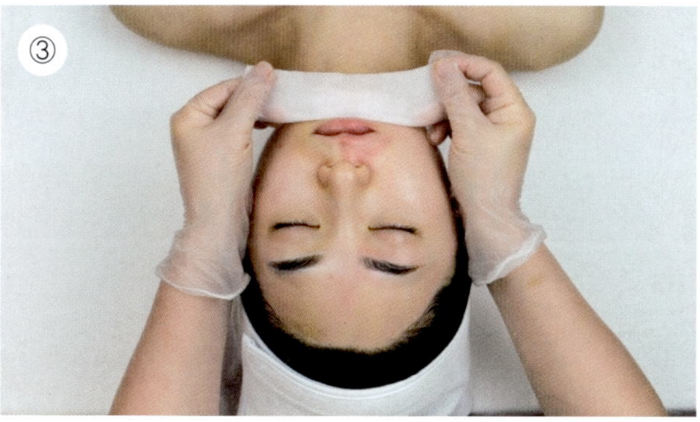

## (14) 진정 및 마무리

① 제품을 이용한 피부 진정

- 왁싱으로 인해 자극받은 피부 표면에 진정 젤알로에 젤을 도포한다.
- 제품 도포 시에는 유리볼 또는 스파츌라에 덜어 팩 붓 또는 솜, 실리콘 스파츌라를 이용해 도포한다.

② 아이스 쿨러를 이용한 진정

- 빠른 진정감을 주기 위해 사용한다.
- 쿨러는 사용 전 냉장고에 위생적으로 보관한 뒤 사용한다. 냉동 시에는 피부에 붙어 스킨 탈락을 유발할 수 있다.

③ 팩 후 마무리

- 시트팩은 냉장고에 두어 시원하게 관리하면 진정 효과에 더욱 효과적이며, 2차 감염을 예방한다.

## 2. 하드 왁싱Hard Waxing

하드 왁싱Hard Waxing은 모 제거 부위에 왁스를 도포한 뒤, 왁스를 굳혀 제모하는 방법이다. 양방향성을 가지고 있어 모 방향으로 도포하지 않아도 모 반대 방향으로도 왁싱이 가능하고, 모와 각질을 제거하고, 짧고 굵은 모 왁싱에 효과적인 방법이다. 왁싱 시 피부 상태에 따라 건조하면 스킨 탈락이 일어날 수 있으므로 주의하여야 하며, 뜨거운 왁스로 인하여 화상을 입을 수 있으므로 반드시 왁스 도포 직전 왁서Waxer의 손목 안쪽으로 온도를 체크한 뒤 왁스를 도포한다. 소프트 왁싱과는 다르게 무슬린 천을 이용하지 않고 왁스만을 이용하여 제거한다. 다른 왁스에 비해 피부 자극이 적어 한 부위에 왁스를 여러 번 도포하여 제거할 수 있는 장점이 있다.

### 1. 하드 왁싱Hard Waxing 관리 자세

① 왁서Waxer : 복장을 청결히 하고 위생복을 착용한다. 고객이 불편하지 않게 응대하며, 편하게 탈의할 수 있도록 안내하고 상담을 통해 고객의 피부 상태를 파악 후 관리한다.

② 고객Client : 고객이 편하게 관리를 받을 수 있도록 자세를 취하고 자세가 불편하신 분들은 바디 필로우Body Pillow 등을 이용하여 자세를 잡아줄 수도 있다.

### 2. 하드 왁싱Hard Waxing을 위한 관리 준비물

왁스 워머기, 하드 왁스, 우드 스파츌라소, 중, 대, 기구 소독제, 손 소독제, 사각 바트, 전 처리제, 화장 솜, 후 처리제, 왁싱 전용 오일, 파우더, 왁스 크리너, 진정 젤알로에 젤, 유•수분 공급제, 모델링 마스크, 마스크 팩, 고무볼, 팩 붓, 플라스틱 스파츌라, 아이스 쿨러, 족집게트위져, 콤보 브러쉬, 스크류 브러쉬, 눈썹 가위, 디자인 펜슬, 브로우 펜슬, 일회용 시트지, 일회용 가운, 일회용 치마, 일회용 바지, 일회용 팬티, 왁서 가운, 왁서 앞치마, 헤어 밴드, 일회용 봉투더스트 팩, 일회용 장갑니트릴 장갑, 헤어 고정집게 또는 찍찍이, 머리띠, 바디 필로우, 웨건 등 필요 물품 일체

## 3. 하드 왁싱Hard Waxing 주의사항

### (1) 관리 전 주의사항

① 청결과 감염 예방을 위해 항상 주위를 정돈하고 수시로 환기한다.

② 고객 관리 전·후 쓰레기를 처리하고, 주위를 정리한다.

③ 왁서Waxer는 항상 복장과 머리, 손톱을 단정히 하고, 언행에 주의한다.

### (2) 관리 시 주의사항

① 일회용 재료와 도구들은 매회 새것으로 교체한다.

② 도구는 사용 전 자외선 소독기와 기구 소독기를 이용하여 소독 또는 멸균 처리하여 준비하고, 왁스 워머기의 온도와 준비물의 세팅 상태를 확인한다.

③ 일회용 스파츌라Spatula는 절대 재사용하지 않으며, 더블 디핑Double-dipping하지 않는다.

④ 관리 전 반드시 손 소독70% 알콜을 실시하고, 고객의 관리 부위도 소독전 처리제 또는 스킨한다.

⑤ 고객의 왁싱 부위 전 처리 시 피부 상태와 모의 방향을 반드시 확인하고, 피부 표면의 불순물, 메이크업 잔여물 등을 깨끗이 제거한다.

### (3) 관리 후 주의사항

① 침대에 깔아놓은 일회용 시트지를 제거한다.

② 웨건 주변을 정리하고 항상 청결하게 유지한다.

③ 도구는 깨끗이 소독하고 자외선 소독기에 한 번 더 멸균 처리한다.

④ 쓰레기는 미생물 번식 방지를 위해 바로바로 처리한다.

⑤ 왁스 워머기 주변의 지저분한 이물질을 닦아준다.

⑥ 주변을 깨끗이 정리하고 마무리한다.

## 4. 하드 왁싱Hard Waxing의 준비

### (1) 웨건 준비상태

① 왁스 워머기를 준비한다.

② 웨건에 사용이 편리하도록 칸별로 정리한다.

③ 사용 전·후의 스파츌라를 별도로 보관한다.

④ 더스트 백을 부착한다.

⑤ 소독솜과 거즈를 준비한다.

⑥ 사각 바트에 소독된 족집게Tweezers를 준비한다.

### (2) 왁서Waxer 준비상태

① 단정해 보이도록 머리를 정리하고, 머리카락이 떨어지지 않도록 헤어 캡을 착용한다.

② 위생을 위해 마스크와 일회용 장갑을 착용한다.

③ 신발에 일회용 캡을 착용하여 신발이 왁스로 오염되는 것을 방지한다.

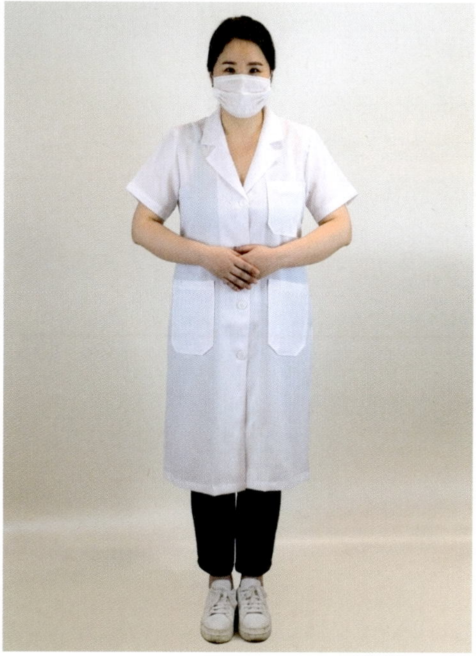

### (3) 고객Client 준비상태

① 왁싱 부위에 따라 모델 가운, 반바지, 일회용 팬티, 겉 가운, 헤어 밴드 등을 착용한다.

② 베드에 일회용 시트지를 깔아둔다.

③ 고객이 왁싱을 받는 동안 최대한 편안하게 관리받을 수 있도록 자세를 잡아준다.

④ 왁서는 왁싱하는 공간을 확보해 작업의 효율성을 극대화한다.

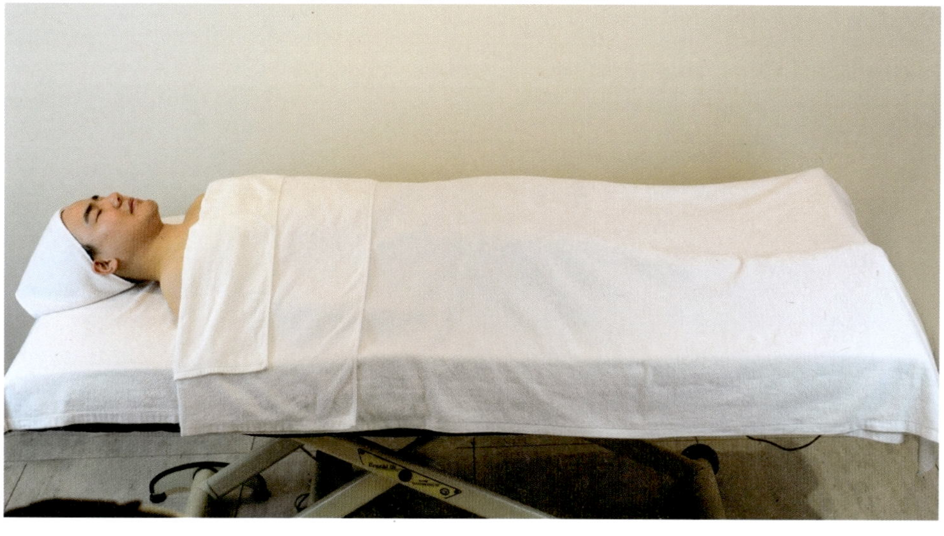

## 5. 하드 왁싱Hard Waxing Body 실기 : 다리와 발Leg & Foot Waxing

관리 순서

소독 → 종아리 → 무릎 → 허벅지 → 발등 → 발가락 → 후면 → 마무리

### (1) 손 소독하기

① 에탄올 70% 이상의 소독제Antiseptic를 솜에 묻혀 왁서Waxer의 손등, 손바닥, 손가락을 꼼꼼히 소독하며 닦는다.

② 일회용 장갑라텍스 또는 니트릴 장갑을 끼고 2차 소독을 실시한다.

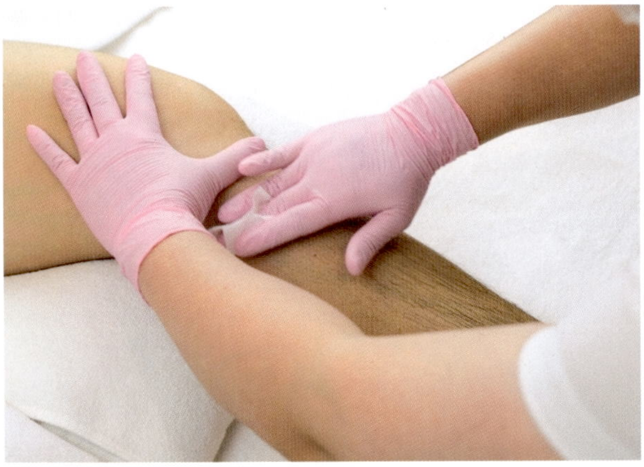

### (2) 고객의 왁싱 부위 소독하기

① 피부 표면의 불순물과 노폐물을 깨끗이 제거하기 위해 전 처리제를 이용하여 고객의 왁싱 부위를 꼼꼼히 닦아준다.

② 전면 관리 시에는 쿠션을 이용하여 고객의 다리를 편안하게 받쳐준다.

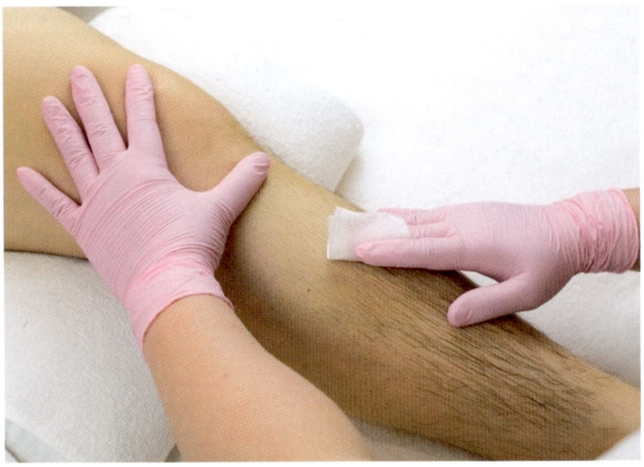

### (3) 유·수분 제거Powder하기

① 왁스 브랜드별 특징에 따라 파우더 또는 왁싱 전용 오일을 사용한다. 파우더, Body Powder

② 파우더는 왁스의 밀착력을 높여준다.

③ 모의 성장 반대 방향으로 먼저 펴 바른 다음 모의 성장 방향으로 결을 정리한다. 오일, Pre Waxing Oil

④ 피부 보호를 위해 사용하지만 많은 양 도포 시 왁스 발림성이 떨어질 수 있으므로 적당 양 도포가 중요하다.

### (4) 왁스 양 조절하기

① 왁싱 부위에 맞는 스파츌라Spatula를 선택한다. L 사이즈 추천

② 왁싱할 부위에 필요한 양을 감안하여 스파츌라의 1/4 지점까지 왁스를 뜬다.

③ 스파츌라의 끝에 왁스를 둥글게 말아준다.

④ 왁스가 흐르지 않도록 스파츌라를 한 방향으로 돌려주며 왁싱 부위까지 이동한다.

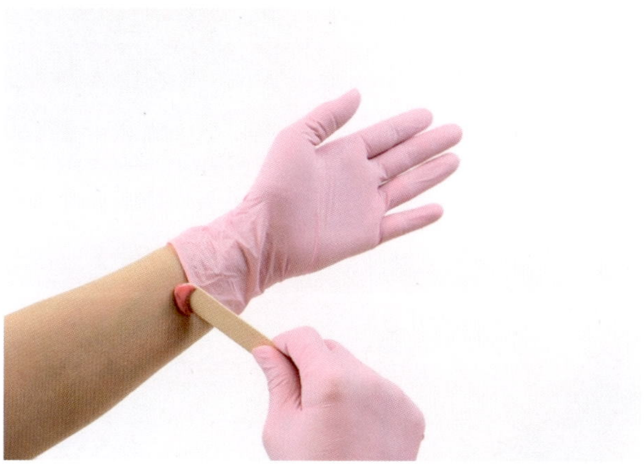

### (5) 온도 체크하기

① 화상을 예방하기 위해 도포 전 반드시 왁서의 손목 안쪽으로 온도를 체크한다.

② 온도가 너무 높으면 왁스를 떴을 때 물처럼 흐르므로 왁스가 꿀처럼 진득하게 떨어지는 점도가 적당하다.

*Point*

하드 왁스 온도는 40~60℃이다. 워머기의 적합한 온도를 확인 후 예열한다.

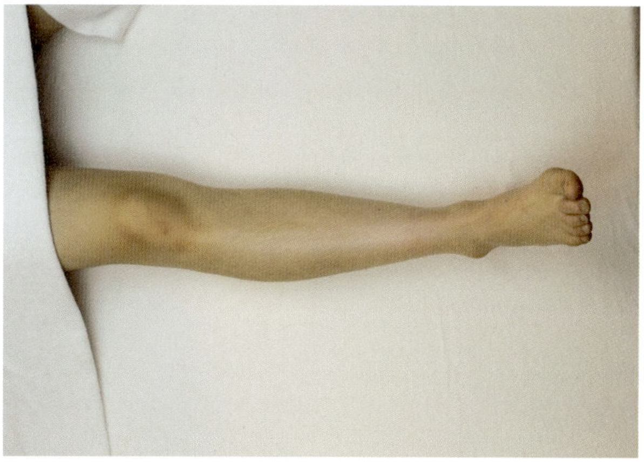

### (6) 다리 섹션

① 다리 부분의 모는 위에서 아래 방향 또는 사선 방향으로 자란다.

② 고객이 바로 누운 자세에서 종아리 → 무릎 → 허벅지 방향으로 올라가면서 내측 → 중간 → 외측 순으로 왁싱한다.

*Point*

하드 왁스는 다양한 방향으로 제모가 가능하다.

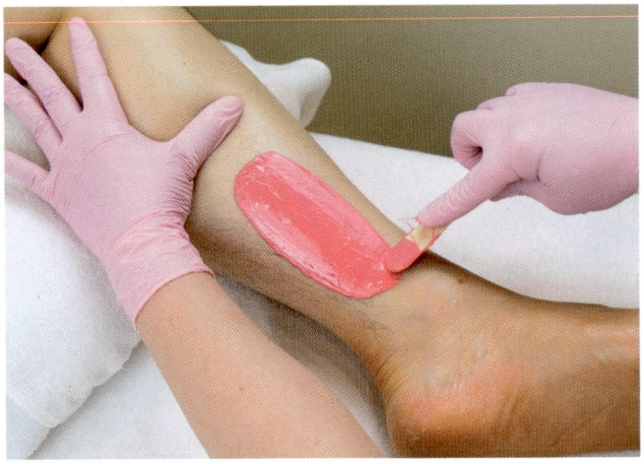

### (7) 왁스 도포하기 종아리

① 스파출라를 45°로 잡아 밀착감을 주면서 모가 왁스에 잡힐 수 있게 굵듯이 모가 난 방향으로 발라준다.

② 왁스 패치의 크기는 손가락 2개 정도의 폭으로 8~10cm 정도의 길이가 적당하다. 패치의 두께는 고르게 하되, 가장자리는 도톰하게 립 라인이 생기도록 바른다. 손잡이 부분을 확보하기 위해 왁싱 부위보다 길게 발라 준다.

*Point*

손잡이 부분이 도톰해야 왁스가 찢어지지 않고 깔끔하게 Off 된다.

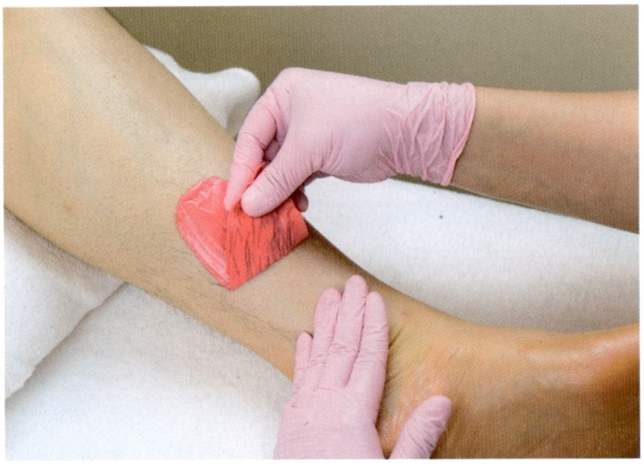

### (8) 왁스 제거하기 종아리

한 손은 제거 시작점에 텐션을 주어 고정하고, 스킨 탈락이나 피부가 손상되지 않도록 모의 반대 방향으로 피부와 평행하게 재빨리 떼어낸다.

*Point*

브랜드에 따라 하드 왁스의 굳는 시간이 다르기 때문에 왁스가 굳기 전 너무 빨리 제거하면 왁스가 늘어져 모가 제거가 되지 않으며, 너무 늦게 제거하면 왁스가 굳어 깨지면서 제모력도 떨어지고 통증을 유발하기 때문에 각 제품별 사용법을 잘 숙지하고 관리한다.

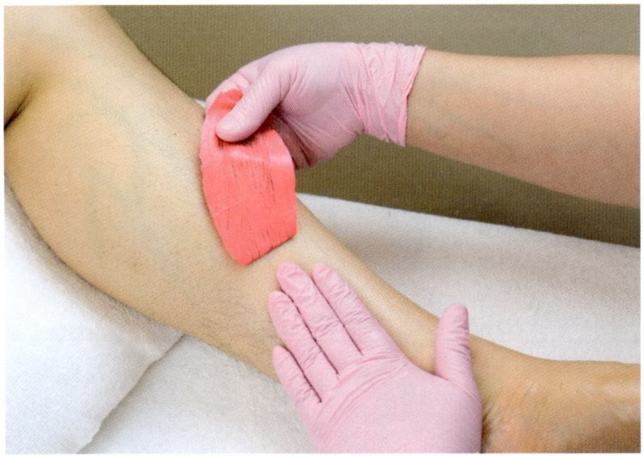

### (9) 피부 진정하기 종아리

① 텐션을 주는 손은 왁스가 제거되는 동시에 왁싱된 부위를 지긋이 눌러주어 신경 통증을 진정시킨다.

② 너무 과도하게 손을 대거나 비비지 않는다. 염증 유발 주의!!

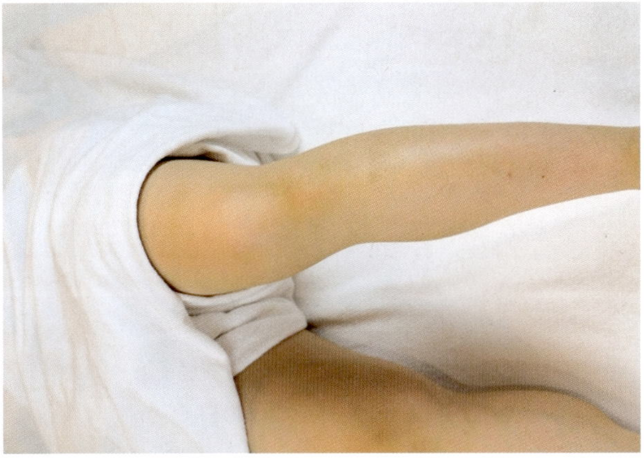

### (10) 자세 바꾸기 무릎

① 왁싱의 편리함을 위해 무릎을 세워서 무릎 중앙에서 아래로 향하게 한다.

② 좌우의 방향은 왁서가 편한 자세로 유동적으로 정한다.

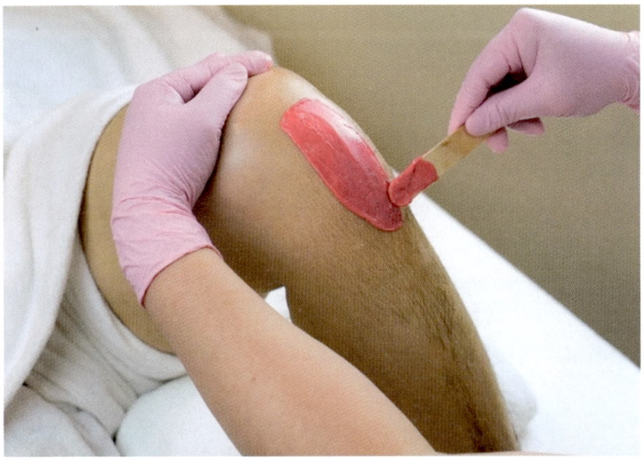

### (11) 왁스 도포하기 무릎

① 굴곡이 있는 무릎 부위는 주름과 각질이 많은 부위이기 때문에 방향을 잘 확인하여 정확하게 왁싱한다.

② 무릎을 세우고 반대 손을 이용해 무릎에 텐션을 준 상태로 왁스를 바른다.

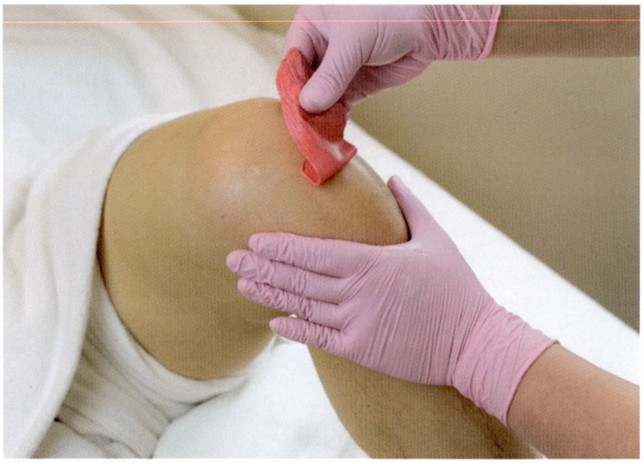

## (12) 왁스 제거하기 무릎

한 손은 제거 시작점에 텐션을 주어 고정하고, 스킨 탈락이나 피부가 손상되지 않도록 모의 반대 방향으로 피부와 평행하게 재빨리 떼어낸다.

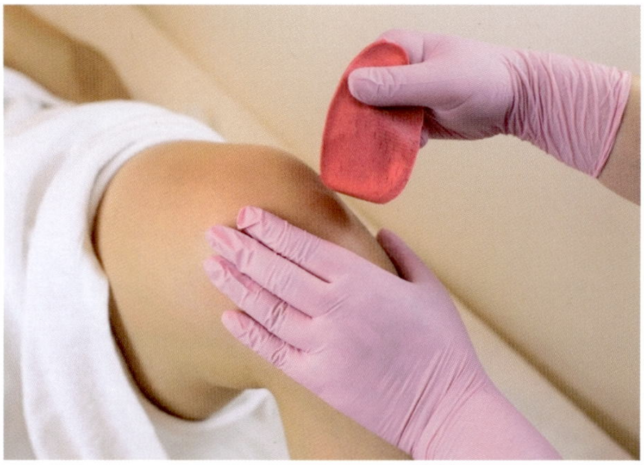

## (13) 피부 진정하기 무릎

① 텐션을 주는 손은 왁스가 제거되는 동시에 왁싱된 부위를 지긋이 눌러주어 신경 통증을 진정시킨다.

② 너무 과도하게 손을 대거나 비비지 않는다.

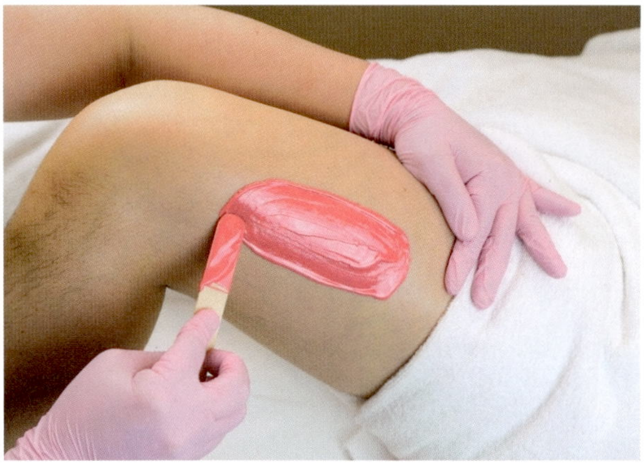

## (14) 자세 바꾸기 허벅지

① 내측 → 중간 → 외측 순으로 왁싱한다.

② 허벅지 왁싱을 위해 왁서가 편한 자세로 유동적으로 고객의 자세를 바꾼다. 다리편 자세 & 개구리 다리

## (15) 왁스 도포하기 허벅지

① 스파츌라를 들지 않은 손으로 왁싱 부위의 피부에 텐션을 준다.

② 스파츌라를 45°~90°로 잡아 밀착감을 주면서 모가 왁스에 잡힐 수 있게 긁듯이 모가 난 방향으로 발라준다.

③ 특히, 남성의 경우 허벅지 끊어진 모가 많으므로, 양쪽 방향으로 왁싱한다. 역으로 발라 순방향으로 한 번 더 제거한다.

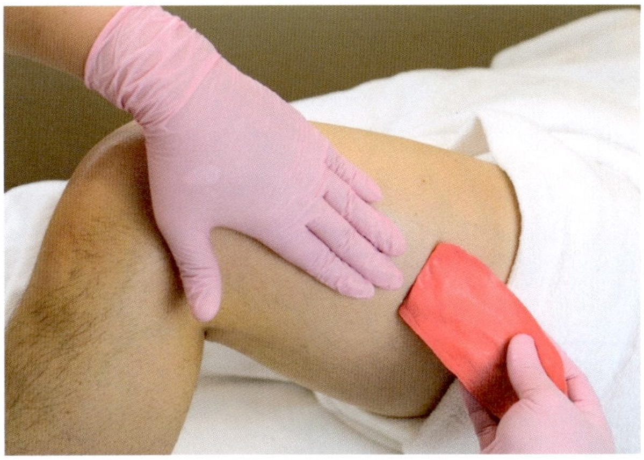

### (16) 왁스 제거하기 허벅지

① 한 손은 제거 시작점에 텐션을 주고, 스킨 탈락이나 피부가 손상되지 않도록 모의 반대 방향으로 피부와 평행하게 재빨리 떼어낸다.

② 허벅지 안쪽은 다른 곳에 비해 피부가 얇으므로 패치 제거 시 스킨 탈락이 일어나지 않도록 각별히 신경쓴다.

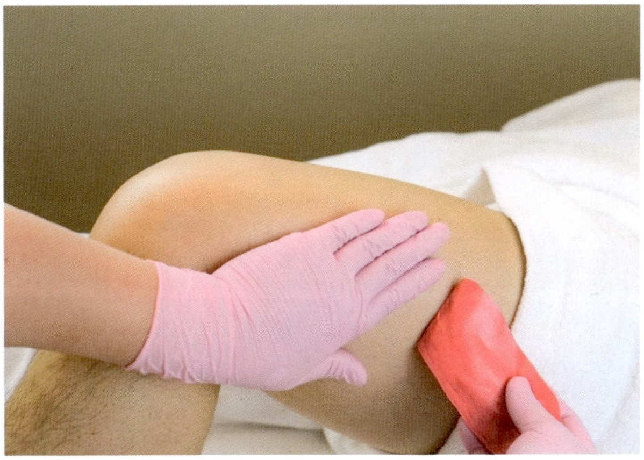

### (17) 피부 진정하기 허벅지

텐션을 주는 손은 왁스가 제거되는 동시에 왁싱된 부위를 지긋이 눌러주어 신경 통증을 진정시킨다.

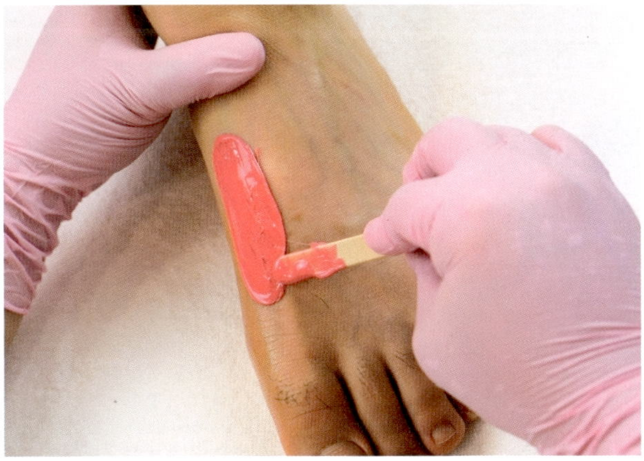

### (18) 섹션 발등

발등 안쪽부터 발등 바깥쪽 순서로 한다. 엄지발가락에서 새끼발가락 방향으로 관리한다.

### (19) 왁스 도포하기 발등

① 발등과 발가락은 주름과 각질이 많이 있는 부위이기 때문에 건조하지 않게 오일처리를 알맞게 하여야 한다.

② 발등과 발가락 크기에 맞는 스파츌라를 선택한다. M 사이즈 추천

③ 왁스는 모근까지 밀착되도록 바른다.

④ 왁스가 잘 밀착될 수 있도록 오일의 양을 조절한다.

<table>
<tr>
<td>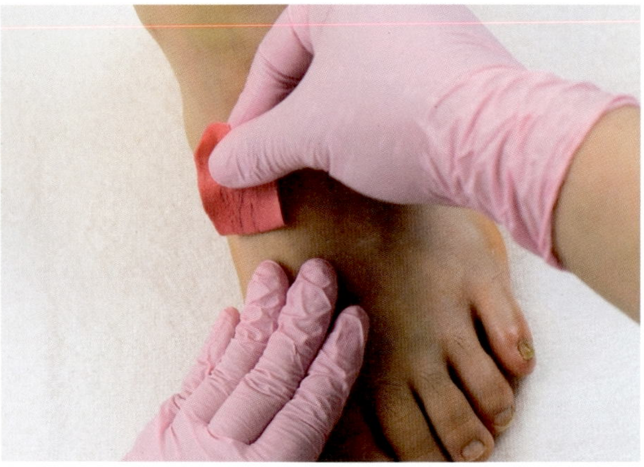</td>
<td>

### (20) 왁스 제거하기 발등

한 손은 제거 시작점에 텐션을 주어 고정하고, 스킨 탈락이나 피부가 손상되지 않도록 모의 반대 방향으로 피부와 평행하게 재빨리 떼어낸다.

</td>
</tr>
<tr>
<td>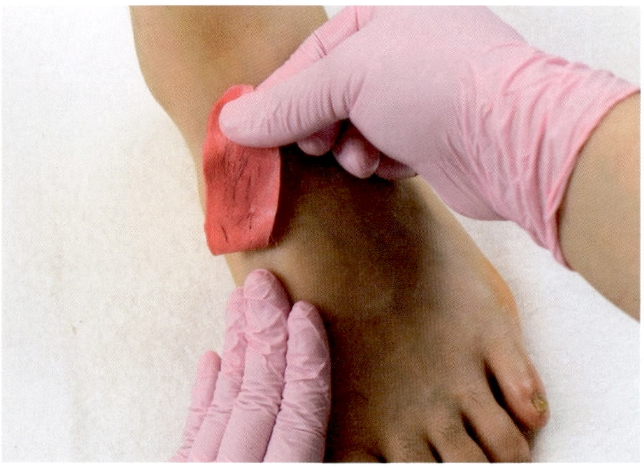</td>
<td>

### (21) 피부 진정하기 발등

텐션을 주는 손은 왁스가 제거되는 동시에 왁싱된 부위를 지긋이 눌러주어 신경 통증을 진정시킨다.

</td>
</tr>
</table>

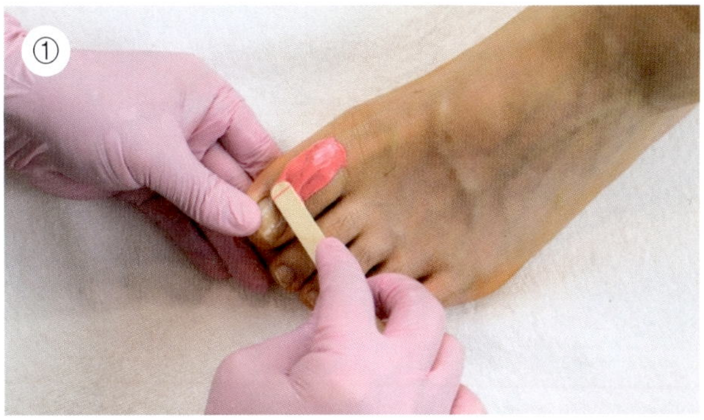


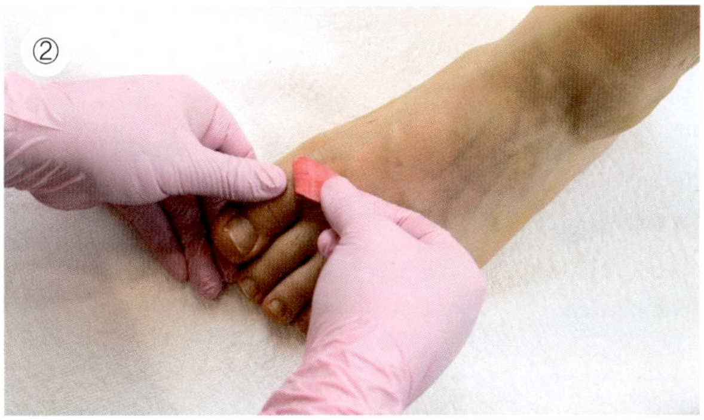


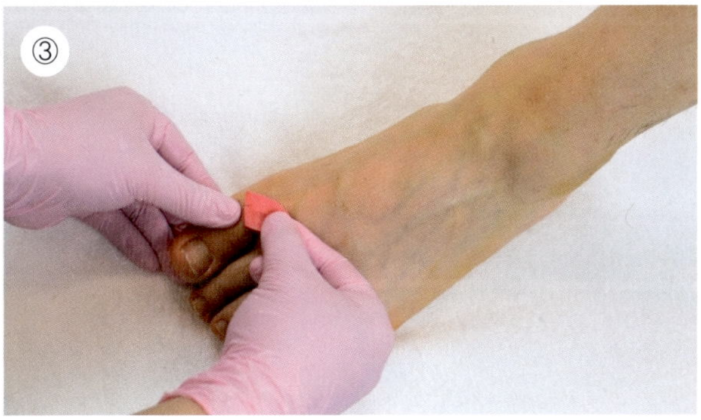


[발가락 왁싱하기]

① 왁스 도포하기

② 왁스 제거하기

③ 피부 진정하기

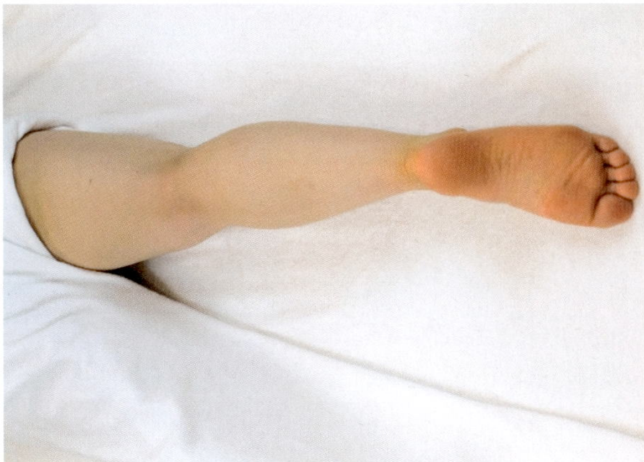

### (22) 후면 섹션

① 후면 관리 시 고객이 엎드린 자세를 취하게 한다.

② 종아리 → 허벅지 순으로 왁싱한다.

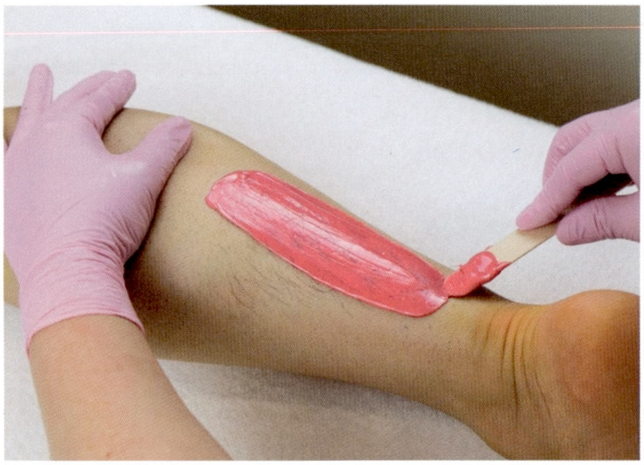

### (23) 왁스 도포하기 종아리-후면

① 스파츌라 시작점에 한 손을 고정하여 텐션을 준다.
② 반대 손은 스파츌라를 45°~90°로 잡아 밀착감을 주면서 왁스가 완전히 밀착될 수 있도록 도포한다.
③ 모가 왁스에 잡힐 수 있게 긁듯이 모가 난 방향으로 발라준다.

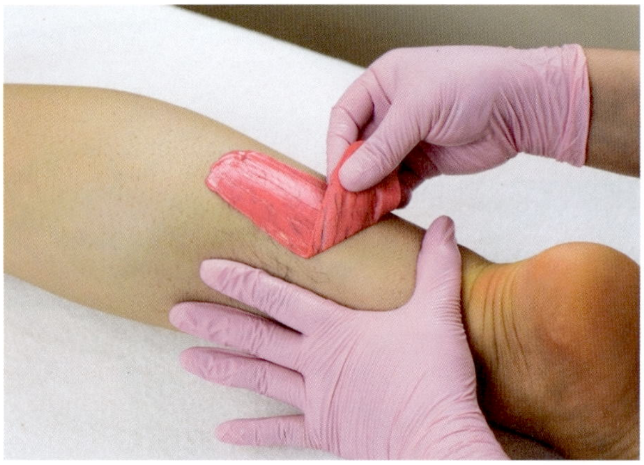

### (24) 왁스 제거하기 종아리-후면

① 한 손은 제거 시작점에 텐션을 주어 고정하고, 스킨 탈락이나 피부가 손상되지 않도록 모의 반대 방향으로 피부와 평행하게 재빨리 떼어 낸다.
② 스킨 탈락이 일어나지 않도록 주의하여 관리한다.

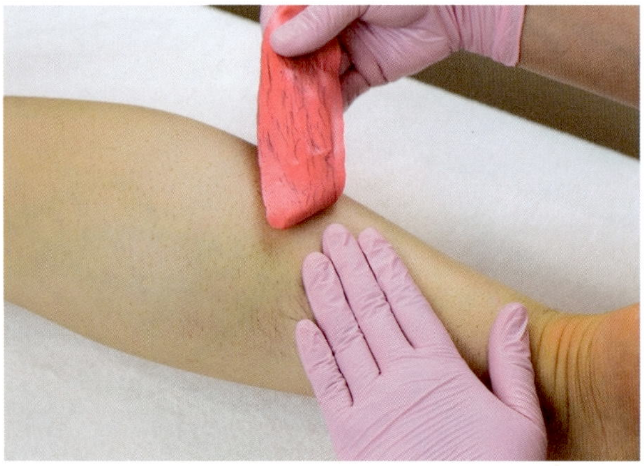

### (25) 피부 진정하기 종아리-후면

① 텐션을 주는 손은 왁스가 제거되는 동시에 왁싱된 부위를 지긋이 눌러주어 신경 통증을 진정시킨다.
② 열린 모공으로 이물질이나 노폐물이 들어가 염증이 유발되지 않도록 주의한다.

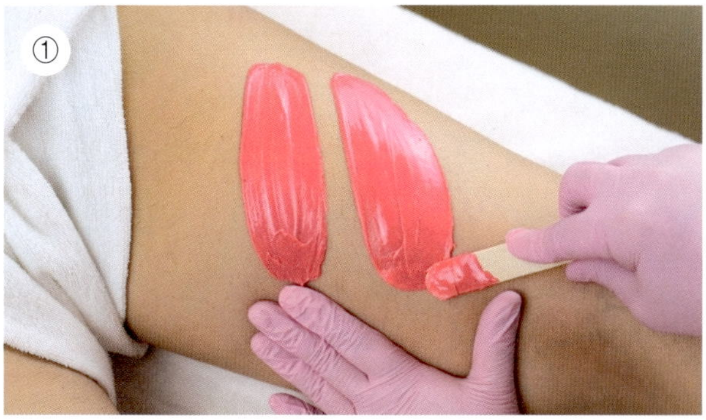

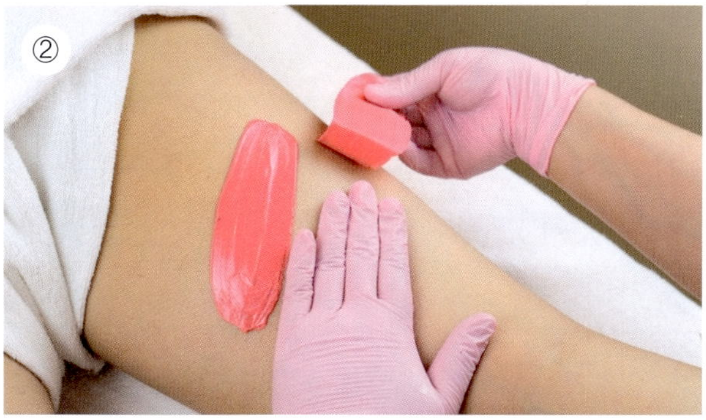

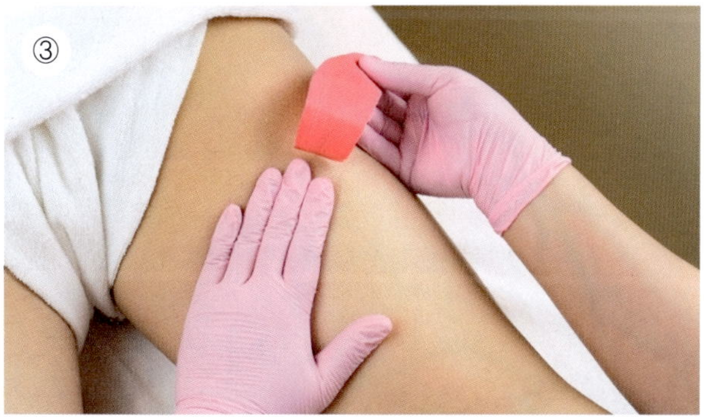

[허벅지 왁싱하기후면]

① 왁스 도포하기

② 왁스 제거하기

③ 피부 진정하기

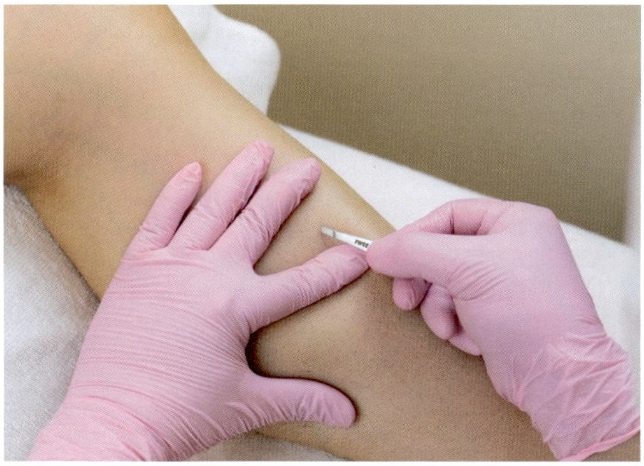

## (26) 잔모 제거하기 종아리-후면

① 왁싱 후 뽑히지 않고 남은 모를 족집게트위져를 이용하여 제거한다.

② 족집게 사용 시 모가 난 방향으로 제거한다. 45° 유지

*Point*

족집게 사용 시 한 손에 텐션을 주고 족집게를 눕혀 모가 난 방향으로 잡아당기듯이 사용하면 모가 끊기지 않고 제거되며, 통증도 감소된다.

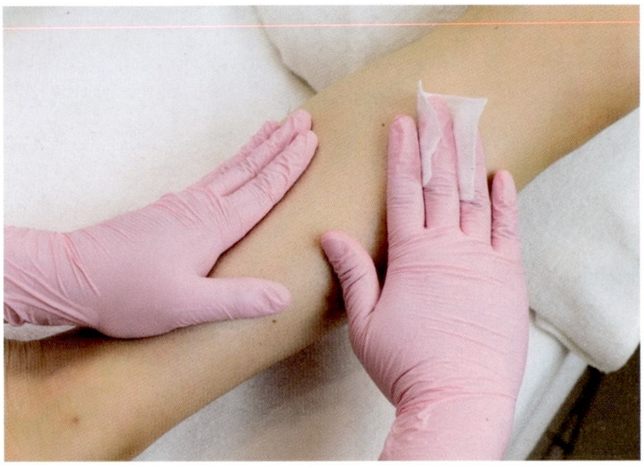

## (27) 잔여물 제거하기

후 처리제나 오일을 사용하여 피부 표면에 남아 있는 왁스 잔여물이나 이물질을 제거한다.

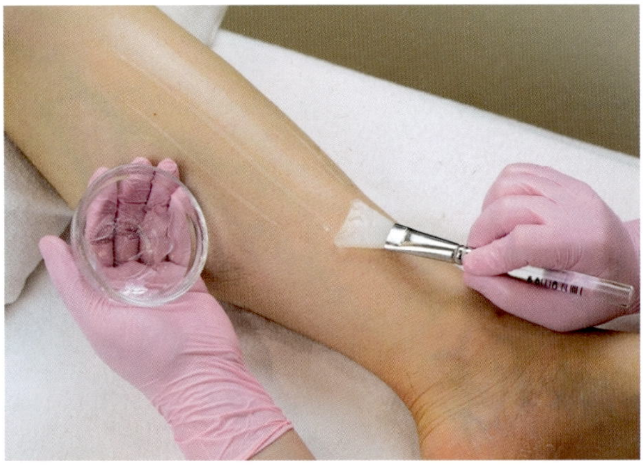

## (28) 피부 진정하기 제품 이용

왁싱으로 인해 자극받은 피부 표면에 진정 제품 알로에 젤을 도포한다.

*Point*

필요 시 다리 부위에 모델링 팩이나 시트팩을 사용하면 피부를 빠르게 진정시키는데 도움이 된다.

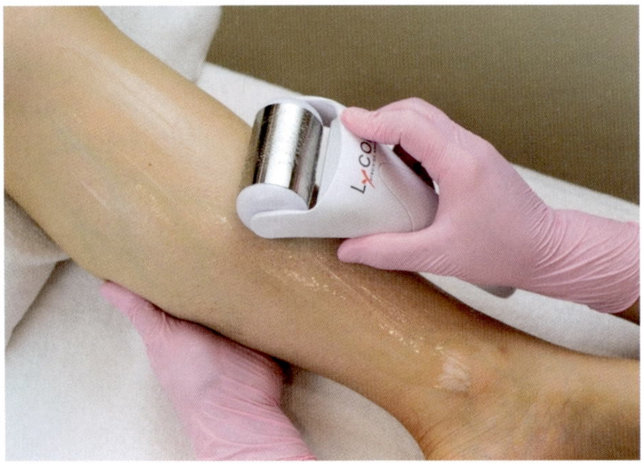

## (29) 피부 진정하기 쿨러 이용

냉장 보관해둔 아이스 쿨러Ice cooler를 이용해 피부 표면의 온도를 내려 열감을 제거하고, 피부를 진정시켜 피부 트러블을 예방한다.

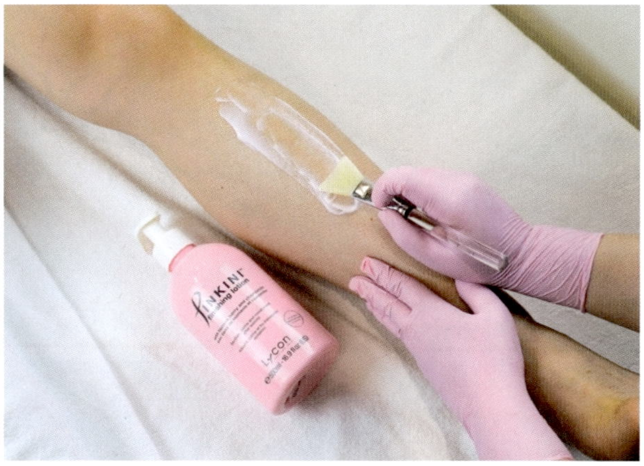

## (30) 마무리하기

유·수분 공급제피니싱 로션를 발라 왁싱 후 비어 있는 모공을 채워주어 2차 감염을 예방한다.

## [부록] 스킨스 하드 왁싱 Skin's Hard Waxing 실기 : 다리 & 발 Leg & Foot Waxing

스킨스 하드 왁싱 Skins Hard Waxing 은 현존하는 왁싱 테크닉에서 보다 넓은 면을 짧은 시간에 관리할 수 있어 조금 더 효과적인 방법이다.

피부에 자극이 덜하며 넓은 부위를 스푼을 이용해 도포하여 모를 제모하는 방법이므로, 모가 많거나 넓은 부위의 빠른 관리가 가능하도록 진화된 시스템이다. 왁서도 보다 쉽고 편하게 왁싱 서비스를 제공할 수 있다. 스킨스 테크닉은 낮은 온도에서 피부 자극 없이 부드럽고 효과적으로 모를 제거할 수 있다.

관리 순서

소독 → 전처리 → 외측 왁싱 → 내측 왁싱 → 앞면 왁싱 → 후면 왁싱 → 진정 및 마무리

| | |
|---|---|
| 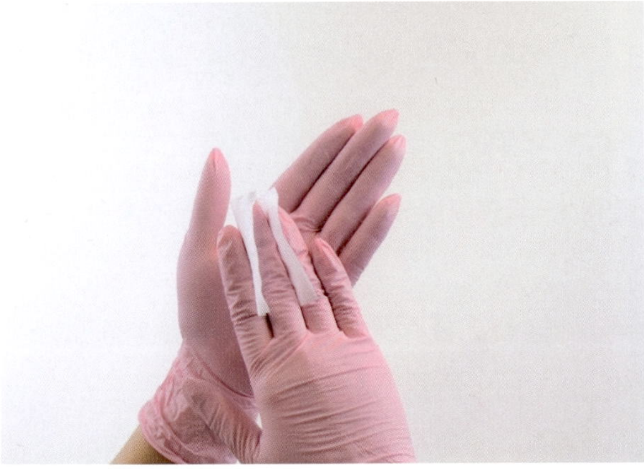 | ① 왁서 Waxer 의 손을 소독한다. |
| 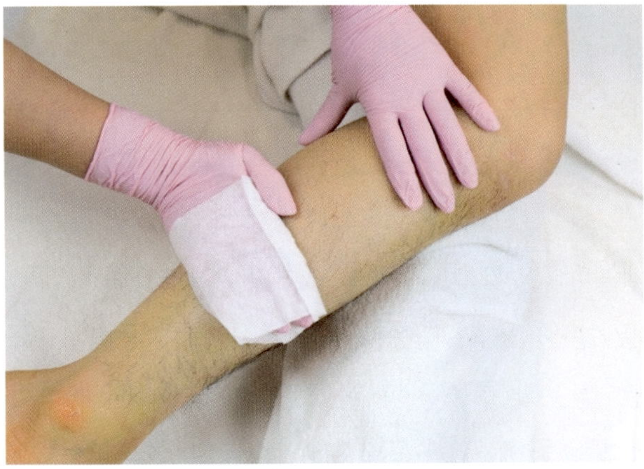 | ② 전 처리제나 스킨을 이용하여 고객의 왁싱 부위를 소독한다. |

| | |
|---|---|
| 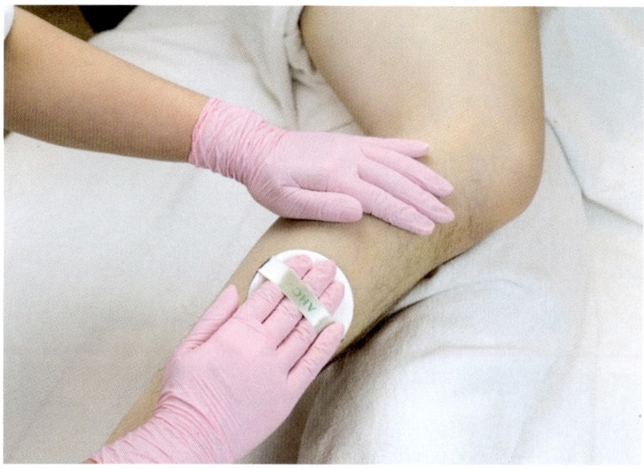 | ③ 왁스의 피부 밀착력을 높여주기 위해 모의 사이 사이에 파우더를 꼼꼼하게 펴바른다. |
| 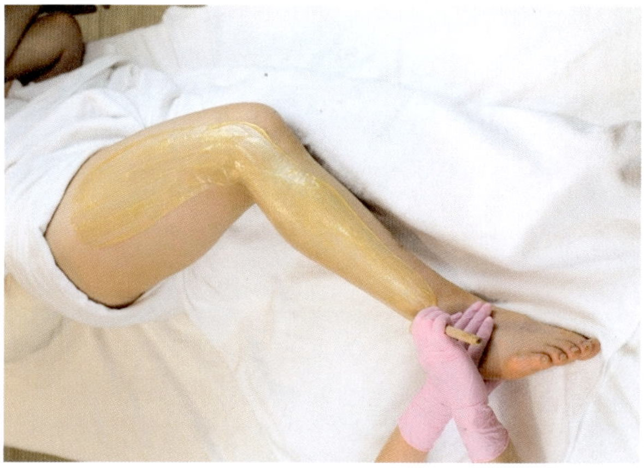 | *다리 외측면 왁싱하기<br>④ 왁스 도포 시작점에 스파출라를 고정하고, 반대 손을 이용하여 텐션을 주어 45~90°로 잡아 밀착감을 주면서 털을 왁스에 잡힐 수 있게 긁듯이 발라준다. |
| 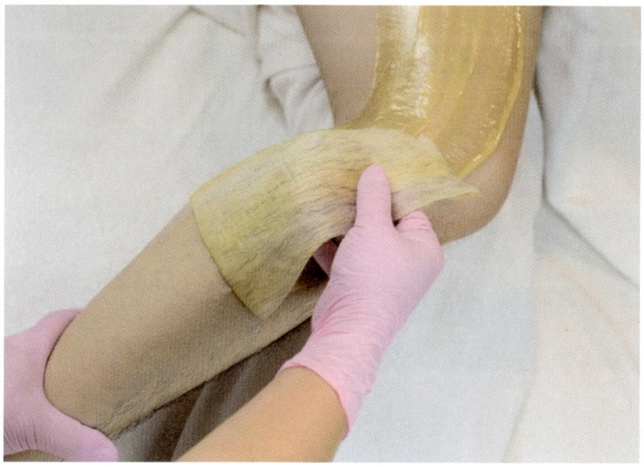 | ⑤ 한 손은 제거 시작점에 텐션을 주어 고정하고, 스킨 탈락이나 피부가 손상되지 않도록 모의 반대 방향으로 피부와 평행하게 재빨리 떼어낸다. |

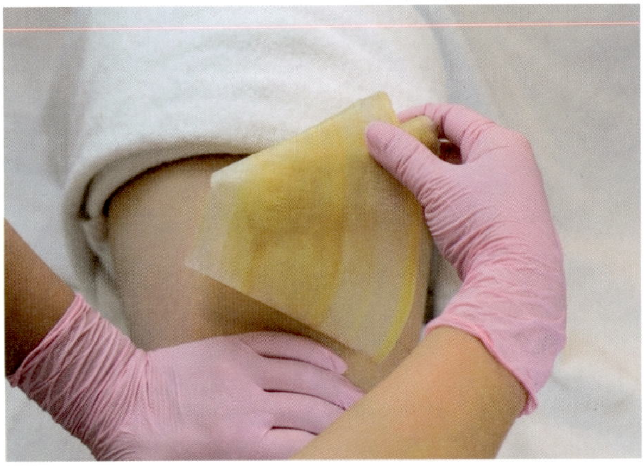

⑥ 텐션을 주는 손은 왁스가 제거되는 동시에 왁싱 된 부위를 눌러주며 신경 통증을 진정시킨다. 제거부위와 방향에 따라 두 손이 함께 이동하며 관리한다.

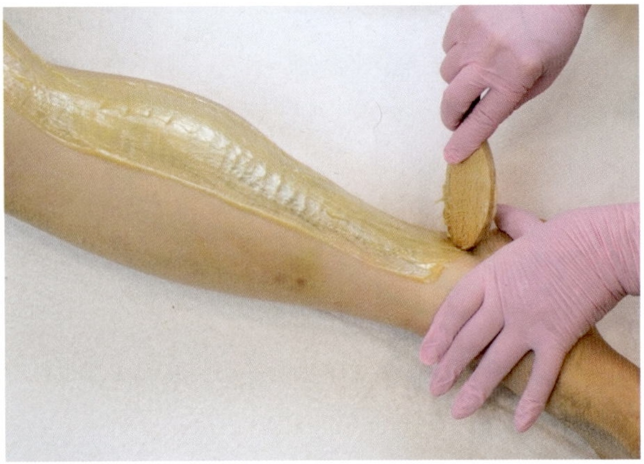

*다리 내측면 왁싱하기

⑦ 왁스를 도포한다.

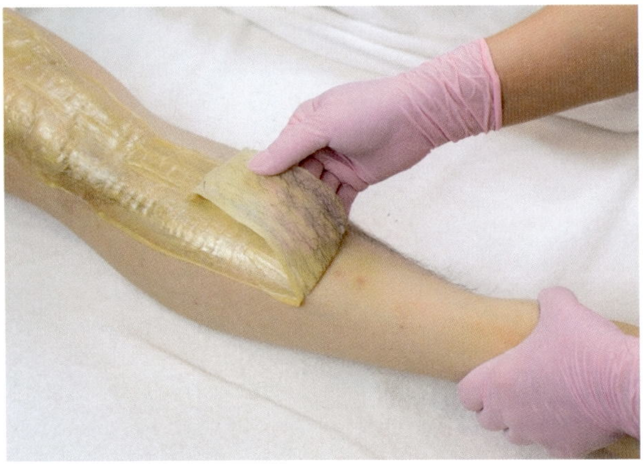

⑧ 도포된 왁스를 발목 → 허벅지 쪽으로 제거한다.

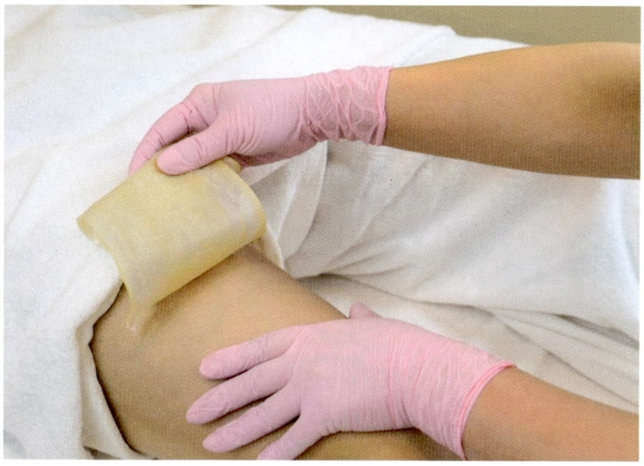

⑨ 한 손은 왁스를 제거하고, 반대 손은 함께 이동하며 스킨 탈락이 일어나지 않도록 텐션을 주어 고정한다.

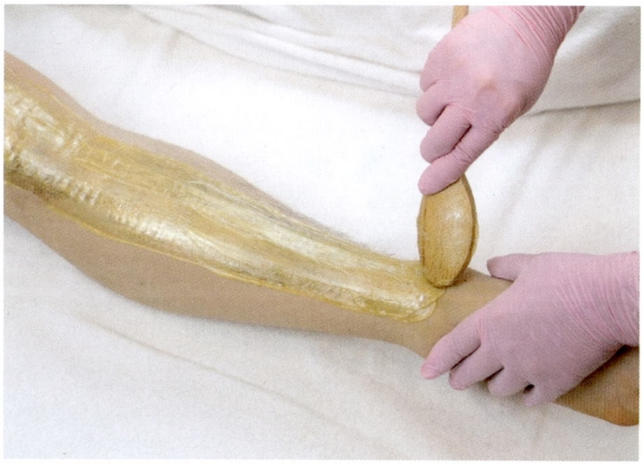

*다리 앞면 왁싱하기

⑩ 왁스 도포하기

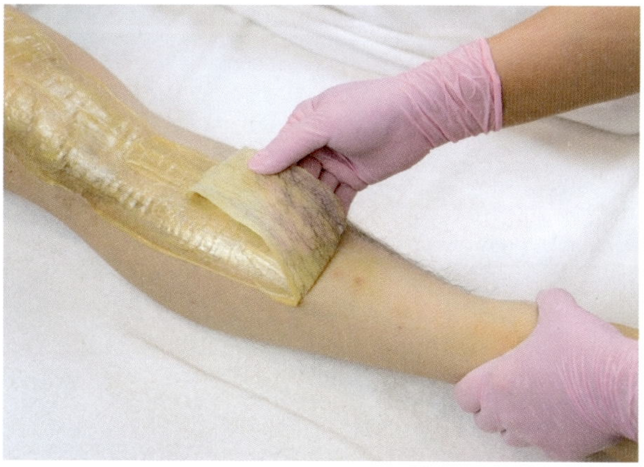

⑪ 왁스 제거하기

| | |
|---|---|
| 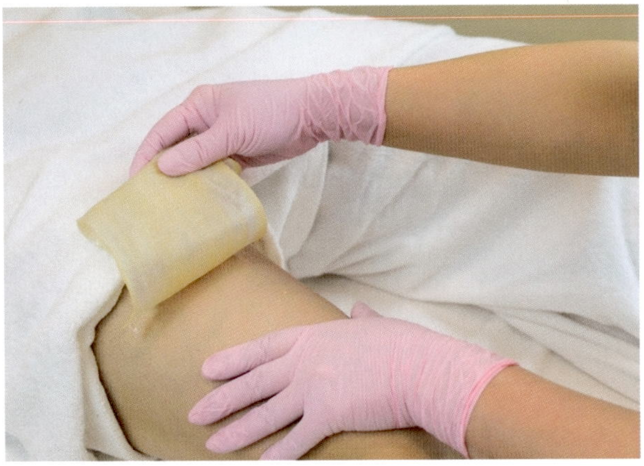 | ⑫ 양손을 이동하며 왁스 제거 후 피부 진정하기 |
| 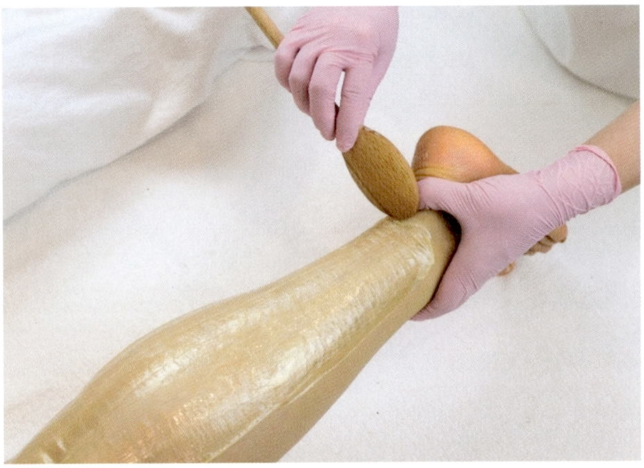 | *다리 후면 왁싱하기<br>⑬ 왁스 도포하기 |
| 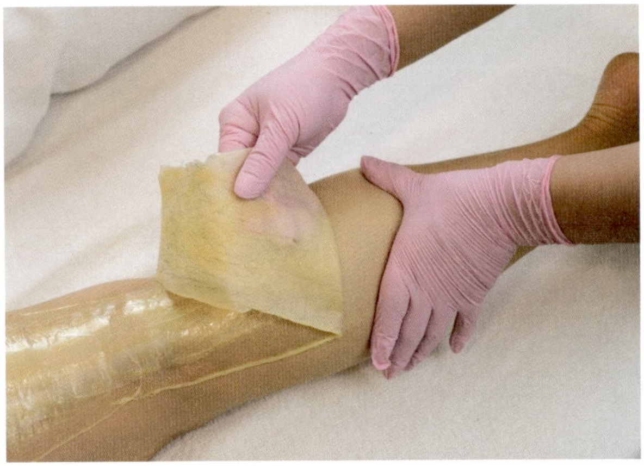 | ⑭ 왁스 제거하기 |

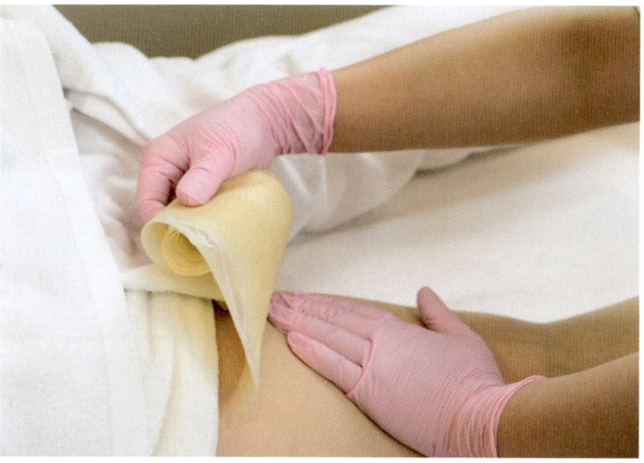

⑮ 양손을 이동하며 왁스 제거 후 피부 진정하기

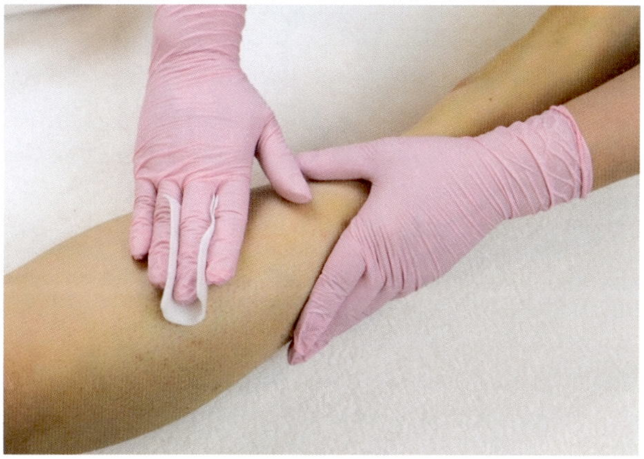

⑯ 후 처리제를 이용하여 피부 표면에 남아 있는 왁스 잔여물이나 이물질을 제거한다. 뽑히지 않은 짧은 모들은 족집게트위저를 이용해 제거한다.

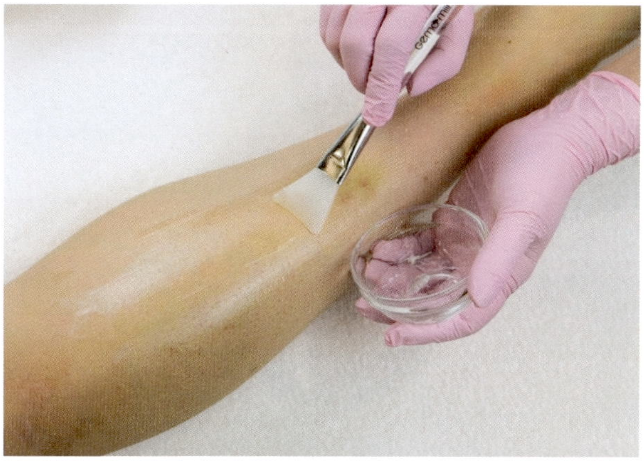

⑰ 왁싱으로 인해 자극받은 피부 표면에 진정 젤알로에 젤을 도포한다.

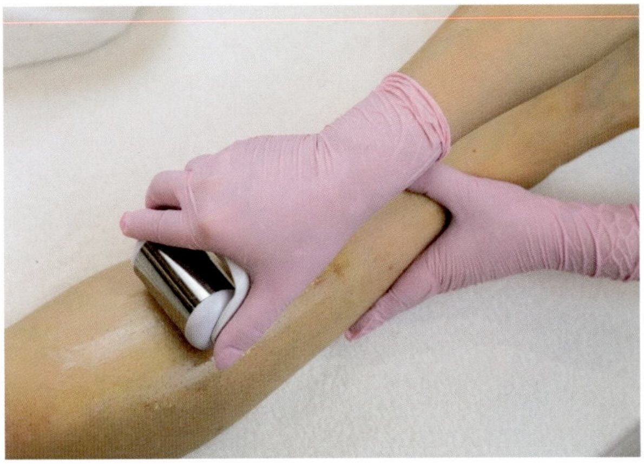

⑱ 아이스 쿨러Ice cooler를 롤링해 피부의 열감을 진정해 준다. 유·수분 공급제를 발라 왁싱 후 비어 있는 공간을 보호해줌으로써 2차 감염을 예방한다.

## 6. 하드 왁싱 Hard Waxing Body 실기 : 팔과 손 Arm & Hand Waxing

관리 순서

소독 → 전처리 → 하완 → 팔꿈치 → 상완 → 손등 → 손가락 → 진정 및 마무리

### (1) 손 소독하기

① 에탄올 70% 이상의 소독제 Antiseptic 를 이용하여 소독한다.

② **1차 소독** : 화장솜에 소독제를 묻혀 왁서 Waxer 의 손을 꼼꼼히 닦는다.

③ **2차 소독** : 일회용 장갑 라텍스 또는 니트릴 장갑 착용 후 한 번 더 소독을 한다.

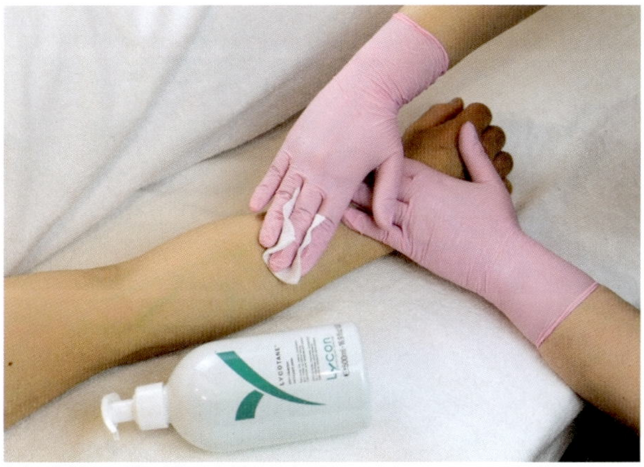


### (2) 고객의 왁싱 부위 소독하기

① 전 처리제를 이용하여 고객의 왁싱 부위를 소독한다.

② 피부 표면의 불순물과 노폐물을 깨끗이 제거한다.

③ 왁싱 부위에 따라 왁싱의 효율을 위해 넓은 부위는 넓은 거즈를 이용하고 좁은 부위는 화장솜을 이용하여 닦아준다.

④ 앉은 자세에서 관리할 경우에는 쿠션을 이용하여 고객의 팔을 편안하게 받쳐준다.

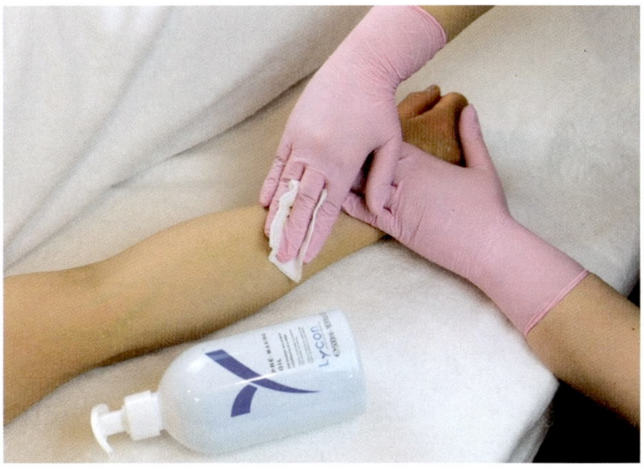


### (3) 오일 또는 파우더 도포하기

① 왁스 브랜드 특징에 따라 파우더 또는 왁싱 전용 오일을 사용한다.

② 왁싱 시 피부 보호를 위해 모의 사이사이에 파우더 또는 오일을 꼼꼼하게 펴 바른다.

③ 모의 성장 반대 방향으로 먼저 펴 바른 다음 → 모의 성장 방향으로 결을 정리한다.

## (4) 왁스 양 조절하기

① 왁싱 부위에 맞는 스파츌라Spatula를 선택한다. L 사이즈 추천
② 왁싱할 부위에 필요한 양을 감안하여 스파츌라의 1/4 지점까지 왁스를 뜬다.
③ 스파츌라의 끝에 왁스를 둥글게 말아준다.
④ 왁스가 흐르지 않도록 스파츌라를 한 방향으로 돌려주며 왁싱 부위까지 이동한다.

*Point*

워머기의 왁스는 온도가 고르지 않으므로 왁스를 뜨기 전에 왁스가 잘 섞이도록 휘저어 준다.

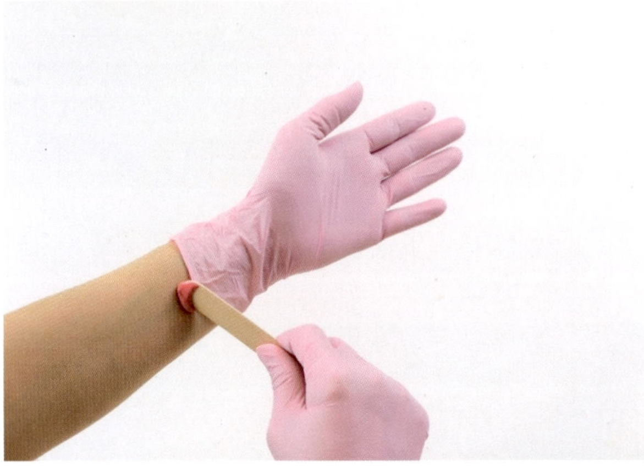

## (5) 온도 체크하기

① 고객의 피부 화상을 예방하기 위해 도포 전 반드시 왁서의 손목 안쪽에 왁스의 온도를 체크한다.
② 온도가 너무 높으면 왁스를 떴을 때 물처럼 흐르므로 왁스가 꿀처럼 진득하게 떨어지는 점도가 적당하다.

*Point*

왁스별 사용 온도를 확인하고 관리한다.

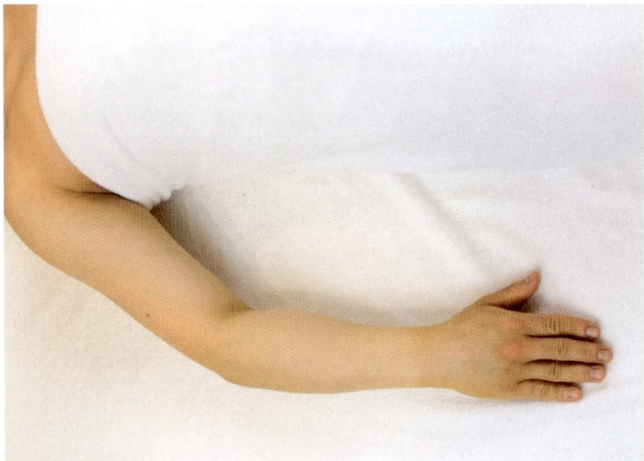

## (6) 팔 섹션

① 하완 바깥에서 안쪽 방향으로 순서를 정한다.
② 모가 나는 방향이 각기 다를 수 있으므로 모의 성장 방향을 확인하며 유동적으로 섹션을 나눈다.

*Point*

하드왁스는 순방향 → 역방향, 역방향 → 순방향 모두 제모가 가능한 유연성을 가지고 있다.

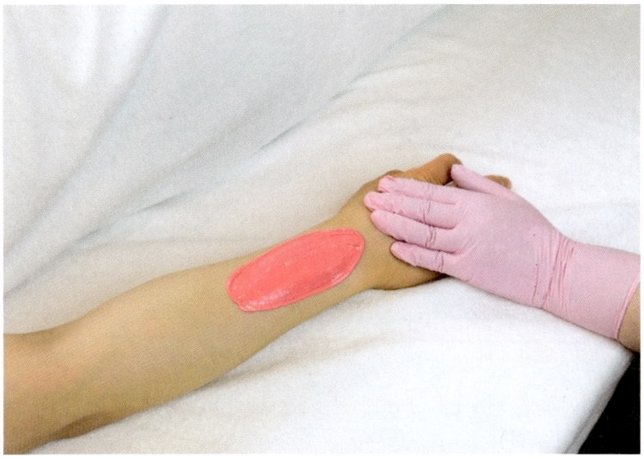

### (7) 왁스 도포하기 팔-하완

① 한 손은 피부 상단 부위에 텐션을 준다.
② 스파츌라를 45°~90°로 잡아 밀착감을 주면서 모가 왁스에 잡힐 수 있게 긁듯이 모가 난 방향으로 발라준다.

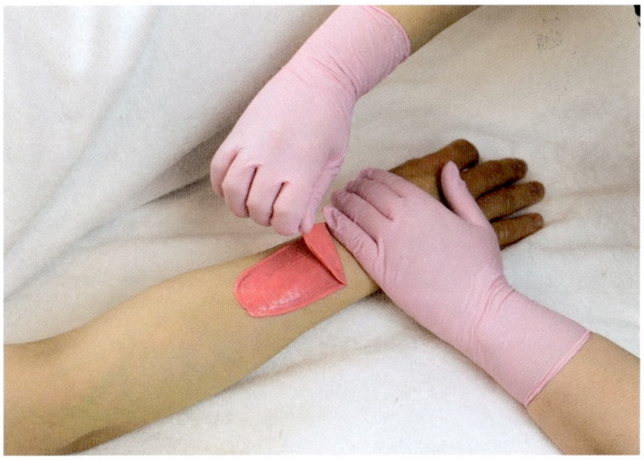

### (8) 왁스 제거하기 팔-하완

한 손은 제거 시작점에 텐션을 주어 고정하고, 반대 손은 스킨 탈락이나 피부가 손상되지 않도록 모의 반대 방향으로 피부와 평행하게 재빨리 떼어낸다.

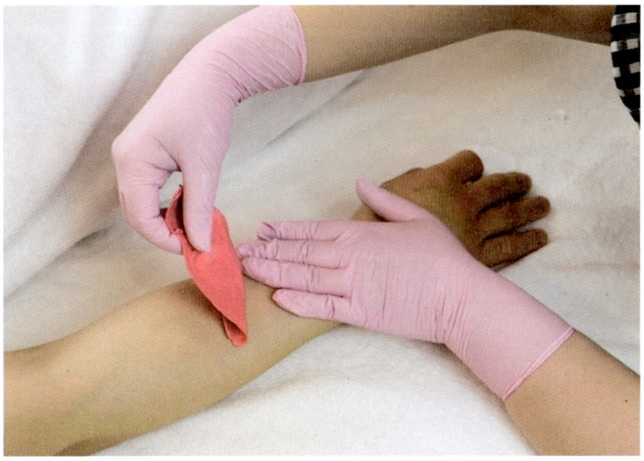

### (9) 피부 진정하기 팔-하완

① 텐션을 주는 손은 왁스가 제거되는 동시에 왁싱된 부위를 지긋이 눌러주어 신경 통증을 진정시킨다.
② 이물질과 노폐물이 들어가 피부에 염증이 유발되는 것을 방지하기 위하여 피부 접촉을 최소화한다.

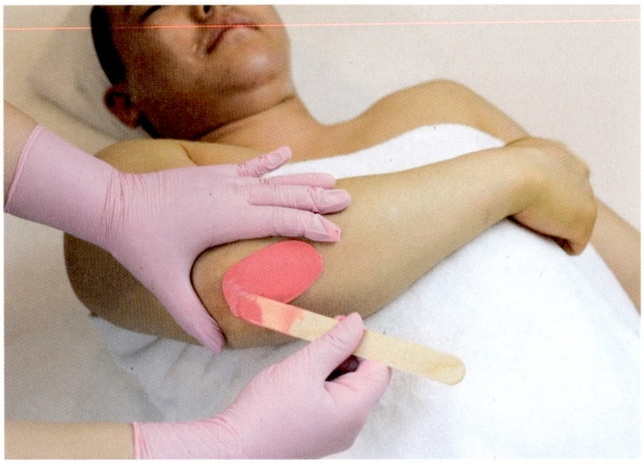

## (10) 고객의 자세 유지하기 팔꿈치

① 팔꿈치를 가슴 방향으로 접은 자세를 취한다.
② 왁서가 편한 자세를 취할 수 있도록 좌우의 방향을 유동적으로 정한다.
③ 앉아서 왁싱 관리 시 고객의 손바닥이 뒷목으로 가게하면 팔꿈치가 자연스럽게 굽혀져 왁싱하기에 편한 자세가 된다.

## (11) 왁스 도포하기 팔꿈치

① 굴곡이 있는 팔꿈치 부위는 주름과 각질이 많은 부위이기 때문에 방향을 잘 확인하여 정확하게 왁싱한다.
② 팔꿈치를 굽히고 반대손을 이용해 피부가 딸려오지 않도록 텐션을 준 상태로 왁스를 바른다.

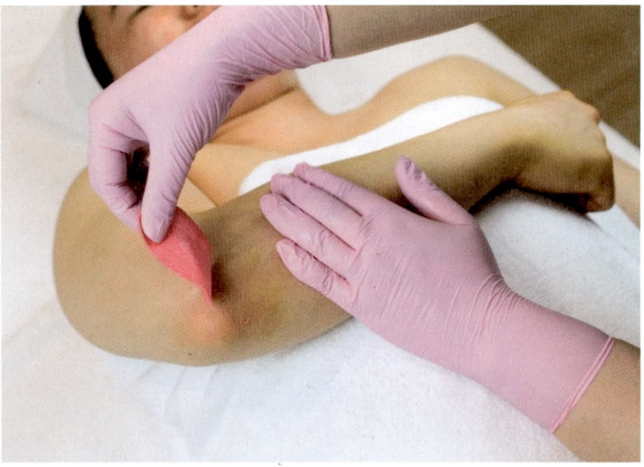

## (12) 왁스 제거하기 팔꿈치

① 한 손은 제거 시작점에 텐션을 주어 고정하고, 반대 손을 이용하여 Off 한다.
② 스킨 탈락 등의 피부가 손상되지 않도록 모의 반대 방향으로 피부와 평행하게 재빨리 떼어낸다.

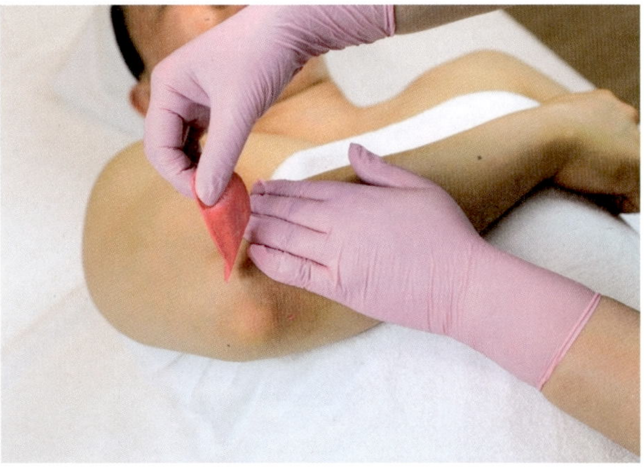

## (13) 피부 진정하기

텐션을 주는 손은 왁스가 제거되는 동시에 왁싱된 부위를 지긋이 눌러주어 신경 통증을 진정시킨다.

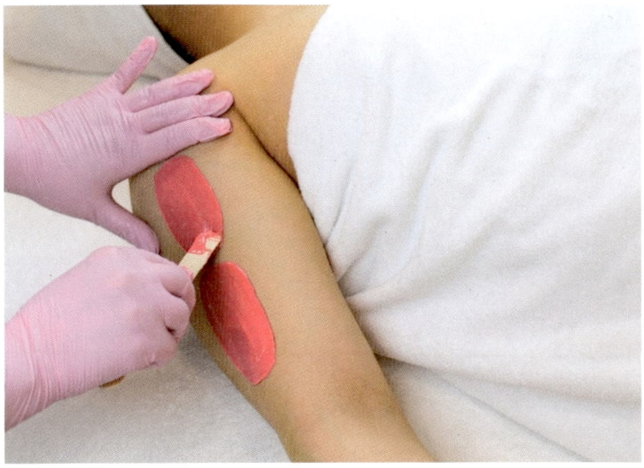

### (14) 고객의 자세 유지하기 팔-상완

① 상완의 바깥에서 안쪽 방향으로 순서를 정한다.
② 왁서가 편한 자세를 취할 수 있도록 좌우의 방향을 유동적으로 정한다.

### (15) 왁스 도포하기 팔-상완

① 스파츌라를 들지 않은 손으로 왁싱 부위의 피부에 텐션을 준다.
② 스파츌라를 45°~90°로 잡아 밀착감을 주면서 모가 왁스에 잡힐 수 있게 긁듯이 모가 난 방향으로 발라준다.

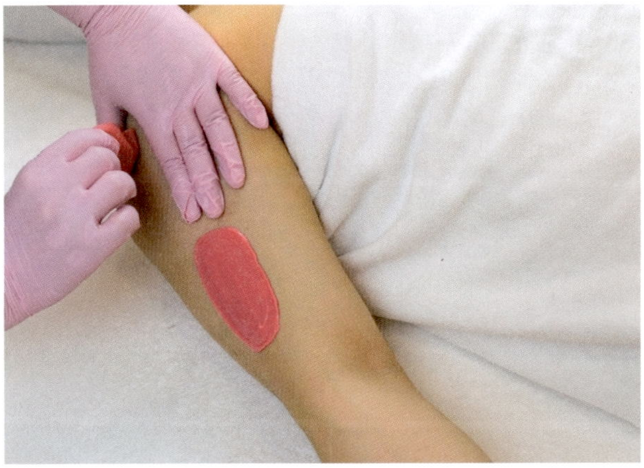

### (16) 왁스 제거하기 팔-상완

① 한손은 제거 시작점에 텐션을 주어 고정하고, 스킨 탈락이나 피부가 손상되지 않도록 모의 반대 방향으로 피부와 평행하게 재빨리 떼어낸다.
② 팔 안쪽 다른 곳에 비해 피부가 얇으므로 패치 제거 시 스킨 탈락이 일어나지 않도록 각별히 신경써 관리한다.

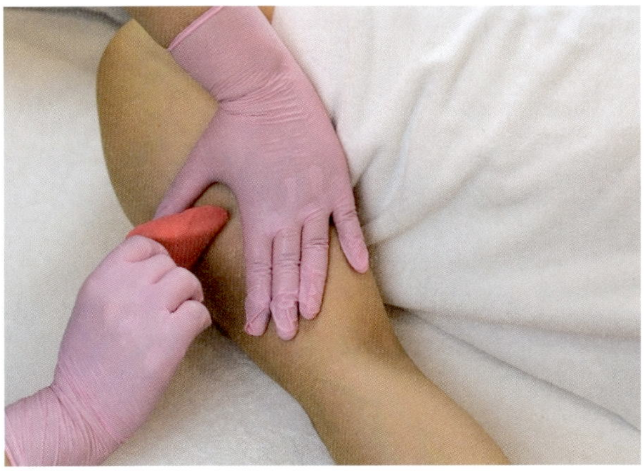

### (17) 피부 진정하기 팔-상완

① 텐션을 주는 손은 왁스가 제거되는 동시에 왁싱된 부위를 지긋이 눌러주어 신경 통증을 진정시킨다.
② 염증 유발을 방지하기 위해 불필요한 터치는 삼간다.

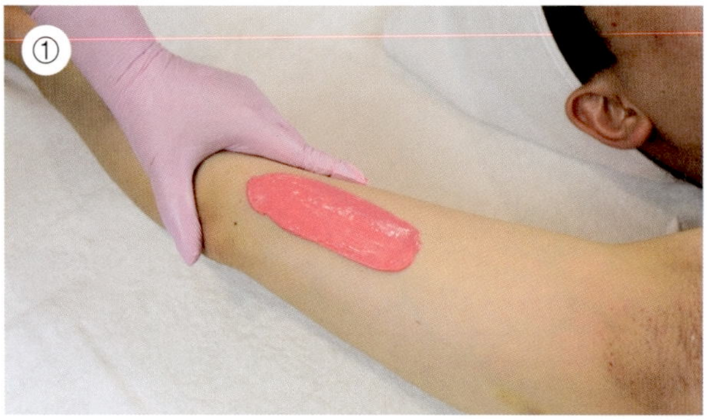


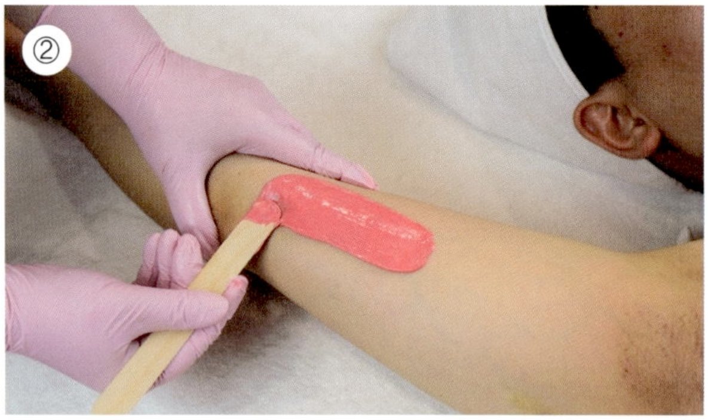


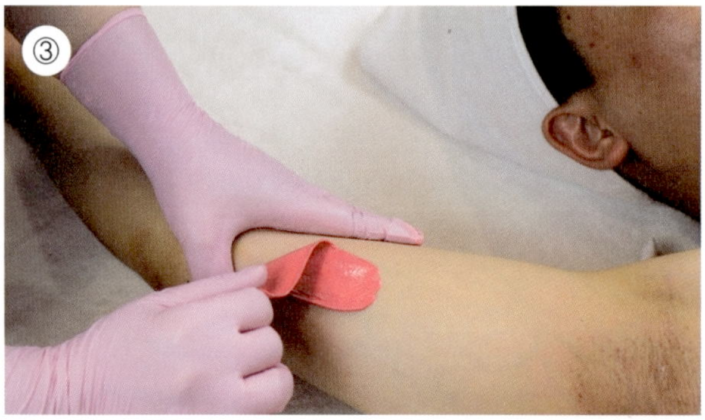


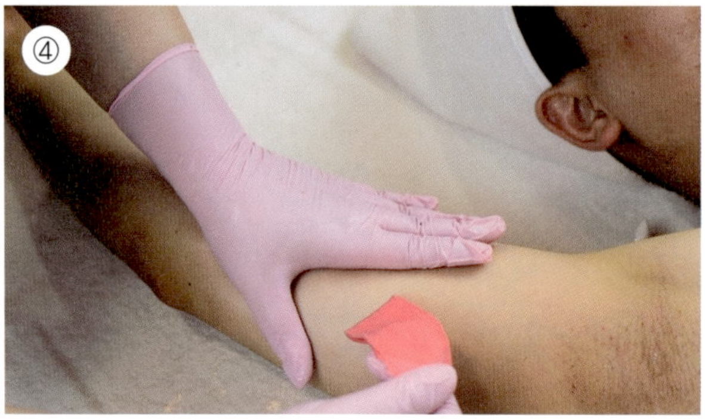


## (18) 고객의 자세 유지하기

팔-상완 내측

① 상완의 바깥에서 안쪽 방향으로 자연스럽게 왁싱을 진행한다.
② 왁서가 편한 자세를 취할 수 있도록 유동적으로 방향을 정한다.

## (19) 섹션 후 왁싱하기 팔-상완 내측

① 한 손은 피부에 텐션을 주고, 반대 손은 스파츌라를 45°~90°로 잡아 밀착감있게 왁스를 도포한다.
② 왁스 패치의 크기는 손가락 2개 정도의 폭으로 8~10cm 정도의 길이가 적당하다. 패치의 두께는 고르게 하되, 가장자리는 도톰하게 립라인이 생기도록 두껍게 바른다.

① 섹션, 왁스 도포하기
② 왁스 손잡이 떼어내기
③ 왁스 제거하기
④ 피부 진정하기

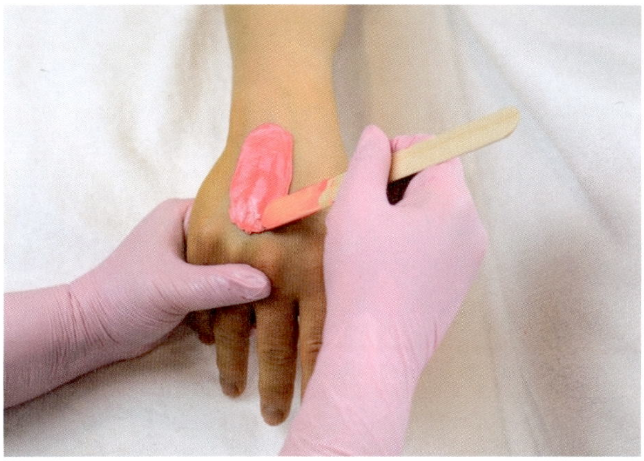

## (20) 섹션 손

① 손등 안쪽부터 손등 바깥쪽 순서로 한다.
② 엄지손가락에서 새끼손가락 순서로 한다.

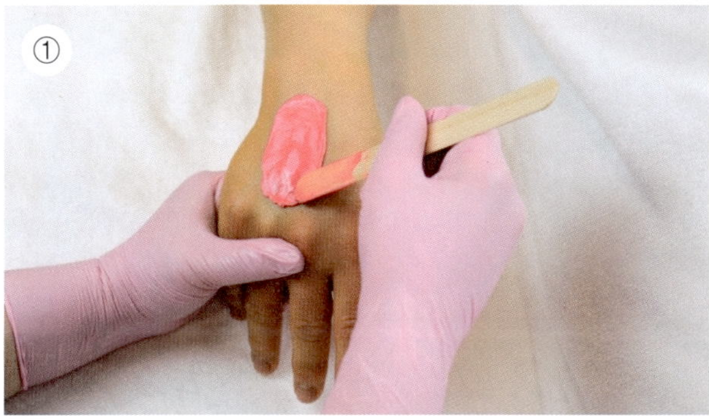


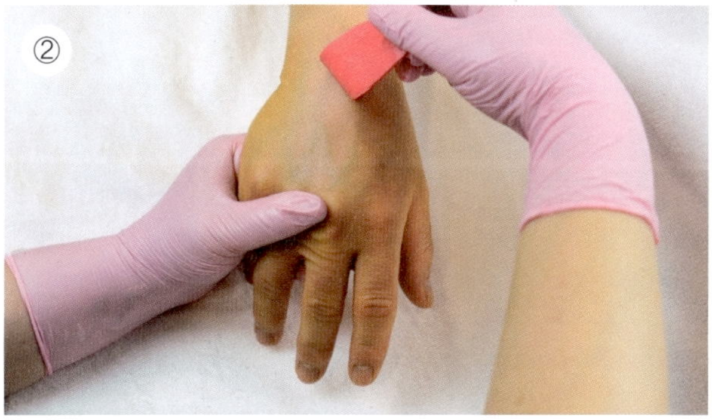


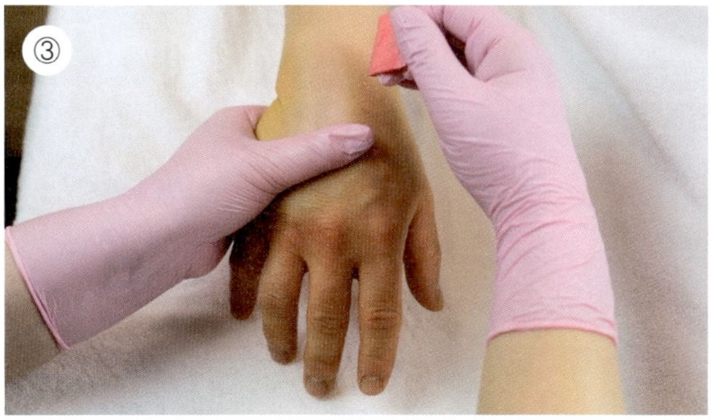


[손등 왁싱하기 손등 안쪽 → 손등 바깥쪽]

① 왁스 도포하기
② 왁스 제거하기
③ 피부 진정하기

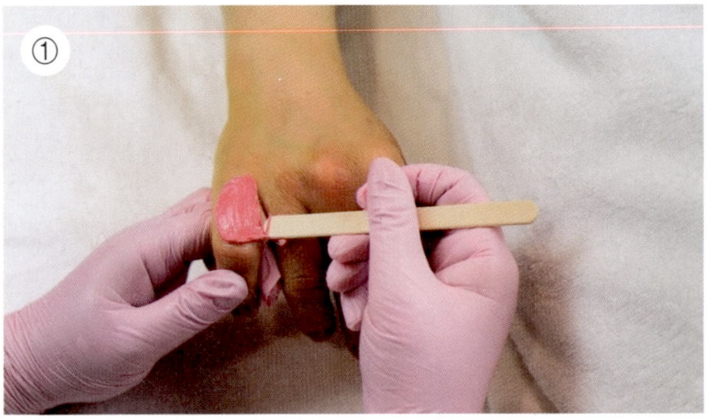

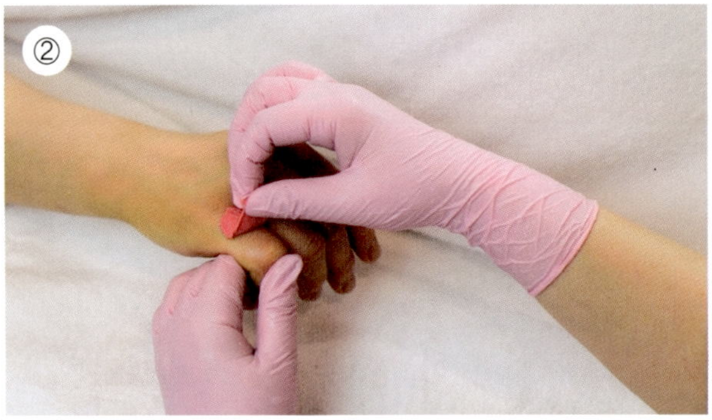

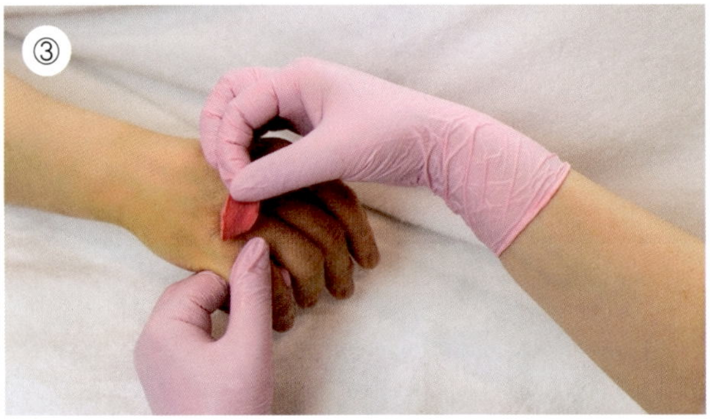

**[손가락 왁싱하기** 엄지 손가락 → 새끼 손가락**]**

① 왁스 도포하기

② 왁스 제거하기

③ 피부 진정하기

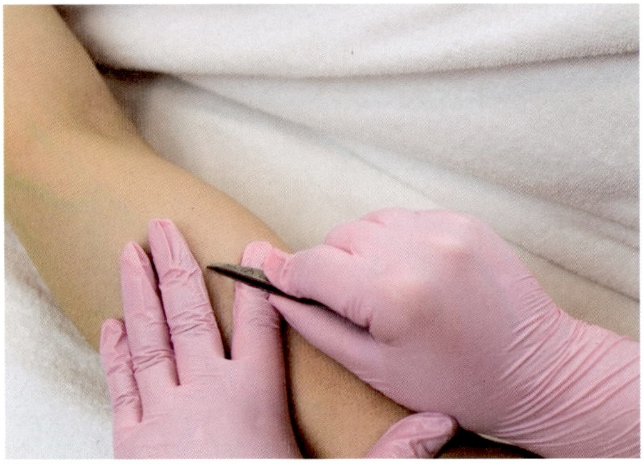

## (21) 잔모 제거하기

① 왁싱 후 뽑히지 않고 남은 짧은 모를 족집게 트위져로 제거한다.

② 족집게 사용 시 모가 난 방향으로 제거한다. 45° 유지

*Point*

족집게 사용 시 한 손에 텐션을 주고 족집게를 45°로 눕혀 잡아당기듯이 사용하면 모가 끊기지 않아 제거가 수월해지며 통증도 감소된다..

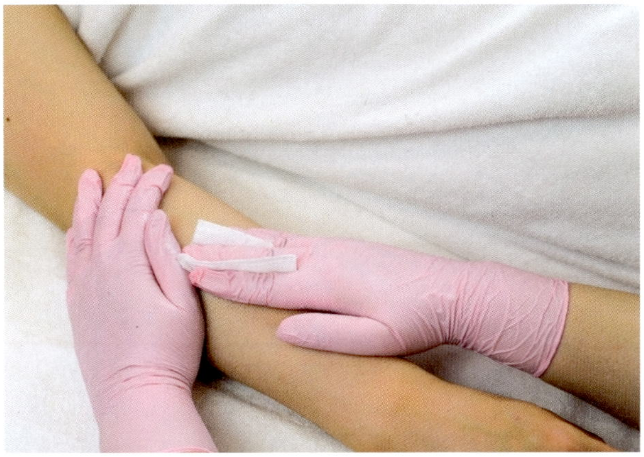

## (22) 잔여물 제거하기

후 처리제나 오일을 사용하여 피부 표면에 남아 있는 왁스 잔여물이나 이물질을 제거한다.

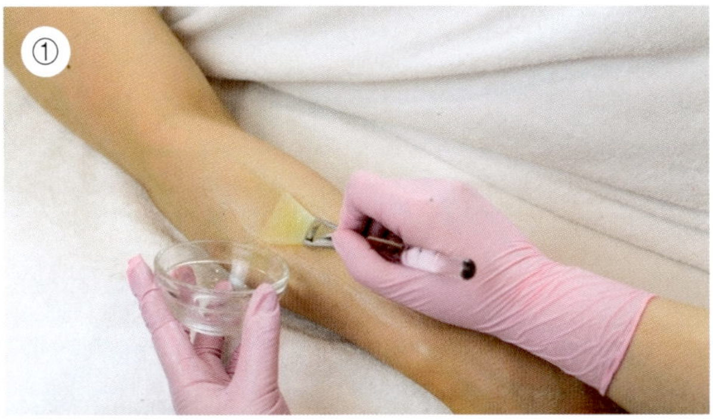


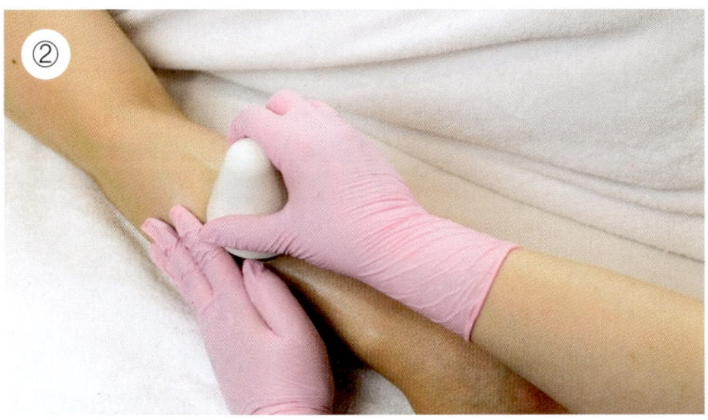


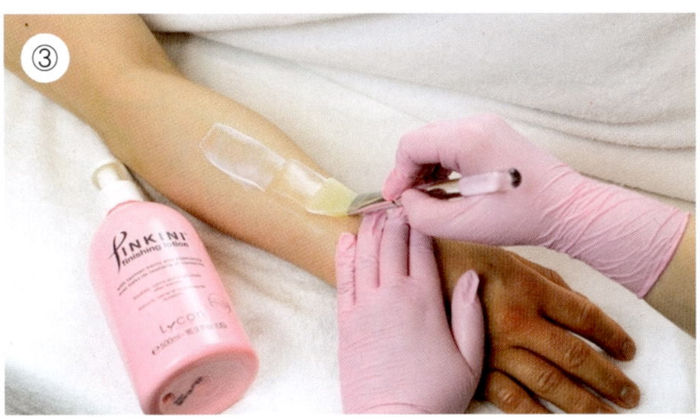


## (23) 피부 진정하기

① 제품을 이용한 피부진정

- 왁싱으로 인해 자극받은 피부 표면에 진정 젤알로에 젤을 도포한다.

② 쿨러를 이용한 피부진정

- 냉장 보관해둔 아이스 쿨러Ice cooler를 이용해 피부 표면의 온도를 내려 열감을 제거하고, 피부를 진정시켜 피부 트러블을 예방한다. 팩을 추가적으로 이용하면 더욱 효과적이다.

③ 마무리하기

- 유·수분 공급제피니싱 로션를 발라 왁싱 후 비어 있는 모공을 채워주어 2차 감염을 예방한다.

# [부록] 스킨스 하드왁싱 Skin's Hard Waxing 실기 : 팔과 손 Arm & Hand Waxing

스킨스 하드 왁싱 Skins Hard Waxing 은 넓은 부위를 빠르게 관리할 수 있는 진화된 시스템이다. 털이 많은 고객에게도 효과적인 왁싱 서비스를 제공해 드릴 수 있으며, 스킨스 테크닉은 낮은 온도에서도 모와 피부에 자극 없이 효과적으로 관리가 가능하다.

관리 순서

소독 → 전처리 → 팔 외측 왁싱 → 팔 내측 왁싱 → 팔꿈치 왁싱 → 진정 및 마무리

| | |
|---|---|
| 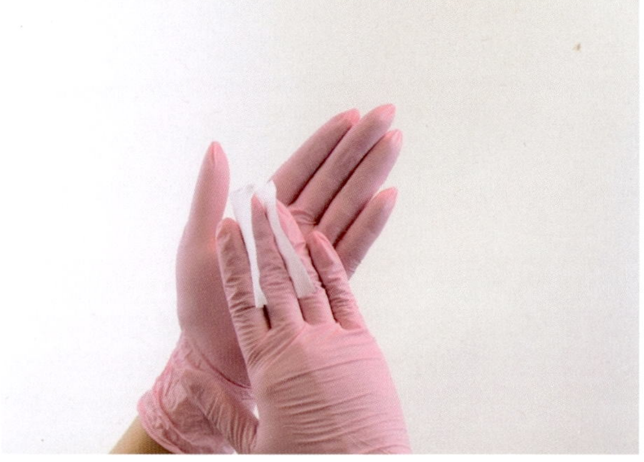 | ① 왁서 Waxer 의 손을 소독한다. |
| 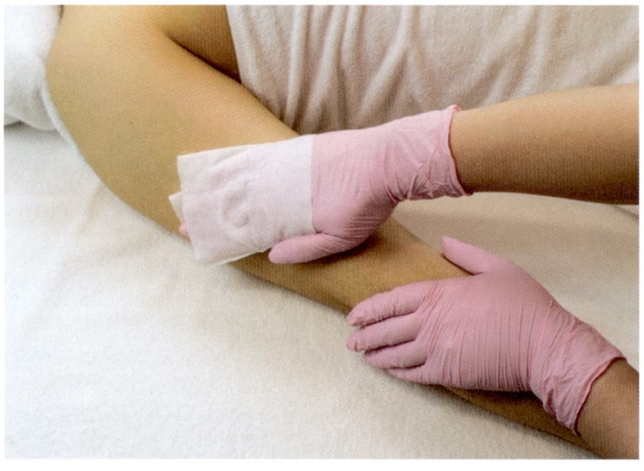 | ② 전 처리제나 스킨을 이용하여 고객의 왁싱 부위를 소독한다. |

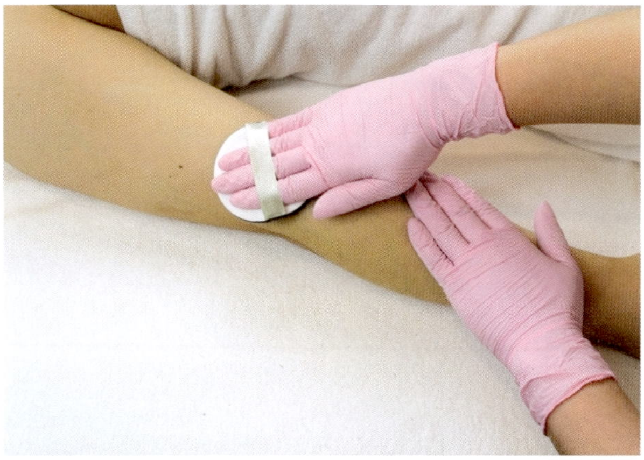

③ 왁스의 피부 밀착력을 높여주기 위해 모의 사이 사이에 파우더를 꼼꼼하게 펴 바른다.

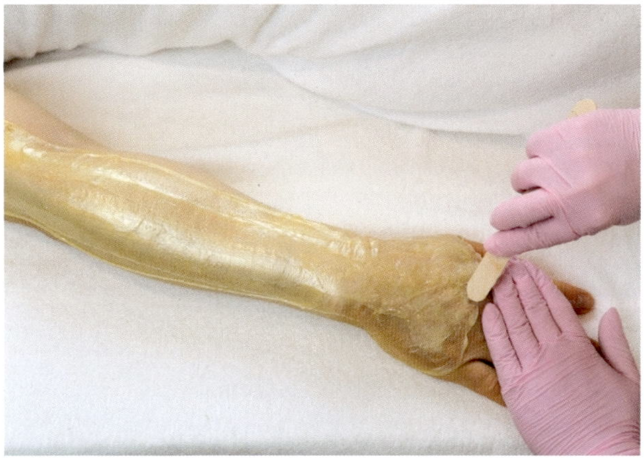

* 팔 외측 왁싱하기

④ 왁스 도포 시작점에 스파츌라를 고정하고, 반대 손을 이용하여 텐션을 주어 45~90°로 잡아 밀착감을 주면서 털을 왁스에 잡힐 수 있게 긁듯이 발라준다.

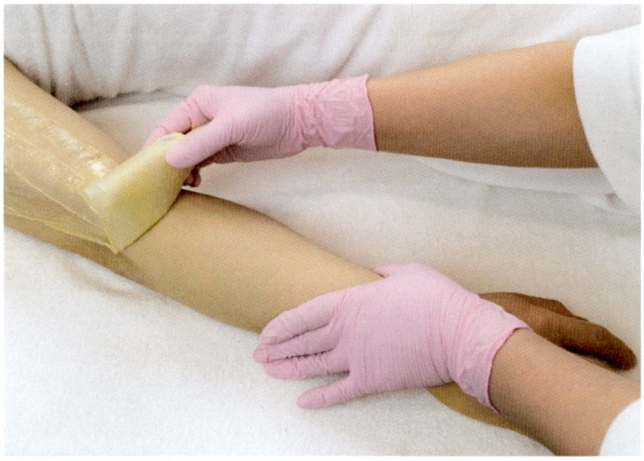

⑤ 한 손은 제거 시작점에 텐션을 주어 고정하고, 스킨 탈락이나 피부가 손상되지 않도록 모의 반대 방향으로 피부와 평행하게 재빨리 떼어 낸다.

| | |
|---|---|
| 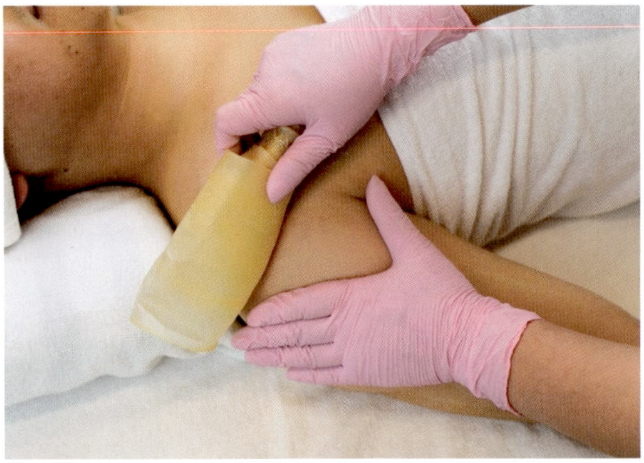 | ⑥ 텐션을 주는 손은 왁스가 제거되는 동시에 왁싱 된 부위를 눌러주며 신경 통증을 진정시킨다. |
| 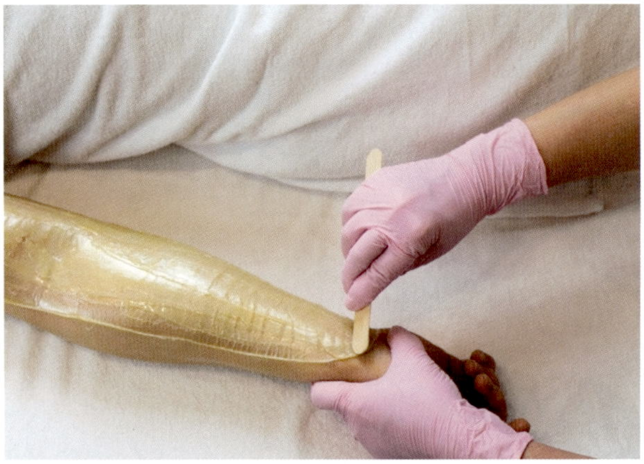 | * 팔 외측 왁싱하기<br>⑦ 왁스 도포하기<br>• 고객의 손바닥이 하늘을 보도록 뒤집어 준다. |
| 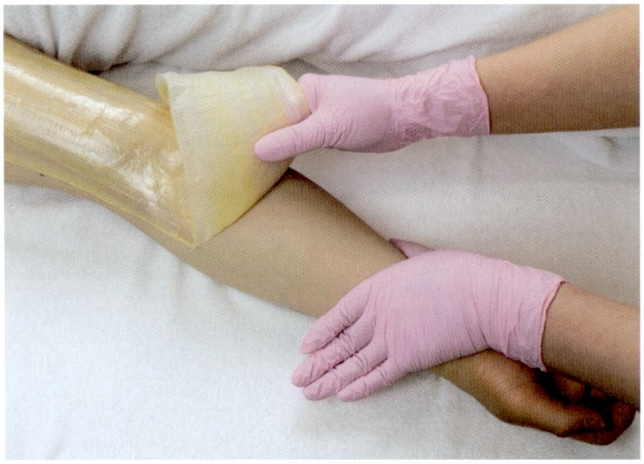 | ⑧ 왁스 제거하기 |

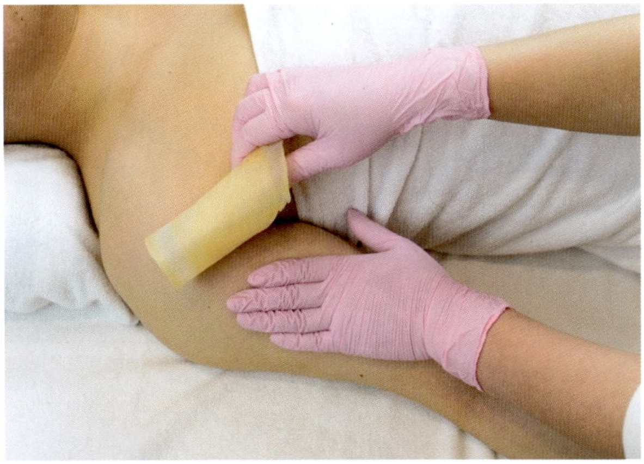

⑨ 반대 손 함께 이동하며 진정하기

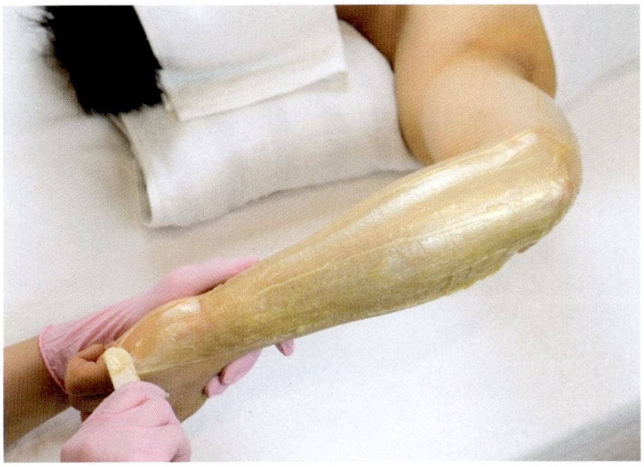

* 팔꿈치 왁싱하기

⑩ 왁스 도포하기

- 고객의 손목을 잡고 팔을 위로 올려준다.

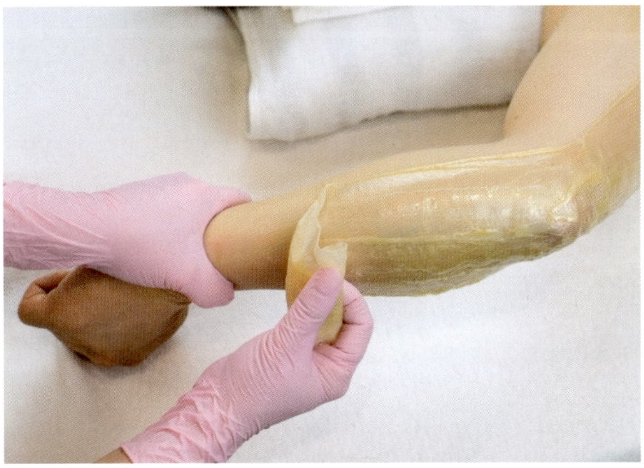

⑪ 왁스 제거하기

| | |
|---|---|
| 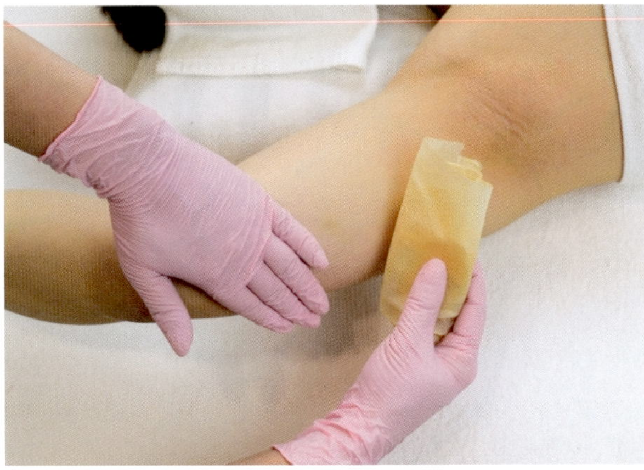 | ⑫ 반대 손 함께 이동하며 진정하기 |
| 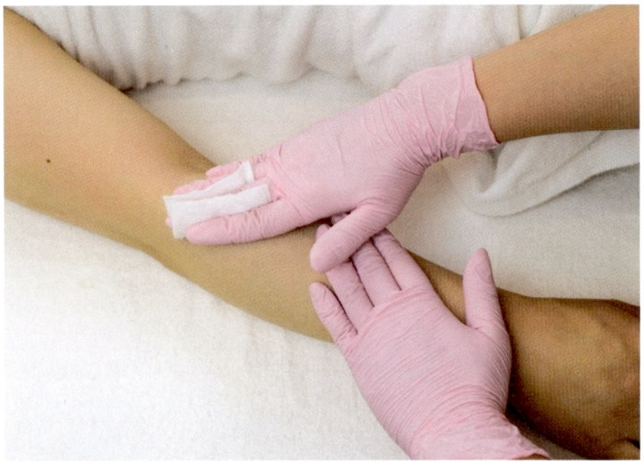 | ⑬ 후 처리제를 이용하여 피부 표면에 남아 있는 왁스 잔여물이나 이물질을 제거한다. 뽑히지 않은 짧은 모는 족집게트위져를 이용해 제거한다. |
| 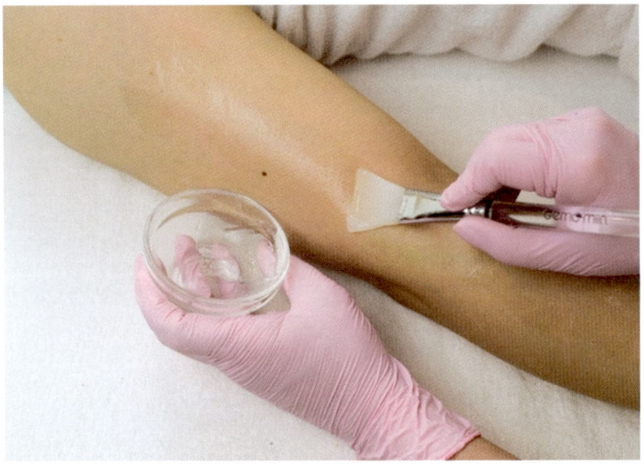 | ⑭ 왁싱으로 인해 자극받은 피부 표면에 진정 젤알로에 젤을 도포한다. |

| 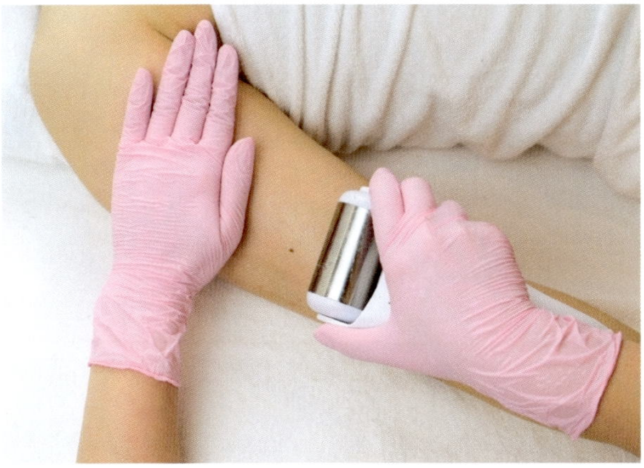 | ⑮ 아이스 쿨러Ice cooler를 롤링해 피부의 열감을 진정해 준다. 유·수분 공급제를 발라 왁싱 후 비어 있는 공간을 보호해줌으로써 2차 감염을 예방한다. |
|---|---|

## 7. 하드 왁싱 Hard Waxing Body 실기 : 겨드랑이 Armpit Waxing

관리 순서

소독 → 전처리 → 겨드랑이 왁싱 → 진정 및 마무리

<table>
<tr><td>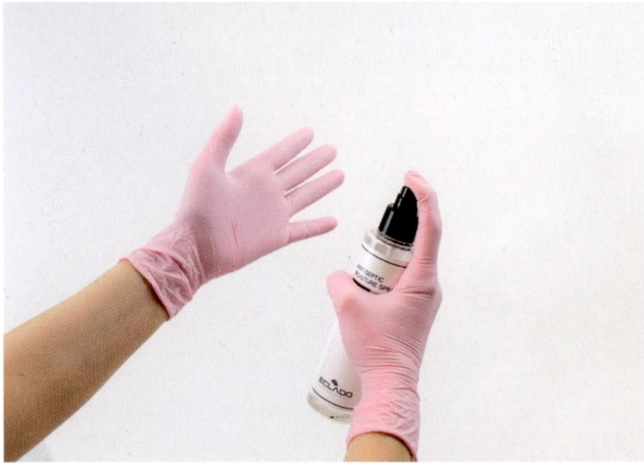</td><td>

### (1) 손 소독하기

① 에탄올 70% 이상의 소독제 Antiseptic를 이용하여 소독한다.

② 화장솜에 소독제를 묻혀 손을 소독하고, 장갑을 착용한 뒤 한 번 더 소독을 실시한다.

</td></tr>
<tr><td>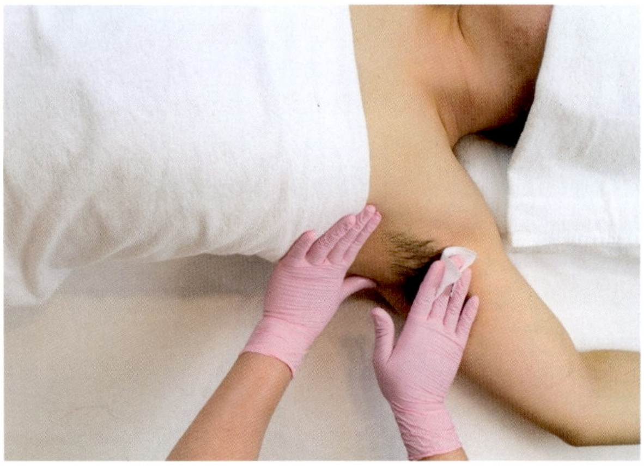</td><td>

### (2) 고객의 왁싱 부위 소독하기

① 전 처리제나 스킨을 이용하여 고객의 왁싱 부위를 소독한다.

② 피부 표면의 불순물과 노폐물을 깨끗이 제거한다.

③ 빗을 이용하여 모의 결을 살핀다.

④ 왁싱에 방해가 되는 모는 가위로 커팅을 해준다. 모의 길이가 길 경우 견인통이나 출혈, 멍 등이 발생될 수 있다.

</td></tr>
</table>

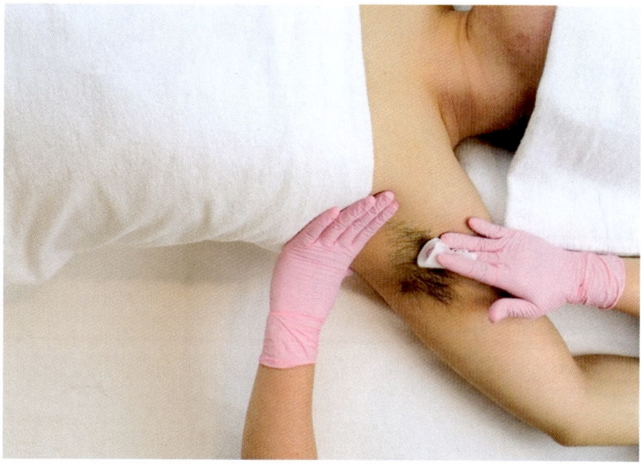

### (3) 전 처리하기

① 왁스 브랜드 특징에 따라 파우더 또는 왁싱 전용 오일을 사용한다.
② 왁스의 밀착력을 높여주고 피부 보호를 위해 모의 사이사이에 파우더 또는 오일을 꼼꼼하게 펴 바른다.

*Point*

- **오일이 많을 경우** : 왁스의 밀착력이 떨어질 수 있다.
- **오일양이 적을 경우** : 스킨 탈락의 위험성이 높아질 수 있으므로 적정량을 도포하는 것이 중요하다.

### (4) 왁스 양 조절하기

① 왁싱 부위에 맞는 스파츌라Spatula를 선택한다. 넓은 부위 L 사이즈 추천
② 왁스가 흐르지 않도록 스파츌라를 한 방향으로 돌려주며 주의하여 왁싱 부위까지 이동한다.

*Point*

워머기의 왁스는 온도가 고르지 않으므로 왁스를 뜨기 전에 왁스가 잘 섞이도록 휘 저어 준다.

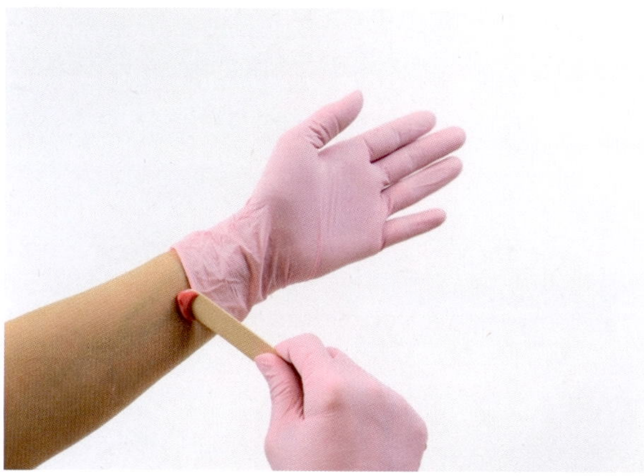

### (5) 온도 체크하기

① 화상을 예방하기 위해 도포 전 반드시 왁서의 손목 안쪽에 왁스를 발라 온도를 체크한다.
② 온도가 너무 높으면 왁스를 떴을 때 물처럼 흐르므로 왁스가 꿀처럼 진득하게 떨어지는 점도가 적당하다.

*Point*

왁스별 온도 또는 워머기의 적합한 온도를 확인 후 예열한다.

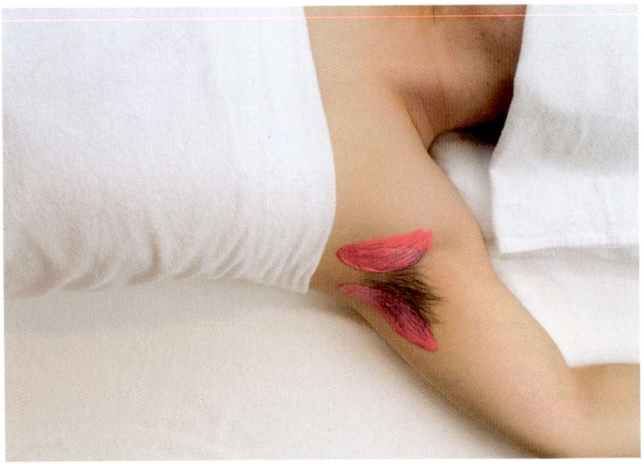

### (6) 왁스 도포하기

① 겨드랑이 부위의 모는 한 방향으로 되어 있지 않는 경우가 더 많다. 모근의 방향을 살피고, 가르마를 중심에서 모가 난 방향으로 밀착감을 주면서 털을 왁스에 잡힐 수 있게 긁듯이 발라준다.

② 스파츌라의 각도를 유지하며, 고르게 펴 바른다.

*Point*

두껍게 바르면 화상이 일어날 수 있으므로 주의한다.

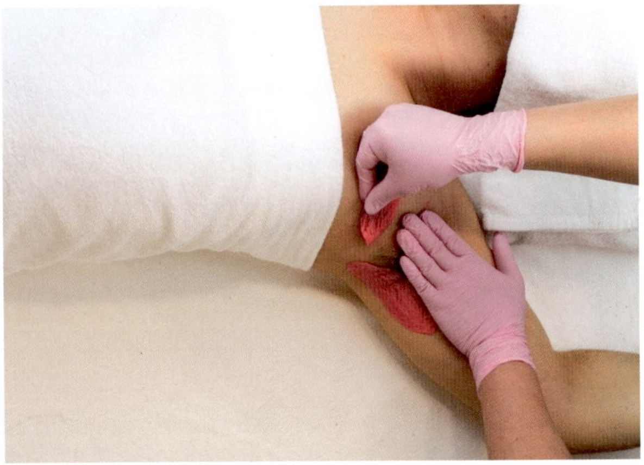

### (7) 왁스 제거하기

한 손은 제거 시작점에 텐션을 주어 고정하고, 반대 손은 얇은 겨드랑이 부위의 스킨 탈락이나 피부가 손상되지 않도록 모의 반대 방향으로 피부와 평행하게 유지하며, 재빨리 떼어낸다.

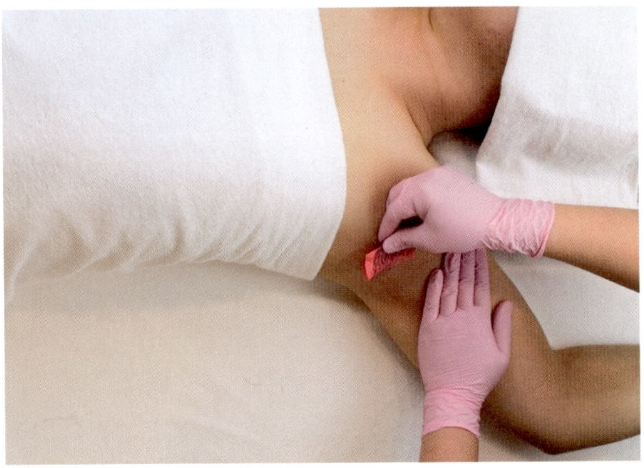

### (8) 피부 진정하기

텐션을 주는 손은 왁스가 제거되는 동시에 왁싱된 부위를 지긋이 눌러주어 신경 통증을 진정시킨다.

| | |
|---|---|
| 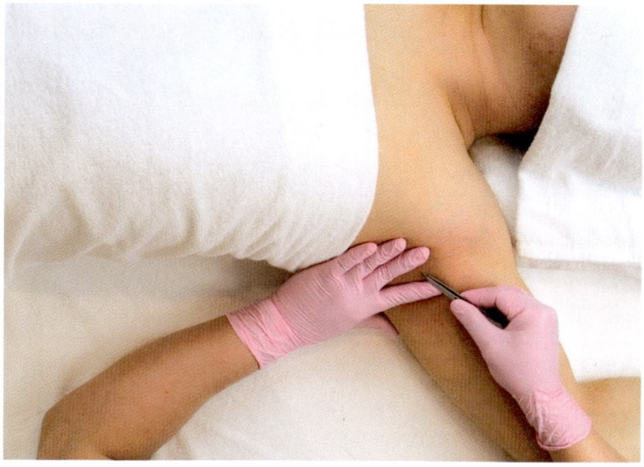 | **(9) 잔모 제거하기**<br>• 왁싱 후 뽑히지 않고 남은 모는 족집게트위저를 이용하여 제거한다.<br>• 족집게 사용 시 모가 난 방향으로 제거한다. 45° 유지<br>*Point*<br>족집게 사용 시 한 손에 텐션을 주고 족집게를 눕혀 잡아당기듯이 사용하면 모가 끊기지 않아 제거가 수월해지며 통증도 감소된다. |
| 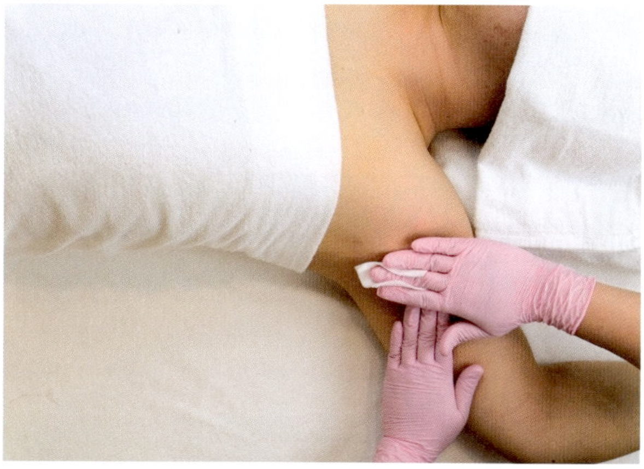 | **(10) 잔여물 제거하기**<br>후 처리제나 오일을 사용하여 피부 표면에 남아 있는 왁스 잔여물이나 이물질을 제거한다. |
| 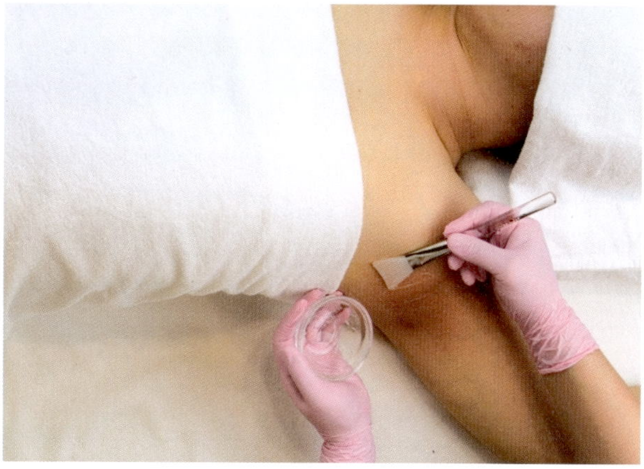 | **(11) 제품을 이용한 피부진정**<br>왁싱으로 인해 자극받은 피부 표면에 진정 젤알로에 젤을 도포하여 피부를 진정시킨다. |

| | |
|---|---|
| 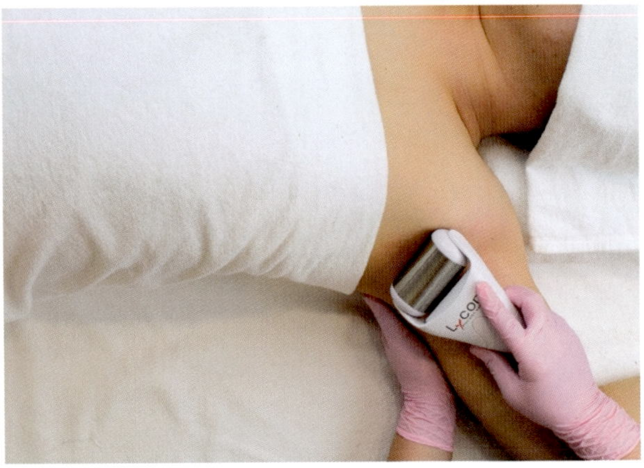 | **(12) 쿨러를 이용한 피부 진정**<br><br>냉장 보관해둔 아이스 쿨러Ice cooler를 이용해 피부 표면의 온도를 내려 열감을 제거하고, 피부를 진정시켜 피부 트러블을 예방한다. |
| 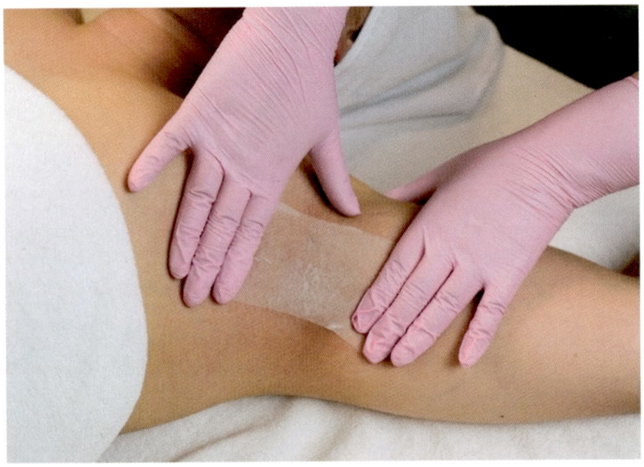 | **(13) 팩을 이용한 피부 진정**<br><br>겨드랑이 부위에 좀 더 진정이 필요할 경우, 모델링 팩이나 시트팩을 사용하면 피부가 빠르게 진정된다. |
| 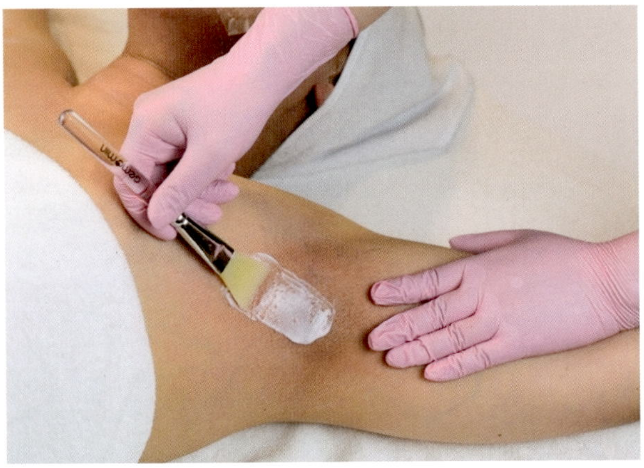 | **(14) 로션으로 마무리하기**<br><br>유·분 공급제피니싱 로션를 발라 왁싱 후 비어 있는 모공을 채워주어 2차 감염을 예방한다. |

## 8. 하드 왁싱Hard Waxing Body 실기 : 상반신 전면 Front of upper Waxing

굵거나 얇은 모를 제거하여 미용적으로 매끈하고 아름다운 바디를 연출하며, 각질도 제거되어 모낭충 발생 등의 피부질환을 예방할 수 있다.

관리 순서

소독 → 전처리 → 데콜테 → 배레나룻 → 중심 → 좌측 → 우측 → 진정 및 마무리

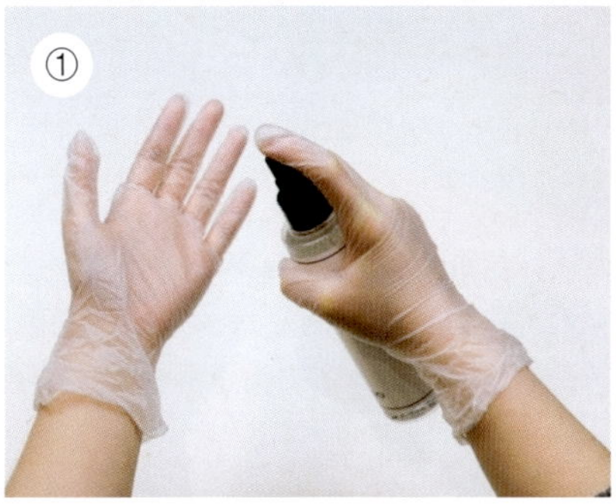


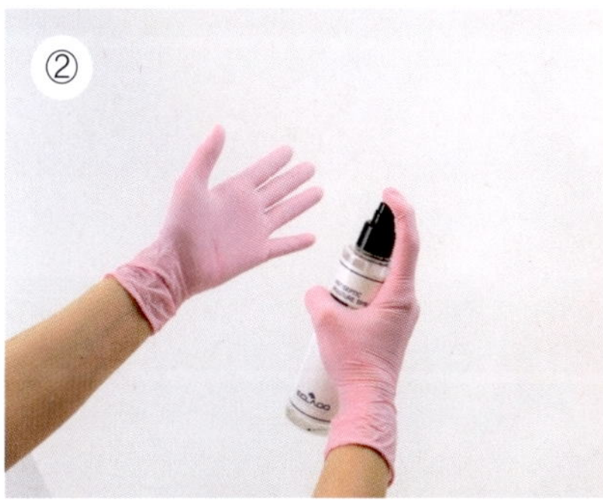


### (1) 손 소독하기

에탄올 70% 이상의 소독제Antiseptic를 이용하여 소독한다.

① 1차 소독 : 화장솜에 소독제를 묻혀 왁서Waxer의 손을 꼼꼼히 닦는다.

② 2차 소독 : 일회용 장갑라텍스 또는 니트릴 장갑을 끼고 소독제를 뿌려 2차 소독을 한다.

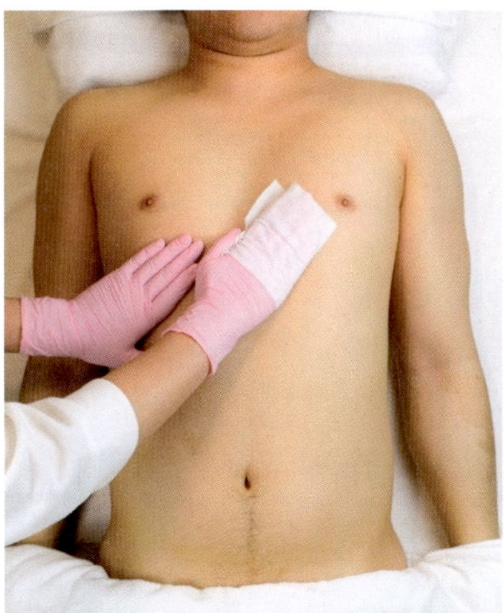

### (2) 고객의 왁싱 부위 소독하기

① 전 처리제나 스킨을 이용하여 고객의 왁싱 부위를 소독한다.

② 왁싱의 부위에 따라 왁싱의 효율을 위해 넓은 부위는 넓은 거즈를 이용하고 좁은 부위는 화장솜을 이용하여 소독한다.

③ 피부 표면의 불순물과 노폐물을 깨끗이 제거한다.

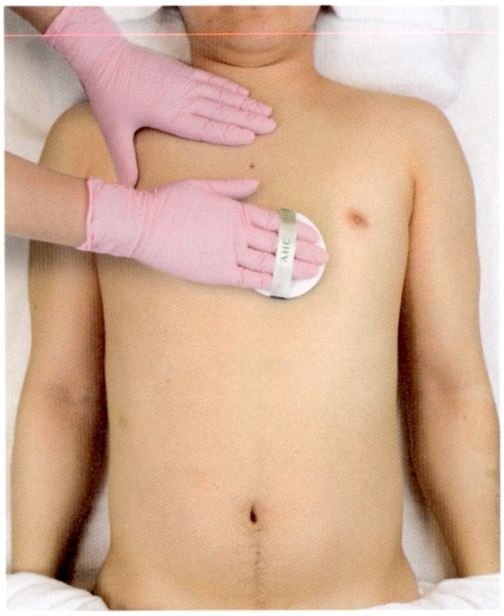

### (3) 전 처리하기

① 왁스의 피부 밀착력을 높여주기 위해 모의 사이사이에 파우더를 꼼꼼하게 펴 바른다.
② 모의 성장 반대 방향으로 먼저 펴 바른 다음 → 모의 성장 방향으로 결을 정리한다.

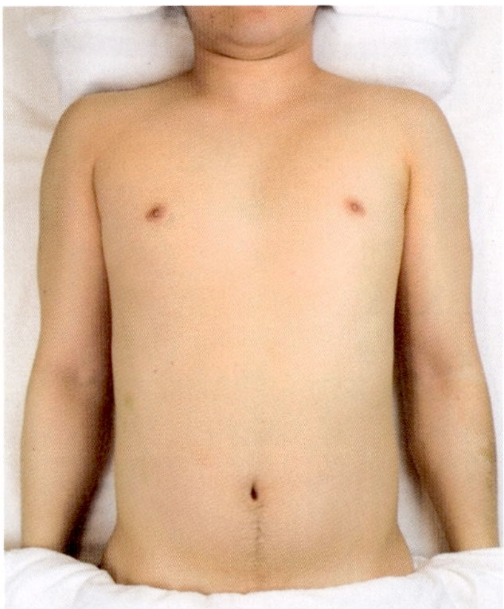

### (4) 섹션 나누기

① 데콜테 → 배레나룻 → 임맥 중심 → 오른쪽 가슴, 배 → 왼쪽 가슴, 배를 기준으로 섹션을 나눈다.
② 고객을 침대에 눕힌 후 5등분으로 섹션을 잡는다.

### (5) 왁스 양 조절하기

① 왁싱 부위에 맞는 스파츌라Spatula를 선택한다.
② 왁스를 뜨기 전 왁싱 부위의 양을 미리 생각한다.
③ 왁싱 부위에 제거할 부위만큼 스파츌라에서 양을 조절한다.
④ 이동하면서 흐르지 않도록 스푼을 돌려준다.

### (6) 온도 체크하기

① 왁스의 온도가 낮을 시 왁스가 고르게 펴지지 않을 수 있기 때문에 왁스 온도 체크는 왁싱관리 30분 전 미리 확인한다.

② 화상을 예방하기 위해 왁스 도포 전 반드시 왁서Waxer의 손목 안쪽으로 온도를 확인한다.

*Point*

사용하는 제품의 적정 온도를 미리 숙지하여 예열 후 사용한다.

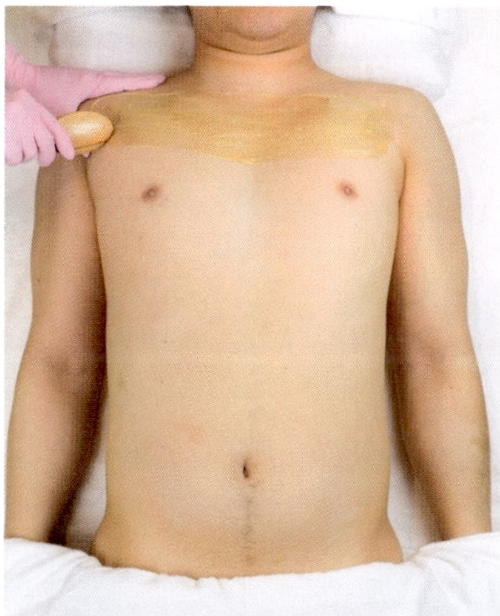

### (7) 상반신 상부 데콜테 왁스 도포하기

① 스킨스 왁스는 모 방향과 관계없이 바르고자 하는 방향대로 도포하면 된다.

② 왁스 도포 시작점에 스푼을 고정하고, 반대 손을 이용하여 텐션을 준다.

③ 45°~90°로 잡아 밀착감을 주면서 모가 왁스에 잡힐 수 있게 긁듯이 발라준다.

④ 왁스 패치는 부위에 따라 크기를 생각한다.

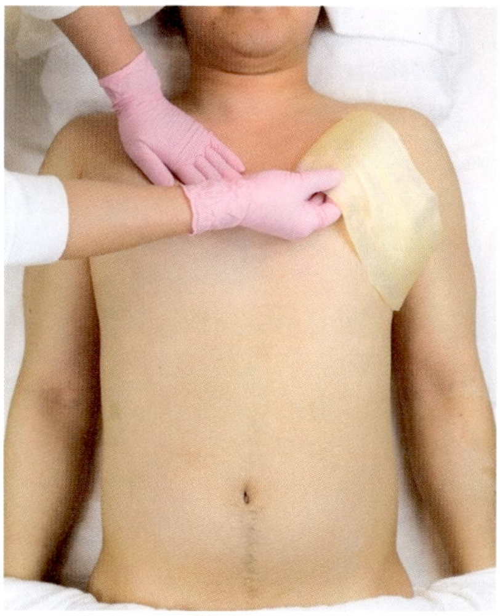

### (8) 상반신 상부 데콜테 왁스 제거하기

① 왁스를 도포한 반대 방향으로 제거한다.

② 한 손은 제거 시작점에 텐션을 주어 고정하고, 스킨 탈락이나 피부가 손상되지 않도록 모의 반대 방향으로 피부와 평행하게 재빨리 떼어낸다. 45° 유지

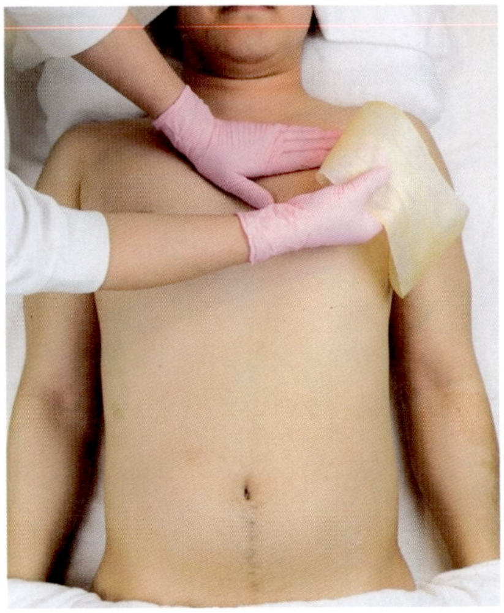

### (9) 상반신 상부 데콜테 피부 진정하기

① 텐션을 주는 손은 왁스가 제거되는 동시에 왁싱된 부위를 눌러 주며 신경 통증을 진정시킨다.

② 왁싱 후에는 과도하게 손을 대지 않는다.

### (10) 복부 배레나룻 왁싱하기

① 왁스 도포하기

- 왁스 패치의 테두리는 안쪽 부위보다 도톰하게 만들어 깔끔하게 제거할 수 있다.

② 왁스 제거하기

- 왁스를 도포한 반대 방향으로 제거한다.
- 한 손은 제거 시작점에 텐션을 주어 고정하고, 스킨 탈락이나 피부가 손상되지 않도록 모의 반대 방향으로 피부와 평행하게 재빨리 떼어낸다. 45° 유지

③ 피부 진정하기

- 텐션을 주는 손은 왁스가 제거되는 동시에 왁싱된 부위를 눌러주며 신경 통증을 진정시킨다.

*Point*

두껍게 바르면 화상이 일어날 수 있으므로 주의한다.

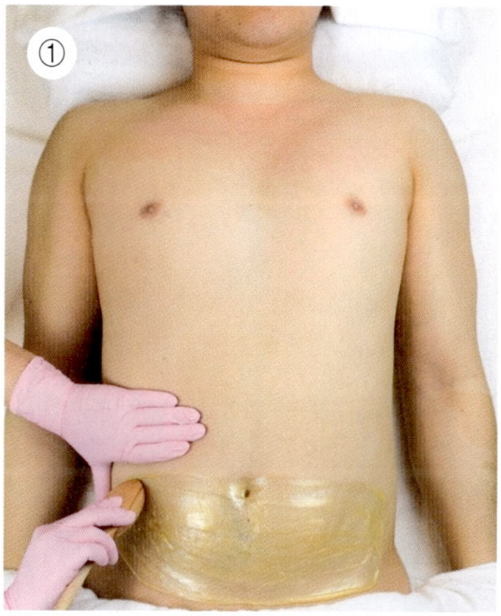


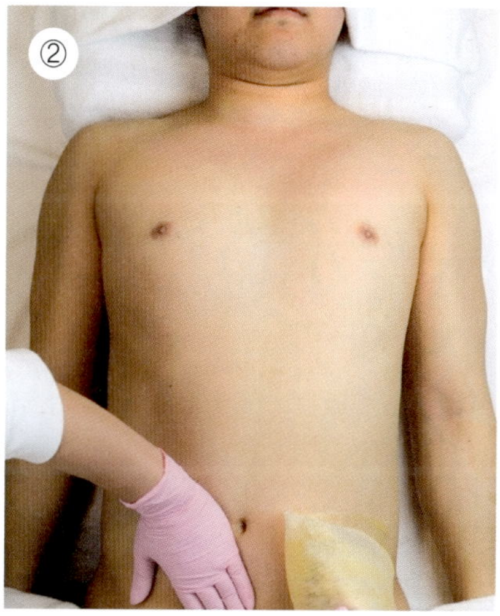


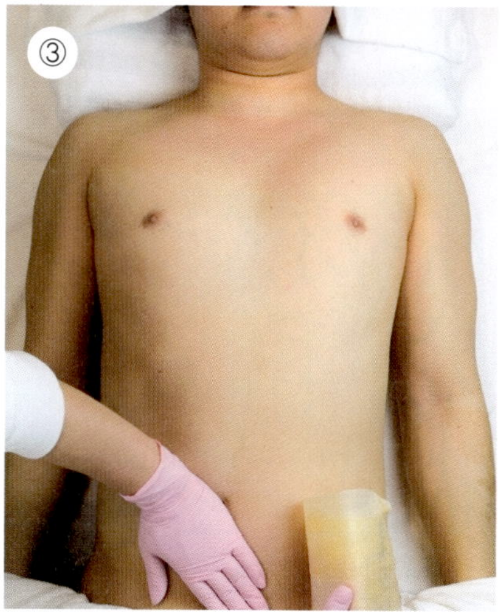

## (11) 상반신 중앙 임맥 왁싱하기

① 왁스 도포하기
② 왁스 제거하기
③ 피부 진정하기

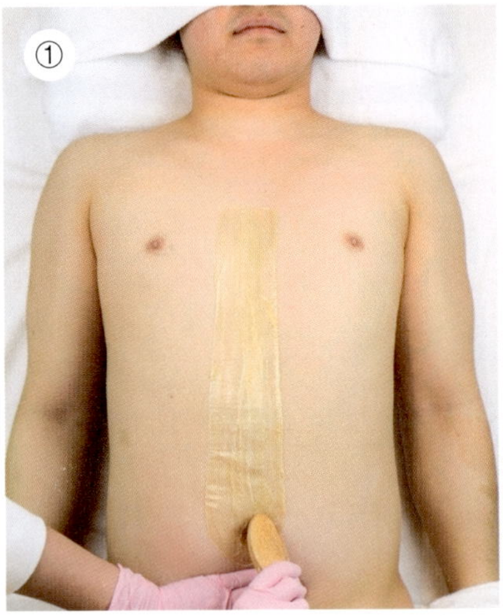


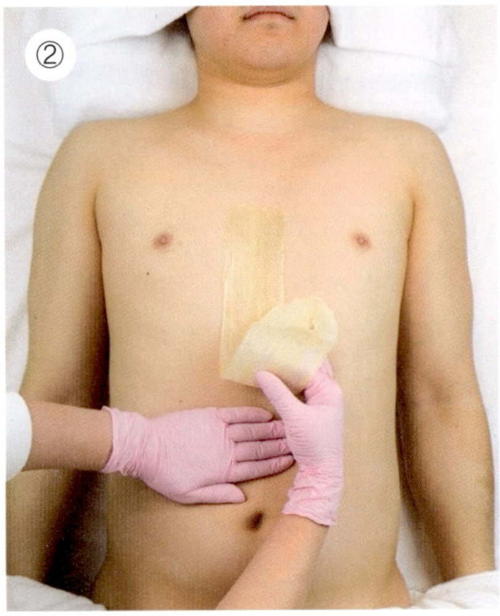


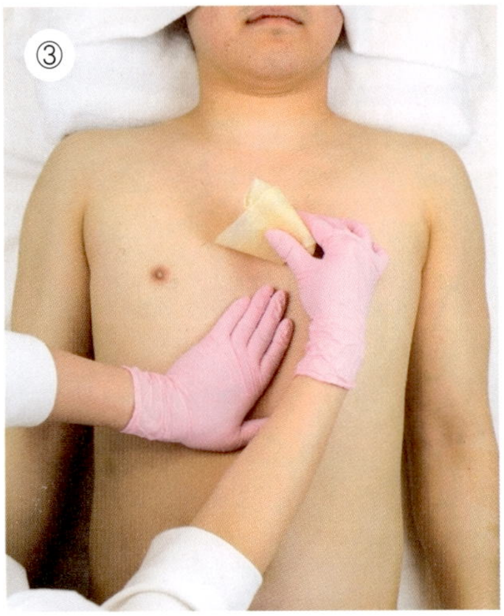

### (12) 상반신 우측 오른쪽 가슴, 배 왁싱하기

① 왁스 도포하기
② 왁스 제거하기
③ 피부 진정하기

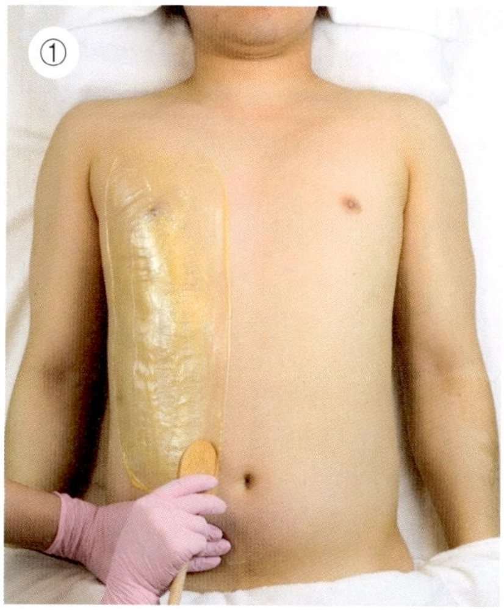
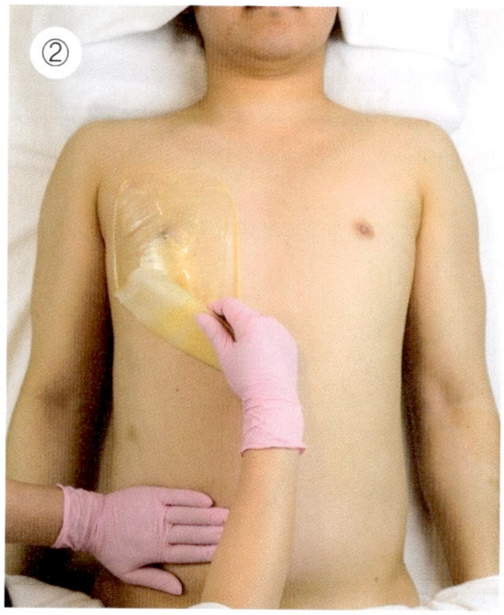
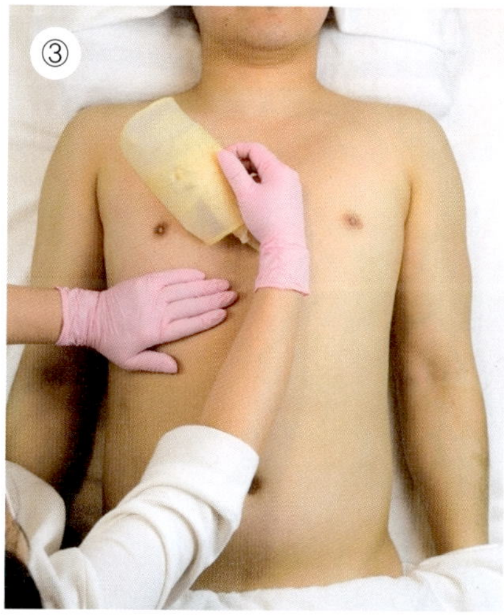

### (13) 상반신 좌측 왼쪽 가슴, 배 왁싱하기

① 왁스 도포하기
② 왁스 제거하기
③ 피부 진정하기

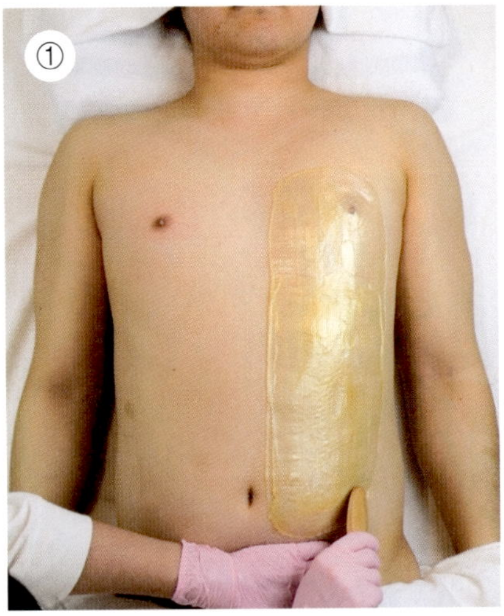


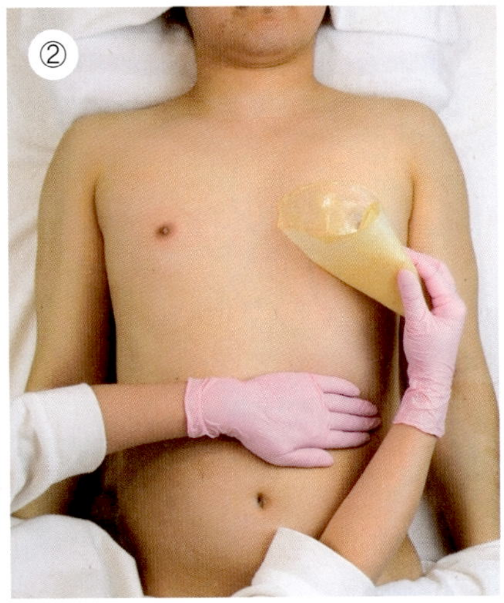


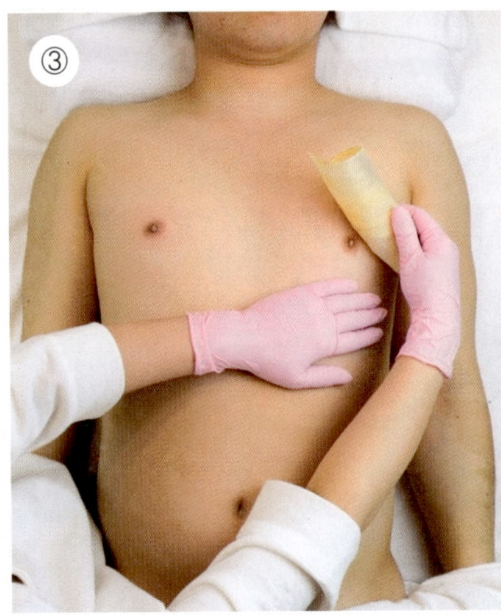

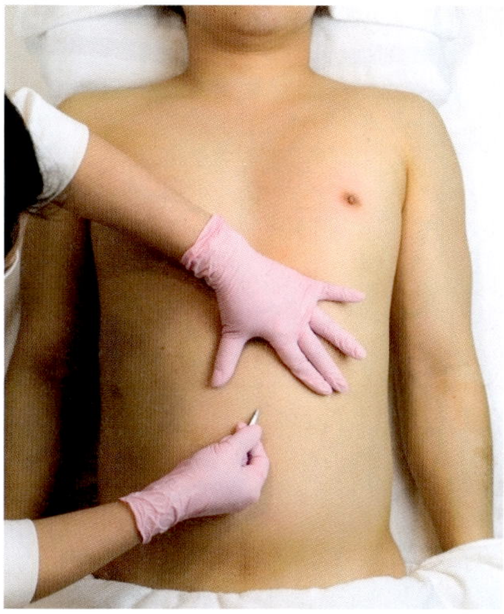

### (14) 잔모 제거하기

① 왁싱 후 남은 잔모을 제거한다.
② 뽑히지 않은 짧은 모들은 족집게 트위져를 이용해 제거한다.
③ 족집게 사용 시 모가 난 방향으로 모를 제거한다. 45° 유지

*Point*

족집게 사용 시에도 한 손은 텐션을 주고, 반대 손은 족집게를 눕혀 잡아당기듯이 사용하면 모가 끊기지 않고 제거가 수월해지며, 통증도 감소된다. 45° 유지

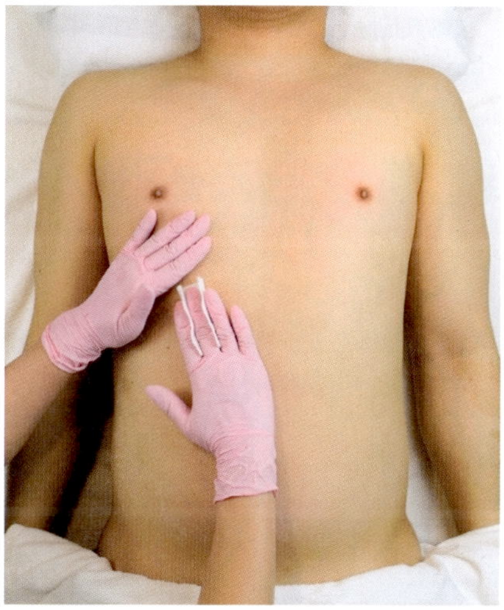

### (15) 잔여물 제거하기

① 후 처리제를 이용하여 피부 표면에 남아있는 왁스 잔여물이나 이물질을 제거한다.
② 오일을 이용하여 피부 표면에 남아있는 왁스 잔여물이나 이물질을 제거한다.

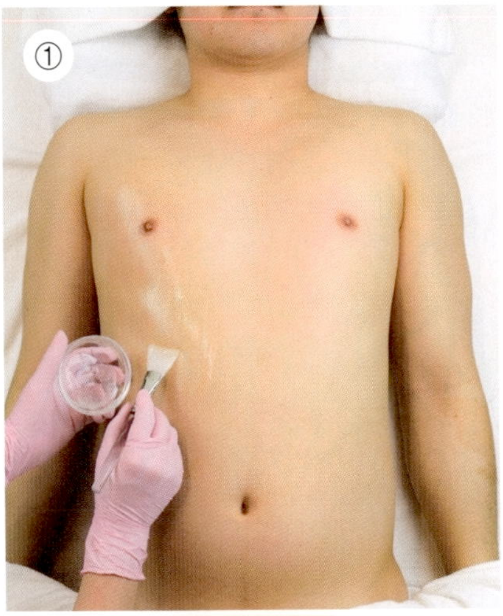


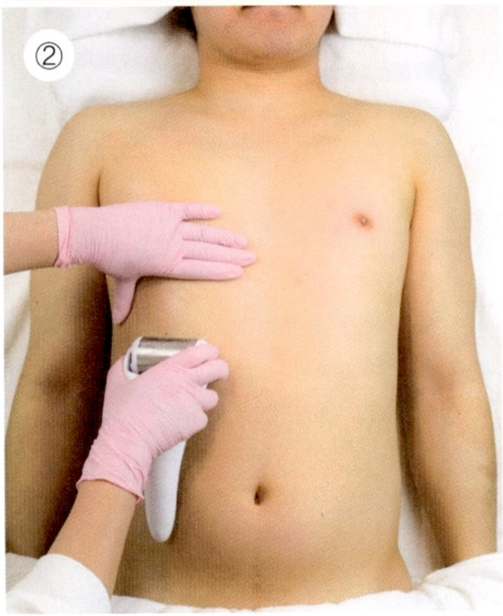


## (16) 마무리 하기

**① 제품을 이용한 피부 진정**

- 왁싱으로 인해 자극받은 피부 표면에 진정 젤알로에 젤을 도포한다.
- 유·수분 공급제를 발라 왁싱 후 비어 있는 공간을 보호해줌으로써 2차 감염을 예방한다.

**② 쿨러를 이용한 피부 진정**

- 아이스 쿨러Ice cooler를 롤링해 피부의 열감을 진정해 준다.
- 피부 표면의 온도를 내려 트러블을 방지한다.

*Point*

필요 시 모델링 팩이나 시트팩을 사용하면 진정 효과에 빠른 도움이 된다.

## 9. 하드 왁싱Hard Waxing Body 실기 : 상반신 후면Back of upper body Waxing

굵거나 얇은 모를 제거하여 미용적으로 매끈하고 아름다운 바디를 연출하고, 모를 제거함에 따라 각질도 제거되고 모낭충의 발생을 예방한다. 피부질환도 예방할 수 있다.

관리 순서

소독 → 전처리 → 뒷목 아래 → 허리 → 척추 → 좌측 → 우측 → 진정 및 마무리

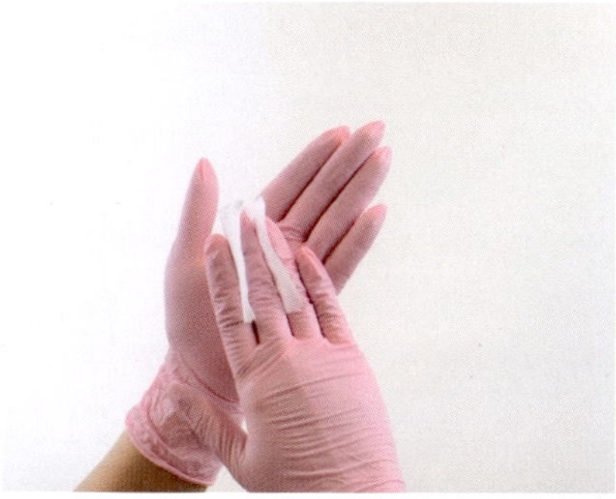

### (1) 손 소독하기

70%의 알코올을 이용하여 2차에 걸쳐 관리자의 손을 소독한다.

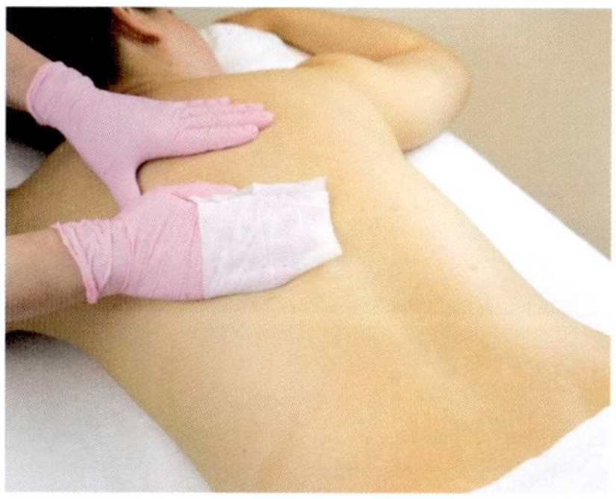

### (2) 고객의 왁싱 부위 소독하기

① 전 처리제나 스킨을 이용하여 고객의 왁싱 부위를 소독한다.
② 왁싱의 부위에 따라 왁싱의 효율을 위해 넓은 부위는 넓은 거즈를 이용하여 피부 표면의 불순물과 노폐물을 깨끗이 제거한다.

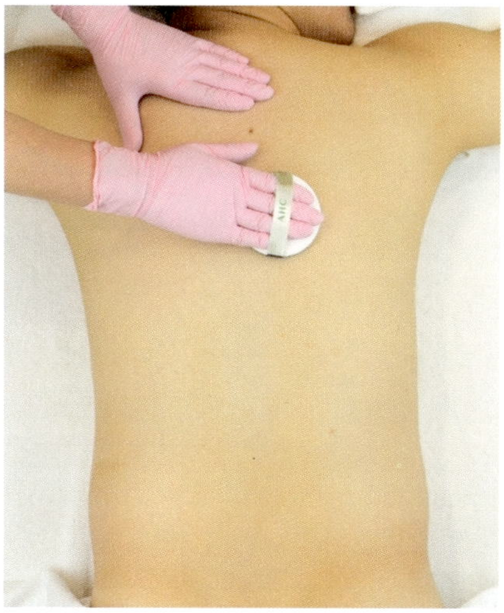

### (3) 전 처리하기

① 왁스의 피부 밀착력을 높여주기 위해 모의 사이사이에 파우더를 꼼꼼하게 펴 바른다.
② 모의 성장 반대 방향으로 먼저 펴 바른 다음 → 모의 성장 방향으로 결을 정리한다.

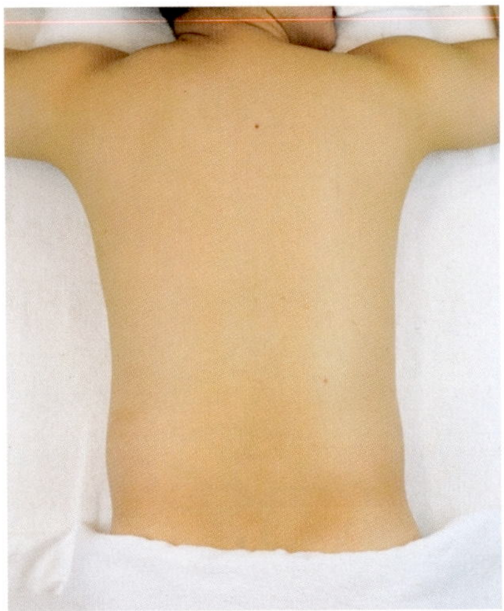

[섹션 나누기]

① 어깨 → 허리 → 척추 → 왼쪽 → 오른쪽 기준으로 섹션을 나눈다.

② 고객을 침대에 눕힌 후 5등분으로 섹션을 잡는다.

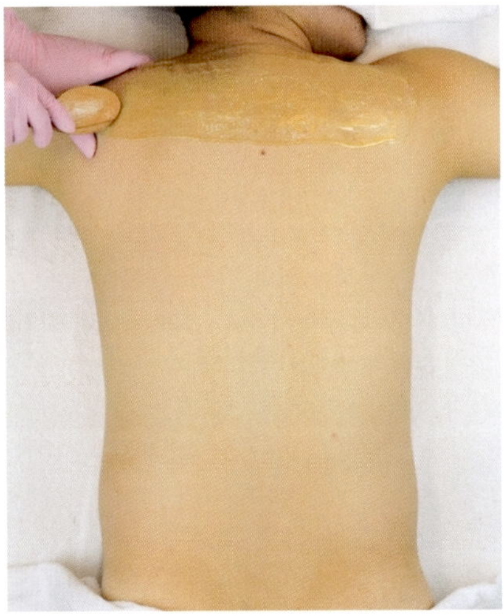

### (4) 상반신 후면 어깨 왁스 도포하기

① 모 방향과 관계없이 바르고자 하는 방향대로 도포하면 된다.

② 왁스 도포 시작점에 스푼을 고정하고, 반대 손을 이용하여 텐션을 준다.

③ 45°~90°로 잡아 밀착감을 주면서 모가 왁스에 잡힐 수 있게 긁듯이 발라준다.

④ 왁스 패치는 부위에 따라 크기를 생각한다.

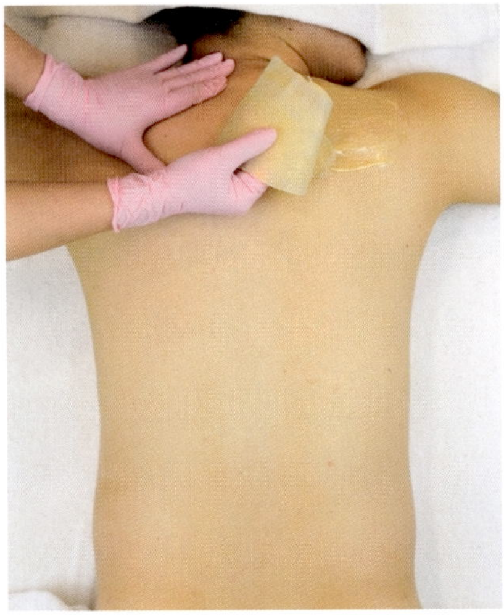

### (5) 상반신 후면 어깨 왁스 제거하기

① 왁스를 도포한 반대 방향으로 제거한다.

② 한 손은 제거 시작점에 텐션을 주어 고정하고, 스킨 탈락이나 피부가 손상되지 않도록 모의 반대 방향으로 피부와 평행하게 재빨리 떼어낸다. 45° 유지

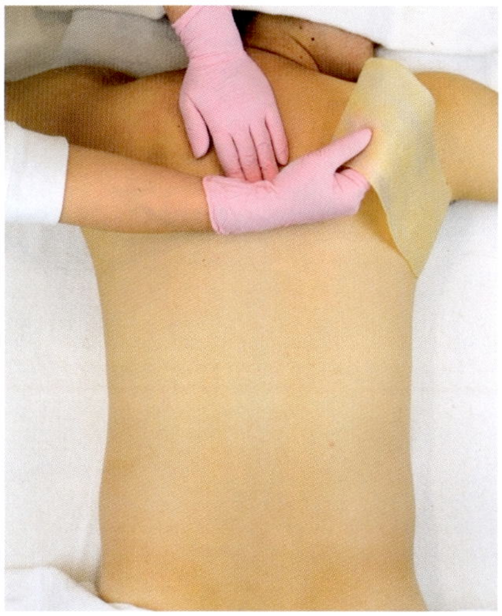

### (6) 상반신 후면 어깨 피부 진정하기

① 텐션을 주는 손은 왁스가 제거되는 동시에 왁싱된 부위를 눌러 주며 신경 통증을 진정시킨다.
② 왁싱 후에는 과도하게 손을 대지 않는다.

### (7) 상반신 후면 허리 왁싱하기

① 왁스 도포하기

- 왁스 도포 시작점에 스푼을 고정하고, 반대 손을 이용하여 텐션을 주며 모의 방향과 상관없이 도포한다.
- 45°~90°로 잡아 밀착감을 주면서 모가 왁스에 잡힐 수 있게 긁듯이 발라준다.

② 왁스 제거하기

- 한 손은 제거 시작점을 텐션을 주어 고정하고, 반대 손은 왁스를 도포한 반대 방향으로 45°를 유지하며 제거한다.

③ 피부 진정하기

- 텐션을 주는 손은 왁스가 제거되는 동시에 왁싱된 부위를 눌러주며 신경 통증을 진정시킨다.

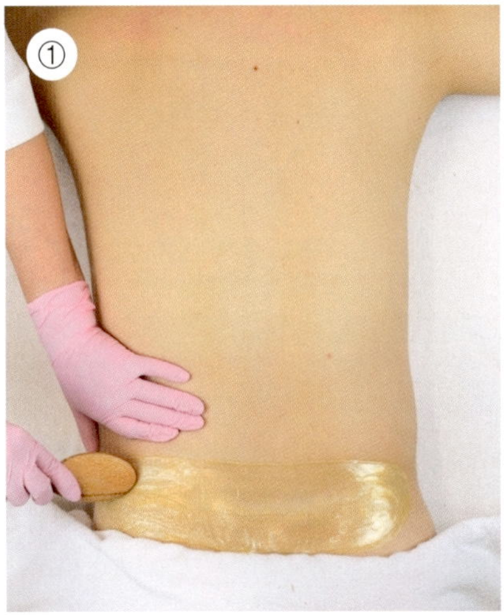
①

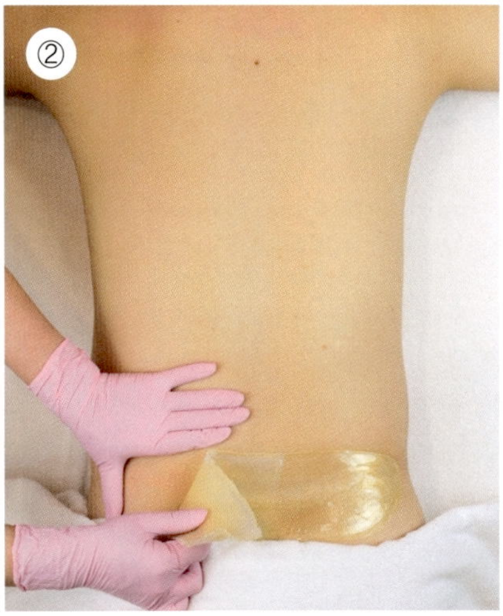
②

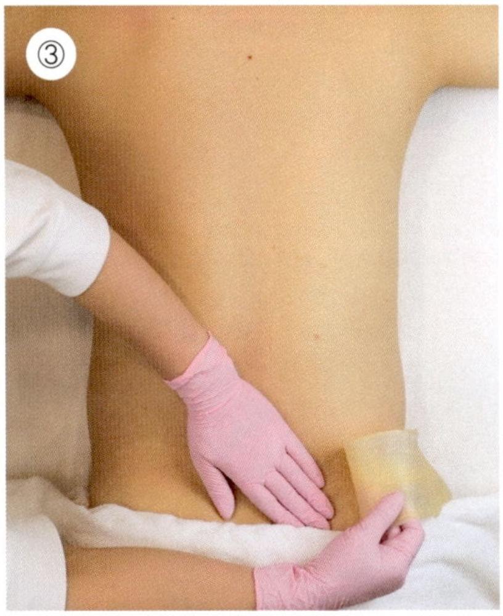
③

### (8) 상반신 후면 중앙 척추 라인 왁싱하기

① 왁스 도포하기 → ② 왁스 제거하기 → ③ 피부 진정하기

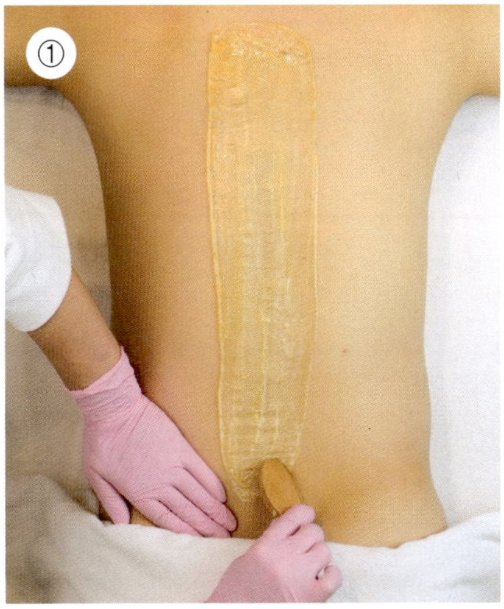


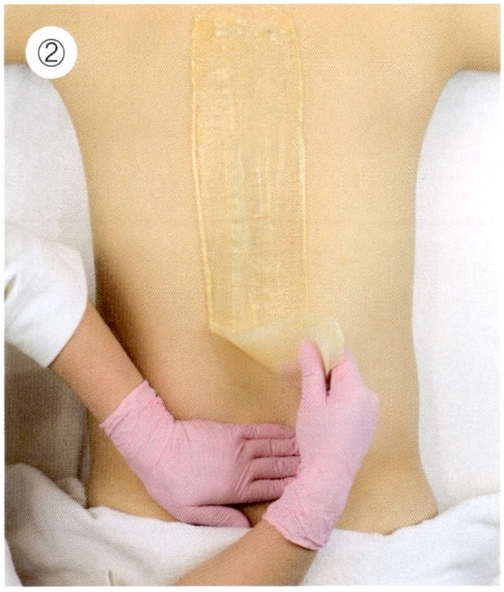


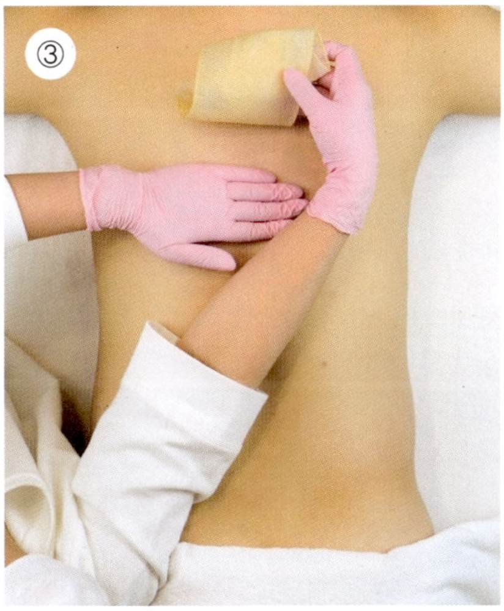

### (9) 상반신 후면 좌측왼쪽 왁싱하기 → 상반신 후면 우측오른쪽 왁싱하기

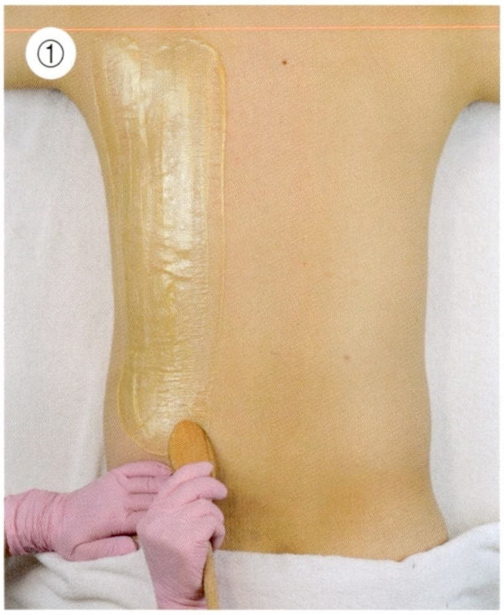


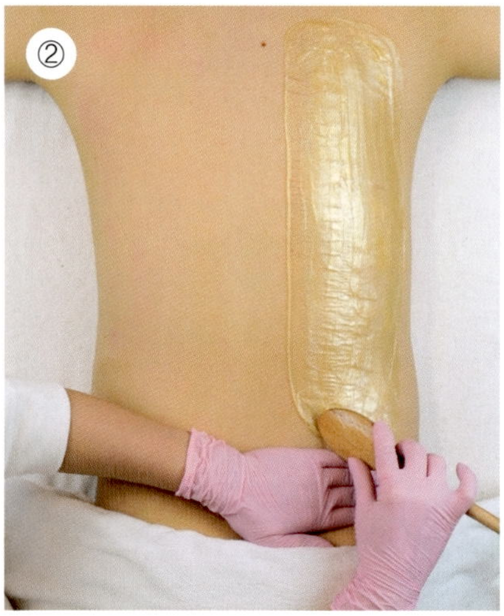


① 왼쪽 왁싱 후

② 반대편도 동일한 방법으로 모를 제거한다.

### (10) 잔모 제거하기

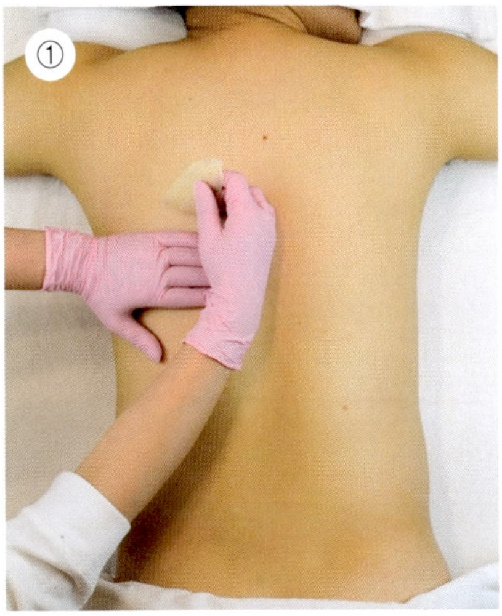

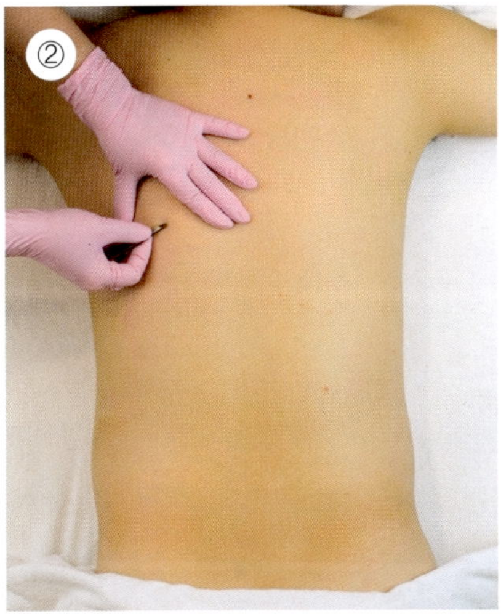

① 왁스 패치

- 왁스 제거 후에 남은 모는 패치를 작고 얇게 만들어 제거한다.

② 트위져Tweezer

- 뽑히지 않은 짧은 모들은 족집게트위져를 이용해 제거한다.
- 족집게 사용 시 모가 난 방향으로 모를 제거한다. 45° 유지

### (11) 잔여물 제거하기

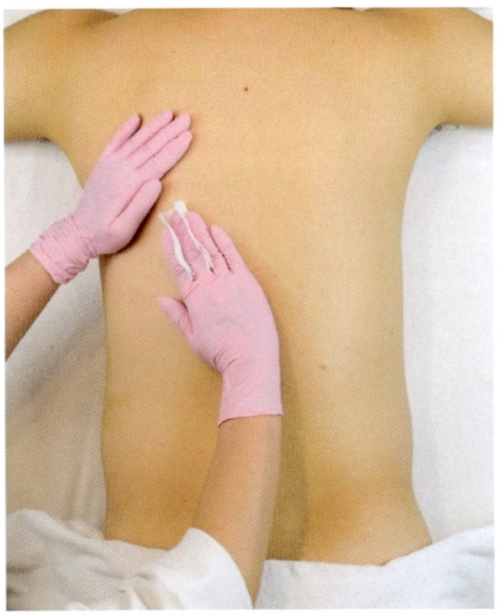

① 후 처리제를 이용하여 피부 표면에 남아있는 왁스 잔여물이나 이물질을 제거한다.
② 오일을 이용하여 피부 표면에 남아있는 왁스 잔여물이나 이물질을 제거한다.

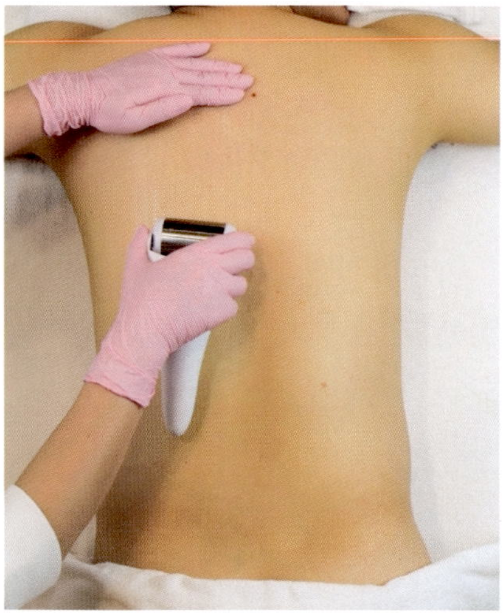

### (12) 피부 진정하기

① 왁싱으로 나는 열감과 수분 보습을 위해 진정 젤알로에 젤을 도포한다.

② 아이스 쿨러Ice cooler를 롤링해 피부의 열감을 진정해 준다.

③ 피부 표면의 온도를 내려 트러블을 방지한다.

④ 유·수분 공급제를 발라 왁싱 후 비어 있는 공간을 보호해주어 2차 감염을 예방한다.

*Point*

필요 시 모델링 팩이나 시트팩을 사용하면 진정 효과에 빠른 도움이 된다.

## 10. 하드 왁싱Hard Waxing Body 실기 : 엉덩이Hip Waxing

관리 순서

소독 → 전처리 → 한쪽 전체 도포 → 반대 쪽 왁싱 → 진정 및 마무리

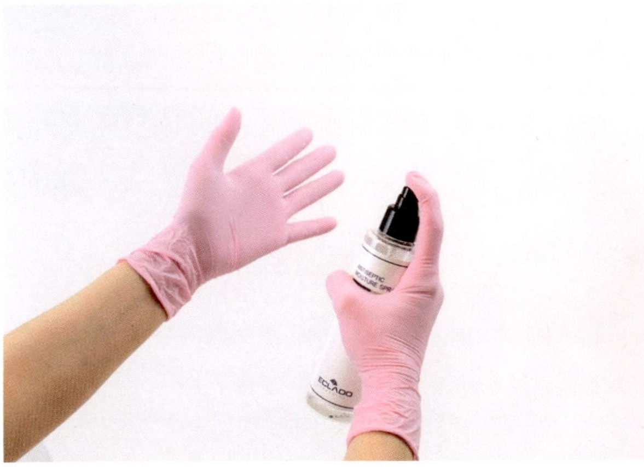

### (1) 손 소독하기

① 에탄올 70% 이상의 소독제Antiseptic를 이용하여 소독한다.

② 화장솜에 소독제를 묻혀 왁서Waxer의 손을 꼼꼼히 닦는다.

③ 일회용 장갑라텍스 또는 니트릴 장갑을 착용하고 소독제를 뿌려 2차 소독을 한다.

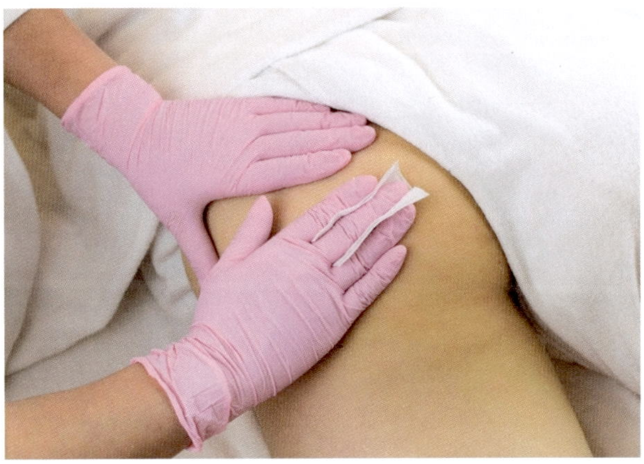

### (2) 고객의 관리 부위 소독하기

① 전 처리제나 스킨을 이용하여 고객의 왁싱 부위를 소독한다.

② 왁싱의 부위에 따라 왁싱의 효율을 위해 넓은 부위는 넓은 거즈를 이용하고 좁은 부위는 화장솜을 이용하여 소독한다.

③ 피부 표면의 불순물과 노폐물을 깨끗이 제거한다.

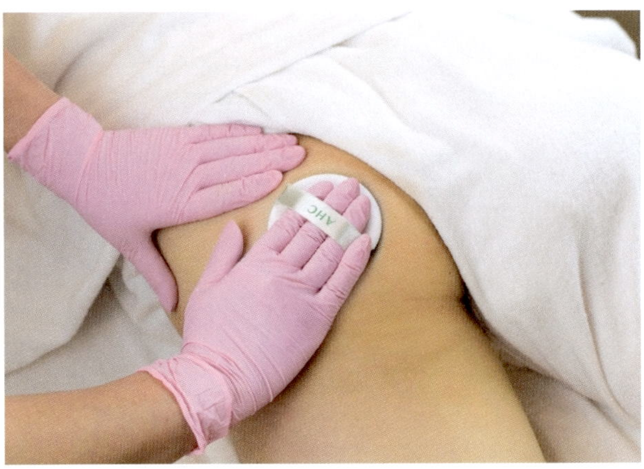

### (3) 전 처리하기

① 왁스의 피부 밀착력을 높여주기 위해 모의 사이사이에 파우더를 꼼꼼하게 펴 바른다.

② 모의 성장 반대 방향으로 먼저 펴 바른 다음 → 모의 성장 방향으로 결을 정리한다.

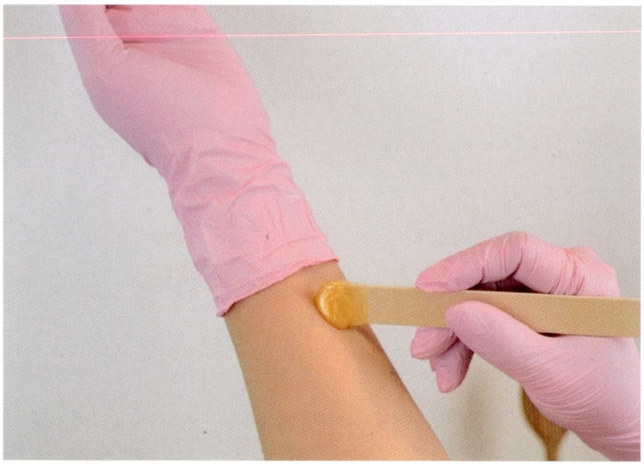

### (4) 온도 체크하기

① 화상 예방을 위해 온도를 체크한 뒤 도포한다.
② 왁스의 온도가 낮을 시 왁스가 고르게 펴지지 않을 수 있기 때문에 왁스 온도 체크는 왁싱하기 30분 전에는 미리 확인을 해야 한다.

*Point*

사용하는 제품의 적정 온도를 미리 숙지하여 예열 후 사용한다.

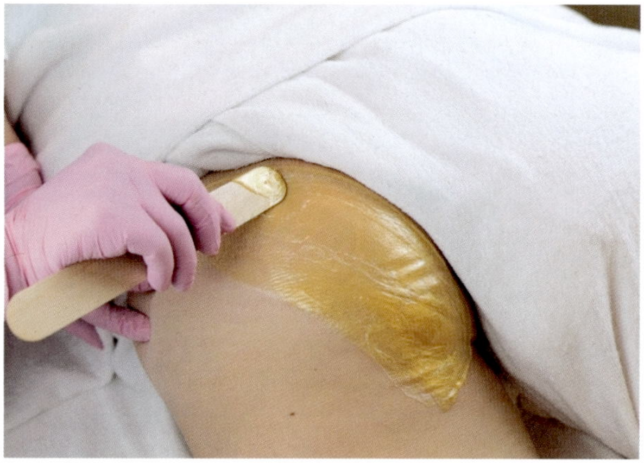

### (5) 왁스 도포하기

① 왁스 도포 시작점에 스파츌라를 고정하고, 반대 손을 이용하여 텐션을 준다.
② 엉덩이 밑쪽에서 허리 방향으로 도포한다.
③ 45°~90°로 잡아 밀착감을 주면서 모가 왁스에 잡힐 수 있게 긁듯이 발라준다.
④ 왁스 패치는 부위에 따라 크기를 생각한다.
⑤ 왁스 패치의 테두리는 안쪽 부위보다 도톰하게 만들어 깔끔하게 제거할 수 있다.

*Point*

브랜드에 따라 하드 왁스 굳는 시간이 다르기 때문에 왁스가 굳기 시작하고 빨리 제거하면 왁스가 늘어져 모가 제거가 되지 않고 늦게 제거하면 왁스가 굳어 깨지면서 제모력도 떨어지고 통증을 유발하기 때문에 브랜드마다의 제품 설명을 잘 숙지하여야 한다.

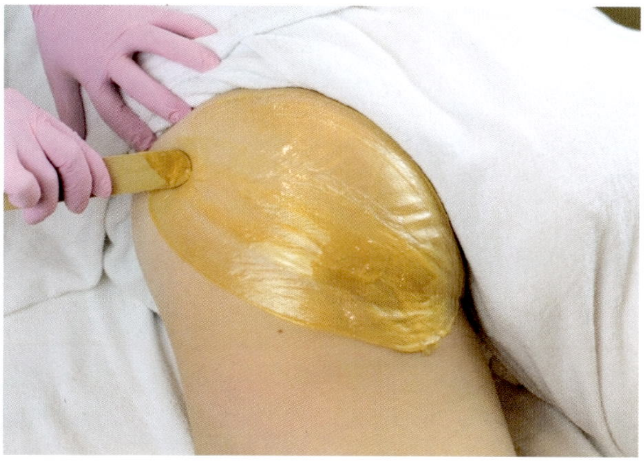

### (6) 왁스 제거하기

① 한 손은 피부에 텐션을 주고, 반대 손은 45°의 각도를 유지하며 패치를 제거한다.
② 스킨 탈락이 일어나지 않도록 주의한다.

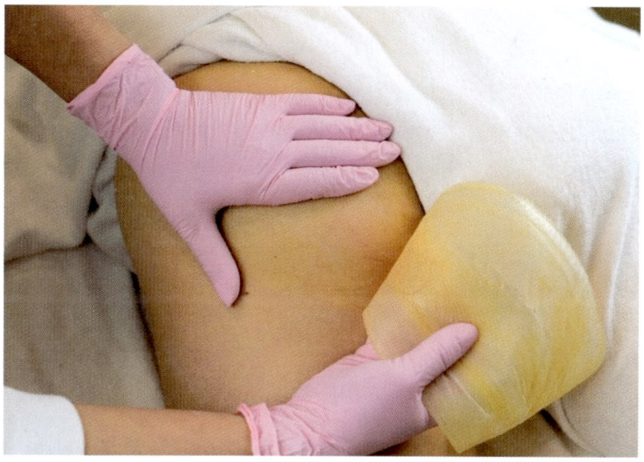

### (7) 피부 진정하기

① 텐션을 주는 손은 왁스가 제거되는 동시에 왁싱된 부위를 눌러주며 신경 통증을 진정시킨다.
② 이물질로 인해 염증을 유발할 수 있으므로 왁싱 후에는 과도하게 손을 대지 않는다.

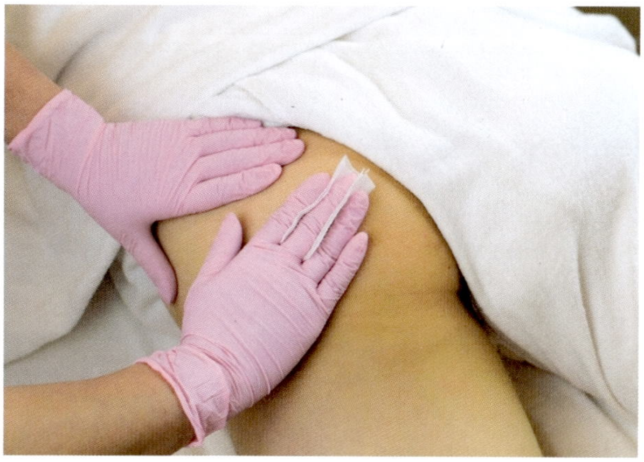

### (8) 마무리

① 잔모와 잔여물을 제거한다.
- 후 처리제를 이용하여 피부 표면에 남아있는 왁스 잔여물이나 이물질을 제거한다.
- 오일을 이용하여 피부 표면에 남아있는 왁스 잔여물이나 이물질을 제거한다.

② 제품과 쿨러를 이용하여 피부를 진정시켜준다.

## 11. 하드 왁싱Hard Waxing Face 실기 : 헤어라인과 이마Hairline & Forehead Waxing

헤어라인은 3자 이마, 좁은 이마, 비대칭 이마 등 라인을 교정해 의학적인 시술을 한 듯 봉긋한 이마를 연출해 줄 수 있고 좁은 이마를 넓혀주면서 심리적으로 낮은 자존감을 올려줄 수 있는 심리 효과를 볼 수 있다. 이마는 헤어라인 왁싱 관리 후 안쪽 부위에 경계 부위가 생기기 때문에 헤어라인과 이마는 함께 관리하는 것이 효과적이다. 이마의 모발을 함께 제거하면 피부조직의 빛 반사율이 높아져 이마가 입체적이고 시원해 보일 수 있기 때문이다.

관리 순서

소독 → 전처리 → 우측 헤어라인, 이마 → 좌측 헤어라인, 이마 → 진정 및  마무리

### (1) 손 소독하기

① 에탄올 70% 이상의 소독제Antiseptic를 이용하여 소독한다.

② 화장솜에 소독제를 묻혀 왁서Waxer의 손을 꼼꼼히 닦는다.

③ 일회용 장갑라텍스 또는 니트릴 장갑을 끼고 스프레이 타입의 소독제를 뿌려 2차 소독을 한다.

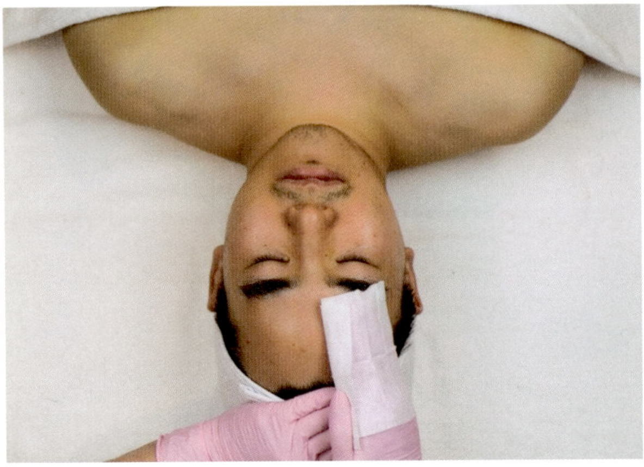

### (2) 고객의 왁싱 부위 소독하기

① 전 처리제나 스킨을 솜이나 거즈를 이용하여 고객의 왁싱 부위를 소독한다.

② 메이크업 잔여물과 피부의 노폐물을 제거한다.

③ 피부의 유·수분 밸런스를 맞춰준다.

| | |
|---|---|
| 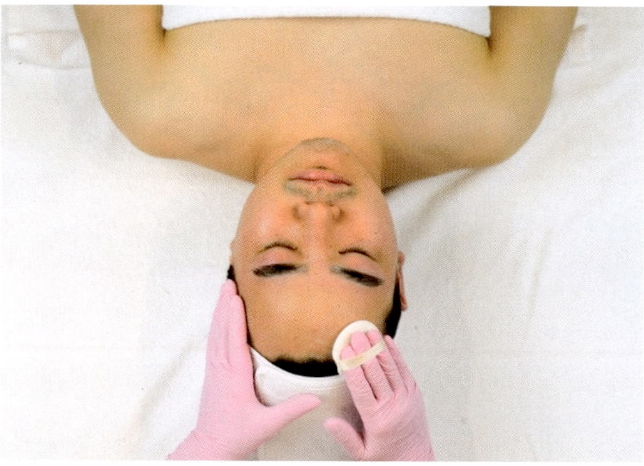 | **(3) 전 처리하기**<br>① 왁스의 피부 밀착력을 높여주기 위해 모의 사이사이에 파우더를 꼼꼼하게 펴 바른다.<br>② 모의 성장 반대 방향으로 먼저 펴 바른 다음 → 모의 성장 방향으로 결을 정리한다. |
| 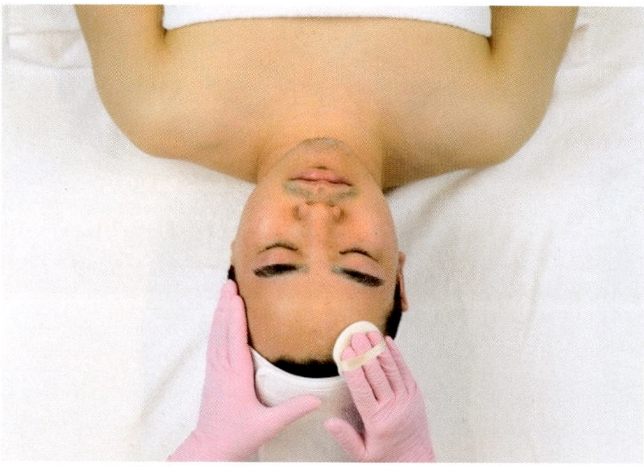<br>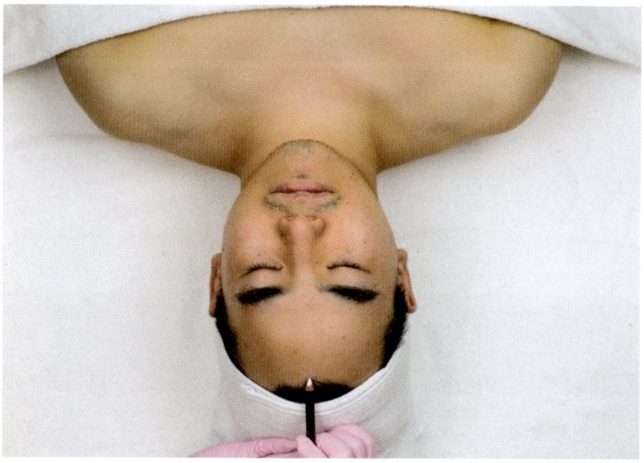 | **(4) 디자인하기**<br>① 고객을 정면으로 앉힌 후 이마의 대칭과 넓이를 고려하여 얼굴형에 맞는 헤어라인을 펜슬로 디자인한다.<br>② 고객에게 거울을 보여준 뒤 왁싱을 준비한다. |

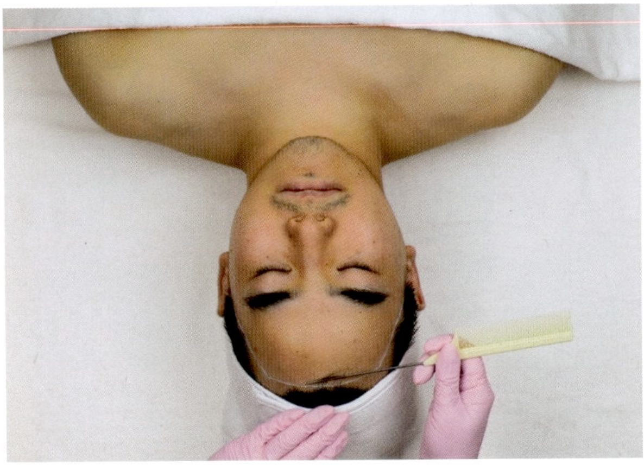

## (5) 헤어밴드 착용

① 불필요한 헤어들이 왁싱되지 않게 헤어밴드 나 헤어 고정 집게로 헤어를 정리한다.
② 왁싱이 될 헤어의 길이가 길어 왁싱 작업에 방해가 된다면 눈썹용 가위를 이용해 커팅 후 왁싱을 실시한다.

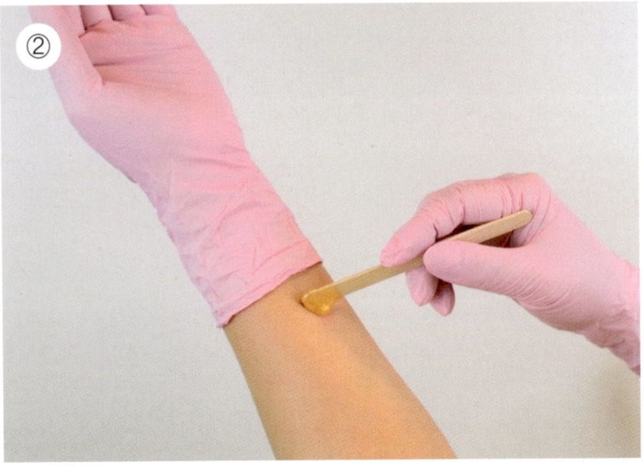

## (6) 왁스 체크하기

**① 왁스 농도 체크하기**

- 왁싱 부위에 맞는 스파츌라Spatula를 선택한다.
- 왁스를 뜨기 전 관리 부위의 양을 미리 생각한다.
- 스파츌라Spatula의 1/4지점까지 적당히 왁스를 뜬다.
- 스파츌라의 끝에 왁스가 둥글게 되도록 말아 준다.

**② 왁스 온도 체크하기**

- 화상을 예방하기 위해 도포 전 반드시 왁서의 손목 안쪽으로 온도를 체크한다.

*Point*

왁스별 온도를 확인 후 예열한다.

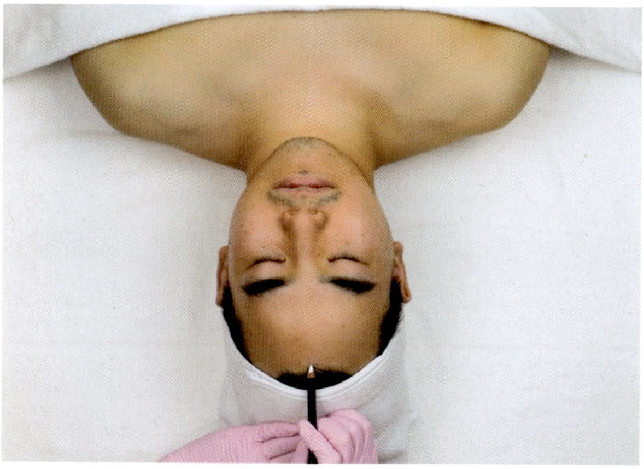

### (7) 헤어라인 섹션 나누기

헤어라인 중앙 → 헤어라인 오른쪽 → 헤어라인 왼쪽

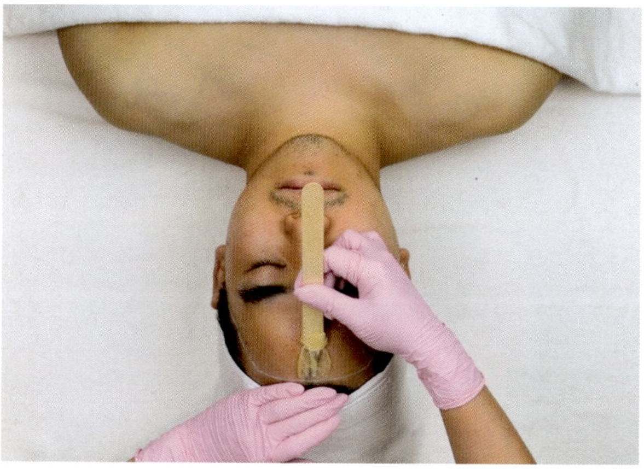

### (8) 헤어라인 중앙 왁스 도포하기

① 스킨스 왁스는 방향과 관계없이 바르고자 하는 방향대로 도포하면 된다.
② 왁스 도포 시작점에 스파츌라를 고정하고, 반대 손을 이용하여 텐션을 준다.
③ 45°~90°로 잡아 밀착감을 주면서 모가 왁스에 잡힐 수 있게 긁듯이 발라준다.
④ 왁스 패치는 부위에 따라 크기를 생각한다.

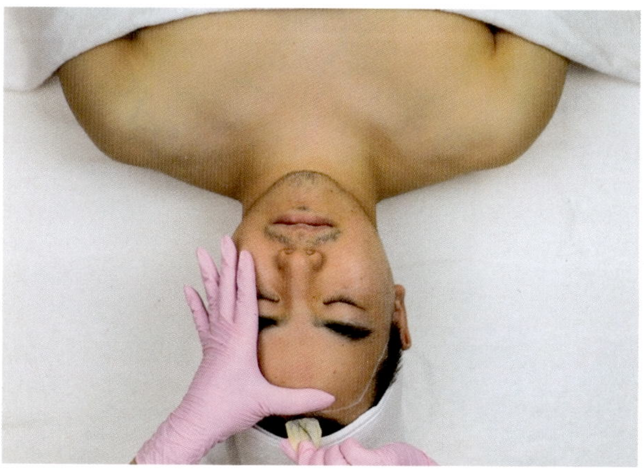

### (9) 헤어라인 중앙 왁스 제거하기

① 왁스를 도포한 반대 방향으로 제거한다.
② 한 손은 제거 시작점에 텐션을 주어 고정하고, 스킨 탈락이나 피부가 손상되지 않도록 모의 반대 방향으로 피부와 평행하게 재빨리 떼어낸다. 45° 유지

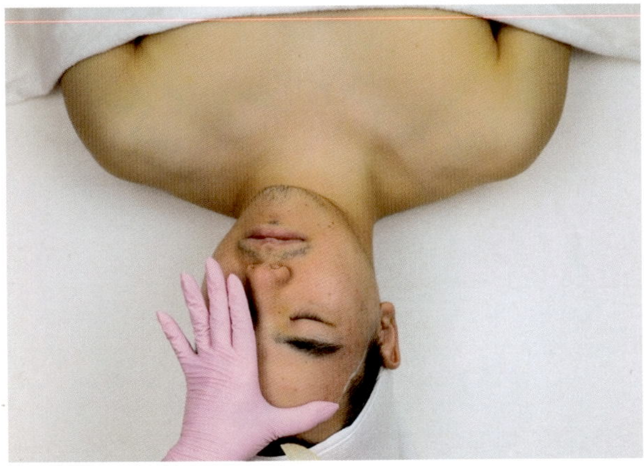

### (10) 헤어라인 중앙 피부 진정하기

① 텐션을 주는 손은 왁스가 제거되는 동시에 왁싱된 부위를 눌러주며 신경 통증을 진정시킨다.

② 이물질로 염증이 유발되지 않도록 왁싱 후 불필요한 접촉은 피한다.

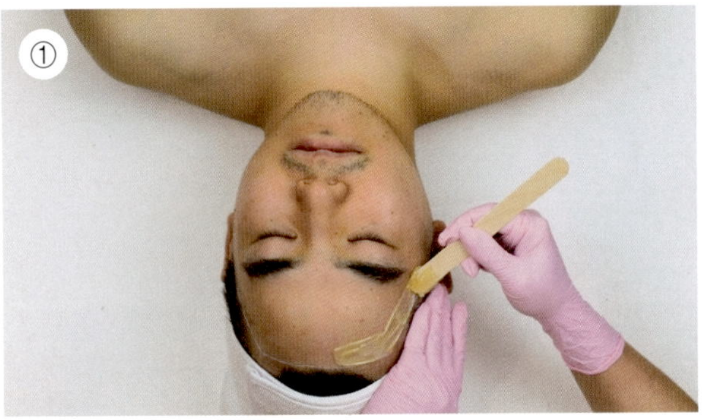


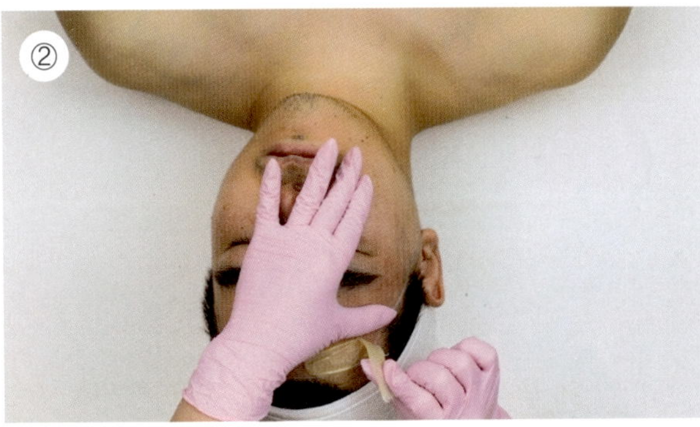


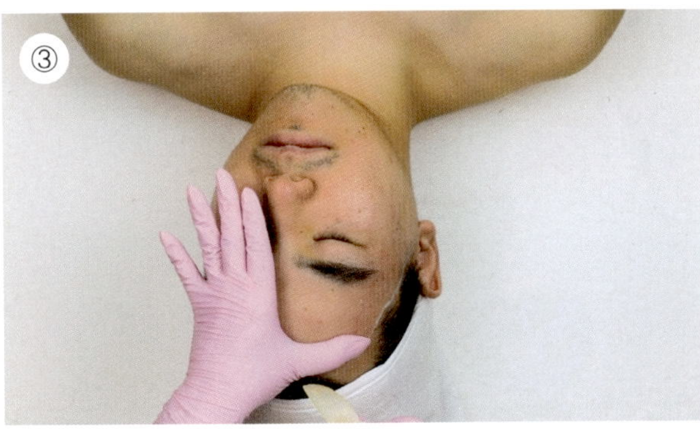


### (11) 헤어라인 오른쪽 왁싱하기

① 왁스 도포하기 → ② 왁스 제거하기 → ③ 피부 진정하기

④ 헤어라인 왼쪽도 동일한 방법으로 모를 제거한다.

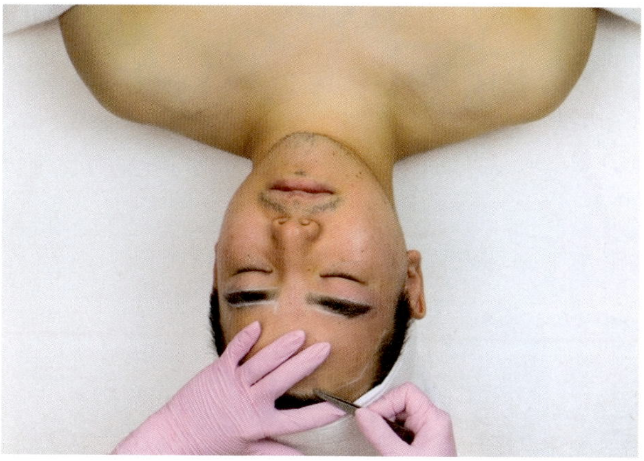

### (12) 잔모 제거하기

① 왁싱 후 남은 잔털을 제거한다.
② 뽑히지 않은 짧은 모들은 족집게트위저를 이용해 제거한다.
③ 족집게 사용 시 모가 난 방향으로 모를 제거한다. 45° 유지

*Point*

족집게 사용 시 한 손은 텐션을 주고, 족집게를 잡은 손은 눕혀 잡아당기듯이 사용하면 끊기지 않고 제거가 수월해지며 통증도 감소된다. 45° 유지

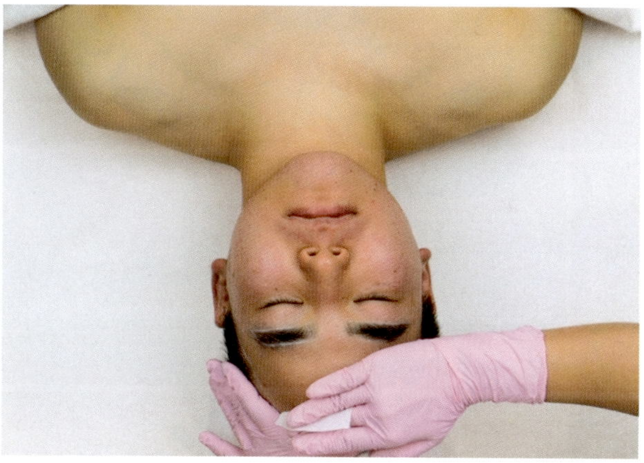

### (13) 잔여물 제거하기

① 전용 후 처리제를 이용하여 피부 표면에 남아있는 왁스 잔여물이나 이물질을 제거한다.
② 오일을 이용하여 피부 표면에 남아있는 왁스 잔여물이나 이물질을 제거한다.

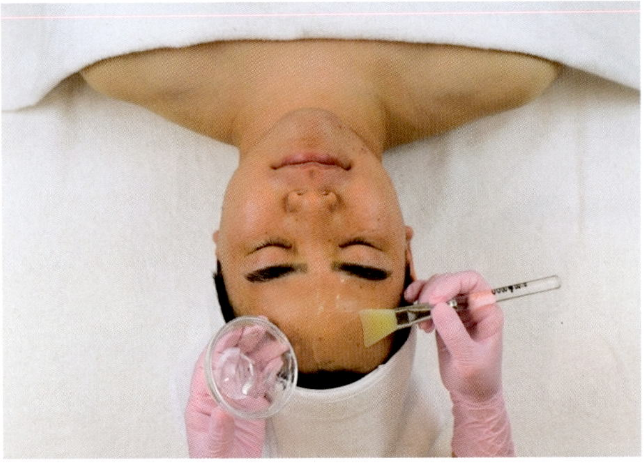

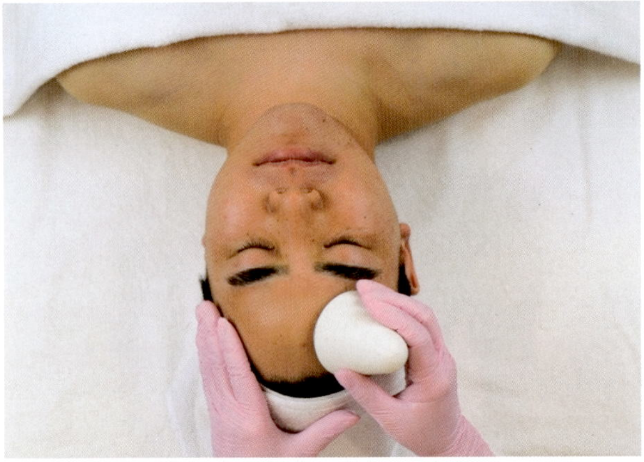

## (14) 마무리하기

① 왁싱으로 인해 자극받은 피부 표면에 진정 젤 알로에 젤을 도포한다.

② 아이스 쿨러Ice cooler를 롤링해 피부의 열감을 진정해 준다.

③ 피부 표면의 온도를 내려 트러블을 방지한다.

④ 유·수분 공급제를 발라 왁싱 후 비어 있는 공간을 보호해주어 2차 감염을 예방한다.

*Point*

필요 시 모델링 팩이나 시트팩을 사용하면 진정 효과에 빠른 도움이 된다.

## 12. 하드 왁싱Hard Waxing Face 실기 : 디자인 눈썹Eyebrow Design Waxing

눈썹 왁싱은 사람의 첫인상을 좌우할 만큼 우리 얼굴에서 제일 먼저 띄는 게 눈썹이다. 따라서 눈썹 하나로 사람의 이미지가 많은 비중을 차지한다. 얼굴형에 맞게끔 눈썹의 디자인을 만들어주면 메이크업 시 시간 단축이 되고 세련된 이미지로 개선시킬 수 있다.

관리 순서

소독 → 전처리 → 디자인 → 눈썹 커팅 → 미간 → 윗 부분 → 아랫 부분 → 진정 및 마무리

### (1) 손 소독하기

① 에탄올 70% 이상의 소독제Antiseptic를 이용하여 소독한다.

② 화장솜에 소독제를 묻혀 왁서Waxer의 손을 꼼꼼히 닦는다.

③ 일회용 장갑라텍스 또는 니트릴 장갑을 끼고 스프레이 타입의 소독제를 뿌려 한 번 더 소독을 한다.

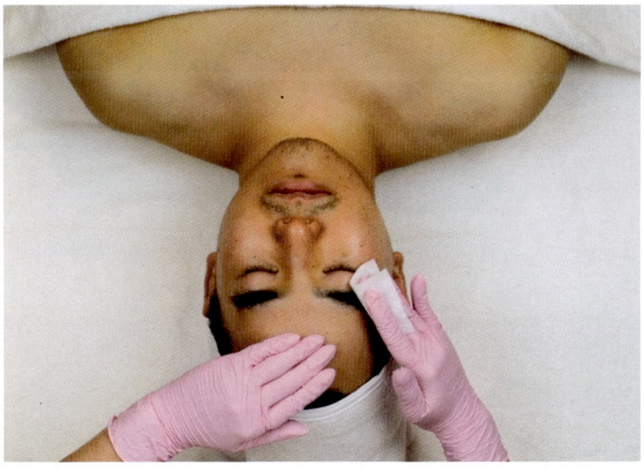

### (2) 고객의 관리 부위 소독하기

① 전 처리제나 스킨을 이용하여 고객의 왁싱 부위를 소독한다.

② 왁싱의 부위에 따라 왁싱의 효율을 위해 넓은 부위는 넓은 거즈를 이용하고 좁은 부위는 화장솜을 이용하여 소독한다.

③ 피부 표면의 불순물과 노폐물을 깨끗이 제거한다.

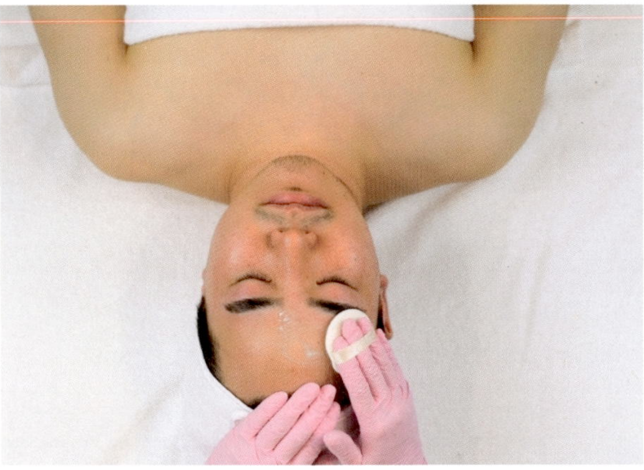

### (3) 전 처리하기

① 왁스의 피부 밀착력을 높여주기 위해 모의 사이사이에 파우더를 꼼꼼하게 펴 바른다.
② 모의 성장 반대 방향으로 먼저 펴 바른 다음 → 모의 성장 방향으로 결을 정리한다.

### (4) 디자인하기

① 고객의 이목구비 대칭에 맞게 눈썹 디자인을 잡아준다.
② 앞부분을 잡고 산지점을 잡고 꼬리부분을 잡아 디자인을 완성한다.

①
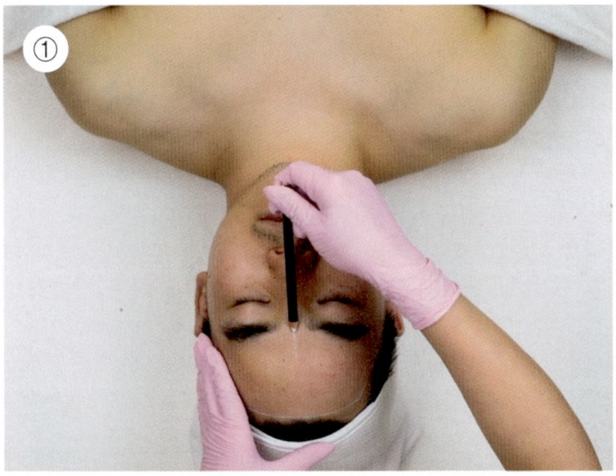

②
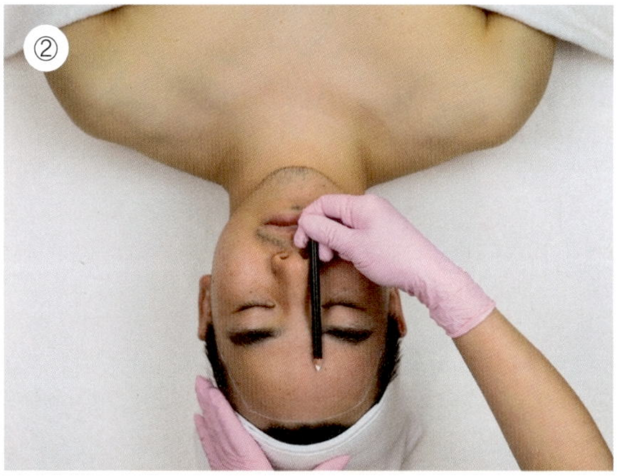

③
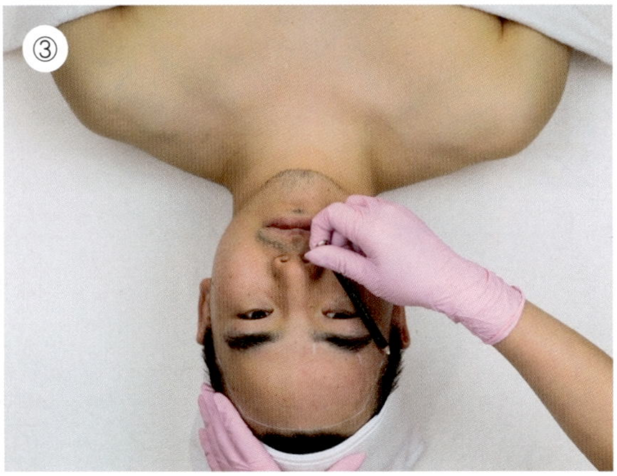

④
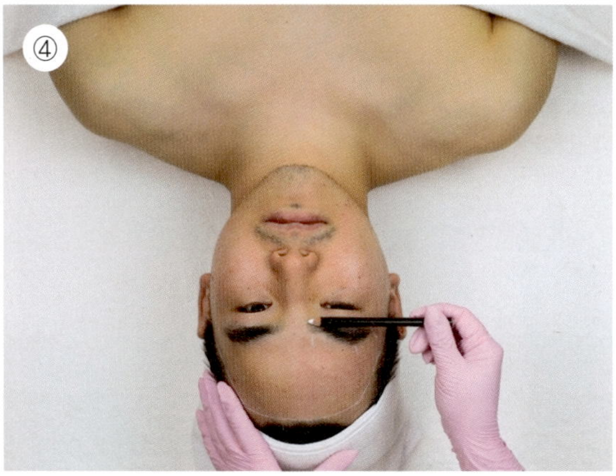

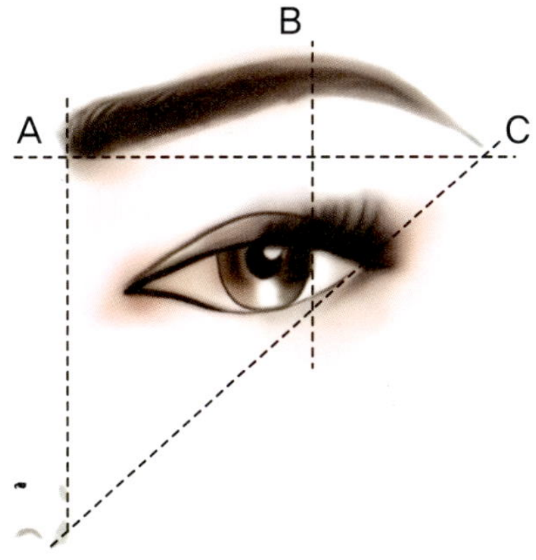


눈썹 디자인

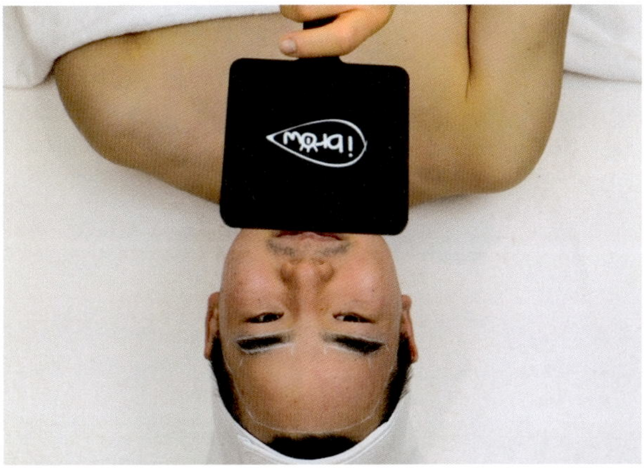


## (5) 고객 상담 디자인 결정하기

① 디자인 후 고객에게 확인한다.
② 디자인이 결정되면 왁싱을 시작한다.

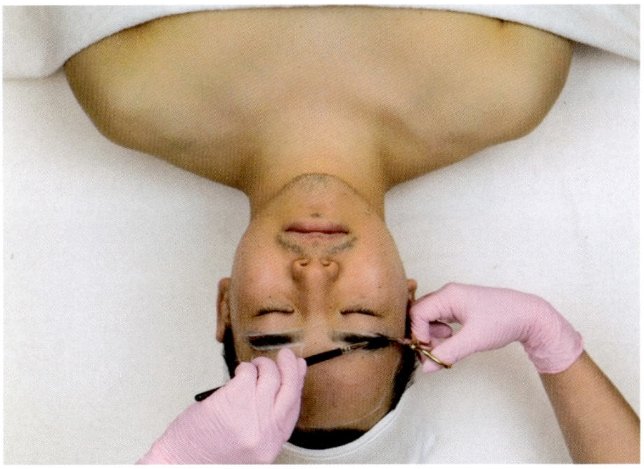

## (6) 눈썹 정리하기

① 양쪽 눈썹 윗부분에 난 불규칙한 모를 반듯하게 정리한다.
② 눈썹의 결을 정리한다.

| | |
|---|---|
|  | **(7) 왁스 양 조절하기**<br>① 왁싱 부위에 맞는 스파츌라Spatula를 선택한다.<br>② 왁스를 뜨기 전 왁싱 부위의 양을 미리 생각한다.<br>③ 왁싱 부위에 제거할 부위만큼 스파츌라에서 양을 조절한다. |
| 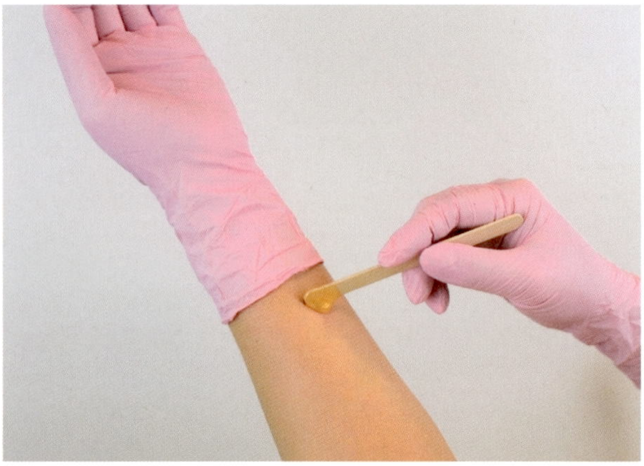 | **(8) 왁스 온도 체크하기**<br>화상을 예방하기 위해 도포 전 반드시 왁서의 손목 안쪽에 온도를 체크한다.<br>*Point*<br>왁스별 온도를 확인 후 예열한다. |
|  | **(9) 왁스 도포하기** 미간<br>① 왁스는 방향과 관계없이 바르고자 하는 방향대로 도포하면 된다.<br>② 왁스 도포 시작점에 스파츌라를 고정하고, 반대 손을 이용하여 텐션을 준다.<br>③ 45°~90°로 잡아 밀착감을 주면서 털을 왁스에 잡힐 수 있게 긁듯이 발라준다.<br>④ 왁스 패치는 부위에 따라 크기를 조절한다. |

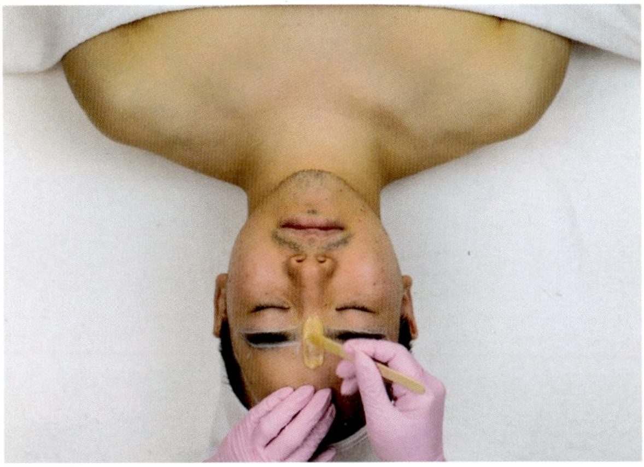

### (10) 왁스 손잡이 만들기 미간

① 왁스 패치의 테두리는 안쪽 부위보다 도톰하게 만들어 불필요한 모가 달라붙어 끊기지 않고 깔끔하게 제거할 수 있다.
② 가장 두꺼운 자리가 럭비공 모양을 띠도록 한다.

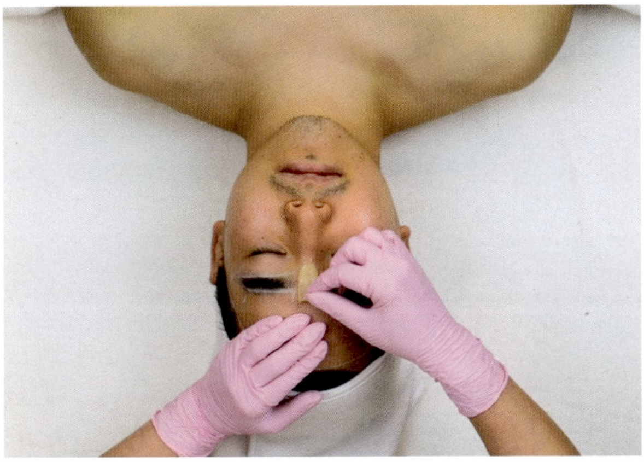

### (11) 왁스 제거하기 미간

① 왁스를 도포한 반대 방향으로 제거한다.
② 한 손은 제거 시작점에 텐션을 주어 피부를 고정하고, 스킨 탈락이나 피부가 손상되지 않도록 모의 반대 방향으로 피부와 평행하게 재빨리 떼어낸다. 45° 유지

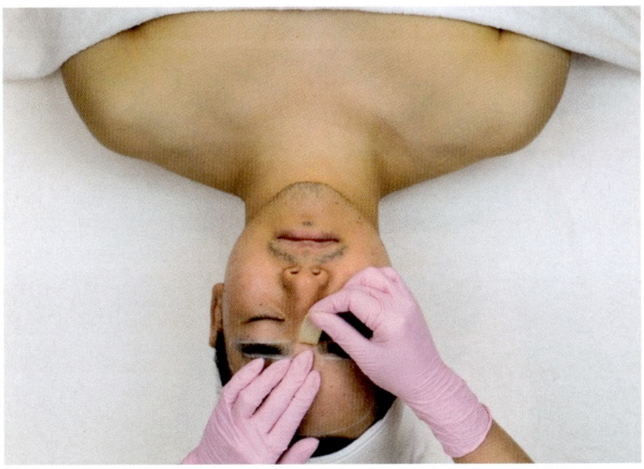

### (12) 피부 진정하기 미간

① 텐션을 주는 손은 왁스가 제거되는 동시에 왁싱된 부위를 눌러주며 신경 통증을 진정시킨다.
② 왁싱 후에는 자극이 될 수 있으므로 문지르거나 과도하게 손을 대지 않는다.

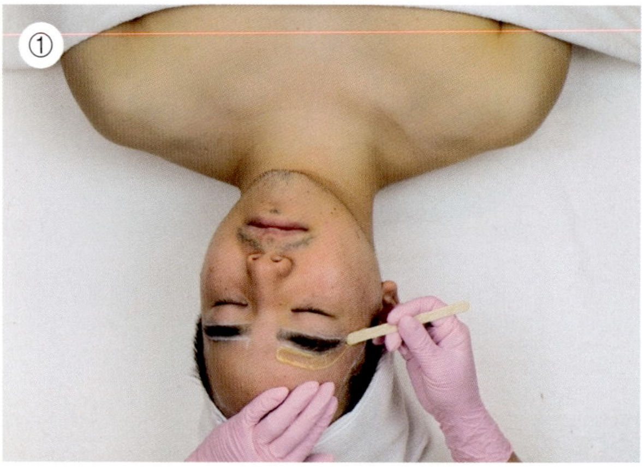

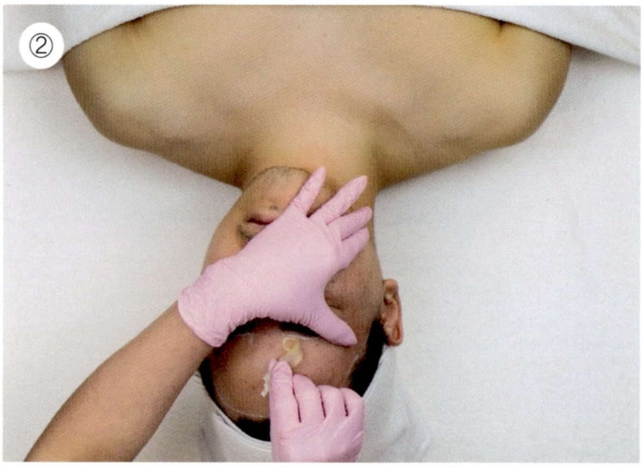

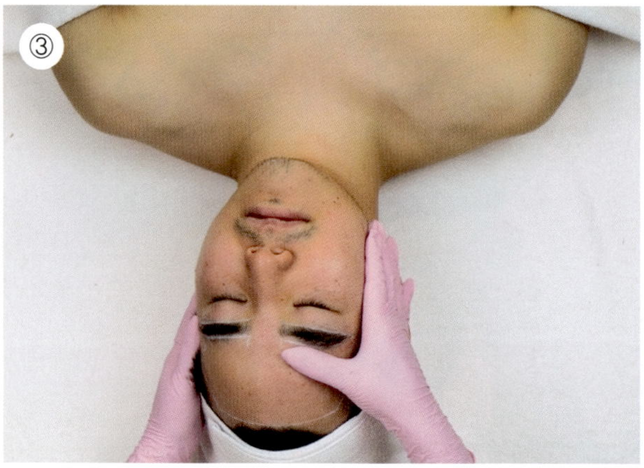

### (13) 눈썹 윗부분 왁싱하기

① 왁스 도포하기

- 왁스는 방향과 관계없이 바르고자 하는 방향대로 도포하면 된다.
- 왁스 도포 시작점에 스파츌라를 고정하고, 반대 손을 이용하여 텐션을 준다.
- 45°~90°로 잡아 밀착감을 주면서 털을 왁스에 잡힐 수 있게 긁듯이 발라준다.

② 왁스 제거하기

- 한 손은 제거 시작점에 텐션을 주어 피부를 고정하고, 반대 손은 스킨 탈락을 주의하며, 재빨리 떼어낸다.

③ 피부 진정하기

- 왁싱된 부위를 눌러주며 신경 통증을 진정시킨다.

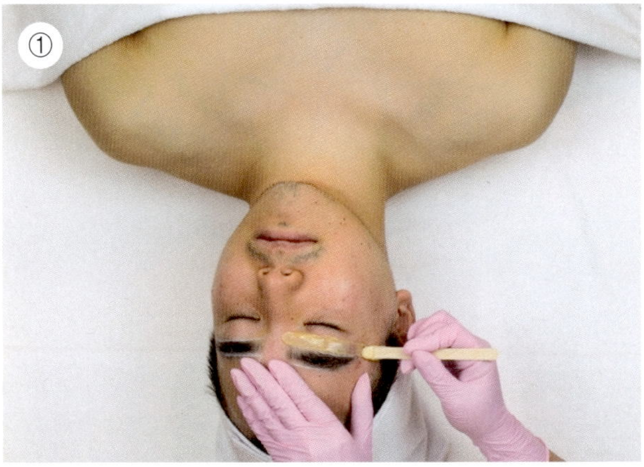


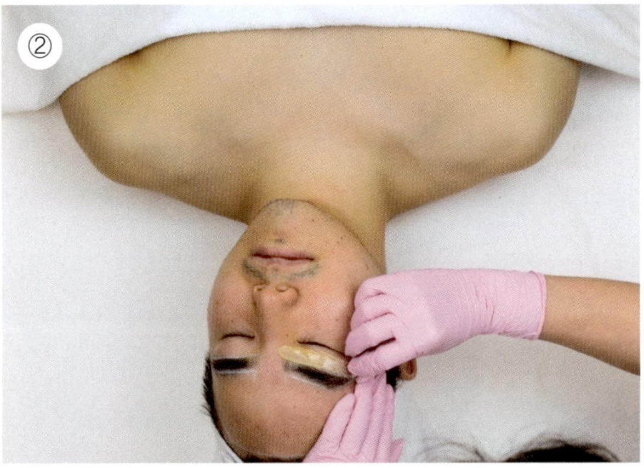


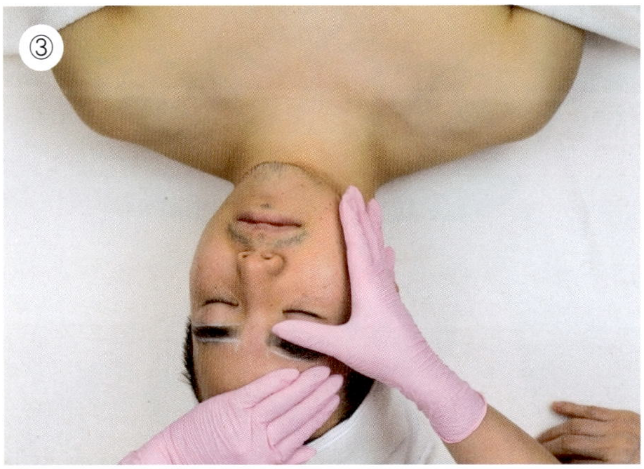


### (14) 눈썹 아랫 부분 왁싱하기

① 왁스 도포하기 → ② 왁스 제거하기 → ③ 피부 진정하기

④ 눈썹 윗부분 왁싱하기와 동일한 방법으로 관리한다.

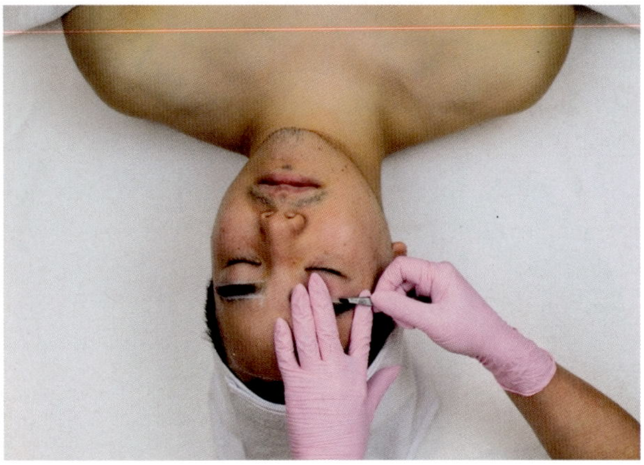

### (15) 잔모 제거하기

① 왁싱 후 남은 잔털을 제거한다.
② 뽑히지 않은 짧은 모들은 족집게트위저를 이용해 제거한다.
③ 족집게 사용 시 모가 난 방향으로 모를 제거한다. 45° 유지

*Point*

족집게 사용 시에도 한 손은 텐션을 주면서 피부를 고정하고, 반대 손은 족집게를 눕혀 잡아당기듯이 사용하면 끊어지지 않고 제거가 수월해지며 통증도 감소된다. 45° 유지

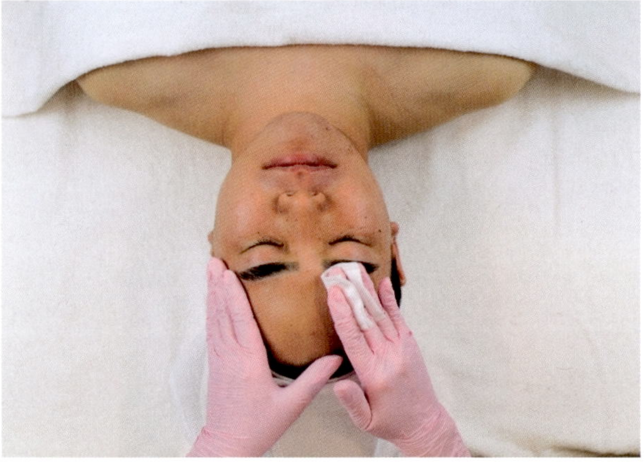

### (16) 잔여물 제거하기

① 후 처리제를 이용하여 피부 표면에 남아있는 왁스 잔여물이나 이물질을 제거한다.
② 오일을 이용하여 피부 표면에 남아있는 왁스 잔여물이나 이물질을 제거한다.

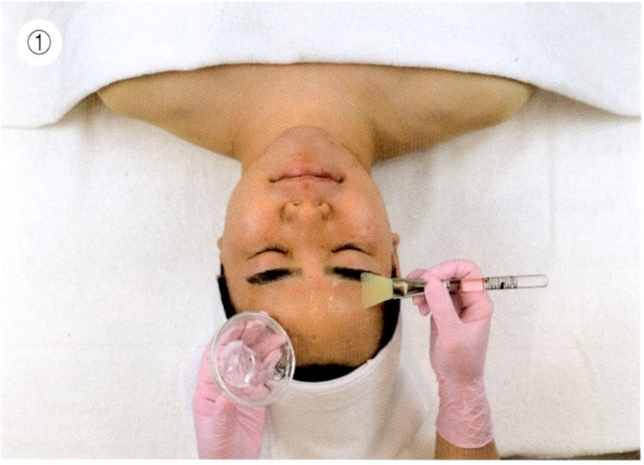

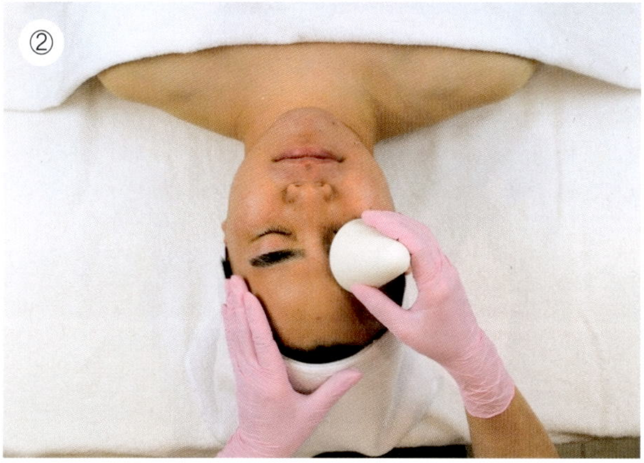

### (17) 마무리하기

① 제품을 이용한 피부 진정하기

- 왁싱으로 인해 자극받은 피부 표면에 진정 젤알로에 젤을 도포한다.

② 쿨러를 이용한 피부 진정하기

- 아이스 쿨러Ice cooler를 롤링해 피부의 열감을 진정해 준다.
- 피부 표면의 온도를 내려 트러블을 방지한다.

*Point*

- 필요 시 모델링 팩이나 시트팩을 사용하면 진정 효과에 빠른 도움이 된다.
- 유·수분 공급제를 발라 왁싱 후 비어 있는 공간을 보호해주어 2차 감염을 예방한다.

## 13. 하드 왁싱 페이스 Hard Waxing Face 실기 : 구레나룻과 볼 Sideburns & Cheek Waxing

볼과 귀 앞에서 나는 잔머리가 턱 밑까지 내려오거나 그 주위의 거뭇한 솜털을 제거함으로써 미백효과를 주며 깔끔한 메이크업을 도와준다. 피부 개선에 도움을 줄 수 있다. 여드름 피부에 효과적

관리 순서

소독 → 전처리 → 디자인 → 구레나룻 → 볼1 → 볼2 → 진정 및 마무리

| | |
|---|---|
| 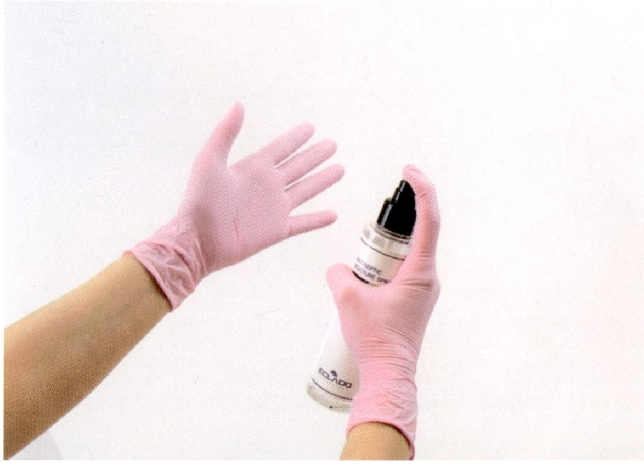 | **(1) 손 소독하기**<br>① 에탄올 70% 이상의 소독제 Antiseptic 를 이용하여 소독한다.<br>② 화장솜에 소독제를 묻혀 왁서 Waxer 의 손을 꼼꼼히 닦는다.<br>③ 일회용 장갑 라텍스 또는 니트릴 장갑 을 끼고 스프레이 타입의 소독제를 뿌려 2차 소독을 한다. |
| 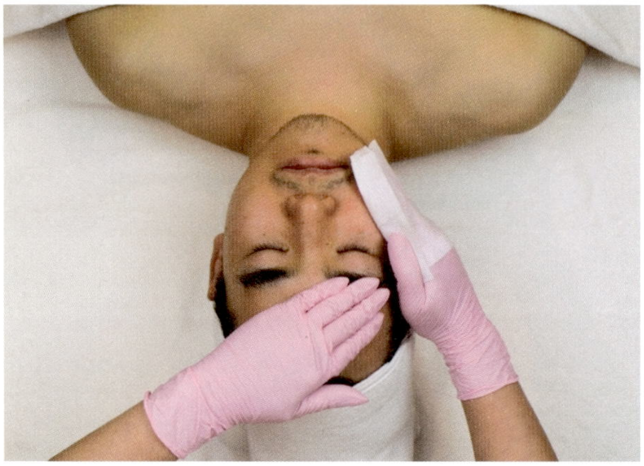 | **(2) 관리 부위 소독하기**<br>① 전 처리제나 스킨을 이용하여 고객의 왁싱 부위를 소독한다.<br>② 왁싱의 부위에 따라 왁싱의 효율을 위해 넓은 부위는 넓은 거즈를 이용하고 좁은 부위는 화장솜을 이용하여 소독한다.<br>③ 피부 표면의 불순물과 노폐물을 깨끗이 제거한다. |

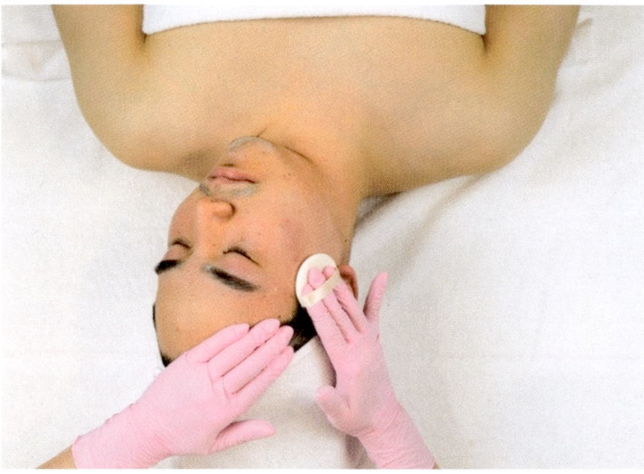

### (3) 전 처리하기

① 왁스의 피부 밀착력을 높여주기 위해 모의 사이사이에 파우더를 꼼꼼하게 펴 바른다.

② 모의 성장 반대 방향으로 먼저 펴 바른 다음 → 모의 성장 방향으로 결을 정리한다.

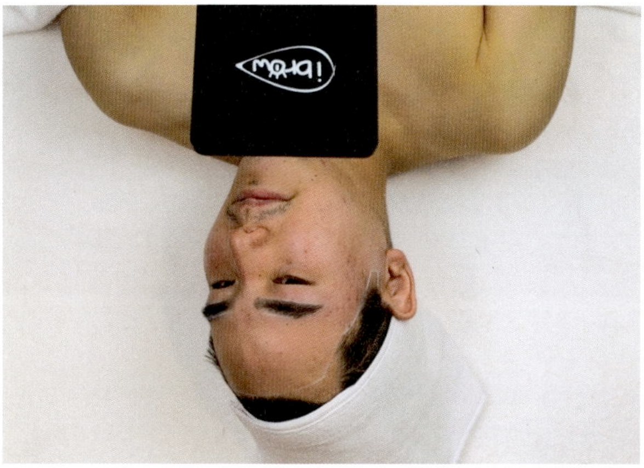

### (4) 디자인 후 확인하기

① 잔모들을 제거함과 동시에 페이스라인을 잡아준다.

② 불필요한 헤어들이 왁싱되지 않게 헤어밴드나 헤어 고정 집게로 헤어를 정리한다.

③ 디자인 펜슬을 이용해 상담을 통해 정한 디자인을 그려놓아도 된다.

### (5) 왁스양 조절하기

① 왁싱 부위에 맞는 스파츌라Spatula를 선택한다.

② 왁스를 뜨기 전 관리 부위의 양을 미리 생각한다.

③ 스파츌라Spatula의 1/4 지점까지 적당히 왁스를 뜬다.

④ 스파츌라의 끝에 왁스가 둥글게 되도록 말아준다.

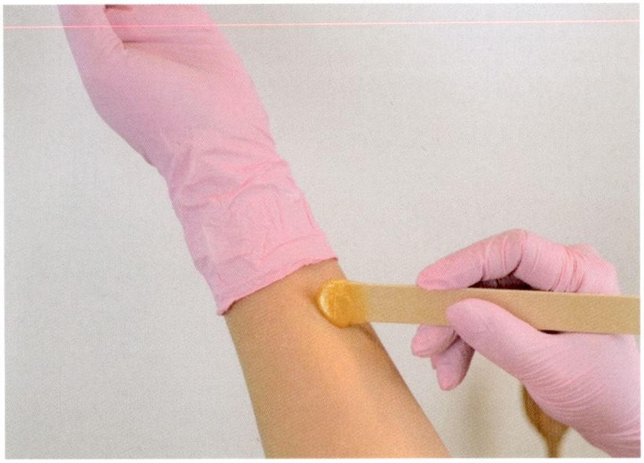

### (6) 왁스 온도 체크하기

화상을 예방하기 위해 도포 전 반드시 왁서의 손목 안쪽으로 온도를 체크한다.

*Point*

왁스별 온도를 확인 후 예열한다.

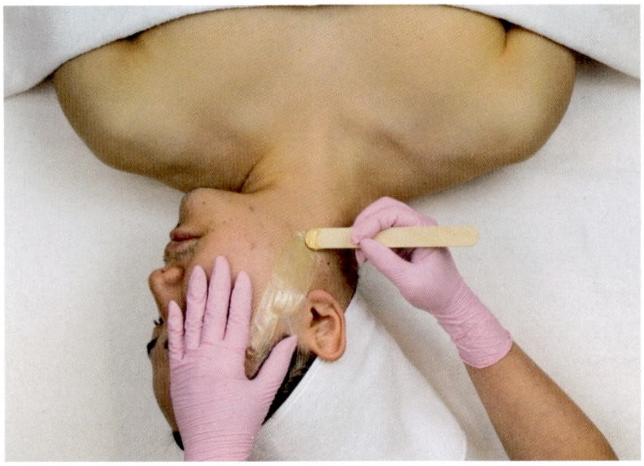

### (7) 왁스 도포하기 구레나룻

① 왁스 도포 시작점에 스파츌라를 고정하고, 반대 손을 이용하여 텐션을 준다.
② 45°~90°로 잡아 밀착감을 주면서 모가 왁스에 잡힐 수 있게 긁듯이 발라준다.
③ 왁스 패치는 부위에 따라 크기를 생각한다.

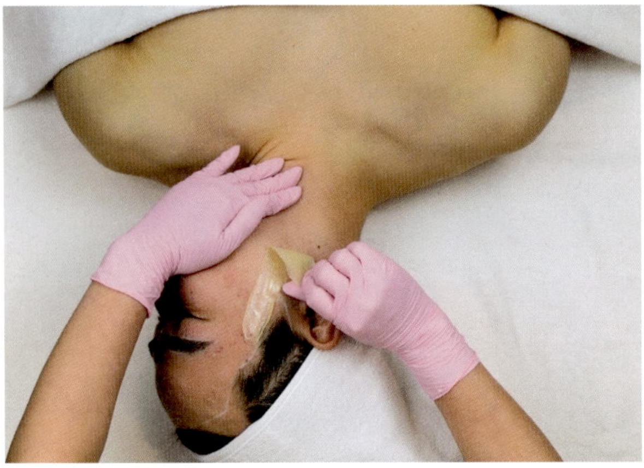

### (8) 왁스 제거하기

① 왁스를 도포한 반대 방향으로 제거한다.
② 한 손은 제거 시작점에 텐션을 주어 고정하고, 스킨 탈락이나 피부가 손상되지 않도록 모의 반대 방향으로 피부와 평행하게 재빨리 떼어낸다. 45° 유지

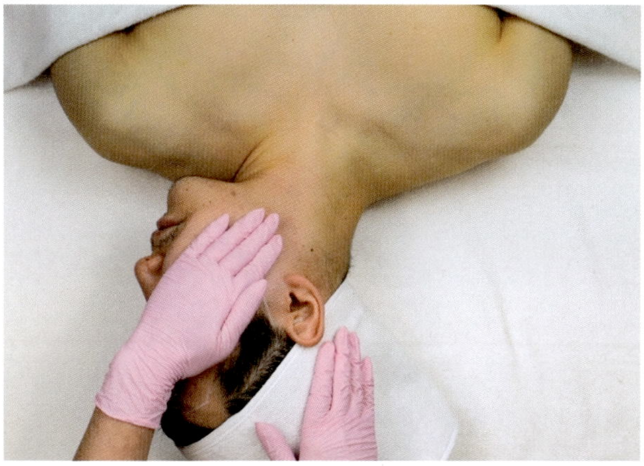

### (9) 피부 진정하기

① 텐션을 주는 손은 왁스가 제거되는 동시에 왁싱된 부위를 눌러주며 신경 통증을 진정시킨다.

② 왁싱 후에는 과도하게 손을 대지 않는다.

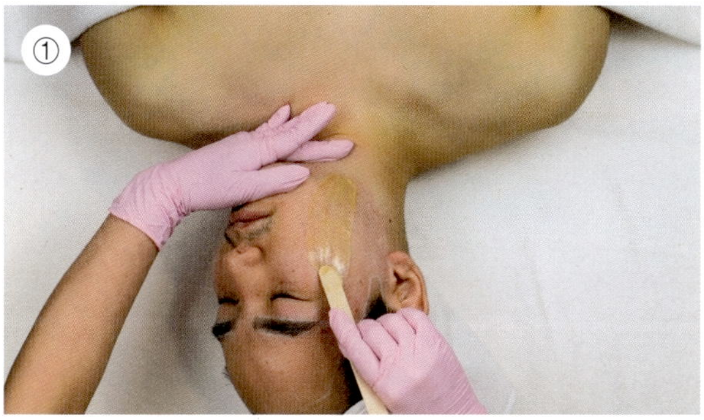

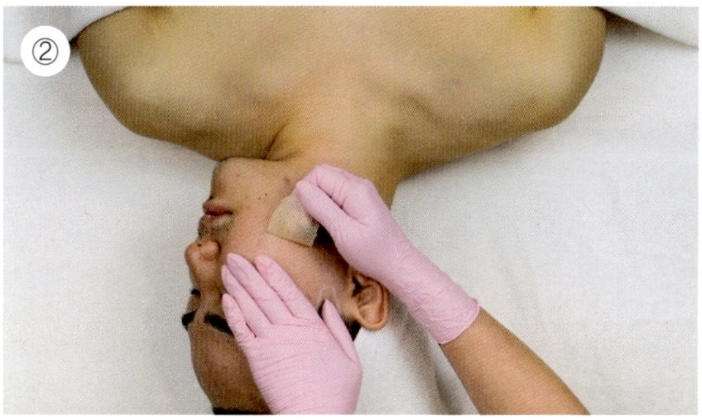

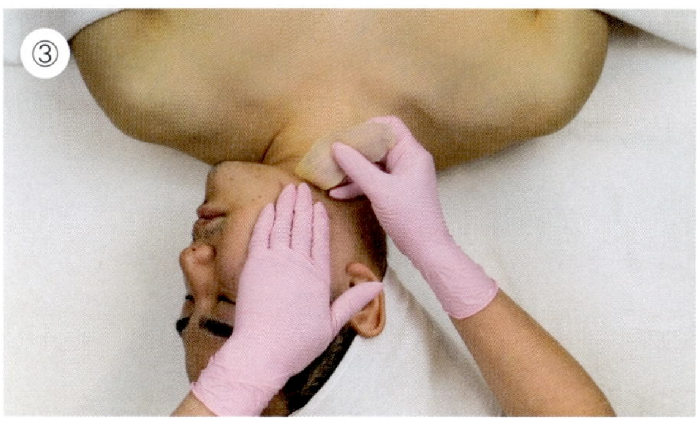

### (10) 볼 왁싱하기 Ⅰ 뺨 중앙 부위

① 왁스 도포하기

- 왁스 도포 시작점에 스파츌라를 고정하고, 반대 손을 이용하여 텐션을 준다.
- 45°∼90°로 잡아 밀착감을 주면서 모가 왁스에 잡힐 수 있게 긁듯이 발라준다.
- 왁스 패치는 부위에 따라 크기를 생각한다.

② 왁스 제거하기

- 스킨 탈락이 일어나지 않도록 주의하여 왁스를 제거한다.

③ 피부 진정하기

- 피부를 고정하던 손을 이용하여 왁스 제거 후 바로 피부를 눌러 진정시켜 준다.

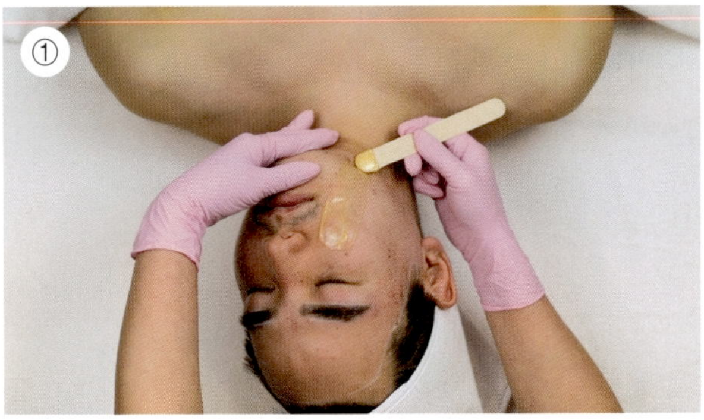

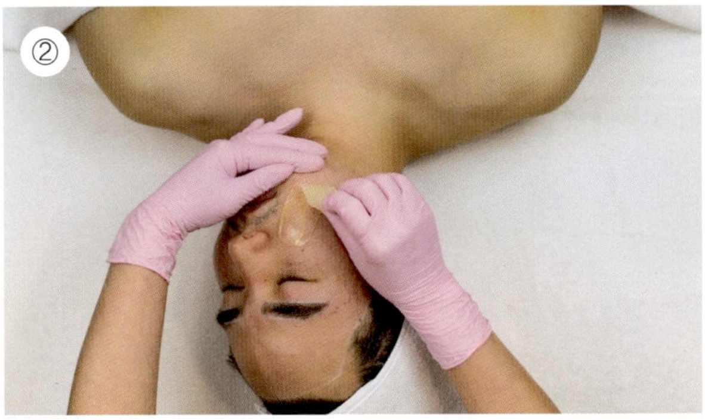

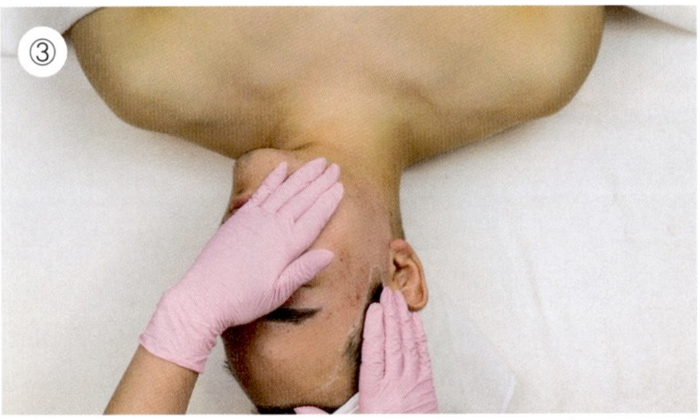

### (11) 볼 왁싱하기 Ⅱ 입술 옆 부분

① 왁스 도포하기 → ② 왁스 제거하기 → ③ 피부 진정하기

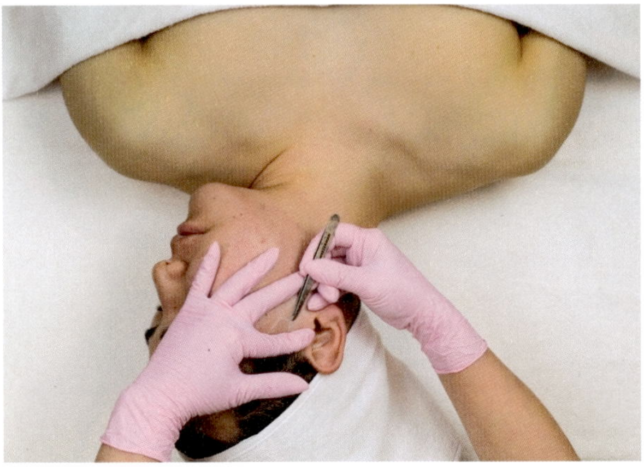

### (12) 잔모 제거하기

① 왁싱 후 남은 잔모를 제거한다.

② 뽑히지 않은 짧은 모들은 족집게트위져를 이용해 제거한다.

③ 족집게 사용 시 한 손은 텐션을 주어 피부를 고정하고, 반대 손은 45°를 유지하며 족집게를 눕혀 모를 제거한다.

→ 잔모가 제거되면, 후 처리제와 오일을 이용하여 잔여물을 제거한다.

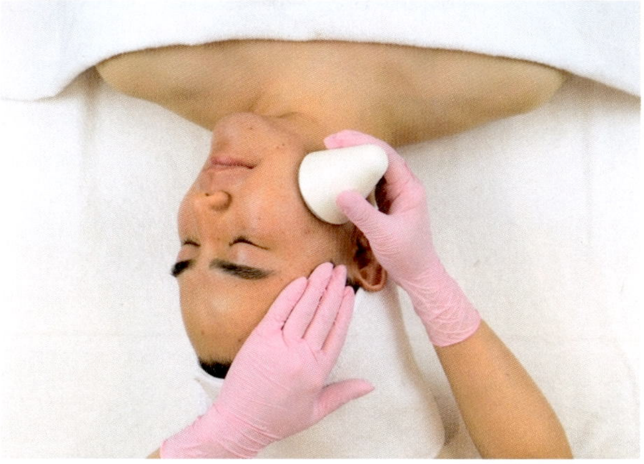

## (13) 피부 진정하기

① 왁싱으로 인해 자극받은 피부 표면에 진정 젤 알로에 젤을 도포한다.
② 아이스 쿨러Ice cooler를 롤링해 피부의 열감을 진정해 준다.
③ 피부 표면의 온도를 내려 트러블을 방지한다.
④ 유·수분 공급제를 발라 왁싱 후 비어 있는 공간을 보호해주어 2차 감염을 예방한다.

*Point*

필요 시 모델링 팩이나 시트팩을 사용하면 진정 효과에 빠른 도움이 된다.

## 14. 하드 왁싱 페이스Hard Waxing Face 실기 : 코와 콧구멍Nose & Nostril Waxing

콧등의 거뭇한 솜털과 블랙헤드를 제거함으로서 깔끔한 메이크업을 도와준다.
콧구멍은 외관상 삐져나와 있는 부분만 왁싱해 깔끔한 효과를 준다.

관리 순서

소독 → 전처리 → 콧등 → 좌측 → 우측 → 좌 콧구멍 → 우 콧구멍 → 마무리

### (1) 손 소독하기

① 에탄올 70% 이상의 소독제Antiseptic를 이용하여 소독한다.
② 화장솜에 소독제를 묻혀 왁서Waxer의 손을 꼼꼼히 닦는다.
③ 일회용 장갑라텍스 또는 니트릴 장갑을 끼고 스프레이 타입의 소독제를 뿌려 2차 소독을 한다.

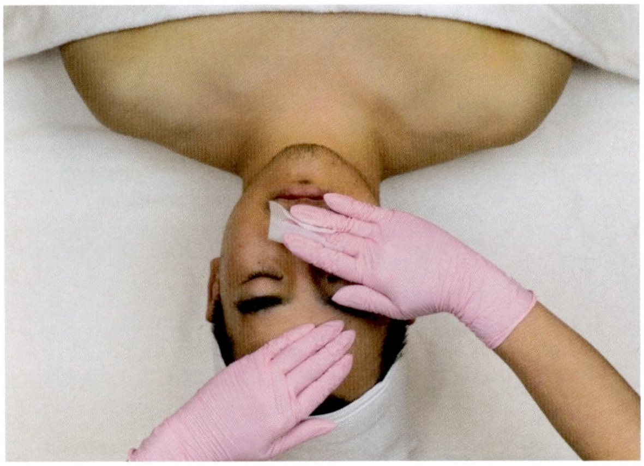

### (2) 고객의 관리 부위 소독하기

① 전 처리제나 스킨을 이용하여 고객의 왁싱 부위를 소독한다.
② 왁싱 부위의 넓이에 따라 솜이나 거즈를 이용하여 소독한다.
③ 피부의 유분기와 노폐물을 제거한다.

## (3) 전 처리하기

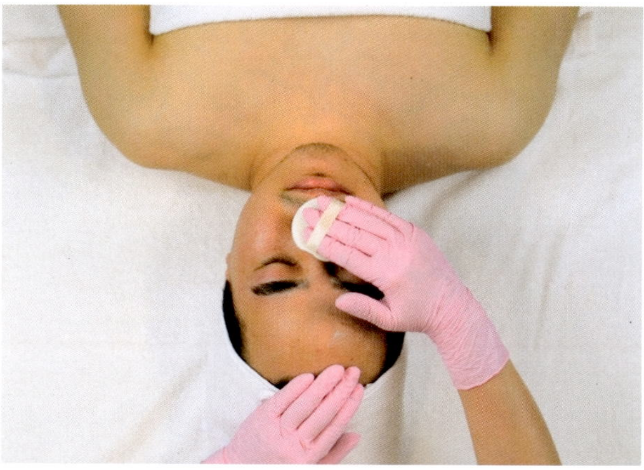

① 왁스의 밀착력을 높여주기 위해 모의 사이사이에 파우더를 꼼꼼하게 펴 바른다.
② 유분과 수분을 제거한다.
③ 모의 반대 방향으로 먼저 펴 바른 다음 → 모가 난 방향으로 결을 정리한다.

## (4) 왁스 양 조절하기

① 왁싱 부위에 맞는 스파츌라Spatula를 선택한다.
② 왁스를 뜨기 전 관리 부위의 양을 미리 생각한다.
③ 스파츌라Spatula의 1/4 지점까지 적당히 왁스를 뜬다.
④ 스파츌라의 끝에 왁스가 둥글게 되도록 말아준다.

## (5) 왁스 온도 체크하기

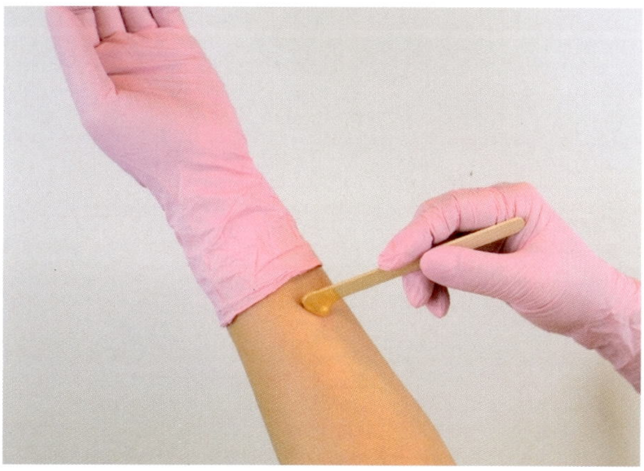

화상을 예방하기 위해 도포 전 반드시 왁서의 손목 안쪽으로 온도를 체크한다.

*Point*

왁스별 온도를 확인 후 예열한다.

| | |
|---|---|
| 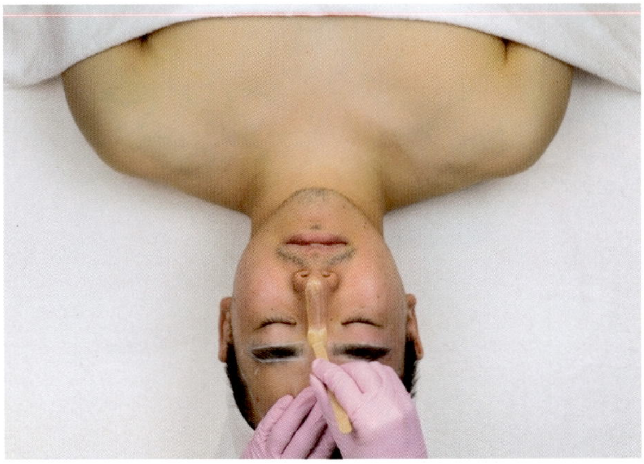 | **(6) 왁스 도포하기** 콧등<br><br>① 미간 방향으로 콧등에 왁스를 도포한다.<br>② 왁스 도포 시작점에 스파츌라를 고정하고, 반대 손을 이용하여 텐션을 준다.<br>③ 45°~90°로 잡아 밀착감을 주면서 모가 왁스에 잡힐 수 있게 긁듯이 발라준다.<br>④ 왁스 패치는 부위에 따라 크기를 생각한다. |
| 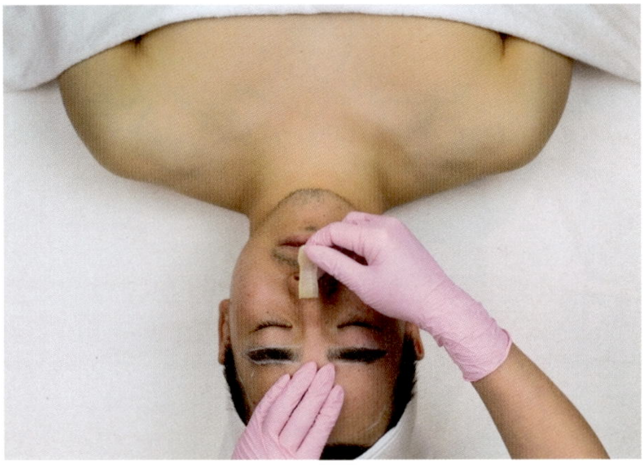 | **(7) 왁스 제거하기** 콧등<br><br>① 왁스를 도포한 반대 방향으로 제거한다.<br>② 한 손은 제거 시작점에 텐션을 주어 고정하고, 스킨 탈락이나 피부가 손상되지 않도록 모의 반대 방향으로 피부와 평행하게 재빨리 떼어낸다. 45° 유지<br>③ 텐션을 주는 손은 왁스가 제거되는 동시에 왁싱된 부위를 눌러주며 신경 통증을 진정시킨다.<br>④ 왁싱 후에는 과도하게 손을 대지 않는다. |
| 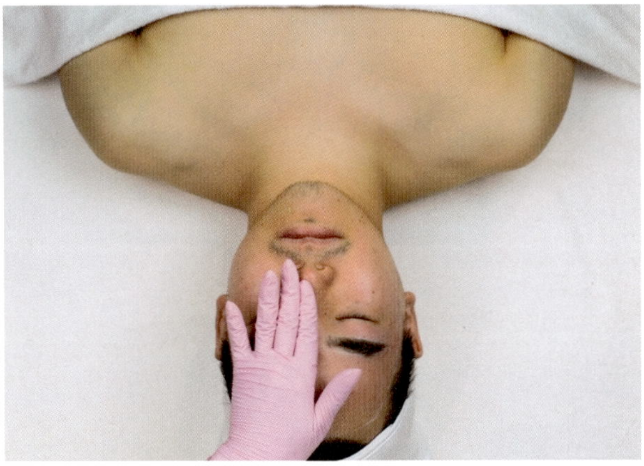 | **(8) 피부 진정하기** 콧등<br><br>① 텐션을 주는 손은 왁스가 제거되는 동시에 왁싱된 부위를 눌러주며 신경 통증을 진정시킨다.<br>② 왁싱 후에는 과도하게 손을 대지 않는다. |

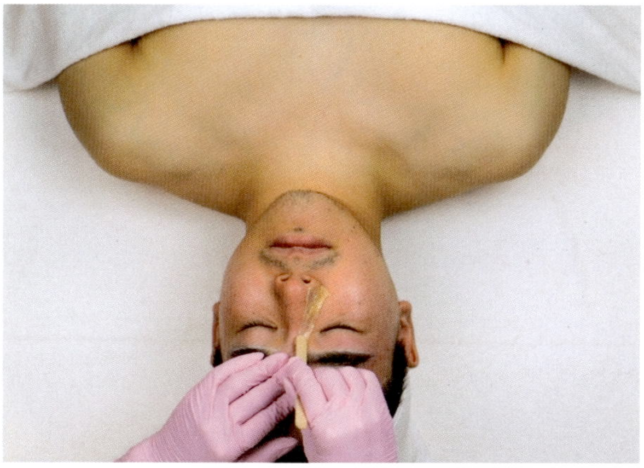

### (9) 왁스 도포하기 코 오른쪽 측면

① 미간 방향으로 양쪽 콧볼에 왁스를 도포한다.
② 왁스 도포 시작점에 스파출라를 고정하고, 반대 손을 이용하여 텐션을 준다.
③ 45°~90°로 잡아 밀착감을 주면서 모가 왁스에 잡힐 수 있게 긁듯이 발라준다.
④ 왁스 패치는 부위에 따라 크기를 생각한다.
⑤ 왁스를 도포한 반대 방향으로 제거한다.

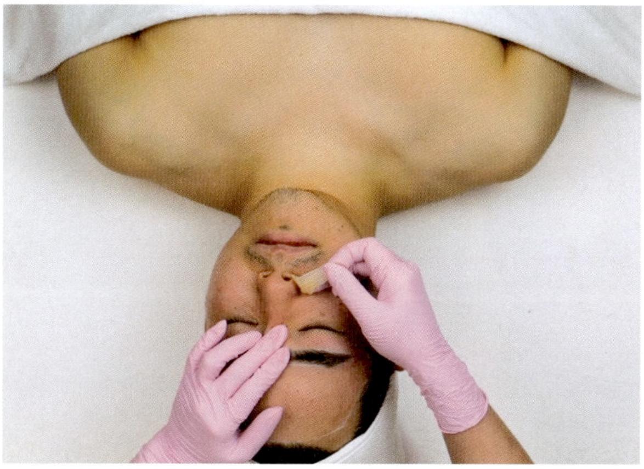

### (10) 왁스 제거하기 코 오른쪽 측면

① 왁스를 도포한 반대 방향으로 제거한다.
② 한 손은 제거 시작점에 텐션을 주어 고정하고, 스킨 탈락이나 피부가 손상되지 않도록 모의 반대 방향으로 피부와 평행하게 재빨리 떼어낸다. 45° 유지
③ 텐션을 주는 손은 왁스가 제거되는 동시에 왁싱된 부위를 눌러주며 신경 통증을 진정시킨다.
④ 왁싱 후에는 과도하게 손을 대지 않는다.

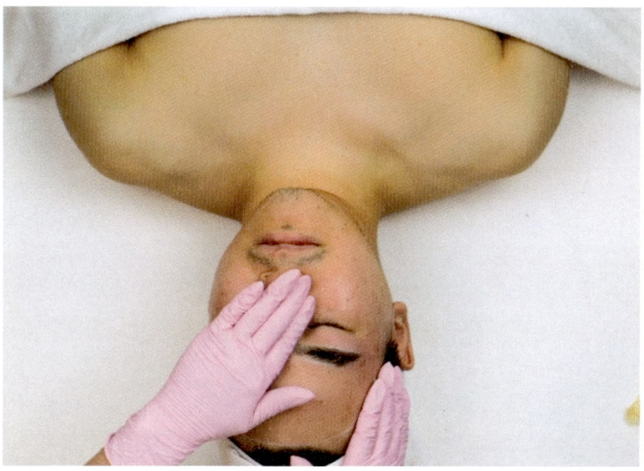

### (11) 피부 진정하기 코 오른쪽 측면

① 텐션을 주는 손은 왁스가 제거되는 동시에 왁싱된 부위를 눌러주며 신경 통증을 진정시킨다.
② 왁싱 후에는 과도하게 손을 대지 않는다.

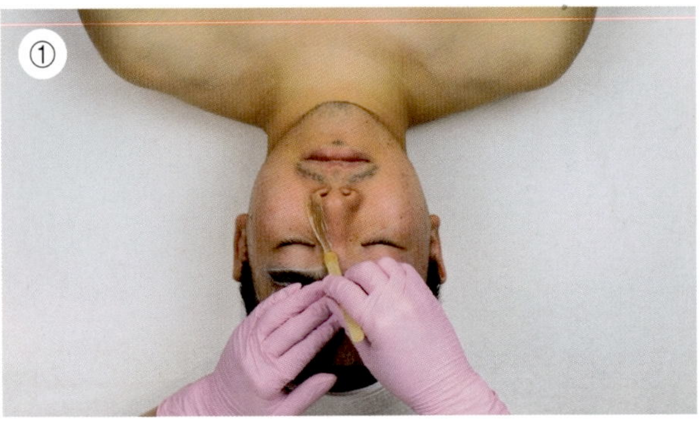


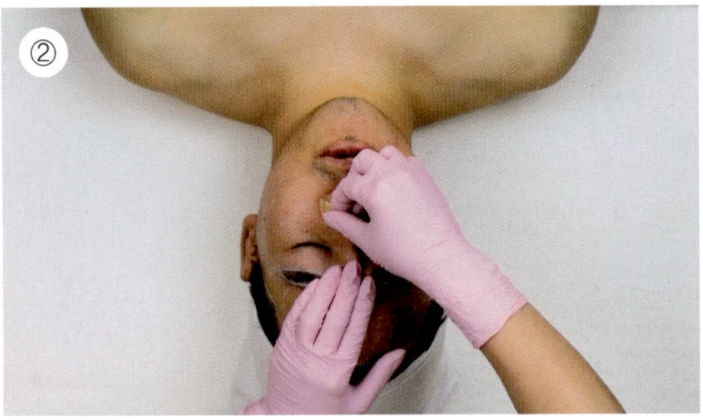


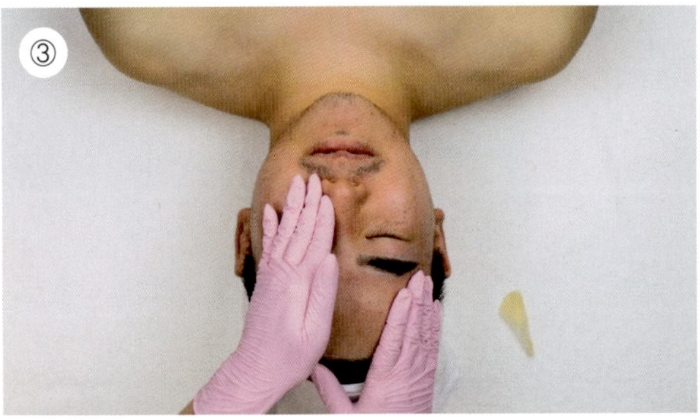


### (12) 코 왼쪽 측면 왁싱하기

코 오른쪽 측면 왁싱하기와 동일한 방법으로 왁싱한다.

① 왁스 도포하기 → ② 왁스 제거하기 → ③ 피부 진정하기

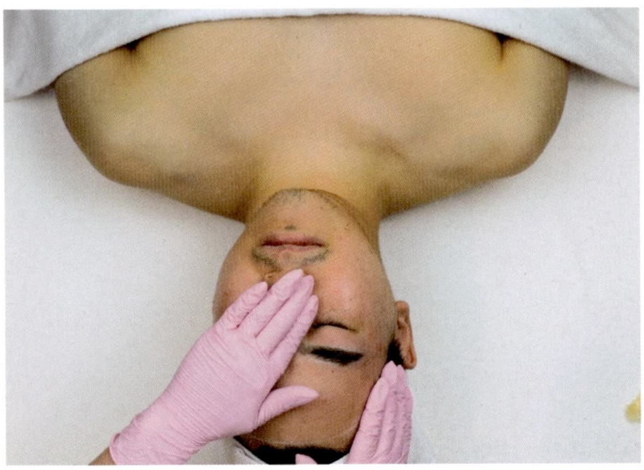

### (13) 왁스 도포하기 콧구멍

① S 사이즈의 스파츌라를 이용하여 소량의 왁스를 덜어낸다 콧구멍 크기에 맞는 스파츌라를 선택.

② 왁스가 콧구멍 입구에만 도포되고, 코 깊숙이 들어가지 않도록 주의한다.

③ 강약 조절을 잘하여 왁스가 스파츌라에 눌러져 왁스가 굳으면서 끊기지 않도록 주의한다.

*Point*

고객을 미용의자에 앉혀 관리하는 것이 왁스가 깊이 들어가는 것을 방지할 수 있다.

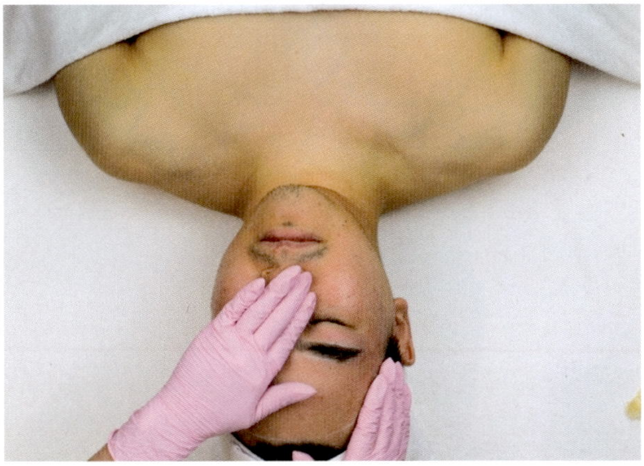

### (14) 왁스 제거하기 콧구멍

① 고객의 머리가 당겨지지 않게 콧등 위로 잘 받쳐준 뒤 힘있게 아래로 재빠르게 당긴다.
② 점막이 손상되지 않도록 주의하여 관리한다.
③ 작은 부위이므로 면봉에 후 처리제를 이용하여 피부 표면에 남아있는 왁스 잔여물이나 이물질을 제거한다.
④ 오일을 이용하여 피부 표면에 남아있는 왁스 잔여물이나 이물질을 제거한다.

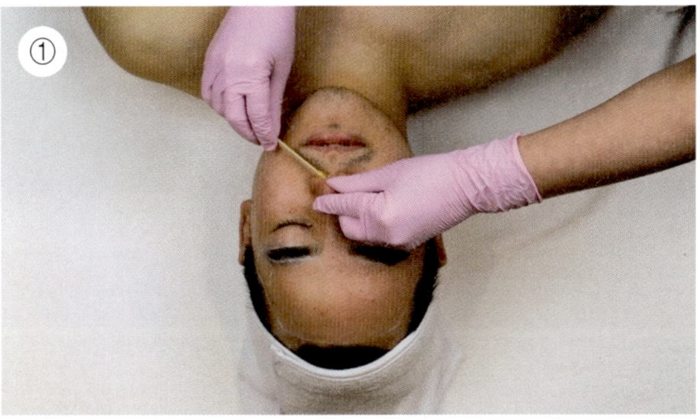

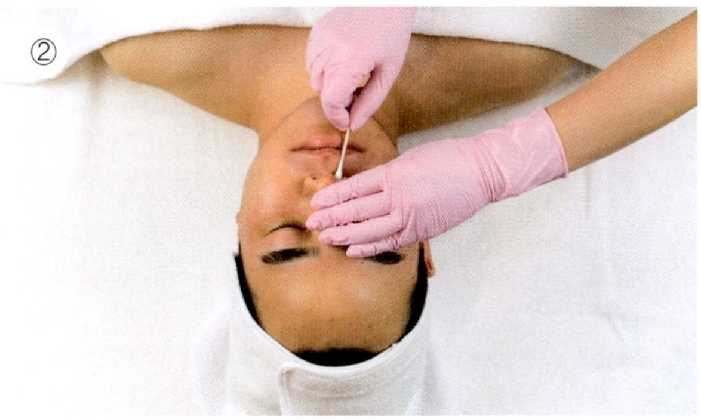

### (15) 반대쪽 코도 동일한 방법으로 왁싱한다.

## 15. 하드 왁싱 페이스 Hard Waxing Face 실기 : 콧수염 Mustache Waxing

인중에 굵고 강한 모를 제거하여 깨끗한 피부로 표현한다. 매일하는 면도를 하지 않아 남성들의 편안함과 인그로운 헤어나 트러블 예방에 도움이 되며 피부가 깔끔해지는 효과를 준다.

**관리 순서**

소독 → 전처리 → 인중 전체 왼쪽에서 오른쪽까지 → 진정 및 마무리

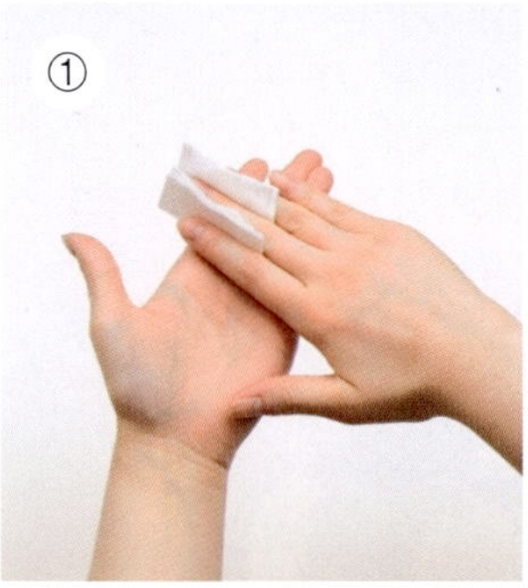

①

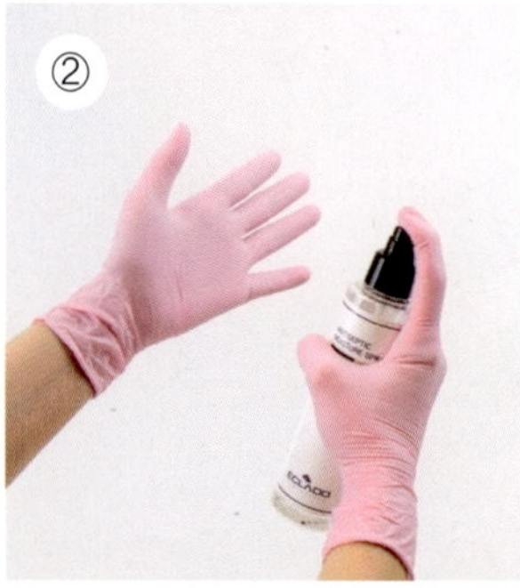

②

### (1) 손 소독하기

에탄올 70% 이상의 소독제 Antiseptic 를 이용하여 소독한다.

① 1차 소독 : 화장솜에 소독제를 묻혀 왁서 Waxer 의 손을 꼼꼼히 닦는다.

② 2차 소독 : 일회용 장갑 라텍스 또는 니트릴 장갑 을 끼고 소독제를 뿌려 2차 소독을 한다.

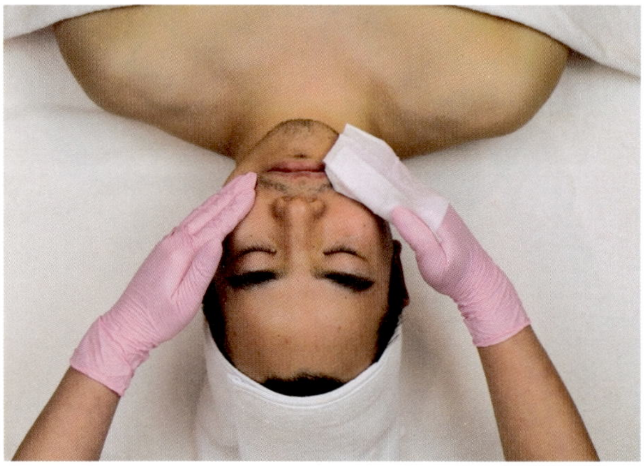

### (2) 관리 부위 소독하기

① 전 처리제나 스킨을 이용하여 고객의 왁싱 부위를 소독한다.

② 왁싱 부위의 넓이에 따라 솜이나 거즈를 이용하여 소독한다.

③ 피부의 유분기와 노폐물을 제거한다.

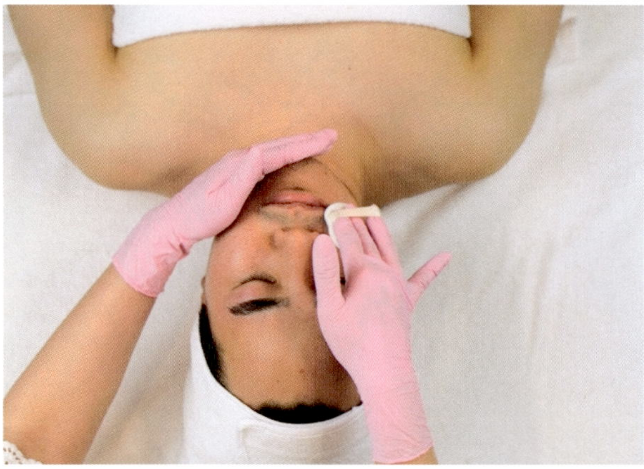

### (3) 전 처리하기

① 왁스의 밀착력을 높여주기 위해 모의 사이사이에 파우더를 꼼꼼하게 펴 바른다.

② 유분과 수분을 제거한다.

③ 모의 반대 방향으로 먼저 펴 바른 다음 → 모가 난 방향으로 결을 정리한다.

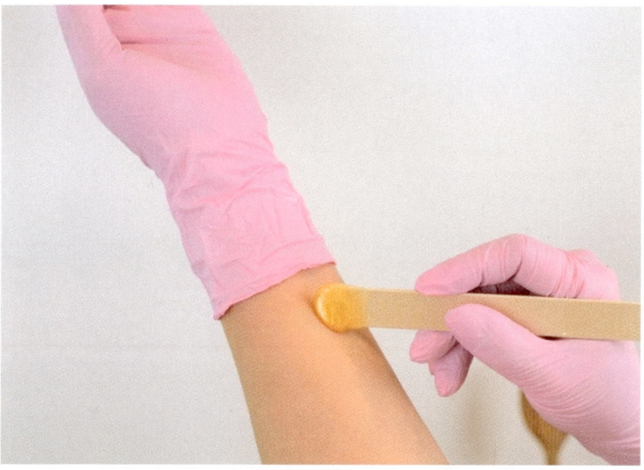

### (4) 왁스 체크하기

① 부위에 맞는 스파츌라를 선택하여 끝부분에 왁스가 둥글게 되도록 말아준다.
② 화상을 예방하기 위해 도포 전 반드시 왁서의 손목 안쪽에 온도를 체크한다.

*Point*

왁스별 온도를 확인 후 예열한다.

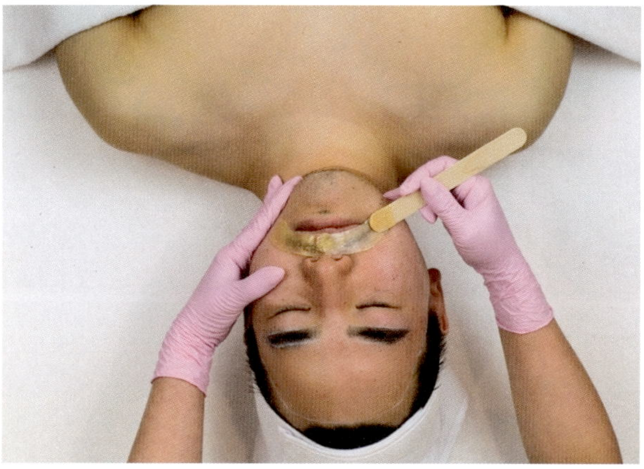

### (5) 왁스 도포하기

① 한 손은 왁스 도포 시작점에 스파츌라를 고정하고, 반대 손을 이용하여 텐션을 준다.
② 왼쪽에서 오른쪽 방향으로 한 번 도포하고, 오른쪽에서 왼쪽으로 한 번 더 도포한다.
③ 45°~90°로 잡아 밀착감을 주면서 모가 왁스에 잡힐 수 있게 긁듯이 발라준다.
④ 왁스 패치의 테두리는 안쪽 부위보다 도톰하게 만들어야 깔끔하게 제거할 수 있다.

*Point*

브랜드에 따라 하드 왁스 굳는 시간이 다르기 때문에 제품 설명을 잘 숙지하여야 한다.

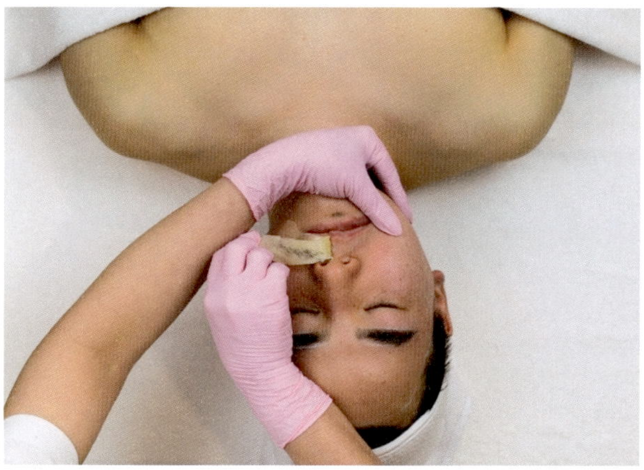

### (6) 왁스 제거하기

① 왁스를 도포한 반대 방향으로 제거한다.
② 한 손은 제거 시작점에 텐션을 주어 고정하고, 반대 손은 스킨 탈락이나 피부가 손상되지 않도록 모의 반대 방향으로 피부와 평행하게 재빨리 떼어낸다. 45° 유지

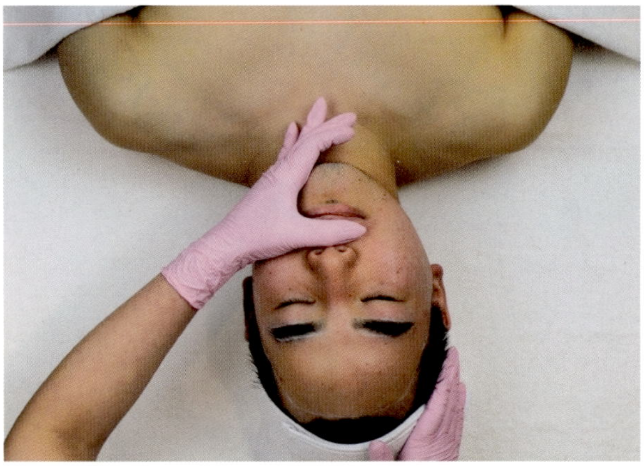

### (7) 피부 진정하기

① 텐션을 주는 손은 왁스가 제거되는 동시에 왁싱된 부위를 눌러주며 신경 통증을 진정시킨다.
② 왁싱 후에는 과도하게 손을 대지 않는다.

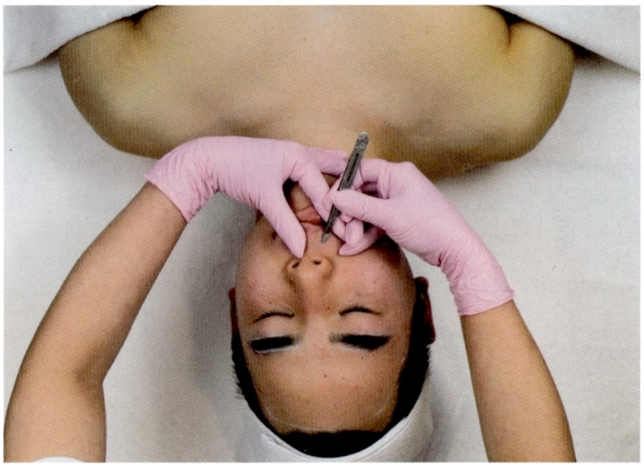

### (8) 잔모 제거하기

① 왁싱 후 남은 잔모를 제거한다.
② 뽑히지 않은 짧은 모들은 족집게트위저를 이용해 제거한다.
③ 족집게 사용 시 모가 난 방향으로 모를 제거한다. 45° 유지

*Point*

족집게 사용 시에도 한 손은 텐션을 주어 피부를 고정하고, 한 손은 45°로 족집게를 눕혀 잡아당기듯이 사용하면 끊기지 않고 제거가 수월해지며 통증도 감소된다.

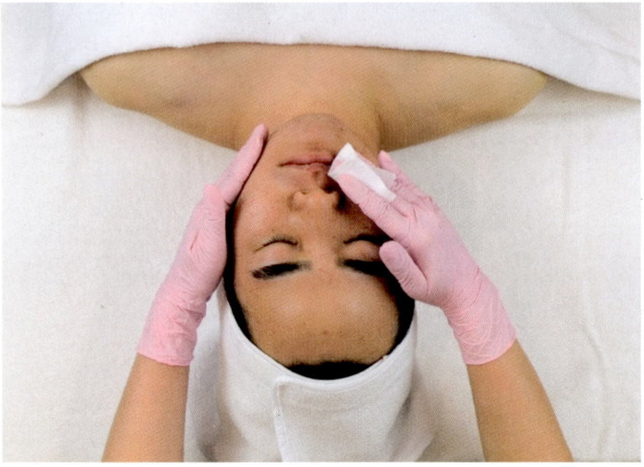

### (9) 잔여물 제거하기

① 후 처리제를 이용하여 피부 표면에 남아있는 왁스 잔여물이나 이물질을 제거한다.
② 오일을 이용하여 피부 표면에 남아있는 왁스 잔여물이나 이물질을 제거한다.

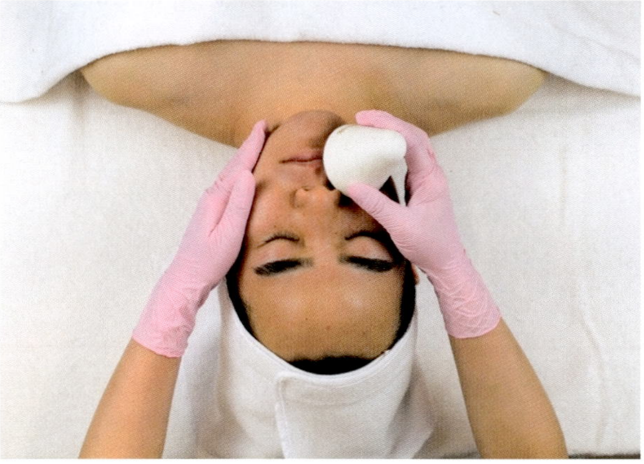

### (10) 피부 진정하기

① 왁싱으로 인해 자극받은 피부 표면에 진정 젤 알로에 젤을 도포한다.
② 아이스 쿨러 Ice cooler를 롤링해 피부의 열감을 진정해 준다.
③ 피부 표면의 온도를 내려 트러블을 방지한다.

*Point*

필요 시 모델링 팩이나 시트팩을 사용하면 진정 효과에 빠른 도움이 된다.

## 16. 하드 왁싱 페이스Hard Waxing Face 실기 : 남자 턱수염Male Beard Waxing

남자 턱수염 왁싱은 모의 특성상 소프트 왁스 사용보다 하드 왁스나 슈가링을 사용하는 것이 효율적이고 적용이 잘된다. 하드 왁스와 슈가링 왁스가 짧고 굵은 모 제거에 적합하기 때문이다. 매일하는 면도를 하지 않아 남성들의 편안함과 인그로운 헤어나 트러블 예방에 도움이 되며 피부가 깔끔해지는 효과를 준다.

관리 순서

소독 → 전처리 → 언더 립 → 턱 아래턱 선과 목 경계 → 턱 → 진정 및 마무리

### (1) 손 소독하기

① 에탄올 70% 이상의 소독제Antiseptic를 이용하여 소독한다.
② 화장솜에 소독제를 묻혀 왁서Waxer의 손을 꼼꼼히 닦는다.
③ 일회용 장갑라텍스 또는 니트릴 장갑을 끼고 스프레이 타입의 소독제를 뿌려 2차 소독을 한다.

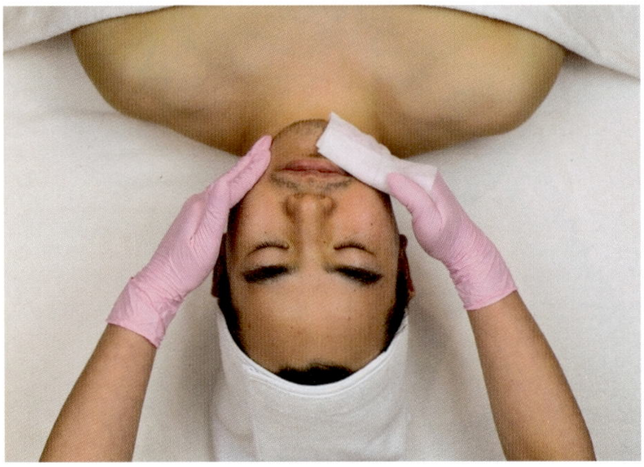

### (2) 관리 부위 소독하기

① 전 처리제나 스킨을 이용하여 고객의 왁싱 부위를 소독한다.
② 왁싱 부위의 넓이에 따라 솜이나 거즈를 이용하여 소독한다.
③ 피부의 유분기와 노폐물을 제거한다.

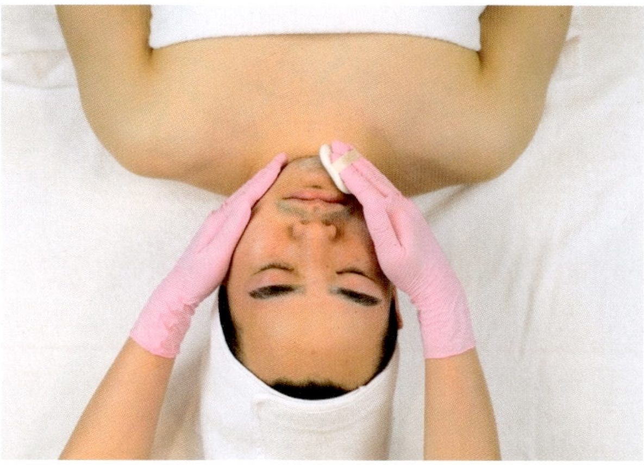

### (3) 전 처리하기

① 왁스의 밀착력을 높여주기 위해 모의 사이사이에 파우더를 꼼꼼하게 펴 바른다.
② 유분과 수분을 제거한다.
③ 모의 반대 방향으로 먼저 펴 바른 다음 → 모가 난 방향으로 결을 정리한다.

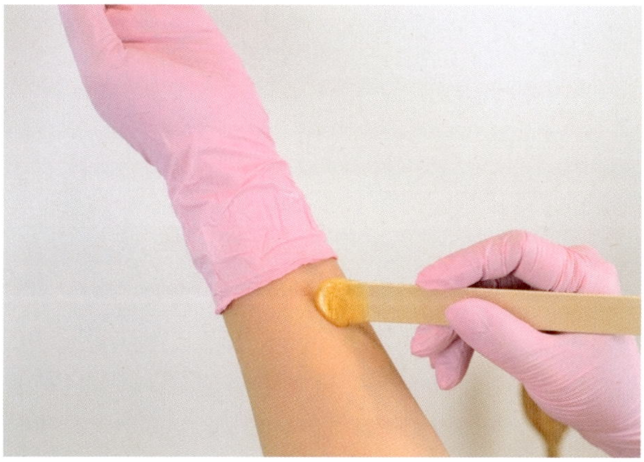

### (4) 왁스 양 조절 후 온도 체크하기

① 왁싱 부위에 맞는 스파츌라Spatula를 선택하여 1/4 지점까지 적당히 왁스를 뜬다.
② 스파츌라의 끝에 왁스가 둥글게 되도록 말아준다.
③ 화상을 예방하기 위해 도포 전 반드시 왁서의 손목 안쪽으로 온도를 체크한다.

*Point*

왁스별 온도를 확인 후 예열한다.

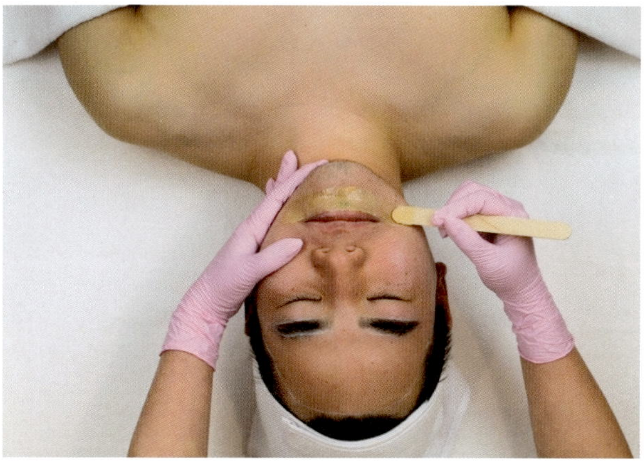

### (5) 왁스 도포하기 언더 립

① 입술 바로 밑 부위에 왁스를 도포한다.
② 왁스 도포 시작점에 스파츌라를 고정하고, 반대 손을 이용하여 텐션을 준다.
③ 45°~90°로 잡아 밀착감을 주면서 모가 왁스에 잡힐 수 있게 긁듯이 발라준다.
④ 왁스 패치는 부위에 따라 크기를 생각한다.

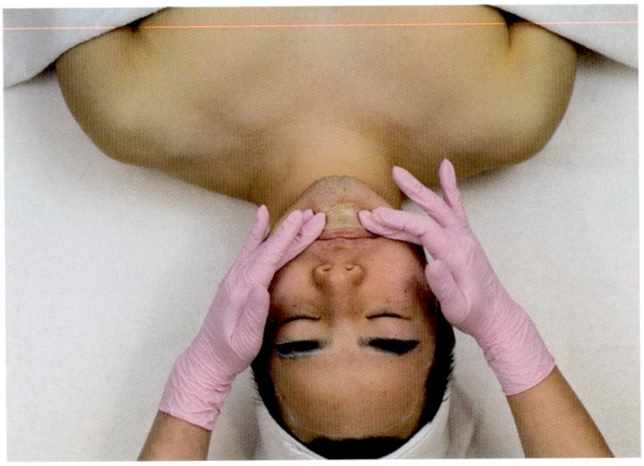

### (6) 왁스 패치 만들기 언더 립

왁스 패치의 테두리는 안쪽 부위보다 도톰하게 손잡이를 만들어 깔끔하게 제거할 수 있다.

*Point*

- 브랜드에 따라 하드 왁스 굳는 시간이 다르기 때문에 제품별 사용 방법을 확인한다.
- 왁스가 굳기 전 빨리 제거하면 왁스가 늘어져 모가 제거되지 않는다.
- 왁스가 너무 굳으면 깨지며 제모력이 저하되고, 통증이 유발된다.

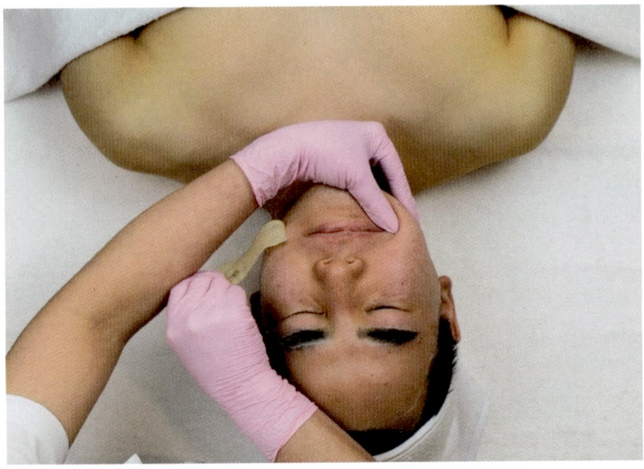

### (7) 왁스 제거하기 언더 립

① 모가 난 반대 방향으로 제거한다.

② 한 손은 제거 시작점에 텐션을 주어 피부를 고정하고, 반대 손은 스킨 탈락이나 피부가 손상되지 않도록 모의 반대 방향으로 피부와 평행하게 재빨리 떼어낸다. 45° 유지

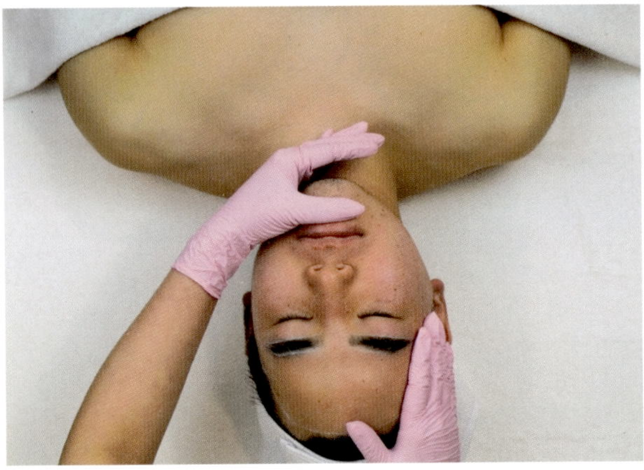

### (8) 피부 진정하기 언더 립

① 텐션을 주는 손은 왁스가 제거되는 동시에 왁싱된 부위를 눌러주며 신경 통증을 진정시킨다.

② 왁싱 후에는 과도하게 손을 대지 않는다.

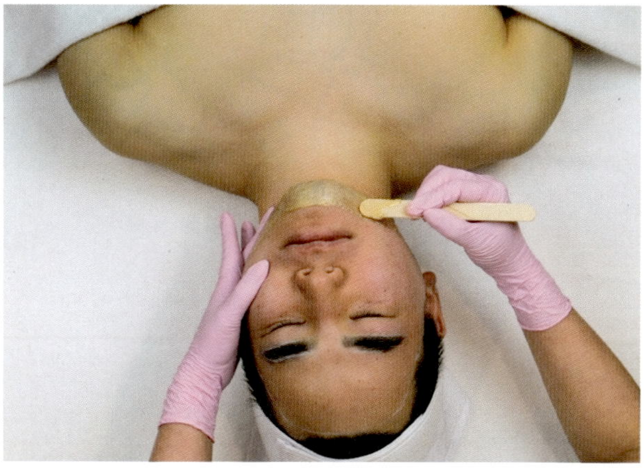

### (9) 왁스 도포하기 아래턱

① 아래턱 부위에 왁스를 도포한다.
② 왁스 도포 시작점에 스파츌라를 고정하고, 반대 손을 이용하여 텐션을 준다.
③ 45°～90°로 잡아 밀착감을 주면서 모가 왁스에 잡힐 수 있게 긁듯이 발라준다.
④ 왁스 패치는 부위에 따라 크기를 생각한다.

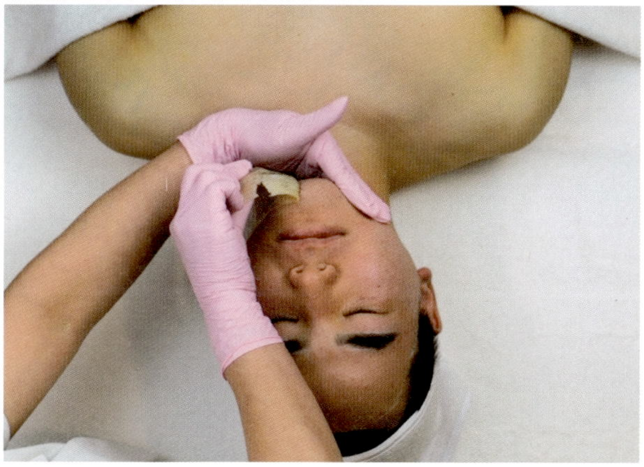

### (10) 왁스 제거하기 아래턱

① 왁스를 도포한 반대 방향으로 제거한다.
② 한 손은 제거 시작점에 텐션을 주어 피부를 고정하고, 반대 손은 스킨 탈락이 일어나지 않도록 모의 반대 방향으로 피부와 평행을 이루며 재빨리 떼어낸다. 45° 유지

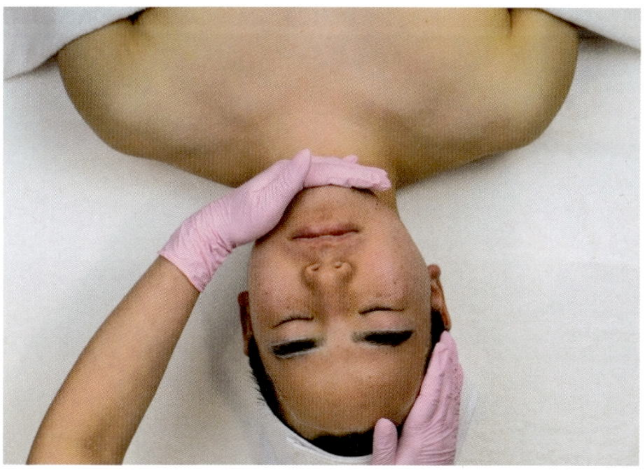

### (11) 피부 진정하기 아래턱

① 텐션을 주는 손은 왁스가 제거되는 동시에 왁싱된 부위를 눌러주며 신경 통증을 진정시킨다.
② 염증을 유발할 수 있으므로, 왁싱 후에는 과도하게 손을 대지 않는다.

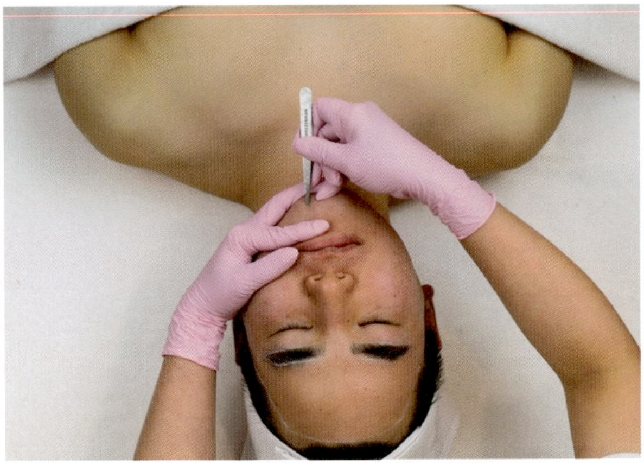

## (12) 잔모 제거하기 아래턱

① 왁싱 후 남은 잔모를 제거한다.
② 뽑히지 않은 짧은 모들은 족집게트위져를 이용해 제거한다.
③ 족집게 사용 시 모가 난 방향으로 모를 제거한다. 45° 유지

*Point*

족집게 사용 시 한 손은 텐션을 주어 피부를 고정하고, 반대 손은 45°로 족집게를 눕혀 잡아당기듯이 사용하면 모가 끊어지지 않고 제거가 수월하며 통증도 감소된다.

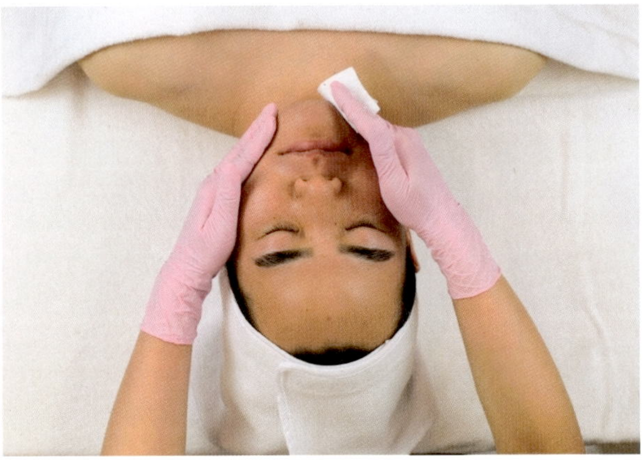

## (13) 잔여물 제거하기 아래턱

① 후 처리제를 이용하여 피부 표면에 남아있는 왁스 잔여물이나 이물질을 제거한다.
② 오일을 이용하여 피부 표면에 남아있는 왁스 잔여물이나 이물질을 제거한다.

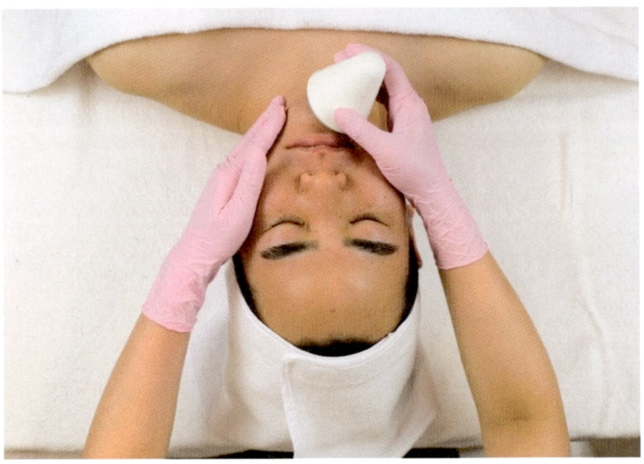

## (14) 피부 진정하기 아래턱

① 왁싱으로 인해 자극받은 피부 표면에 진정 젤알로에 젤을 도포한다.
② 아이스 쿨러Ice cooler를 롤링해 피부의 열감을 진정해 준다.
③ 피부 표면의 온도를 내려 트러블을 방지한다.
④ 유·수분 공급제를 발라 왁싱 후 비어 있는 공간을 보호해주어 2차 감염을 예방한다.

*Point*

필요 시 모델링 팩이나 시트팩을 사용하면 진정 효과에 빠른 도움이 된다.

## 17. 하드 왁싱 Hard Waxing Face 실기 : 뒷목 Back neck Waxing

뒷목 왁싱은 목 뒷부분의 잔털과 잔머리를 제거해주어 지저분해 보이는 것을 막고 목을 하얗고 길게 보이게 해주어 좀 더 '여성스러운' 목 라인을 가질 수 있게 한다. 제비꼬리, 모가 무성하신 분들은 잔모 외에도 머리카락을 제거해서 전체적인 모양을 바꾸기도 한다.

관리 순서

소독 → 전처리 → 뒷목 좌측 → 뒷목 우측 → 중앙 → 진정 및 마무리

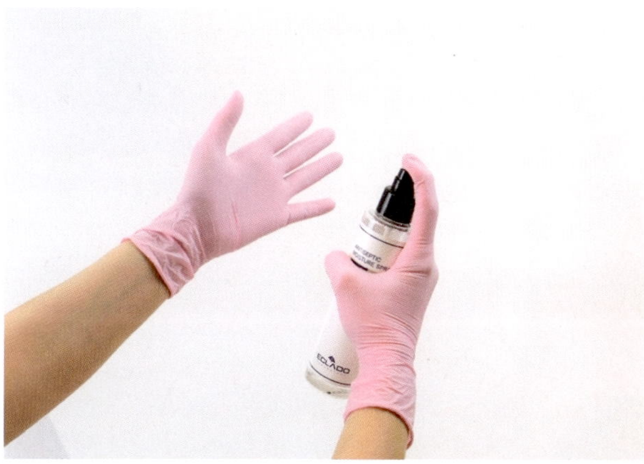

### (1) 손 소독하기

① 에탄올 70% 이상의 소독제 Antiseptic 를 솜에 묻혀 왁서 Waxer 의 손등, 손바닥, 손가락을 꼼꼼히 소독하며 닦는다.

② 일회용 장갑 라텍스 또는 니트릴 장갑 을 착용하고 소독제를 뿌려 한번 더 소독을 한다.

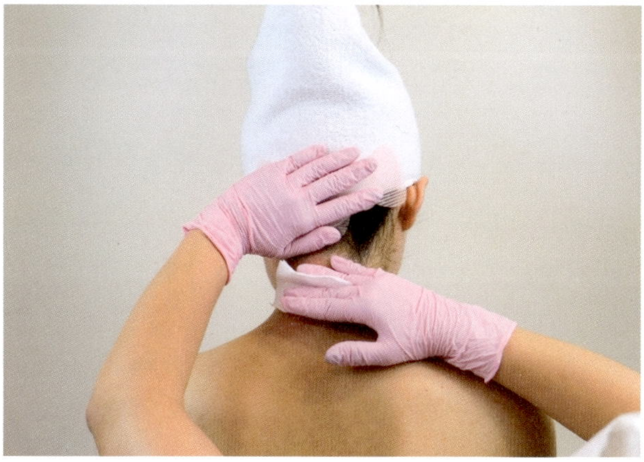

### (2) 관리 부위 소독하기

① 피부 표면의 불순물과 노폐물을 깨끗이 제거하기 위해 전 처리제를 이용하여 고객의 왁싱 부위를 꼼꼼히 닦아준다.

② 뒷목의 모발은 헤어 방향으로 불규칙하게 자라거나, 특정한 가르마를 중심으로 퍼져서 자란다. 전처리하면서 결을 체크한다.

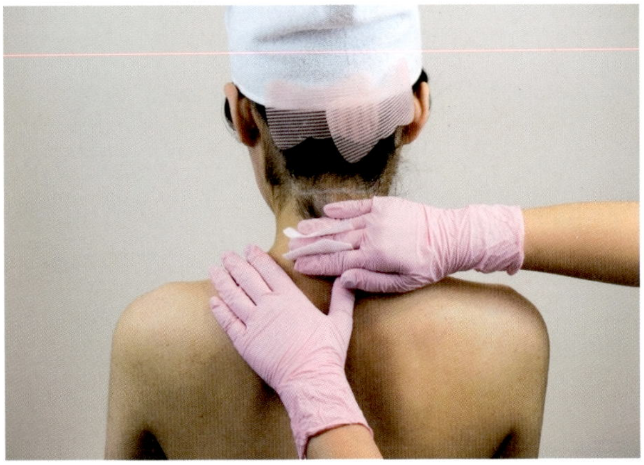

## (3) 전 처리하기

① 왁스 브랜드별 특징에 따라 파우더 또는 왁싱 전용 오일을 사용한다. 파우더, Body Powder

② 파우더는 왁스의 밀착력을 높여준다.

③ 모의 성장 반대 방향으로 먼저 펴 바른 다음 모의 성장 방향으로 결을 정리한다. 오일, Pre Waxing Oil

④ 피부 보호를 위해 사용하지만 많은 양 도포 시 왁스 발림성이 떨어질 수 있으므로 적당 양 도포가 중요하다.

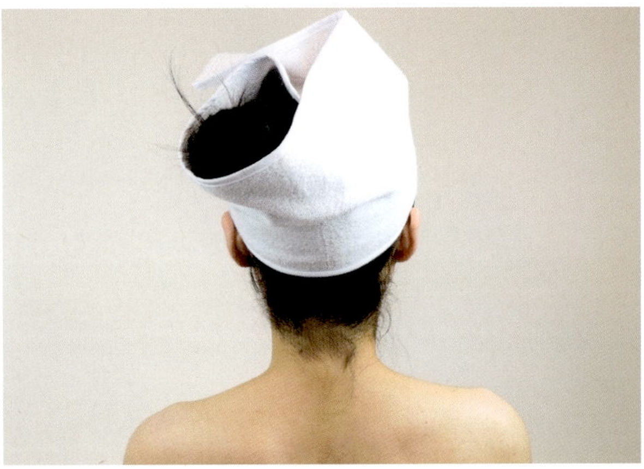

## (4) 헤어밴드 고정하기

① 고객을 침대에 엎드려 눕힌 후 얼굴을 왁싱 방향 순서대로 돌려가며 왁싱한다.

② 뒷목 왁싱 전 고객의 헤어가 흘러내리지 않도록 헤어 밴드나 헤어 고정 집게로 고정한다.

③ 등받이가 관리 부위보다 높지 않은 의자에 고객을 앉히거나, 이마에 손을 받친 상태로 침대에 엎드리게 한다.

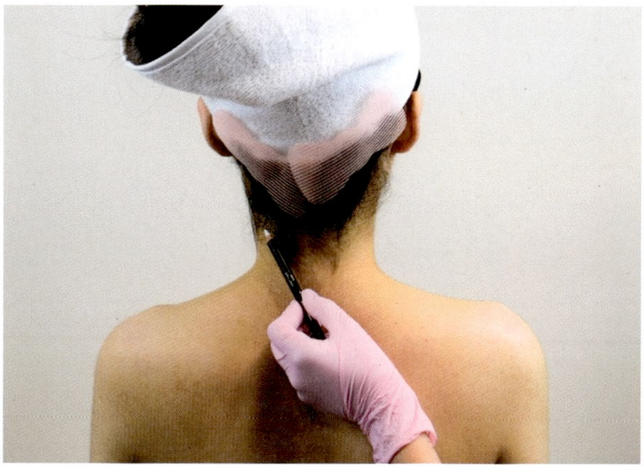

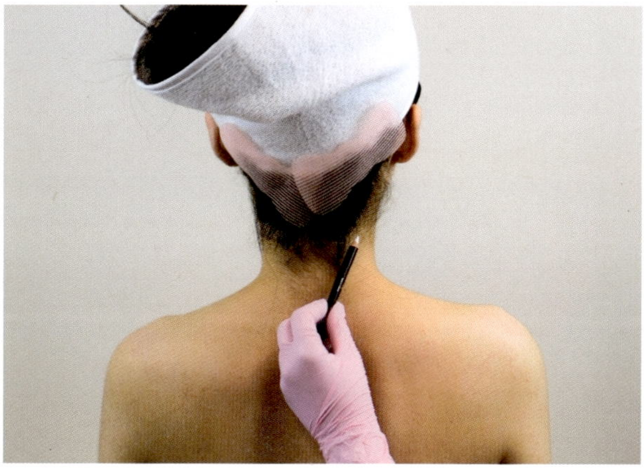

### (5) 디자인

헤어라인의 중심을 잡아 고객에게 거울을 뒤쪽에서 비춰 보여주거나 사진을 찍어 보여주면서 고객과 디자인을 상담한다.

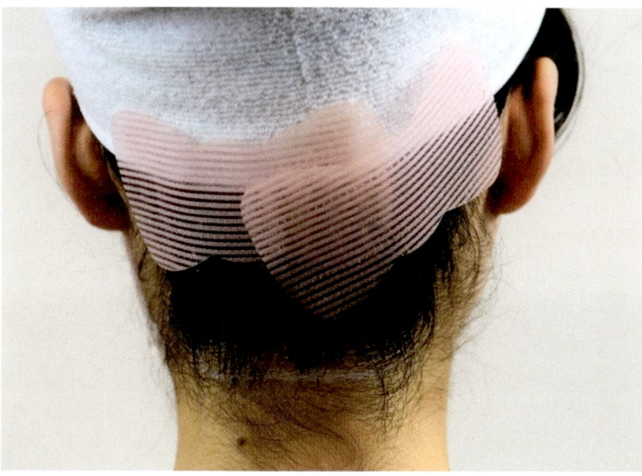

### (6) 섹션 나누기

뒷목 섹션은 좌측 – 우측 – 중앙

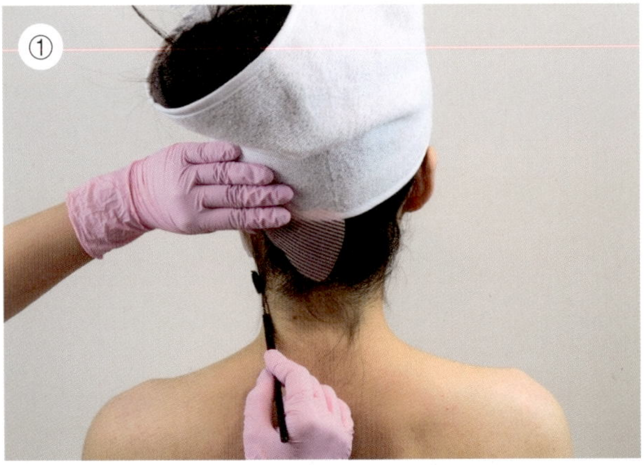


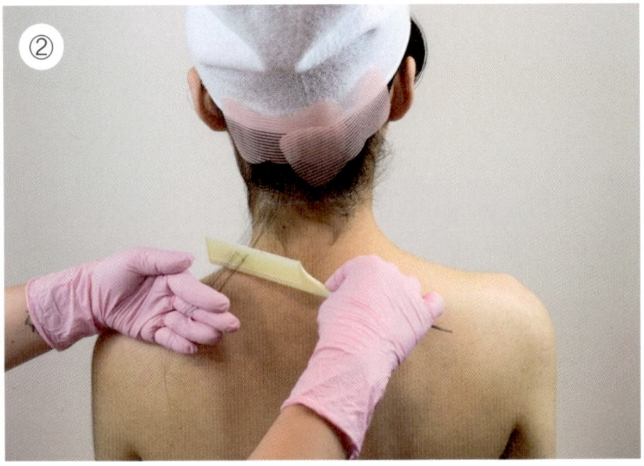


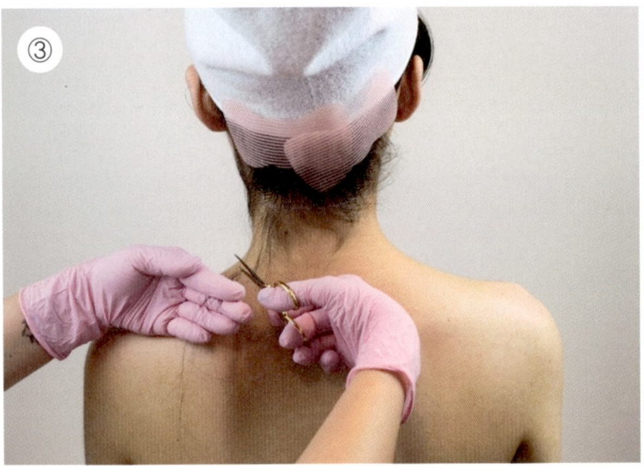


### (7) 헤어 정리 및 커팅하기

왁싱할 헤어가 길어서 왁싱에 방해가 될 경우 눈썹 가위를 이용해 커팅한다.

① 모 정리하기
② 모 빗어주기
③ 모 커팅하기

### (8) 왁스 양 조절하기

① 왁싱 부위에 맞는 스파츌라Spatula를 선택한다. M, L 사이즈 추천
② 왁싱할 부위에 필요한 양을 감안하여 스파츌라의 1/4 지점까지 왁스를 뜬다.
③ 스파츌라의 끝에 왁스를 둥글게 말아준다.

*Point*

워머기의 왁스는 온도가 고르지 않으므로 왁스를 뜨기 전에 왁스가 잘 섞이도록 휘저어 준다.

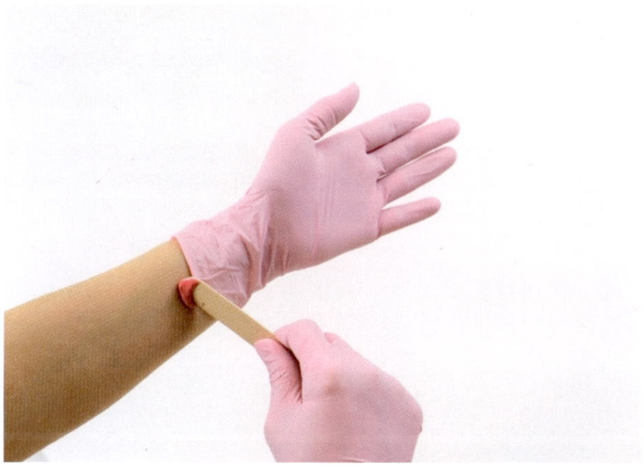

### (9) 왁스 온도 체크하기

화상을 예방하기 위해 도포 전 반드시 왁서의 손목 안쪽에 왁스를 발라 온도를 체크한다.
온도가 너무 높으면 왁스를 떴을 때 물처럼 흐르므로 왁스가 꿀처럼 진득하게 떨어지는 점도가 적당하다.

*Point*

왁스별 온도 또는 워머기의 적합한 온도를 확인 후 예열한다.

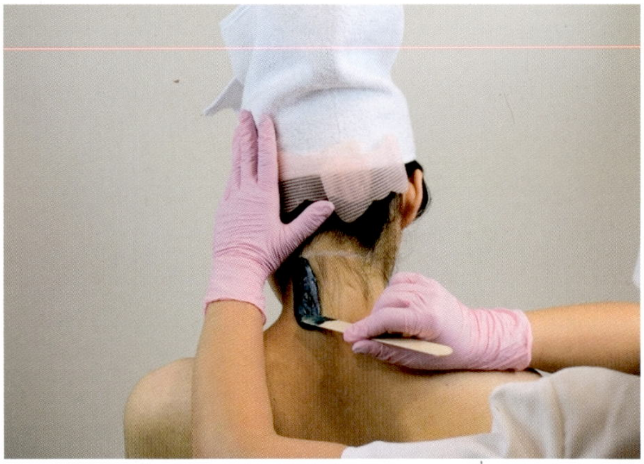

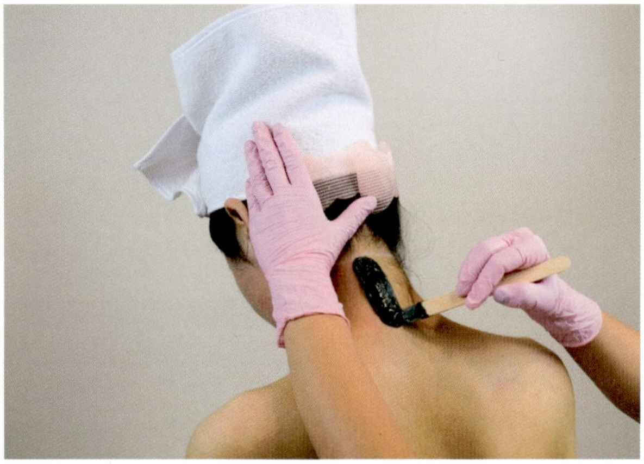

### (10) 왁스 도포하기

① 스파츌라를 들지 않은 손으로 왁싱 부위의 피부에 텐션을 준다.

② 스파츌라를 45°로 잡아 밀착감을 주면서 모가 왁스에 잡힐 수 있게 긁듯이 모가 난 방향으로 발라준다.

③ 왁스 패치의 테두리를 안쪽 부위보다 도톰하게 만들면 왁스 잔여물 없이 깔끔하게 제거할 수 있다.

④ 손잡이 부분을 확보하기 위해 왁싱 부위 보다 길게 발라 준다.

⑤ 왁스 패치를 손가락으로 살짝 눌렀을 때 지문이 찍히는 정도로 굳으면 제거한다.

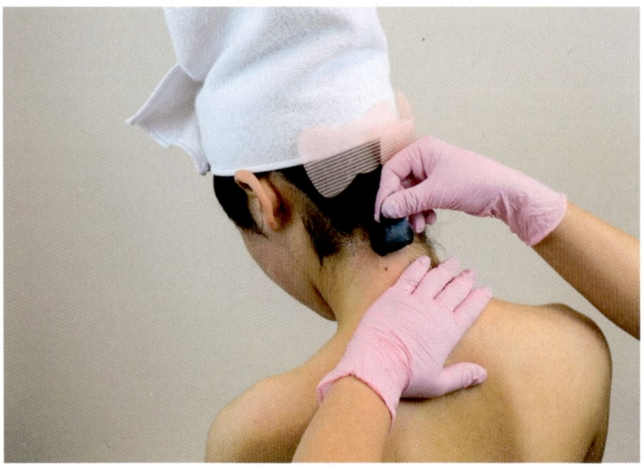

### (11) 왁스 제거하기

한 손은 제거 시작점에 텐션을 주고, 반대 손은 자란 반대 방향으로 피부와 평행하게 재빨리 떼어낸다.

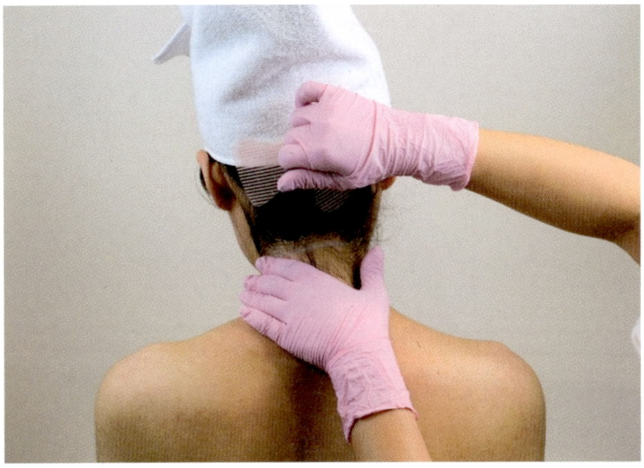

### (12) 피부 진정하기

① 텐션을 주는 손은 왁스가 제거되는 동시에 왁싱된 부위를 지긋이 눌러주어 신경 통증을 진정시킨다.

② 왁싱 후에는 자극이 될 수 있으므로 문지르거나 과도하게 손을 대지 않는다.

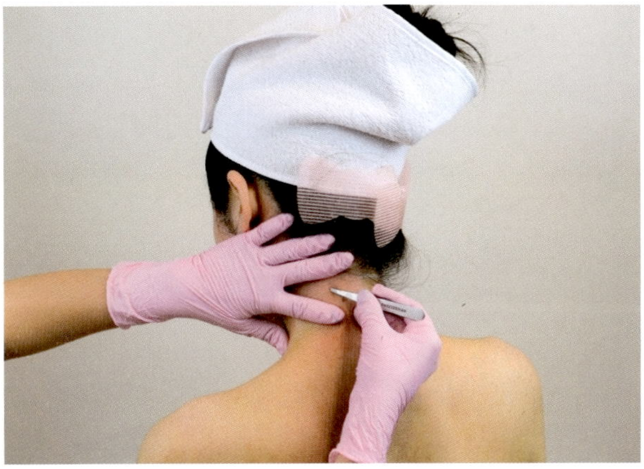

### (13) 잔모 정리하기

① 왁싱 후 뽑히지 않고 남은 짧은 모를 족집게트위져로 제거한다.

② 족집게 사용 시 모가 난 방향으로 제거한다. 45° 유지

*Point*

- 족집게 사용 시 한 손에 텐션을 주고 피부를 고정한다.
- 족집게를 눕혀 잡아당기듯이 사용하면 모가 끊기지 않아 제거가 수월해지며 통증도 감소된다.

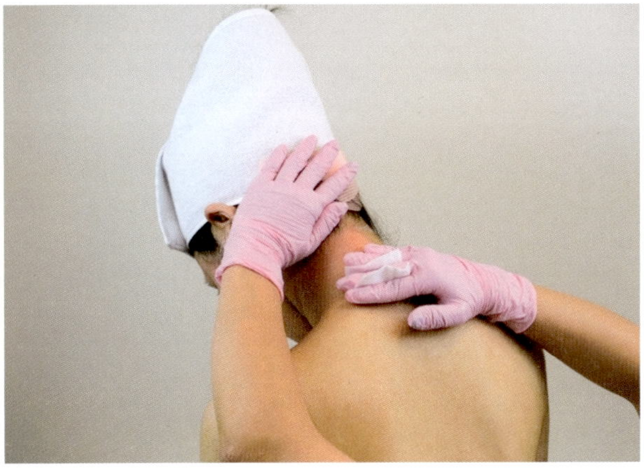

### (14) 잔여물 제거하기

후 처리제나 오일을 사용하여 피부 표면에 남아있는 왁스 잔여물이나 이물질을 제거한다.

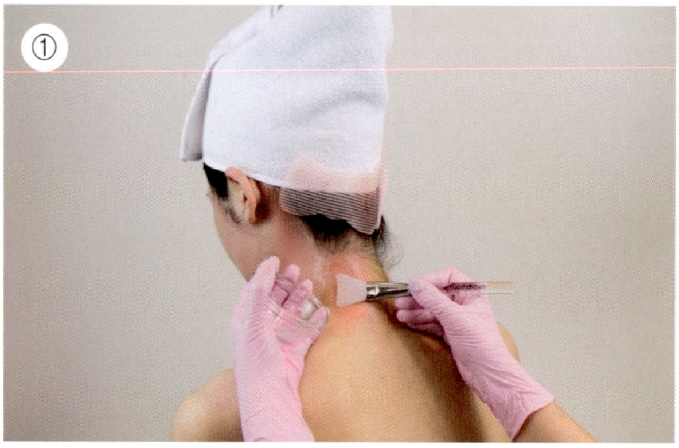

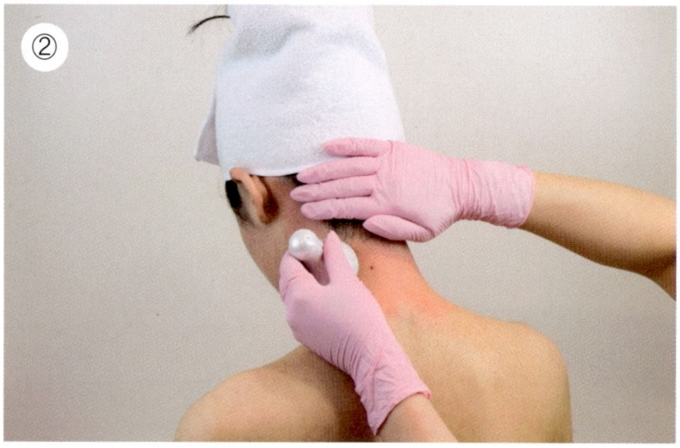

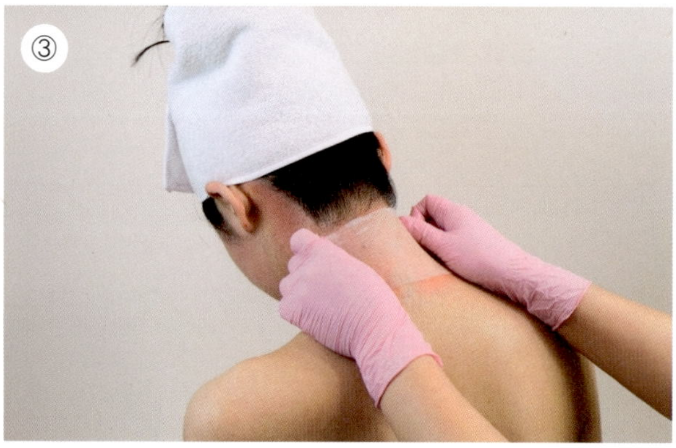

### (15) 마무리하기

왁싱으로 인해 자극받은 피부 표면에 진정 제품 알로에 젤을 도포한다. 이때 냉장 보관해둔 아이스 쿨러Ice cooler를 이용하면 피부 진정하는데 도움이 된다.

① 진정 젤을 이용한 피부 진정
② 쿨러를 이용한 피부 진정
③ 시트팩을 이용한 피부 진정
④ 보습제를 이용한 피부 진정

*Point*

뒷목은 모발이 굵고, 림프선이 있어서 왁싱 후 피부 자극으로 트러블이 발생할 수 있기에 시트팩이나 모델링 팩을 이용하여 2차적으로 피부를 진정시켜주는 것이 좋다. 먼지나 오염물질이 묻을 수 있기 때문에 왁싱 후 헤어를 묶고 귀가할 것을 권한다.

## 18. 하드 왁싱 Hard Waxing : 여자 브라질리언 왁싱 Woman's Brazilian Waxing

### (1) 비키니 왁싱 Bikini Waxing

브라질리언 왁싱 중 가장 적게 모발을 제거하는 방법이며, 수영복을 입었을 때 양옆으로 나온 모들을 제거하는 방법이다. 속옷 밖으로 나온 모들을 정리해 깨끗한 효과를 준다.

비키니 라인 Bikini line　　　풀 비키니 Full bikini

**그림 15-1　여자 비키니 왁싱**

### (2) 디자인 왁싱 Design Waxing

여러 종류의 디자인이 있으며, 원하는 디자인 모양을 뺀 나머지 부위의 모든 모를 제거하는 방법이다. 고객의 취향에 따라 삼각형, 하트, 스퀘어, 이니셜 등 특별한 디자인이 가능하며, 비키니도 여기에 포함이 된다. 속옷 밖으로 나온 털들을 정리해 깨끗한 효과를 주며, 여성들의 위생적인 청결함을 유지하는데 도움을 준다.

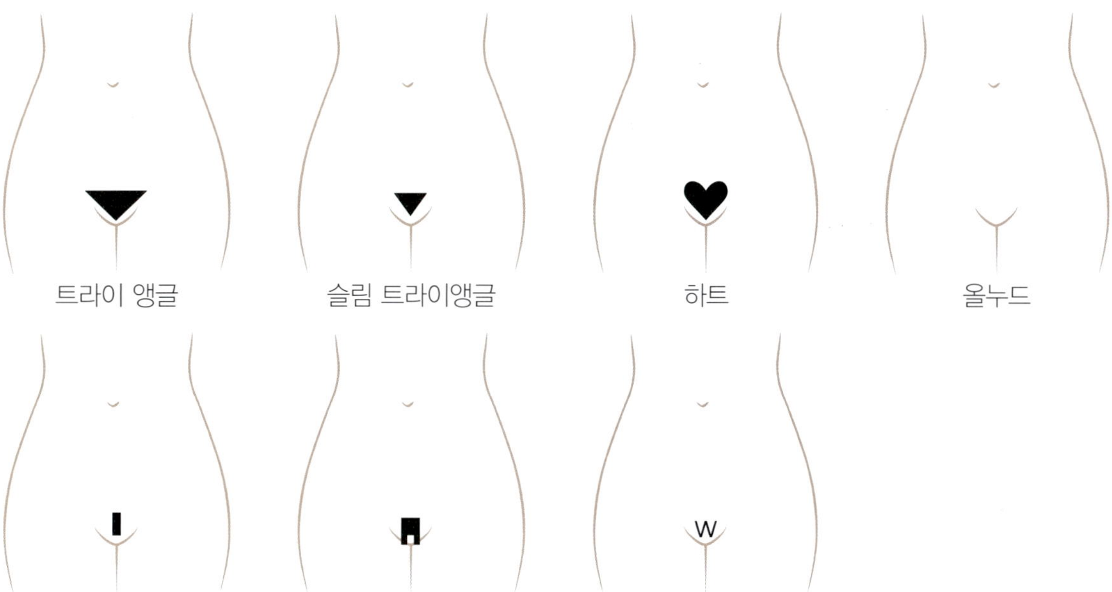


**그림 15-2　브라질리언 왁싱의 디자인별 종류**

### (3) 올누드 왁싱 All-Nude Waxing

음모의 모든 부위의 모를 제거하는 방법으로 여성들의 생리 시 위생적인 청결함을 유지하는데 도움을 주고 불편함을 덜어주기 때문에 가장 만족도가 높은 방식이며, 전체적인 털들은 제거해 깨끗한 효과를 준다.

### (4) 하드 왁싱 Hard Waxing 실기 : 여자 브라질리언 왁싱 Woman's Brazilian Waxing

| | |
|---|---|
| 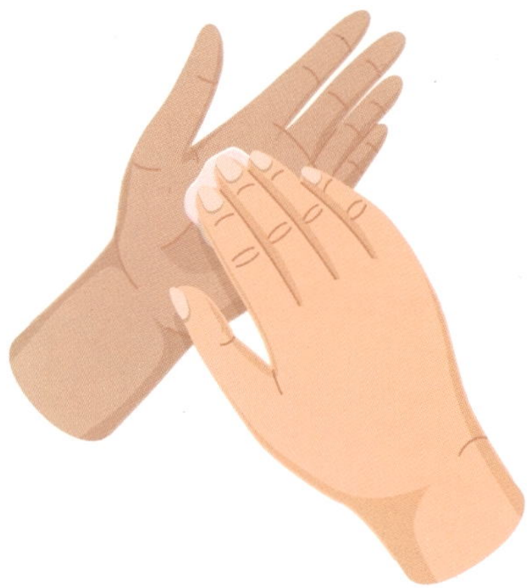 | ① 손 소독하기<br>• 70% 이상의 안티셉틱 Antiseptic 을 이용하여 왁서 Waxer 의 손을 소독한다.<br>• 솜에 소독제를 뿌려 꼼꼼히 닦아준다.<br>• 위생을 위해 장갑을 착용한다. |
| 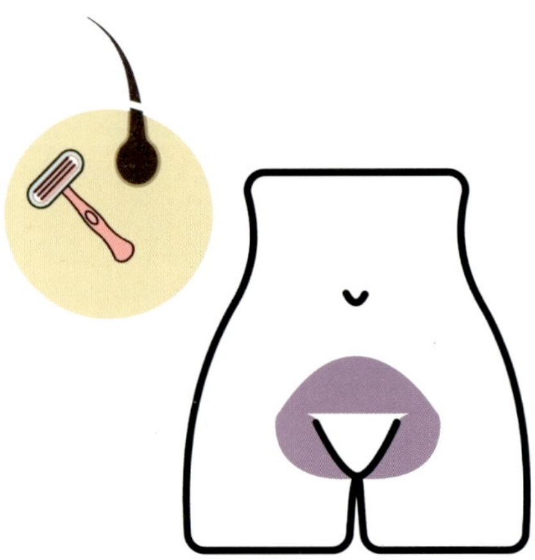 | ② 관리 부위 소독하기 & 모 정리하기<br>㉠ 소독하기<br>• 전 처리제나 스킨을 이용하여 고객의 왁싱할 피부 표면의 불순물, 메이크업의 잔여물 등을 깨끗이 소독한다.<br>• 왁싱 부위의 넓이에 따라 솜이나 거즈를 이용하여 소독한다.<br>㉡ 모 길이 커팅하기<br>• 이때 피부 상태와 모의 방향을 확인하고 길이가 긴 헤어는 왁싱할 정도의 길이약 모발의 1cm만 남기고 커팅한다. 왁스 도포 중 옆의 모가 끌려와 당기는 통증을 줄이기 위한 단계이기도 하다.<br>• 같은 방향의 모를 나누어 왁싱할 섹션을 미리 정한다. |

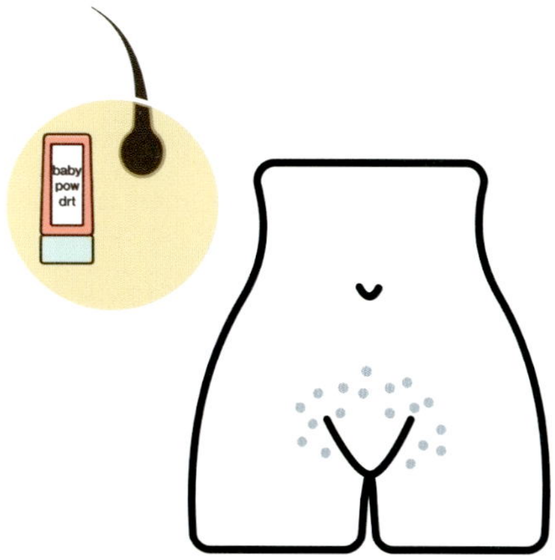


③ 전 처리하기

- 왁스의 밀착력을 높여주기 위해 모의 사이사이에 파우더를 꼼꼼하게 펴 바른다.
- 유분과 수분을 제거한다.
- 모의 반대 방향으로 먼저 펴 바른 다음 → 모가 난 방향으로 결을 정리한다.

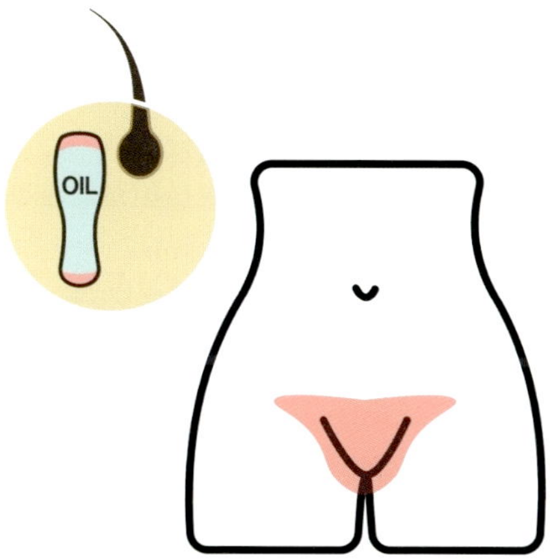


④ 오일 도포하기

- 피부의 손상이나 스킨 탈락 예방을 위해 오일을 도포한다.
- 왁스 브랜드별 특징에 따라 왁싱 전용 오일 또는 왁싱 전용 파우더를 이용해 피부 표면의 유·수분 밸런스에 맞게 왁싱할 부위에 펴 발라준다.
- 오일 사용 시 왁스의 밀착력이 떨어질 수 있으므로 제품 사용설명서를 반드시 숙지한 후 사용한다.

⑤ 왁스 양 조절하기

- 왁싱 부위에 맞는 스파츌라Spatula를 선택한다.
- 왁스를 뜨기 전 관리 부위의 양을 미리 생각한다.
- 스파츌라Spatula의 1/4 지점까지 적당히 왁스를 뜬다.
- 스파츌라의 끝에 왁스가 둥글게 되도록 말아준다.

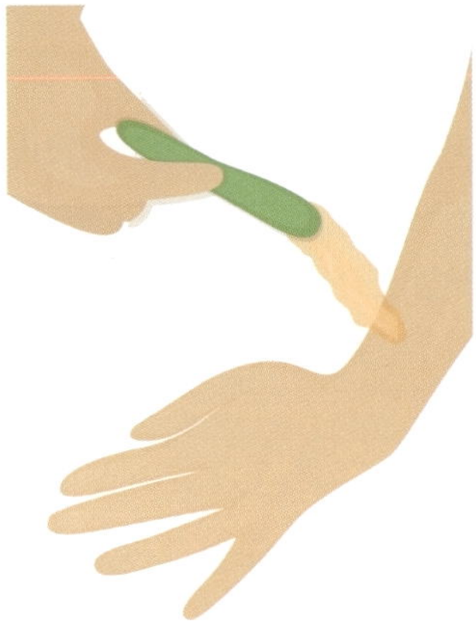

⑥ 왁스 온도 확인하기

화상을 예방하기 위해 도포 전 반드시 왁서의 손목 안쪽으로 온도를 체크한다.

*Point*

왁스별 온도를 확인 후 예열한다.

⑦ 왁스 도포하기

- 모가 자라는 방향과 같은 방향으로 피부에 발라 준다.
- 왁스 도포 시작점에 스파츌라를 고정하고, 반대 손을 이용하여 텐션을 준다.
- 45°~90°로 잡아 밀착감을 주면서 모가 왁스에 잡힐 수 있게 긁듯이 발라준다.
- 왁스 패치는 부위에 따라 크기를 생각한다.
- 왁스 패치는 폭 1인치2.5cm와 길이 3인치7.6cm의 섹션이 적당하다.
- 먼저 제거해야 할 부위를 정확하게 파악해야 하므로 고객과 충분히 대화한 후 원하는 부위를 디자인한다.

*Point*

제거하지 말아야 할 부위의 모는 제거되지 않게 조심해야 한다.

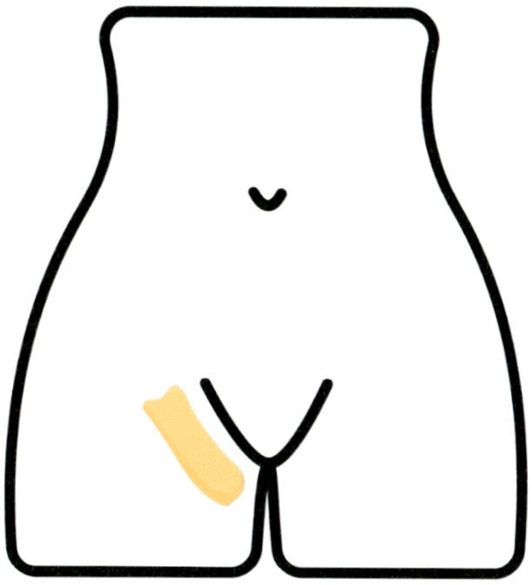

⑧ 왁스 패치 만들기

왁스 패치의 테두리는 안쪽 부위보다 도톰하게 만들어 깔끔하게 제거할 수 있다.

*Point*

- 브랜드에 따라 하드 왁스 굳는 시간이 다르기 때문에 사용 전 제품의 특징을 확인한다.
- 왁스가 덜 굳었을 경우 왁스가 늘어져 모가 제거되지 않는다.
- 늦게 제거하면 왁스가 굳어 깨지면서 통증을 유발한다.
- 온도가 맞지 않으면 제모력도 떨어진다.

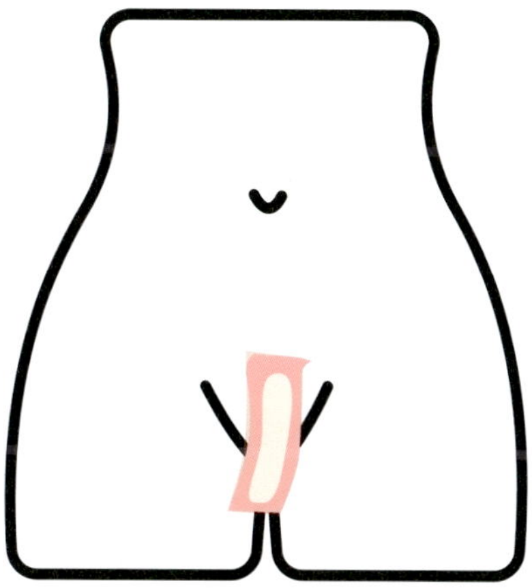

⑨ 왁스 도포 및 제거

- 도포 : 음모는 결이 여러 방향이므로 먼저 방향을 파악한 뒤 왁스를 도포한다.
- 제거 : 왁스 도포 반대 방향으로 텐션을 주며 제거한다.
- 진정 : 제거 후 즉시 피부를 눌러 신경 통증을 진정시킨다.

*Point*

염증 유발 예방을 위해 접촉을 최소화한다.

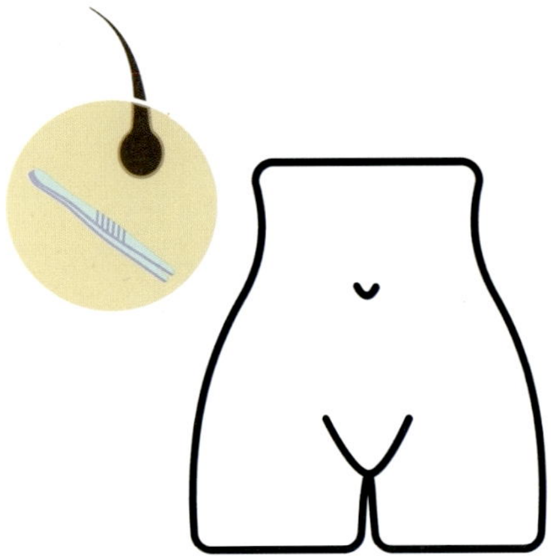

⑩ 잔모와 잔여물을 제거한다.

- 왁싱 후 남은 잔모를 족집게Tweezers를 이용해 제거한다.
- 후 처리제나 오일을 이용하여 잔여물을 제거한다.

*Point*

족집게 사용 시에도 한 손은 텐션을 주면서 족집게를 눕혀 잡아당기듯이 사용하면 끊기지 않고 제거가 수월해지며 통증도 감소된다. 45° 유지

⑪ 마무리하기

- 자극받은 피부 표면에 진정 젤알로에 젤을 도포한다.
- 아이스 쿨러Ice cooler를 롤링해 피부의 열감을 진정해 준다.
- 피부 표면의 온도를 내려 트러블을 방지한다.
- 유·수분 공급제를 발라 왁싱 후 비어 있는 공간을 보호해주어 2차 감염을 예방한다.

*Point*

필요 시 모델링 팩이나 브라질리언 전용 시트팩을 사용하면 진정 효과에 빠른 도움이 된다.

## 브라질리언 왁싱 테크닉 여자

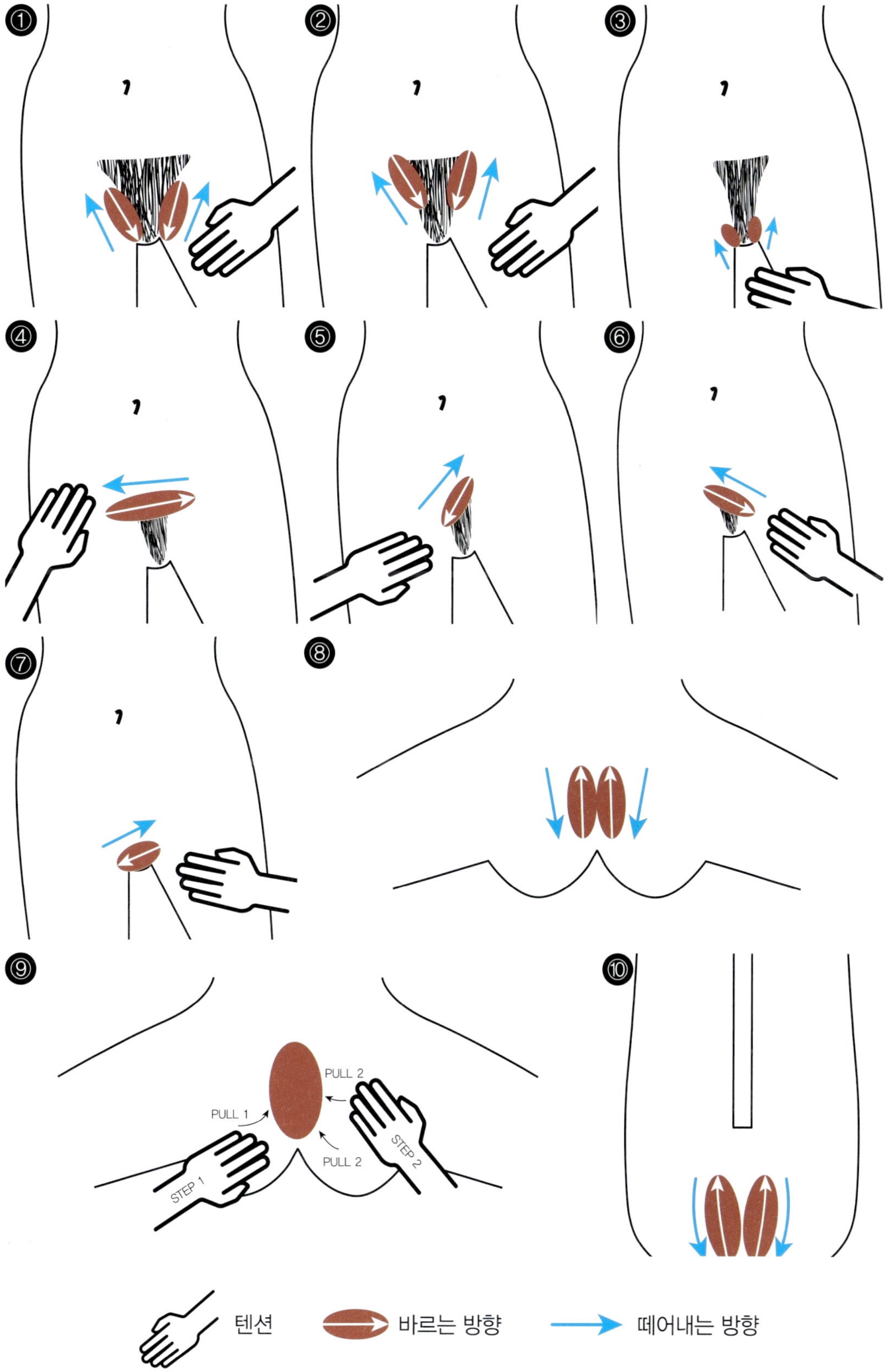

## 19. 하드 왁싱 Hard Waxing : 남자 브라질리언 왁싱 Man's Brazilian Waxing

### (1) 비키니 왁싱 Bikini Waxing

브라질리언 왁싱 중 가장 적게 모발을 제거하는 방법이며, 수영복을 입었을 때 양옆으로 나온 모들을 제거하는 방법이다. 속옷 밖으로 나온 모들을 정리해 깨끗한 효과를 준다.

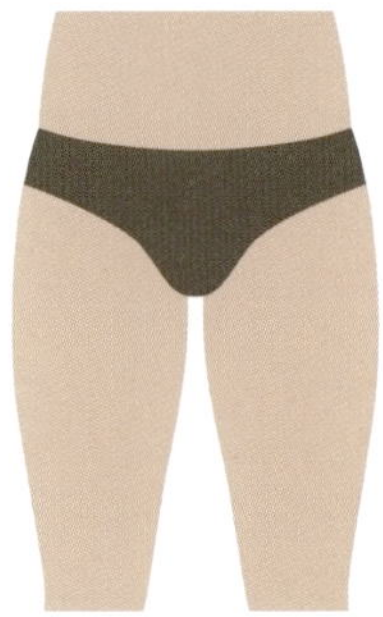

그림 15-3　남자 비키니 왁싱

### (2) 디자인 왁싱 Design Waxing

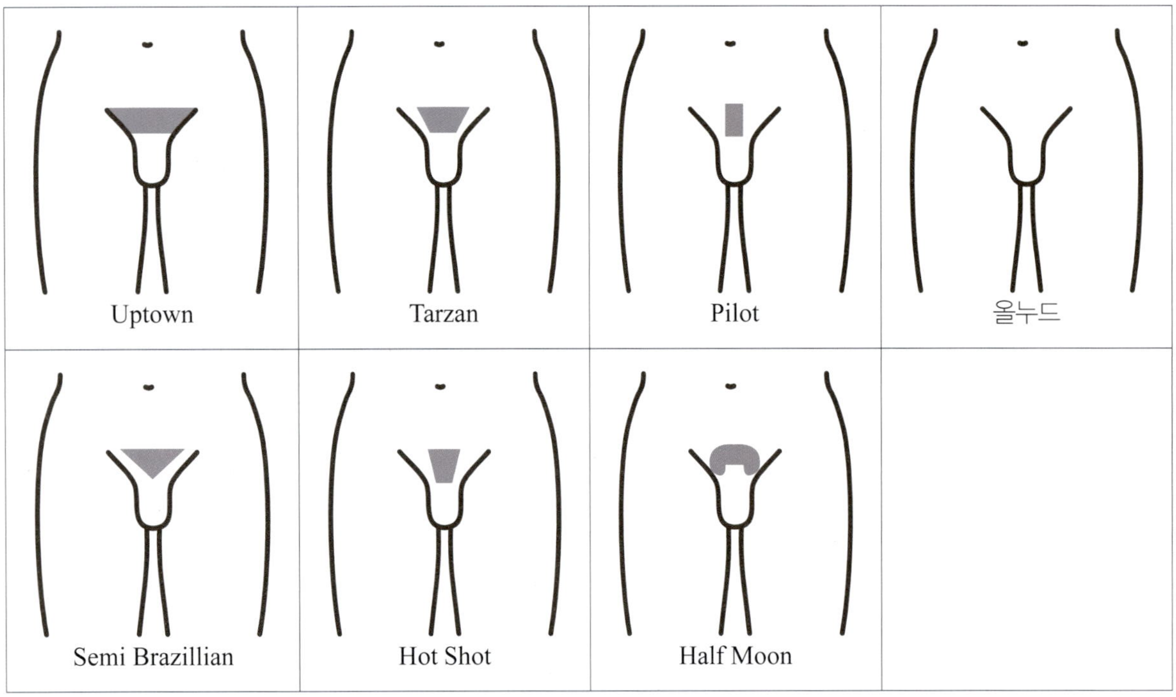


그림 15-4　브라질리언 왁싱의 디자인별 종류

여러 종류의 디자인이 있으며, 원하는 디자인 모양을 뺀 나머지 부위의 모든 모를 제거하는 방법이다. 고객의 취향에 따라 삼각형, 하트, 스퀘어, 이니셜 등 특별한 디자인이 가능하며, 비키니도 여기에 포함이 된다. 속옷 밖으로 나온 모들을 정리해 깨끗한 효과를 주며, 남성들의 위생적인 청결함을 유지하는데 도움을 준다.

### (3) 올누드 왁싱 All-Nude Waxing

음모의 모든 부위의 모를 제거하는 방법으로 청결함을 유지하는데 도움을 주고 불편함을 덜어주기 때문에 가장 만족도가 높은 방식이며, 전체적인 모들을 제거해 깨끗한 효과를 준다.

### (4) 하드 왁싱 Hard Waxing 실기 : 남자 브라질리언 왁싱 Man's Brazilian Waxing

| | |
|---|---|
| 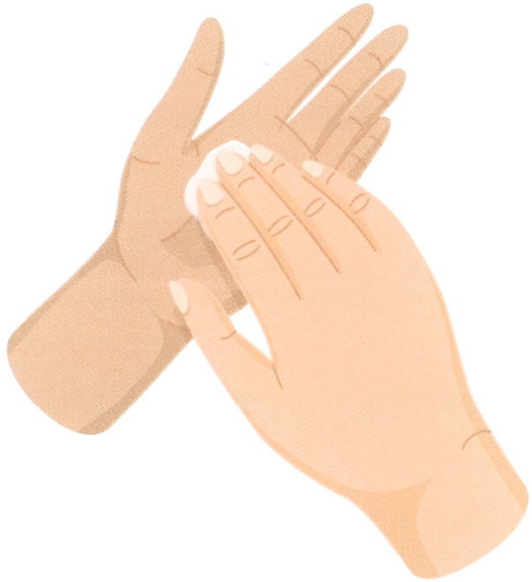 | ① 손 소독하기<br>• 70% 이상의 안티셉틱 Antiseptic 을 이용하여 왁서 Waxer 의 손을 소독한다.<br>• 솜에 소독제를 뿌려 꼼꼼히 닦아준다.<br>• 위생을 위해 장갑을 착용한다. |
| 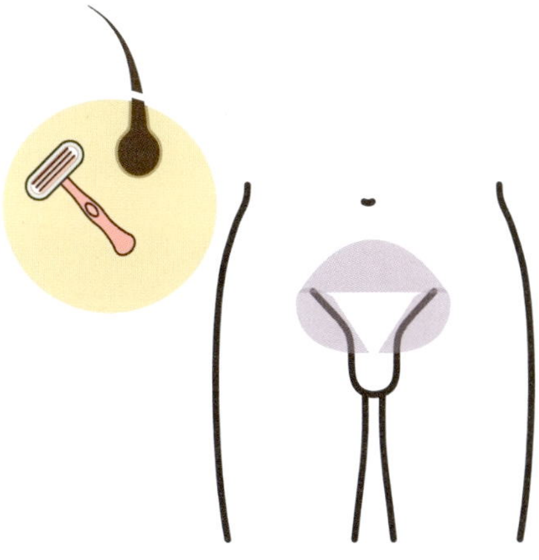 | ② 관리 부위 소독하기 & 모 정리하기<br>• 전 처리제나 스킨을 이용하여 고객의 왁싱할 피부 표면의 불순물, 메이크업의 잔여물 등을 깨끗이 소독한다.<br>• 이때 피부 상태와 모의 방향을 확인하고 길이가 긴 헤어는 왁싱할 정도의 길이 약 모발의 1cm 만 남기고 커팅한다. 왁스 도포 중 옆의 모가 끌려와 당기는 통증을 줄이기 위한 단계이기도 하다.<br>• 같은 방향의 모를 나누어 왁싱할 섹션을 미리 정한다. |

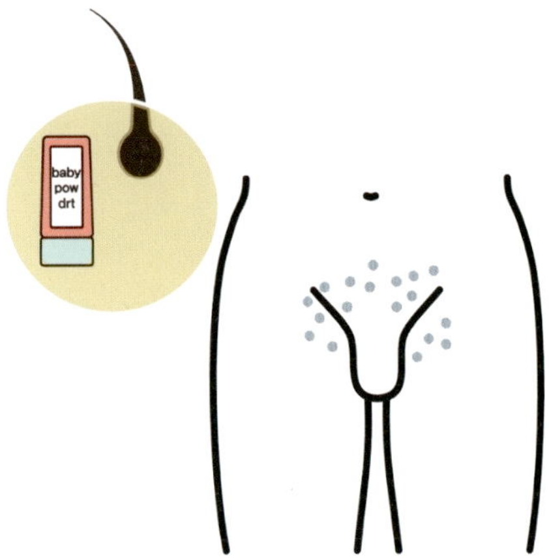


③ 전 처리하기

- 왁스의 밀착력을 높여주기 위해 모의 사이사이에 파우더를 꼼꼼하게 펴 바른다.
- 유분과 수분을 제거한다.
- 모의 반대 방향으로 먼저 펴 바른 다음 → 모가 난 방향으로 결을 정리한다.

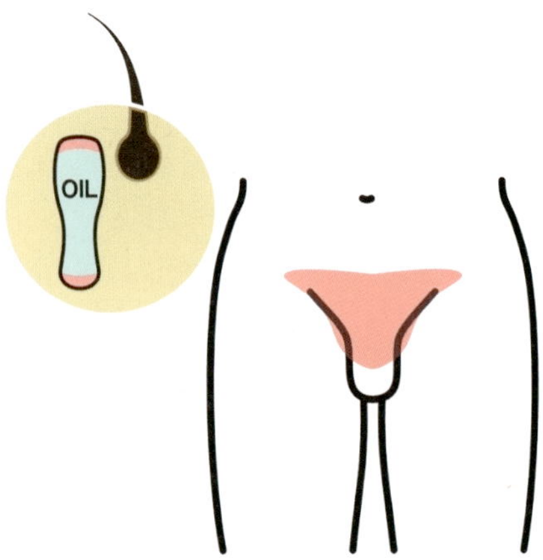


④ 오일 도포하기

- 피부의 손상이나 스킨 탈락 예방을 위해 오일을 도포한다.
- 왁스 브랜드별 특징에 따라 왁싱 전용 오일 또는 왁싱 전용 파우더를 이용해 피부 표면의 유·수분 밸런스에 맞게 왁싱할 부위에 펴 발라준다.
- 오일 사용 시 왁스의 밀착력이 떨어질 수 있으므로 제품 사용설명서를 반드시 숙지한 후 사용한다.

*Point*

많은 양 도포 시 왁스의 밀착력을 방해할 수 있고 적은 양 도포 시 스킨 탈락의 위험성이 높아질 수 있다.

⑤ 왁스 양 조절하기

- 왁싱 부위에 맞는 스파츌라Spatula를 선택한다.
- 왁스를 뜨기 전 관리 부위의 양을 미리 생각한다.
- 스파츌라Spatula의 1/4 지점까지 적당히 왁스를 뜬다.
- 스파츌라의 끝에 왁스가 둥글게 되도록 말아준다.

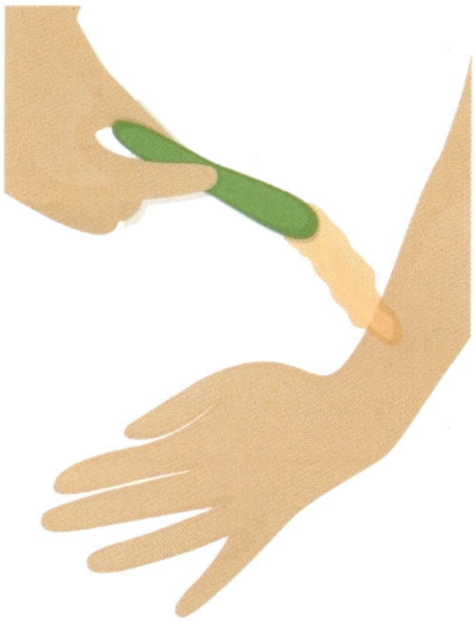

⑥ 왁스 온도 체크하기

- 화상을 예방하기 위해 도포 전 반드시 왁서의 손목 안쪽에 온도를 체크한다.

*Point*

왁스별 온도를 확인 후 예열한다.

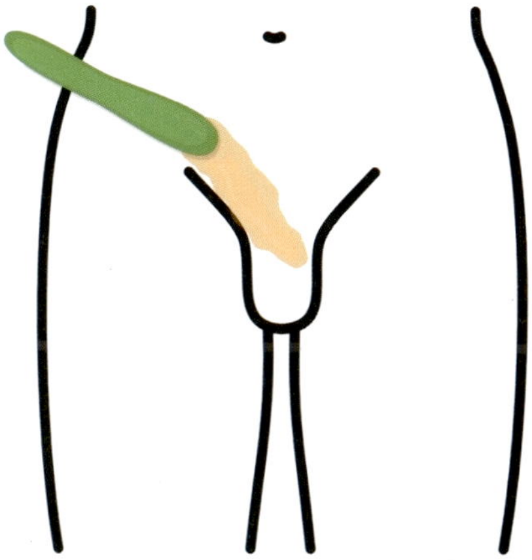

⑦ 왁스 도포하기

- 모가 난 방향으로 펴 발라 준다.
- 왁스 도포 시작점에 스파츌라를 고정하고, 반대 손을 이용하여 텐션을 준다.
- 45°～90°로 잡아 밀착감을 주면서 모가 왁스에 잡힐 수 있게 긁듯이 발라준다.
- 왁스 패치는 부위에 따라 크기를 생각한다.
- 먼저 제거해야 할 부위를 정확하게 파악해야 하므로 고객과 충분히 대화한 후 원하는 부위를 디자인한다.

*Point*

- 제거하지 말아야 할 부위의 모는 제거되지 않게 조심해야 한다.
- 두껍게 바르면 화상이 일어날 수 있으므로 주의한다.

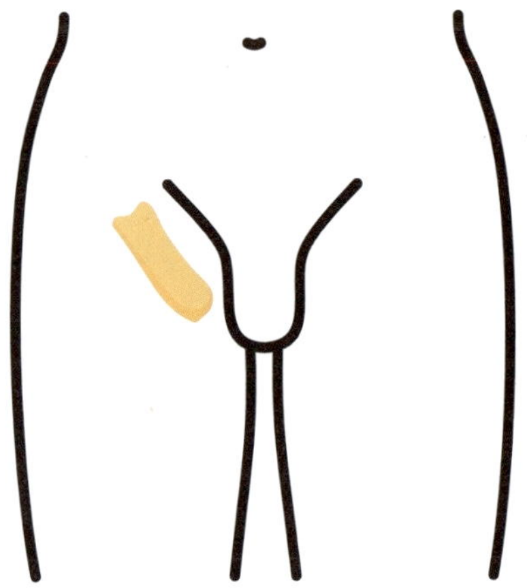

⑧ 왁스 패치 만들기

- 왁스 패치의 테두리는 안쪽 부위보다 도톰하게 만들어 깔끔하게 제거할 수 있다.

*Point*

- 브랜드에 따라 하드 왁스 굳는 시간이 다르기 때문에 사용 전 제품의 특징을 확인한다.
- 왁스가 덜 굳었을 경우 왁스가 늘어져 모가 제거되지 않는다.
- 늦게 제거하면 왁스가 굳어 깨지면서 통증을 유발한다.
- 온도가 맞지 않으면 제모력도 떨어진다.

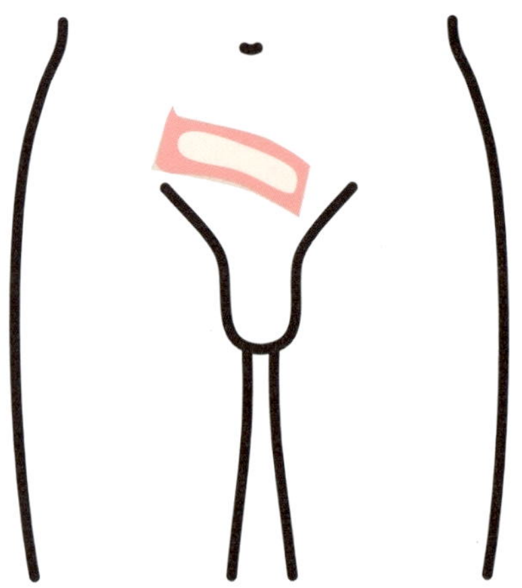

⑨ 왁스 제거하기

- 모가 난 반대 방향으로 제거한다.
- 한 손은 제거 시작점에 텐션을 주어 고정하고, 스킨 탈락이나 피부가 손상되지 않도록 모의 반대 방향으로 피부와 평행하게 재빨리 떼어낸다. 45° 유지

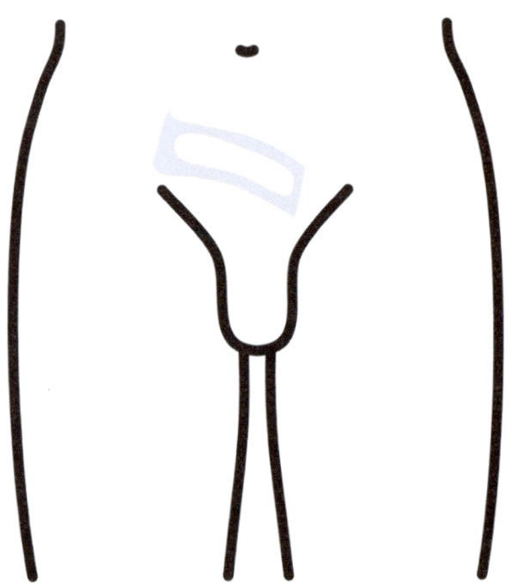

⑩ 피부 진정하기

- 텐션을 주는 손은 왁스가 제거되는 동시에 왁싱된 부위를 눌러주며 신경 통증을 진정시킨다.
- 왁싱 후에는 과도하게 손을 대지 않는다.

| | |
|---|---|
| 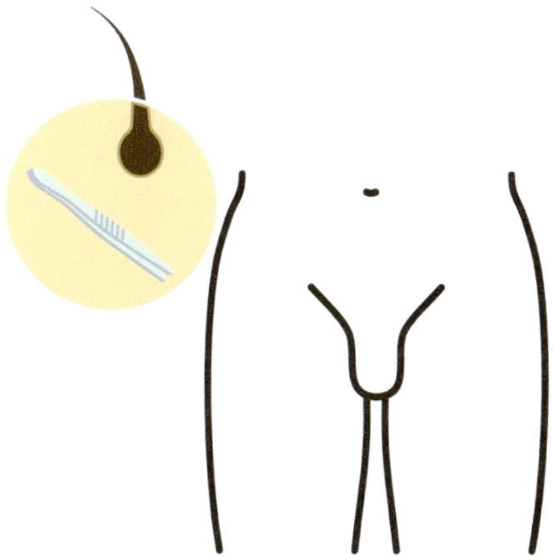 | ⑪ 잔모와 잔여물 정리하기<br>㉠ 잔모 정리하기<br>• 왁싱 후 뽑히지 않고 남은 짧은 모들은 족집게 Tweezers 를 이용해 제거한다.<br>• 족집게 사용 시 모가 난 방향으로 모를 제거한다. 45° 유지<br>㉡ 잔여물 정리하기<br>• 후 처리제를 이용하여 피부 표면에 남아있는 왁스 잔여물이나 이물질을 제거한다.<br>• 오일을 이용하여 피부 표면에 남아있는 왁스 잔여물이나 이물질을 제거한다. |
| 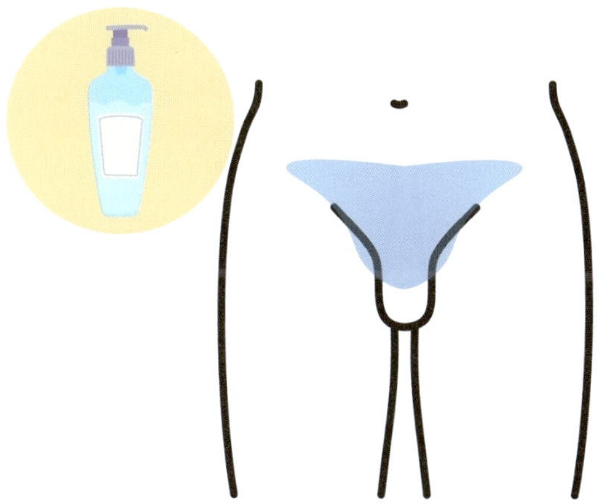<br>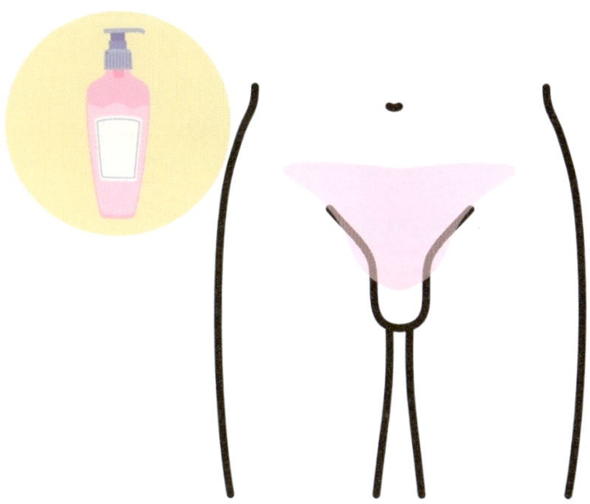 | ⑫ 마무리하기<br>㉠ 제품을 이용한 진정<br>• 왁싱으로 인해 자극받은 피부 표면에 진정 젤 알로에 젤 을 도포한다.<br>㉡ 쿨러를 이용한 진정<br>• 아이스 쿨러 Ice cooler 를 롤링해 피부의 열감을 진정해 준다.<br>• 피부 표면의 온도를 내려 트러블을 방지한다.<br>• 유·수분 공급제를 발라 왁싱 후 비어 있는 공간을 보호해주어 2차 감염을 예방한다.<br>㉢ 로션을 이용한 마무리<br>• 피니싱 로션을 발라 왁싱 후 비어 있는 모공을 채워주어 2차 감염을 예방한다.<br>*Point*<br>필요 시 모델링 팩이나 시트팩을 사용하면 진정 효과에 빠른 도움이 된다. |

## 브라질리언 왁싱 테크닉 남자

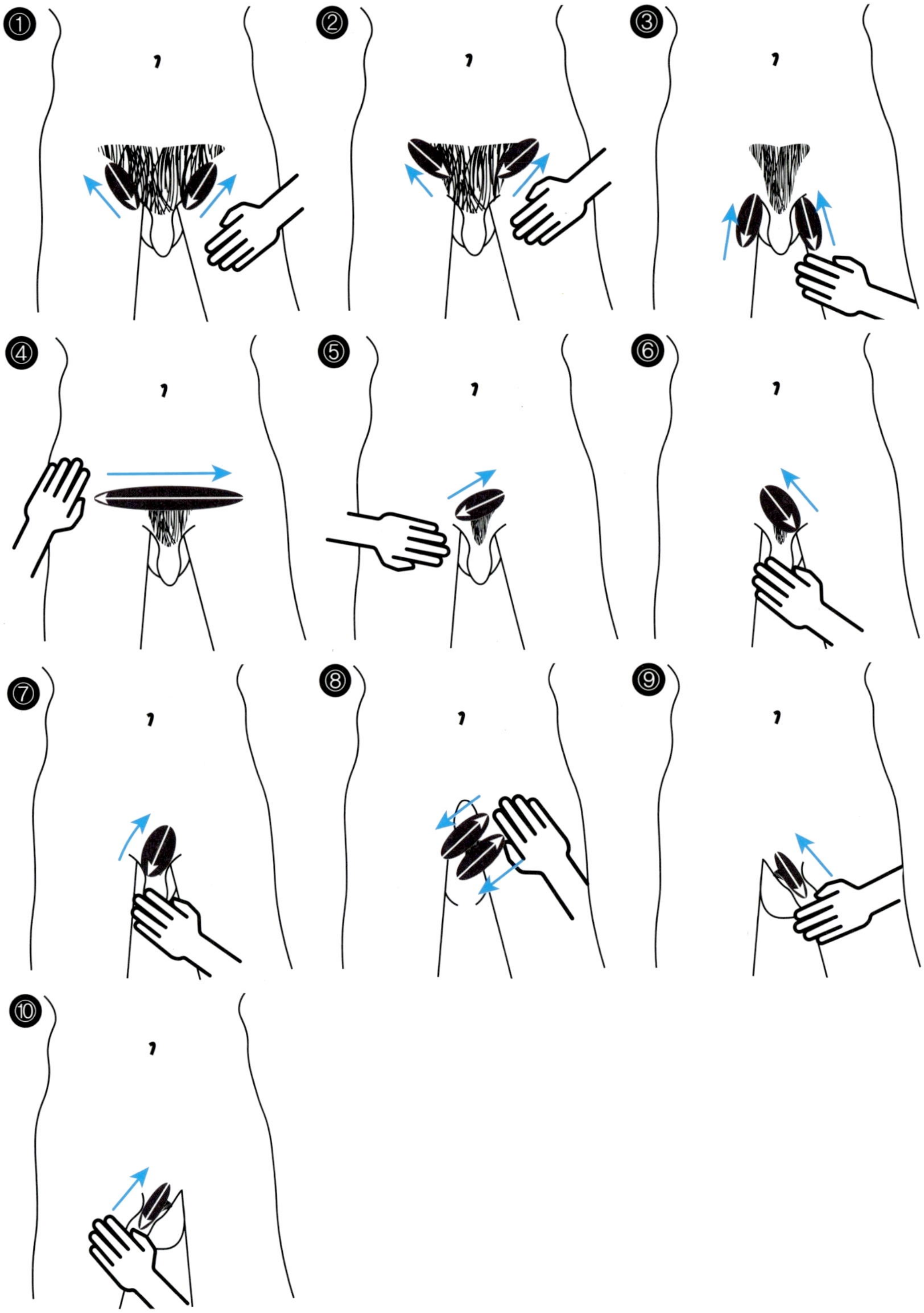

# 3. 슈가링 왁싱Sugar ring Waxing

이집트시대 대표 미인 클레오파트라가 사용하기도 했던 제모 제품인 슈가링 왁스는 국내에 도입된 지 얼마 되지 않았으며 100% 천연성분의 수용성 왁스이다. 설탕과 옥수수전분, 물, 레몬 등 100% 순수 자연 성분으로 만들어져 사람이 먹어도 될 만큼 안전하며 녹는점이 낮아37.5℃ 열화상에도 안전하다. 여름에 따로 데울 필요가 없으며 예열을 안 해도 사용이 가능하다. 급할 때는 전자렌지에 돌려서 쓸 수 있는 편리함도 있으며 특히 여름철에는 따로 데울 필요가 없다. 시술 시 왁스가 너무 녹아 피부에 밀착되어 제거가 안 될 시에는 물로 씻어내면 깔끔히 제거가 되는 편리함도 있다. 모가 많은 고객이나 넓은 부위를 빠르게 왁싱할 때 효과적인 방법이며, 모와 각질을 제거하고, 솜털과 잔털도 함께 제거된다. 왁싱 시 잘못된 각도와 힘의 조절로 스킨 탈락이 일어날 수 있으며 멍이 들 수도 있어서 주의하여야 하며, 시술자의 테크닉에 따라 제모의 효과나 통증의 격차가 심할 수 있으므로 시술자의 테크닉이 가장 중요한 제모 방법이다.

## 1. 슈가링 왁싱Sugar ring Waxing 관리 자세

① 왁서Waxer : 복장을 위생적으로 청결히 하고 고객이 불편하지 않게 응대하며 고객이 편하게 탈의할 수 있도록 안내하고 상담을 통해 고객의 피부 상태를 파악한다.

② 고객Client : 고객이 편하게 관리를 받을 수 있도록 자세를 취하고 자세가 불편하신 분들은 바디 필로우Body Pillow로 자세를 잡아줄 수도 있다.

## 2. 슈가링 왁싱Sugar ring Waxing을 위한 관리 준비물

왁스 워머기, 슈가링 왁스, 기구 소독제, 손 소독제, 사각 바트, 전 처리제, 화장 솜, 후 처리제, 파우더, 왁스 크리너, 진정 젤알로에젤, 유·수분 공급제, 모델링 마스크, 마스크팩, 아이스 쿨러, 족집게트위져, 콤보 브러쉬, 스크류 브러쉬, 눈썹 가위, 디자인 펜슬, 브로우 펜슬, 일회용 시트지, 일회용 가운, 일회용 치마, 일회용 바지, 일회용 팬티, 왁서 가운, 왁서 앞치마, 헤어 밴드, 일회용 봉투더스트 팩, 일회용 장갑니트릴 장갑, 머리 고정집게 또는 찍찍이, 머리띠, 바디 필로우 등 필요 물품

## 3. 슈가링 왁싱 Sugar ring Waxing 주의사항

### (1) 관리 전 주의사항

① 청결과 감염 예방을 위해 항상 주위를 정돈하고 수시로 환기한다.

② 고객 관리 전, 후 쓰레기를 처리하고, 주위를 정리한다.

③ 왁서 Waxer는 항상 복장과 머리, 손톱을 단정히 하고, 언행에 주의한다.

### (2) 관리 시 주의사항

① 일회용 재료와 도구들은 매회 새것으로 교체한다.

② 도구는 사용 전 자외선 소독기와 기구 소독기를 이용하여 소독 또는 멸균 처리하여 준비하고, 왁스 워머기의 온도와 준비물의 셋팅 상태를 확인한다.

③ 관리 전 반드시 손 소독 70% 알콜을 실시하고, 고객의 관리 부위도 소독 전 처리제 또는 스킨 한다.

④ 고객의 왁싱 부위 전 처리 시 피부 상태와 모의 방향을 반드시 확인하고, 피부 표면의 불순물, 메이크업 잔여물 등을 깨끗이 제거한다.

※ 슈가링 왁스를 제거하는 방법은 다른 왁스와 반대로 모의 반대방향으로 도포해서 모가 난 방향으로 제거해주어야 한다.

### (3) 관리 후 주의사항

① 침대에 깔아놓은 일회용 시트지를 제거한다.

② 웨건 주변을 정리하고 항상 청결하게 유지한다.

③ 도구는 깨끗이 소독하고 자외선 소독기에 한 번 더 멸균 처리한다.

④ 쓰레기는 미생물 번식 방지를 위해 바로바로 처리한다.

⑤ 왁스 워머기 주변의 지저분한 이물질을 닦아준다.

⑥ 주변을 깨끗이 정리하고 마무리한다.

## 4. 슈가링 왁싱Sugar ring Waxing의 준비

### (1) 웨건 준비상태

① 왁스 워머기를 준비한다.

② 웨건에 사용이 편리하도록 칸별로 정리한다.

③ 사용 전, 후의 스파츌라를 별도로 보관한다.

④ 더스트 백을 부착한다.

⑤ 소독솜과 거즈를 준비한다.

⑥ 사각 바트에 소독된 족집게Tweezers를 준비한다.

### (2) 왁서Waxer 준비상태

① 왁서 가운을 착용한다.

② 잔여물과 머리카락이 떨어지지 않도록 머리를 정돈하고 헤어캡을 착용한다.

③ 위생을 위해 마스크를 착용한다.

④ 위생을 위해 일회용 장갑을 착용한다.

⑤ 위생을 위해 신발에 일회용 캡을 착용한다.

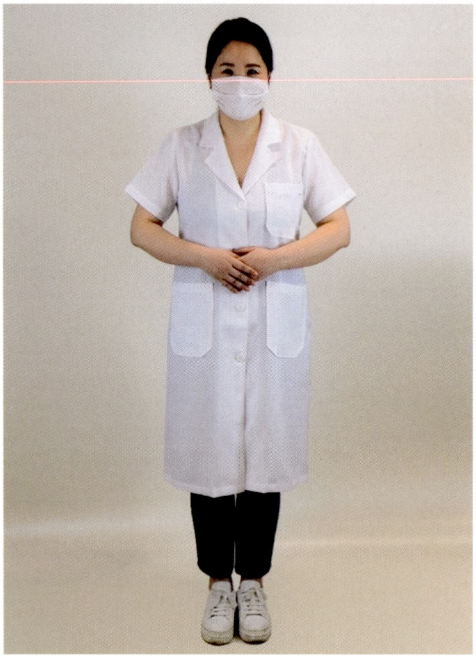

### (3) 고객 Client 준비상태

① 왁싱 부위에 따라 모델 가운, 반바지, 일회용 팬티, 겉 가운, 헤어 밴드 등을 착용한다.

② 베드에 일회용 시트지를 깔아둔다.

③ 고객이 왁싱을 받는 동안 최대한 편안할 수 있도록 최선을 다해 자세를 잡아준다. 베개, 바디 필로우 등 이용

④ 왁서는 왁싱하는 공간을 확보해 작업의 효율성을 극대화한다.

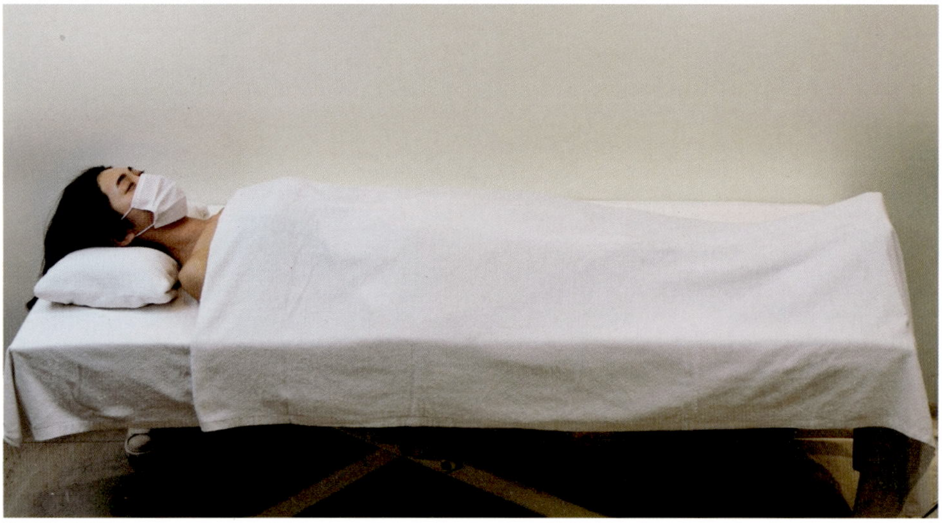

## 5. 슈가링 왁싱 Sugar ring Waxing 실기 : 다리와 발 Leg & Foot Waxing

관리 순서

소독 → 종아리 → 무릎 → 허벅지 → 발등 → 발가락 → 진정 및 마무리

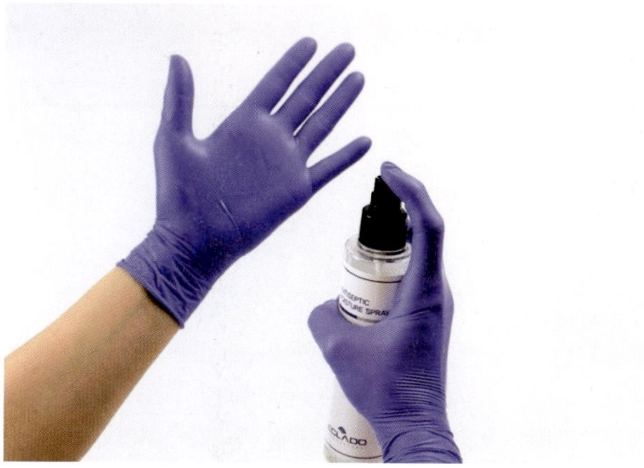

### (1) 손 소독하기 왁서

① 70% 이상의 안티셉틱 Antiseptic 을 이용하여 왁서 Waxer 의 손을 소독한다.

② 1차 소독 : 화장솜에 소독제를 묻혀 왁서의 손을 꼼꼼히 닦는다.

③ 2차 소독 : 일회용 장갑 라텍스 또는 니트릴 장갑 을 착용 후 2차 소독을 한다.

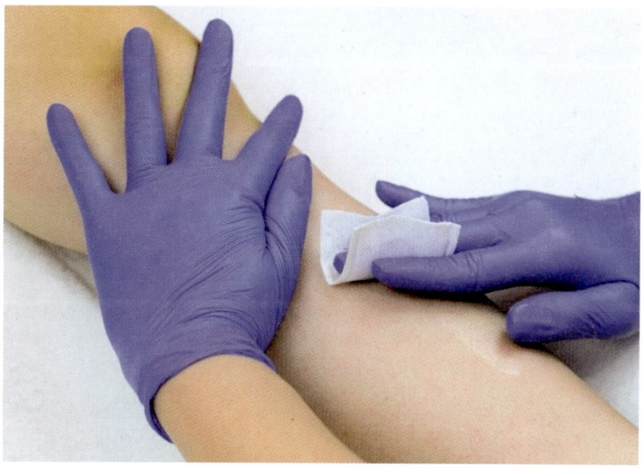

### (2) 관리부위 소독하기 고객

① 전 처리제나 스킨을 이용하여 고객의 왁싱 부위를 소독한다.

② 왁싱의 부위에 따라 왁싱의 효율을 위해 넓은 부위는 넓은 거즈를 이용하고 좁은 부위는 화장솜을 이용하여 소독한다.

③ 피부 표면의 불순물과 노폐물을 깨끗이 제거한다.

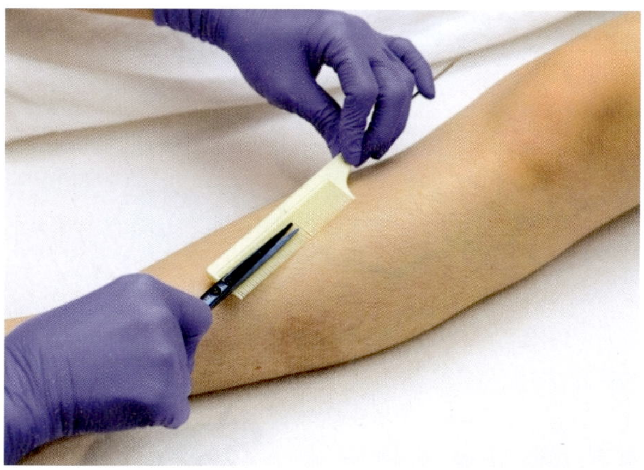

### (3) 모의 길이 조절하기

① 컷팅이 필요한 부위는 모발의 길이에 따라 적당한 길이로 컷팅을 한다.

② 컷팅은 털이 난 역방향으로 한다.

③ 길이는 최소 3mm 이상은 되어야 한다.

④ 모발의 길이가 길고 가늘면 왁스를 바를 때 통증이 심하거나 견인통 끊김 현상이 일어날 수 있다.

⑤ 컷팅 할 때 필요한 꼬리 빗과 가위 등 도구는 반드시 도구 소독제나 자외선 소독을 실시한다.

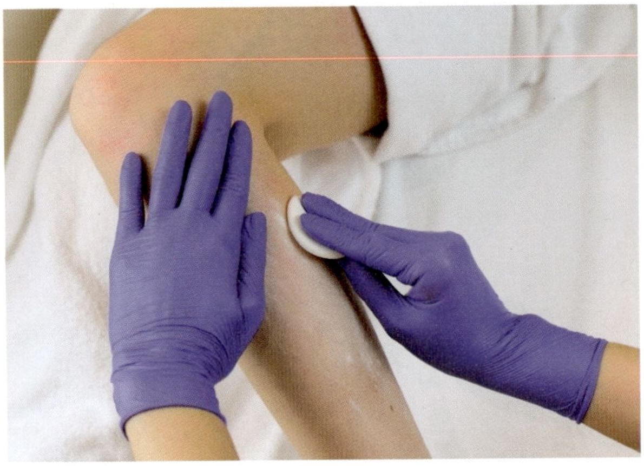

### (4) 유·수분 제거하기

① 왁스의 밀착력을 높여주기 위해 모의 사이사이에 파우더를 꼼꼼하게 도포한다.
② 털의 반대 방향으로 먼저 펴 바른 다음 → 털이 난 방향으로 결을 정리한다.
③ 넓은 부위를 왁싱 할 때는 분첩을 이용하지 않고 손바닥에 덜어 전체적으로 도포한다.

*Point*

슈가링 왁스는 오일을 바르지 않는다.

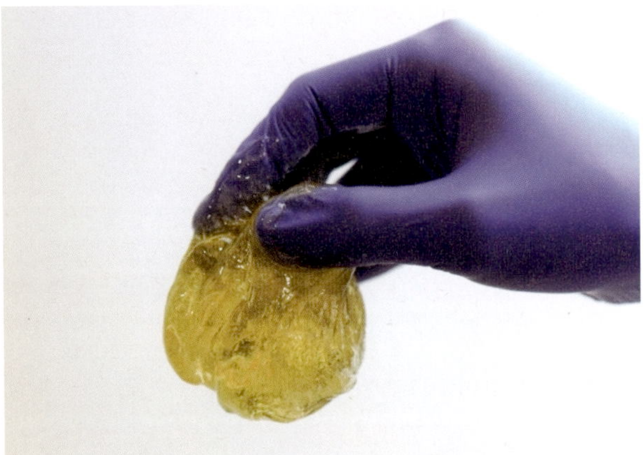

### (5) 왁스 핸들링하기

① 모의 넓이나 두께에 따라 슈가 왁스를 적당량 떠서 원을 그리듯이 핸들링을 해 준다.
② 왁스가 손끝에 둥글게 모아서 뭉치는게 중요한 포인트이며, 부위별로 적당량을 조절해 준다.

*Point*

왁스가 너무 물러서 흘러내리지 않게 온도조절37.5℃을 한 후 조심해서 핸들링한다.

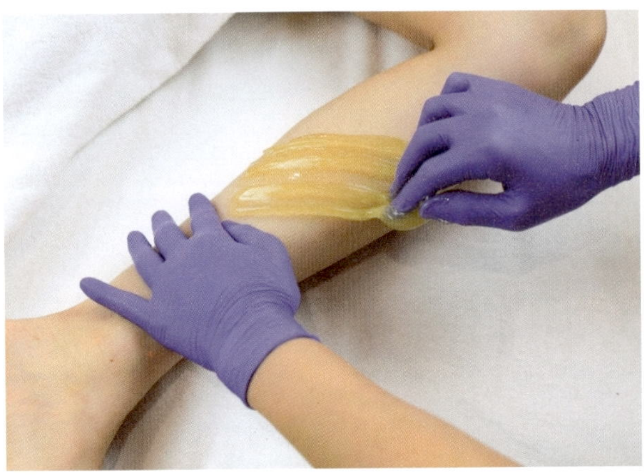

### (6) 슈가링 왁스 도포하기

① 슈가 왁스는 다른 왁스와 반대로 도포를 하며 모가 난 반대 방향으로 밀착되도록 당기듯 왁스를 끌어준 후 손목의 스냅을 이용해서 제거한다.
② 이때 온도에 따라 왁스의 농도가 달라질 수 있으므로 주의한다.
③ 주변의 다른 모가 끌려와서 통증을 유발할 수 있으므로, 주의하여 관리한다.
④ 슈가링 왁스가 너무 밀착되어 스킨 탈락이 일어나지 않도록 주의한다.
⑤ 똑같은 방법으로 여러번 반복해서 도포 및 제거를 실시한다.

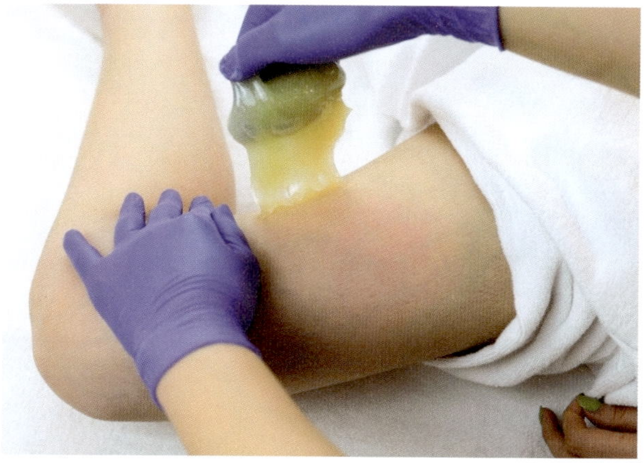

### (7) 슈가링 왁스 제거하기

① 털이 난 방향으로 제거한다. 도포한 반대 방향으로
② 한 손은 텐션을 주고, 반대 손은 핸들링한다.
③ 스킨 탈락이나 피부가 손상되지 않도록 모가 난 방향으로 재빨리 떼어낸다. 45° 각도 유지
④ 한 번 사용한 왁스는 여러 번 사용이 가능해 경제적이지만 외관상 비위생적으로 보일수 있다.
⑤ 왁스 교체시기는 여러 번 사용하면 딱딱하게 굳어 사용이 불편해질 때 교체하되, 교체 시 사용하던 장갑도 같이 폐기한다.

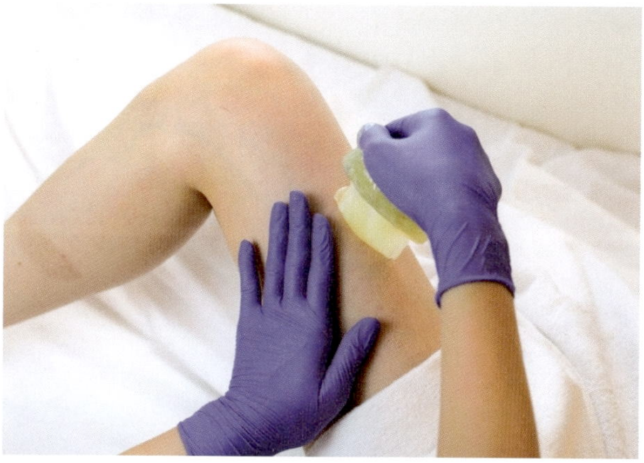

### (8) 왁싱 부위 진정하기

① 텐션을 주는 손은 왁스가 제거되는 동시에 왁싱된 부위를 눌러주며 신경 통증을 진정시킨다.
② 제거된 왁스는 다시 손끝으로 둥글게 모이게 핸들링을 해준다.
③ 왁싱 후 염증 예방을 위해, 왁싱부위에 과도하게 손을 대지 않는다.

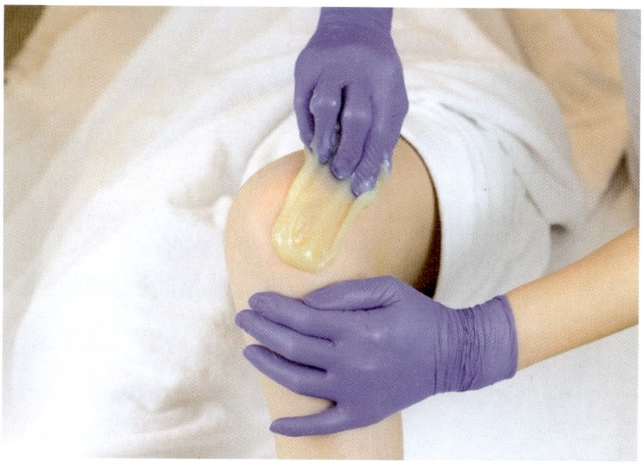

### (9) 무릎 슈가링 왁싱

① 굴곡이 있는 무릎 부위는 주름과 각질이 많이 있는 부위이기 때문에 방향을 잘 확인하여 정확하게 시술한다.
② 부위별로 섹션을 나누어 왁싱한다.
③ 확실한 제모를 위해 바디 필로우를 무릎 아래에 받쳐 무릎을 세워 텐션을 준다.
④ 왁싱 시 90°~ 45°로 무릎을 세워서 관리한다.

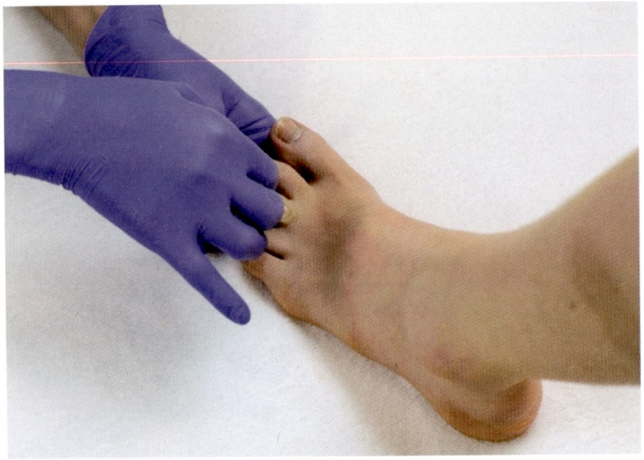

### (10) 발가락 슈가링 왁싱

① 발가락은 주름과 각질이 많이 있는 부위이므로 왁스가 빨리 응고, 건조된다.
② 바른 후 재빠르게 제거한다.
③ 핑거 왁싱으로 발가락 크기에 맞춰 왁스를 조금만 떠서 사용한다.

*Point*

**핑거 왁싱** : 손가락 한 개나 두 개로 제거하는 방법 손가락, 발가락 등 좁은 부위

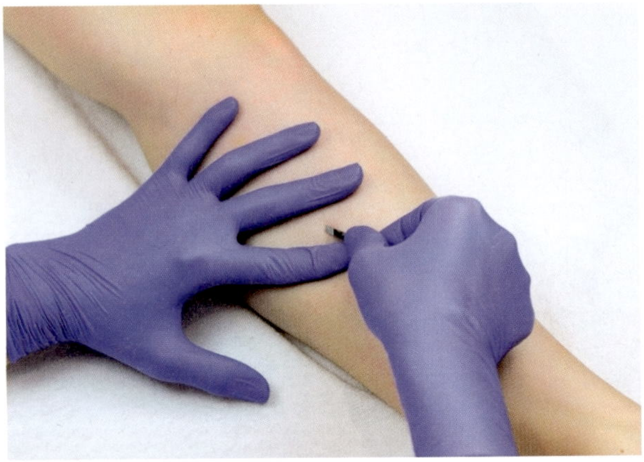

### (11) 잔모 제거하기

① 왁싱 후 남은 잔모를 제거한다.
② 왁싱으로 뽑히지 않은 짧은 모들은 족집게 트위저, Tweezers를 이용해 제거한다.
③ 족집게 사용 시 모의 성장 방향으로 텐션을 주며 족집게를 눕혀 잡아당기듯이 사용하면 모가 끊기지 않고 제거가 수월해지며 통증도 감소된다. 45° 유지

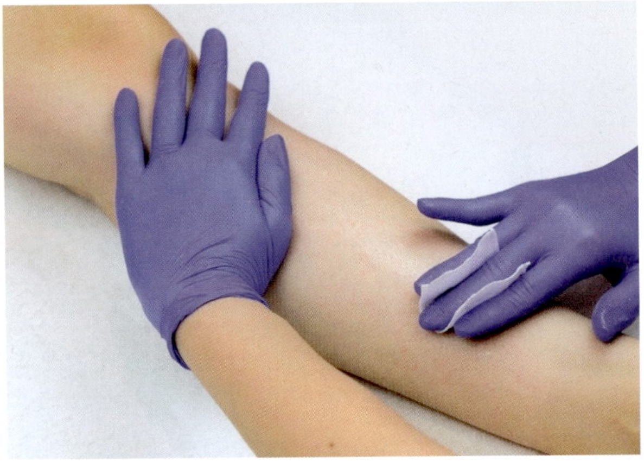

### (12) 잔여물 제거하기

① 후 처리제를 이용하여 피부 표면에 남아있는 왁스 잔여물이나 이물질을 제거한다.
② 오일을 이용하여 피부 표면에 남아 있는 왁스 잔여물이나 이물질을 제거한다. 진정 관리와 염증 방지를 위해
③ 왁싱 부위의 피부 상태를 체크한다.
④ 잔모가 남았는지 양손으로 피부에 텐션을 주어 확인한다.

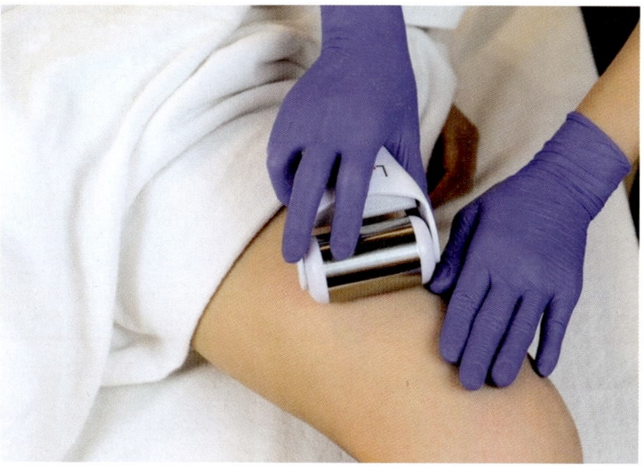

### (13) 진정 및 마무리하기

① 왁싱으로 인해 자극받은 피부 표면의 진정을 위해 진정 젤알로에 젤을 도포한다.

② 아이스 쿨러Ice cooler로 롤링해 피부의 열감을 내려 트러블을 방지한다.

③ 유·수분 공급제를 발라 왁싱 후 비어 있는 공간을 보호해줌으로써 2차 감염을 예방한다.

*Point*

필요 시 관리 부위에 모델링팩이나 시트팩을 사용하면 진정 효과에 빠른 도움이 된다.

## 6. 슈가링 왁싱 Sugar ring Waxing 실기 : 팔과 손 Arm & Hand Waxing

관리 순서

소독 → 하완 외측·내측 → 팔꿈치 → 상완 외측·내측 → 손등 → 손가락 → 마무리

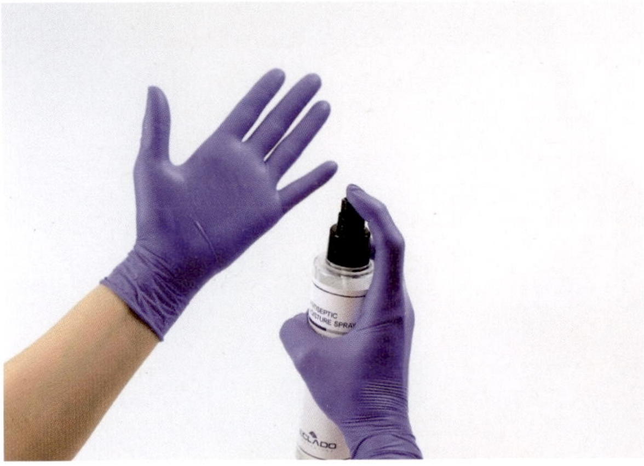


### (1) 손 소독하기 왁서

① 70% 이상의 안티셉틱 Antiseptic 을 이용하여 왁서 Waxer 의 손을 소독한다.

② 1차 소독 : 화장솜에 소독제를 묻혀 왁서의 손을 꼼꼼히 닦는다.

③ 2차 소독 : 일회용 장갑 라텍스 또는 니트릴 장갑 을 끼고 스프레이를 뿌려 2차 소독을 한다.

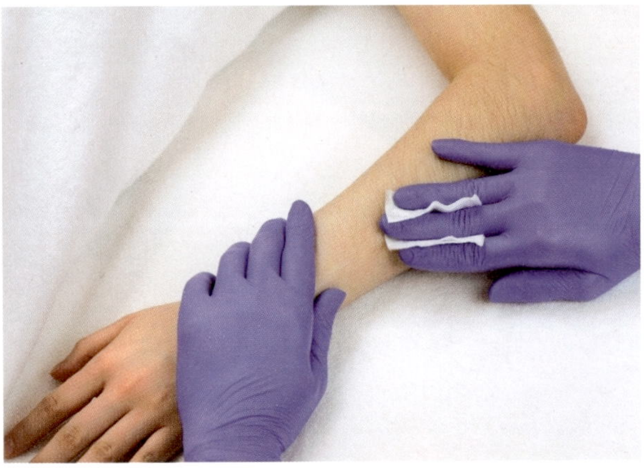

### (2) 관리부위 소독하기 고객

① 전 처리제나 스킨을 이용하여 고객의 왁싱부위를 소독한다.

② 왁싱의 부위에 따라 왁싱의 효율을 위해 넓은 부위는 넓은 거즈를 이용하고 좁은 부위는 화장솜을 이용하여 소독한다.

③ 피부 표면의 불순물과 노폐물을 깨끗이 제거한다.

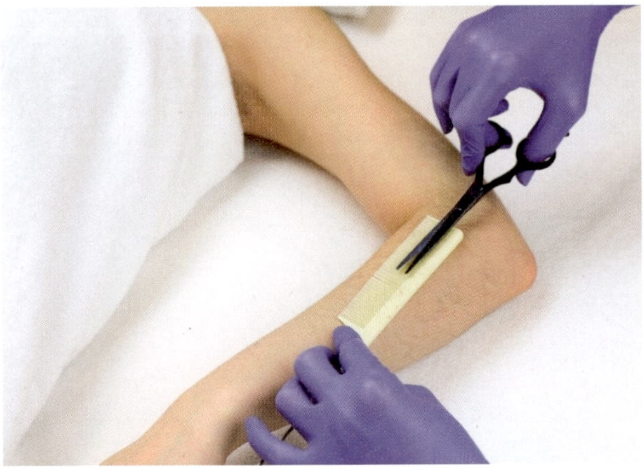

### (3) 모 길이 조절하기

① 컷팅이 필요한 부위는 모발의 길이에 따라 적당한 길이로 컷팅을 한다.

② 컷팅은 털이난 역방향으로 한다.

③ 길이는 최소 3mm 이상은 되어야 한다.

④ 모발의 길이가 길고 가늘면 왁스를 바를 때 통증이 심하거나 견인통 끊김 현상이 일어날 수 있다.

⑤ 컷팅 할 때 필요한 꼬리 빗과 가위 등 도구는 반드시 도구 소독 및 자외선 소독을 철저히 한다.

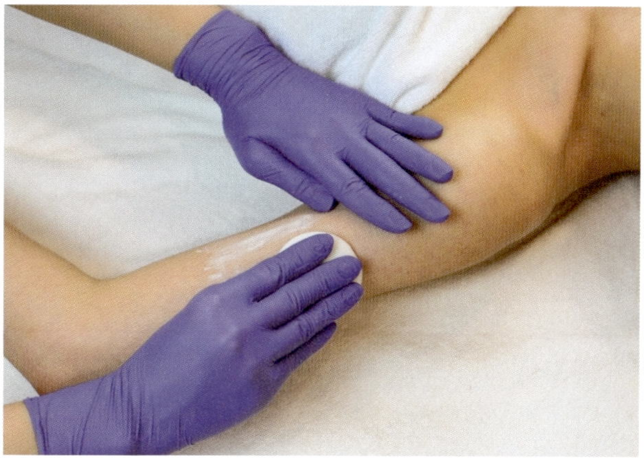

### (4) 유·수분 제거하기

① 왁스의 밀착력을 높여주기 위해 모의 사이사이에 파우더를 꼼꼼하고 넉넉하게 도포한다.
② 털의 반대 방향으로 먼저 펴 바른 다음 → 털이 난 방향으로 결을 정리한다.
③ 넓은 부위를 왁싱할 때는 분첩을 이용하지 않고 손바닥에 덜어 전체적으로 도포한다.

*Point*

슈가링 왁스는 오일을 바르지 않는다.

### (5) 왁스량 조절하기

① 모의 넓이나 두께에 따라 슈가 왁스를 적당량 떠서 원을 그리듯이 핸들링을 해 준다.
② 왁스가 손끝에 둥글게 모아서 뭉치는게 중요한 포인트이며, 부위별로 적당량을 조절해 준다.

*Point*

왁스가 너무 물러서 흘러내리지 않게 온도를 조절37.5℃ 한 후 조심해서 핸들링한다.

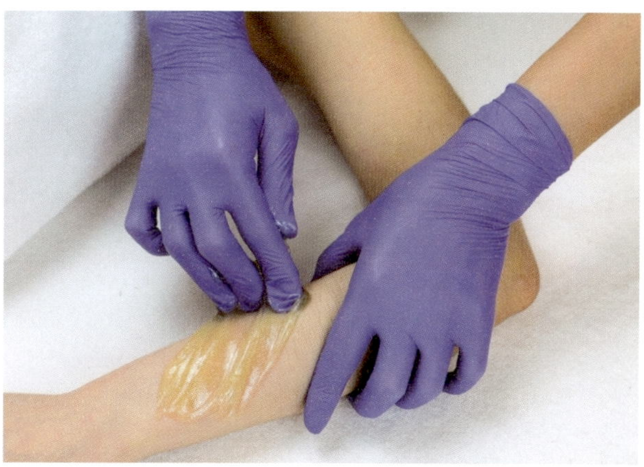

### (6) 슈가링 왁스 핸들링하기 도포

① 슈가 왁스는 다른 왁스와 반대로 도포 및 제거한다.
② 모가 난 반대 방향으로 밀착되도록 당기듯 왁스를 끌어준 후 손목의 스냅을 이용해서 제거한다.
③ 이때 피부온도와 주변의 온도에 따라 왁스가 묽어질 수 있으므로 조절하여 관리한다.
④ 주변의 다른 모가 끌려와서 통증을 유발할 수 있으므로 주의한다.
⑤ 스킨 탈락이 일어날 수 있으므로 주의하여 관리한다.

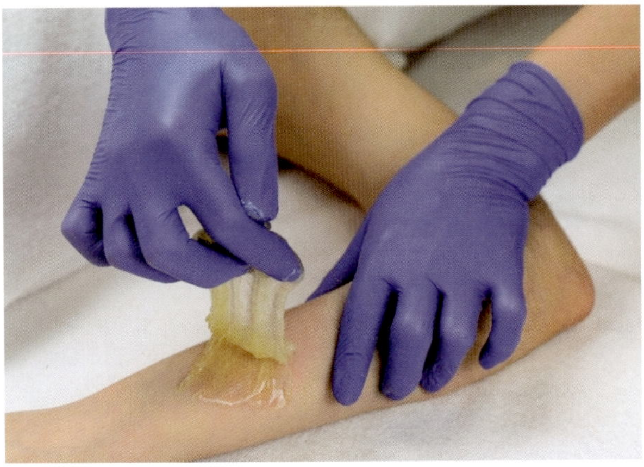

### (7) 슈가링 왁스 핸들링하기 제거

① 털이 난 방향으로 제거한다. 도포한 반대 방향으로
② 한 손은 제거 시작점에 텐션을 주어 고정하고, 스킨 탈락이나 피부가 손상되지 않도록 모가 난 방향으로 피부와 평행하게 재빨리 떼어낸다. 45°각도 유지
③ 한 번 덜어낸 슈가링 왁스를 이용하여, 여러 번 반복해서 끌어주듯이 도포를 한다.
④ 한 번 사용한 왁스는 여러 번 사용이 가능해 경제적이지만 외관상 비위생적으로 보일 수 있다.
⑤ 왁스 교체시기는 여러 번 사용하면 딱딱하게 굳어 사용이 불편해질 때 교체하되, 교체 시 쓰던 장갑도 같이 버려야 한다.

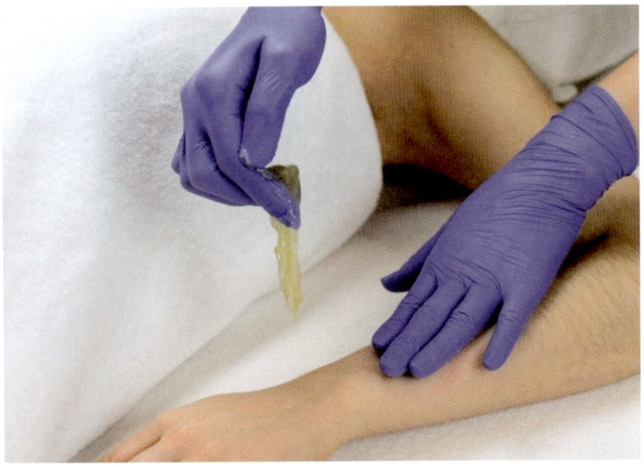

### (8) 진정 시키기

① 텐션을 주는 손은 왁스가 제거되는 동시에 왁싱된 부위를 눌러주며 신경 통증을 진정시킨다.
② 제거된 왁스는 다시 손끝으로 둥글게 모이게 핸들링을 해준다.
③ 왁싱 후에는 과도하게 손을 대지 않는다.

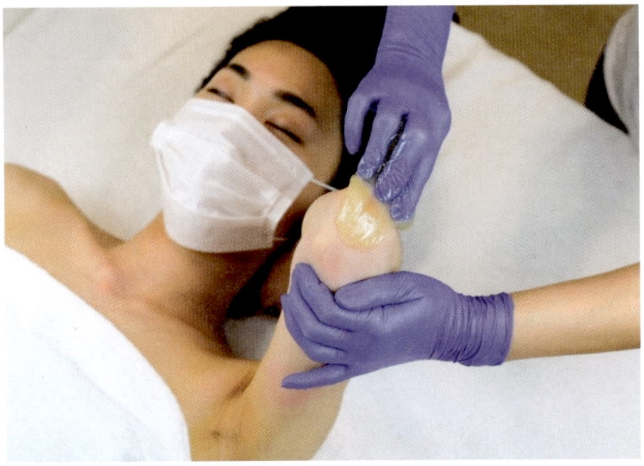

### (9) 팔꿈치 왁싱하기

① 굴곡이 있는 팔꿈치 부위는 주름과 각질이 많이 있는 부위이기 때문에 방향을 잘 확인하여 정확하게 시술한다.
② 부위별로 섹션을 나누어 왁싱한다.
③ 확실한 제모를 위해 팔꿈치를 굽혀 텐션을 준다.

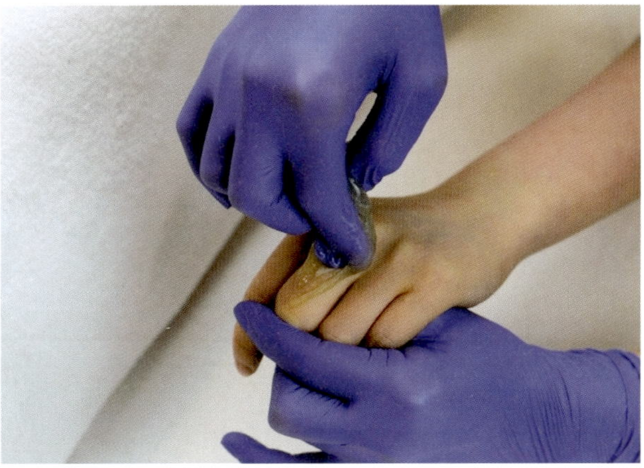

### (10) 손가락 왁싱하기

① 손가락은 주름과 각질이 많이 있는 부위이기 때문에 왁스를 바른 후 재빠르게 제거한다.
② 각질 때문에 왁스가 빨리 굳는다.
③ 핑거 왁싱으로 손가락 크기에 맞춰 왁스를 조금만 떠서 사용한다.

*Point*

**핑거 왁싱** : 손가락 한 개나 두 개로 제거하는 방법 손가락, 발가락 등

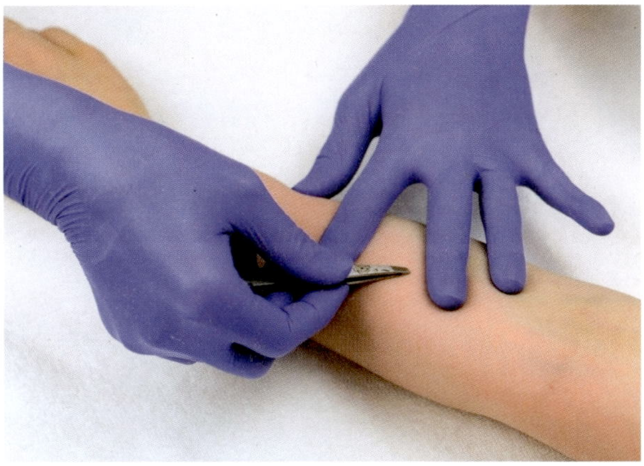

### (11) 잔모 제거하기

① 왁싱 후 남은 잔모를 제거한다.
② 왁싱으로 뽑히지 않은 짧은 모들은 족집게 트위져, Tweezers 를 이용해 제거한다.
③ 족집게 사용 시 모의 성장 방향으로 텐션을 주며 족집게를 눕혀 잡아당기듯이 사용하면 모가 끊기지 않고 제거가 수월해지며 통증도 감소된다. 45° 유지

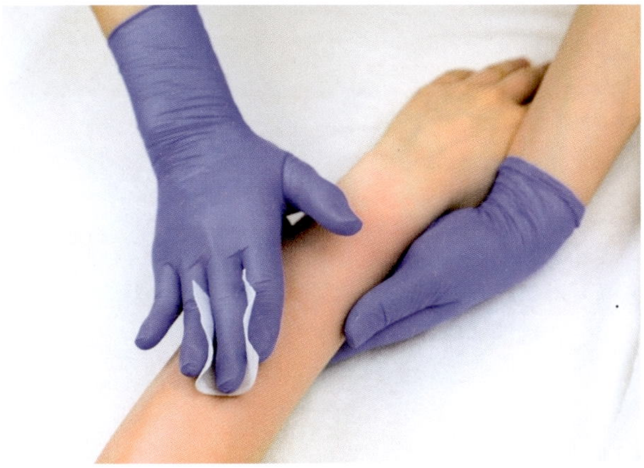

### (12) 잔여물 제거하기

① 후 처리제를 이용하여 피부 표면에 남아있는 왁스 잔여물이나 이물질을 제거한다.
② 오일을 이용하여 피부 표면에 남아 있는 왁스 잔여물이나 이물질을 제거한다. 진정관리와 염증 방지를 위해
③ 왁싱 부위의 피부 상태를 체크한다.
④ 잔모가 남았는지 양손으로 피부에 텐션을 주어 확인한다.

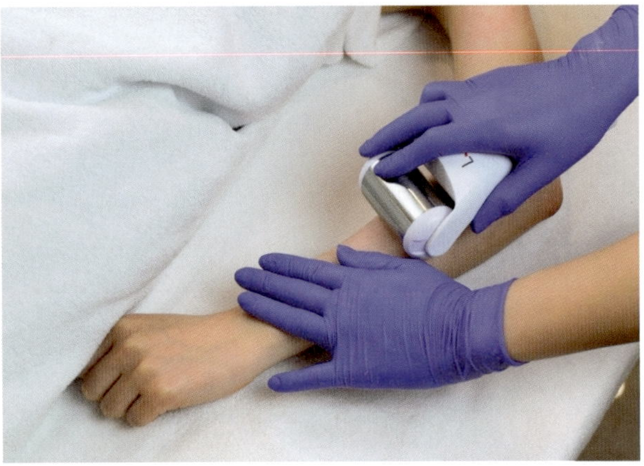

### (13) 진정 관리하기

① 왁싱으로 인해 자극받은 피부 표면을 진정시킨다.
② 진정 젤알로에 젤을 도포한다.
③ 아이스 쿨러Ice cooler로 롤링해 피부의 열감을 내려 트러블을 방지한다.
④ 유·수분 공급제를 발라 왁싱 후 비어 있는 공간을 보호해줌으로써 2차 감염을 예방한다.

*Point*

필요 시 다리 부위에도 모델링팩이나 시트팩을 사용하면 진정 효과에 빠른 도움이 된다.

## 7. 슈가링 왁싱Sugar ring Waxing 실기 : 겨드랑이Armpit Waxing

지저분하고 굵은 모를 제거하여 미용적으로 매끈하고 아름다운 바디를 연출하고, 모를 제거함에 따라 각질도 제거되고 모낭충의 발생을 예방한다.

외관상으로 보기 좋을 뿐 아니라, 피부질환도 예방할 수 있다.

관리 순서

소독 → 겨드랑이 왁싱 → 진정 및 마무리

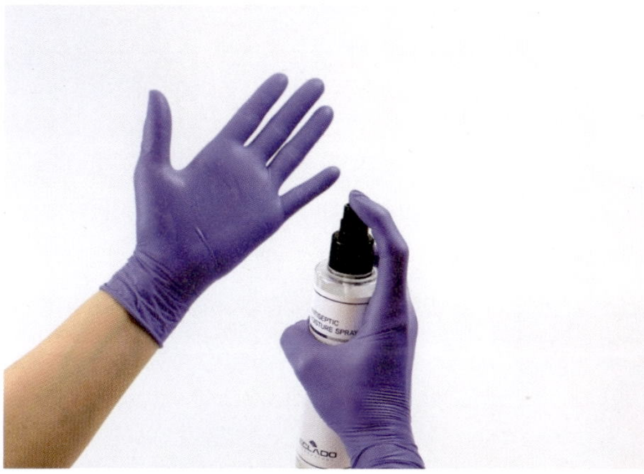

### (1) 손 소독하기 왁서

① 70% 이상의 안티셉틱Antiseptic을 이용하여 왁서Waxer의 손을 소독한다.

② 1차 소독 : 화장솜에 소독제를 묻혀 왁서의 손을 꼼꼼히 닦는다.

③ 2차 소독 : 장갑라텍스 또는 니트릴 장갑 착용 후 한 번 더 손을 소독한다. 2차 소독

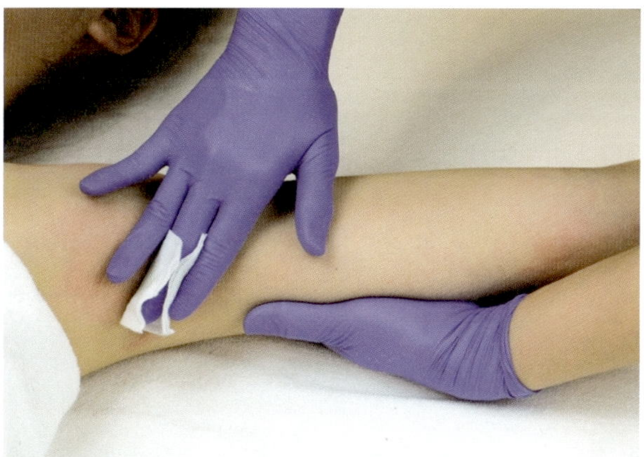

### (2) 관리부위 소독하기 고객

① 전 처리제나 스킨을 이용하여 고객의 왁싱 부위를 소독한다.

② 왁싱부위에 따라 왁싱의 효율을 위해 넓은 부위는 넓은 거즈를 이용하고 좁은 부위는 화장솜을 이용하여 소독한다.

③ 피부 표면의 불순물과 노폐물을 깨끗이 제거한다.

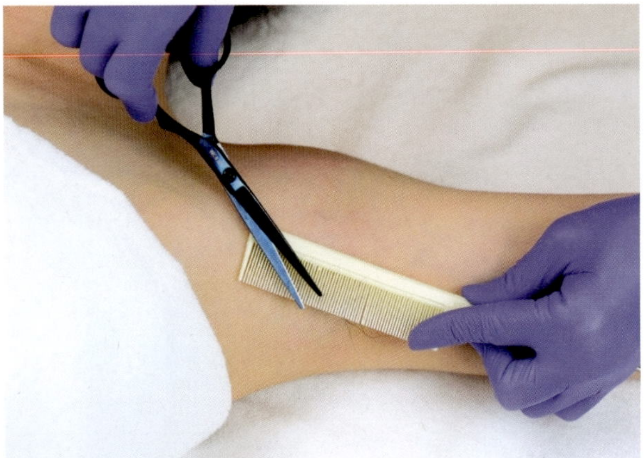

### (3) 모의 길이 조절하기

① 컷팅이 필요한 부위는 모발의 길이에 따라 적당한 길이로 컷팅을 한다.
② 컷팅은 털이 난 역방향으로 한다.
③ 길이는 최소 3mm 이상은 되어야 한다.
④ 모발의 길이가 길고 가늘면 왁스를 바를 때 통증이 심하거나 견인통 끊김 현상이 일어날 수 있다.
⑤ 컷팅 시 필요한 꼬리 빗과 가위 등은 반드시 도구 소독과 자외선 소독을 철저히 한다.

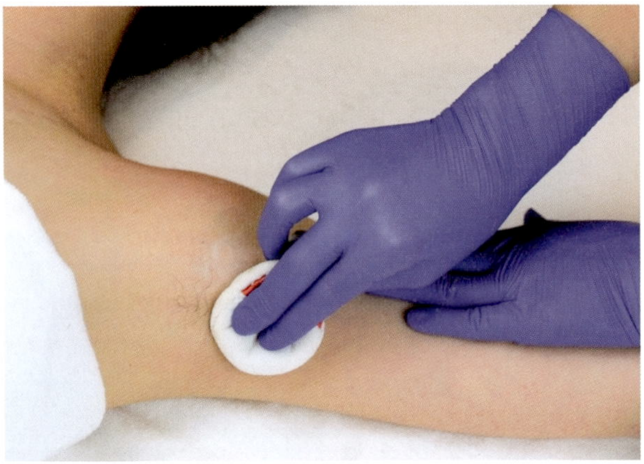

### (4) 유·수분 제거하기

① 왁스의 밀착력을 높여주기 위해 모의 사이사이에 파우더를 꼼꼼하게 도포한다.
② 털의 반대 방향으로 먼저 펴 바른 다음 → 털이 난 방향으로 결을 정리한다.
③ 넓은 부위를 왁싱할 때는 분첩을 이용하지 않고 손바닥에 덜어 전체적으로 도포한다.

*Point*

슈가링 왁스는 왁스의 밀착을 위해 오일을 바르지 않는다.

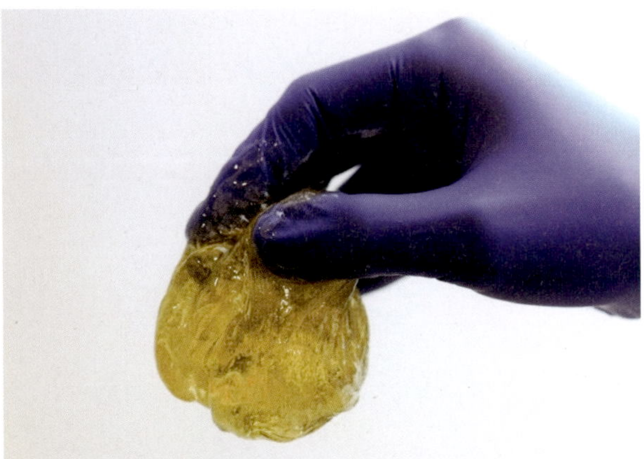

### (5) 슈가링 왁스량 조절하기

모의 넓이나 두께에 따라 슈가 왁스를 적당량 떠서 원을 그리듯이 핸들링을 해 준다.
왁스가 손끝에 둥글게 모아서 뭉치는게 중요한 포인트이며, 부위별로 적당량을 조절해 준다.

*Point*

왁스가 너무 물러서 흘러내리지 않게 온도조절37.5℃을 한 후 조심해서 핸들링한다.

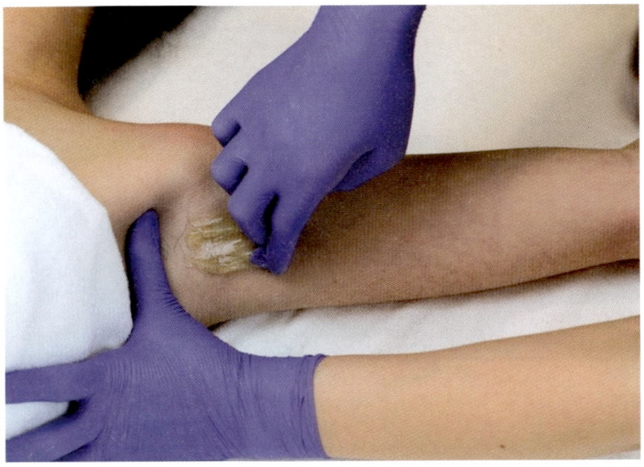

## (6) 왁스 도포하기

① 슈가 왁스는 다른 왁스와 반대로 도포를 하며 모가 난 반대 방향으로 밀착되도록 당기듯 왁스를 끌어준 후 손목의 스냅을 이용해서 제거한다. 이때 피부온도에 따라 왁스가 녹을 수도 있고, 다른 모가 끌려와서 통증을 유발할 수 있으며 너무 밀착이 되면 스킨 탈락이 일어날 수 있으므로 주의해야 한다.

② 똑같은 방법으로 여러 번 반복해서 끌어 주듯이 도포를 한다.

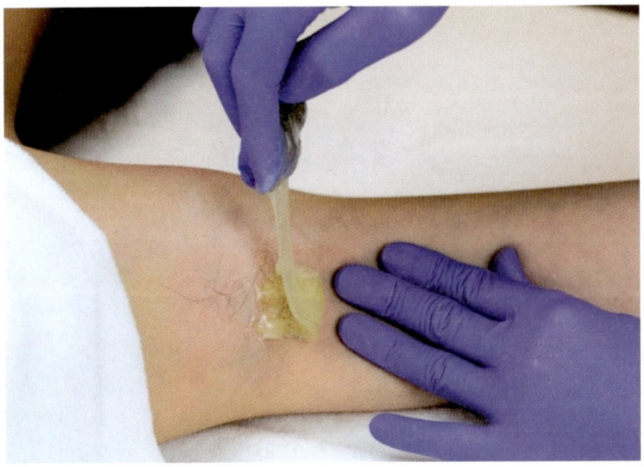

## (7) 왁스 제거하기

① 털이 난 방향으로 제거한다. 도포한 반대 방향으로

② 한 손은 제거 시작점에 텐션을 주어 고정하고, 스킨 탈락이나 피부가 손상되지 않도록 모가 난 방향으로 피부와 평행하게 재빨리 떼어낸다. 45°각도 유지

③ 한 번 사용한 왁스는 여러 번 사용이 가능해 경제적이지만 외관상 비위생적으로 보일 수 있다.

④ 왁스 교체 시기는 왁스가 굳어 사용이 불편해질 때 교체하되, 교체 시 쓰던 장갑도 같이 버려야 한다.

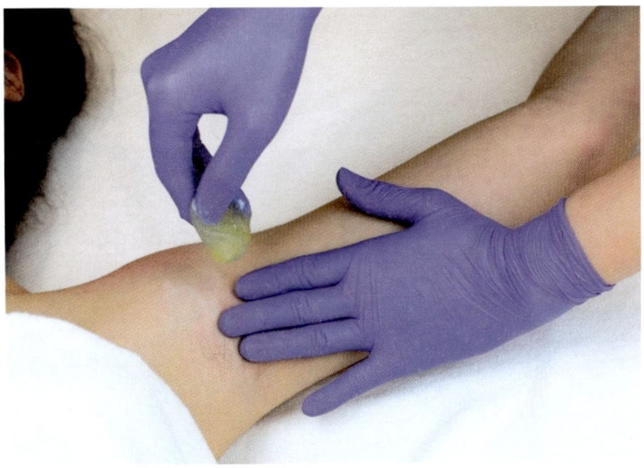

## (8) 피부 진정하기

① 텐션을 주는 손은 왁스가 제거되는 동시에 왁싱된 부위를 눌러주며 신경 통증을 진정시킨다.

② 제거된 왁스는 다시 손끝으로 둥글게 모이게 핸들링을 해준다.

③ 왁싱 후에는 과도하게 손을 대지 않는다.

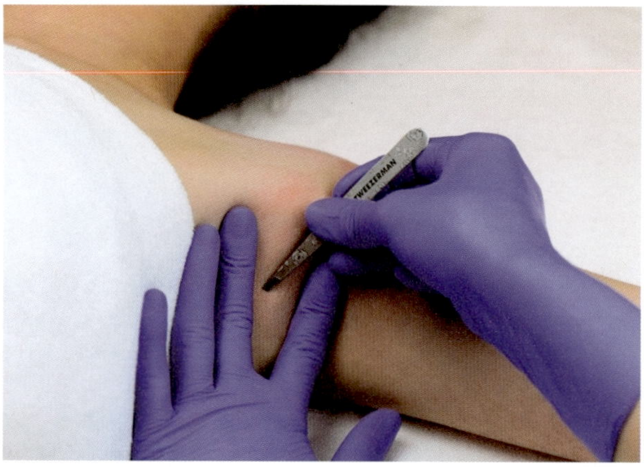

### (9) 잔모 제거하기

① 왁싱 후 남은 잔모를 제거한다.
② 왁싱으로 뽑히지 않은 짧은 모들은 족집게트위저, Tweezers를 이용해 제거한다.
③ 족집게 사용 시 모의 성장 방향으로 텐션을 주며 족집게를 눕혀 잡아당기듯이 사용하면 모가 끊기지 않고 제거가 수월해지며 통증도 감소된다. 45° 유지

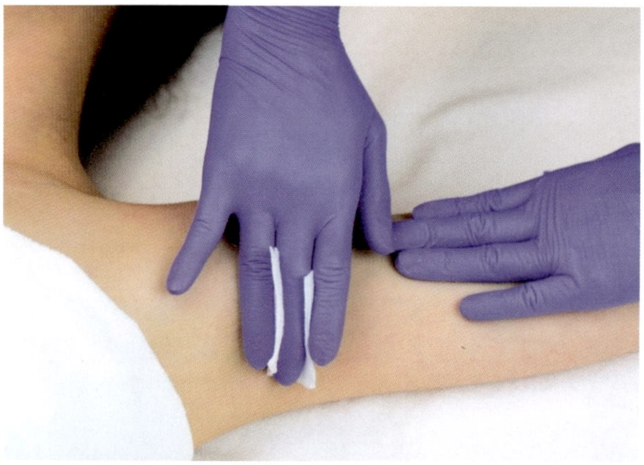

### (10) 잔여물 제거하기

① 후 처리제를 이용하여 피부 표면에 남아있는 왁스 잔여물이나 이물질을 제거한다.
② 오일을 이용하여 피부 표면에 남아 있는 왁스 잔여물이나 이물질을 제거한다. 진정 관리와 염증 방지를 위해
③ 왁싱 부위의 피부 상태를 체크한다.
④ 잔모가 남았는지 양손으로 피부에 텐션을 주어 확인한다.

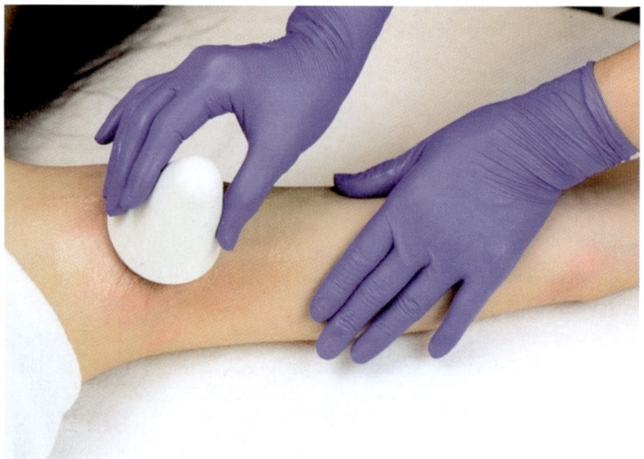

### (11) 진정 및 마무리하기

① 왁싱으로 인해 자극받은 피부 표면을 진정시킨다.
② 진정 젤알로에 젤을 도포한다.
③ 아이스 쿨러Ice cooler로 롤링해 피부의 열감을 내려 트러블을 방지한다.
④ 유·수분 공급제를 발라 왁싱 후 비어 있는 공간을 보호해줌으로 2차 감염을 예방한다.

*Point*

필요 시 관리 부위에 모델링팩이나 시트팩을 사용하면 피부 진정에 효과적이다.

## 8. 슈가링 왁싱 Sugar ring Waxing 실기 : 헤어라인과 이마 Hairline and forehead Waxing

헤어라인은 3자 이마, 좁은 이마, 비대칭 이마 등 라인을 교정해 의학적인 시술을 한 듯 봉긋한 이마를 연출해 줄 수 있으며, 이마는 헤어라인 왁싱 관리 후 안쪽 부위에 경계 부위가 생기기 때문에 헤어라인과 이마는 함께 관리하는 것이 효과적이다. 이마의 모발을 함께 제거하면 피부조직의 빛 반사율이 높아져 이마가 입체적이고 시원해 보일 수 있기 때문이다.

관리 순서

소독 → 헤어라인 디자인 → 헤어라인 왁싱 → 이마 → 진정 및 마무리

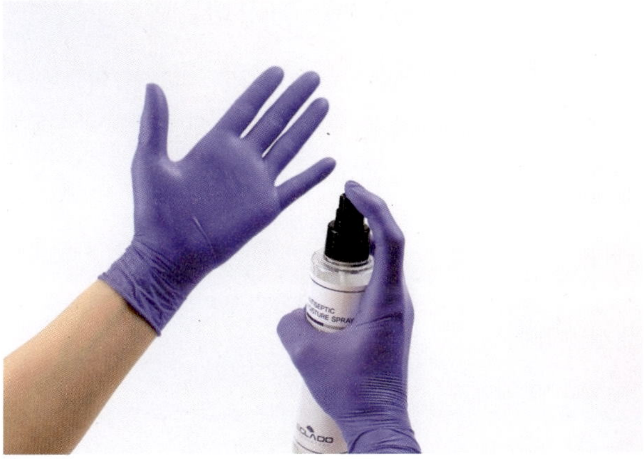

### (1) 손 소독하기 왁서

① 70% 이상의 안티셉틱 Antiseptic을 이용하여 왁서 Waxer의 손을 소독한다.

② 1차 소독 : 화장솜에 소독제를 묻혀 왁서의 손을 꼼꼼히 닦는다.

③ 2차 소독 : 장갑 라텍스 또는 니트릴 장갑을 끼고 한 번 더 소독을 실시한다.

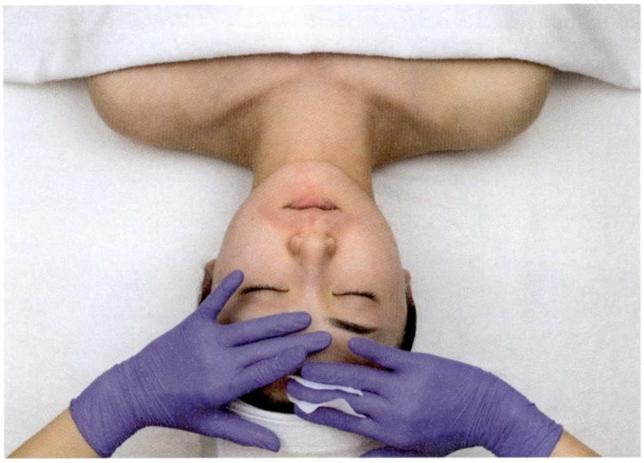

### (2) 관리부위 소독하기 고객

① 전 처리제나 스킨을 이용하여 고객의 왁싱부위를 소독한다.

② 왁싱의 부위에 따라 왁싱의 효율을 위해 넓은 부위는 넓은 거즈를 이용하고 좁은 부위는 화장솜을 이용하여 소독한다.

③ 피부 표면의 불순물과 노폐물을 깨끗이 제거한다.

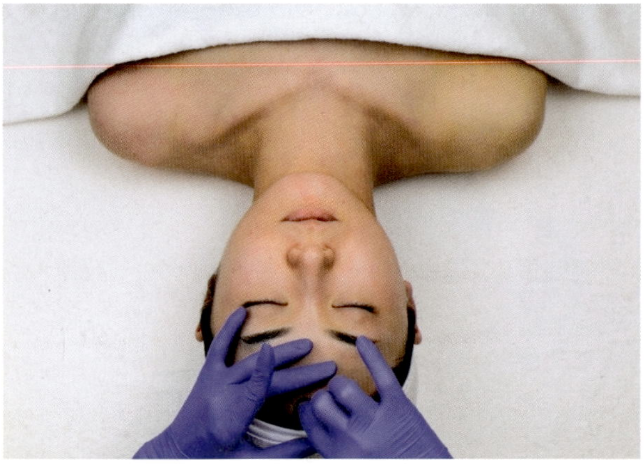

### (3) 헤어라인 정리하기

① 잔털들을 제거함과 동시에 헤어라인을 잡아준다.
② 불필요한 헤어들이 왁싱되지 않게 헤어 밴드나 헤어 고정 집게로 머리카락을 정리한다.
③ 관리 전 모의 길이를 조절한다. 3mm 가위를 이용하여 컷팅한다.
④ 디자인 펜슬을 이용해 상담을 통해 정한 디자인을 그려놓아도 된다.

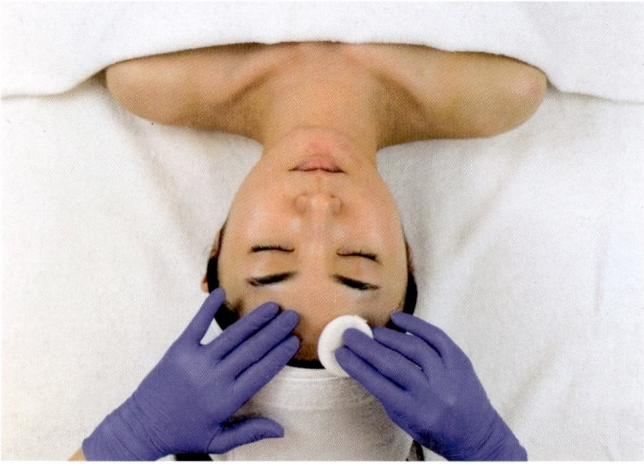

### (4) 유·수분 제거하기

① 왁스의 밀착력을 높여주기 위해 모의 사이사이에 파우더를 꼼꼼하게 도포한다.
② 털의 반대 방향으로 먼저 펴 바른 다음 → 털이 난 방향으로 결을 정리한다.

*Point*

슈가링 왁스는 오일을 바르지 않는다.

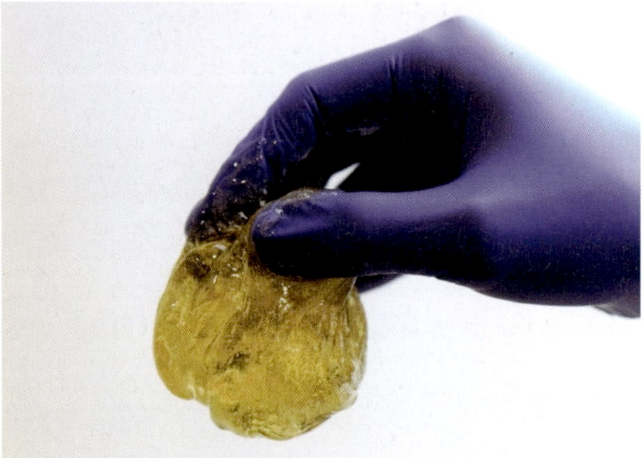

### (5) 슈가링 왁스량 조절하기

모의 넓이나 두께에 따라 슈가 왁스를 적당량 떠서 원을 그리듯이 핸들링을 해준다.
왁스가 손끝에 둥글게 모아서 뭉치는게 중요한 포인트이며, 부위별로 적당량을 조절해 준다.

*Point*

왁스가 너무 물러서 흘러내리지 않게 온도조절 37.5℃을 한 후 조심해서 핸들링한다.

| | |
|---|---|
| 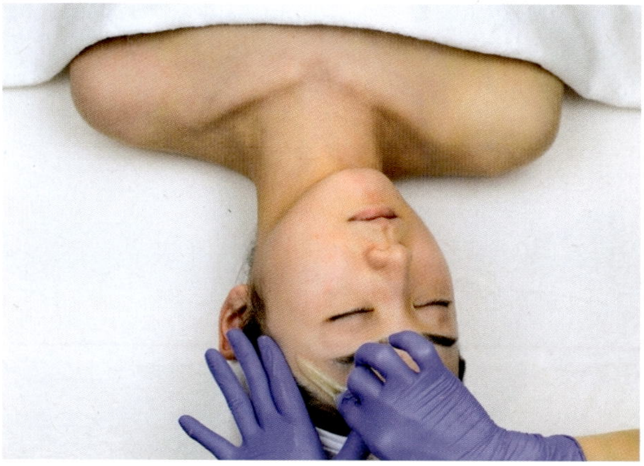 | **(6) 슈가링 왁스 도포하기**<br>① 슈가 왁스는 다른 왁스와 반대로 도포를 하며 모가 난 반대 방향으로 밀착되도록 당기듯 왁스를 끌어준 후 손목의 스냅을 이용해서 제거한다. 이때 피부온도에 따라 왁스가 녹을 수도 있으며, 다른 모가 끌려와서 통증을 유발할 수 있고 너무 밀착이 되면 스킨 탈락이 일어날 수 있으므로 주의해야 한다.<br>② 똑같은 방법으로 여러 번 반복해서 끌어 주듯이 도포를 한다. |
| 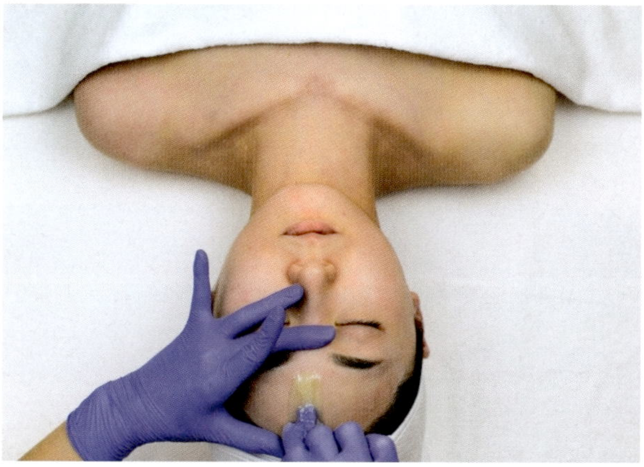 | **(7) 왁스 제거하기**<br>① 털이 난 방향으로 제거한다. 도포한 반대 방향으로<br>② 한 손은 제거 시작점에 텐션을 주어 고정하고, 스킨 탈락이나 피부가 손상되지 않도록 모가 난 방향으로 피부와 평행하게 재빨리 떼어낸다. 45°각도 유지<br>③ 한 번 사용한 왁스는 여러 번 사용이 가능해 경제적이지만 외관상 비위생적으로 보일 수 있다.<br>④ 왁스 교체시기는 여러 번 사용하면 딱딱하게 굳어 사용이 불편해질 때 교체하되, 교체 시 쓰던 장갑도 같이 버려야 한다. |
| 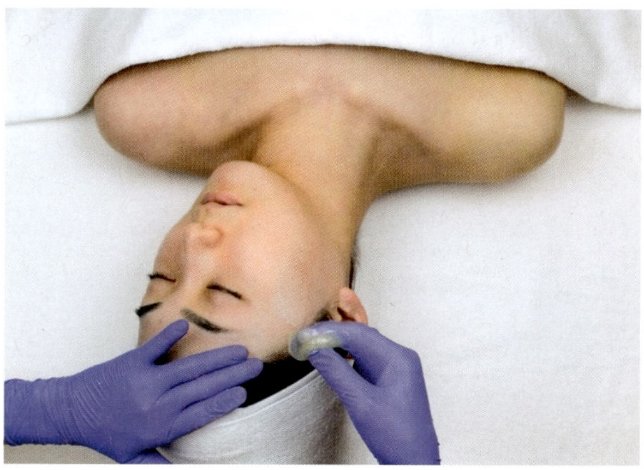 | **(8) 피부 진정하기**<br>① 텐션을 주는 손은 왁스가 제거되는 동시에 왁싱된 부위를 눌러주며 신경 통증을 진정시킨다.<br>② 제거된 왁스는 다시 손끝으로 둥글게 모이게 핸들링을 해준다.<br>③ 왁싱 후에는 과도하게 손을 대지 않는다. |

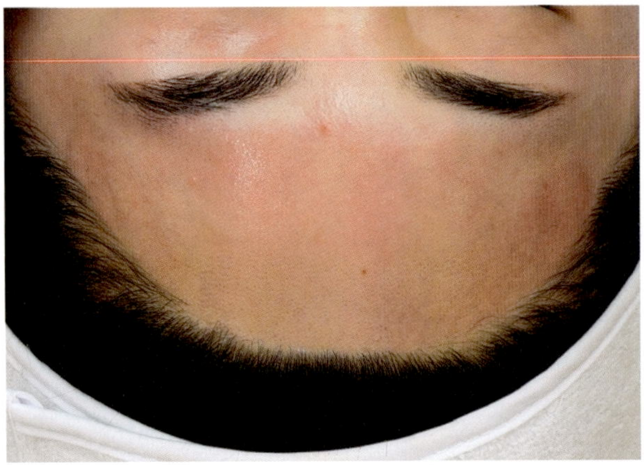

[헤어라인 슈가링 왁싱 방향]

① 도포 : 관리자 쪽으로 부위별로 나눠 도포한다.

② 제거 : 반대 방향으로 손목의 텐션을 이용하여 제거한다.

③ 관리순서 : 헤어라인 → 이마 중앙 → 이마 오른쪽 → 이마 왼쪽 오른손잡이 기준

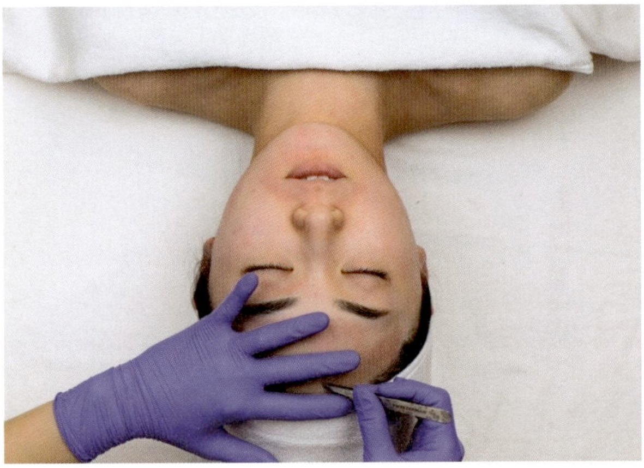

### (9) 잔모 제거하기

① 왁싱 후 남은 잔모를 제거한다.

② 왁싱으로 뽑히지 않은 짧은 모들은 족집게트위저, Tweezers를 이용해 제거한다.

③ 족집게 사용 시 모의 성장 방향으로 텐션을 주며 족집게를 눕혀 잡아당기듯이 사용하면 모가 끊기지 않고 제거가 수월해지며 통증도 감소된다. 45° 유지

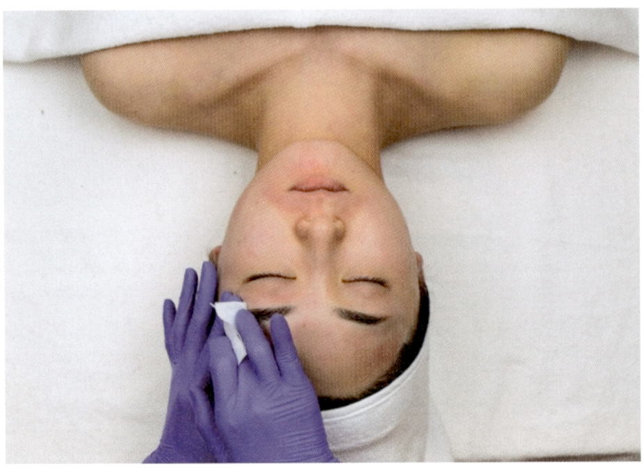

### (10) 잔여물 제거하기

① 후 처리제를 이용하여 피부 표면에 남아있는 왁스 잔여물이나 이물질을 제거한다.

② 오일을 이용하여 피부 표면에 남아 있는 왁스 잔여물이나 이물질을 제거한다. 진정관리와 염증 방지를 위해

③ 왁싱 부위의 피부 상태를 체크한다.

④ 잔모가 남았는지 양손으로 피부에 텐션을 주어 확인한다.

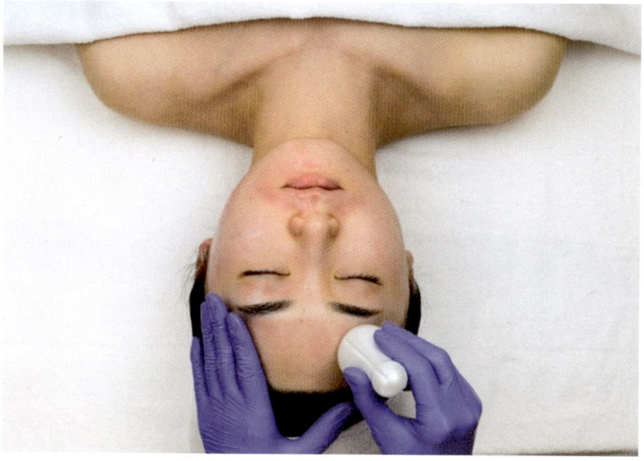

### (11) 진정 및 마무리하기

① 왁싱으로 인해 자극받은 피부 표면을 진정시킨다.

② 진정 젤알로에 젤을 도포한다.

③ 아이스 쿨러Ice cooler로 롤링해 피부의 열감을 내려 트러블을 방지한다.

④ 유·수분 공급제를 발라 왁싱 후 비어 있는 공간을 보호해줌으로써 2차 감염을 예방한다.

*Point*

필요 시 관리부위에 모델링팩이나 시트팩을 사용하면 피부 진정 효과에 도움이 된다.

## 9. 슈가링 왁싱 Sugar ring Waxing 실기 : 눈썹 디자인 Eyebrow Design Waxing

눈썹 왁싱은 사람의 첫인상을 좌우할 만큼 우리 얼굴에서 제일 먼저 띄는게 눈썹이다. 따라서 눈썹 하나로 사람의 이미지가 많은 비중을 차지한다. 얼굴형에 맞게끔 눈썹의 디자인을 만들어주면 메이크업 시 시간 단축이 되고 세련된 이미지로 개선시킬 수 있다.

관리 순서

소독 → 눈썹 디자인 → 눈썹 왁싱 → 진정 및 마무리

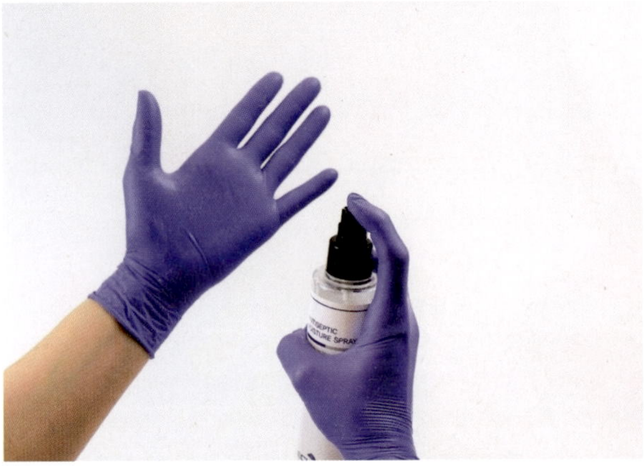


### (1) 손 소독하기 왁서

① 70% 이상의 안티셉틱 Antiseptic 을 이용하여 왁서 Waxer 의 손을 소독한다.

② 1차 소독 : 화장솜에 소독제를 묻혀 왁서의 손을 꼼꼼히 닦는다.

③ 2차 소독 : 일회용 장갑 라텍스 또는 니트릴 장갑 을 끼고 스프레이를 뿌려 2차 소독을 한다.

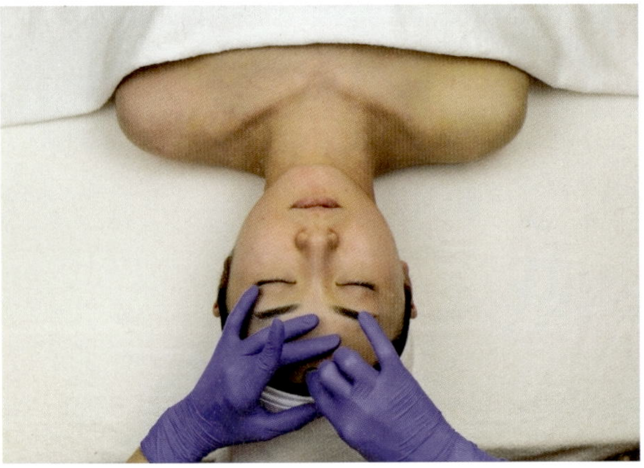

### (2) 관리부위 소독하기 고객

① 전 처리제나 스킨을 이용하여 고객의 왁싱 부위를 소독한다.

② 소독 전에 모가 길 경우 커팅을 한다.

③ 왁싱의 부위에 따라 왁싱의 효율을 위해 넓은 부위는 넓은 거즈를 이용하고 좁은 부위는 화장솜을 이용하여 소독한다.

④ 피부 표면의 불순물과 노폐물을 깨끗이 제거한다.

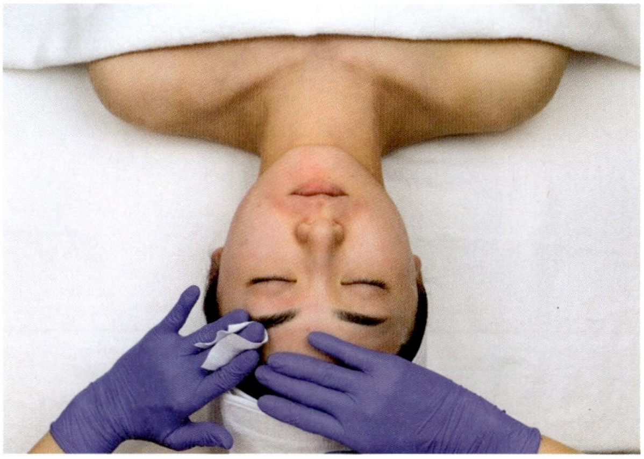

### (3) 모 길이 조절하기

① 컷팅이 필요한 부위는 모발의 길이에 따라 적당한 길이로 컷팅을 한다.
② 컷팅은 털이난 역방향으로 한다.
③ 길이는 최소 3mm 이상은 되어야 한다.
④ 모발의 길이가 길고 가늘면 왁스를 바를 때 통증이 심하거나견인통 끊김 현상이 일어날 수 있다.
⑤ 컷팅 시 필요한 꼬리 빗과 가위 등은 반드시 도구 소독 및 자외선 소독을 철저히 한다.

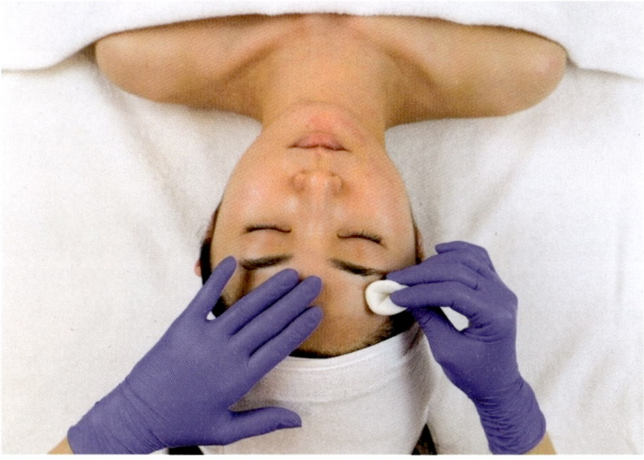

### (4) 유·수분 제거하기

① 왁스의 밀착력을 높여주기 위해 모의 사이사이에 파우더를 꼼꼼하게 도포한다.
② 털의 반대 방향으로 먼저 펴 바른 다음 → 털이 난 방향으로 결을 정리한다.

*Point*

슈가링 왁스는 오일을 바르지 않는다.

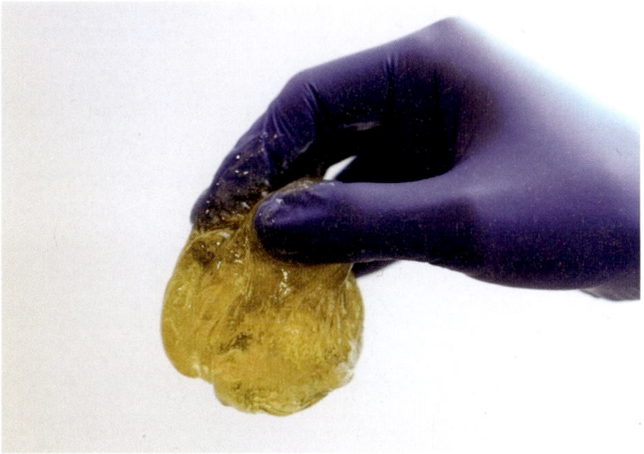

### (5) 왁스량 조절하기

① 모의 넓이나 두께에 따라 슈가 왁스를 적당량 떠서 원을 그리듯이 핸들링을 해 준다.
② 왁스가 손끝에 둥글게 모아서 뭉치는게 중요한 포인트이며, 부위별로 적당량을 조절해 준다.

*Point*

왁스가 너무 물러서 흘러내리지 않게 온도조절37.5℃을 한 후 조심해서 핸들링한다.

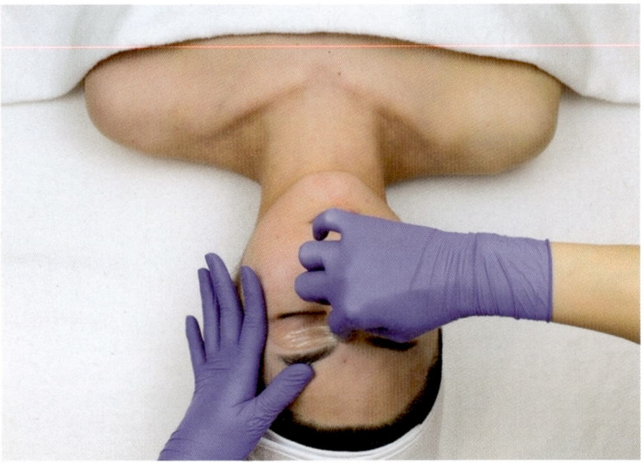

### (6) 슈가링 왁스 핸들링하기 도포

① 슈가 왁스는 다른 왁스와 반대로 도포를 하며 모가 난 반대 방향으로 밀착되도록 당기듯 왁스를 끌어준 후 손목의 스냅을 이용해서 제거한다.
② 이때 개인의 피부온도나 주변의 온도에 따라 왁스가 녹아 묽어질 수 있으니 주의하여 관리한다.
③ 다른 모가 끌려와서 견인통이 유발되지 않도록 주의하고, 왁스가 너무 밀착되어 스킨 탈락이 일어나지 않도록 주의해야 한다.
④ 동일한 방법으로 여러 번 반복해서 끌어 주듯이 도포를 한다.

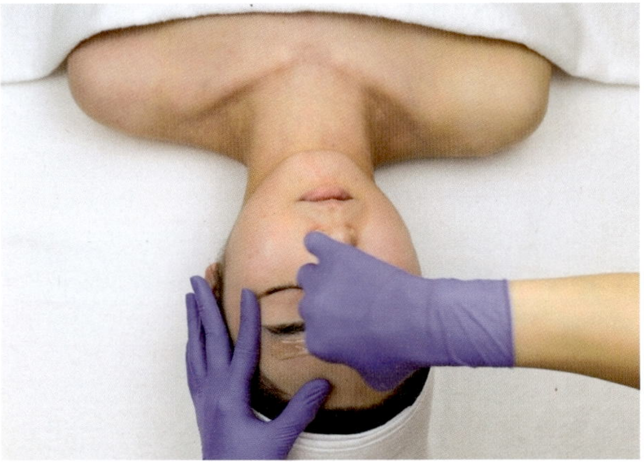

### (7) 슈가링 왁스 핸들링하기 제거

① 털이 난 방향으로 제거한다. 도포한 반대 방향으로
② 한 손은 제거 시작점에 텐션을 주어 고정하고, 스킨 탈락이나 피부가 손상되지 않도록 모가 난 방향으로 피부와 핸들링하는 손이 평행을 유지하여 재빨리 떼어낸다. 45°각도 유지
③ 한 번 사용한 왁스는 여러 번 사용이 가능해 경제적이지만 외관상 비위생적으로 보일 수 있다.
④ 왁스 교체시기는 여러 번 사용하면 딱딱하게 굳어 사용이 불편해질 때 교체하되, 교체 시 쓰던 장갑도 같이 버려야 한다.

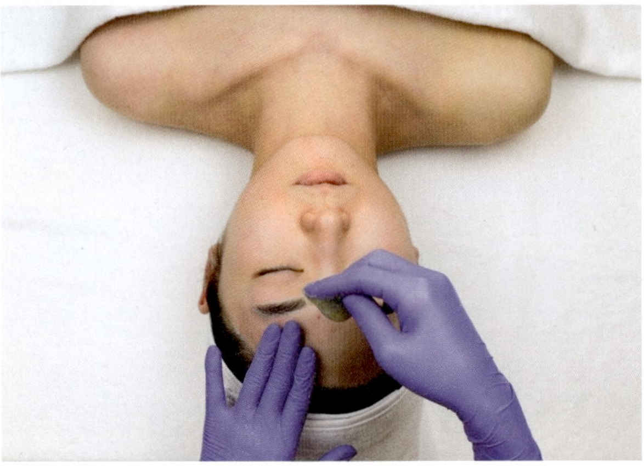

### (8) 진정 시키기

① 텐션을 주는 손은 왁스가 제거되는 동시에 왁싱된 부위를 눌러주며 신경 통증을 진정시킨다.
② 제거된 왁스는 다시 손끝으로 둥글게 모이게 핸들링을 해준다.
③ 왁싱 후에는 과도하게 손을 대지 않는다.

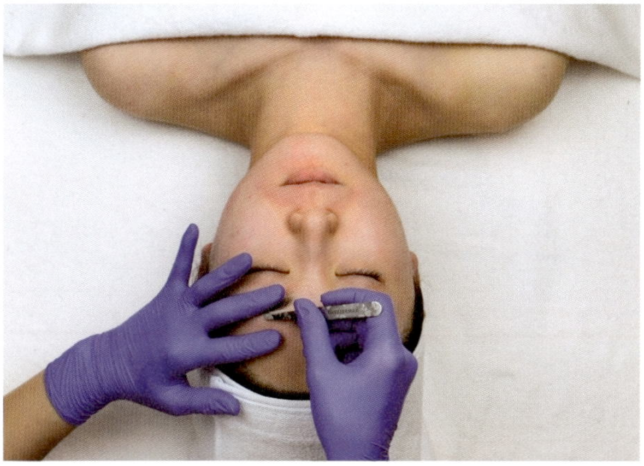

## (9) 잔모 제거하기

① 왁싱 후 남은 잔모를 제거한다.

② 왁싱으로 뽑히지 않은 짧은 모들은 족집게트위저, Tweezers를 이용해 제거한다.

③ 족집게 사용 시 모 성장 방향으로 텐션을 주며 족집게를 눕혀 잡아당기듯이 사용하면 모가 끊기지 않고 제거가 수월해지며 통증도 감소된다. 45° 유지

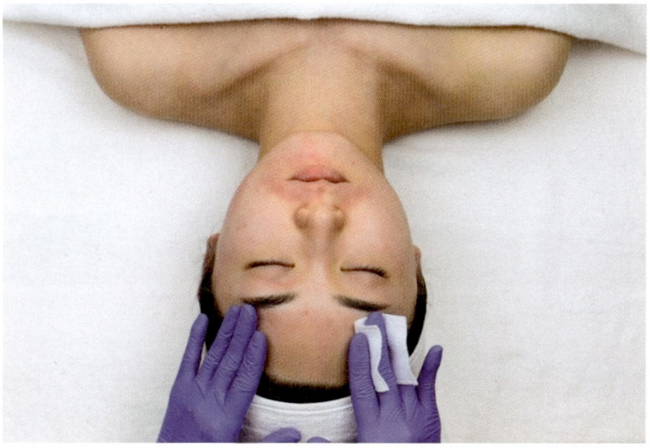

## (10) 잔여물 제거하기

① 후 처리제를 이용하여 피부 표면에 남아 있는 왁스 잔여물이나 이물질을 제거한다.

② 오일을 이용하여 피부 표면에 남아 있는 왁스 잔여물이나 이물질을 제거한다. 진정관리와 염증 방지를 위해

③ 왁싱 부위의 피부 상태를 체크한다.

④ 잔모가 남았는지 양손으로 피부에 텐션을 주어 확인한다.

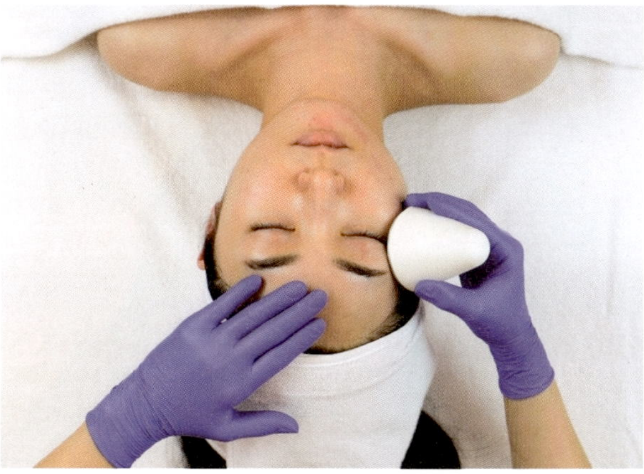

## (11) 진정 관리하기

① 왁싱으로 인해 자극받은 피부 표면을 진정시킨다.

② 진정 젤알로에 젤을 도포한다.

③ 아이스 쿨러Ice cooler로 롤링해 피부의 열감을 내려 트러블을 방지한다.

④ 유·수분 공급제를 발라 왁싱 후 비어 있는 공간을 보호해줌으로 2차 감염을 예방한다.

*Point*

필요시 다리 부위에도 모델링팩이나 시트팩을 사용하면 진정 효과에 빠른 도움이 된다.

## 10. 슈가링 왁싱 Sugar ring Waxing 실기 : 구레나룻 Sideburns Waxing

볼과 귀 앞에서 나는 잔머리가 턱 밑까지 내려오거나 그 주위의 거뭇한 솜털을 제거함으로써 미백효과를 주며 깔끔한 메이크업을 도와준다. 여드름 피부에 효과적

관리 순서

소독 → 구레나룻 디자인 → 구레나룻 왁싱 → 마무리

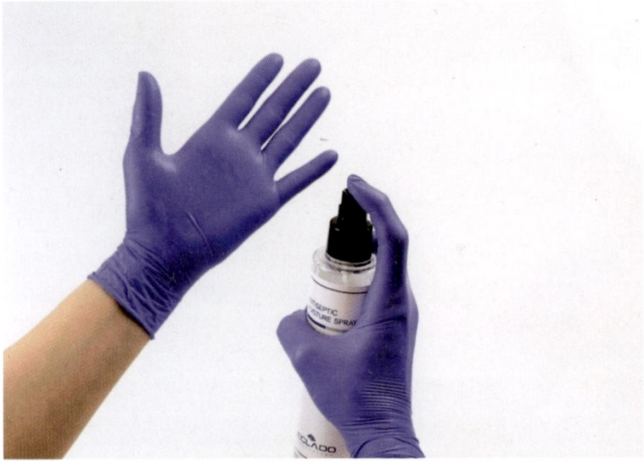

### (1) 손 소독하기 왁서

① 70% 이상의 안티셉틱 Antiseptic을 이용하여 왁서 Waxer의 손을 소독한다.

② 1차 소독 : 화장솜에 소독제를 묻혀 왁서의 손을 꼼꼼히 닦는다.

③ 2차 소독 : 일회용 장갑 라텍스 또는 니트릴 장갑을 끼고 스프레이를 뿌려 2차 소독을 한다.

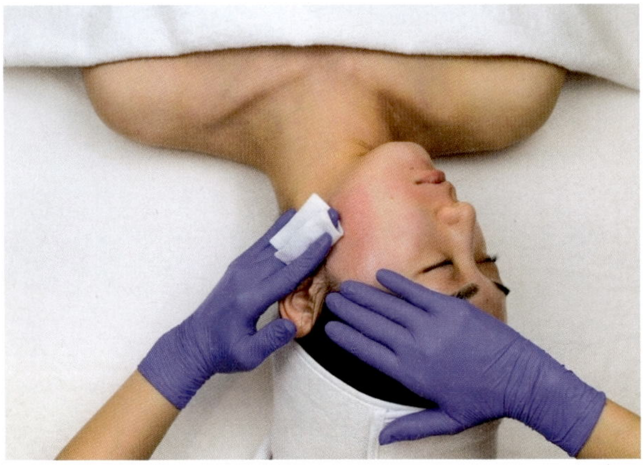

### (2) 관리부위 소독하기 고객

① 전 처리제나 스킨을 이용하여 고객의 왁싱부위를 소독한다.

② 소독 전에 모를 컷팅하여 길이를 조절한다.

③ 화장솜을 이용하여 관리부위를 소독한다.

④ 피부 표면의 불순물과 노폐물을 깨끗이 제거한다.

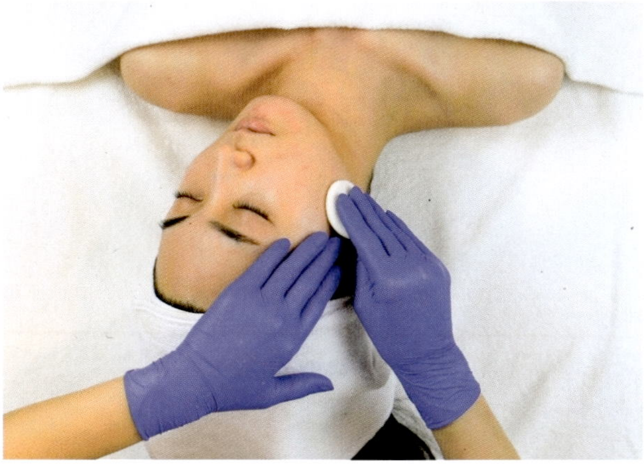

### (3) 유·수분 제거하기

① 왁스의 밀착력을 높여주기 위해 모의 사이사이에 파우더를 꼼꼼하게 도포한다.
② 털의 반대 방향으로 먼저 펴 바른 다음 → 털이 난 방향으로 결을 정리한다.

*Point*

슈가링 왁스는 오일을 바르지 않는다.

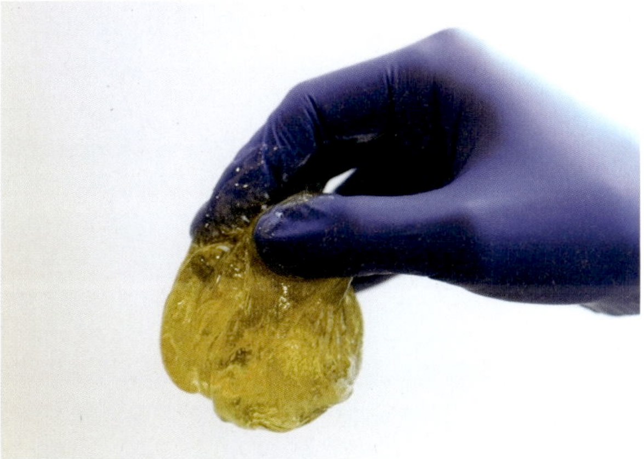

### (4) 슈가링 왁스량 조절하기

① 모의 넓이나 두께에 따라 슈가 왁스를 적당량 떠서 원을 그리듯이 핸들링을 해 준다.
② 왁스가 손끝에 둥글게 모아서 뭉치는게 중요한 포인트이며, 부위별로 적당량을 조절해 준다.

*Point*

왁스가 너무 물러서 흘러내리지 않게 온도조절37.5℃을 한 후 조심해서 핸들링한다.

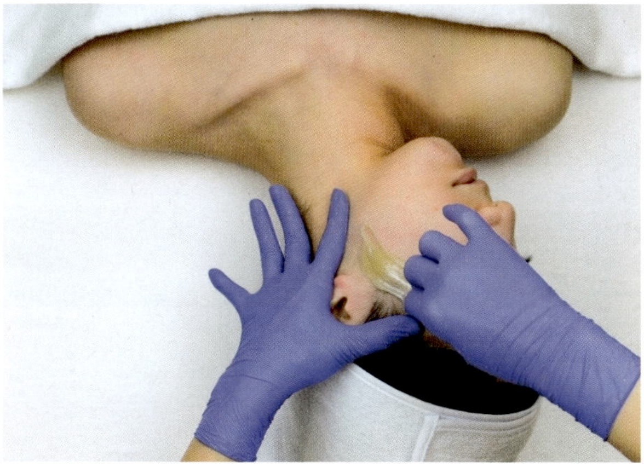

### (5) 슈가링 왁스 도포하기

① 슈가 왁스는 다른 왁스와 반대로 도포를 하며 모가 난 반대 방향으로 밀착되도록 당기듯 왁스를 끌어준 후 손목의 스냅을 이용해서 제거한다. 이때 피부온도에 따라 왁스가 녹을 수도 있으며, 다른 모가 끌려와서 통증을 유발할 수 있으며 너무 밀착이 되면 스킨 탈락이 일어날 수 있으므로 주의해야 한다.
② 똑같은 방법으로 여러 번 반복해서 끌어 주듯이 도포를 한다.

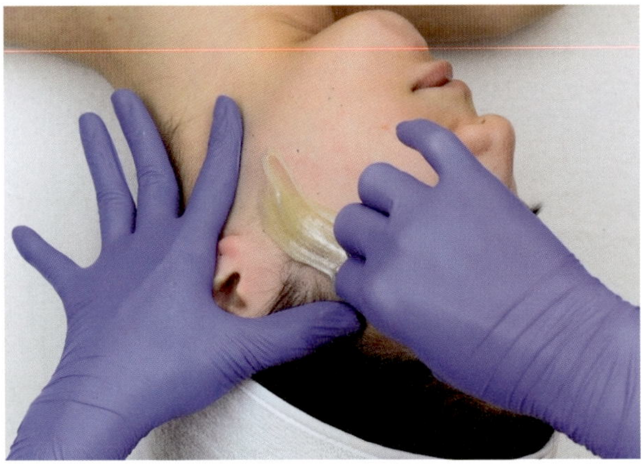

[슈가링 왁스 도포 방향]

① 도포 : 턱 → 눈썹 방향으로 펴 발라준다.

② 제거 : 손목의 텐션을 이용하여 도포한 반대방향으로 제거한다.

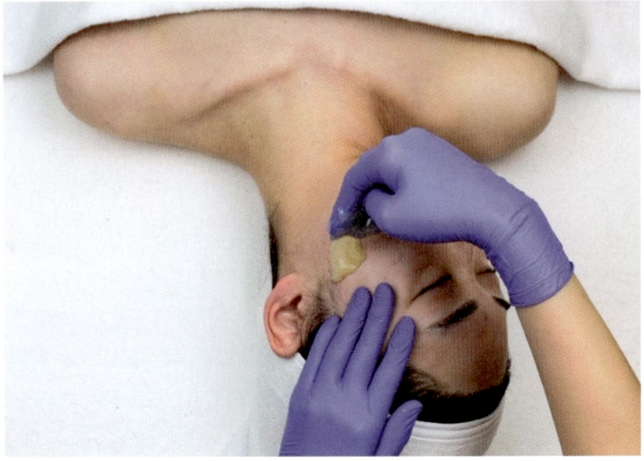

### (6) 슈가링 왁스 제거하기

① 털이 난 방향으로 제거한다. 도포한 반대 방향으로

② 한 손은 제거 시작점에 텐션을 주어 고정하고, 스킨 탈락이나 피부가 손상되지 않도록 모가 난 방향으로 피부와 평행하게 재빨리 떼어낸다. 45°각도 유지

③ 한 번 사용한 왁스는 여러 번 사용이 가능해 경제적이지만 외관상 비위생적으로 보일 수 있다.

④ 왁스 교체시기는 여러 번 사용하면 딱딱하게 굳어 사용이 불편해질 때 교체하되, 교체 시 쓰던 장갑도 같이 버려야 한다.

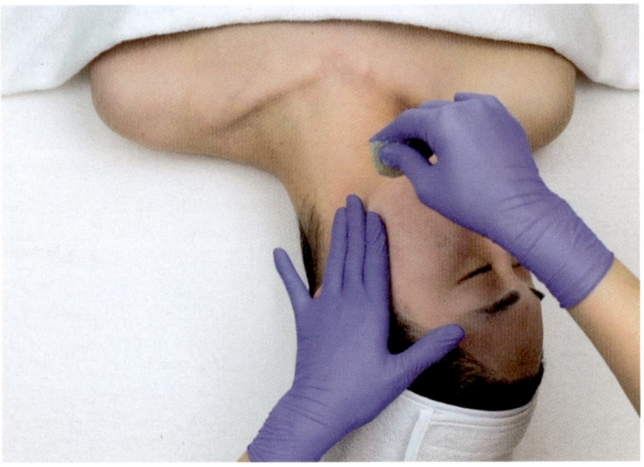

### (7) 피부 진정하기

① 텐션을 주는 손은 왁스가 제거되는 동시에 왁싱된 부위를 눌러주며 신경 통증을 진정시킨다.

② 제거된 왁스는 다시 손끝으로 둥글게 모이게 핸들링을 해준다.

③ 왁싱 후 감염예방을 위해 피부 접촉을 최소화 한다.

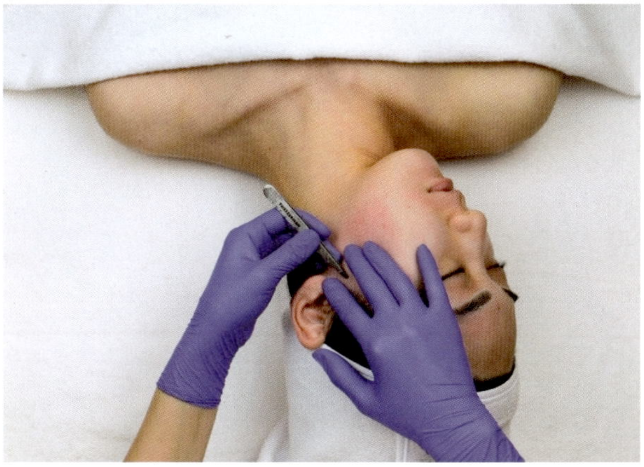

### (8) 잔모 제거하기

① 왁싱 후 남은 잔모를 제거한다.
② 왁싱으로 뽑히지 않은 짧은 모들은 족집게트위저, Tweezers를 이용해 제거한다.
③ 족집게 사용 시 모 성장 방향으로 텐션을 주며 족집게를 눕혀 잡아당기듯이 사용하면 모가 끊기지 않고 제거가 수월해지며 통증도 감소된다. 45° 유지

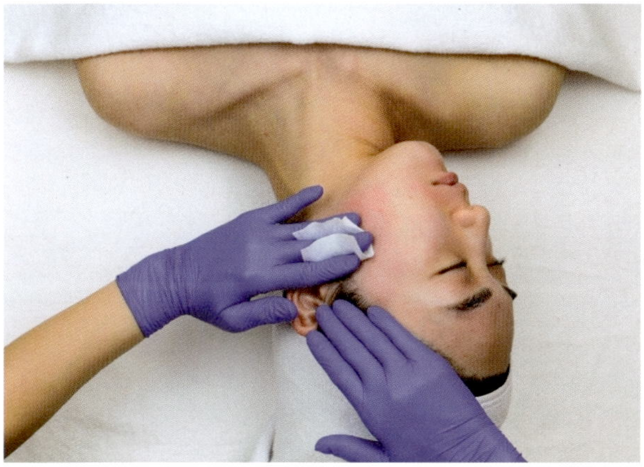

### (9) 잔여물 제거하기

① 후 처리제를 이용하여 피부 표면에 남아 있는 왁스 잔여물이나 이물질을 제거한다.
② 오일을 이용하여 피부 표면에 남아 있는 왁스 잔여물이나 이물질을 제거한다. 진정관리와 염증 방지를 위해
③ 왁싱 부위의 피부 상태를 체크한다.
④ 잔모가 남았는지 양손으로 피부에 텐션을 주어 확인한다.

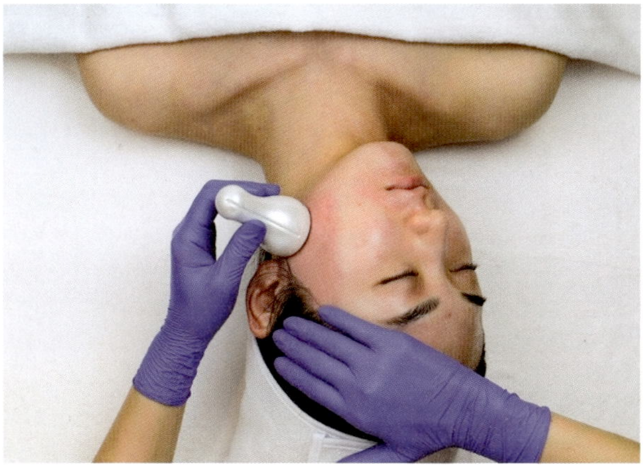

### (10) 피부 진정 및 마무리하기

① 왁싱으로 인해 자극받은 피부 표면을 진정시킨다.
② 진정 젤알로에 젤을 도포한다.
③ 아이스 쿨러Ice cooler로 롤링해 피부의 열감을 내려 트러블을 방지한다.
④ 유·수분 공급제를 발라 왁싱 후 비어 있는 공간을 보호해줌으로써 2차 감염을 예방한다.

*Point*

모델링팩이나 시트팩 등을 추가로 사용하여 피부를 진정한다.

## 11. 슈가링 왁싱 Sugar ring Waxing 실기 : 인중 Philtrum Waxing

입술 주위의 거뭇한 솜털을 제거함으로써 미백효과를 주며 깔끔한 메이크업을 도와준다.

관리 순서

소독 → 전처리 → 인중·턱 관리 → 진정 및 마무리

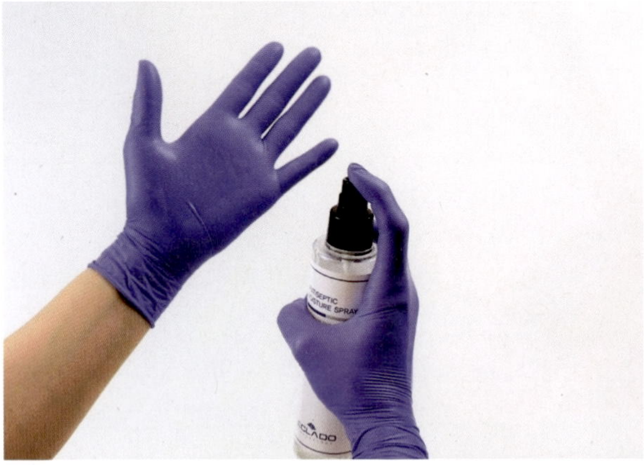

### (1) 손 소독하기 왁서

① 70% 이상의 안티셉틱 Antiseptic 을 이용하여 왁서 Waxer 의 손을 소독한다.

② 1차 소독 : 화장솜에 소독제를 묻혀 왁서의 손을 꼼꼼히 닦는다.

③ 2차 소독 : 일회용 장갑 라텍스 또는 니트릴 장갑 착용 후 2차 소독을 실시한다.

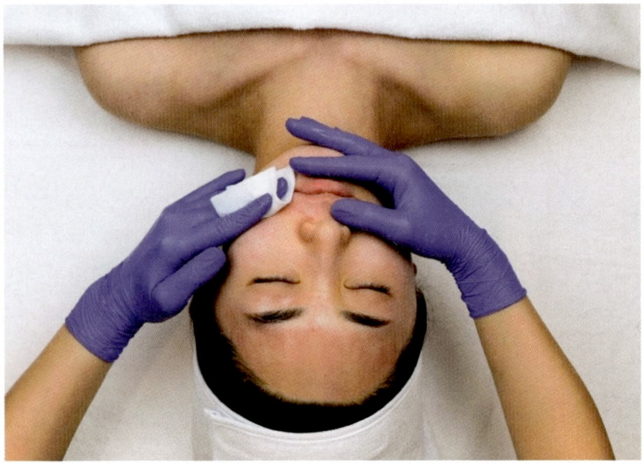

### (2) 관리 부위 소독하기 고객

① 전 처리제나 스킨을 이용하여 고객의 왁싱부위를 소독한다.

② 소독 전에 모가 길 경우 컷팅을 한다.

③ 왁싱 부위의 면적에 따라 거즈 또는 화장솜을 이용하여 소독한다.

④ 피부 표면의 불순물과 노폐물을 깨끗이 제거한다.

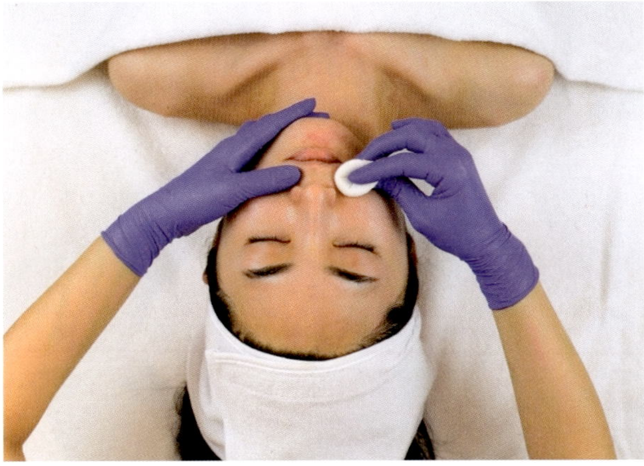

### (3) 유·수분 제거하기

① 왁스의 밀착력을 높여주기 위해 모의 사이사이에 파우더를 꼼꼼하게 도포한다.
② 털의 반대 방향으로 먼저 펴 바른 다음 → 털이 난 방향으로 결을 정리한다.
③ 넓은 부위를 왁싱할 때는 분첩을 이용하지 않고 손바닥에 덜어 전체적으로 도포한다.

*Point*

슈가링 왁스는 오일을 바르지 않는다.

### (4) 왁스량 조절하기

① 모의 넓이나 두께에 따라 슈가 왁스를 적당량 떠서 원을 그리듯이 핸들링을 해준다.
② 왁스가 손끝에 둥글게 모아서 뭉치는게 중요한 포인트이며, 부위별로 적당량을 조절해 준다.

*Point*

왁스가 너무 물러서 흘러내리지 않게 온도조절37.5℃을 한 후 조심해서 핸들링한다.

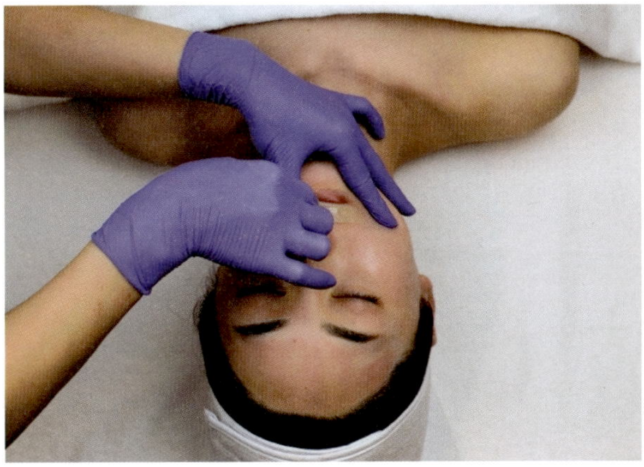

### (5) 슈가링 왁스 도포하기

① 슈가 왁스는 다른 왁스와 반대로 도포를 하며 모가 난 반대 방향으로 밀착되도록 당기듯 왁스를 끌어준 후 손목의 스냅을 이용해서 제거한다. 이때 피부온도에 따라 왁스가 녹을 수도 있으며, 다른 모가 끌려와서 통증을 유발할 수 있고 너무 밀착이 되면 스킨 탈락이 일어날 수 있으므로 주의해야 한다.
② 똑같은 방법으로 여러 번 반복해서 끌어 주듯이 도포를 한다.

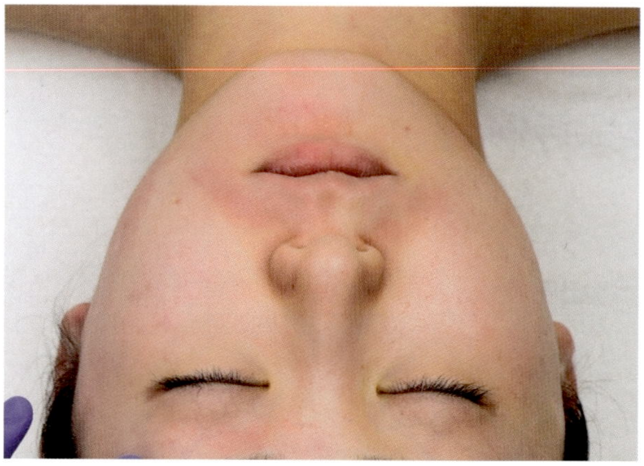

[인중과 턱 관리 순서]

① 인중의 모를 제거해 준다.

② 턱의 모를 제거해 준다.

③ 좁은 부위 슈가링 왁싱 시 2지 1손가락을 이용하여 편리에 따라 관리한다.

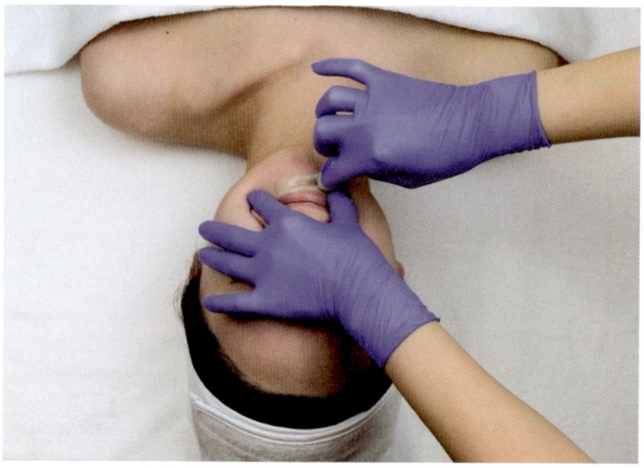

## (6) 슈가링 왁스 제거하기

① 털이 난 방향으로 제거한다. 도포한 반대 방향으로

② 한 손은 제거 시작점에 텐션을 주어 고정하고, 스킨 탈락이나 피부가 손상되지 않도록 모가 난 방향으로 피부와 평행하게 재빨리 떼어낸다. 45°각도 유지

③ 한 번 사용한 왁스는 여러 번 사용이 가능해 경제적이지만 외관상 비위생적으로 보일 수 있다.

④ 왁스 교체시기는 여러 번 사용하면 딱딱하게 굳어 사용이 불편해질 때 교체하되, 교체 시 쓰던 장갑도 같이 버려야 한다.

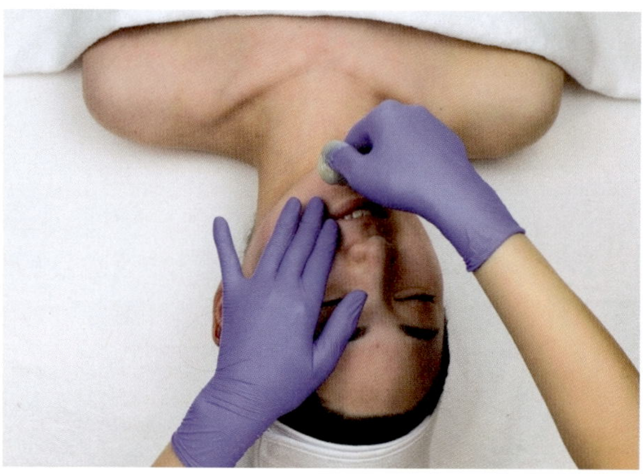

## (7) 피부 진정 시키기

① 텐션을 주는 손은 왁스가 제거되는 동시에 왁싱된 부위를 눌러주며 신경 통증을 진정시킨다.

② 제거된 왁스는 다시 손끝으로 둥글게 모이게 핸들링을 해준다.

③ 왁싱 후에는 감염 예방을 위해 접촉을 최소화한다.

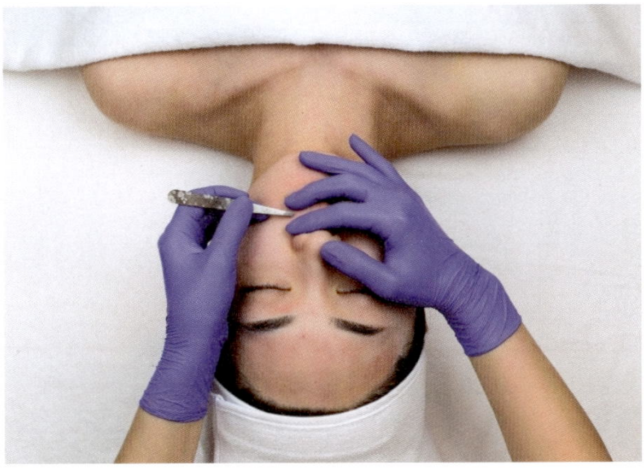

### (8) 잔모 제거하기

① 왁싱 후 남은 잔모를 제거한다.
② 왁싱으로 뽑히지 않은 짧은 모들은 족집게트위저, Tweezers를 이용해 제거한다.
③ 족집게 사용 시 모 성장 방향으로 텐션을 주며 족집게를 눕혀 잡아당기듯이 사용하면 모가 끊기지 않고 제거가 수월해지며 통증도 감소된다. 45° 유지

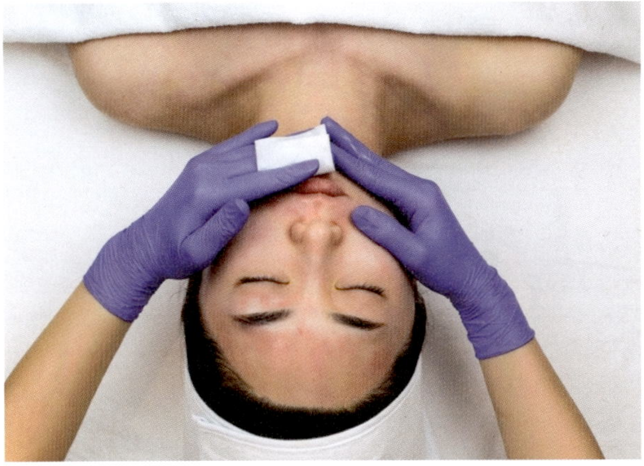

### (9) 잔여물 제거하기

① 후 처리제를 이용하여 피부 표면에 남아있는 왁스 잔여물이나 이물질을 제거한다.
② 오일을 이용하여 피부 표면에 남아 있는 왁스 잔여물이나 이물질을 제거한다. 진정관리와 염증 방지를 위해
③ 왁싱 부위의 피부 상태를 체크한다.
④ 잔모가 남았는지 양손으로 피부에 텐션을 주어 확인한다.

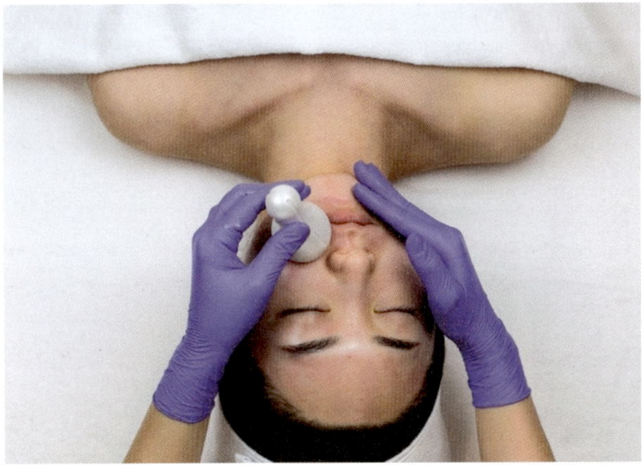

### (10) 진정 및 마무리하기

① 왁싱으로 인해 자극받은 피부 표면을 진정시킨다.
② 진정 젤알로에 젤을 도포한다.
③ 아이스 쿨러Ice cooler로 롤링해 피부의 열감을 내려 트러블을 방지한다.
④ 유·수분 공급제를 발라 왁싱 후 비어 있는 공간을 보호해줌으로써 2차 감염을 예방한다.

*Point*

필요 시 모델링팩이나 시트팩을 사용하면 진정 효과에 빠른 도움이 된다.

# PART V

## 왁싱 후 진정 관리

*Chapter* 16. 왁싱 후 진정 관리

*Chapter 16*

# 왁싱 후 진정 관리

왁싱은 피부에 적용되어 단순히 체모만을 제거하는 것이 아닌, 표면의 각질이 제거되면서 상황에 따라 피부 컨디션에 따라 다양한 자극 반응이 나타날 수 있으므로 왁싱의 만족도를 높여줄 알맞은 진정관리는 필수이다.

## 1. 피부 타입별 특징 및 관리 방법

|  | 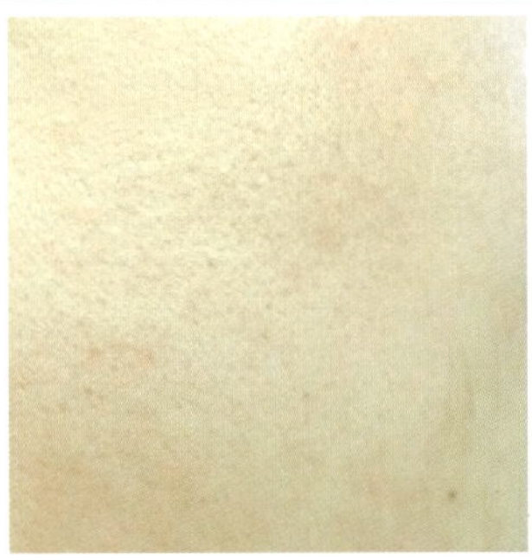 | 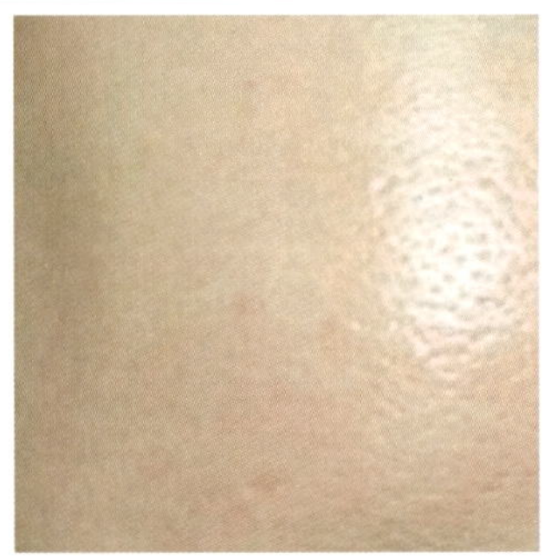 |
|---|---|---|
| 정상 피부 Normal Skin | 건성 피부 Dry Skin | 지성 피부 Oily Skin |
| 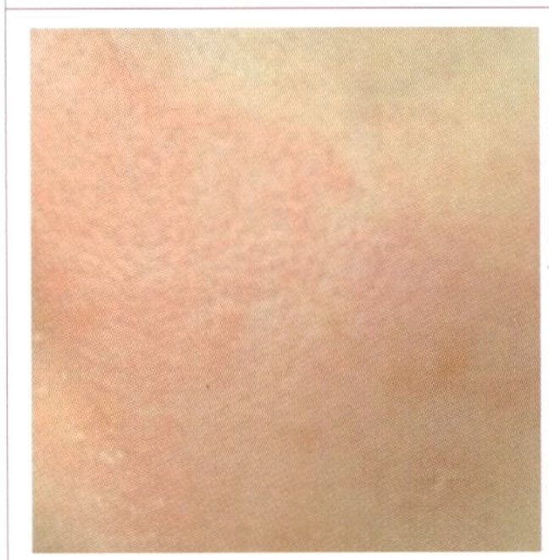 | 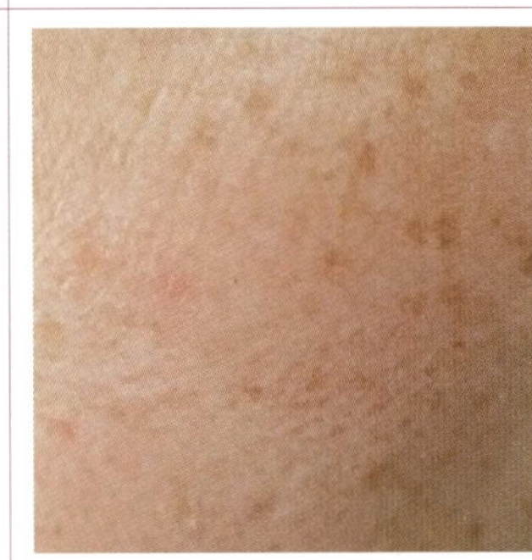 | 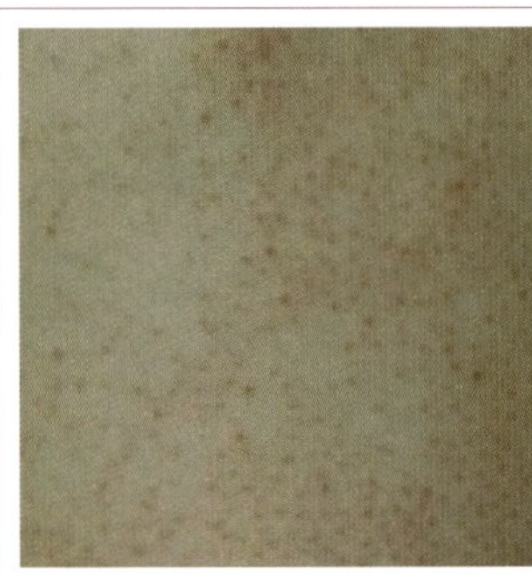 |
| 아토피 피부 Atopy Skin | 색소침착 피부 Pigmentation Skin | 닭살 피부<br>모공 각화증, Pore Keratosis Skin |

## 1. 정상 피부 특징

### (1) 정상 피부의 특징

① 가장 이상적인 피부 상태이며, 피부 표면이 매끄럽고 결이 섬세하며 부드럽다.

② 주름이나 잡티, 기미, 주근깨와 같은 색소 침착이 없다.

③ 유수분 밸런스, pH 밸런스, 피지 분비가 적당하며, 각질층의 수분량이 12% 이상이다.

### (2) 왁싱 후 정상 피부에 관리되는 제품

① 시술 후 건조함이나 당김이 생기지 않도록 알로에 수딩젤이나 부위에 따라 전용 시트팩을 사용하여 수분을 충분히 보습해준다.

② 열린 모공에 외부 자극으로 인한 트러블이 생기지 않도록 티트리 성분의 로션을 사용한다.

## 2. 건성 피부 Dry Skin

### (1) 건성 피부의 특징

① 모공이 작고 피부 결이 섬세하지만, 화장이 들뜨고 잘 먹지 않는다.

② 모공의 늘어짐이 눈에 띄며, 피부 두께가 얇지만, 각질층의 두께는 두껍다.

③ 피부의 탄력성이 떨어져 잔주름이 많고, 각질층의 수분 함량이 10% 이하이다.

④ 윤기가 없고, 색소 침착이 쉽게 일어난다.

### (2) 왁싱 후 건성 피부에 관리되는 제품

① 피부열을 내려주고 수분이 부족한 모공을 채워주는 알로에 수딩젤 제품을 사용한다.

② pH 밸런스 조절을 해주며 각질이 손상되지 않도록 전용 시트팩을 사용한다.

③ 모공 속 수분을 채우고 염증 예방에 효과적인 수분감 있는 전용 보습제를 사용한다.

## 3. 지성 피부 Oily Skin

### (1) 지성 피부의 특징

① 피부 조직이 두껍고 피부 결이 거칠며, 번들거린다.

② 과도한 피지와 각질로 피부가 두껍고 칙칙하며 모공이 크다.

③ 노폐물이 모공을 막아 트러블 발생 확률이 높다.

### (2) 왁싱 후 지성 피부에 관리되는 제품

① 피부 당김이 생기지 않도록 모공을 채워주는 알로에 수딩젤을 발라주고, 시트팩을 이용하여 보습력을 더한다.

② 오일이 첨가된 보습제 사용보다는 피지 조절이 가능한 기능성 로션을 발라준다.

## 4. 아토피 피부 Atopy Skin

### (1) 아토피 피부의 특징

① 아토피 피부는 피부 장벽 기능Skin Barrier Function의 저하로 외부 자극 물질먼지, 집먼지 진드기, 피부 유해균, 화학물질, 과도한 땀 등로 인해 접촉성 피부염을 일으킬 수 있다.

### (2) 왁싱 후 아토피 피부에 관리되는 제품

① 과각화되지 않도록 수딩젤과 시트팩을 이용하여 즉각적으로 수분을 공급한다.

② 가려움이 동반되지 않도록 티트리 수분 보습제나 아토피 전용 제품으로 보습해준다.

## 5. 색소 침착 피부 Pigmentation Skin

### (1) 색소 침착 피부의 특징

① 색소 침착은 진피 내에 멜라닌 색소가 쌓여 생기는 현상이다.

② 왁싱으로 인한 자극으로 피부가 스스로 보호하기 위해 멜라닌 합성을 증가시켜 색소 침착을 일으키며, 피부 표면이 건조하며 가려움증을 동반하기도 한다.

### (2) 왁싱 후 색소 침착 피부에 관리되는 제품

① 각질 연화 기능이 있는 각질 관리 스프레이를 사용한다.

② 멜라닌 색소 발생 전 직접 작용하는 브라이트닝 성분이 첨가된 제품을 사용한다.

③ 가려움을 완화시키고 모공을 채워주는 유분감이 적은 수분감 있는 로션을 사용한다.

## 6. 닭살 피부 모공 각화증, Pore Keratosis Skin

### (1) 닭살 피부 모공 각화증의 피부 특징

① 모공 표면 각질 덩어리가 비정상적으로 쌓여 굳은 것이다.

② 피부 표면이 거칠고 건조하다. 피부가 건조할 때 증상이 더 악화된다.

③ 심하게 긁으면 모공이 도드라지고 오톨도톨해진다.

### (2) 왁싱 후 모공 각화증 피부에 관리되는 제품

① 각질 연화 기능이 있는 각질 관리 스프레이를 사용한다.

② 모공 속 유분감은 최소화된 수분감 있는 기능성 로션을 선택하여 바른다.

③ 건조한 피부 각질 제거에 용이한 전용 크림 타입 스크럽제를 사용한다.

# 2. 왁싱 후 부위별 진정 관리

| 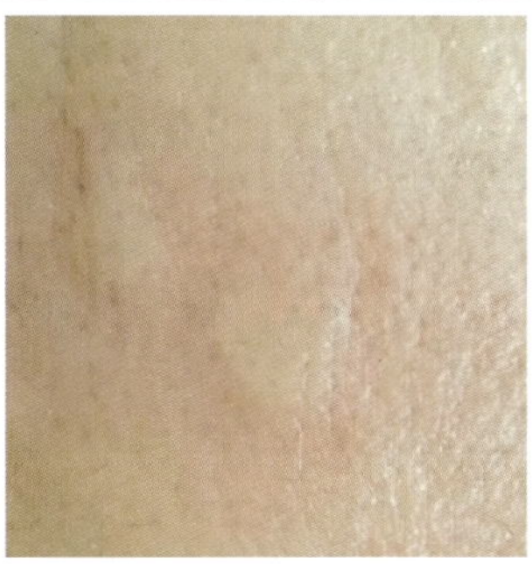 | 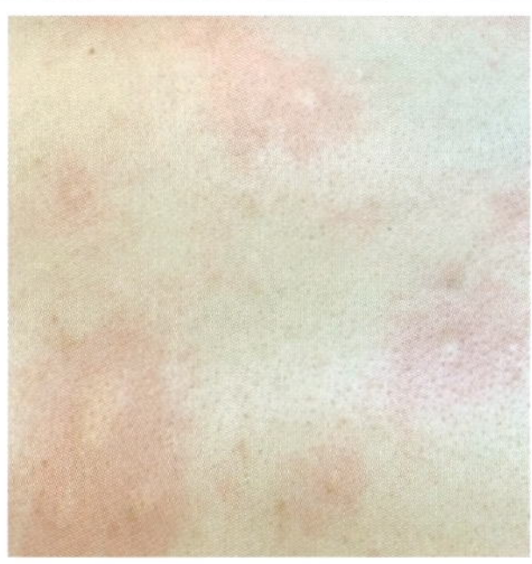 | 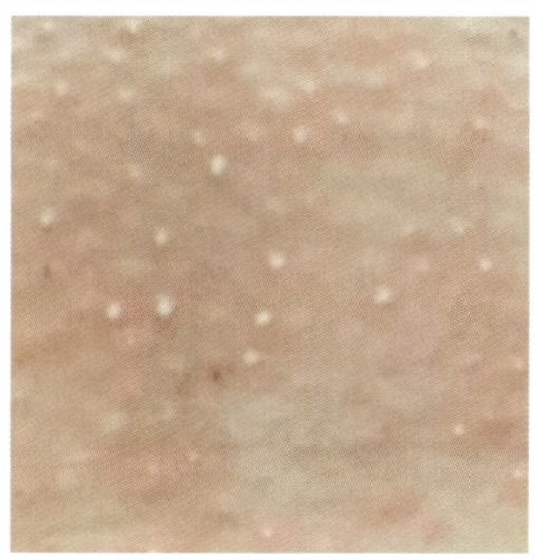 |
|---|---|---|
| 페이스 히스타민 반응 | 바디 히스타민 반응 | 브라질리언 홍반과 염증 |

## 1. 페이스 Face

### (1) 페이스 왁싱의 피부 반응

왁싱 직후 민감한 피부의 경우 트러블이나 붉은 현상, 피부팽창, 히스타민 반응이 있을 수 있다. 피하 조직층에 존재하는 비만세포 Mast cell 에서 배출되는 히스타민 반응으로 가려움증이 동반되고 긁으면 접촉성 피부염으로 진행되기도 한다.

알로에 젤 도포로 자극받은 피부에 열을 낮춰주고, 수분을 공급하여 염증을 방지한다.

### (2) 진정 관리 방법

① 피부의 온도를 낮추고 즉각적인 피부 진정을 위해 알로에 수딩젤을 바른다.

② 진정 및 보습 효과가 있는 팩을 올린 뒤, 15분 경과 후 팩을 제거하고 남은 에센스 또는 보습 로션을 피부에 흡수시킨다.

## 2. 바디 Body

### (1) 바디 왁싱의 피부 반응

넓은 면적에 분포되어 있는 모를 제거하였기에 범프현상 히스타민 반응 이나 소양증과 같은 가려움이 동반되기도 한다. 열린 모공에 염증이 생기지 않도록 살리실산, 젖산, 알란토인, 아르니카 성분이 함유된 스프레이를 뿌려 모공을 채운 뒤 외부 유해물질로부터 보호한다. ※ 절대 긁지 않도록 주의한다.

### (2) 진정 관리 방법

① 전용 제품을 이용하여 피부에 남은 왁스 잔여물을 제거해 준다.

② 왁싱 후 비어있는 모공 속에 노폐물이 침투하여 염증이 생기지 않도록 항염 기능이 있는 스프레이를 뿌려 모공을 채워준다.

③ 피부 보호 및 수분 공급을 위한 오일 프리 로션을 발라 보습하여 준다.

## 3. 브라질리언 Brazilian

### (1) 브라질리언 왁싱의 피부 반응

Y존은 예민하고 모공이 넓은 부위라 피지선이 자극 받을 경우 트러블이 크게 나타날 수 있다. 다른 부위보다 42배나 되는 흡수율을 가지고 있으므로 특히, 에탄올이나 화학 성분이 없는 저자극 수딩젤과 브라질리언 전용 시트팩을 이용하여 마무리한다.

호르몬 반응으로 부풀어 오르거나 홍조 레드 스팟 등의 증상이 나타난다. 세균이나 박테리아로 인한 모낭염, 피부염을 유발할 수 있으므로 주의한다.

### (2) 진정 관리 방법

① 왁싱 후 비어있는 모공 속에 노폐물이 침투하여 염증이 생기지 않도록 항염 기능이 있는 스프레이를 뿌려 모공을 채워준다.

② 피부 진정을 위해 알로에 수딩젤과 브라질리언 전용 시트팩을 사용한다.

## 3. 왁싱 후 발생할 수 있는 부작용 또는 피부질환

왁싱은 단순히 모毛만을 제거하는 것이 아닌 피부의 각질층까지 제거되는 시술이므로 제거하는 시술 방법에 따라 부작용이 발생할 수 있으며, 왁싱 후 관리 소홀이나 왁서의 잘못된 시술로 인해 다양한 피부 질환이 발생할 수 있으므로 고객의 피부 상태 및 피부 유형을 충분히 파악한 후 관리를 진행해야 한다.

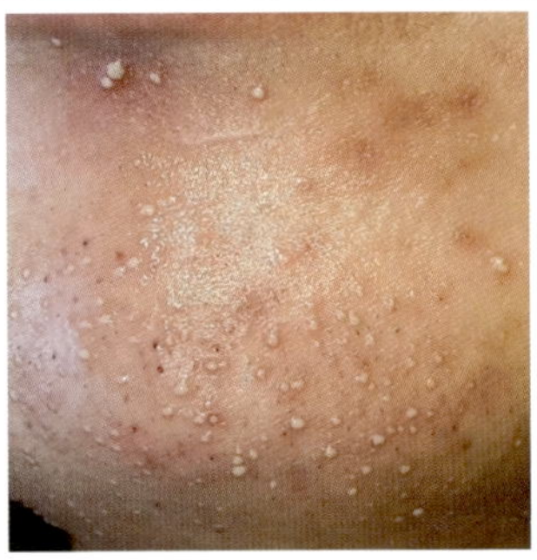
남성 털 모낭염

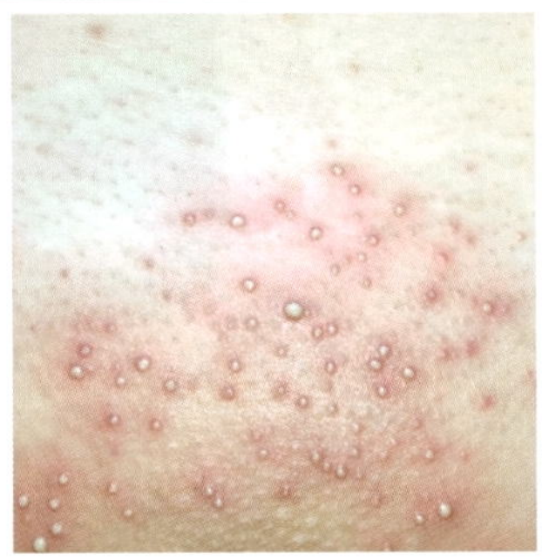
호르몬성 모낭염

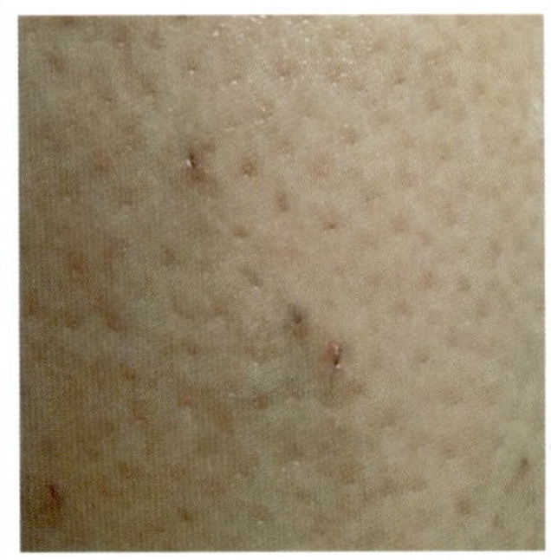
인그로운 헤어

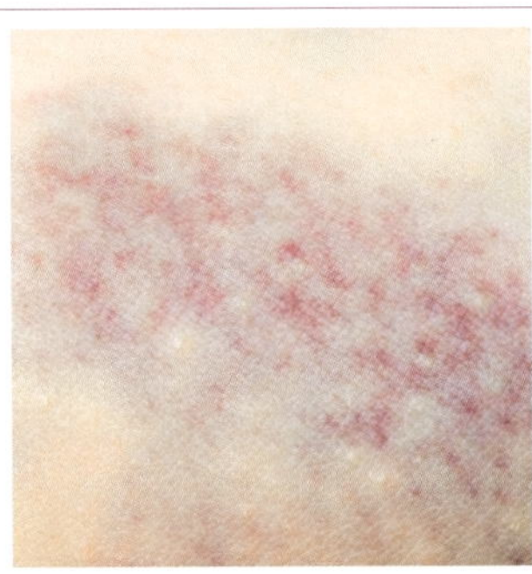
왁싱으로 인한 피부 멍

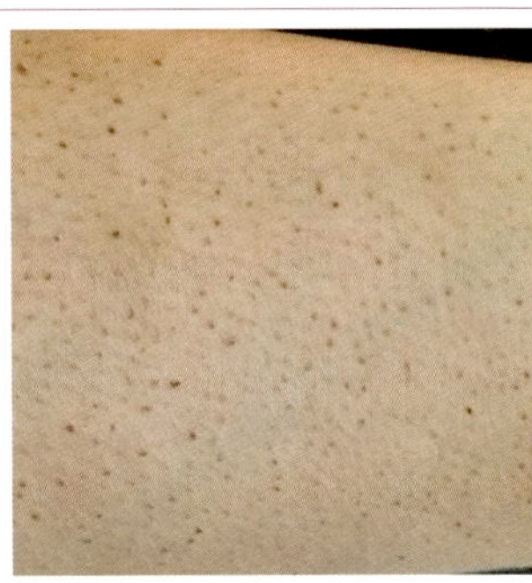
왁싱 후 각화

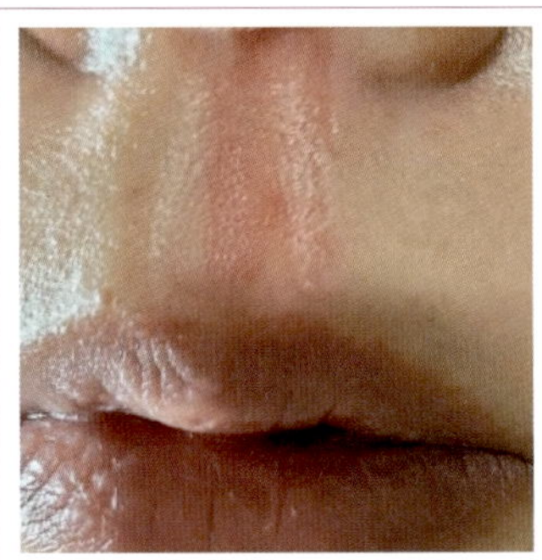
왁싱으로 인한 스킨 탈락

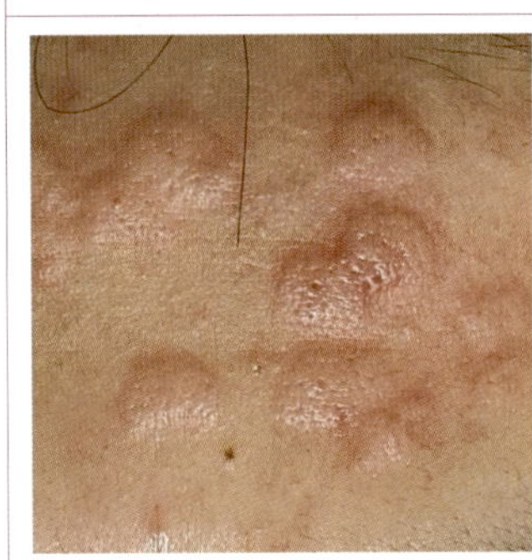
왁싱 후 범프현상

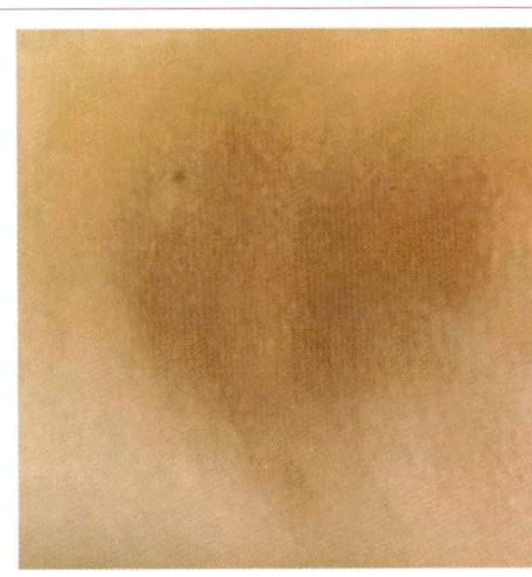
왁싱 후 피부 착색

## 1. 왁싱으로 인한 모낭염 Folliculitis

### (1) 왁싱으로 인한 모낭염 발생 원인

피부의 모낭부가 미생물 감염박테리아, 약물, 화학물질이나 물리적 자극으로 인해 노란 고름처럼 잡히는 증상을 일반적으로 모낭염이라고 한다.

특히, 피지선이 발달되어 있거나 마찰이 심한 생식기, 얼굴, 목, 겨드랑이, 엉덩이, 허벅지 부위에 잘 발생하며, 가려움 또는 열감을 호소하는 경우가 많다. 개인의 면역력, 알레르기 반응 여부, 호르몬, 약품, 생리 전·후 혹은 면역력 저하, 생활 패턴의 변화와 피로 누적 등에 따라 다르게 나타나므로 왁싱 전 고객들의 컨디션 파악 후 관리한다.

### (2) 관리 방법

모낭염 예방은 청결이 우선되어야 하며 왁싱 관리 시 손이 오염되지 않도록 반드시 일회용 장갑 착용 및 손 소독은 필수이다.

왁싱 후 모毛, 각질과 피지가 제거되면서 피지선의 자극으로 모낭염이 발생될 수 있는데 여드름 관리처럼 압출하는 행위는 염증을 악화시킬 수 있으므로 주의한다.

또한, 땀과 열감으로 인해 모낭염이 발생될 수 있으므로 왁싱 후 통풍이 잘 되는 옷을 입고, 모낭염 증상이 심할 경우 의사 처방에 따라 국소 항생제 또는 경구 항생제를 복용한다.

## 2. 왁싱으로 인한 화상 Burn

### (1) 왁싱으로 인한 화상 발생 원인

예민한 피부나 자외선에 의한 썬번Sunburn 또는 썬탠Tanning 상태의 피부에 왁싱을 할 경우 피부가 예민한 상태이므로 화상을 입을 수 있다. 고객 피부에 자극을 주지 않도록 왁스 도포 전 반드시 온도 테스트를 실시한다.

저온 왁스와 슈거 왁스를 이용하여 관리하면 화상의 위험은 줄일 수 있다.

### (2) 관리 방법

왁싱 시 피부 보호를 위해 전 처리 제품을 꼭 사용하고, 왁싱 부위에 화상이 생겼다면 즉시 피부 진정을 위해 냉찜질로 열감을 식혀준다. 항균성 연고를 바르고 거즈로 덮어 준 다음 그 위에 얼음을 올려 피부에 자극을 최소화한다. 흉터부위에 착색될 수 있으므로 반드시 자외선 차단제를 발라준다.

## 3. 인그로운 헤어 Ingrown hair

### (1) 발생 원인

각질층이 쌓여 모발이 피부 밖으로 나오지 못하고 안에서 자라는 현상을 '인그로운 헤어 Ingrown hair'라고 한다. 피부에 각질이 비후하거나 면도, 왁싱 후 모공관리를 소홀하게 하면 발생되며, 심해질 경우 모낭염으로 발전한다.

왁싱 관리 후 남성은 얼굴과 목, 다리, 브라질리언 부분에 특히 잘 생기고, 여성은 다리, 브라질리언에 발생 확률이 높다. 너무 밀착되는 속옷, 압박 스타킹, 스키니한 옷 등은 피하고, 통풍이 잘 되는 옷을 입어주어 인그로운 헤어가 발생하지 않도록 주의한다.

### (2) 관리 방법

왁싱 후 각질이 쌓이지 않도록 피부 타입에 따라 3~5일 주기로 스크럽 관리를 한다. 스크럽 관리 후 피부가 자극받지 않도록 재생과 보습에 더욱 신경쓰도록 한다.

## 4. 왁싱으로 인한 피부 멍 Bruise

### (1) 발생 원인

바디 왁싱 관리 후 많이 나타난다. 왁스를 너무 두껍게 도포하여 떼어내거나, 손목 스냅의 각도, 잘못된 텐션, 같은 부위에 지속적인 액션이 가해질 경우 피부에 자극을 받아 멍이 생길 수 있다.

### (2) 관리 방법

왁싱 관리 시 각도와 텐션에 주의하고, 추운 날씨나 건조한 피부에 멍이 더 잘 발생되므로 관리 시 유의하여 관리한다. 멍이 발생했을 경우 냉찜질을 10분~15분 정도 관리하여 멍이 퍼져나가지 않게 막아주고, 2~3일 후 혈액순환 촉진을 위해 온찜질을 10~15분 정도 실시하여 혈액이 잘 흐를 수 있도록 반복하여 관리한다.

## 5. 왁싱 후 가려움증 각질과 각화, Itching

### (1) 발생 원인

왁싱 후 모가 자라기 시작하면서 피부에 소양증이 있는 경우는 스크럽으로 피부 표면의 각질을 제거해 주면 가려움증이 해소될 수 있다. 밀착되는 속옷, 압박 스타킹, 스키니 한 바지 등 모를 압박하는 생활 습관으로도 가려움증이 발생된다. 왁싱 후 부위에 통풍이 잘 되도록 하고 세균감염이 발생하지 않도록 주의하여야 한다. 주 1~2회 스크럽 관리와 보습 관리를 철저히 하고, 공기가 차가우면 소양증이 심해지므로 주의한다.

### (2) 관리 방법

각질 및 피지와 털을 제거한 상태이기 때문에 보습 관리를 하지 않으면 가려움증이 생길 수 있다. 반드시 주 1~2회 스크럽 관리와 보습 관리가 필요하다. 특히 겨울철에는 외부 공기가 차갑기 때문에 더욱 보습 관리에 신경쓰도록 한다.

## 6. 왁싱으로 인한 피부 탈락 Dropped

### (1) 발생 원인

피부 탈락은 각질이 필요 이상으로 제거된 상태를 말하며 색소 침착을 초래할 수 있다. 피부가 얇거나 열감이 있는 상태, 물이나 땀이 피부 표면에 남아있는 경우 개인의 피부예민도에 따라 피부 탈락이 있을 수 있다. 특히, 스트립 왁싱과 하드 왁싱은 반드시 온도 테스트 후 관리하고, 예민한 피부를 관리할 때 더욱 주의해야 한다.

### (2) 관리 방법

고객의 피부 상태에 따라 3~5일 재생 패치를 권하며, 햇빛 노출에 의한 2차 피부 착색에 주의하도록 한다. 스크럽은 자제하고 보습에 신경을 쓰며, 심할 경우 전문가의 처방을 따른다.

## 7. 왁싱 후 범프현상Bump

### (1) 발생 원인

범프Bump는 "튀어나온 부분"이라는 뜻으로 좁은 모공에서 모를 뽑아내는 과정에서 피부에 자극이 가해지는데 이때 피부 내부 조직이 일시적으로 올라오는 현상을 말한다. 개인의 피부 상태에 따라 다르지만 민감한 부위인 브라질리언 왁싱 부위, 헤어라인 왁싱 부위 등에 많이 발생한다.

### (2) 관리 방법

왁싱 후 모기 물린 것처럼 피부가 올라오며 가려운 증상도 나타난다. 일시적인 반응으로 대개 1~2시간 안에 가라앉는 부분이다. 왁싱 직후 올라오는 왁싱 범프는 진정젤알로에 진정젤, 쿨링 제품으로 피부를 진정시켜주면 된다.

## 8. 왁싱 후 피부 착색Pigmentation

### (1) 발생 원인

모를 뽑는 과정에서 반복되는 외부적인 마찰과 자극 또는 과도한 각질 탈락으로 오는 현상으로 피부가 검게 변하고 상처 또한 오래 지속되어 관리 시 주의가 필요하다.

### (2) 관리 방법

자외선 차단제 사용으로 자외선으로부터 피부가 보호되도록 해주어야 하며 약한 착색의 경우라면 왁싱 3일 후부터 주 1~2회 스크럽 관리와 수분, 재생크림과 브라이트닝 제품으로 관리하도록 권장한다.

# 4. 브랜드별 대표적 사후 관리 제품

## 1. 라이콘 Lycon

### ① 인그로운 X–It 솔루션 Ingrown–X–It–Solution

소독, 항염, 각질 연화 기능을 하여 왁싱 후 생길 수 있는 피부의 염증을 예방해 주며, 인그로운 헤어 예방에 효과가 있다.

[사용법]
매일 1회 건조된 피부에 가볍게 분사하여 흡수시켜 준다. 페이스에 사용할 때에는 화장솜에 덜어 사용한다.

### ② 슈가 스크럽 Sugar Scrub

호주 천연 슈가와 글리세린, 천연 보습인자가 다량 함유되어 있다. 피부 타입별로 사용 가능한 6가지 향으로 구성되어 있는 제품이다.

[사용법]
스크럽이 필요한 부위에 적당량의 물을 묻힌 뒤 부드럽게 문질러 각질을 제거해 준다.

### ③ 자디니 알로에 수딩젤 Jardini Aloe Soothing gel

순수 알로에가 95%나 함유되어 건조함을 케어하고 수분 보충과 피부 진정에 도움이 된다.

[사용법]
건조함이 느껴질 때마다 수분 보습이 필요한 부위에 적당량을 덜어낸 뒤 피부에 충분히 두드려 흡수시켜 준다.

## 2. 제이앤코 J&CO

| | |
|---|---|
|  | ① **블랙 슈가 스크럽** Black Suger Scrub<br><br>숯가루와 천연 재료를 바탕으로 만들어진 제품이다. 미네랄과 흑설탕이 함유된 스크럽제로 민감한 피부에도 사용 가능하다.<br><br>[사용법]<br>세안 혹은 샤워 후 블랙 슈가 스크럽을 도포한다. 5~7분간 원형을 그리듯 부드럽게 마사지한 후 따뜻한 물로 헹구어 준다. |
|  | ② **센텔라 파워 미스트** Centela Power Mist<br><br>주 성분인 센텔라 추출물과 트레할로스가 모공 개선 및 피부 재생과 피부 진정에 도움이 된다.<br><br>[사용법]<br>왁싱 후 예민하고 건조한 피부에 가볍게 뿌려 수분을 공급시켜 준다. |
|  | ③ **아줄렌 시카 밤** Azulene Cica Bomb<br><br>안심 병풍 추출물 함유로 피부 장벽을 강화시켜준다. 왁싱 후 피부 진정을 위한 후 처리제로도 사용한다.<br><br>[사용법]<br>얇고 건조한 피부에 부드럽게 문질러 흡수시켜 발라준다. |

## 3. 스킨스SKIN'S

| | |
|---|---|
|  | ① EXFO + 스크럽EXFO + Scrub<br><br>스위트 아몬드 껍질 가루가 피부를 부드럽고 탄력 있게 만들어준다.<br>꾸준히 사용 시 묵은 각질 제거에 효과적이다.<br><br>[사용법]<br>물기가 없는 상태로 제품을 몸에 바른 후 문질러준다. 왁싱 후 5~7일 이후부터 사용한다. |
|  | ② 노 헤어 애프터 선No Hair After Sun<br><br>알로에, 호호바 오일 함유로 햇빛에 노출된 피부 보호와 모발의 성장 지연에 효과가 있다.<br><br>[사용법]<br>건조된 피부에 적당량 덜어 부드럽게 밀착시켜 매일 보습하여 준다. |
|  | ③ 노 헤어 슈프림 로션No Hair Supreme Lotion<br><br>모발의 성장 지연 효과, 모근 약화, 피부 복원 및 진정 작용에 효과가 있다.<br><br>[사용법]<br>적당량을 덜어 왁싱한 부위에 매일매일 부드럽게 문질러 발라준다. |

## 4. 슈가365 Sugar365

### ① 슈가365 브라질리언 팩 Brazilian pack

유해 환경으로부터 피부를 보호하고 건조함을 방지하여 피부를 촉촉하게 유지시켜주는 진정 보습이 우수한 시트팩이다.

[사용법]
건조함이 느껴지는 브라질리언 부위에 시트팩을 얹혀준 뒤 10분 정도 시간이 지난 후 떼어낸다.

### ② 보테니컬 버닝 바디스크럽 Botanical Body Scrub

삼투압 작용을 통해 모공 깊은 곳의 피지 문제를 개선한다. 슈가링 시술 후 인그로운 헤어 방지에도 효과적이다.

[사용법]
물기가 없는 피부에 도포 후 부드럽게 문지른 뒤 1분 후 물을 묻혀 가볍게 문지르며 씻어낸다.

### ③ 보테니컬 스피디 카밍 크림 Botanical Speedy Calming Cream

클로렐라 추출물과 각종 식물 추출물이 피부의 스트레스를 집중적으로 완화시켜 건강하고 환한 피부로 가꾸어 준다.

[사용법]
아침, 저녁 에센스 다음 크림 단계에서 손바닥에 적당량을 덜어 피부 결을 따라 부드럽게 펴 발라 준다.

PART Ⅴ

# PART Ⅵ

## 고객관리

*Chapter 17*

# 고객 상담

왁싱 시술에 관한 전문적이고 올바른 정보를 고객에게 제공하고 전달하는 것은 왁싱 시술에 관한 전문가적인 태도이며 상담 방법에 따라 고객의 신뢰도를 높일 수 있다. 그리고 왁싱 시술 시 금기 사항과 금기 약품에 관한 사항은 반드시 고객에게 인지시켜야 한다.

## 1. 왁싱 상담 시 주의 사항

시술 전 고객 카드 작성과 고객 상담은 매우 중요하다. 고객 카드를 통해 고객의 피부에 대한 정보를 얻을 수 있으며, 자연스럽게 피부 상태에 따라 세심한 맞춤 상담이 가능하다. 새로운 고객이 예약을 할 때는 상담 시간을 할애해야 한다.

왁싱 서비스를 예약하기 전에 15분 가량의 상담 시간을 여유있게 예약을 잡는다. 이렇게 하면 그 고객에게 왁싱 시 금기 사항이 있는지, 왁싱 서비스를 받을 수 있는지를 알 수 있다. 왁싱 상담 시 참고용으로 모발이 자라는 단계, 인그로운 헤어의 종류를 고객의 눈높이에 맞추어 적절한 그림이나 이미지를 활용하여 이해하기 쉽게 설명한다.

이 시점에서 고객에게 완성된 형태를 설명하고 고객이 관심을 가지는 시술에 대해 확신을 주며 고객에게 어떤 금기 사항이 있는지 살펴본다. 금기 사항이 없다 하더라도 특히, 다음 상담 과정은 전문가가 고객에게 시술에 어떤 과정이 수반되고 어떤 예상을 할 수 있는지를 알려주고, 더 나은 결과를 얻을 수 있는 조언을 해주는 것이다. 얼굴 왁싱을 할 때는 새로 온 고객에게 얼굴 왁싱이 필요한 특별한 이유가 있는지를 물어보는 것이 중요하다.

고객의 피부가 예민하여 빨갛게 되거나 여드름이 생길 수 있다는 것을 상담할 때 충분히 인지시켜야 한다.

특히, 모발의 성장과 관련하여 더 심층적으로 다시 설명한다. 왁싱은 불편감이 없지는 않지만, 신속하고 효과적이다. 고객이 마음을 편하게 갖는 것이야말로 불편함을 최소화하는 것이다.

## 2. 왁싱 관리 전 상담

왁싱해야 할 모발이 최소한 3mm는 되어야 한다. 모발은 이전에 시술을 받은 적이 없거나 다시 자란 미세 모발인 경우에 해당된다. 면도를 했거나 거친 모발이라면 5mm 정도가 유지되어야 왁싱이 가능하다. 면도 후 약 5일에서 7일 후에 해당된다.

왁싱하기 전 딥 클렌징 제품을 이용하여 신체 부위를 세정해 줄 것을 권하지만, 왁싱관리 받는 날에는 자극을 피해주는 것이 좋다. 시술받은 부위의 붉은 부분이 완전히 가라앉을 때까지 24시간 전·후는 선탠을 피한다. 반드시 왁싱 전·후의 주의 사항을 알려주고 왁싱의 필요성과 함께 사후 관리의 중요성을 인지시킨다.

왁싱 후 일어날 수 있는 피부 트러블을 미리 고지하여 왁싱 후 본인의 사후 관리 잘못으로 인한 고객 컴플레인을 최소화시킬 수 있도록 한다. 얼굴 왁싱에서는 고객이 왁싱 책임 면제 각서에 서명을 하는 것이 중요하다. 이렇게 함으로써 고객은 왁싱에 따르는 위험성을 인식하고, 작은 것이라도 변동사항이 있으면, 반드시 왁서에게 고지를 하고 기록해야 한다.

### 1. 왁싱 고객 관리 차트의 필요성 및 상담순서

#### (1) 고객 카드 작성의 필요성

① 고객에 대한 기본적인 정보 파악은 안전한 시술의 기본이다.

② 고객이 제공한 정보를 토대로 한 고객 상담은 신뢰감을 형성해 준다.

③ 왁싱은 피부와 밀접한 관리이므로 피부 변화를 면밀히 체크하여 컴플레인을 최소화할 수 있다.

④ 왁싱 후 발생될 수 있는 문제 고지를 통해 사후관리의 중요성 인지가 가능하다.

⑤ 사후관리 제품에 대한 정보 전달의 기회 및 사용 권장의 기회가 된다.

⑥ 시술에 대한 동의서 부분은 만약의 사고나 문제 발생 시 법적 효력을 가진다.

### (2) 고객상담 순서

| 01<br>고객 카드 작성 | → | 02<br>왁싱 관련 정보 전달 | → | 03<br>메뉴 및 혜택 소개 |
|---|---|---|---|---|

① 고객 카드 작성

고객이 작성한 고객 카드의 내용을 면밀히 확인 후 상담을 진행한다. 고객 카드에는 고객의 이름, 연락처 등 기본 정보와 더불어 왁싱의 목적 및 경험 여부 등 세부 정보가 들어가야 한다.

왁싱은 피부와 밀접한 관리이므로 왁싱 전, 후의 피부 변화 및 고객의 환경을 잘 파악하고 있어야 한다. 피부 타입, 알레르기 유무, 피부질환 여부, 피부 상태, 복용 중인 약, 임신 여부 등 고객의 피부 상태에 따라 변수가 많기 때문에 세밀하게 상담을 진행하여야 왁싱 후 생길 수 있는 컴플레인을 최소화할 수 있다.

② 왁싱 관련 정보 전달

고객의 눈높이에 맞추어 적절한 그림이나 이미지를 활용하여 이해하기 쉽게 설명한다. 고객이 사용하고 있던 제품들도 왁싱 후에는 피부가 예민해져 있기 때문에 트러블이 생길 수 있다는 점을 고지하고 반드시 왁싱 전문 제품의 사용을 권한다.

사후관리 제품을 사용하는 고객과 사용하지 않는 고객은 재방문, 리터치 시술 시간에 차이가 나며 왁싱에 대한 고객의 부정적인 이미지에도 영향을 줄 수 있다.

③ 메뉴 및 혜택 소개

당일 시술 받을 부위에 대한 정확한 범위와 비용을 고객이 이해하기 쉽도록 시각적 자료를 활용하여 안내를 한다.

## 2. 왁싱 고객 동의서 작성 및 서식

고객의 서비스 예약 확인, 이벤트 등의 관리 및 활용을 위해 고객 개인 정보를 수집한다는 "개인 정보 제공 동의서"를 받도록 한다. 동의서에는 성명, 주소, 생년월일, 휴대전화 번호, 수집 목적, 보유 및 이용 기간, 서명 등을 기록할 수 있게 한다.

# 왁싱 고객 카드

| 성 함 | | 성 별 | □ 남 □ 여 | 생년월일 | |
|---|---|---|---|---|---|
| 연락처 | | 주 소 | | | |

## 개인 정보 제공수집 동의서

○○○은는 귀하의 소중한 개인정보를 수집, 이용, 활용하고자 하는 경우에 「개인정보보호법」에 따라 본인의 동의를 얻고 있습니다. 이에 아래의 내용과 같이 귀하의 개인정보를 수집, 이용, 활용하는데 동의하여 주실 것을 요청합니다. 본 동의를 거부하실 경우 원활한 서비스 제공에 일부 제한을 받을 수 있습니다.

■ 개인 정보 제공수집에 관한 동의 사항

| 수집 항목 | 수집·이용 목적 | 보유 및 이용 기간 |
|---|---|---|
| □ 성함 □ 성별 □ 생년월일<br>□ 주소 □ 연락처 | • 서비스 예약 및 제공 내역 확인<br>• 이벤트 등 문자 서비스 제공 | 법령 기준 준수 |

「개인정보보호법」 등 관련 법규에 의거하여 본인의 개인정보를 이용, 제공, 활용하는 것에 동의합니다.

20 년 월 일

고객명: (서명)

## 고객 상담 내용

■ 방문 경로

□ 인터넷 □ SNS □ 간판 및 광고 □ 지인 소개 □ 기타( )

■ Check List

- 왁싱 관리 경험이 있습니까?
  □ 예 □ 아니오
- 피부 질환 관리
  □ 혈액순환장애 □ 심장질환 □ 고혈압 □ 당뇨병 □ 혈우병
  □ 지루성피부염 □ 습진/무좀 □ 아토피 □ 알러지 □ 건선
  □ 포진(두드러기) □ 켈로이드 □ 간질 □ 해당없음
- 피부 상태
  □ 피부 감각 저하 □ 흉터 및 상처 □ 일광욕으로 인한 화상 □ 정맥류 □ 해당없음
- 최근 1개월 이내 피부과 진료를 받으셨나요?
  □ 성형수술 □ 레이저 □ 보톡스 □ 필러 □ 지방이식 □ 기타( ) □ 해당없음
- 복용 중인 약이 있나요?
  □ 피임약 □ 여드름약 □ 탈모약 □ 아스피린 □ 기타( ) □ 해당없음
- 임신 중입니까?
  □ 예 □ 아니오
- 스킨 케어 제품을 사용하거나 관리 받고 있나요?
  □ 필링(AHA, 약초필 등) □ 주름 개선 □ 여드름, 홍반 레이저 시술 □ 태닝 □ 기타 □ 해당없음

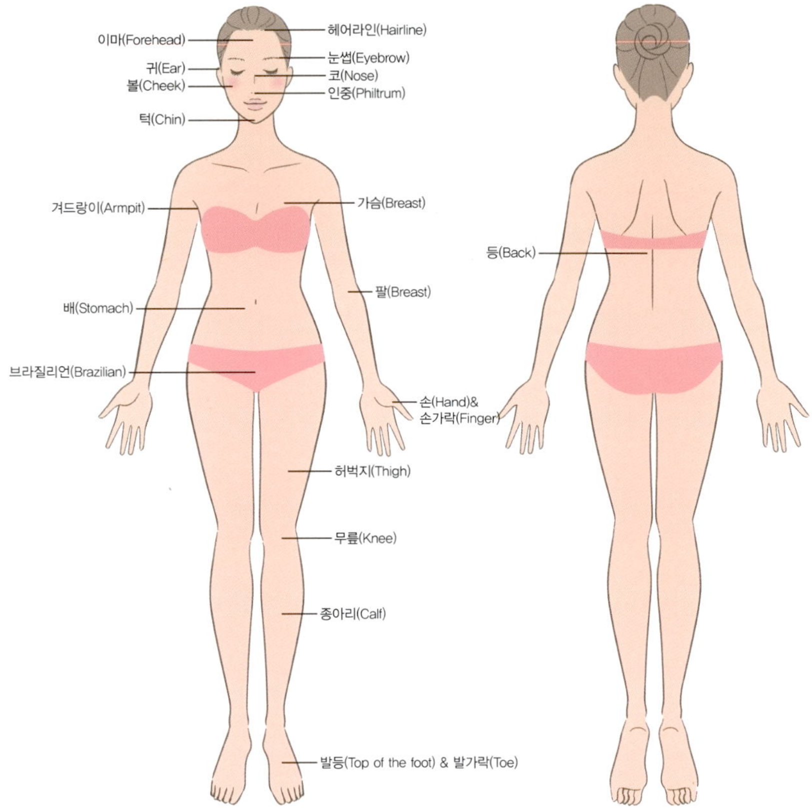


| 일자 | 시술부위 | 특이사항 | 일자 | 시술부위 | 특이사항 |
|---|---|---|---|---|---|
| | | | | | |
| | | | | | |
| | | | | | |
| | | | | | |

■ 왁싱 시술 후 주의사항

- 왁싱 관리 후 피부에 따라 가벼운 멍, 표피 탈락, 붉어짐, 부어 오름, 뾰루지, 모낭염 등이 생길 수 있으며 보통 1~2시간 또는 2~3일 후 가라 앉습니다.
- 본인의 특이 체질 면역 상태, 컨디션, 복용 약에 의해 접촉성 피부염이나 발진 등이 일어날 수 있으며, 그에 따른 부작용은 개인에 따라 재생 연고, 항생제 처방 등의 병원 치료가 필요할 수도 있습니다.
- 왁싱 후 48시간 동안 스파, 사우나, 수영장, 태닝, 과음, 과격한 운동, 열 또는 마찰을 피하고 왁싱 당일 가벼운 샤워나 세안은 가능하지만 피부가 예민한 상태이므로 왁싱 전문 제품 사용을 권장합니다. 특히 저가의 오일류, 클렌징 제품은 피해주시기 바랍니다.
- 왁싱 후 개인의 피부 타입, 모의 상태, 유전적 요인 등에 따라 인그로운 헤어가 발생할 수 있습니다.
- 왁싱 시술 후 위와 같은 증상이 나타날 시, 본인 스스로 책임지는 것에 동의합니다.

본인은 관리사에게 위 내용을 충분히 설명을 듣고 왁싱 서비스에 동의합니다.

20 년 월 일 / 성함 (서명) 18세 미만 부모 동의 (서명)

## 3. 왁싱 시 금기 사항

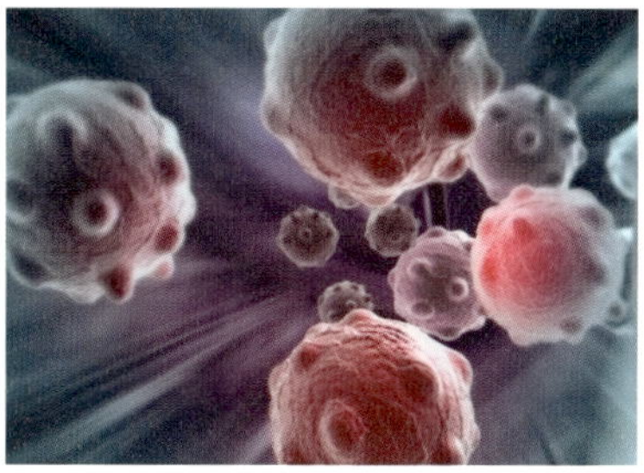

**① 암 치료** Cancer cure

화학요법이나 방사선 치료는 민감성을 높일 수가 있다. 마지막 암 치료를 받고 나서 6주 이상 기다리는 것이 좋다.

**② 간질** Epilepsy

간질은 오랜 기간 동안 억제되고 쉽게 타박상을 일으키지 않는 약제를 사용하는 경우가 아니라면 금기 사항이 된다. 왁싱 서비스를 받기 전에 의사 소견서를 확인하고, 고객의 동의 서명 후 관리를 진행한다.

**③ 당뇨병** Diabetes

당뇨병이 있는 고객은 병의 심한 정도와 치료 정도에 대해 의사와 상담을 한 후 고객이 관리 동의 서명을 해야 한다.
당뇨가 심한 경우 상처가 잘 아물지 않으므로 주의하여 관리한다.

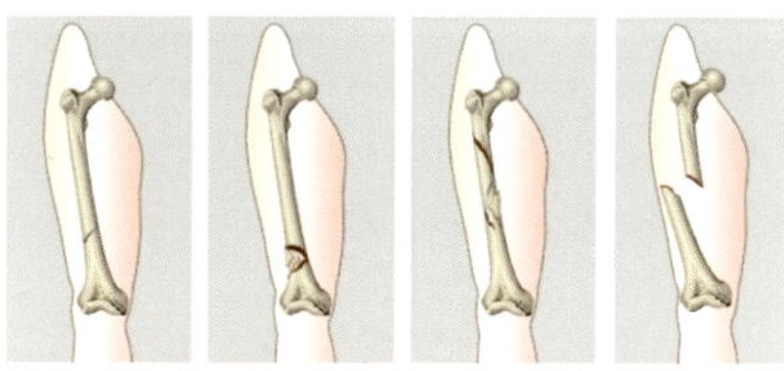

**④ 골절과 접질림** Racture & Sprain

골절이나 접질린 부위는 완전히 치료 후 왁싱을 한다.

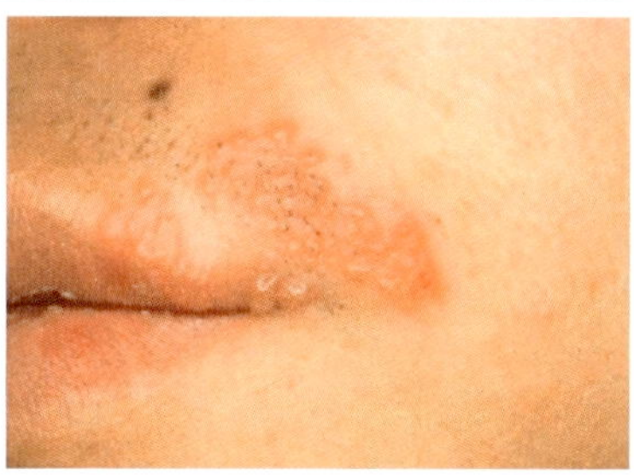

**⑤ 포진, 단순 포진** Herpes simplex

헤르페스가 있는 고객은 심할 때는 왁싱을 하면 안 된다. 왁싱을 하기 전에 예방 치료를 해야 한다.

| | |
|---|---|
| 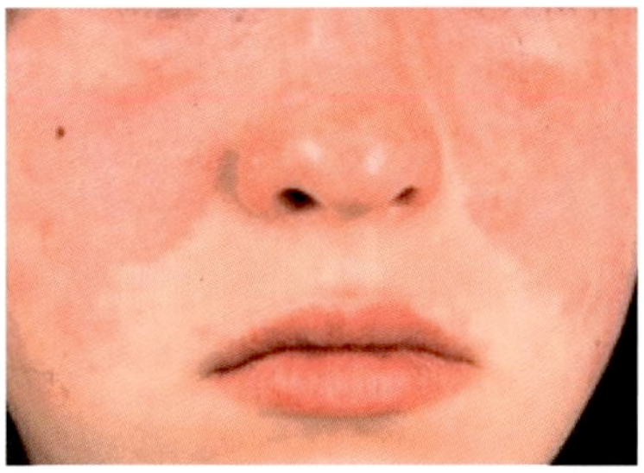 | ⑥ **낭창** Lupus<br><br>가벼운 정도의 낭창이 있거나 왁싱을 할 부위에 발진이 보이지 않는다면 왁싱을 할 수는 있지만 권하지는 않는다. 적어도 이런 고객들은 의사의 상담을 받은 후 이상이 없다는 진단을 받아 매장을 방문한다. 왁싱 관리 전 고객의 동의 서명을 필수로 받는다. |
| 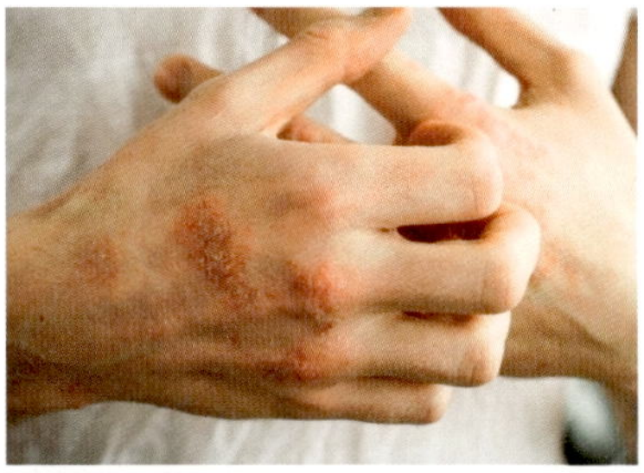 | ⑦ **피부 장애** 습진 Eczema, 지루 Seborrhea, 건선 Psoriasis<br><br>피부가 손상되어 있을 때 왁싱을 하면 안 된다. |
| 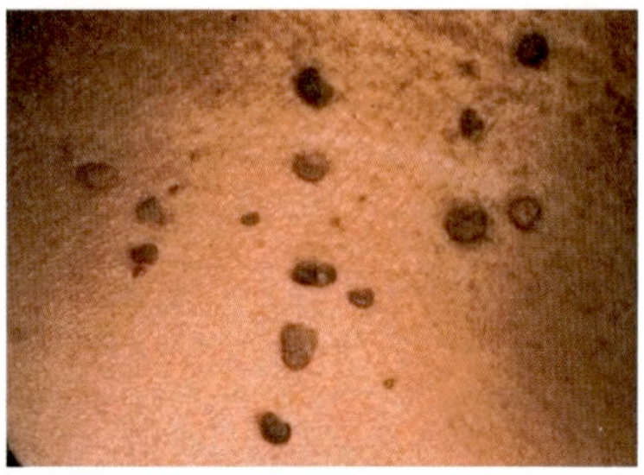<br>피부의 이상 증상 | ⑧ **검은 점, 사마귀, 쥐젖** Mole, Psoriasis<br><br>반점으로 의심되는 것이나, 크기·모양·색 등이 암의 전조 증상으로 의심되는 검은 점이 있거나 점에서 모발이 자라나는 등의 이상 증상이 있을 경우 왁싱을 금한다. 사마귀 등도 의사의 허락 없이는 왁싱을 하면 안 된다. |
|  | ⑨ **혈우병** Hemophilia<br><br>혈우병이 있는 고객은 왁싱을 하면 안 된다. 혈우병은 지혈이 되지 않으므로 생장기 모발을 많이 제거될 때 출혈이 일어날 수도 있기 때문이다. 생장기 모발을 제거하면 혈액 흐름이 피부의 모유두까지 가는 것을 막아서 모낭에서 출혈이 일어난다. |
| 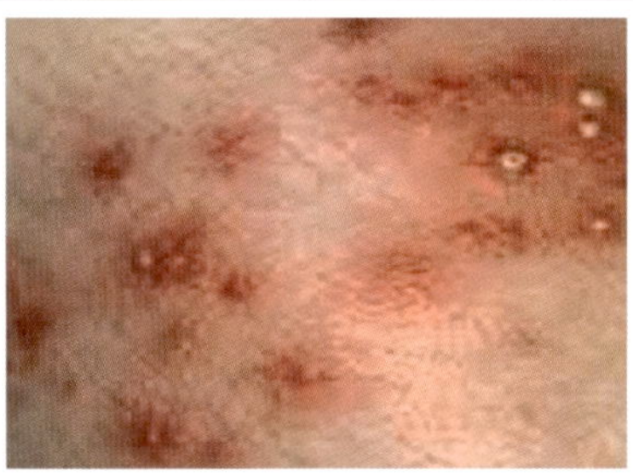<br>염증 & 상처 | ⑩ **염증 후 흉터** Infection & Scar<br><br>염증이나 발진, 켈로이드를 포함한 피부에는 왁싱을 하면 안 된다. |

| | |
|---|---|
| 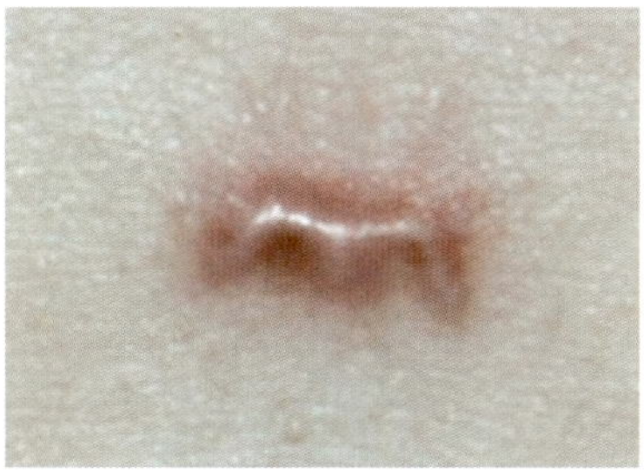<br>민감 피부 | **⑪ 피부의 민감도 부족**<br><br>피부의 민감도가 떨어지는 것은 심장병, 당뇨병, 여러 가지 경화증으로 인해 생긴 순환 장애 때문일 수 있다. 이런 고객들은 화상, 상처, 감염의 위험이 높아지므로 왁싱을 하면 안 된다. |
| 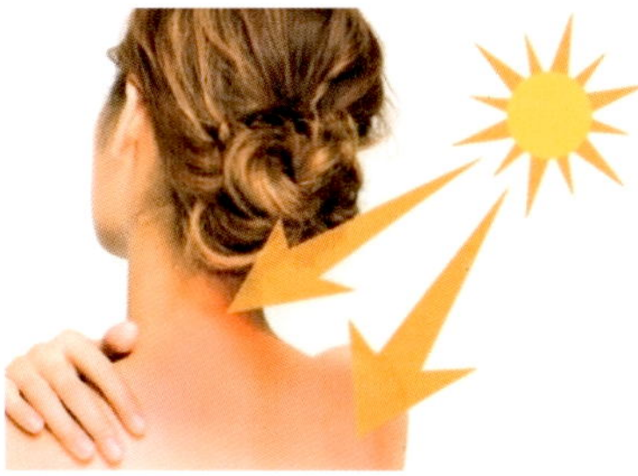<br>자외선에 의한 화상 | **⑫ 햇볕 화상** Sun burn<br><br>햇볕 화상 부위는 왁싱을 하면 안 된다. 그런 부위는 완전히 치료 후 왁싱을 해야 한다. |
| 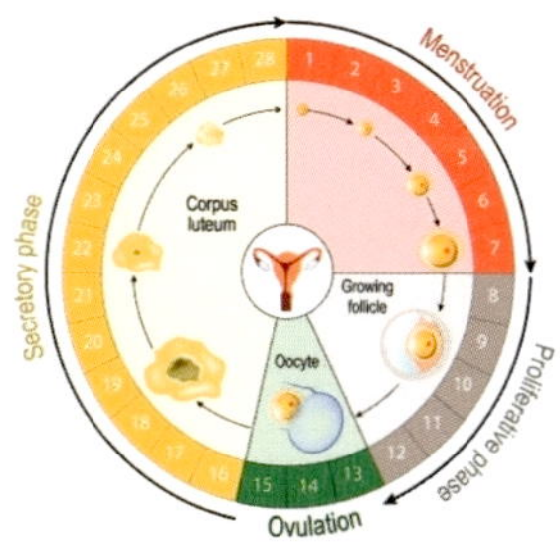 | **⑬ 생리 전 · 후** Menstruation<br><br>몸이 민감한 상태에서는 왁싱을 하지 않는다. |
| 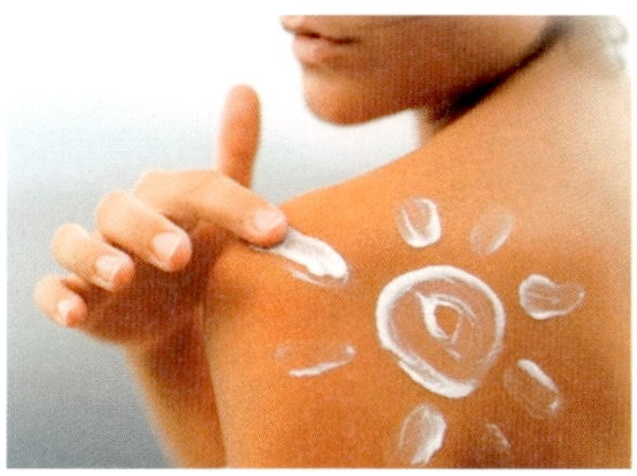<br>썬텐 | **⑭ 태양빛 노출, 태닝** Sunten, Tanning<br><br>피부에 태양으로 인한 화상을 입었다면 어떤 왁싱도 안 된다. |
| 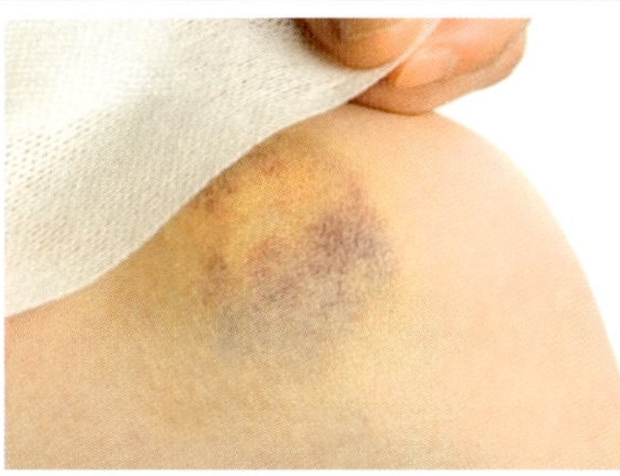 | **⑮ 혈액 순환 장애** Blood circulation disorder<br><br>쉽게 타박상을 입는 순환 장애는 왁싱을 하지 않는다.<br>모의 견인 시 멍을 유발할 수 있다. |

| | |
|---|---|
| 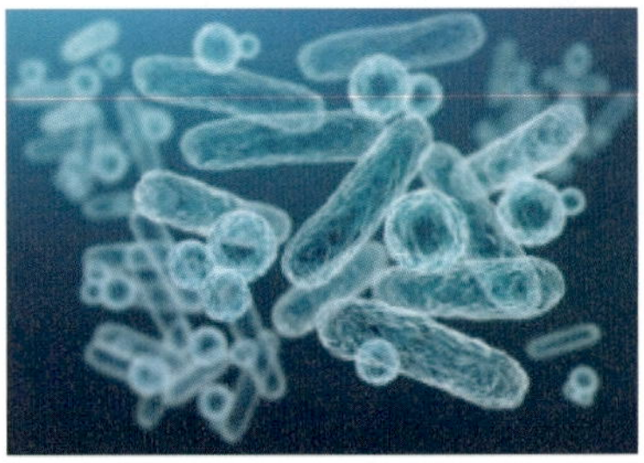 | ⑯ 바이러스 Virus<br><br>활동성 바이러스가 있을 경우 왁싱을 하지 않는다. 감염되거나 염증이 발생된 피부에 왁싱을 하지 않는다. |
| 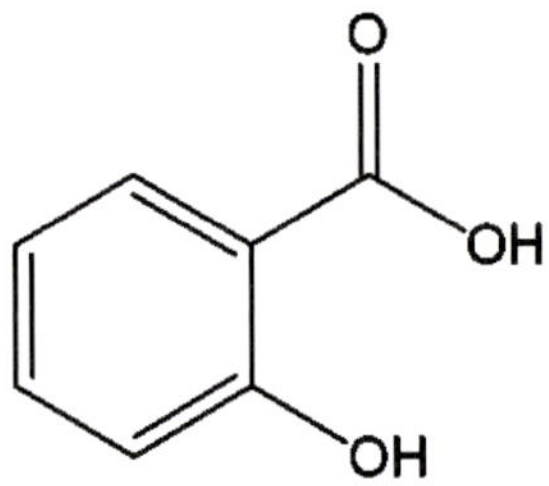<br>각질 제거 성분 | ⑰ 살리실산, 알파하이드록시산, 효소 Salicylicacid, AHA, Enzyme<br><br>피부 타입과 상태에 따라 왁싱 3일 전 중단한다. 피부 상태에 따라 3～4일 후에 다시 사용한다. |
|  | ⑱ 임신 Pregnancy<br><br>임신한 고객에게 비키니 부위나 다른 어떤 부위라도 왁싱을 하는 것이 본질적으로 잘못된 것은 없다. 그러나 양 당사자가 공동으로 판단을 해야 하며 포기각서에 서명을 해야 한다. 만약 임신한 고객이 위험성이 높다고 여기고, 고혈압이나 불안증이 있으면 왁싱을 피하는 것이 좋다. 만약 고객이 반듯하게 누운 채로 20분 이상 왁싱을 해야 하는 부위라면 고객은 출산 후까지 기다려야 한다. 모체가 반듯하게 누운 채로 장시간을 견디면 태아에게 산소가 부족해진다. 모체가 왁싱서비스를 받으면 태아에게 해롭다는 기록은 없지만 법률 소송의 가능성은 남아 있다. 최종 결과는 의사의 허락을 받는 것이고 고객이 책임 면제 각서에 서명을 해야 한다. |

※ 감염되었거나 자극을 받은 피부에는 왁싱을 해서는 안 된다.

※ 고객들은 적어도 24시간 동안 왁싱 한 부위에 향수 제품을 바르지 말아야 한다.

## 4. 왁싱 시 금기 약품

<table>
<tr>
<td>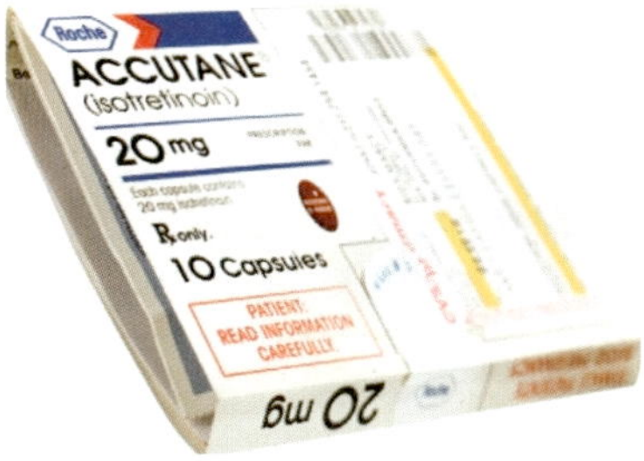

약물</td>
<td>① 레틴A Retin-A, 어큐테인 Accutane, 디페린 Differin<br><br>처방 제품을 사용하는 고객들은 얼굴 왁싱에 분명히 부작용이 있을 것이다. 이런 제품들은 피부를 약하게 하고 탈수시키기 때문이다. 부작용은 화상을 입은 것과 비슷하고 피부가 부을 수도 있다. 스트립 왁스는 피부에 부착하는 것이기 때문에 사용해서는 안 된다. 하드 왁스는 처방 제품들의 농도나 횟수에 따라 주의해서 사용하면 효과가 있을 수도 있다. 하드 왁스는 피부에 들러붙지는 않지만 굳으면 모발이 붙어서 피부에서 떨어져 나온다. 고객이 AHA를, 특히 글리콜산을 사용하고 있는 부위에는 주의하여 사용해야 하는데, 75% 정도 딱지가 남는다.</td>
</tr>
<tr>
<td>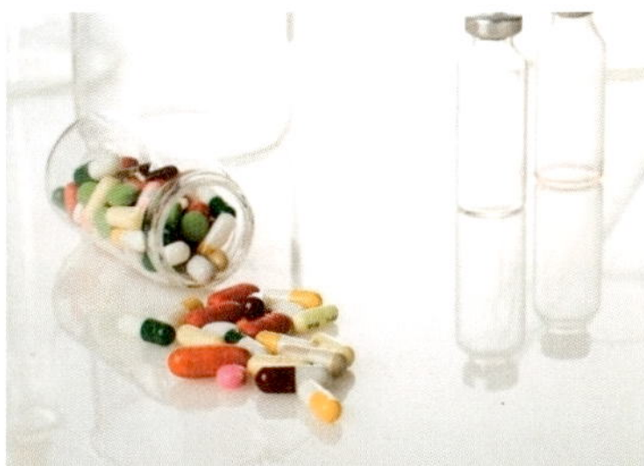</td>
<td>② 호르몬제 Hormone drug<br><br>경구 피임약, 호르몬에 영향을 미치는 고혈압 치료제, 비타민A 유도체, 저농도 항생제 등이 있다.</td>
</tr>
<tr>
<td>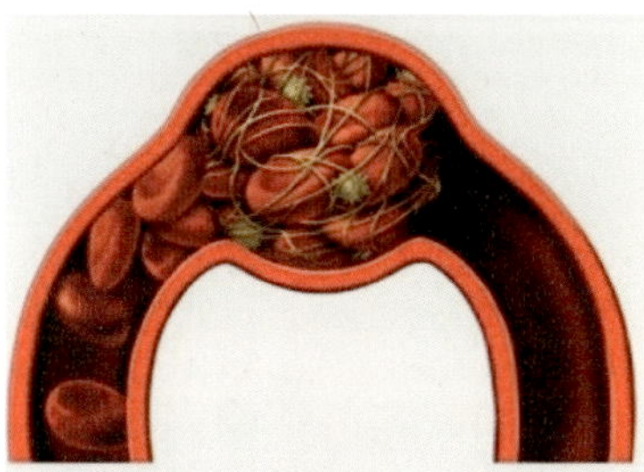</td>
<td>③ 혈전제 Antithrombic agents<br><br>쿠마딘 Cumadin과 와파린 Warfarin을 간질 치료 약과 함께 복용하면 쉽게 타박상이 생긴다.</td>
</tr>
</table>

## 3. 왁싱 관리 후 상담

### 1. 왁싱 관리 후 주의사항 및 관리 방법 After care

#### (1) 페이스 Face

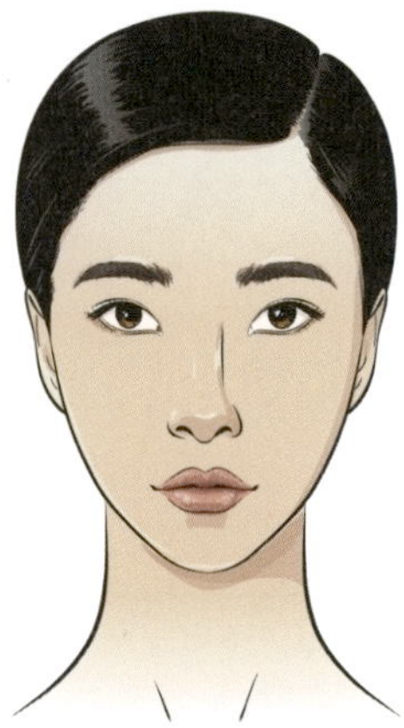

시술 직후에는 모공이 열려 있어 2차 감염에 주의해야 한다.

왁싱 후 생길 수 있는 백색 여드름과 같은 트러블은 모가 제거된 빈 모공에 다른 이물질이 차면서 밖으로 나오는 현상이므로 왁싱 후 피부에 자극 없이 흡수되는 제품으로 수분 공급을 충실히 한다.

① 왁싱 당일 The day

- 시술 후 세안은 3~4시간 후 가능하다. 뜨거운 물 사용 금지
- 염증을 유발할 수 있고 피부온도가 높아질 우려가 있는 음주와 흡연을 삼가한다.
- 시술 후 24시간 동안은 전문 제품 사용을 권장, 평소 사용하던 제품이라도 피부가 예민해진 상태이기 때문에 사용을 하지 않는 것이 좋다.
- 시술 직후부터 2~3일간 색소 침착이 되지 않도록 자외선 차단제를 사용한다.

② 왁싱 2~7일 후 After 2–7 days

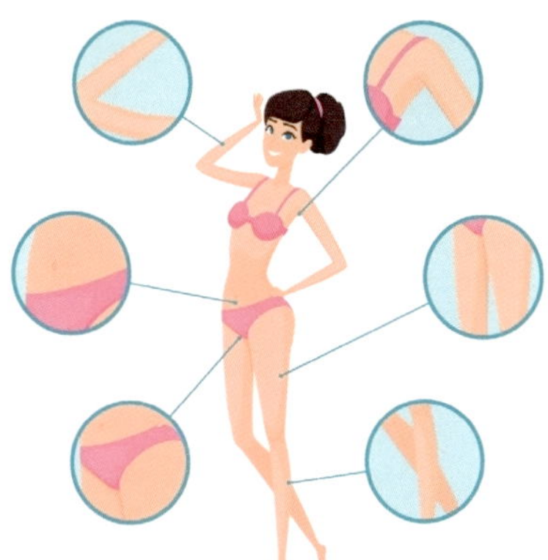

- 시술 부위는 일시적으로 과각화 될 수 있으므로 각질관리에 신경쓰도록 한다.
- 페이스 왁싱 후 7일 후부터는 새로 쌓인 각질과 모공을 정리하기 위해 일주일에 1~2번 각질을 제거해준다.
- 저자극이나 무자극 약산성 클렌저로 pH 4.5~6.5 클렌징 해준다.
- 입자가 고운 스크럽 사용, 알콜 프리 토너 사용, 수분, 보습 재생에 효과적인 앰플 사용, 보습크림 또는 재생 크림을 사용한다.

### (2) 바디 Body

시술 직후에는 모공이 열려 있어 2차 감염에 주의해야 한다. 넓은 면적에 분포되어 있는 모를 제거하였기에 범핑 현상이나 소양증과 같은 가려움이 동반 되기도 한다. 화학성 오일이 아닌 천연 오일이 첨가되어 있는 바디 로션 사용으로 수분 공급, 피부를 보호한다. 자외선에 노출되지 않도록 주의한다.

#### ① 왁싱 당일 The day

- 시술 후 심부 온도가 높아지는 사우나, 찜질, 태닝, 운동 등은 48시간 이후 가능하다.
- 뜨거운 물이나 과한 비누 사용을 금지한다.
- 염증을 유발할 수 있고 피부온도가 높아질 우려가 있는 음주와 흡연은 삼간다.
- 시술 후 48시간 동안은 자외선에 과한 노출은 삼가고 색소 침착이 되지 않도록 보습에 신경쓴다. 피부에 너무 밀착되지 않은 의상을 선택하여 착용한다.

#### ② 왁싱 2~7일 후 After 2–7 days

- 왁싱 시술로 인해 일시적으로 과각화 되므로, 각질 관리가 중요하다.
- 바디 왁싱 후 3일 후부터는 3일에 한 번 주기로 각질 제거를 해주며, 바디 부위의 모공은 스크럽과 보습에 소홀할 경우 인그로운 헤어가 생기기 쉬우니 주기적인 관리가 필수이다.
- 각질 제거만 했을 경우 피부가 건조해지기 쉬우므로 매일 주기적인 피부 보습을 유지한다.

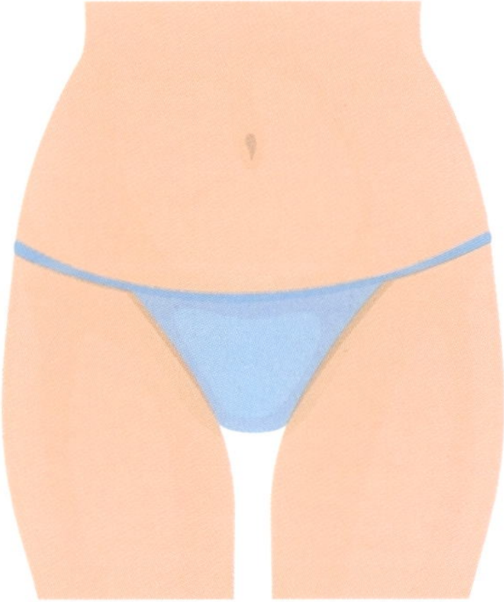

### (3) 브라질리언 Brazilian

시술 직후에는 모공이 열려 있어 2차 감염에 주의해야 한다.

Y존은 다른 바디 부위보다 흡수율이 42배나 높다.

일반적인 바디 관리 제품 사용이 아닌 전용 관리 제품을 사용하는 것이 피부에 도움이 된다. 모공이 다른 부위보다 크기 때문에 피지 노폐물이 모공 속에 쌓일 경우 모공이 막히게 된다.

그로 인해 모가 성장하지 못해 모가 피부 속으로 성장하는 인그로운 헤어가 생길 수 있다. 인그로운 헤어가 생기지 않도록 규칙적인 스크럽과 알로에 보습을 해주고 피지 조절, 억제에 효과가 있는 스프레이 사용이 좋다. 브라질리언 왁싱 부위는 멜라닌 세포가 많이 함유되어 어두운 톤을 보인다. 피부 마찰이나 여러 분비물이 피부에 닿아서 색소 침착도 쉽게 생긴다.

① 왁싱 당일 The day

- 시술 후 사우나, 찜질, 태닝, 운동 등은 48시간 이후 가능하다.
- 뜨거운 물이나 비누 사용을 하지 않는다.
- 염증을 유발할 수 있고 피부온도가 높아질 우려가 있는 음주와 흡연은 삼간다.
- 왁싱 후 너무 타이트한 속옷이나 꽉 끼는 옷 대신 통풍이 잘 되는 면 소재의 옷을 착용한다. 시술 부위를 자극하지 않도록 세정 제품이나 타올 사용 대신 흐르는 물로 가볍게 샤워한다.

② 왁싱 2~7일 후 After 2–7 days

- 시술 후 왁싱으로 인해 일시적으로 과각화 되므로 각질관리가 중요하다.
- 알로에 수딩젤을 매일 보습을 위해 사용하되 에탄올이나 화학 성분이 없는 것으로 선택한다. 에탄올이 첨가된 경우 수분의 증발을 도와 더 건조해질 수 있다.
- 다른 부위보다 모공이 큰 편이기에 각질이 다시 재생되기 시작하는 3일 이후부터 3일에 한 번 주기로 자극적이지 않은 스크럽제를 사용하여 각질제거를 해주고, 천연오일 보습로션이나, 에탄올이 들어있지 않은 알로에 수딩젤로 매일 보습하여 준다.

## 2. 모발 재생 주기

모발의 길이가 최소 약 0.5cm 이상 성장하였을 때 적절한 시기라고 볼 수 있다. 모발의 성장 속도에 개인차가 있지만, 성장 기간은 일반적으로 대략 4~6주 사이이다. 잘못된 셀프 왁싱은 피부 감염의 우려가 있을 뿐 아니라 피부 손상이 동반될 수 있다.

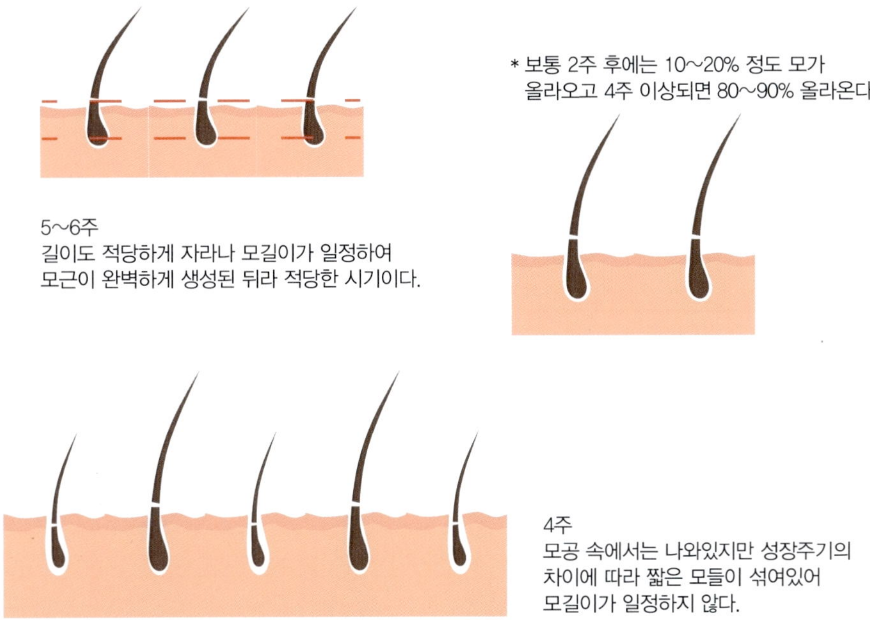


**그림 18-1 모의 생장**

제모 된 모발은 왁싱 후 다시 자란다. 시술자는 고객에게 모발 재생이 보통 6주에서 3개월 정도 걸리기는 하지만 부위에 따라 다르고, 모발 재생에 어떤 것이 예상되고 언제 그것이 예상되는지에 관해 알려주는 것이 중요하다.

고객은 처음으로 왁싱 시술을 받고 난 후 시술 후 일주일 만에 모발이 나는 것을 보고 놀랄 수 있다. 이것은 왁싱 시술의 단점 때문이 아니라는 것을 사전에 설명할 필요가 있다. 사실 이 모발들은 왁싱 시술 시에 피부 바로 아래에 있던 모발이 새로 생겨난 것이다. 모발을 제거하자마자 모낭이 휴지기에 들어간다.

그러므로 처음 시술하는 고객에게 며칠에서 일주일 뒤에 새로 난 모발을 제거하기 위해 다시 방문하도록 하는 것이 바람직하며, 가능한 같은 주기로 모발을 제거한다.

이는 매달 왁싱 시술을 받는 고객에게도 해당된다. 두 번의 관리를 받기 전에 제거된 모발은 왁싱 시술을 받고 난 후 곧 자라날 것이다. 이를 고객들에게 미리 밝혀서 고객들이 왁싱 시술을 엉터리로 한 것이라고 오해하지 않게 한다.

많은 고객들이 6주 또는 2개월 주기를 지키기가 어려워 왁싱 시술을 매달 예약하고 싶어한다. 시술을 받는 사이에 6주 내지 2달을 기다리게 되어 있는 고객들에게는 첫 번째 왁싱시술을 한 후 일주일 안에 새로 보이는 생장기Anagen 모발을 제거하고 오도록 하여 앞 주에 모발을 제거할 때 모낭이 텔로젠 단계모발이 성장하다가 정지한 상태에 가까워지도록 한다. 이렇게 하면 왁싱 시술의 효과가 더 오랫동안 지속될 것이다.

## 3. 각질 재생 주기

피부는 표피, 진피, 피하지방으로 구성되어 있다. 이 중 우리가 흔히 피부라고 부르는 것은 표피의 가장 상위 층인 각질층을 말한다. 기저층에서 생성된 표피세포는 서서히 상층부로 밀려나, 각질층에 다다른다. 죽은 세포들로 구성된 각질층은 약 15~25개의 층으로 이루어져 있다.

피부는 하루에 0.5~1.0g 정도의 각질 세포들이 탈락하고 새롭게 형성된다. 이는 보통 14일 정도가 소요되는데, 표피세포는 15일 정도 각질층에 머물다가 피부에서 떨어지게 된다. 피부의 재생사이클을 턴-오버Turn-over라고 부른다. 각질층의 탈락과 재생의 주기는 나이가 들수록, 피부가 노화될수록 그 주기가 길어진다.

각질 제거의 방법으로는 스크럽, 고마쥐 등을 이용하여 피부 표면의 물리적인 자극을 주어 각질을 제거하는 방법과 산Acid이 함유된 제품을 통해 표피의 죽은 각질들을 제거하는 화학적 방법이 있다.

각질 제거의 적정 주기는 피부 타입에 따라 달라질 수 있으며, 피부 컨디션에 따라 다르게 적용해야 한다. 피부가 많이 건조한 경우에는 주 1회 정도의 주기가 적당하며, 피지 분비가 왕성한 지성 피부의 경우 주 2회 정도가 적당하다. 예민하고 민감한 피부라면 2~3주에 1회 정도 부드럽게 각질 제거를 해준다. 각질층이 일부 제거되어 일시적으로 피부가 얇아지고 피부 보호 기능이 저하될 수 있으므로, 유수분을 충분히 공급하고 보습제를 잘 발라준다.

## 4. 인그로운 헤어 Ingrown hair

고객이 왁싱 시술을 하기 적어도 14일 전에 가능한 많은 모발을 나오게 하는 것이다. 그런 모발은 살균을 한, 끝이 뾰족한 족집게를 사용하여 가능하면 모낭 구멍 가까이로 나오게 해야 한다. 족집게로 제거해서는 안 되며, 구멍 밖으로 내밀게 해야 하고 모발 주변의 모낭이 회복되고 정상화되도록 시간을 두고 기다려야 한다.

왁싱 시술을 시작할 때 블랙헤드처럼 보이는 인그로운 헤어는 주로 모낭 구멍이 있어서 시술 전에 부드럽게, 쉽게 뽑을 수 있다.

시술자는 장갑을 끼고 알코올로 부위를 닦아내고 모발이 뽑힐 때까지 블랙헤드를 부드럽게 짜낸다. 모발이 뽑히면 닦아낸다. 피부가 손상되지 않기 때문에 모낭이 손상되지 않고 회복되는 데 시간이 걸리지 않는다.

피부 아래에 가는 선 모양으로 보이는 깊이 박힌 모발은 시술자가 왁싱 시술 후에 다시 장갑을 끼고 알코올로 부위를 닦고 살균을 한 끝이 날카로운 족집게를 사용하여 뽑아낼 수 있다. 확대용 램프를 사용하면 이 과정을 더 쉽게 할 수 있다.

## 5. 홍반 Red spot disease

왁싱을 하면 제모 한 부위에 홍반이 나타나거나 빨갛게 될 가능성이 있다. 만약 얼굴을 왁싱 하였는데 고객의 피부가 빨갛게 되어도 문제가 안 된다면 편리한 때에 예약을 할 수 있도록 한다.

중요한 일이 있는 날에는 얼굴 왁싱을 받지 않아야 한다. 히스타민 범프가 생길 수도 있다.

## 6. 붓기 Swelling

왁싱은 피부 조직과 모발이 분리되는 과정에서 모근이 뽑히고 모유두가 파괴되면서 모공 위로 혈액이 맺히거나 피부 조직이 경미하게 붓고 붉어질 수 있으므로 사전에 고객에게 이를 반드시 안내하도록 하며 진정 관리하고 1~2시간 정도 지나면 개선된다. 이렇게 피부 반응이 나타나는 고객에게는 왁싱 후 철저한 사후관리 요령을 안내하도록 한다.

왁싱 후에는 약간 부을 수가 있다. 고객에게 이것을 인지시켜야 하고, 냉찜질을 하면 붓기가 오래가지 않을 것임을 확인시킨다.

왁싱 시술은 월경 전후의 고객에게는 좀 더 불편하게 느껴질 수가 있으므로 월경 전후 3~4일 동안에는 예약을 하지 않도록 권한다.

## 7. 붉은 반점 Red spot

고객에게 왁싱 한 부위에 붉은 반점이 보일 것이라는 것을 알게 하는 것이 중요하다. 이런 붉은 반점들은 혈액 덩어리이다. 이런 점들은 얼굴 왁싱보다는 신체 왁싱에 더 뚜렷하다.

모발이 모근에서 제거가 되면 모낭의 기초 부분에서 모유두에 있는 모발에 공급할 혈액을 모은다. 더 이상 모발이 남아있지 않으면 혈액이 모낭의 아랫부분에 모여든다.

몇 시간 지나면 다시 피부에 흡수된다. 이것은 모발이 "모근에 의해서 다시 나온다"는 것을 의미하기 때문에 고객에게는 좋은 신호이다.

### 8. 두드러기 Rash

여러 가지 원인으로 인하여 피부 혈관의 투과성이 증가되어 혈장 성분이 혈관 주변 조직으로 빠져나와 생기는 피부 팽창과 발적을 말하며 가장 흔한 피부질환 중 하나이다.

발생 후 보통 수 시간 후에 소실되지만 하루 이상 지속되는 경우도 있고, 48시간 이상 지속되는 경우 2차 두드러기와 같은 다른 원인을 찾아봐야 한다.

압박하는 옷이나 음주, 과도한 운동, 사우나, 찜질방 등으로 인한 체내 온도 상승도 조심해야 한다.

발병 부위가 가렵기 때문에 긁으면 표피가 벗겨져 감염 위험이 따르므로 손톱은 짧게 자르고 면역력을 높이는 음식을 꾸준히 섭취하며 규칙적으로 운동하는 것도 도움이 된다.

## 4. 왁싱 후 불만 대처 요령

상담을 통한 고객 카드 작성 및 동의서 서명, 안정적인 시술, 유의사항을 전달 후 관리를 진행해도 고객은 불편사항이 발생되면 컴플레인을 제기할 수 있다. 고객으로부터 불편사항이 접수되면 공감하고 경청하여 고객의 현재 상태와 시간의 흐름에 따른 불편사항을 정리한다. 현재 상태의 사진을 요청하거나 직접 상태를 확인할 필요가 있는 경우 살롱 방문을 요청하고, 방문 시 피부 상태와 불편사항을 점검하여 적절한 관리 또는 병원 치료를 진행한다. 병원 방문이 필요할 경우 고객 혼자 가게 하는 것보다 함께 내원하는 것이 좋으며, 진료비와 약제비를 지불한다. 피부 문제에 따른 관리 방법에 대해 다시 한 번 설명드리고, 살롱 내방 또는 병원 방문 후 2~3일 간격으로 고객에게 지속적으로 연락을 취해 모니터링한다.

**Q1** 왁싱을 할 때 많이 아픈가요?

**A1** 많은 사람들이 왁싱이 아프다고 생각하지만 제품력과 시술자의 숙련된 스킬로 통증은 얼마든지 줄일 수 있다. 또한, 통증은 모의 성장 주기와도 관련 있으며 성장기의 모는 깊어 제모 시 통증이 더함 고객님의 당일 컨디션생리 전후, 감기, 몸살, 피로도 등에 따라 다를 수 있다. 고객의 피부와 모 질의 상태에 맞는 왁스 선택으로 통증을 줄일 수 있다.

**Q2** 왁싱 후 1주일 내에 모가 바로 자라 나왔어요.

**A2** 모의 성장 주기는 성장기 → 퇴행기 → 휴지기를 반복하는데, 성장기 모는 몸 전체의 30~40% 정도 되며 피부 속에서 잠복하고 있는 모는 표면에 자라 나온 모의 2배. 결국 1/3만 표면에 나와 있을 뿐 나머지는 피부 속에서 나오기를 기다리고 있는 상태이다. 왁싱 후 바로 올라온 모들이 그런 경우이다. 주기적으로 왁싱을 해 주어야 효과가 있다.

**Q3** 왁싱 부위가 가려워요.

**A3** 모가 뽑힐 때 모낭에 난 가벼운 상처가 낫는 과정이며 또한 건조하거나 각질 생성으로 모가 각질을 뚫고 나오려는 모의 움직임 때문이다. 주 2~3회 스크럽을 해주고 보습 관리에 신경 쓰도록 한다.

**Q4** 모낭염이 생겼어요.

**A4** 모낭염은 왁싱의 직접적인 원인이 아니며 비위생적인 시술이나 사후관리 소홀로 생기는 2차 징후이다. 이는 왁싱을 하지 않더라도 생길 수 있는 문제이며, 살롱에서는 더욱더 위생에 신경을 써야 할 부분이다. 필요에 따라 고객에게 서약서를 받기도 한다. 모낭염 치료제, 병원 치료 등으로 안내하도록 한다.

**Q5** 인그로운 헤어가 생겼어요.

**A5** 왁싱 시술 시 헤어의 방향이 틀어져서 잡지 못해 생기거나 몸속의 노폐물이 밖으로 빠져나올 수 있게 하는 매개체인 모가 없어짐으로 피부 밑에 쌓이게 되는데, 이는 모공각화증으로 연결되며 싸인 각질, 피지 때문에 모가 밖으로 나오지 못해서 생긴다. 또는 개인의 피부 상태악건성, 지루성 피부에 따라 생긴다.

전문 제품과 왁서의 스킬, 홈케어의 필요성을 설명하고, 샵에서는 스크럽, 보습 관리를 하며, 고객에게는 홈케어 제품을 판매함으로써 샵 매출 증대와 고객의 만족감을 증대시킬 수 있다. 이미 생긴 인그로운 헤어는 무리하게 빼지 않고 꾸준한 관리로 자연스럽게 제거하며, 열린 헤드는 면봉을 이용해 안전하게 빼준 후 소독을 철저히 해준다.

**Q6** 왁싱 유지 기간 및 리터치 주기

**A6** 왁싱 유지 기간은 사람에 따라 다르며 계절별, 몸 상태나 복용하는 약에 의해서도 달라진다. 일반적으로 10~14일이 지나면 모가 다시 자라기 시작하나, 모든 모가 전과 같이 자라지는 않는다. 원래 모의 상태에 따라 지속력과 모의 양이 줄어드는 효과가 다르다. 주기적 관리를 받으면 모가 부드러워지고 모의 분포도도 적어지게 된다. 리터치 주기는 보통 4~6주가 적당하다.

**Q7** 왁싱 후 부작용은 없나요?

**A7** 왁싱으로 인한 부작용 보다는 사후 관리가 미흡할 경우 트러블과 인그로운 헤어가 생길 수 있다. 유의사항을 준수하고, 왁싱 전용 제품으로 관리하면 트러블 발생과 인그로운 헤어를 예방할 수 있다.

# 참고 문헌


- 권태일 외, “Waxing Treatment”, 도서출판 현대문화
- 권혜영 외, “NEW 피부과학”, 메디시언
- 김기연 외, “피부과학”, 수문사
- 박규미, “왁싱매니지먼트”, 크라운출판사
- 서윤경·엄성례·김순경, “모발과학”, 예림
- 이연정·임혜정·김산, “살롱 디자인 왁싱”, 크라운출판사
- 이순례, “두피모발 관리학”, 으뜸출판사
- 이순례·심은경·이성옥·김경미·김현서, “미용피부학”, 정담미디어
- 임경근, “인터랙티브 헤어 모드 (기술메뉴얼)”, 광문각
- 이연정 외, “살롱디자인왁싱”, 크라운출판사
- 이향우 외, “피부과학”, 광문각
- 이혜영 외, “피부과학”, 군자출판사
- 임미혜 외, “피부학”, 도서출판 성화
- 임주이 외, “피부미용사”, 구민사
- 임혜정 외, “피부미용사”, 구민사
- 장희진 외, “실전왁싱창업백서”, 위아더컴퍼니
- 조기여 외, “피부과학”, 도서출판 성화
- 중원사 편집부 편저, “핵심 미용사 필기”, 중원사
- 한국미용학회 편찬위원회, “피부미용사 필기시험”, 광문각
- 한국피부미용향장연구회, “피부미용사”, 메디시언


### [그림 출처]


- 19p [그림 3-1] blog.naver.com/peridot2016/222048871397 , blog.naver.com/nmmbb/221478645062
- 20p [그림 3-2] blog.naver.com/housewaxing/120118935638, blog.naver.com/waxingmaster/221924715030
- 21p [그림 3-3] blog.naver.com/elliewaxing/221847405994, blog.naver.com/yg1203/222218408198
- 21p [그림 3-4] blog.naver.com/wlswn3081/221578628508, blog.naver.com/wlswn3081/221578628508
- 22p [그림 3-5] blog.naver.com/elliewaxing/221848927940
- 22p [그림 3-6] blog.naver.com/desginers/220926053424
- 23p [그림 3-7] blog.naver.com/tingheyo/221432990491, blog.naver.com/chinppo/80111754186
- 23p [그림 3-8] blog.naver.com/anwns21c/221247521185, www.koreawaxing.com/sub/sub04_02.asp
- 24p [그림 3-9] terms.naver.com/entry.nhn?docId=1051951
- 26p [그림 3-12] www.sciencetimes.co.kr/?news=속쓰림-벌이-만든-소재로-고친다, blog.naver.com/hanul3130/222158235266

- 28p [그림 4-1] 네이버 블로그 '알료샤의 소소한 일상'
- 29p [그림 4-2] blog.naver.com/im_club/220971810787
- 29p [그림 4-3] blog.naver.com/chunmg0248/222284959935
- 37p [그림 5-5] blog.naver.com/botanicsens/221330162383
- 62p [그림 7-10] blog.naver.com/dresser67/50127521323
- 62p [그림 7-11] blog.naver.com/yoon7490/221743950885
- 63p [그림 7-12] blog.daum.net/jrsofa8078/202
- 64p [그림 7-13] blog.naver.com/elliewaxing/221862122712
- 64p [그림 7-14] blog.naver.com/proformula/221673869480
- 69p [면포] blog.naver.com/beautiqu/120165325936, [종양] wooding92.tistory.com/320, [반점] blog.naver.com/peudomonas/221616113677, [흉터] blog.naver.com/bb171942/221213677533
- 70p [균열] blog.naver.com/thirty-help/221787618157, [위축] blog.naver.com/shipwon1/60194875997, [켈로이드] blog.naver.com/yfbkperdevvfh/220906315276, [굳은살] blog.naver.com/kykim7177/220031882469
- 71p [열성홍반] remorseless.tistory.com/772, [한랭 노출 대리석 피부] blog.naver.com/j26662/220463544947, [아토피성 피부염] search3.kakaocdn.net/argon/0x200_85_hr/7ECb8Gh4Z0g
- 72p [봉소염] blog.naver.com/dmjj11/222145478277, [모창] blog.naver.com/j26662/220590660311, [농양] blog.naver.com/oksuent/221606544254, [단독] search.daum.net/search?w=img&q=erysipelas, [종기] blog.naver.com/hanskinstory/220003435927
- 73p [대상포진] blog.naver.com/sejonghani/220308545991, [단순포진] lovepeace12.tistory.com/47, [사마귀] http://cafe.daum.net/inam2012/i9Zy/29?q=Wart&re=1, [수두] blog.naver.com/eratohy/222115225127, [홍역] news.v.daum.net/v/20180528103258901, [풍진] blog.naver.com/canonkhan/221441734088, [수족구병] wnek4028.tistory.com/6
- 74p [모낭 각화증] blog.naver.com/heroofchina/80193777722, [심상성 어린선] blog.naver.com/elliewaxing/221868838181
- 90p [그림 10-5] http://cafe.daum.net/ekdsyqudclfy/HpQV/2?q=자연면역
- 92p [그림 10-8] blog.naver.com/paciboy/220697966488
- 373p [페이스 히스타민 반응] 포항 아우라 미용학원 양쌤, [바디 히스타민 반응] 페이스북 - 자미한@jamihankorea, [브라질리언 홍반과 염증] 뷰티트리
- 376p [왁싱으로 인한 피부 멍] naver.me/Fkdey9bY, [각화] blog.naver.com/didrudcjf10/222143109284, [왁싱 후 범프 현상] blog.naver.com/hee450/222080898038, [왁싱 후 피부 착색] blog.naver.com/bobobeauty/221169161029
- 391p [간질] minggu79.tistory.com/, [당뇨] 중앙일보 헬스미디어, [골절과 접질림] http://kormedi.com/1278065, [포진, 단순 포진] 보건복지부, 대한의학회
- 392p [낭창] amazon1.tistory.com/32, [피부의 이상 증상] blog.daum.net/doyota91/16171518
- 393p [혈액 순환 장애] blog.naver.com/yoonho5671/221056431569
- 394p [살리실산, 알파하이드록시산, 효소] 식품의약품안전처 독성정보제공시스템(Tox-info)

제모관리

# 왁싱 트리트먼트

1판 1쇄 인쇄 | 2022년 9월 10일
1판 1쇄 발행 | 2022년 9월 15일

지은이 | 권태일 · 김은혜 · 김태현 · 배서진
이유영 · 정해연 · 윤석나 · 정영애

발행인 | 주병오 · 주민기

발행처 | 메디시인

경기도 파주시 회동길 209 (파주출판도시)
대표전화 : 031-955-2777, 031-955-7577
팩스 : 031-955-7730
홈페이지 : www.ji-gu.co.kr
E-mail : jigupub@hanmail.net
등록번호 : 2005년 2월 16일
제 406-2005-000045호

ISBN 979-11-90839-74-7 값 28,000원

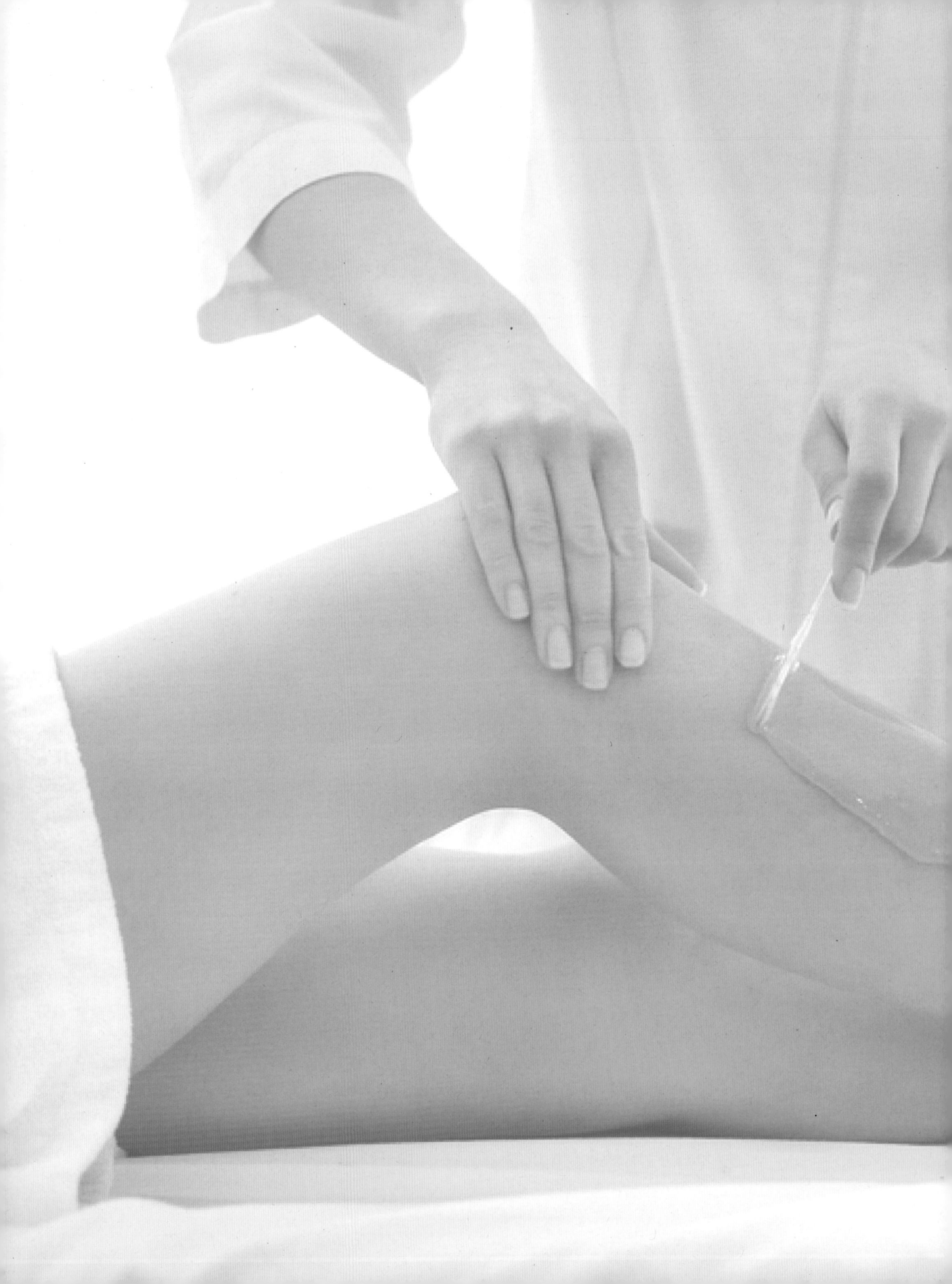